ÁLGEBRA LINEAR

Blucher

TERRY LAWSON
Tulane University

ÁLGEBRA
LINEAR

Tradução:
ELZA F. GOMIDE
Prof.ª Dr.ª do Instituto de Matemática
e Estatística da Universidade de São Paulo

LINEAR ALGEBRA
A edição em língua inglesa foi publicada
pela JOHN WILEY & SONS, INC
© 1985 by R. Oldenbourg Verlag GmbH

Álgebra linear
© 1997 Editora Edgard Blücher Ltda.
4ª reimpressão – 2017

Blucher

Rua Pedroso Alvarenga, 1245, 4º andar
04531-934 – São Paulo – SP – Brasil
Tel.: 55 11 3078-5366
contato@blucher.com.br
www.blucher.com.br

É proibida a reprodução total ou parcial por quaisquer
meios sem autorização escrita da editora.

Todos os direitos reservados pela Editora
Edgard Blücher Ltda.

FICHA CATALOGRÁFICA

Lawson, Terry
    Álgebra linear / Terry Lawson; tradução Elza
F. Gomide. – São Paulo: Blucher, 1997.

Título original: Linear algebra

Bibliografia.

ISBN 978-85-212-0145-8

1. Álgebra linear I. Título.

10-04486   CDD-512.5

Índices para catálogo sistemático:
1. Álgebra linear: Matemática   512.5

Conteúdo

Apresentação **vii**

Prefácio **ix**

Lista de figuras **xiii**

1 Álgebra de matrizes 1
1.1 Achar a solução geral de uma equação a n incógnitas 1
1.2 Matrizes e sistemas de equações 6
1.3 Resolução de sistemas em forma reduzida 11
1.4 Eliminação gaussiana e a resolução de sistemas gerais 15
1.5 Matrizes elementares e operações sobre linhas 26
1.6 Inversas, transpostas e eliminação gaussiana 33
1.7 Determinantes 41
1.8 Observações computacionais 54
1.9 Duas aplicações básicas da eliminação gaussiana 60
1.10 Exercícios do capítulo 1 63

2 Espaços vetoriais e transformações lineares 78
2.1 Definições básicas e exemplos 78
2.2 Subespaço gerado, independência, base e dimensão 85
2.3 Transformações lineares 96
2.4 Espaços vetoriais isomorfos e dimensão 104
2.5 Transformações lineares e subespaços 108
2.6 Construções de subespaços 114
2.7 Transformações lineares e matrizes 118
    2.7.1 Fórmula para mudança de base 123
    2.7.2 Uso de coordenadas para transferir problemas para $\mathbb{R}^n$ 127
2.8 Aplicações à teoria dos grafos 131
2.9 Exercícios do capítulo 2 142

3 Ortogonalidade e projeções 158
3.1 Bases ortogonais e a decomposição QR 158
    3.1.1 Algoritmo de ortogonalização de Gram-Schmidt e decomposição QR 161
    3.1.2 Matrizes de Householder: outro caminho para $A = QR$ 166
3.2 Subespaços ortogonais 169
3.3 Projeções ortogonais e soluções de mínimos quadrados 179
3.4 A equação normal e o problema de mínimos quadrados 179
3.5 Ajuste a dados e aproximação de funções 182
3.6 Decomposição por valores singulares e pseudo-inversa 188
3.7 Exercícios do capítulo 3 191

4 Autovalores e autovetores 201
4.1 O problema de autovalores — autovetores 201
4.2 Diagonalizabilidade — Multiplicidades algébrica e geométrica 206
4.3 Números complexos, vetores e matrizes 211

vi

4.4   Cálculo de potências de matrizes e suas aplicações 219
    4.4.1 Cadeias de Markov 222
    4.4.2 Equações de diferenças e relações de recorrência 229
    4.4.3 O método de potências para autovalores 233
    4.4.4 Raízes e exponenciais de matrizes 235
    4.4.5 Modelo output — input de Leontieff revisitado 236
4.5   Equações diferenciais lineares 237
    4.5.1 Equações e sistemas de ordem superior 243
    4.5.2 Operadores diferenciais lineares 247
4.6   Exercícios do capítulo 4 253

5   O teorema espectral e aplicações 263
5.1   Espaços vetoriais complexos e produtos internos hermitianos 263
5.2   O teorema espectral 268
5.3   Decomposição por valor singular e pseudo-inversa 273
5.4   O grupo ortogonal: rotações e reflexões em $\mathbb{R}^3$ 276
5.5   Formas quadráticas: aplicações do teorema espectral 280
    5.5.1 Aplicações à geometria 283
    5.5.2 Quadráticas em três dimensões 286
    5.5.3 Aplicações ao Cálculo: máximos e mínimos 287
5.6   Exercícios do capítulo 5 290

6   Formas normais 298
6.1   Formas quadráticas: forma normal 298
6.2   Forma canônica de Jordan 305
6.3   Exercícios do capítulo 6 314

Apêndice A 317
A.1 Soluções para os exercícios do capítulo 1 317
A.2 Soluções para os exercícios do capítulo 2 322
A.3 Soluções para os exercícios do capítulo 3 329
A.4 Soluções para os exercícios do capítulo 4 331
A.5 Soluções para os exercícios do capítulo 5 336
A.6 Soluções para os exercícios do capítulo 6 341

Bibliografia 344

Índice 345

Apresentação

Este texto de Álgebra Linear tem muito para distinguí-lo de outros e para recomendá-lo. Anunciado como mistura bem sucedida de teoria e aplicações, é exatamente isso. A riqueza e variedade das aplicações que aborda surpreendem. Na apresentação das aplicações muitas escolhas podem ser feitas, selecionando dentro de um amplo leque oferecido as que mais convêm a uma determinada classe.O texto pressupõe conhecimento, ainda que superficial, de R^n. Não a ponto de barrar alguém de seu uso mas convém que seja precedido de um curso de Geometria Analítica. A partir daí contém material para vários níveis de curso; várias aplicações de nada necessitam como conhecimento prévio.

E salientemos o uso que faz dos recursos da informática. É muito importante que esse recurso passe a fazer parte do equipamento comum na resolução de problemas dos mais variados. Observemos que esse uso teve um preço. Na notação decimal, por exemplo, fomos obrigados a usar tanto a nossa, "com vírgula", como a que as máquinas privilegiam. Usamos mais a em uso entre nós no início mas gradualmente a outra prepondera.

Profª Elza F. Gomide

Prefácio

Este livro aborda o assunto da álgebra linear com uma mistura de idéias computacionais e teóricas. Os estudantes que se iniciam neste material vão de calouros talentosos a estudantes de pós-graduação em outras áreas, particularmente ciência, economia e engenharia. Supõe-se que a maioria dos estudantes que tomam este curso tenham uma seqüência básica de três semestres de cálculo e talvez até uma introdução a equações diferenciais. Esta suposição é em grande parte motivada pela maturidade matemática obtida com esta formação, mais do que por qualquer material específico que esteja sendo suposto, embora alguns exemplos e aplicações possam ser baseados nesse material. Alguma coisa sobre equações diferenciais é tratada aqui como aplicação do material sobre autovalores e autovetores.

A expectativa é que o livro sirva tanto a estudantes de matemática quanto a estudantes em outras áreas como ciências, economia e engenharia que usem álgebra linear. Sua característica principal é o modo pelo qual trata a interação entre aspectos computacionais e aspectos teóricos do material. Tentamos fazer cada aspecto reforçar o outro e mostrar ao estudante uma visão equilibrada de ambas as áreas, necessária para que desenvolva um bom entendimento da álgebra linear. Em particular um conhecimento aprofundado da eliminação gaussiana básica é usado repetidamente para desenvolver e ilustrar conceitos teóricos. De outro lado aplicamos repetidamente a teoria para resolver problemas computacionais.

Um aspecto de nossa abordagem é que tratamos muitos tópicos da teoria de matrizes como casos especiais de enunciados sobre transformações lineares. Por exemplo, os teoremas principais relativos à resolução do problema de autovalor-autovetor são tratados conceitualmente em termos de transformações lineares e depois os resultados são aplicados a tipos específicos de matrizes, tais como matrizes simétricas. De outro lado damos uma abordagem completamente matricial a certos resultados quando nos parece que esta linha fornece o modo mais fácil de compreender o resultado, e depois mostramos o que isto significa em termos de transformações lineares.

Nosso ponto de vista quanto à computação é que a maior parte dos cálculos em última instância terminarão sendo feitos usando algum tipo de programa de computador. Achamos importante que o estudante tenha experiência de trabalho com computações, mesmo que isto signifique apenas o uso de calculadora com capacidades substanciais. Para este livro fornecemos materiais suplementares para cada um dos programas MATLAB, Maple, e Mathematica. Estes materiais estão na forma de labs que são pensados para ajudar o estudante a usar eficazmente esses programas, bem como para reforçar o material principal do texto.

Embora não seja absolutamente necessário usar um desses programas (ou outro programa similar) em conjunção com o livro, recomendamos que isto seja feito. Recomendamos que depois de gastar algum tempo trabalhando sobre alguns pequenos problemas manualmente para desenvolver a compreensão dos vários algoritmos, o estudante use algum desses programas para fazer efetivamente o trabalho computacional. Isto também facilita que o estudante gaste mais tempo focalizando os aspectos conceituais do curso. Encorajamos especialmente os estudantes a usar o computador para verificar suas respostas aos exercícios. O livro inclui uma pequena dose de código MATLAB, bem como vários gráficos que foram preparados usando MATLAB Handle Graphics ™. Handle Graphics é a marca registrada de The MathWorks, Inc.

Os exercícios fornecem uma parte essencial do livro. Há dois tipos de exercícios. O primeiro é constituído de exercícios dentro de cada seção, que chamamos Exercícios Incluídos. A intenção é que o estudante tente fazer a maior parte deles, e eles fornecem um foco para discussão em classe. Em minha própria classe eu gasto uma parte significativa do tempo em discussão enfocando esses

X Prefácio

exercícios. Respostas a todos eles são fornecidas no apêndice. Mesmo que um desses exercícios não seja trabalhado, o estudante deveria lê-lo e sua solução, pois seções posteriores podem referir-se a material contido nos exercícios. Em particular, muitas verificações rotineiras são deixadas para estes exercícios.

O segundo tipo de exercício ocorre constituindo a seção final de cada capítulo. Estes exercícios variam em nível de computações rotineiras a problemas teóricos razoavelmente difíceis. Para estes não são fornecidas respostas e a intenção é que sirvam para trabalhos escritos exigidos e corrigidos. Espera-se que o estudante disponha de instrumentos computacionais como MATLAB, MAPLE ou Mathematica ao trabalhar com ambos os tipos de exercício. Tipicamente eu posso pôr algumas restrições quanto ao uso destes instrumentos para certos exercícios exigidos dos estudantes, para ter a certeza de que o estudante domine os algoritmos básicos apresentados em classe.

O texto contém um certo número de seções dedicadas a aplicações da álgebra linear. Todas elas são opcionais, embora recomendemos que pelo menos umas poucas delas sejam incluídas no curso. Em vez de colocá-las no fim do texto nós as colocamos nos pontos em que sentimos que seria mais natural apresentá-las. Há mais material no texto do que pode ser coberto confortavelmente num semestre num primeiro curso. Por esta razão recomendo que as seções de aplicação sejam cobertas seletivamente se se quiser cobrir todo o leque de material conceitual no curso. Um curso alternativo com ênfase nas aplicações poderia concentrar-se principalmente no quatro primeiros capítulos, dando apenas o suficiente sobre o Teorema Espectral no Capítulo 5 para permitir a discussão de algumas aplicações.

ORGANIZAÇÃO POR CAPÍTULO

O Capítulo 1 discute a álgebra matricial básica envolvida na resolução de sistemas de equações lineares. Isto é formulado em termos da equação matricial básica $A\mathbf{x} = \mathbf{b}$. Discutimos completamente o algoritmo de eliminação gaussiano para resolver esta equação. Então nós interpretamos em termos de matrizes elementares e aplicamos essa idéia à discussão de inversas de matrizes. O tópico de determinantes é também desenvolvido nesse capítulo. Embora o capítulo seja longo, a maior parte de sua extensão resulta de serem dados muitos exemplos detalhados da eliminação gaussiana. As duas últimas seções do capítulo são opcionais. A Seção 8 dá uma breve discussão de algumas questões computacionais na resolução de equações num computador. A Seção 9 introduz brevemente aplicações da eliminação gaussiana a um modelo de Leontief aberto input - output e a circuitos elétricos simples - estes tópicos são revisitados em capítulos posteriores. Muitos estudantes já foram expostos a idéias deste capítulo. Nossa abordagem é suficientemente diferente de outras, e conceitos tais como matrizes elementares e decomposições $0A = R$ são usadas em capítulos posteriores de modo que este capítulo deve ser coberto, ainda que rapidamente, por todos os estudantes.

O Capítulo 2 fornece uma introdução às idéias conceituais principais na álgebra linear. Isto envolve os conceitos básicos de espaço vetorial e transformações lineares. Fornecemos copiosos exemplos para ilustrar cada novo conceito introduzido. Nosso trabalho sobre álgebra de matrizes é usado tanto para fornecer métodos para provar teoremas quanto para fornecer exemplos ilustrativos quanto a esses conceitos. Em particular o espaço de anulamento e a imagem tanto de uma matriz A quanto de sua transposta A^t desempenham papel crucial. Um tema básico do capítulo é a interação entre conceitos teóricos e métodos computacionais. O capítulo termina com uma seção opcional que aplica o material dos dois primeiros capítulos à teoria elementar dos grafos, onde o tópico de circuitos elétricos é reencontrado.

O Capítulo 3 introduz a noção de produto interno que é simplesmente a generalização apropriada do produto escalar em espaços euclidianos. Isto se relaciona com a resolubilidade de $A\mathbf{x} = \mathbf{b}$. O

Organização por capítulo, Suplementos **xi**

algoritmo de Gram-Schmidt para fornecer uma base ortonormal é discutido, bem como uma decomposição $A = QR$ de matrizes a ele relacionada. A solução por mínimos quadrados de $A\mathbf{x} = \mathbf{b}$ é também discutida e aplicada à análise de dados. Finalmente, o capítulo termina com uma discussão da decomposição por valor singular e pseudoinversa, levando à introdução do problema de autovalor-autovetor.

Nos Capítulos 4 e 5 o problema de autovalor-autovetor é estudado e aplicado a uma variedade de problemas. O Capítulo 4 começa por discutir o problema de autovalor-autovetor e sua interpretação em termos de diagonalizabilidade. A Seção 3 dá uma discussão de números complexos e espaços vetoriais complexos que é essencial para análise completa quando existem autovalores complexos. O capítulo termina com duas seções de aplicações opcionais mais longas. A primeira cobre equações de diferenças, com ênfase especial sobre cadeias de Markov e relações de recorrência. A segunda cobre tópicos sobre equações diferenciais. O foco dessas aplicações está em ressaltar o papel da análise de autovalor-autovetor.

O Capítulo 5 tem por foco o Teorema Espectral, que é dado numa variedade de formas úteis. Este teorema é então aplicado a várias aplicações diversas. Estas incluem a decomposição por valor singular, e pseudoinversa, e aplicações à geometria, tanto para compreensão de matrizes ortogonais quanto para estudar a geometria das soluções de equações quadráticas. Também aplicações ao Cálculo são discutidas.

O Capítulo 6 discute outras formas normais para formas quadráticas e para matrizes quadradas gerais. A primeira seção dá uma prova, que se relaciona de perto com o algoritmo de eliminação gaussiana discutida no Capítulo 1, de que uma matriz simétrica é congruente a uma matriz diagonal com elementos diagonais ± 1 e 0. Critérios para uma matriz ser positiva definida são dados e há uma prova da lei de inércia de Sylvester. A segunda seção discute a forma canônica de Jordan de uma matriz do ponto de vista de uma transformação linear. Isto é então usado para dar soluções de equações diferenciais quando a matriz envolvida não é diagonalizável.

O apêndice dá as soluções de todos os exercícios embutidos no texto.

SUPLEMENTOS

Como mencionamos acima há suplementos disponíveis da Wiley para uso do MATLAB, Maple ou Mathematica em conjunção com o texto. Descreveremos o suplemento MATLAB em detalhe. Os outros dois suplementos são baseados no suplemento MATLAB e têm estrutura semelhante. O suplemento MATLAB tem por título Labs MATLAB para álgebra linear. Consiste de 13 labs, que estão ligados de perto com a apresentação no texto. Depois de um lab inicial, que introduz os aspectos básicos do MATLAB, todos os demais apresentam os aspectos relevantes do MATLAB para usá-lo como instrumento eficiente para compreender conceitos de álgebra linear e resolver problemas. Primeiro é dito quais comandos pôr como input no MATLAB através de exemplos, e depois perguntas serão feitas sobre output bem como postos problemas semelhantes aos exercícios do texto usando MATLAB. Estes labs usam software de ensino que usam a mesma notação do texto. Está disponível através de The MathWorks, Inc. ou diretamente do autor. Estes labs podem ser usados numa seção separada de laboratórios da classe, como trabalho de casa ou independentemente. Recomendamos altamente que se use uma das versões destes labs, pois permite ao estudante aprender facilmente como usar instrumentos de software no estudo de álgebra linear, e pode liberar tempo de classe para ser usado em dominar os conceitos subjacentes, em vez de trabalhar manualmente cálculos que é melhor deixar para o computador.

xii Prefácio

AGRADECIMENTOS

Todo livro é fortemente influenciado por idéias de muitos livros que o precederam. No meu caso dois livros tiveram influência particularmente forte na minha concepção final sobre como melhor apresentar as idéias da álgebra linear a grupos diversos de estudantes que a enfrentam. O primeiro foi o de meu orientador de dissertação, Hans Samelson, cujo tratamento dá ênfase a uma abordagem conceitual dos espaços vetoriais e transformações lineares. O segundo foi o de Gilbert Strang, cujo tratamento dava ênfase a uma abordagem por matrizes com aspectos computacionais tais como importantes decomposições de matrizes. Enquanto desenvolvia uma abordagem balanceada dando ênfase a interrelações dos aspectos mais importantes de cada tratamento, tornou-se facilmente disponível importante user-friendly software, o que tornou mais factível esta nova abordagem. No meu caso o software preferido é MATLAB, mas outros pacotes podem também ser usados. Este software tornou possível gastar menos tempo em cálculos rotineiros e ilustrar idéias-chave tanto do aspecto teórico quanto do computacional do assunto, bem como suas interrelações.

Usei formas preliminares deste livro em cursos enquanto o desenvolvia durante quase 10 anos. Estas formas preliminares começaram como notas extensas para suplementar outros textos e se desenvolveram num livro completo preparado em AMS-LATEX. Durante os últimos anos outros colegas em Tulane também usaram estas formas preliminares e me deram úteis sugestões para seu aperfeiçoamento. Estes foram Lisa Fauci, Laszlo Fuchs, Ronald Knill, Victor Moll, Frank Quigley, Steve Rosencrans e Dagang Yang. Também um bom número de estudantes de pós-graduação em Tulane que serviram como professores assistentes aqui usando as versões preliminares deram sugestões que quero reconhecer: Dean Bottino, George Boros, Ken Brumer, Mike Cusak, Earl Packard e Jeff Seifert. Talvez a mais forte fonte de sugestões tenha sido dos muitos estudantes em Tulane que usaram este livro e a quem desejo agradecer pelo auxílio, particularmente os que agüentaram suas toscas manifestações primitivas. Também quero agradecer a ajuda incalculável dos elementos do Departamento de Matemática de Tulane: Geralyn Caradona, Susan Lam e Meredith Mickel. O desenvolvimento do livro recebeu valiosa contribuição dos que opinaram sobre o livro: Robert L. Borelli, Harvey Mudd College, Ken W. Bosworth, Idaho State University, Jim Bruening, Southeast Missouri State University, Carl C. Cowen, Purdue University, Richard H. Elderkin, Pomona College, Sidney Graham, Michigan Technological University, Lynn Kiser, Rose-Hulman Institute of Technology, Stanley O. Kochman, York University, Ana M. Mantilla, University of Arizona, Steven C. McKelvey, Saint Olaf College, Frank D. Quigley, Tulane University, William W. Smith, University of Noth Carolina, e Avi Vardi, Drexel University.

Gostaria também de agradecer ao pessoal editorial e de produção na Wiley envolvido com o livro, com agradecimentos especiais a Barbara Holland, Cindy Rhoads e Ingrao Associates, que cuidaram do processo de produção.

Finalmente quero agradecer à minha mulher Barbara e às filhas Amy e Katherine por seus apoios, encorajamento e amor enquanto eu trabalhava neste livro.

Lista de figuras

1.1 Adição e multiplicação por escalar de vetores
1.2 Planos paralelos
1.3 Solução homogênea e solução geral
1.4 Área do paralelogramo
1.5 Mudança de variáveis
1.6 Circuito para o Exemplo 1.9.2
1.7 Circuito para o Exercício 1.9.4
1.8 Circuito para o Exercício 1.9.5
1.9 Circuito 10.110
1.10 Circuito 10.111
2.1 Imagem de triângulo sob L_A
2.2 Imagem de círculo sob L_A
2.3 Imagem de triângulos sob reflexão por eixo-x
2.4 Imagem de triângulos sob reflexão por $x = 2y$
2.5 Imagem de triângulo sob rotação de $\pi/3$
2.6 Exemplos de grafos orientados
2.7 Dígrafo para o Exemplo 2.8.1
2.8 Grafos para o Exercício 2.8.1
2.9 Grafos para o Exercício 2.8.2
2.10 Grafos orientados para o Exemplo 2.8.2
2.11 Grafo para o Exemplo 2.8.3
2.12 Grafos para os Exercícios 2.9.118 - 2.9.127
3.1 Lei dos co-senos
3.2 Algoritmo de Gram-Schmidt
3.3 Reflexão pela reta contendo $\mathbf{u}$
3.4 Reflexão permutando $\mathbf{v}$ e $\mathbf{w}$
3.5 Reflexão enviando $\mathbf{x}$ em $-\|\mathbf{x}\| \, \mathbf{e}_1$
3.6 Subespaços fundamentais para $m = 2, n = 3, \ p = 1$
3.7 A reta de regressão para o Exemplo 3.5.1
3.8 A melhor aproximação quadrática para f
3.9 Aproximações de Fourier para g
4.1 Adição complexa
4.2 Multiplicação complexa
4.3 O círculo unitário no plano complexo
5.1 Exemplo 5.5.4, $2u^2 - v^2 = 1$
5.2 Exemplo 5.5.5, $2(u + 1/\,4)^2 + 3v = 17/16$
A.1 Solução de 2.8.3
A.2 Solução de 2.8.4
A.3 Solução de 5.5.4
A.4 Solução de 5.5.5(b)
A.5 Solução de 5.5.6: $(u + 1)^2 + v = 2$

1

Álgebra de matrizes

1.1 ACHAR A SOLUÇÃO GERAL DE UMA EQUAÇÃO A n INCÓGNITAS

Começaremos por aprender o algoritmo gaussiano de eliminação para resolver a equação matricial $A\mathbf{x} = \mathbf{b}$. Antes, porém precisamos introduzir algumas definições básicas sobre matrizes e relacionar matrizes com equações lineares. Por uma única equação linear entendemos uma equação da forma

$$a_1 x_1 + \cdots + a_n x_n = \mathbf{b}$$

Aqui os x_i são chamados as **variáveis**, e os números a_i são chamados os **coeficientes** da equação. Os x_i determinam um ponto $\mathbf{x} = (x_1,...,x_n)$ do n-espaço euclidiano $\mathbb{R}^n$ assim como também os coeficientes $a = (a_1, ..., a_n)$. Um ponto de $\mathbb{R}^n$ é chamado **vetor** de $\mathbb{R}^n$. Nossa convenção será denotar os vetores em negrito para distinguí-los dos números reais, que chamaremos de **escalares**. Quando $n = 3$ o espaço em que nossas soluções se encontram será o 3-espaço usual.

Em $\mathbb{R}^n$ há duas operações sobre vetores, adição e multiplicação por escalar. Para somar dois vetores simplesmente somamos suas coordenadas.

$$(x_1, ..., x_n) + (y_1, ..., y_n) = (x_1 + y_1, ..., x_n + y_n)$$

Efetuamos a multiplicação por escalar multiplicando cada coordenada do vetor pelo escalar:

$$c\,(x_1, ..., x_n) = (cx_1, ..., cx_n)$$

Por exemplo,

$$(2, 3, 1, 4) + (2, -1, 0, -3) = (4, 2, 1, 1), \quad 3\,(2, 3, 1, 4) = (6, 9, 3, 12)$$

Ilustramos essas operações na Figura 1.1.

Para dois vetores $\mathbf{a} = (a_1, ..., a_n)$, $\mathbf{x} = (x_1,...,x_n)$ em $\mathbb{R}^n$, existe o **produto escalar**, denotado por $\langle \mathbf{a}, \mathbf{x} \rangle$,

$$\langle \mathbf{a}, \mathbf{x} \rangle = a_1 x_1 + \cdots + a_n x_n$$

A equação $a_1 x_1 + \cdots + a_n x_n = b$ é simplesmente a equação que diz que o produto escalar dos vetores **a** e **x** é o número b. No cálculo de várias variavéis mostra-se que o produto escalar está relacionado com os conceitos geométricos de comprimento e ângulo. O produto escalar de um vetor por ele mesmo dá o quadrado do comprimentos do vetor:

$$\langle \mathbf{x}, \mathbf{x} \rangle = x_1^2 + \cdots + x_n^2 = \|\mathbf{x}\|^2$$

Aqui estamos denotando o comprimento de **x** por $\|\mathbf{x}\|$. O ângulo θ entre dois vetores é dado por

$$\langle \mathbf{x}, \mathbf{y} \rangle = \|\mathbf{x}\| \|\mathbf{y}\| \cos \theta$$

Esta fórmula resulta de aplicar a lei dos co-senos ao triângulo de lados **x**, **y**, **x** − **y**. A condição de perpendicularismo entre dois vetores é pois dada por

$$\mathbf{x} \perp \mathbf{y} \text{ see } \langle \mathbf{x}, \mathbf{y} \rangle = 0$$

Ao resolver $a_1 x_1 + \cdots + a_n x_n = b$ pensamos em **a** e b como dados e tentamos resolver para todos tais vetores **x**. Se **a** não é o vetor **0** e $b = 0$, então a solução é o que chamamos de hiperplano em geometria. Para $n = 3$, será simplesmente o plano pela origem cujo vetor normal é o vetor **a**. Para $n = 2$, será a reta pela origem que tem **a** como vetor normal. Se b não for zero, o plano e reta envolvidos serão paralelos aos dados quando $b = 0$. Por exemplo,

$$2x + 3y - 4z = 0$$

descreve um plano pela origem no 3-espaço com vetor normal $(2, 3, -4)$. Se olharmos para as soluções da equação

$$2x + 3y - 4z = 2$$

elas formam um plano que é paralelo ao plano precedente. Dois planos paralelos estão ilustrados na Figura 1.2.

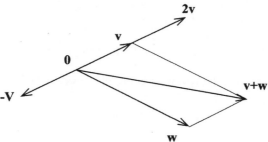

Figura 1.1. Adição e multiplicação por escalar de vetores

Como cada um destes planos contém infinitos pontos, existe um número infinito de soluções para cada uma dessas equações. Queremos descrever todas as soluções de modo eficiente, e isto nos levará a algumas das definições básicas na teoria dos espaços vetoriais. Por enquanto, porém, vamos observar que a primeira equação tem a propriedade que, se tivermos alguma solução e multiplicarmos cada uma de suas coordenadas por um escalar, então obteremos ainda uma solução. Por exemplo, $(x, y, z,) = (3, -2, 0)$ é uma solução assim como $c\,(3, -2, 0)$ para qualquer número real c. Pois

$$\langle \mathbf{a}, c\,(3,-2,0)\rangle = c\,\langle \mathbf{a}, (3,-2,0)\rangle = c\,(0) = 0$$

Ainda mais, se tomarmos duas soluções como (3, –2,0) e (2, 0, 1) e as somarmos, obtendo o vetor (5, –2, 1), é fácil verificar que esta é também uma solução. Estas duas afirmações dependem do fato de

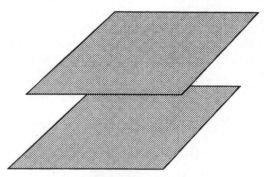

Figura 1.2. Planos paralelos

serem satisfeitas pelo produto escalar as seguintes **propriedades de linearidade** para vetores **a**, **v**, **w** e número real c arbitrários :

$$\langle \mathbf{a}, \mathbf{v} + \mathbf{w}\rangle = \langle \mathbf{a}, \mathbf{v}\rangle + \langle \mathbf{a}, \mathbf{w}\rangle$$
$$\langle \mathbf{a}, c\mathbf{v}\rangle = c\,\langle \mathbf{a}, \mathbf{v}\rangle$$

Isto implica que se **v** e **w** são soluções (e então $\langle \mathbf{a}, \mathbf{v}\rangle = 0 = \langle \mathbf{a}, \mathbf{w}\rangle$) também **v** + **w** e $c\mathbf{v}$ são soluções.

Dados dois vetores **v** e **w** e dois números c, d, podemos formar um novo vetor $c\mathbf{v} + d\mathbf{w}$ que é dito uma **combinação linear** de **v** e **w**. Qualquer combinação linear $c\mathbf{v} + d\mathbf{w}$ de duas soluções será uma solução. As duas equações podem então ser combinadas para mostrar que

$$\langle \mathbf{a}, c\mathbf{v} + d\mathbf{w}\rangle = c\,\langle \mathbf{a}, \mathbf{v}\rangle + d\,\langle \mathbf{a}, \mathbf{w}\rangle = c\,(0) + d\,(0) = 0$$

Mostraremos mais tarde que toda solução é uma combinação linear

$$c\,(3,-2,0) + d\,(2, 0, 1)$$

das duas soluções. As soluções formam um plano passando pela origem que é determinado por esses dois vetores.

Para ver como podemos chegar à forma geral da solução, passaremos os termos envolvendo as variáveis y e z para o segundo membro e resolveremos para x em termos destas. Chamaremos y e z de variáveis livres e x de variável básica. O único fato usado ao escolher x como básica é que o coeficiente de x é diferente de zero; neste exemplo particular poderíamos ter resolvido para y ou z da mesma forma. Obtemos $2x = -3y + 4z$, ou $x = -1{,}5y + 2z$. Podemos agora escrever nossa solução

$$(x, y, z) = (-1{,}5y + 2z, y, z) = y\,(-1{,}5, 1, 0) + z\,(2, 0, 1)$$

e assim vemos que toda solução é combinação linear das duas soluções $(-1{,}5, 1, 0)$ e $(2, 0, 1)$. Como $(-1{,}5, 1, 0) = -0{,}5\,(3, -2, 0)$ isto também estabelece que todas as soluções são combinações lineares das duas soluções $(3, -2, 0)$ e $(2, 0, 1)$, como tínhamos dito antes. Quando discutirmos independência

4   Capítulo 1

linear mais adiante, mostraremos também que estas duas soluções são linearmente independentes. Isso significa que não há modo de escrever a solução geral como múltiplos de um único vetor (geometricamente isto significa que o espaço de solução não é uma reta). Note-se que a solução $(-1,5, 1, 0)$ corresponde a tomar para as variáveis livres $(y, z) = (1, 0)$ e resolver para x. Analogamente a solução $(2, 0, 1)$ resulta de tomarmos $(y, z) = (0, 1)$ e resolvermos para x.

Agora olhemos a equação $2x + 3y -4z = 2$. Um modo de obtermos uma solução disto consiste em atribuir o valor 0 às variáveis livres y e z resolver para $x = 1$, o que dá a solução $(1, 0, 0)$. Se (x, y, z) é qualquer outra solução desta equação podemos verificar que a linearidade do produto escalar implica que a diferença $(x, y, z) - (1, 0, 0)$ é solução da equação (homogênea associada)

$$\langle \mathbf{a}, \mathbf{v} \rangle = 0$$

Mas já conhecemos todas as solução desta equação, assim

$$(x, y, z) - (1, 0, 0) = y\,(-1,5, 1, 0) + z\,(2, 0, 1)$$

Isto dá a solução geral

$$(x, y, z) = (1, 0, 0) + y\,(-1,5; 1, 0) + z\,(2, 0, 1)$$

É claro que poderíamos ter partido da equação $2x + 3y - 4z = 2$, passado para o segundo membro os termos em y e z, resolvido para $x = 1 - 1,5y + 2z$, e depois escrever $(x, y, z) = (1 - 1,5y + 2z, y, z)$ que se decompõe na combinação precedente. A forma $(1, 0, 0) + y\,(- 1,5, 1, 0) + z\,(2, 0, 1)$ torna mais explícito que $(1, 0, 0)$ é uma solução (dita **solução particular**) encontrada atribuindo o valor 0 a cada uma das variáveis livres y e z e que todas as outras soluções aparecem quando se adicionam combinações lineares das duas soluções $(-1,5, 1, 0)$ e $(2, 0, 1)$ da equação homogênea associada. Estas duas soluções são encontradas fazendo as variáveis livres (y, z) iguais a $(1, 0)$ e $(0, 1)$, respectivamente, na resolução da equação homogênea associada.

Podemos formular um algoritmo para escrever a solução geral de uma equação em n variáveis baseado no que precede. Informalmente, o que faríamos seria escolher uma das variáveis que tenha coeficiente não nulo para ser a variável básica e chamar todas as outras de variáveis livres. Para ter um processo definido escolheremos como variável básica a primeira cujo coeficiente é não nulo na equação. Então subtraímos de cada membro da equação os termos envolvendo as variáveis livres, para obter uma nova equação que expressa um múltiplo da variável básica em termos das livres. Agora dividimos ambos os membros pelo coeficiente da variável básica, assim resolvendo para a variável básica em termos das livres. Finalmente substituimos esta expressão para a variável básica no vetor $\mathbf{x} = (x_1, \ldots, x_n)$ obtendo $\mathbf{x}$ em termos das variáveis livres. Quando as variáveis livres são todas postas iguais a zero obtém-se uma solução chamada solução particular. Separando esta no segundo membro e decompondo os termos restantes como combinação linear em que os coeficientes são as variáveis livres obtém-se a solução geral escrita na forma

$$\mathbf{x} = \mathbf{v}_0 + c_1 \mathbf{v}_1 + \cdots + c_k \mathbf{v}_k$$

Aqui ,$\mathbf{v}_0$ é uma solução particular encontrada pondo todas as variáveis livres iguais a zero, $k = n - 1$, e $\mathbf{v}_i$ é a solução da equação homogênea associada (que resulta de substituir b por 0) encontrada fazendo a i–ésima variável livre igual a 1, as demais iguais a zero e então resolvendo para a variável básica. Os coeficientes c_i aparecerão como as variáveis livres neste método, mas o fato importante é que são números reais arbitrários.

Achar a solução geral de uma equação a n incógnitas **5**

Olhemos alguns outros exemplos.

■ *Exemplo 1.1.1* Consideremos a equação $5x - 4y + z = 3$. Como o coeficiente de x não é zero, servirá como variável básica. Reescrevemos a equação como $5x = 3 + 4y - z$. Dividimos por 5 para resultar $x = 0,6 + 0,8y - 0,2z$. Assim a solução é

$$(x, y, z) = (0,6 + 0,8y - 0,2z, y, z) = (0,6, 0, 0) + y\,(0,8, 1, 0) + z\,(-0,2, 0, 1)$$

A solução particular obtida com todas as variáveis livres iguais a 0 é $(0,6, 0, 0)$, e a solução da equação homogênea associada $5x - 4y + z = 0$ é a combinação linear geral das soluções $(0,8, 1, 0)$ e $(-0,2, 0, 1)$, cada uma das quais pode ser achada fazendo uma das variáveis livres igual a 1 e as outras iguais a 0, e então resolvendo para a variável básica x. ■

■ *Exemplo 1.1.2* Consideremos a equação nas cinco variáveis $x_1, \ldots, x_5$ dada por

$$2x_2 - 3x_4 + x_5 = 6$$

Então tomamos x_2 como variável básica e as demais como livres. Resolvemos

$$2x_2 = 6 + 3x_4 - x_5$$
$$x_2 = 3 + 1,5x_4 - 0,5x_5$$

Então

$$\mathbf{x} = (x_1, 3 + 1,5x_4 - 0,5x_5, x_3, x_4, x_5)$$
$$= (0, 3, 0, 0, 0) + x_1\,(1, 0,0, 0, 0) + x_3\,(0, 0, 1, 0, 0)$$
$$+ x_4\,(0, 1,5, 0, 1, 0) + x_5\,(0, -0,5, 0, 0, 1)$$

Assim escrevemos a solução como soma da solução particular $(0, 3, 0, 0, 0)$ e da solução geral do problema homogêneo associado. Esta última é uma combinação linear geral de quatro soluções, uma para cada variável livre. Cada uma é encontrada na equação homogênea fazendo aquela variável livre igual a 1, as outras livres iguais a 0, e então resolvendo para a variável básica. ■

Até agora não foi muito difícil resolver uma única equação em n variáveis. Há um caso, que pode parecer muito trivial agora mas que surgirá mais adiante, e que deixamos de lado. É o caso em que o vetor $\mathbf{a}$ é o vetor zero. Então nossa equação toma a forma $\langle \mathbf{0}, \mathbf{x} \rangle = b$. Isto não tem solução a não ser que $b = 0$; e então qualquer $\mathbf{x}$ é a solução. Vamos resumir a discussão até este ponto.

Consideremos a equação

$$\langle \mathbf{a}, \mathbf{x} \rangle = a_1 x_1 + \cdots + a_n x_n = b$$

■ **Caso 1.** $\mathbf{a}$ não é o vetor zero.
A solução geral é a da forma

$$\mathbf{v}_0 + c_1 \mathbf{v}_1 + \cdots + c_k \mathbf{v}_k$$

onde $k = n-1$, os c_i são escalares arbitrários. A primeira variável com coeficiente não nulo é a variável básica, as outras são variáveis livres. $\mathbf{v}_0$ é uma solução encontrada fazendo todas as variáveis livres iguais a 0 e resolvendo para a variável básica. $\mathbf{v}_i$ é a solução da equação homogênea associada que se acha fazendo a i-ésima variável livre igual a 1, as demais livres iguais a 0, e resolvendo para a variável básica.

6   Capítulo 1

■ **Caso 2.** $\mathbf{a} = \mathbf{0}$, b não é igual a 0.
Então não há solução.
■ **Caso 3.** $\mathbf{a} = \mathbf{0}$, $b = 0$
Então todo **x** é solução   ■

Exercício 1.1.1_____

Ache a solução geral de cada uma das seguintes equações
  1) $2x - 3y = 5$.
  2) $4y - z = 7$ (as variáveis são x, y, z)
  3) $5x_1 - 4x_3 + x_4 = 1$ (variáveis $x_1, ..., x_5$)

1.2 MATRIZES E SISTEMAS DE EQUAÇÕES

Foi razoalvemente fácil achar a solução de uma única equação linear em n variáveis. Agora queremos reduzir o problema geral de resolver m equações em n incógnitas a uma situação em que possamos aplicar o mesmo tipo de algoritmo para exibir a solução geral. Precisaremos de notações mais complicadas até para escrever o sistema geral de equações. Como há m equações teremos que indexar os vetores que compareçam. Nós os chamaremos $\mathbf{A}_1, ..., \mathbf{A}_m$. Teremos também m segundos membros, que escreveremos como um vetor $\mathbf{b} = (b_1, ..., b_m)$. Então nossas m equações são

$$\langle \mathbf{A}_1, \mathbf{x} \rangle = b_1$$
$$\langle \mathbf{A}_2, \mathbf{x} \rangle = b_2$$
$$\vdots$$
$$\langle \mathbf{A}_m, \mathbf{x} \rangle = b_m$$

Para simplificar nossa expressão para estas equações introduzimos a notação de matriz.

DEFINIÇÃO 1.2.1   Por **matriz** m **por** n de números reais entendemos um arranjo de mn números reais em m linhas e n colunas. Uma matriz 1 por n é também chamada um **vetor linha**, e pode ser identificado com um vetor de $\mathbb{R}^n$. Uma matriz m por n tem m linhas e assim determina m vétores linha, que podem então ser identificados com m vetores de $\mathbb{R}^n$. Analogamente, uma matriz m por 1 é chamada de vetor coluna e pode ser identificada com um vetor de $\mathbb{R}^m$. Uma matriz m por n contém n colunas e assim determina n vetores coluna, isto é, n vetores em $\mathbb{R}^m$.

Por exemplo,

$$(3 \quad 4 \quad 8)$$

é uma matriz 1 por 3,

$$\begin{pmatrix} 1 & 9 & 3 \\ 3 & 2 & 0 \\ 1 & 0 & 8 \end{pmatrix}$$

é uma matriz 3 por 3,

$$\begin{pmatrix} 9 \\ 0 \\ 2 \end{pmatrix}$$

Matrizes e sistemas de equações **7**

é uma matriz 3 por 1, e

$$\begin{pmatrix} 1 & 2 & 3 & 4 & 5 \\ 2 & 3 & 4 & 5 & 6 \\ 3 & 4 & 5 & 6 & 7 \end{pmatrix}$$

é matriz 3 por 5.

Vetores linha (vetores coluna) podem ser somados adicionando as coordenadas correspondentes (isto é identificando-os com vetores de $\mathbb{R}^n$ ($\mathbb{R}^m$) e efetuando a adição usual de vetores ali. Também podemos multiplicar um vetor (linha ou coluna) por um escalar, multiplicando cada coordenada por esse escalar.

Vamos introduzir alguma notação relativa a matrizes.

DEFINIÇÃO 1.2.2 O elemento de uma matriz que está na i-ésima linha e j-ésima coluna é chamado o ij-**elemento** da matriz. Se a matriz tem o mesmo número de colunas e linhas ela é dita **quadrada**. Duas matrizes m por n A, B podem ser somadas adicionando elementos correspondentes: se $C = A + B$, então $c_{ij} = a_{ij} + b_{ij}$. Um escalar r pode ser multiplicado por uma matriz m por n multiplicando o escalar por cada elemento da matriz: se $D = rA$, então $d_{ij} = ra_{ij}$. Estas operações sobre matrizes são consistentes com as operações sobre os vetores linha e coluna dadas acima.

Por exemplo, o elemento 12 de

$$A = \begin{pmatrix} 2 & 3 & -1 \\ 1 & 0 & 1 \\ 3 & 1 & -1 \\ 0 & 2 & 1 \end{pmatrix}$$

é 3 e o elemento 21 é 1.

Se denotarmos a matriz toda por A então denotaremos suas linhas por $\mathbf{A}_1, ..., \mathbf{A}_m$ e suas colunas por $\mathbf{A}^1, ..., \mathbf{A}^n$. Note-se que quando temos m equações em n incógnitas podemos construir uma matriz m por n, que é chamada a **matriz dos coeficientes** do sistema, de modo que os vetores $\mathbf{A}_1, ...,$ $\mathbf{A}_m$ que aparecem nas equações são as linhas dessa matriz. Também o vetor $\mathbf{b}$ formado com os segundos membros pode ser visto como vetor coluna. Agora descrevemos como multiplicar uma matriz por um vetor de modo que nossas equações possam ser escritas como $A\mathbf{x} = \mathbf{b}$. Primeiro descrevemos como multiplicar um vetor linha 1 por n, $\mathbf{a}$, por um vetor coluna n por 1, $\mathbf{x}$. Simplesmente identificamos cada um com o correspondente vetor de $\mathbb{R}^n$ e efetuamos o produto escalar. Por exemplo

$$(2 \quad 1 \quad 3) \begin{pmatrix} 2 \\ -9 \\ 2 \end{pmatrix} = \langle (2, 1, 3), (2, -9, 2) \rangle = 4 - 9 + 6 = 1$$

De modo geral

$$\mathbf{a}\mathbf{x} = (a_1 \ ... \ a_n) \begin{pmatrix} x_1 \\ \mathrm{M} \\ x_n \end{pmatrix} = \langle \mathbf{a}, \mathbf{x} \rangle = a_1 x_1 + \cdots + a_n x_n$$

Quando multiplicamos uma matriz m por n por um vetor coluna n por 1, o resultado deve ser um vetor coluna m por 1. Assim, ele tem m coordenadas e a i-ésima é achada multiplicando a i-ésima linha da matriz (olhada como vetor linha) pelo vetor coluna dado. Por exemplo, se multiplicamos a

8 Capítulo 1

matriz

$$A = \begin{pmatrix} 2 & 3 & -1 \\ 1 & 0 & 1 \\ 3 & 1 & -1 \\ 0 & 2 & 1 \end{pmatrix}$$

pelo vetor coluna $\mathbf{x} = \begin{pmatrix} 1 \\ 2 \\ -1 \end{pmatrix}$ o resultado é um vetor coluna

$$A\mathbf{x} = \begin{pmatrix} \mathbf{A}_1\mathbf{x} \\ \mathbf{A}_2\mathbf{x} \\ \mathbf{A}_3\mathbf{x} \\ \mathbf{A}_4\mathbf{x} \end{pmatrix} = \begin{pmatrix} 9 \\ 0 \\ 6 \\ 3 \end{pmatrix}$$

Como outro exemplo

$$\begin{pmatrix} 2 & 4 & 5 & -2 \\ 1 & 0 & -2 & 1 \end{pmatrix} \begin{pmatrix} 1 \\ 2 \\ 0 \\ 2 \end{pmatrix} = \begin{pmatrix} 6 \\ 3 \end{pmatrix}$$

Assim um sistema de m equações lineares em n incógnitas pode sempre ser reescrito como uma equação matricial. Para a matriz A dada logo antes, as equações correspondentes à equações matricial

$$A\mathbf{x} = \begin{pmatrix} 9 \\ 0 \\ 6 \\ 3 \end{pmatrix}$$

são

$$\begin{array}{rrrl} 2x_1 + 3x_2 & - x_3 & = 9 \\ x_1 & + x_3 & = 0 \\ 3x_1 & + x_2 & - x_3 & = 6 \\ & 2x_2 & + x_3 & = 3 \end{array}$$

e nosso cálculo mostra que uma solução é $\mathbf{x} = \begin{pmatrix} 1 \\ 2 \\ -1 \end{pmatrix}$

DEFINIÇÃO 1.2.3 A matriz n por n que tem o elemento ij igual a 0 se $i \neq j$ e 1 se $i = j$ é chamada a **matriz identidade** de ordem n. É denotada por I (se n é claro) ou I_n se queremos deixar claro qual é sua ordem.

Por exemplo, a matriz I_3 é

$$\begin{pmatrix} 1 & 0 & 0 \\ 0 & 1 & 0 \\ 0 & 0 & 1 \end{pmatrix}$$

Observe que a multiplicação por I leva $\mathbf{x}$ a si mesmo. Assim a solução de $I\mathbf{x} = \mathbf{b}$ é $\mathbf{x} = \mathbf{b}$.

A operação de multiplicar uma matriz por um vetor coluna (que provém simplesmente do produto escalar) satisfaz à propriedade chamada de **linearidade**, que o produto escalar possui. Dada a matriz m por n, A, e dois vetores coluna n por 1, **v** e **w**, então

$$A(\mathbf{v} + \mathbf{w}) = A\mathbf{v} + A\mathbf{w}$$

Também, se c é um escalar qualquer, $A(c\mathbf{v}) = cA\mathbf{v}$. Mais adiante estas duas propriedades integrarão a definição de transformação linear, e diremos que a multiplicação por A é uma transformação linear de $\mathbb{R}^n$ em $\mathbb{R}^m$. Por enquanto apenas descreveremos suas implicações na resolução de $A\mathbf{x} = \mathbf{b}$. Suponhamos que **v**, **w** são duas soluções. Então $A(\mathbf{v} - \mathbf{w}) = A\mathbf{v} - A\mathbf{w} = \mathbf{b} - \mathbf{b} = \mathbf{0}$, onde **0** representa o **vetor zero**, isto é o vetor coluna cujas coordenadas são todas 0.

Assim se **v** é uma solução de $A\mathbf{x} = \mathbf{b}$ e **w** é qualquer outra solução, então $\mathbf{v} = \mathbf{w} + \mathbf{z}$ onde $\mathbf{z} = \mathbf{v} - \mathbf{w}$ é uma solução de $A\mathbf{x} = \mathbf{0}$. Ver a Figura 1.3.

DEFINIÇÃO 1.2.4 A equação $A\mathbf{x} + \mathbf{0}$ associada a $A\mathbf{x} = \mathbf{b}$ chama-se a **equação homogênea associada**.

O problema de achar a solução geral de $A\mathbf{x} = \mathbf{b}$ é equivalente ao de achar uma solução de $A\mathbf{x} = \mathbf{b}$ e a solução geral de $A\mathbf{x} = \mathbf{0}$. Agora vejamos a implicação da linearidade nas soluções de $A\mathbf{x} = \mathbf{0}$. Se **v**, **w** são soluções e se c, d são quaisquer escalares, então

$$A(c\mathbf{v} + d\mathbf{w}) = A(c\mathbf{v}) + A(d\mathbf{w}) = cA\mathbf{v} + dA\mathbf{w} = \mathbf{0} = \mathbf{0} = \mathbf{0}$$

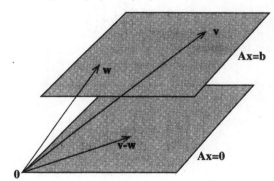

Figura 1.3. Solução homogênea e solução geral

DEFINIÇÃO 1.2.5 A expressão $c\mathbf{v} + d\mathbf{w}$ é chamada uma **combinação linear** dos dois vetores **v** e **w**. Por combinação linear geral de k vetores $\mathbf{v}_1, \ldots, \mathbf{v}_k$ entendemos algo da forma

$$c_1\mathbf{v}_1 + \cdots + c_k\mathbf{v}_k$$

Aqui os c_i são escalares.

Assim combinações lineares de soluções da equação homogênea são também soluções da equação homogênea. A solução geral de $A\mathbf{x} = \mathbf{b}$ virá a ser a soma de uma solução particular e de uma combinação linear geral de algumas soluções da equação homogênea $A\mathbf{x} = \mathbf{0}$. Assim a solução geral será da forma

$$\mathbf{v}_0 + c_1\mathbf{v}_1 + \cdots + c_k\mathbf{v}_k$$

onde $\mathbf{v}_0$ é uma solução particular e cada $\mathbf{v}_i$ é uma solução da equação homogênea associada, para $i = 1, \ldots, k$.

10 Capítulo 1

Exercício 1.2.1

Multiplique o vetor linha $\mathbf{a} = (2 \quad 8 \quad -1)$ pelo vetor coluna $\mathbf{b} = \begin{pmatrix} 4 \\ 6 \\ -1 \end{pmatrix}$

Exercício 1.2.2

Multiplique a matriz $A = \begin{pmatrix} 2 & 8 & -1 \\ 3 & 0 & 1 \\ 0 & 2 & 1 \end{pmatrix}$ pelo vetor $\mathbf{b}$

Exercício 1.2.3

Reescreva o sistema de equações

$$\begin{aligned} 3x + 9y - 2z &= 2 \\ 2x - 2y &= 3 \\ -x + y + 3z &= 0 \end{aligned}$$

como equação matricial

Exercício 1.2.4

Reescreva a equação matricial Ax = $\mathbf{b}$, onde

$$A = \begin{pmatrix} 3 & 4 & 5 \\ 1 & 2 & 1 \end{pmatrix}, \mathbf{b} = \begin{pmatrix} 1 \\ 0 \end{pmatrix}$$

como duas equações em três incógnitas.

Exercício 1.2.5

Suponha

$$A = \begin{pmatrix} 1 & 2 & -1 \\ 2 & 1 & 1 \\ -1 & 1 & 2 \end{pmatrix}, \mathbf{b} = \begin{pmatrix} 1 \\ 3 \\ -1 \end{pmatrix}, \mathbf{c} \begin{pmatrix} 3 \\ 1 \\ 1 \end{pmatrix}$$

Calcule $A\mathbf{c}$, $A(\mathbf{b} + \mathbf{c})$, $A\mathbf{b} + A\mathbf{c}$. Calcule $5\mathbf{b} - 3\mathbf{c}$ e mostre que $A(5\mathbf{b} - 3\mathbf{c}) = 5A\mathbf{b} - 3A\mathbf{c}$.

1.3 RESOLUÇÃO DE SISTEMAS EM FORMA REDUZIDA

Para entender melhor o motivo para o procedimento de eliminação gaussiana para resolver sistemas de equações, olharemos primeiro alguns sistemas fáceis de resolver em termos de nosso métodos para resolver uma equação

■ *Exemplo 1.3.1* O primeiro sistema que consideramos é

$$\begin{aligned} x + y + 3w &= 2 \\ z - 2w &= 1 \end{aligned}$$

Em termos de matrizes corresponde à equação matricial $A\mathbf{v} = \mathbf{b}$, onde

Resolução de sistemas em forma reduzida **11**

$$A = \begin{pmatrix} 1 & 1 & 1 & 3 \\ 0 & 0 & 1 & -2 \end{pmatrix}, \mathbf{v} = \begin{pmatrix} x \\ y \\ z \\ w \end{pmatrix}, \mathbf{b} = \begin{pmatrix} 2 \\ 1 \end{pmatrix}$$ ∎

Note que o primeiro coeficiente não nulo de cada equação é 1 e a variável envolvida não aparece na outra equação. Chamaremos estas variáveis, que são x e z neste caso, de variáveis básicas; e as restantes variáveis y e $\mathbf{w}$ neste caso, de variáveis livres. Então cada equação tem apenas uma variável básica, e pode ser resolvida como foi feito antes em termos das variáveis livres. Passamos todas as variáveis livres para o segundo membro, e com isto o sistema estará resolvido para as variáveis básicas em termos das livres. Podemos substituir as variáveis básicas por estas expressões nas variáveis livres e então escrever a solução geral como soma de uma solução particular (quando as variáveis livres são todas postas iguais a zero) mais uma combinação linear de soluções do sistema homogêneo associado (em que o segundo membro é posto igual a zero). Novamente estas soluções serão obtidas fazendo uma das variáveis livres igual a 1, as outras livres iguais a 0. No exemplo precedente obtemos

$$x = 2 - y - 3w$$
$$z = 1 + 2w$$

e assim a solução geral é

$$(x, y, z, w) = (2 - y - 3w, y, 1 + 2w, w) = (2, 0, 1, 0) + y\,(-1, 1, 0, 0) + w\,(-3, 0, 2, 1)$$

∎ *Exemplo 1.3.2* Como outro exemplo considere as equações $A\mathbf{x} = \mathbf{b}$, onde

$$A = \begin{pmatrix} 1 & 2 & 0 & 2 & 0 \\ 0 & 0 & 1 & 3 & 0 \\ 0 & 0 & 0 & 0 & 1 \end{pmatrix} \text{ e } \mathbf{b} = \begin{pmatrix} 2 \\ 1 \\ 3 \end{pmatrix} \text{ Isto corresponde ao sistema}$$

$$\begin{aligned} x_1 + 2x_2 + 2x_4 &= 2 \\ x_3 + 3x_4 &= 1 \\ x_5 &= 3 \end{aligned}$$

Aqui as variáveis básicas são as variáveis correspondentes aos primeiros 1 em cada linha de A (aqui são x_1, x_3, x_5). As demais variáveis, que são x_2 e x_4, são chamadas as variáveis livres. Então podemos resolver para as variáveis básicas em termos das livres passando a livres para o segundo membro.

$$\begin{aligned} x_1 &= 2 - 2x_2 - 2x_4 \\ x_3 &= 1 \qquad\; - 3x_4 \\ x_5 &= 3 \end{aligned}$$

A solução geral pode então ser escrita como

$$\mathbf{x} = \begin{pmatrix} x_1 \\ x_2 \\ x_3 \\ x_4 \\ x_5 \end{pmatrix} = \begin{pmatrix} 2 - 2x_2 - 2x_4 \\ x_2 \\ 1 - 3x_4 \\ x_4 \\ 3 \end{pmatrix} = \begin{pmatrix} 2 \\ 0 \\ 1 \\ 0 \\ 3 \end{pmatrix} + x_2 \begin{pmatrix} -2 \\ 1 \\ 0 \\ 0 \\ 0 \end{pmatrix} + x_4 \begin{pmatrix} -2 \\ 0 \\ -3 \\ 1 \\ 0 \end{pmatrix}$$ ∎

12 Capítulo 1

■ *Exemplo 1.3.3* Este é uma simples extensão do precedente. Primeiro acrescentamos uma linha de zeros a A em baixo e um zero a **b**, isto é,

$$A = \begin{pmatrix} 1 & 2 & 0 & 2 & 0 \\ 0 & 0 & 1 & 3 & 0 \\ 0 & 0 & 0 & 0 & 1 \\ 0 & 0 & 0 & 0 & 0 \end{pmatrix}, \mathbf{b} = \begin{pmatrix} 2 \\ 1 \\ 3 \\ 0 \end{pmatrix}$$

Agora as soluções destas quatro equações são exatamente as soluções das três primeiras que também satisfaçam à quarta equação. Como todo **x** satisfaz à quarta equação, vemos que acrescentá - la não muda em nada o conjunto de soluções. Analogamente podemos acrescentar qualquer número de linhas de zeros a A desde que acrescentemos igual número de linhas zero a **b** e não teremos mudado o conjunto de soluções. De outro lado, se acrescentarmos uma linha de zeros a A mas acrescentarmos um correspondente elemento não nulo a **b** em baixo, esta última equação não terá soluções e assim o sistema $A\mathbf{x} = \mathbf{b}$ não terá soluções. Por exemplo,

se usarmos a matriz A 4 por 5 e pusermos $\mathbf{b} = \begin{pmatrix} 2 \\ 1 \\ 3 \\ 4 \end{pmatrix}$,

então não há soluções para $A\mathbf{x} = \mathbf{b}$ pois não há soluções para a última equação. ■

Uma boa pergunta neste momento seria porque sequer considerarmos estes dois últimos casos com uma linha de zeros em A. A razão é que eles surgem pelo processo de eliminação gaussiana, que usaremos para reduzir um sistema geral a uma das formas já discutidas.

DEFINIÇÃO 1.3.1 Diremos que uma matriz m por n está em **forma normal reduzida** se tem as seguintes propriedades:

1) O primeiro elemento não nulo em cada linha é 1.
2) Os demais elementos nas colunas contendo estes "primeiros 1" são iguais a 0.
3) Os primeiros 1 vão para a direita quando nos movemos para linhas abaixo; isto é, se o primeiro elemento não nulo na linha i está na coluna $c(i)$, então $i < j$ implica $c(i) < c(j)$.
4) Quaisquer linhas de zeros ocorrem em baixo na matriz.

Uma matriz que esteja em forma normal reduzida pode pois ter linhas só de zeros, mas elas ocorrem em baixo na matriz, pela condição 4.

DEFINIÇÃO 1.3.2 As variáveis correspondentes aos primeiros 1, que são indexadas por números de coluna $c(i)$, serão chamadas as **variáveis básicas**. As outras variáveis serão chamadas **variáveis livres**.

Cada linha não nula corresponderá a uma equação em que comparece exatamente uma das variáveis básicas. Ela ocorrerá com coeficiente 1 nesta equação e não ocorrerá em outra equação com coeficiente não nulo.

É fácil resolver um sistema $R\mathbf{x} = \mathbf{b}$ se R está em forma normal reduzida. Registramos o método.

Algoritmo para resolver $R\mathbf{x} = \mathbf{b}$

1) Primeiro olhamos as linhas nulas em baixo em R, se existem. Se em **b** há elementos

Resolução de sistemas em forma reduzida **13**

não nulos nas linhas correspondentes, então o sistema não tem soluções.

2) Suponha que todos os elementos de **b** correspondentes ás linhas nulas são zero. Então podemos truncar R e **b** descartando as linhas nulas (que não impõem condições sobre **x**) e obtemos um sistema equivalente de p equações em n incógnitas (onde p é o número de linhas não nulas de R). Passando as variáveis livres para o segundo membro, podemos resolver estas equações, uma de cada vez, para as variáveis básicas em termos das variáveis livres. A solução geral será da forma $\mathbf{x} = \mathbf{v}_0 + c_1 \mathbf{v}_1 \cdots + c_k \mathbf{v}_k$ onde os c_k são escalares arbitrários. O número k representa o número de variáveis livres; é $n - p$, onde p é o número de linhas não nulas. O vetor $\mathbf{v}_0$ é a solução obtida fazendo todas as variáveis livres iguais a zero e resolvendo para as variáveis básicas (que são imediatamente achadas neste caso). Os vetores $\mathbf{v}_i$ são achados substituindo **b** pelo vetor zero, fazendo a i-ésima variável livre iqual a 1 e as demais iguais a zero, e resolvendo para as variáveis básicas.

Aplicamos agora o algoritmo para resolver alguns sistemas que estão em forma normal reduzida.

■ *Exemplo 1.3.4* $\quad A = \begin{pmatrix} 1 & 8 & 0 & 0 & 2 \\ 0 & 0 & 1 & 0 & 5 \\ 0 & 0 & 0 & 1 & 5 \end{pmatrix}, \mathbf{b} = \begin{pmatrix} 1 \\ 2 \\ 1 \end{pmatrix}$

As variáveis básicas são x_1, x_3 e x_4, e as variáveis livres são x_2 e x_5. Fazendo as variáveis livres iguais a 0 lemos que $x_1 = 1$, $x_2 = 2$ e $x_4 = 1$ logo $\mathbf{v}_0 = \begin{pmatrix} 1 \\ 0 \\ 2 \\ 1 \\ 0 \end{pmatrix}$. Para achar as soluções $\mathbf{v}_i$, $i = 1, 2$,

substituímos **b** por **0**, pomos $x_2 = 1$, $x_5 = 0$ e resolvemos para $x_1 = -8$, $x_3 = 0$, $x_4 = 0$. Em seguida fazemos $x_2 = 0$ e $x_5 = 1$, e resolvemos para $x_1 = -2$, $x_3 = -5$, e $x_4 = -5$. Note que todas estas soluções podem ser lidas nas colunas de A correspondendo às variáveis livres. Para $\mathbf{v}_0$, forme o vetor fazendo as variáveis livres iguais a zero e tomando para as variáveis básicas os elementos de **b**. Para $\mathbf{v}_i$, faça a i-ésima variável livre igual a 1 e as demais iguais a zero e para as variáveis básicas tome os negativos dos elementos da i-ésima coluna. Assim a solução geral de $A\mathbf{x} = \mathbf{b}$ é

$$\mathbf{x} = \mathbf{v}_0 + c_1\mathbf{v}_1 + c_2\mathbf{v}_2 = \begin{pmatrix} 1 \\ 0 \\ 2 \\ 1 \\ 0 \end{pmatrix} + c_1 \begin{pmatrix} -8 \\ 1 \\ 0 \\ 0 \\ 0 \end{pmatrix} + c_2 \begin{pmatrix} -2 \\ 0 \\ -5 \\ -5 \\ 1 \end{pmatrix} \qquad ■$$

■ *Exemplo 1.3.5* Seja B a matriz com as três primeiras linhas iguais às de A mas com uma linha nula no fim. Se fizermos o quarto elemento de **b** igual a zero, obtemos exatamente as mesmas soluções. De outro lado, se fizermos o quarto elemento de b diferente de zero, não haverá solução.■

■ *Exemplo 1.3.6* $\quad A = \begin{pmatrix} 1 & 0 & 0 & 0 \\ 0 & 1 & 0 & 0 \\ 0 & 0 & 1 & 0 \\ 0 & 0 & 0 & 1 \end{pmatrix}, \mathbf{b} = \begin{pmatrix} 1 \\ 2 \\ 3 \\ 4 \end{pmatrix}$

Então é fácil ler a solução $\mathbf{x} = \mathbf{b}$, que é única. Se acrescentarmos linhas nulas a A e **b**, continuaremos a obter a mesma solução única. No caso de matrizes em forma normal reduzida, só temos solução

14 Capítulo 1

única se não existirem variáveis livres, o que só pode ocorrer se a matriz for como A, dada logo antes com linhas nulas acrescentadas. ■

■ *Exemplo 1.3.7*
$$A = \begin{pmatrix} 0 & 1 & 0 & 2 & 0 \\ 0 & 0 & 1 & 2 & 0 \\ 0 & 0 & 0 & 0 & 1 \end{pmatrix}, \mathbf{b} = \begin{pmatrix} 2 \\ 9 \\ 1 \end{pmatrix}$$

Usamos o método exposto no exemplo 3.4 para ler a solução geral de $A\mathbf{x} = \mathbf{b}$ como

$$x = \begin{pmatrix} 0 \\ 2 \\ 9 \\ 0 \\ 1 \end{pmatrix} + c_1 \begin{pmatrix} 1 \\ 0 \\ 0 \\ 0 \\ 0 \end{pmatrix} + c_2 \begin{pmatrix} 0 \\ -2 \\ -2 \\ 1 \\ 0 \end{pmatrix}$$ ■

Nos Exercícios 1.3.1 – 1.3.8. achar a solução geral de $A\mathbf{x} = \mathbf{b}$ para os A e $\mathbf{b}$ dados. Não deixe de verificar suas respostas, isto é, calcule $A\mathbf{x}$ e verifique que é $\mathbf{b}$.

Exercício 1.3.1_____

$$A = \begin{pmatrix} 1 & 0 & 3 & 0 \\ 0 & 1 & 2 & 0 \end{pmatrix}, \mathbf{b} = \begin{pmatrix} 1 \\ 2 \end{pmatrix}$$

Exercício 1.3.2_____

$$A = \begin{pmatrix} 0 & 1 & 1 \\ 0 & 0 & 0 \end{pmatrix}, \mathbf{b} = \begin{pmatrix} 1 \\ 2 \end{pmatrix}$$

Exercício 1.3.3_____

$$A = \begin{pmatrix} 0 & 1 & 1 \\ 0 & 0 & 0 \end{pmatrix}, \mathbf{b} = \begin{pmatrix} 2 \\ 0 \end{pmatrix}$$

Exercício 1.3.4_____

$$A = \begin{pmatrix} 1 & 0 & 1 & 0 & 1 \\ 0 & 1 & 1 & 0 & 1 \\ 0 & 0 & 0 & 1 & 1 \end{pmatrix}, \mathbf{b} = \begin{pmatrix} -1 \\ 7 \\ 2 \end{pmatrix}$$

Exercício 1.3.5_____

$$A = \begin{pmatrix} 1 & 0 & 0 & 1 \\ 0 & 0 & 1 & 2 \\ 0 & 0 & 0 & 0 \end{pmatrix}, \mathbf{b} = \begin{pmatrix} 2 \\ 1 \\ 0 \end{pmatrix}$$

Exercício 1.3.6_____

$$A = \begin{pmatrix} 1 & 2 & 3 & 0 \\ 0 & 0 & 0 & 1 \end{pmatrix}, \mathbf{b} = \begin{pmatrix} 1 \\ 2 \end{pmatrix}$$

Exercício 1.3.7_____

$$A = \begin{pmatrix} 1 & 2 & 0 & 0 & 0 & 1 \\ 0 & 0 & 1 & 0 & 0 & 2 \\ 0 & 0 & 0 & 1 & 0 & 1 \\ 0 & 0 & 0 & 0 & 1 & 2 \end{pmatrix}, \mathbf{b} = \begin{pmatrix} 1 \\ 2 \\ 1 \\ 1 \end{pmatrix}$$

Eliminação gaussiana e a resolução de sistemas gerais **15**

Exercício 1.3.8

$$A = \begin{pmatrix} 1 & -1 & 0 & 0 & 0 & 0 & 0 & 1 \\ 0 & 0 & 1 & 0 & 0 & 2 & 0 & 1 \\ 0 & 0 & 0 & 1 & 0 & 3 & 0 & 0 \\ 0 & 0 & 0 & 0 & 1 & 1 & 0 & 2 \\ 0 & 0 & 0 & 0 & 0 & 0 & 1 & 0 \end{pmatrix}, \mathbf{b} = \begin{pmatrix} 1 \\ 2 \\ 3 \\ 1 \\ 1 \end{pmatrix}$$

1.4 ELIMINAÇÃO GAUSSIANA E A RESOLUÇÃO DE SISTEMAS GERAIS

Agora que sabemos achar a solução geral da equação matricial $A\mathbf{x} = \mathbf{b}$, em que A está em forma normal reduzida, o passo seguinte é mostrar que sempre podemos transformar qualquer equação dada numa equação em forma normal reduzida, sem mudar o conjunto de soluções. O algoritmo que vamos descrever para isto chama-se **eliminação gaussiana**; baseia-se em simplificar um conjunto de equações por eliminação de uma variável de cada vez de equações sucessivas. Primeiro olhamos um par de exemplos do ponto de vista da equação, acompanhando as mudanças da equação matricial correspondente. Daremos a formulação inteiramente em termos das matrizes. Será esta que usaremos efetivamente para resolução.

■ *Exemplo 1.4.1* Considere o sistema de equações

$$2x - 3y = 1$$
$$4x + y = 9$$

A forma matricial é

$$\begin{pmatrix} 2 & -3 \\ 4 & 1 \end{pmatrix} \begin{pmatrix} x \\ y \end{pmatrix} = \begin{pmatrix} 1 \\ 9 \end{pmatrix}$$

Formaremos uma nova matriz, que chamaremos de **matriz aumentada** para a equação juntando $\mathbf{b}$ como última coluna. Separaremos A de $\mathbf{b}$ por uma barra vertical para tornar claro que estamos lidando com matriz aumentada. Aqui a matriz aumentada é

$$\left(\begin{array}{cc|c} 2 & -3 & 1 \\ 4 & 1 & 9 \end{array}\right)$$

Note que a matriz aumentada serve como meio de registro para não perder de vista os coeficientes e o segundo membro da equação ao mesmo tempo. Agora simplificaremos estas equações eliminando a variável x da segunda equação. Primeiro calculamos a razão $4/2 = 2$ dos coeficientes de x nas duas equações, multiplicamos a primeira equação por esta razão 2, e subtraímos 2 vezes a primeira equação da segunda. Obtemos um novo sistema com a antiga primeira equação e uma nova segunda equação, que é a antiga segunda menos duas vezes a primeira. Agora as equações são

$$2x - 3y = 1$$
$$7y = 7$$

A matriz aumentada correspondente é

$$\left(\begin{array}{cc|c} 2 & -3 & 1 \\ 0 & 7 & 7 \end{array}\right)$$

■

16 Capítulo 1

O fato crucial quanto a este novo sistema é que tem as mesmas soluções que o antigo. É fácil ver que toda solução do sistema original é uma solução do novo, pois as operações de multiplicar ou somar quantidades iguais não alteram a igualdade. Para ver que as soluções das novas equações são também soluções das antigas observa-se que o processo é reversível. Isto é podemos recuperar as equações anteriores efetuando operações semelhantes. Obtemos a velha segunda equação a partir da nova somando duas vezes a primeira equação à nova segunda.

DEFINIÇÃO 1.4.1 Os elementos de uma matriz em que o índice de linha é igual ao índice de coluna formam o que se chama a **diagonal** da matriz. Os elementos em que o índice de linha é maior que o índice de coluna se dizem estar abaixo da diagonal, e aqueles em que o índice de linha é menor que o índice de coluna se dizem estar acima da diagonal. Se todos os elementos abaixo da diagonal são nulos, a matriz se diz **triangular superior**. Analogamente, uma matriz **triangular inferior** é uma matriz em que todos os elementos acima da diagonal são nulos. **Matriz diagonal** é uma em que todos os elementos fora da diagonal são nulos.

A matriz aumentada $\begin{pmatrix} 2 & -3 & | & 1 \\ 0 & 7 & | & 7 \end{pmatrix}$ bem como a de coeficientes $\begin{pmatrix} 2 & -3 \\ 0 & 7 \end{pmatrix}$ são triangulares superiores.

Os elementos diagonais de cada uma são 2 e 7. Um exemplo de matriz triangular inferior é $\begin{pmatrix} 1 & 0 \\ 2 & 1 \end{pmatrix}$.

Voltando a nosso exemplo, podemos descrever a operação sobre a matriz aumentada como substituição da segunda linha da matriz pela antiga segunda mais -2 vezes a primeira linha.

DEFINIÇÃO 1.4.2 A operação sobre um matriz de substituir a i-ésima linha pela i-ésima mais r vezes a j-ésima linha e deixar todas as outras invariantes é denotada por $O(i, j; r)$.

Note que esta operação é codificada em notação lendo da direita para a esquerda; isto é multiplica-se r pela j-ésima linha e soma-se à i-ésima linha para formar a nova i-ésima linha. Outra razão para a notação é que mostraremos na próxima secção que esta operação pode ser efetuada multiplicando à esquerda pela matriz $E(i, j; r)$ que é idêntica à matriz identidade só que o elemento ij é r.

Em nosso exemplo a nova matriz aumentada provém da antiga pela operação $O(2, 1; -2)$ sobre ela. Observe que esta operação tanto descreve o que aconteceu com a parte de coeficientes quanto o que aconteceu com o lado direito na matriz aumentada. Usar a matriz aumentada é o modo conveniente de lidar com ambos ao mesmo tempo. Continuando com nosso exemplo, queremos agora resolver para a variável y. Fazendo isto dividindo pelo coeficiente 7. Equivalentemente, estamos substituindo a segunda equação por 1/7 vezes a segunda equação e deixando inalterada a primeira equação. Note que este processo é também reversível (multiplica-se por 7 em vez de dividir). O novo sistema é

$$\begin{aligned} 2x - 3y &= 1 \\ y &= 1 \end{aligned}$$

ou em forma matricial

$$\begin{pmatrix} 2 & -3 & | & 1 \\ 0 & 1 & | & 1 \end{pmatrix}$$

DEFINIÇÃO 1.4.3 Denotamos a operação de multiplicar a i-ésima linha de uma matriz pelo escalar d não nulo, deixando as demais linhas inalteradas, por $Om(i; d)$.

Efetuamos $Om(2; 1/7)$ para achar nossa nova matriz aumentada. Do ponto de vista da equação, agora queremos eliminar y da primeira equação substituindo nela $y = 1$ e resolvendo para x. Do ponto

Eliminação gaussiana e a resolução de sistemas gerais **17**

de vista da matriz o processo de eliminação de y consiste em tornar 0 seu coeficiente por subtração do conveniente múltiplo da segunda equação da primeira; aqui esse múltiplo é exatamente o coeficiente de y que é -3. Assim estamos efetuando a operação $O\,(1, 2; 3)$ sobre a matriz. As novas equações e matriz são

$$\begin{aligned} 2x &= 4 \\ y &= 1 \end{aligned}$$

e

$$\begin{pmatrix} 2 & 0 & | & 4 \\ 0 & 1 & | & 1 \end{pmatrix}$$

O passo final é resolver para x, o que é feito dividindo a primeira equação por 2; isto no nível de matriz é realizado pela operação $Om\,(1; 1/2)$. Obtemos

$$\begin{aligned} x &= 2 \\ y &= 1 \end{aligned}$$

cujo equivalente em matriz é

$$\begin{pmatrix} 1 & 0 & | & 2 \\ 0 & 1 & | & 1 \end{pmatrix}$$

■ *Exemplo 1.4.2* Considere o sistema de equações

$$\begin{aligned} x - y + z &= 2 \\ 3x + y - z &= 2 \\ x + 3y &= 4 \end{aligned}$$

que tem a matriz aumentada

$$\begin{pmatrix} 1 & -1 & 1 & | & 2 \\ 3 & 1 & -1 & | & 2 \\ 1 & 3 & 0 & | & 4 \end{pmatrix}$$

Primeiro eliminamos a variável x da segunda e terceira equações. Isto envolve primeiro substituir a segunda equação pela segunda menos 3 vezes a primeira e depois substituir a terceira equação pela terceira menos a primeira. Em termos da matriz aumentada, primeiro efetuaremos a operação $O\,(2, 1; -3)$ e depois a operação $O\,(3, 1; -1)$. Esses dois passos transformam as equações e a correpondente matriz como segue

$$\begin{aligned} x - y + z &= 2 \\ 4y - 4z &= -4 \\ 4y - z &= 2 \end{aligned}$$

$$\begin{pmatrix} 1 & -1 & 1 & | & 2 \\ 0 & 4 & -4 & | & -4 \\ 0 & 4 & -1 & | & 4 \end{pmatrix}$$

Agora ignoramos a primeira equação e nos concentramos nas duas últimas. Eliminamos a variável y na terceira equação. Fazemos isto subtraindo a segunda equação da terceira. Para a matriz estaremos aplicando a operação $0(3, 2; -1)$. O resultado é

$$\begin{aligned} x - y + z &= 2 \\ 4y - 4z &= -2 \\ 3z &= 6 \end{aligned}$$

18 Capítulo 1

$$\begin{pmatrix} 1 & -1 & 1 & | & 2 \\ 0 & 4 & -4 & | & -4 \\ 0 & 0 & 3 & | & 6 \end{pmatrix}$$

O sistema está agora em forma triangular superior, isto é, a matriz aumentada é uma matriz triangular superior. A estratégia agora é trabalhar de baixo para cima, resolvendo para as variáveis uma de cada vez. Isto se chama a parte do algoritmo de substituição para trás. Esta parte do algoritmo gaussiano requer em geral muito menos trabalho que o passo de eliminação para a frente do algoritmo que acabamos de completar. Embora não seja necessário do ponto de vista de resolução da equação, continuaremos a trabalhar com toda a matriz aumentada porque levará a uma matriz de decomposição que usaremos mais tarde. O único trabalho a mais que este procedimento requer é o de identificar cada operação usada.

Primeiro resolvemos para z na última equação e depois eliminamos z das duas precedentes equações. Para a matriz, isto consistirá nas operações

$$Om\,(3;\,1/3),\,O\,(2,\,3;\,4),\,O\,(1,\,3;\,-1)$$

As equações depois de cada um destes passos são

$$\begin{aligned} x - y + z &= 2 \\ 4y - 4z &= -4 \\ z &= 2 \\ x - y + z &= 2 \\ 4y &= 4 \\ z &= 2 \\ x - y &= 0 \\ 4y &= 4 \\ z &= 2 \end{aligned}$$

As formas correspondentes da matriz aumentada são

$$\begin{pmatrix} 1 & -1 & 1 & | & 2 \\ 0 & 4 & -4 & | & -4 \\ 0 & 0 & 1 & | & 2 \end{pmatrix},\; \begin{pmatrix} 1 & -1 & 1 & | & 2 \\ 0 & 4 & 0 & | & 4 \\ 0 & 0 & 1 & | & 2 \end{pmatrix}\; \begin{pmatrix} 1 & -1 & 0 & | & 0 \\ 0 & 4 & 0 & | & 4 \\ 0 & 0 & 1 & | & 2 \end{pmatrix}$$

Em seguida resolvemos para y e depois eliminamos y da primeira equação. Para a matriz isto envolve $Om\,(2;\,1/4)$ seguida de $O\,(1,\,2;\,1)$. Isto nos dará

$$\begin{aligned} x - y &= 0 \\ y &= 1 \\ z &= 2 \end{aligned}$$

então

$$\begin{aligned} x &= 1 \\ y &= 1 \\ z &= 2 \end{aligned}$$

A matriz se transforma em

$$\begin{pmatrix} 1 & -1 & 0 & | & 0 \\ 0 & 1 & 0 & | & 1 \\ 0 & 0 & 1 & | & 2 \end{pmatrix}\!\begin{pmatrix} 1 & 0 & 0 & | & 1 \\ 0 & 1 & 0 & | & 1 \\ 0 & 0 & 0 & | & 2 \end{pmatrix}$$ ∎

Eliminação gaussiana e a resolução de sistemas gerais   **19**

Nos exemplos seguintes não iremos mais realizar cada operação tanto nas equações quanto na matriz aumentada. Deve ter ficado claro dos dois exemplos até agora que a matriz aumentada carrega toda a informação sobre como as equações estão mudando. Descreveremos em palavras o que estamos fazendo nas equações e indicaremos simbolicamente a operação que estamos usando na matriz.

■ *Exemplo 1.4.3*

$$
\begin{aligned}
x + y - 2z &= 0 \\
2x + 2y - 3z &= 2 \\
3x - y + 2z &= 12
\end{aligned}
$$

que tem a matriz aumentada

$$
\left(\begin{array}{ccc|c}
1 & 1 & -2 & 0 \\
2 & 2 & -3 & 2 \\
3 & -1 & 2 & 12
\end{array}\right)
$$

Elimine-se x da segunda e terceira equações: $O\,(2, 1; -2)$, $O\,(3, 1; -3)$

$$
\left(\begin{array}{ccc|c}
1 & 1 & -2 & 0 \\
0 & 0 & 1 & 2 \\
3 & -1 & 12 & 12
\end{array}\right),
\left(\begin{array}{ccc|c}
1 & 1 & -2 & 0 \\
0 & 0 & 1 & 2 \\
0 & -4 & 8 & 12
\end{array}\right)
$$

Agora trabalhamos sobre as variáveis y e z nas duas últimas equações. Observe que y não aparece na segunda equação de modo que nada precisamos fazer para eliminá-lo. Porém do ponto de vista da matriz queremos obter uma matriz triangular superior de modo que efetuaremos uma operação que corresponde a reordenar as equações permutando as duas últimas equações.

DEFINIÇÃO 1.4.4   Denotamos por $Op\,(i, j)$ a operação sobre uma matriz que permuta (isto é troca uma pela outra) a i-ésima e a j-ésima linhas da matriz, deixando as demais inalteradas.

Assim aplicando $Op\,(2, 3)$ obtemos uma matriz que é triangular superior;

$$
\left(\begin{array}{ccc|c}
1 & 1 & -2 & 0 \\
0 & -4 & 8 & 12 \\
0 & 0 & 1 & 2
\end{array}\right)
$$

Agora trabalhamos de baixo para cima, resolvendo para z na terceira equação e eliminando z das duas primeiras. Como o coeficiente de z já é 1, o primeiro passo não requer trabalho.

Elimine z na segunda equação, depois elimine z na primeira. Usamos $O\,(2, 3; -8)$ e $O\,(1, 3; 2)$.

$$
\left(\begin{array}{ccc|c}
1 & 1 & -2 & 0 \\
0 & -4 & 0 & -4 \\
0 & 0 & 1 & 2
\end{array}\right),
\left(\begin{array}{ccc|c}
1 & 1 & 0 & 4 \\
0 & -4 & 0 & -4 \\
0 & 0 & 1 & 2
\end{array}\right)
$$

Em seguida resolvemos para y e eliminamos y na primeira equação. Usamos $Om\,(2: -1/4)$ e $O\,(1, 2; -1)$.

$$
\left(\begin{array}{ccc|c}
1 & 1 & 0 & 4 \\
0 & 1 & 0 & 1 \\
0 & 0 & 2 & 2
\end{array}\right),
\left(\begin{array}{ccc|c}
1 & 0 & 0 & 3 \\
0 & 1 & 0 & 1 \\
0 & 0 & 1 & 2
\end{array}\right)
$$

20 Capítulo 1

Assim a solução deste sistema $x = 3, y = 1, z = 2$. ■

Estes três últimos exemplos foram um tanto enganosos porque sempre terminamos com a matriz identidade como matriz de coeficientes e uma única solução para o sistema. Sabemos de discussão anterior que isto não é sempre possível para um sistema geral, mas o que é possível é obter um sistema equivalente em que a matriz dos coeficientes está em forma normal reduzida. Uma vez que esteja nesta forma sabemos como achar todas as soluções desta equação. Descrevemos brevemente a estratégia. Primeiro efetuamos uma eliminação para a frente, de modo que as seguintes três propriedades da forma normal reduzida estejam satisfeitas.

1) Se o primeiro elemento não nulo na linha i está na coluna $c\,(i)$ então $i < j$ implica $c\,(i) < c\,(j)$.
2) Os elementos na coluna abaixo do primeiro elemento não nulo em cada linha são todos nulos.
3) Todas as linhas nulas aparecem abaixo de todas as linhas não nulas.

Poderemos ter que permutar algumas linhas pelo caminho como no Exemplo 1.4.3., de modo que as colunas contendo os primeiros elementos não nulos se movam para a direita. Também pode haver um passo, que será ilustrado no Exemplo 1.4.4. em que todos os elementos inferiores numa coluna são zero e então simplesmente avançamos uma coluna para a direita e continuamos. Neste momento a matriz será em particular triangular superior. Até agora realizamos a parte de **eliminação para a frente** do algoritmo. Chamaremos as colunas com estes primeiros elementos não nulos de **colunas básicas**. Corresponderão às variáveis básicas que discutimos antes. Agora entramos na **eliminação para trás** no algoritmo. Começando pela última coluna básica e trabalhando para trás, normalizamos para fazer o primeiro coeficiente não nulo igual a 1 e depois somamos múltiplos da linha que o contém para tornar iguais a zero todos os outros elementos da coluna. Ao fim deste processo a parte de coeficientes da matriz aumentada estará em forma normal reduzida de modo que podemos resolver o sistema.

Para ilustrar este algoritmo, chamado o **algoritmo de eliminação de Gauss**, faremos mais alguns exemplos. Em cada exemplo daremos apenas a matriz aumentada inicial para o sistema de equações.

■ *Exemplo 1.4.4*

$$\left(\begin{array}{ccc|c} 1 & 1 & -2 & 0 \\ 2 & 2 & -3 & 1 \\ 3 & 3 & 1 & 7 \end{array}\right)$$

Primeiro fazemos eliminação para a frente. Usando $O\,(2, 1; -2)$, e $O\,(3, 1; -3)$ resulta

$$\left(\begin{array}{ccc|c} 1 & 1 & -2 & 0 \\ 0 & 0 & 1 & 1 \\ 3 & 3 & 1 & 7 \end{array}\right), \left(\begin{array}{ccc|c} 1 & 1 & -2 & 0 \\ 0 & 0 & 1 & 1 \\ 0 & 0 & 7 & 7 \end{array}\right)$$

Agora note que, quando ignoramos a primeira linha, e olhamos o resto da segunda coluna, os dois elementos são nulos. Assim não podemos ter um elemento não nulo nesta coluna por permutação de linhas como no último exemplo. Então simplesmente avançamos para a terceira coluna e prosseguimos com o programa de eliminação para a frente. Usando $O\,(3, 2; -7)$ resulta

$$\left(\begin{array}{ccc|c} 1 & 1 & -2 & 0 \\ 0 & 0 & 1 & 1 \\ 0 & 0 & 0 & 0 \end{array}\right)$$

Com isto completamos a parte do algoritmo de eliminação para a frente. A matriz dos coeficientes satisfaz à propriedade de serem nulos os elementos abaixo do primeiro elemento não nulo de cada

Eliminação gaussiana e a resolução de sistemas gerais **21**

linha, bem como a de moverem-se para a direita as colunas contendo estes primeiros elementos não nulos. Denotaremos por $c\,(i)$ o índice da coluna $\mathbf{A}^{c\,(i)}$ que contém o primeiro elemento não nulo da i-ésima linha não nula. Aqui $c\,(1) = 1$, $c\,(2) = 3$. Note que a última linha tornou-se nula de modo que essencialmente reduzimos nosso sistema original de três equações a um equivalente com duas equações. Observe também que se tivessemos começado com um **b** diferente poderíamos perfeitamente não ter soluções. Por exemplo, se a matriz aumentada fosse

$$\begin{pmatrix} 1 & 1 & -2 & 0 \\ 2 & 2 & -3 & 1 \\ 3 & 3 & 1 & 8 \end{pmatrix}$$

com as mesmas operações chegaríamos a

$$\begin{pmatrix} 1 & 1 & -2 & 0 \\ 0 & 0 & 1 & 1 \\ 0 & 0 & 0 & 1 \end{pmatrix}$$

e pela última linha vemos que não há soluções. Voltando ao nosso sistema de partida, agora efetuamos a parte de eliminação para trás do algoritmo. Vamos trabalhar com $\mathbf{A}^{c(2)}$, depois com $\mathbf{A}^{c(1)}$. Para cada coluna $\mathbf{A}^{c(i)}$ primeiro normalizamos para que o primeiro elemento não nulo da i-ésima linha seja 1, depois efetuamos operações sobre as linhas precedentes para que todos os outros elementos em $\mathbf{A}^{c(i)}$ sejam nulos. No sistema que estamos resolvendo as duas linhas já estão normalizadas, portanto só temos que efetuar a operação $O\,(1, 2; 1)$ para completar o algoritmo.

$$\begin{pmatrix} 1 & 1 & 0 & 2 \\ 0 & 0 & 1 & 1 \\ 0 & 0 & 0 & 0 \end{pmatrix}$$

Agora já completamos o algoritmo gaussiano de eliminação e a parte de coeficientes da matriz está em forma normal. Para terminar a resolução do problema observamos que as variáveis básicas correspondem às colunas básicas $c\,(1) = 1$ e $c\,(2) = 3$; assim as variáveis básicas são x_1 e x_3, e x_2 é a variável livre. Assim a solução geral pode ser lida como

$$\mathbf{x} = \begin{pmatrix} 2 \\ 0 \\ 1 \end{pmatrix} + c_1 \begin{pmatrix} -1 \\ 1 \\ 0 \end{pmatrix} \qquad \blacksquare$$

■ *Exemplo 1.4.5*

$$\begin{pmatrix} 2 & 4 & 1 & -1 & 0 & 1 & -2 & 0 \\ 4 & 8 & 2 & -2 & 1 & 5 & -4 & 0 \\ 0 & 0 & 0 & 0 & 0 & 4 & 4 & 0 \end{pmatrix}$$

Note que o segundo membro permaneceu nulo através de todas as operações, portanto basta que conservemos só a parte de coeficientes da matriz em nossa notação. Efetuamos a parte de eliminação para a frente de nosso algoritmo. Primeiro usamos $O\,(2, 1; -2)$ e $Op\,(2, 3)$.

$$\begin{pmatrix} 2 & 4 & 1 & -1 & 0 & 1 & -2 \\ 0 & 0 & 0 & 0 & 1 & 3 & 0 \\ 0 & 0 & 0 & 2 & 0 & 4 & 4 \end{pmatrix}, \begin{pmatrix} 2 & 4 & 1 & -1 & 0 & 1 & -2 \\ 0 & 0 & 0 & 2 & 0 & 4 & 4 \\ 0 & 0 & 0 & 0 & 1 & 3 & 0 \end{pmatrix}$$

Temos $c\,(1) = 1$, $c\,(2) = 4$ e $c\,(3) = 5$. Iniciamos a parte de eliminação para trás. A coluna $5j$ está em

22 Capítulo 1

forma normal, portanto começamos com a coluna 4. Usamos Om $(2; 1/2)$ e O $(1, 2; 1)$.

$$\begin{pmatrix} 2 & 4 & 1 & -1 & 0 & 1 & -2 \\ 0 & 0 & 0 & 1 & 0 & 2 & 2 \\ 0 & 0 & 0 & 0 & 1 & 3 & 0 \end{pmatrix}, \begin{pmatrix} 2 & 4 & 1 & 0 & 0 & 3 & 0 \\ 0 & 0 & 0 & 1 & 0 & 2 & 2 \\ 0 & 0 & 0 & 0 & 1 & 3 & 0 \end{pmatrix}$$

Finalmente normalizamos a linha 1 dividindo por 2, usando Om $(1; 1/2)$

$$\begin{pmatrix} 1 & 2 & 0,5 & 0 & 0 & 1,5 & 0 \\ 0 & 0 & 0 & 1 & 0 & 2 & 2 \\ 0 & 0 & 0 & 0 & 1 & 3 & 0 \end{pmatrix}$$

A matriz está agora em forma normal reduzida e podemos ler a solução geral.

As variáveis básicas são x_1, x_4 e x_5 e as variáveis livres são x_2, x_3, x_6 e x_7. Note que o vetor zero é a solução particular e

$$x = c_1 \begin{pmatrix} -2 \\ 1 \\ 0 \\ 0 \\ 0 \\ 0 \\ 0 \end{pmatrix} + c_2 \begin{pmatrix} -0,5 \\ 0 \\ 1 \\ 0 \\ 0 \\ 0 \\ 0 \end{pmatrix} + c_3 \begin{pmatrix} -1,5 \\ 0 \\ 0 \\ -2 \\ -3 \\ 1 \\ 0 \end{pmatrix} + c_4 \begin{pmatrix} 0 \\ 0 \\ 0 \\ -2 \\ 0 \\ 0 \\ 1 \end{pmatrix}$$

é a solução geral. ∎

■ *Exemplo 1.4.6* Neste exemplo conservaremos o segundo membro como variável para ilustrar o que está acontecendo durante o processo de eliminação. Usaremos isso também para determinar exatamente para quais **b** existe solução.

$$\begin{pmatrix} 3 & 0 & 1 & 4 & -2 & 0 & 0 & | & b_1 \\ 6 & 0 & 4 & 8 & -5 & 1 & 2 & | & b_2 \\ 0 & 0 & 0 & 5 & 4 & 0 & 1 & | & b_3 \\ -3 & 0 & -1 & 16 & 18 & 0 & 3 & | & b_4 \\ 0 & 0 & 6 & -10 & -11 & 3 & -2 & | & b_5 \end{pmatrix}$$

Primeiro efetuamos o passo de eliminação para a frente. Trabalhamos com uma coluna de cada vez. Para a coluna 1 usamos O $(2, 3; -2)$ e O $(4, 1; 1)$. Depois usamos O $(5, 2; -3)$ para a coluna 3.

$$\begin{pmatrix} 3 & 0 & 1 & 4 & -2 & 0 & 1 & | & b_1 \\ 0 & 0 & 2 & 0 & -1 & 1 & 0 & | & b_2 - 2b_1 \\ 0 & 0 & 0 & 5 & 4 & 0 & 1 & | & b_3 \\ 0 & 0 & 0 & 20 & 16 & 0 & 4 & | & b_4 + b_1 \\ 0 & 0 & 6 & -10 & -11 & 3 & -2 & | & b_5 \end{pmatrix}$$

$$\begin{pmatrix} 3 & 0 & 1 & 4 & -2 & 0 & 1 & | & b_1 \\ 0 & 0 & 2 & 0 & -1 & 1 & 0 & | & b_2 - 2b_1 \\ 0 & 0 & 0 & 5 & 4 & 0 & 1 & | & b_3 \\ 0 & 0 & 0 & 20 & 16 & 0 & 4 & | & b_4 + b_1 \\ 0 & 0 & 0 & -10 & -8 & 0 & -2 & | & 6b_1 + b_5 - 3b_2 \end{pmatrix}$$

Eliminação gaussiana e a resolução de sistemas gerais **23**

Agora usamos $O(4, 3; -4)$ e $O(5, 3; 2)$ sobre a coluna 4.

$$\begin{pmatrix} 3 & 0 & 1 & 4 & -2 & 0 & 1 \\ 0 & 0 & 2 & 0 & -1 & 1 & 0 \\ 0 & 0 & 0 & 5 & 4 & 0 & 1 \\ 0 & 0 & 0 & 0 & 0 & 0 & 0 \\ 0 & 0 & 0 & 0 & 0 & 0 & 0 \end{pmatrix} \left| \begin{array}{c} b_1 \\ -2b_1 + b_2 \\ b_3 \\ b_1 - 4b_3 + b_4 \\ 6b_1 - 3b_2 + 2b_3 + b_5 \end{array} \right)$$

Neste ponto já podemos notar que uma condição necessária e suficiente para que exista solução é que $b_1 - 4b_3 + b_4 = 0$ e $6b_1 - 3b_2 + 2b_3 + b_5 = 0$. Note também que o lado direito, que é o resultado de aplicar cada uma de nossas operações ao **b** inicial é também o resultado de multiplicar **b** pela matriz

$$O_1 = \begin{pmatrix} 1 & 0 & 0 & 0 & 0 \\ -2 & 1 & 0 & 0 & 0 \\ 0 & 0 & 1 & 0 & 0 \\ 1 & 0 & -4 & 1 & 0 \\ 6 & -3 & 2 & 0 & 1 \end{pmatrix}$$

Depois deste exemplo voltaremos a este ponto. Agora supomos que as duas últimas equações estão satisfeitas e portanto podemos apagar estas duas últimas linhas e continuar.

Na matriz que resta depois de apagar as duas linhas nulas efetuamos a eliminação para trás. Usamos $Om\ (3;\ 1/5)$ e $O\ (1, 3; -4)$ na coluna 4 e $Om\ (2;\ 1/2)$ e $O\ (1, 2; -1)$ na coluna 3.

$$\begin{pmatrix} 3 & 0 & 1 & 0 & -5,2 & 0 & 0,2 \\ 0 & 0 & 2 & 0 & -1 & 1 & 0 \\ 0 & 0 & 0 & 1 & 0,8 & 0 & 0,2 \end{pmatrix} \left| \begin{array}{c} b_1 - 0,8b_3 \\ -2b_1 + b_2 \\ 0,2b_3 \end{array} \right)$$

$$\begin{pmatrix} 3 & 0 & 0 & 0 & -4,7 & -0,5 & 0,2 \\ 0 & 0 & 1 & 0 & -0,5 & 0,5 & 0 \\ 0 & 0 & 0 & 1 & 0,8 & 0 & 0,2 \end{pmatrix} \left| \begin{array}{c} 2b_1 - 0,5b_2 - 0,8b_3 \\ -b_1 + 0,5b_2 \\ 0,2b_3 \end{array} \right)$$

Agora usamos $Om\ (1;\ 1/3)$ para a coluna 1.

$$\begin{pmatrix} 1 & 0 & 0 & 0 & -47/30 & -1/6 & 1/15 \\ 0 & 0 & 1 & 0 & -1/2 & 1/2 & 0 \\ 0 & 0 & 0 & 1 & 4/5 & 0 & 1/2 \end{pmatrix} \left| \begin{array}{c} 2/3b_1 - 1/6b_2 - 4/15b_3 \\ -b_1 + 1/2b_2 \\ 1/5b_3 \end{array} \right)$$

Como agora temos a matriz de coeficientes em forma normal reduzida podemos ler nela a solução geral. As variáveis básicas são x_1, x_3 e x_4. As variáveis livres são x_2, x_5, x_6 e x_7. A solução geral é

$$\mathbf{x} = \begin{pmatrix} 2/3b_1 - 1/6b_2 - 4/15b_3 \\ 0 \\ -b_1 + 1/2b_2 \\ 1/5b_3 \\ 0 \\ 0 \\ 0 \end{pmatrix} + c_1 \begin{pmatrix} 0 \\ 1 \\ 0 \\ 0 \\ 0 \\ 0 \\ 0 \end{pmatrix} + c_2 \begin{pmatrix} 47/30 \\ 0 \\ 1/2 \\ -4/5 \\ 1 \\ 0 \\ 0 \end{pmatrix} + c_3 \begin{pmatrix} 1/6 \\ 0 \\ -1/2 \\ 0 \\ 0 \\ 1 \\ 0 \end{pmatrix} + c_4 \begin{pmatrix} -1/15 \\ 0 \\ 0 \\ -1/5 \\ 0 \\ 0 \\ 1 \end{pmatrix} \qquad \blacksquare$$

24   Capítulo 1

Concluímos esta secção com um enunciado do algoritmo gaussiano de eliminação para levar a matriz de coeficientes à forma normal reduzida. A forma que damos é recursiva, isto é, apela para o próprio algoritmo para uma matriz menor.

Algoritmo gaussiano de eliminação

Passo de eliminação para a frente. Com a primeira coluna, verifique se todos os coeficientes são nulos. Se assim for, deixe de lado a primeira coluna, e olhe a submatriz com a primeira coluna omitida e aplique o passo de eliminação para a frente a ela. Se não é ache a primeira linha com elemento não nulo nessa linha e na primeira coluna, e permute essa linha com a primeira linha de modo que este elemento não nulo (chamado então o **pivô** para este passo) fique na primeira linha. Então some múltiplos da primeira linha às linhas inferiores, de modo que os elementos abaixo na primeira coluna fiquem todos iguais a 0. Agora não precisamos mais da primeira coluna e da primeira linha. Forme a submatriz que resulta de apagar a primeira linha e a primeira coluna, e aplique a ela o passo de eliminação para a frente.

Terminado o passo de eliminação para a frente, nossa matriz satisfaz a três propriedades:
1) Se o primeiro elemento não nulo da linha i está na coluna $c(i)$, então $i < j$ implica $c(i) < c(j)$.
2) Os elementos na coluna abaixo do primeiro elemento não nulo de cada linha são todos nulos.
3) Todas as linhas nulas aparecem abaixo de todas as linhas não nulas.

Passo de eliminação para trás. Este procedimento é também indutivo, sendo que trabalhamos com as colunas básicas, começando pela última e indo para trás. Começando com a última linha não nula, chamemos seu primeiro elemento não nulo de pivô. Então normalizamos a linha dividindo pelo pivô, de modo que o novo pivô é 1. Então somamos múltiplos desta linha às linhas anteriores, de modo que todos os elementos da coluna contendo o pivô sejam 0. Agora olhemos a submatriz obtida retirando esta linha e apliquemos o passo de eliminação para trás a essa submatriz.

Nos três primeiros exercícios a seguir, use a eliminação gaussiana para resolver o sistema dado pela matriz aumentada. Identifique cada operação usada para reduzir a matriz de coeficientes à forma normal reduzida.

Exercício 1.4.1_____

$$\begin{pmatrix} 1 & -1 & | & 2 \\ 2 & 0 & | & 2 \end{pmatrix}$$

Exercício 1.4.2_____

$$\begin{pmatrix} 2 & 4 & 2 & | & 4 \\ -2 & -4 & 1 & | & -8 \end{pmatrix}$$

Exercício 1.4.3_____

$$\begin{pmatrix} 1 & 2 & 3 & | & 3 \\ 2 & 4 & 8 & | & 6 \\ 0 & 2 & 2 & | & 2 \end{pmatrix}$$

Note que se soubermos as operações usadas para reduzir o primeiro membro à forma normal reduzida, poderemos resolver equações com mesmo primeiro membro e diferentes segundos membros aplicando as mesmas operações no novo segundo membro

Matrizes elementares e operações sobre linhas   **25**

Exercício 1.4.4_____

Resolva $A\mathbf{x} = \begin{pmatrix} 4 \\ 10 \\ 2 \end{pmatrix}$ onde A é a matriz do exercício precedente.

_____

Nos exercícios 1.4.5—1.4.7 reduza a matriz dada à forma normal reduzida. Identifique cada operação sobre linhas usada.

Exercício 1.4.5_____

$$\begin{pmatrix} 2 & 1 & 3 & 0 \\ -4 & -1 & -7 & 2 \\ 4 & 3 & 5 & 5 \end{pmatrix}$$

Exercício 1.4.6_____

$$\begin{pmatrix} 2 & 0 & -1 & 4 & 1 \\ -2 & 0 & 2 & -2 & 0 \\ 0 & 0 & 1 & 2 & 2 \end{pmatrix}$$

Exercício 1.4.7_____

$$\begin{pmatrix} 1 & 3 & 0 & 2 & 0 & 1 & 0 \\ -1 & -1 & 0 & -1 & 1 & 0 & 1 \\ -0 & 4 & 0 & 2 & 4 & 3 & 3 \\ 1 & 3 & 0 & 2 & -2 & 1 & 0 \end{pmatrix}$$

Exercício 1.4.8_____

Com A a matriz do exercício precedente, ache a solução geral de $A\mathbf{x} = \begin{pmatrix} 1 \\ 1 \\ 7 \\ 1 \end{pmatrix}$

Exercício 1.4.9_____
Determine para quais $\mathbf{b}$ (em termos de equações a que $\mathbf{b}$ deve satisfazer) existe solução para $A\mathbf{x} = \mathbf{b}$, onde

$$A = \begin{pmatrix} 2 & 1 & 1 & 0 & 1 \\ 0 & 1 & 2 & 1 & 3 \\ 6 & 2 & 1 & -1 & 0 \end{pmatrix}$$

Para aquele $\mathbf{b}$ onde existe uma solução, ache a solução geral em termos das coordenadas de $\mathbf{b}$.

_____

1.5 MATRIZES ELEMENTARES E OPERAÇÕES SOBRE LINHAS

Agora queremos explorar o algoritmo de eliminação gaussiano do ponto de vista de multiplicação de matrizes. Primeiro estendemos a definição de produto de uma matriz com um vetor coluna ao produto de duas matrizes.

26 Capítulo 1

DEFINIÇÃO 1.5.1 Se A é uma matriz m por n e B é uma matriz n por p, então podemos multiplicar qualquer vetor linha de A por qualquer vetor coluna de B. Denotamos os vetores linha de A por $\mathbf{A}_1, \ldots, \mathbf{A}_m$ e os vetores coluna de B por $\mathbf{B}^1, \ldots, \mathbf{B}^p$. Formamos uma nova matriz m por p, AB (chamada o produto de A e B) cujo elemento ij (isto é o elemento na i-ésima linha e j-ésima coluna) é dado pelo produto $\mathbf{A}_i\mathbf{B}^j$ da i-ésima linha de A pela j-ésima coluna de B. Usando a notação de somatória a fórmula é

$$\left(AB\right)_{ij} = \mathbf{A}_i\mathbf{B}^j = a_{i1}b_{1j} + \mathrm{L} + a_{in}b_{nj} = \sum_{k=1}^{n} a_{ik}b_{kj}$$

Note que o número de colunas de A deve corresponder ao número de linhas de B para que esta definição faça sentido

Dois exemplos:

$$\begin{pmatrix} 1 & 2 & 3 \\ 2 & 6 & 1 \end{pmatrix}\begin{pmatrix} 2 & 1 \\ 1 & 0 \\ 5 & 1 \end{pmatrix} = \begin{pmatrix} 19 & 4 \\ 15 & 3 \end{pmatrix}, \begin{pmatrix} 2 & 1 \\ 1 & 0 \\ 5 & 1 \end{pmatrix}\begin{pmatrix} 1 & 2 & 3 \\ 2 & 6 & 1 \end{pmatrix} = \begin{pmatrix} 4 & 10 & 7 \\ 1 & 2 & 3 \\ 7 & 16 & 16 \end{pmatrix}$$

Estes exemplos ilustram que em geral $AB \neq BA$. Expressamos esta ausência de igualdade dizendo que a multiplicação de matrizes não é comutativa. De fato, aqui temos uma matriz 2 por 2 e a outra é 3 por 3. Algumas vezes AB está definida mas BA nem sequer está definida. Por exemplo, se A é 2 por 3 e B é 3 por 4, então AB está definida mas BA não. Mesmo quando A e B são ambas quadradas e do mesmo tamanho raramente acontece que $AB = BA$.

Apesar de ser não comutativa a multiplicação de matrizes satisfaz a muitas outras propriedades que nos são familiares de operações com números. Por exemplo, se A é m por n, B, C são ambas n por p, então podemos fazer a soma $B + C$, e vale $A\,(B+C) = AB + AC$. Também $A\,(rB) = rAB$ para r um escalar. Estes fatos simplesmente refletem o fato de o produto escalar ser linear em cada termo e de a multiplicação de matrizes ser definida em termos do produto escalar. Também podemos verificar por cálculo direto (e tedioso) que a multiplicação de matrizes é associativa.

Quando fazemos A vezes B a i-ésima linha $(AB)_i$ do produto próvem da multiplicação da i-ésima linha de A por B, isto é

$$(AB)_i = \mathbf{A}_i B$$

Além disso, como um vetor linha ele é uma combinação linear dos vetores linha de B com coeficientes dados pela i-ésima linha de A:

$$\left(AB\right)_{i1} = a_{i1}\mathbf{B}_1 + \mathrm{L} + a_{in}\mathbf{B}_n = \sum_{k=1}^{n} a_{ik}\mathbf{B}_k$$

Analogamente, a j-ésima coluna de AB é uma combinação linear das colunas de A, com coeficientes provindo da j-ésima coluna de B:

$$\left(AB\right)^{j} = A\mathbf{B}^j = b_{1j}\mathbf{A}^1 + \mathrm{L} + b_{nj}\mathbf{A}^n = \sum_{k=1}^{n} b_{kj}\mathbf{A}^k$$

Como exemplo destas afirmações note que quando multiplicamos

$$\begin{pmatrix} 1 & 2 & 3 \\ -1 & 0 & 2 \\ 1 & 2 & 4 \end{pmatrix}\begin{pmatrix} 1 & 2 \\ 3 & 4 \\ 5 & 6 \end{pmatrix} = \begin{pmatrix} 22 & 28 \\ 9 & 10 \\ 27 & 34 \end{pmatrix}$$

a segunda linha é uma combinação linear

$$(-1)\,(1\;\;2) + 0\,(3\;\;4) + 2\,(5\;\;6)$$

das linhas de B, e a primeira coluna é a combinação linear

$$1\begin{pmatrix} 1 \\ -1 \\ 1 \end{pmatrix} + 3\begin{pmatrix} 2 \\ 0 \\ 2 \end{pmatrix} + 5\begin{pmatrix} 3 \\ 2 \\ 4 \end{pmatrix}$$

das colunas de A.

A multiplicação de matrizes também pode ser interpretada em termos da composição de funções. Dada uma matriz A, m por n, existe associada a ela uma função L_A de $\mathbb{R}^n$ em $\mathbb{R}^m$ dada identificando vetores coluna com os correspondentes vetores em $\mathbb{R}^n$ e $\mathbb{R}^m$ e pondo $L_A(\mathbf{x}) = A\mathbf{x}$. Esta função tem as propriedades

$$L_A(\mathbf{x} + \mathbf{y}) = L_A(\mathbf{x}) + L_A(\mathbf{y}) \text{ e } L_A(c\mathbf{x}) = cL_A(\mathbf{x})$$

que resultam diretamente das propriedades da multiplicação de matriz por vetor:

$$A\,(\mathbf{x} + \mathbf{y}) = A\mathbf{x} + A\mathbf{y} \text{ e } A\,(c\mathbf{x}) = cA\mathbf{x}$$

Estas propriedades são chamadas propriedades de linearidade da função L_A e porque as satisfaz L_A é chamada de **transformação linear**.

DEFINIÇÃO 1.5.2 Uma transformação linear L: $\mathbb{R}^n \to \mathbb{R}^m$ é uma função que satisfaz às duas propriedades

$$L\,(\mathbf{v} + \mathbf{w}) = L\,(\mathbf{v}) + L\,(\mathbf{w}) \text{ e } L\,(c\mathbf{v}) = cL\,(\mathbf{v})$$

Assim cada matriz A m por n determina uma transformação linear L_A. Se A é uma matriz m por n e B uma matriz n por p então podemos formar o produto AB. Como L_B é uma transformação linear de $\mathbb{R}^P$ para $\mathbb{R}^n$ e L_A é transformação linear de $\mathbb{R}^n$ para $\mathbb{R}^m$ podemos também formar a composição $L_A L_B$ destas transformações lineares. Então

$$L_{AB}(\mathbf{x}) = (AB)\,\mathbf{x} = A\,(B\mathbf{x}) = L_A L_B(\mathbf{x}); \text{ isto é } L_A L_B = L_{AB}$$

Assim a multiplicação de matrizes corresponde exatamente à composição de funções quando interpretamos a matriz em termos da transformação linear que ela determina.

Agora mostraremos que cada transformação linear L: $\mathbb{R}^n \to \mathbb{R}^m$ provem de uma matriz A; isto é $L = L_A$ para uma única matriz A. Denotemos os **vetores da base canônica** de $\mathbb{R}^n$ por $\mathbf{e}_1 = (1, 0, ..., 0)$; $\mathbf{e}_2 = (0, 1, 0, ..., 0)$, ..., $\mathbf{e}_n = (0, ..., 0, 1)$, e denotemos os vetores da base canônica de $\mathbb{R}^m$ por $\mathbf{f}_1 = (1, 0, ..., 0)$, ..., $\mathbf{f}_m = (0, ..., 0, 1)$; Então

$$L\big(\mathbf{e}_j\big) = \mathbf{A}^j = \sum_{i=1}^{n} a_{ij}\mathbf{f}_i$$

Aqui identificamos os vetores $\mathbf{f}_i$, $\mathbf{A}^j$ com vetores coluna em $\mathbb{R}^n$. Então para um $\mathbf{x}$ geral, podemos escrever $\mathbf{x} = x_1\,\mathbf{e}_1 + \cdots + x_n\,\mathbf{e}_n$ e usar a linearidade de L para escrever

$$L\,(\mathbf{x}) = L\,(x_1\,\mathbf{e}_1 + \cdots + x_n\,\mathbf{e}_n) = x_1 L\,(\mathbf{e}_1) + \cdots + x_n(\mathbf{e}_n)$$
$$= x_1\,\mathbf{A}^1 + \cdots + x_n\,\mathbf{A}^n = A\mathbf{x}$$

Aqui a matriz A é a matriz cujas colunas são os vetores A^j acima. Assim dada L, podemos determinar a matriz de que provém simplesmente aplicando L a $\mathbf{e}_j$ e colocando a resposta A^j como j-ésimo vetor coluna de A. Isto é consistente com o fato de ser $A\mathbf{e}_j = \mathbf{A}^j$, onde estamos olhando $\mathbf{e}_j$ como um vetor coluna nesta equação. Continuaremos a estudar esta relação no próximo capítulo, quando discutirmos

28 Capítulo 1

espaços vetoriais e transformações lineares mais a fundo.

Agora voltemos a examinar como a eliminação gaussiana se relaciona com a multiplicação de matrizes. Começamos com um problema $A\mathbf{x} = \mathbf{b}$. Depois de efetuar o passo de eliminação para a frente temos uma equação equivalente $U\mathbf{x} = \mathbf{c}$. Aqui U está em forma especial; em particular é triangular superior. Agora efetuamos a eliminação para trás para obter $R\mathbf{x} = \mathbf{d}$, e podemos ler a solução geral desta forma da equação. Cada passo no processo de eliminação é um dos três seguintes, que podem ser pensados como se aplicando à matriz aumentada ou se aplicando tanto à matriz de coeficientes quanto ao segundo membro. Vamos apenas descrever o que está acontecendo a A, mas entendemos que as mesmas operações estão sendo efetuadas sobre $\mathbf{b}$.

1) Somar um múltiplo de uma linha a outra linha; isto é deixar todas as linhas inalteradas exceto a i-ésima e substituir $\mathbf{A}_i$ por $\mathbf{A}_i + r\mathbf{A}_j$.
2) Permutar duas linhas; isto é deixar inalteradas todas as linhas exceto a i-ésima e a j-ésima, e substituir $\mathbf{A}_i$ por $\mathbf{A}_j$ e $\mathbf{A}_j$ por $\mathbf{A}_i$.
3) Multiplicar uma linha por um escalar não nulo r; isto é deixar todas as linhas inalteradas exceto a i-ésima e substituir $\mathbf{A}_i$ por $r\mathbf{A}_i$.

Demos os nomes $O(i, j; r)$, $Op(i, j)$ e $Om(i; r)$ a estas três operações. Cada operação forma um nova matriz a partir de A ao substituir uma (ou duas) linhas de A por uma combinação linear de outras linhas. Mas isto também acontece quando multiplicamos A à esquerda por conveniente matriz O, isto é formamos OA. A propriedade da multiplicação de matrizes que estamos usando é que $(OA)_k = O_k A = \sum o_{kl}\mathbf{A}_l$: a k-ésima linha do produto é uma combinação linear das linhas $\mathbf{A}_l$ de A com coeficientes que provêm da k-ésima linha de O.

Para a operação 1 a matriz O deve ter os vetores da base canônica $\mathbf{e}_1, \ldots, \mathbf{e}_n$ em todas as linhas exceto a i-ésima, pois estas linhas não devem mudar. A i-ésima linha deve ter 1 na posição ii e um r na posição ij, para indicar que estamos multiplicando a i-ésima linha por 1 e a j-ésima por r e somando-as para obter a nova i-ésima linha. Denotamos a correspondente matriz por $E(i, j; r)$. Coincide com a matriz identidade exceto na posição ij e seu valor ali é r. Por exemplo, para efetuar $O(3, 2; -5)$ multiplicamos A por $E(3, 2; -5)$:

$$\begin{pmatrix} 1 & 0 & 0 \\ 0 & 1 & 0 \\ 0 & -5 & 1 \end{pmatrix} \begin{pmatrix} 1 & 3 & 1 & 4 \\ 0 & 2 & 1 & 1 \\ 0 & 10 & 7 & 2 \end{pmatrix} = \begin{pmatrix} 1 & 3 & 1 & 4 \\ 0 & 2 & 1 & 1 \\ 0 & 0 & 2 & -3 \end{pmatrix}$$

Para a operação 2 a matriz deve ter todas as linhas exceto a i-ésima e a j-ésima iguais às da matriz identidade para refletir o fato de permanecerem como estão, e a i-ésima linha deve ser $\mathbf{e}_j$ e a j-ésima linha deve ser $\mathbf{e}_i$ para realizar a permuta destas linhas. Isto é a matriz $P(i, j)$ pela qual multiplicamos para efetuar $Op(i, j)$ deve ter $\mathbf{P}_k = \mathbf{e}_k$ para $k \neq i, j$, $\mathbf{P}_i = \mathbf{e}_j$ e $\mathbf{P}_j = \mathbf{e}_i$. Por exemplo, para efetuar $Op(2, 3)$ multiplicamos por $P(2, 3)$:

$$\begin{pmatrix} 1 & 0 & 0 \\ 0 & 0 & 1 \\ 0 & 1 & 0 \end{pmatrix} \begin{pmatrix} 1 & 2 & 5 & 2 \\ 0 & 0 & 2 & 1 \\ 0 & 2 & 1 & 4 \end{pmatrix} = \begin{pmatrix} 1 & 2 & 5 & 2 \\ 0 & 2 & 1 & 4 \\ 0 & 0 & 2 & 1 \end{pmatrix}$$

Para a operação 3 a matriz deve coincidir com a matriz identidade em todas as linhas exceto na i-ésima, e aí deve ter um r na diagonal em vez de 1, pois estamos multiplicando a i-ésima linha por r. Assim para efetuar $Om(i; r)$ multiplicamos por $D(i; r)$, onde $D(i; r)$ coincide com a matriz identidade exceto na posição ii onde é r. Por exemplo, para efetuar $Om(2; 0,5)$ multiplicamos por $D(2; 0,5)$:

Matrizes elementares e operações sobre linhas **29**

$$\begin{pmatrix} 1 & 0 \\ 0 & 0,5 \end{pmatrix}\begin{pmatrix} 2 & 1 & 3 \\ 0 & 2 & 4 \end{pmatrix} = \begin{pmatrix} 2 & 1 & 3 \\ 0 & 1 & 2 \end{pmatrix}$$

DEFINIÇÃO 1.5.3 Os três tipos de matrizes $E\,(i, j; r)$, $P\,(i, j)$ e $D\,(i; r)$ são chamados **matrizes elementares**. $P\,(i, j)$ é o exemplo de tipo especial de matriz chamado matriz de permutação. Uma **matriz de permutação** P (de ordem m) é uma matriz que tem como linhas os vetores da base canônica $\mathbf{e}_1, \ldots, \mathbf{e}_m$ mas possivelmente em outra ordem; isto é $\mathbf{P}_i = \mathbf{e}_{s(i)}$ onde s é uma função de $\{1, \ldots, m\}$ em si mesmo, que é uma **bijeção**. Isto significa que s é **sobre** — para cada k em $\{1, \ldots, m\}$ existe um i em $\{1, \ldots, m\}$ tal que $s\,(i) = k$ — e é, **1–1** — para $i \neq j$, $s\,(i) \neq i\,(j)$. Uma tal função s é chamada uma **permutação** do conjunto $\{1, \ldots, m\}$.

Uma das permutações é a permutação identidade, assim a matriz identidade é uma matriz de permutação. As matrizes de permutação de ordem m correspondem exatamente às permutações de $\{1, \ldots, m\}$. Há $m!$ permutações de $\{1, \ldots, m\}$ portanto há muitas permutações $se\ m$ é grande. Porém qualquer matriz de permutação diferente da identidade será sempre o produto de no máximo m-1 das permutações $P\,(i, j)$. As seis matrizes de permutação de ordem 3 são

$$I = \begin{pmatrix} 1 & 0 & 0 \\ 0 & 1 & 0 \\ 0 & 0 & 1 \end{pmatrix}, P\,(1,2) = \begin{pmatrix} 0 & 1 & 0 \\ 1 & 0 & 0 \\ 0 & 0 & 1 \end{pmatrix}$$

$$P\,(1,3) = \begin{pmatrix} 0 & 0 & 1 \\ 0 & 1 & 0 \\ 1 & 0 & 0 \end{pmatrix}, P\,(2,3) = \begin{pmatrix} 1 & 0 & 0 \\ 0 & 0 & 1 \\ 0 & 1 & 0 \end{pmatrix}$$

$$P\,(1,2)P\,(1,3) = \begin{pmatrix} 0 & 1 & 0 \\ 0 & 0 & 1 \\ 1 & 0 & 0 \end{pmatrix}, P\,(1,2)P\,(2,3) = \begin{pmatrix} 0 & 0 & 1 \\ 1 & 0 & 0 \\ 0 & 1 & 0 \end{pmatrix}$$

Finalmente, note que a matriz $D\,(i; r)$ é um exemplo de matriz diagonal, pois todos os seus elementos não nulos estão na diagonal.

Agora olhemos um exemplo de eliminação gaussiana e vejamos como pode ser interpretado em termos de multiplicação por matrizes elementares. Olhamos $A\mathbf{x} = \mathbf{b}$. Indicaremos a correspondente equação depois de i passos por $A\,(i)\mathbf{x} = \mathbf{b}\,(i)$ e pomos $A = A\,(0)$, $\mathbf{b} = \mathbf{b}\,(0)$; Partimos de

$$A = A(0) = \begin{pmatrix} 5 & 1 & 3 \\ 10 & 5 & 8 \\ 15 & 6 & 16 \end{pmatrix}, \mathbf{b} = \mathbf{b}(0) = \begin{pmatrix} 3 \\ 7 \\ 5 \end{pmatrix}$$

Nossa primeira operação é $O\,(2, 1; -2)$, portanto multiplicamos por $E\,(2, 1; -2)$ para obter

$$A\,(1) = E\,(2,1;-2)\,A\,(0) = \begin{pmatrix} 5 & 1 & 3 \\ 0 & 3 & 2 \\ 15 & 6 & 16 \end{pmatrix}, \mathbf{b}\,(1) = E\,(2,1;-2)\,\mathbf{b}\,(0) = \begin{pmatrix} 3 \\ 1 \\ 5 \end{pmatrix}$$

Agora efetuamos $O\,(3, 1; -3)$ assim multiplicamos por $E\,(3, 1; -3)$ para obter

$$A\,(2) = E\,(3,1;-3)\,A\,(1) = \begin{pmatrix} 5 & 1 & 3 \\ 0 & 3 & 2 \\ 0 & 3 & 7 \end{pmatrix}, \mathbf{b}\,(2) = E\,(3,1;-3)\,\mathbf{b}\,(1) = \begin{pmatrix} 3 \\ 1 \\ -4 \end{pmatrix}$$

Note que para passar de $A\,(0)$ a $A\,(2)$ basta multiplicar pelo produto

30 Capítulo 1

$$O\left(2\right)=E\left(3,1;-3\right)E\left(2,1;-2\right)=\begin{pmatrix} 1 & 0 & 0 \\ -2 & 1 & 0 \\ -3 & 0 & 1 \end{pmatrix}$$

Também multiplicaremos **b** por $O(2)$. Nossa nova equação se relaciona com a inicial por ser obtida multiplicando ambos os membros por $O(2)$; isto é, $O(2) A\mathbf{x} = O(2)\mathbf{b}$. Também não perderemos de vista como a matriz pela qual estamos multiplicando nosso sistema vai mudando, isto é, acompanhamos $O(k)$ de modo que $A(k) = O(k) A$ e $\mathbf{b}(k) = O(k) \mathbf{b}$. Lembre que $O(k)$ será o produto de algumas matrizes elementares.

Para realizar a operação seguinte $O(3, 2; -1)$ multiplicamos por $E(3, 2; -1)$ para obter

$$A\left(3\right)=E\left(3,2;-1\right)A\left(2\right)=\begin{pmatrix} 5 & 1 & 3 \\ 0 & 3 & 2 \\ 0 & 0 & 5 \end{pmatrix},\ \mathbf{b}\left(3\right)=E\left(3,2,-1\right)\mathbf{b}\left(2\right)=\begin{pmatrix} 3 \\ 1 \\ -5 \end{pmatrix}$$

e observamos que

$$O\left(3\right)=E\left(3,2;-1\right)O\left(2\right)=\begin{pmatrix} 1 & 0 & 0 \\ -2 & 1 & 0 \\ -1 & -1 & 1 \end{pmatrix}$$

Agora terminamos a parte de eliminação para a frente do algoritmo e nossa nova equação tem a forma $U\mathbf{x} = \mathbf{c}$ onde $U = A(3)$, triangular superior. Além disso, resultou da equação original por multiplicação de ambos os lados de $A\mathbf{x} = \mathbf{b}$ por $O_1 = O(3)$. Note que O_1 é triangular inferior. Isto é uma circunstância especial, devida ao fato de nunca termos tido que permutar linhas. Resulta do fato de estarmos trabalhando de cima para baixo e por isso as matrizes elementares $E(i, j; r)$ que estamos usando são sempre triangulares inferiores e o produto de tais matrizes é também triangular inferior. Voltaremos a este ponto mais tarde, quando discutirmos mais algumas questões computacionais associadas à efetiva implementação deste algoritmo num computador.

Agora efetuamos o passo de eliminação para trás. Note que esta parte do algoritmo é equivalente a fazer substituições para resolver para as variáveis de baixo para cima. Primeiro fazemos $Om(3;1/5)$ por multiplicação por $D(3; 1/5)$:

$$A\left(4\right)=D\left(3;1/5\right)A\left(3\right)=\begin{pmatrix} 5 & 1 & 3 \\ 0 & 3 & 2 \\ 0 & 0 & 1 \end{pmatrix},\ \mathbf{b}\left(4\right)=D\left(3;1/5\right)\mathbf{b}\left(3\right)=\begin{pmatrix} 3 \\ 1 \\ -1 \end{pmatrix},$$

$$O\left(4\right)=D\left(3;1/5\right)O\left(3\right)=\begin{pmatrix} 1 & 0 & 0 \\ -2 & -1 & 0 \\ -1/5 & -1/5 & 1/5 \end{pmatrix}$$

Em seguida $O(2, 3; -2)$ por multiplicação por $E(2, 3; -2)$:

$$A\left(5\right)=E\left(2,3;-2\right)A\left(4\right)=\begin{pmatrix} 5 & 1 & 3 \\ 0 & 3 & 0 \\ 0 & 0 & 1 \end{pmatrix}\ \mathbf{b}\left(5\right)=E\left(2,3;-2\right)\mathbf{b}\left(4\right)=\begin{pmatrix} 3 \\ 3 \\ -1 \end{pmatrix}$$

$$O\left(5\right)=E\left(2,3;-2\right)O\left(4\right)=\begin{pmatrix} 1 & 0 & 0 \\ -8/5 & -7/5 & -2/5 \\ -1/5 & -1/5 & 1/5 \end{pmatrix}$$

Agora $O(1, 3; -3)$, multiplicando por $E(1, 3; -3)$:

Matrizes elementares e operações sobre linhas   31

$$A\,(6) = E\,(1,3;-3)\,A\,(4) = \begin{pmatrix} 5 & 1 & 0 \\ 0 & 3 & 0 \\ 0 & 0 & 1 \end{pmatrix}, \ \mathbf{b}\,(6) = E\,(1,3;-3)\,\mathbf{b}\,(5) = \begin{pmatrix} 6 \\ 3 \\ -1 \end{pmatrix},$$

$$O\,(6) = E\,(1,3;-3)\,O\,(5) = \begin{pmatrix} 8/5 & 3/5 & -3/5 \\ -8/5 & 7/5 & -2/5 \\ -1/5 & -1/5 & 1/5 \end{pmatrix}$$

Agora *Om* (2; 1/3), multiplicação por *D* (2; 1/3)

$$A\,(7) = D\,(2;1/3)\,A\,(16) = \begin{pmatrix} 5 & 1 & 0 \\ 0 & 1 & 0 \\ 0 & 0 & 1 \end{pmatrix}, \ \mathbf{b}\,(7) = D\,(2;1/3)\,\mathbf{b}\,(6) = \begin{pmatrix} 6 \\ 1 \\ -1 \end{pmatrix},$$

$$O\,(7) = D\,(2;1/3)\,O\,(6) = \begin{pmatrix} 24/15 & 9/15 & -9/15 \\ -8/15 & 7/15 & -2/15 \\ -3/15 & -3/15 & 3/15 \end{pmatrix}$$

Em seguida *O* (1, 2; –1), multiplicamos por *E* (1, 2; –1)

$$A\,(8) = E\,(1,2;-1)\,A\,(7) = \begin{pmatrix} 5 & 0 & 0 \\ 0 & 1 & 0 \\ 0 & 0 & 1 \end{pmatrix} \ \mathbf{b}\,(8) = E\,(1,2;-1)\,\mathbf{b}\,(7) = \begin{pmatrix} 5 \\ 1 \\ -1 \end{pmatrix},$$

$$O\,(8) = E\,(1,1;-1)\,O\,(7) = \begin{pmatrix} 32/15 & 2/15 & -7/15 \\ -8/15 & 7/15 & -2/15 \\ -3/15 & -3/15 & 3/15 \end{pmatrix}$$

O passo final é *Om* (1; 1/5), que se faz multiplicando por *D* (1; 1/5):

$$A\,(9) = D\,(1;1/5)\,A\,(8) = \begin{pmatrix} 1 & 0 & 0 \\ 0 & 1 & 0 \\ 0 & 0 & 1 \end{pmatrix} \ \mathbf{b}\,(9) = D\,(1;1/5)\,\mathbf{b}\,(8) = \begin{pmatrix} 1 \\ 1 \\ -1 \end{pmatrix},$$

$$O\,(9) = D\,(1;1/5)\,O\,(9) = 1/75 \begin{pmatrix} 32 & 2 & 7 \\ -40 & 35 & -10 \\ -15 & -15 & 15 \end{pmatrix}$$

Assim se chamarmos a matriz final $O(9) = O$, então a multiplicação por O transformou nossa equação original $A\mathbf{x} = \mathbf{b}$ em $I\mathbf{x} = OA\mathbf{x} = O\mathbf{b} = \mathbf{d}$, de modo que podemos resolver e obter $\mathbf{x} = \mathbf{d}$, que em nosso exemplo dá $x_1 = 1, x_2 = 1, x_2 = 1, x_3 = -1$. Este exemplo é especial no sentido de a matriz reduzida por linhas final vir a ser a identidade. Em geral existirá uma matriz O quadrada m por m, que será o produto de todas as matrizes elementares usadas em cada operação, de modo que $OA = R$, onde R é de forma normal reduzida, e a equação $A\mathbf{x} = \mathbf{b}$ será equivalente à equação $R\mathbf{x} = O\mathbf{b}$.

Se pararmos depois do passo de eliminação para a frente então teremos uma matriz O_1, produto de matrizes elementares, tal que multiplicação por O_1 transforma $A\mathbf{x} = \mathbf{b}$ em $U\mathbf{x} = \mathbf{b}_1$. Em particular a simplificação até este ponto é suficiente para resolver a questão da existência de uma solução para $A\mathbf{x} = \mathbf{b}$. Existirá solução desde que os elementos de $O_1\mathbf{b}$ correspondendo a qualquer linha nula de U sejam também zero. A condição de U não ter linhas nulas é necessária para que exista solução qualquer que seja $\mathbf{b}$. Pois se U tem linhas nulas existe algum c para o qual $U\mathbf{x} = c$ não tem solução (basta que os elementos de baixo de c sejam todos não nulos), e então revertendo os passos no processo gaussiano voltamos a uma equação $A\mathbf{x} = \mathbf{b}$ com o mesmo conjunto de soluções, isto é, nenhuma. Uma vez que

32 Capítulo 1

a matriz esteja na forma U no final do passo de eliminação para a frente, podemos também resolver para as variáveis básicas em termos das livres por substituição para trás se quisermos: este processo é equivalente ao nosso algoritmo de eliminação para trás.

Nos exercícios 1.5.1 – 1.5.6 use as matrizes

$$A = \begin{pmatrix} 2 & -1 & -1 \\ 1 & -1 & -1 \\ 4 & -4 & -1 \end{pmatrix}, B = \begin{pmatrix} 1 & 2 & 3 \\ 1 & 2 & 1 \end{pmatrix}, C = \begin{pmatrix} 1 & 1 & 1 & 1 \\ 1 & 2 & 3 & 4 \\ 2 & 3 & 4 & 5 \end{pmatrix},$$

$$D = \begin{pmatrix} 1 & 1 & 1 & 1 \\ 2 & 2 & 2 & 2 \\ 3 & 5 & 6 & 5 \end{pmatrix}, \mathbf{a} = \begin{pmatrix} 2 \\ -1 \\ -3 \end{pmatrix}, \mathbf{b} = \begin{pmatrix} 1 \\ 1 \\ 2 \end{pmatrix}, \mathbf{c} = \begin{pmatrix} 1 \\ 1 \\ 0 \end{pmatrix}, \mathbf{d} = \begin{pmatrix} 0 \\ 2 \\ 2 \end{pmatrix}$$

Exercício 1.5.1

Ache os produtos BA, BC e AC.

Exercício 1.5.2

(a) Expresse a segunda linha do produto BC como combinação linear das linhas de C.
(b) Expresse a segunda coluna do produto BC como combinação linear das colunas de B.

Exercício 1.5.3

(a) Considere a transformação linear $L: \mathbb{R}^2 \to \mathbb{R}^2$ que reflete cada vetor pelo eixo–x. Em particular, $L(\mathbf{e}_1) = \mathbf{e}_1$, $L(\mathbf{e}_2) = -\mathbf{e}_2$. Ache a matriz A tal que $L = L_A$
(b) Responda à mesma questão para a transformação linear que gira cada vetor de um ângulo de 45°.

Exercício 1.5.4

Dê cada uma das matrizes elementares que ocorrem ao efetuar a eliminação gaussiana para levar à forma normal reduzida.

Exercício 1.5.5

Ache a matriz O_1 que aparece ao fim da parte de eliminação para a frente do algoritmo ao resolver $C\mathbf{x} = \mathbf{b}$ e $C\mathbf{x} = \mathbf{c}$. Dê as equações equivalentes $U\mathbf{x} = O_1\mathbf{b}$ e $U\mathbf{x} = O_1\mathbf{c}$ em cada caso. Qual equação tem solução?

Exercício 1.5.6

Ache a matriz O pela qual se deve multiplicar para transformar a equação $D\mathbf{x} = \mathbf{d}$ na forma normal $R\mathbf{x} = O\mathbf{d}$. Resolva esta equação.

Exercício 1.5.7

Mostre que a multiplicação de matrizes é associativa. Deve-se calcular o elemento ij tanto de $(AB)\,C$ quanto de $A\,(BC)$ e verificar que são os mesmos. É útil usar a notação de somatória.

Exercício 1.5.8

Mostre que o produto de duas matrizes triangulares inferiores é triangular inferior. Mostre que se além disso têm só 1 na diagonal o produto também tem todos os elementos diagonais iguais a 1.

1.6 INVERSAS, TRANSPOSTAS E ELIMINAÇÃO GAUSSIANA

Agora reinterpretamos os resultados do algoritmo gaussiano. Em cada passo do algoritmo estamos

Inversas, transpostas e eliminação gaussiana **33**

multiplicando ambos os lados da equação por uma matriz elementar E, que é $E(i, j; r)$, $P(i, j)$ ou $D(i; s)$ $s \neq 0$. Assim a equação $A\mathbf{x} = \mathbf{b}$ é transformada em outra equação $EA\mathbf{x} = E\mathbf{b}$. A razão pela qual as soluções do novo sistema permanecem as mesmas é que o processo é reversível. Em termos de matrizes isto significa que existe outra matriz elementar F, tal que $FE = I$, a matriz identidade (de ordem m). Isto faz surgir o conceito de inversa de uma matriz.

DEFINIÇÃO 1.6.1 Uma matriz B se diz **inversa** de uma matriz A se $BA = AB = I$. Aqui A, B são supostas matrizes quadradas de mesma ordem e por I entendemos a matriz identidade de igual ordem. Uma matriz A que tenha uma inversa B se diz **inversível**. A inversa B é denotada por A^{-1}. Uma matriz inversível é também chamada **não singular**, e uma que não seja inversível é dita **singular**.

Para a matriz $E(i, j; r)$ a matriz $E(i, j; -r)$ é a inversa. Para $P(i, j)$ sua inversa é a mesma matriz $P(i, j)$; a inversa de $D(i; s)$, $s \neq 0$, é $D(i; 1/s)$.

$$\begin{pmatrix} 1 & 0 & 0 \\ 0 & 1 & 0 \\ r & 0 & 1 \end{pmatrix}\begin{pmatrix} 1 & 0 & 0 \\ 0 & 1 & 0 \\ -r & 0 & 1 \end{pmatrix} = I, \begin{pmatrix} 0 & 1 & 0 \\ 1 & 0 & 0 \\ 0 & 0 & 1 \end{pmatrix}\begin{pmatrix} 0 & 1 & 0 \\ 1 & 0 & 0 \\ 0 & 0 & 1 \end{pmatrix} = I, \begin{pmatrix} 1 & 0 & 0 \\ 0 & r & 0 \\ 0 & 0 & 1 \end{pmatrix}\begin{pmatrix} 1 & 0 & 0 \\ 0 & 1/r & 0 \\ 0 & 0 & 1 \end{pmatrix} = I$$

Se C, D são matrizes inversíveis de ordem m, então o produto CD também será inversível e sua inversa será o produto das inversas de C e D *mas na ordem contrária*; isto é $(CD)^{-1} = D^{-1}C^{-1}$. Pois

$$CD (D^{-1}C^{-1}) = C (DD^{-1}) C^{-1} = CIC^{-1} = CC^{-1} = I$$

Da mesma forma $(D^{-1}C^{-1}) CD = I$. Assim $D^{-1}C^{-1}$ satisfaz à propriedade que define a inversa.

Note que esta propriedade determina completamente a inversa: isto é inversas são únicas. Suponha que D, E satisfazem ambas à propriedade serem inversas de C. Então

$$D = DI = D (CE) = (DC) E = E$$

Voltando às matrizes elementares envolvidas na eliminação gaussiana, cada uma delas é inversível. Sabemos que o produto de duas matrizes inversíveis é inversível. Afirmamos que o produto de qualquer número de matrizes inversíveis é inversível. O conceito necessário para provar isto é o de indução matemática. Usaremos isto para muitos argumentos diferentes (na verdade já aludimos a ele antes) de modo que vamos agora enunciá-lo precisamente e aplicá-lo a este problema.

Princípio da indução matemática

Seja $P(n)$ uma propriedade envolvendo um número natural n. Então $P(n)$ é verdadeira para todos os números naturais n se
1) $P(1)$ é verdadeira.
2) Vale a implicação — $P(k)$ verdadeira implica que $P(k + 1)$ é verdadeira.

A segunda parte às vezes é substituída pelo enunciado

2') Vale a implicação — $P(j)$ verdadeira para todo $j \leq k$ implica que $P(k + 1)$ é verdadeira.

A base para este princípio é que todos os números naturais surgem do número 1 tomando sucessores. Assim a idéia é que uma vez que saibamos que $P(1)$ é verdadeira, então

34 Capítulo 1

$$P(1) \text{ é verdadeira} \Rightarrow P(2) \text{ é verdadeira} \Rightarrow P(3) \text{ é verdadeira} \Rightarrow \cdots \Rightarrow P(n) \text{ é verdadeira}$$

A segunda forma às vezes é mais adequada para aplicação e é equivalente à primeira.
Apliquemos este princípio para provar nossa afirmação.

PROPOSIÇÃO 1.6.1 Se $A_1, \ldots, A_n$ são inversíveis então também o produto $A_1 \cdots An$, é inversível. Além disso o produto $A_n^{-1} \cdots A_1^{-1}$ na ordem inversa é seu inverso.

Prova. Primeiro verificamos que é verdade para $n = 1$. Neste caso a proposição diz apenas que se A_1 é inversível com inversa A_1^{-1}, então A_1 é inversível com inversa A_1^{-1} de modo que é verdadeira. Agora verificamos o passo da indução. Assumimos o teorema verdadeiro quando $n = k$ e tentamos prová-lo para $n = k + 1$. Assim supomos que $A_1, \ldots, A_{k+1}$ são inversíveis. Nossa hipótese de indução nos diz que $A_1 \cdots A_k$ é inversível com inversa $A_k^{-1} \cdots A_1^{-1}$. Vimos antes que o produto de duas matrizes inversíveis A, B é inversível com inversa $B^{-1}A^{-1}$. Agora escrevemos o produto $A_1 \cdots A_{k+1}$ como $(A_1 \cdots A_k)A_{k+1}$ e aplicamos a última afirmação para dizer que este produto é inversível e sua inversa é

$$A_{k+1}^{-1}(A_1 \cdots A_k)^{-1} = A_{k+1}^{-1} A_k^{-1} \cdots A_1^{-1} \qquad \blacksquare$$

Para o produto geral $E_k \ldots E_1$ de matrizes elementares a inversa será o produto das inversas na ordem oposta $E_1^{-1} \ldots E_k^{-1}$. Assim ao fim do algoritmo de eliminação gaussiano teremos substituído a equação $A\mathbf{x} = \mathbf{b}$ por uma nova equação $OA\mathbf{x} = O\mathbf{b}$, onde $OA = R$ estará em forma normal reduzida e O será inversível. O será o produto de todas as matrizes elementares usadas no algoritmo e sua inversa será o produto, em ordem inversa, das inversas delas.

Agora restringimos nossa atenção ao caso em que A é uma matriz quadrada de ordem n. Então a matriz R em forma normal reduzida que pode ocorrer ao final do algoritmo ou será a matriz identidade I ou terá pelo menos uma linha de zeros em baixo. Isto resulta do fato de que as colunas contendo as variáveis básicas serão as primeiras p colunas da matriz identidade. Se $p < n$ então haverá linha de zeros em baixo na matriz, se $p = n$ então R é a matriz identidade.

Se $R = I$ então temos $OA = R = I$. Agora partindo de $AX = I$ tente resolver para X. Se multiplicarmos por O obtemos $OAX = (OA)X = IX = X$ do lado esquerdo e $OI = O$ à direita. Assim a solução é $X = O$ e $AO = I$ também. Assim A é inversível e $O = A^{-1}$. Note que sabemos se haverá n linhas não nulas ao fim da parte de eliminação para a frente, pois o número de linhas nulas não muda durante o passo de eliminação para trás. Suponha que R tem uma linha nula. Então se tentarmos resolver $Ax = O^{-1}\mathbf{e}_n$, multiplicamos por O para obter a equação equivalente $R\mathbf{x} = \mathbf{e}_n$ que não tem solução, pois a última linha de R é zero. Mas se A tem uma inversa A^{-1} então a multiplicação de $A\mathbf{x} = \mathbf{b}$ por A^{-1} dará $\mathbf{x} = A^{-1}\mathbf{b}$ como solução. Portanto podemos concluir

PROPOSIÇÃO 1.6.2 A matriz quadrada A é inversível see sua reduzida normal R é igual a I. Isto equivale a saber que não há linhas nulas em R e portanto que o número de linhas não nulas de R é n.

Quando $p = n$ podemos resolver para a inversa de A resolvendo a equação matricial $AX = I$ para X. Isto pode ser feito formando uma matriz aumentada em que A fornece as n primeiras colunas e matriz identidade as n últimas, e usando a eliminação gaussiana para reduzir A à matriz identidade. A matriz que aparecer no lado direito será a solução de $AX = I$, portanto será A^{-1}. Este método para achar a inversa chama-se o **método de Gauss—Jordan**. O mesmo método pode ser usado mesmo quando não soubermos se A tem inversa. Porém devemos parar e concluir que não existe inversa sempre que $c(i) \neq i$, pois isto implicará que haverá uma linha nula em R. Isto será um tanto

Inversas, transpostas e eliminação gaussiana **35**

ineficiente, porque teremos feito muitos cálculos inúteis no segundo membro antes de parar. Um método um pouco melhor é o de efetuar a eliminação gaussiana sobre A e conservar a informação sobre quais operações foram usadas. Se a qualquer momento obtivermos $c(i) \neq i$, paramos e concluímos que A não é inversível. Se pudermos reduzir A à identidade, então simplesmente repetimos as operações sobre a matriz identidade para achar A^{-1}. Note que este método é consistente com o fato de O ser a inversa de A quando A é inversível.

Seguem três exemplos. No primeiro efetuamos o algoritmo de Gauss—Jordan para achar a inversa de A. No segundo e no terceiro tentaremos reduzir A à identidade pela eliminação gaussiana, registrando os passos pelo caminho e aplicando-os a I se A for inversível.

■ *Exemplo 1.6.1*

$$A = \begin{pmatrix} 2 & 2 & 1 \\ 2 & 1 & -1 \\ 3 & 2 & 1 \end{pmatrix}$$

Formamos a matriz aumentada

$$\left(A \mid I \right) = \begin{pmatrix} 2 & 2 & 1 & | & 1 & 0 & 0 \\ 2 & 1 & -1 & | & 0 & 1 & 0 \\ 3 & 2 & 1 & | & 0 & 0 & 1 \end{pmatrix}$$

Então efetuamos o algoritmo de eliminação gaussiana sobre a matriz aumentada. Registramos as operações usadas e a nova matriz aumentada.

$$\begin{pmatrix} 2 & 2 & 1 & | & 1 & 0 & 0 \\ 0 & -1 & -2 & | & -1 & 1 & 0 \\ 3 & 2 & 1 & | & 0 & 0 & 1 \end{pmatrix}, \ O\left(2,1;-1\right)$$

$$\begin{pmatrix} 2 & 2 & -1 & | & 1 & 0 & 0 \\ 0 & -1 & -2 & | & -1 & 1 & 0 \\ 0 & -1 & -0,5 & | & -1,5 & 0 & 1 \end{pmatrix}, \ O\left(3,1;-1,5\right)$$

$$\begin{pmatrix} 2 & 2 & 1 & | & 1 & 0 & 0 \\ 0 & -1 & -2 & | & -1 & 1 & 0 \\ 0 & 0 & 1,5 & | & -0,5 & -1 & 1 \end{pmatrix}, \ O\left(3,2;-1\right)$$

$$\begin{pmatrix} 2 & 2 & 1 & | & 1 & 0 & 0 \\ 0 & -1 & -2 & | & -1 & 1 & 0 \\ 0 & 0 & 1 & | & -1/3 & -2/3 & 2/3 \end{pmatrix}, \ Om\left(3;2/3\right)$$

$$\begin{pmatrix} 2 & 2 & 1 & | & 1 & 0 & 0 \\ 0 & -1 & 0 & | & -5/3 & -1/3 & 5/3 \\ 0 & 0 & 1 & | & -1/3 & -2/3 & 2/3 \end{pmatrix}, \ O\left(2,3;2\right)$$

$$\begin{pmatrix} 2 & 2 & 0 & | & 5/3 & 2/3 & -2/3 \\ 0 & -1 & 1 & | & -5/3 & -1/3 & 5/3 \\ 0 & 0 & 1 & | & -1/3 & -2/3 & 2/3 \end{pmatrix}, \ O\left(1,3;-1\right)$$

$$\begin{pmatrix} 2 & 2 & 0 & | & 5/3 & 2/3 & -2/3 \\ 0 & 1 & 0 & | & 5/3 & 1/3 & -5/3 \\ 0 & 0 & 1 & | & -1/3 & -2/3 & 2/3 \end{pmatrix}, \ Om\left(2;-1\right)$$

36 Capítulo 1

$$\left(\begin{array}{ccc|ccc} 2 & 0 & 0 & -2 & 0 & 2 \\ 0 & 1 & 0 & 5/3 & 1/3 & -5/3 \\ 0 & 0 & 1 & -1/3 & -2/3 & 2/3 \end{array}\right), \; O\left(1,2;-2\right)$$

$$\left(\begin{array}{ccc|ccc} 1 & 0 & 0 & -1 & 0 & 1 \\ 0 & 1 & 0 & 5/3 & 1/3 & -5/3 \\ 0 & 0 & 1 & -1/3 & -2/3 & 2/3 \end{array}\right), \; Om\left(1;1/2\right)$$

Assim a inversa de A é $\left(\begin{array}{ccc} -1 & 0 & 1 \\ 5/3 & 1/3 & -4/3 \\ -1/3 & -2/3 & 2/3 \end{array}\right)$ ∎

■ **Exemplo 1.6.2** Tentamos achar a inversa de $B = \left(\begin{array}{ccc} 1 & 2 & 3 \\ 4 & 5 & 6 \\ 7 & 8 & 9 \end{array}\right)$ se existe.

Usamos $O(2, 1; -4)$, $O(3, 1; -7)$ e $O(3, 2; -2)$ para o passo de eliminação para a frente.

$$\left(\begin{array}{ccc} 1 & 2 & 3 \\ 0 & -3 & -6 \\ 7 & 8 & 9 \end{array}\right), \left(\begin{array}{ccc} 1 & 2 & 3 \\ 0 & -3 & -6 \\ 0 & -6 & -12 \end{array}\right)\left(\begin{array}{ccc} 1 & 2 & 3 \\ 0 & -3 & -6 \\ 0 & 0 & 0 \end{array}\right)$$

Portanto B não é inversível. ∎

■ **Exemplo 1.6.3** Tentamos inverter $C = \left(\begin{array}{cccc} 1 & 0 & 1 & 0 \\ 1 & 1 & 0 & 1 \\ 0 & 0 & 1 & 1 \\ 1 & 1 & 1 & 1 \end{array}\right)$

Primeiro aplicamos $O(2, 1; -1)$, $O(4, 1; -1)$, $O(4, 2; -1)$.

$$\left(\begin{array}{cccc} 1 & 0 & 1 & 0 \\ 0 & 1 & -1 & 1 \\ 0 & 0 & 1 & 1 \\ 1 & 1 & 1 & 1 \end{array}\right)\left(\begin{array}{cccc} 1 & 0 & 1 & 0 \\ 0 & 1 & -1 & 1 \\ 0 & 0 & 1 & 1 \\ 0 & 1 & 0 & 1 \end{array}\right)\left(\begin{array}{cccc} 1 & 0 & 1 & 0 \\ 0 & 1 & -1 & 1 \\ 0 & 0 & 1 & 1 \\ 0 & 0 & 1 & 0 \end{array}\right)$$

Em seguida aplicamos $O(4, 3; -1)$, $Om(4; -1)$, $O(3, 4; -1)$.

$$\left(\begin{array}{cccc} 1 & 0 & 1 & 0 \\ 0 & 1 & -1 & 1 \\ 0 & 0 & 1 & 1 \\ 0 & 0 & 0 & -1 \end{array}\right)\left(\begin{array}{cccc} 1 & 0 & 1 & 0 \\ 0 & 1 & -1 & 1 \\ 0 & 0 & 1 & 1 \\ 0 & 0 & 0 & 1 \end{array}\right)\left(\begin{array}{cccc} 1 & 0 & 1 & 0 \\ 0 & 1 & -1 & 1 \\ 0 & 0 & 1 & 0 \\ 0 & 0 & 0 & 1 \end{array}\right)$$

Agora aplicamos $O(2, 4; -1)$, $O(2, 3; 1)$, $O(1, 3; -1)$.

$$\left(\begin{array}{cccc} 1 & 0 & 1 & 0 \\ 0 & 1 & -1 & .0 \\ 0 & 0 & 1 & 0 \\ 0 & 0 & 0 & 1 \end{array}\right)\left(\begin{array}{cccc} 1 & 0 & 1 & 0 \\ 0 & 1 & 0 & 0 \\ 0 & 0 & 1 & 0 \\ 0 & 0 & 0 & 1 \end{array}\right)\left(\begin{array}{cccc} 1 & 0 & 1 & 0 \\ 0 & 1 & 0 & 0 \\ 0 & 0 & 1 & 0 \\ 0 & 0 & 0 & 1 \end{array}\right)$$

Tendo chegado á identidade agora achamos C^{-1} aplicando as mesmas operações à matriz identidade.

$$\left(\begin{array}{cccc} 1 & 0 & 0 & 0 \\ -1 & 1 & 0 & 0 \\ 0 & 0 & 1 & 0 \\ 0 & 0 & 0 & 1 \end{array}\right)\left(\begin{array}{cccc} 1 & 0 & 0 & 0 \\ -1 & 1 & 0 & 0 \\ 0 & 0 & 1 & 0 \\ -1 & 0 & 0 & 1 \end{array}\right)\left(\begin{array}{cccc} 1 & 0 & 0 & 0 \\ -1 & 1 & 0 & 0 \\ 0 & 0 & 1 & 0 \\ 0 & -1 & 0 & 1 \end{array}\right)$$

$$\begin{pmatrix} 1 & 0 & 0 & 0 \\ -1 & 1 & 0 & 0 \\ 0 & 0 & 1 & 0 \\ 0 & -1 & -1 & 1 \end{pmatrix}, \begin{pmatrix} 1 & 0 & 0 & 0 \\ -1 & 1 & 1 & 0 \\ 0 & 0 & 1 & 0 \\ 0 & 1 & 1 & -1 \end{pmatrix}, \begin{pmatrix} 1 & 0 & 0 & 0 \\ -1 & 1 & 0 & 0 \\ 0 & -1 & 0 & 1 \\ 0 & -1 & 1 & -1 \end{pmatrix}$$

$$\begin{pmatrix} 1 & 0 & 0 & 0 \\ -1 & 0 & -1 & 1 \\ 0 & -1 & 0 & 1 \\ 0 & 1 & 1 & -1 \end{pmatrix}, \begin{pmatrix} 1 & 0 & 0 & 0 \\ -1 & -1 & -1 & 2 \\ 0 & -1 & 0 & 1 \\ 0 & 1 & 1 & -1 \end{pmatrix}, \begin{pmatrix} 1 & 1 & 0 & -1 \\ -1 & -1 & -1 & 2 \\ 0 & -1 & 0 & 1 \\ 0 & 1 & 1 & -1 \end{pmatrix}$$ ∎

Exercício 1.6.1_____

Ache as inversas de cada uma das matrizes seguintes.

(a) $\begin{pmatrix} 1 & 0 & 0 \\ 2 & 1 & 0 \\ 0 & 0 & 1 \end{pmatrix}$, (b) $\begin{pmatrix} 1 & 0 & 0 \\ 0 & 3 & 0 \\ 0 & 0 & 1 \end{pmatrix}$, (c) $\begin{pmatrix} 0 & 1 & 0 \\ 1 & 0 & 0 \\ 0 & 0 & 1 \end{pmatrix}$

Exercício 1.6.2_____

Sejam A, B, C, as matrizes das partes (a), (b), (c) acima.
      (a) Ache a inversa de AB.
      (b) Ache a inversa de ABC.

Exercício 1.6.3_____

Use o algoritmo de Gauss-Jordan para achar a inversa de $A = \begin{pmatrix} 1 & 2 & -1 \\ 0 & 2 & 1 \\ 1 & 4 & 1 \end{pmatrix}$.

Use a inversa A^{-1} para resolver $A\mathbf{x} = \begin{pmatrix} 2 \\ 1 \\ 3 \end{pmatrix}$

Exercício 1.6.4_____

Decida se as matrizes seguintes são inversíveis. Não ache a inversa.

$$A = \begin{pmatrix} 1 & 1 & 1 \\ 0 & 3 & 1 \\ 0 & 0 & 5 \end{pmatrix}, B = \begin{pmatrix} 1 & 3 & 1 \\ 0 & 2 & 1 \\ 3 & 11 & 4 \end{pmatrix}, C = \begin{pmatrix} 1 & 3 & 1 \\ 0 & 2 & 1 \\ 3 & 11 & 5 \end{pmatrix}, D = AB, E = AC.$$

Exercício 1.6.5_____

Para cada matriz A, B, C do exercício precedente que seja inversível reduza-a à identidade e registre cada operação elementar usada. Ache a inversa aplicando as mesmas operações à identidade.

_____

Agora consideramos outra operação sobre matrizes que se mostrará bastante semelhante à de resolver $A\mathbf{x} = \mathbf{b}$ também. Dada uma matriz m por n A existe uma matriz n por m a ela relacionada que é chamada a **transposta** de A e é denotada por A^t (isto se lê A-transposta).

DEFINIÇÃO 1.6.2 Para uma matriz m por n A a transposta B de A, que é denotada por A^t, é a matriz n por m cujo elemento ij é o elemento ji de A; isto é $b_{ij} = a_{ji}$.

38 Capítulo 1

A transposta é encontrada trocando as linhas pelas colunas de A; isto é, a i-ésima linha de A se torna a i-ésima coluna de A^t e a j-ésima coluna de A se torna a j-ésima linha de A^t. Note que $(A^t)^t = A$. Um exemplo:

$$\text{Se } A = \begin{pmatrix} 1 & 2 & 3 & 4 \\ 5 & 6 & 7 & 8 \\ 9 & 10 & 11 & 12 \end{pmatrix}, \text{ então } A^t = \begin{pmatrix} 1 & 5 & 9 \\ 2 & 6 & 10 \\ 3 & 7 & 11 \\ 4 & 8 & 12 \end{pmatrix}$$

Muita da importância da operação de tomar a transposta vem de estar muito ligada ao produto escalar. Se identificarmos vetores de $\mathbb{R}^n$ com vetores coluna n por 1, e denotarmos o produto escalar de dois tais vetores coluna por $\langle \mathbf{v}, \mathbf{w} \rangle$ então $\langle \mathbf{v}, \mathbf{w} \rangle = \mathbf{v}^t \mathbf{w}$, o produto do vetor de linha $\mathbf{v}^t$ pelo vetor coluna $\mathbf{w}$. Não é surpreendente, pois usamos o produto escalar para definir o produto de vetor linha por vetor coluna.

Quando tomamos o produto de uma matriz m por nA e uma matriz n por p B, então B^t é matriz p por n e A^t é matriz n por m, de modo que podemos também formar o produto de B^t por A^t. Mostramos agora que

$$(AB)^t = B^t A^t$$

computando o elemento ij de cada lado.

$$\left((AB)^t \right)_{ij} = (AB)_{ji} = \mathbf{A}_j \mathbf{B}^i = \left(a_{j1} \cdots a_{jn} \right) \begin{pmatrix} b_{1j} \\ \vdots \\ b_{nj} \end{pmatrix}$$

$$\left(B^t A^t \right)_{ij} = \left(B^t \right)_i \left(A^t \right)^j = \left(\mathbf{B}^i \right)^t \left(\mathbf{A}_j \right)^t = \left(b_{1i} \cdots b_{ni} \right) \begin{pmatrix} a_{j1} \\ \vdots \\ a_{jn} \end{pmatrix}$$

A igualdade resulta, pois ambos os membros dão o produto escalar $\langle \mathbf{A}_j, \mathbf{B}^i \rangle$.

Olhando o produto escalar de $A\mathbf{x}$ por $\mathbf{c}$ obtemos a seguinte equação importante:

$$\langle A\mathbf{x}, \mathbf{c} \rangle = (A\mathbf{x})^t \mathbf{c} = (\mathbf{x}^t A^t)\mathbf{c} = \mathbf{x}^t(A^t\mathbf{c}) = \langle \mathbf{x}, A^t\mathbf{c} \rangle$$

Suponhamos que estamos interessados em saber para quais $\mathbf{b}$ podemos resolver $A\mathbf{x} = \mathbf{b}$. Vimos antes que isto é caracterizado por certas equações envolvendo as coordenadas de $\mathbf{b}$ que surgem quando transformamos A em sua forma reduzida R e há certas linhas nulas, em baixo de R. Na verdade se há p linhas não nulas e $k = m - p$ nulas, então temos solução para $R\mathbf{x} = O\mathbf{b}$ exatamente quando as últimas k linhas de $O\mathbf{b}$ são nulas. Se denotarmos as transpostas das últimas k linhas de O (tomamos transpostas para ter vetores coluna) por $\mathbf{c}_1, \ldots, \mathbf{c}_k$ então multiplicar tais linhas por $\mathbf{b}$ é o mesmo que tomar o produto escalar $\langle \mathbf{c}_i, \mathbf{b} \rangle$ para $i = 1, \ldots, k$. Assim existe uma solução $\mathbf{x}$ para $A\mathbf{x} = \mathbf{b}$ see $\langle \mathbf{c}_i, \mathbf{b} \rangle = O$ para $i = 1, \ldots, k$ onde $\mathbf{c}_1, \ldots, \mathbf{c}_k$ são as transpostas das últimas $k = m - p$ linhas de O.

Note que $OA = R$ implica $R^t = A^t O^t$. Como as últimas k linhas de R são nulas, a restrição às últimas k colunas dá $A^t \mathbf{c}_i = \mathbf{0}$, $i = 1, \ldots, k$.

$$\begin{pmatrix} \cdots \\ \vdots \\ \cdots \\ \mathbf{c}_k^t \\ \vdots \\ \mathbf{c}_k^t \end{pmatrix} A = \begin{pmatrix} \mathbf{R}_1 \\ \vdots \\ \mathbf{R}_r \\ \mathbf{0} \\ \vdots \\ \mathbf{0} \end{pmatrix}, \quad A^t \left(\vdots \ \cdots \ \vdots \ [\mathbf{c}_1 \ \cdots \ \mathbf{c}_k \right) = \left(\mathbf{R}_1^t \ \cdots \ \mathbf{R}_p^t \ \mathbf{0} \ \cdots \ \mathbf{0} \right)$$

Isto leva ao seguinte critério.

Critério de resolubilidade para $A\mathbf{x} = \mathbf{b}$

Existe solução de $A\mathbf{x} = \mathbf{b}$ see $\langle \mathbf{b}, \mathbf{c} \rangle = 0$ para todo $\mathbf{c}$ tal que $A^t\mathbf{c} = \mathbf{0}$.

Se a condição à direita está satisfeita então temos $\langle \mathbf{b}, \mathbf{c}_i \rangle = 0$, pois os $\mathbf{c}_i$ satisfazem $A_t \mathbf{c}_i = \mathbf{0}$. Sabemos que isto significa que $A\mathbf{x} = \mathbf{b}$ tem solução. Para a recíproca observamos que se $\mathbf{x}$ é solução de $A\mathbf{x} = \mathbf{b}$ e $\mathbf{c}$ satisfaz $A^t \mathbf{c} = \mathbf{0}$ então

$$\langle \mathbf{b}, \mathbf{c} \rangle = \langle A\mathbf{x}, \mathbf{c} \rangle = \langle \mathbf{x}, A^t\mathbf{c} \rangle = \langle \mathbf{x}, \mathbf{0} \rangle = 0$$

É também verdade que as soluções de $A\mathbf{x} = \mathbf{0}$ são exatamente aqueles vetores $\mathbf{x}$ tais que $\langle \mathbf{x}, A^t \mathbf{c} \rangle = \mathbf{0}$ para todo $\mathbf{c}$ em $\mathbb{R}^m$. Pois $A\mathbf{x} = \mathbf{0}$ implica que

$$0 = \langle \mathbf{0}, \mathbf{c} \rangle = \langle A\mathbf{x}, \mathbf{c} \rangle = \langle \mathbf{x}, A^t\mathbf{c} \rangle \text{ de modo } \langle \mathbf{x}, A^t\mathbf{c} \rangle = 0 \text{ para todo } \mathbf{c}$$

Reciprocamente se $\langle \mathbf{x}, A^t\mathbf{c} \rangle = 0$ para todo $\mathbf{c}$, então $\langle A\mathbf{x}, \mathbf{c} \rangle = 0$ para todo $\mathbf{c}$. Escolhendo $\mathbf{c} = A\mathbf{x}$ leva a $\langle A\mathbf{x}, A\mathbf{x} \rangle = \mathbf{0}$ mas isto só pode acontecer se $A\mathbf{x} = \mathbf{0}$.

Assim concluímos:

Caracterização das soluções de $A\mathbf{x} = \mathbf{0}$

As soluções de $A\mathbf{x} = \mathbf{0}$ são exatamente aqueles vetores $\mathbf{x}$ que satisfazem

$$\langle \mathbf{x}, A^t \mathbf{c} \rangle = 0 \text{ para todo } \mathbf{c} \text{ em } \mathbb{R}^m$$

Estes dois enunciados mostram que há conexão íntima entre as equações $A\mathbf{x} = \mathbf{b}$ e $A^t \mathbf{c} = \mathbf{y}$. Levaremos isto adiante nos dois próximos capítulos.

Exercício 1.6.6

Ache A^t para $A = \begin{pmatrix} 1 & 3 & 5 \\ 2 & 4 & 6 \\ 2 & 1 & 3 \end{pmatrix}$ e B^t para $B = \begin{pmatrix} 3 & 2 \\ 2 & 1 \\ 1 & 4 \end{pmatrix}$. Verifique que $(AB)^t = B^t A^t$.

Exercício 1.6.7

Seja P uma matriz de permutação. Mostre que $P^t = P^{-1}$; isto é, verifique que $P^t P = PP^t = I$.

Exercício 1.6.8

Mostre que para uma matriz quadrada A,

$$A^t = A^{-1} \text{ see } \langle A\mathbf{x}, A\mathbf{y} \rangle = \langle \mathbf{x}, \mathbf{y} \rangle$$

para quaisquer $\mathbf{x}, \mathbf{y}$.

(Sugestão: Se $\mathbf{x} = \mathbf{e}_i$, $\mathbf{y} = \mathbf{e}_j$ então $\langle \mathbf{x}, \mathbf{y} \rangle = 0$ se $i \neq j$ e 1 se $i = j$ mas $\mathbf{x}^t B\mathbf{y} = b_{ij}$, o elemento ij de B.)

Exercício 1.6.9

Considere a matriz $A = \begin{pmatrix} 1 & 2 & 2 \\ 1 & 3 & 1 \\ 2 & 5 & 3 \end{pmatrix}$. Use a matriz O com $OA = R$ para achar uma solução de $A^t \mathbf{c} = \mathbf{0}$.

Do mesmo modo, use a matriz O_1 que aparece ao fim do passo de eliminação para a frente do algoritmo (de modo que $O_1 A = U$) para achar uma solução de $A^t \mathbf{c} = \mathbf{0}$. Ache todas as soluções de $A^t \mathbf{c} = \mathbf{0}$.

40 Capítulo 1

Exercício 1.6.10
Para a matriz A do exercício precedente, use o critério para uma solução de $A\mathbf{x} = \mathbf{b}$ para achar todas as soluções de $A^t\mathbf{c} = \mathbf{0}$ como segue. Note que para as colunas de A, valem as equações

$$A\begin{pmatrix}1\\0\\0\end{pmatrix} = \begin{pmatrix}1\\1\\2\end{pmatrix}, \quad A\begin{pmatrix}0\\1\\0\end{pmatrix} = \begin{pmatrix}2\\3\\5\end{pmatrix}, \quad A\begin{pmatrix}0\\0\\1\end{pmatrix} = \begin{pmatrix}2\\1\\3\end{pmatrix}$$

Ache todos os vetores c que são perpendiculares a estes três vetores. Reescreva a condição para fazer isto em termos de resolver $A^t\mathbf{c} = \mathbf{0}$.

1.7 DETERMINANTES

Agora discutimos o determinante de uma matriz quadrada. Nossos usos primários para determinantes serão para resolver o problema de valores próprios-vetores próprios para a matriz, bem como um critério para independência linear. Porém também discutiremos brevemente algumas outras aplicações do determinante.

Muitos estudantes já terão encontrado o determinante no contexto de matrizes pequenas, por exemplo num curso de cálculo de várias variáveis. Para iniciar nossa discussão olharemos primeiro o determinante para uma matriz 2 por 2 e uma matriz 3 por 3. Para a matriz 2 por 2 $A = \begin{pmatrix} a & b \\ c & d \end{pmatrix}$, det A $= ad - bc$. Para uma matriz 3 por 3

$$A = \begin{pmatrix} a_{11} & a_{12} & a_{13} \\ a_{21} & a_{22} & a_{23} \\ a_{31} & a_{32} & a_{33} \end{pmatrix}$$

det A é dado pela fórmula mais complicada

$$\det A = a_{11}(a_{22}a_{33} - a_{23}a_{32}) - a_{12}(a_{21}a_{33} - a_{23}a_{31}) + a_{13}(a_{21}a_{32} - a_{22}a_{31})$$

Quando estes seis termos são escritos com os de sinal + antes, há um meio simples para lembrá-los, repetindo as duas primeiras colunas da matriz e depois multiplicando pelas diagonais positivas com o sinal mais e multiplicando pelas diagonais negativas com sinal menos.

$$\det A = (a_{11}a_{22}a_{33} + a_{12}a_{23}a_{31} + a_{13}a_{21}a_{32}) - a_{31}a_{22}a_{13} + a_{21}a_{23}a_{11} + a_{33}a_{21}a_{12})$$

Usaremos a notação usual para denotar o determinante de uma matriz, substituindo os parênteses curvos em torno da matriz por linhas retas. Por exemplo

$$\det \begin{pmatrix} 1 & 4 & 0 \\ 2 & 2 & -1 \\ 3 & -2 & 4 \end{pmatrix} = \begin{vmatrix} 1 & 4 & 0 \\ 2 & 2 & -1 \\ 3 & -3 & 4 \end{vmatrix} = -38, \det \begin{pmatrix} a & b \\ c & d \end{pmatrix} = \begin{vmatrix} a & b \\ c & d \end{vmatrix} = ab - bc$$

Quando quisermos enfatizar certas propriedades do determinante, porém, continuaremos a usar o símbolo det antes da matriz.

Infelizmente as fórmulas para det A ficam cada vez mais complicadas quando a ordem de A cresce. Como veremos, det A será uma soma de $n!$ termos, cada um dos quais é um produto de n dos elementos da matriz. Isto cresce muito rapidamente com n de modo que mesmo calcular o determinante usando um computador diretamente a partir de definições como essa acima fica irrealizável para n grande. Assim não vamos tratar o determinante do ponto de vista de uma definição como as duas dadas acima e sim de um conjunto de propriedades que caracterizam o determinante. O cálculo efetivo de um determinante envolverá eliminação gaussiana para achar uma matriz que é mais simples porém tem o mesmo determinante (ou relacionado de perto). Primeiro damos as três propriedades que caracterizam o determinante de uma matriz n por n A. Mais tarde justificaremos que existe de fato uma definição de determinante que satisfaz às três propriedades.

Deduzimos a definição das propriedades, mostrando assim que existe uma única função determinante satisfazendo às propriedades. O determinante é uma função das matrizes n por n para os números reais. Do ponto de vista de nossas propriedades, queremos identificar uma matriz n por n com as n linhas da matriz. Assim queremos pensar no determinante como uma função definida em n-uplas de vetores de linha em $\mathbb{R}^n$, com valores nos números reais; isto é, det $A = \det(\mathbf{A}_1, ..., \mathbf{A}_n)$. Agora se fixamos $n-1$ das linhas e deixamos variar a outra linha, isto determina uma função de $\mathbb{R}^n$ em $\mathbb{R}$. A primeira propriedade a que det A deve satisfazer é que esta função seja linear. Como isto deve valer qualquer que seja a linha que varia, esta propriedade chama-se **multilinearidade**. A segunda propriedade, chamada de **propriedade alternante**, é que quando se permutam duas linhas da matriz o determinante da nova matriz deve ser o determinante da antiga com sinal oposto. A última propriedade é que o determinante da matriz identidade dever ser 1. Assim as três propriedades que caracterizam o determinante são

1) Multilinearidade

$$\det (\mathbf{A}_1, ..., \mathbf{A}_{i-1}, b\mathbf{B}_i + c\mathbf{C}_i, \mathbf{A}_{i+1}, ..., \mathbf{A}_n)$$
$$= b \det (\mathbf{A}_1, ..., \mathbf{A}_{i-1}, \mathbf{B}_i, \mathbf{A}_{i+1}, ..., \mathbf{A}_n) + c \det (\mathbf{A}_1, ..., \mathbf{A}_{i-1}, \mathbf{C}_i, \mathbf{A}_i, \mathbf{A}_{i+1}, ..., \mathbf{A}_n)$$

2) Propriedade alternante

$$\det (..., \mathbf{A}_i, ..., \mathbf{A}_j, ...) = - \det (..., \mathbf{A}_j, ..., \mathbf{A}_i, ...)$$

3) Normalização

$$\det I = \det (\mathbf{e}_1, ..., \mathbf{e}_n) = 1$$

Note que uma consequência da multilinearidade (1) é

4) Se uma linha é zero então det A = 0.

Isto segue de (1) porque podemos pensar na linha zero como sendo zero vezes qualquer vetor de linha e usar (1) para tirar 0 como fator.

Uma consequência de (2) é

5) Se uma matriz A tem duas linhas iguais então det $A = 0$.

A propriedade alternante diz que quando permutamos duas linhas o determinante troca de sinal. Mas permutar duas linhas iguais não muda a matriz. Portanto vem det $A = -$ det A, o que dá det A = 0.

Antes de continuar com as outras propriedades do determinante vejamos como estas três propriedades levam à definição dada logo antes para o determinante de uma matriz 2 por 2.

42   Capítulo 1

$$\det \begin{pmatrix} a & b \\ c & d \end{pmatrix} = \det (a\mathbf{e}_1 + b\mathbf{e}_2, c\mathbf{e}_1, d\mathbf{e}_2) = \text{(por (1))}$$

$$a \det (\mathbf{e}_1, c\mathbf{e}_1 + d\mathbf{e}_2) + b \det (\mathbf{e}_2, c\mathbf{e}_1 + d\mathbf{e}_2) = \text{(por (1)}$$
$$ac \det (\mathbf{e}_1, \mathbf{e}_1) + ad \det (\mathbf{e}_1, \mathbf{e}_2) + bc \det (\mathbf{e}_2, \mathbf{e}_1) + bd \det (\mathbf{e}_2, \mathbf{e}_2)$$

O primeiro e o último termos são zero por (5) e o segundo termo é ad por (3). Podemos aplicar (2) e (3) para mostrar que o terceiro termo é $- bc$. Assim o determinante é dado pela fórmula $ad - bc$. Um cálculo semelhante mas mais complicado verificaria também que estas propriedades levam à definição de determinante de matriz 3 por 3 dada antes.

Vejamos agora algumas outras propriedade do determinante que resultam de (1) e (3). Suponhamos que aplicamos uma operação elementar de linha a A, somando um múltiplo da j-ésima linha à i-ésima linha. Então o determinante não muda.

$$6) \det (\mathbf{A}_1, ..., \mathbf{A}_j, ..., \mathbf{A}_i + r\mathbf{A}_j, ... \mathbf{A}_n) = \det (\mathbf{A}_1, ..., \mathbf{A}_i, ... \mathbf{A}_n).$$

Use (1) para reescrever o primeiro termo como $\det A + r \det (\mathbf{A}_1, ..., \mathbf{A}_j, ..., \mathbf{A}_j, ..., \mathbf{A}_n)$ e então note que o segundo termo é 0 por (5) pois há duas linhas iguais.

Note que isto significa que se efetuarmos a eliminação gaussiana sobre A para obter $O_1A = U$, então $\det A = \pm \det U$, o sinal sendo + se houve número par de permutas, - se houve número impar. Se A é singular então U tem uma linha nula e então seu determinante é zero. Se A é não singular então U é uma matriz triangular superior com elementos não nulos na diagonal. Trabalhando para trás como no passo de eliminação para trás da eliminação gaussiana, podemos usar operações elementares para tornar U uma matriz diagonal D com o mesmo determinante. Agora aplicando (1) às linhas de D, uma linha de cada vez, dá que o determinante de D é o produto dos elementos da diagonal por det I, e (3) dá que isto é simplesmente o produto dos elementos diagonais de U. O argumento que expressa det$U$ como produto dos elementos diagonais se aplica também a matrizes triangulares inferiores com elementos diagonais não nulos, só que usamos eliminação para a frente para reduzí-la a uma matriz diagonal. Uma matriz triangular superior (inferior) com um elemento 0 na diagonal pode ser reduzida a uma matriz com uma linha nula por eliminação para trás (frente), portanto tem determinante zero. Resumimos esta discussão com as seguintes propriedades:

7) O determinante de uma matriz triangular é o produto dos elementos diagonais.

8) Uma matriz quadrada A é singular see det $A = 0$.

9)   Se $A = O_1 U$ do passo de eliminação para a frente do algoritmo gaussiano então det $A = \pm$ det U. Então (7) implica que o determinante de A é $\pm$ produto dos pivôs.

Note que isto diz que não importa como efetuemos a eliminação gaussiana para reduzir A a matriz triangular, o produto dos pivôs será o mesmo a menos do sinal (embora os pivôs possam ser diferentes). Diz também que a matriz será inversível see det $A \neq 0$, pois A é inversível see U não tem linhas zero.

Damos em seguida mais duas propriedades de det A que são muito úteis por razões teóricas.

10) det $AB = (\det A) (\det B)$.

Primeiro esboçamos uma prova elegante cujos detalhes serão deixados como exercício. Note que se B é singular (de modo que $B\mathbf{x} = \mathbf{0}$ tem solução não nula) então AB será também singular (com a mesma solução). Neste caso ambos os membros serão nulos e a igualdade vale. Suponhamos então

Determinantes **43**

que B é não singular e então det $B \neq 0$. Consideramos então a função $D(A) = \det(AB) / \det B$. Em exercício adiante se pede verificar que $D(A)$ satisfaz às três propriedades que caracterizam o determinante de A; portanto $D(A) = \det A$. Mas isto significa que det $AB / \det B = \det A$ o que prova (10).

Agora uma prova mais computacional. Observamos que as propriedades (1)–(3) do determinante junto com (7) podem ser interpretadas como dizendo que

$$\det EB = \det(E)\det(B)$$

quando E é matriz elementar. Então isto implica que

$$\det(OB) = \det(O)\det(B)$$

se O é um produto de matrizes elementares. Um argumento formal seria por indução usando $(EO)B = E(OB)$ para dar

$$\det(EO)B = \det E(OB) = \det E \det(OB) = \det E \det O \det B = \det(EO)\det B$$

Se A é inversível, A é produto de matrizes elementares de modo que o resultado segue nesse caso. Se A não é inversível então det $A = 0$. Haverá uma O que é inversível e tal que OA tem linha zero. Logo det $OAB = 0 = \det O \det(AB)$. Como det $O \neq 0$, temos det $AB = 0$ e a fórmula vale neste caso também.

11) det $A^t = \det A$.

Multiplicando $O_1 A = U$ por $M = O_1^{-1}$ escrevemos $A = MU$. M é um produto de matrizes de permutação que permutam pares de linhas (cada uma com determinante -1) e matrizes $E(i, j; r)$(que têm determinante 1) portanto det $M = \pm 1$. M^t é produto das transpostas destas matrizes na ordem oposta. Para a matriz elementar $E(i, j; r)$ a transposta é $E(j, i; r)$ que também tem determinante 1. Para uma matriz de permutação a transposta é a própria matriz, portanto tem o mesmo determinante. Logo det $M^t = \det M$. Como U e U^t são matrizes triangulares com mesmos elementos diagonais, det $U = \det U^t$. Portanto

$$\det A^t = \det U^t M^t = (\det U^t)(\det M^t) = (\det U)(\det M) = \det MU = \det A$$

Como a operação de tomar transposta troca linhas por colunas, isto significa que todas as propriedades do determinante que foram discutidas em termos de linhas também serão verdadeiras em termos de colunas da matriz. Assim operações elementares sobre colunas não alteram o determinante, permutar duas colunas muda o determinante por multiplicação por -1, e o determinante é função multilinear das colunas da matriz. Por exemplo

$$\begin{vmatrix} 1 & 0 & 3 & 2 \\ -2 & 4 & 0 & 1 \\ -1 & 0 & 9 & 2 \\ 0 & 0 & 3 & 1 \end{vmatrix} = \begin{vmatrix} 1 & 0 & 3 & 2 \\ 0 & 4 & 0 & 0 \\ -1 & 0 & 9 & 2 \\ 0 & 0 & 3 & 1 \end{vmatrix}$$

(usando operação de coluna com a segunda coluna)

$$\begin{vmatrix} 1 & 0 & 3 & 0 \\ 0 & 4 & 0 & 0 \\ -1 & 0 & 3 & 0 \\ 0 & 0 & 3 & 1 \end{vmatrix} \quad \text{(usando } O(4, 3; -2)) = 0$$

pois a terceira linha é igual à primeira vezes -1.

Agora fazemos alguns exemplos para ilustrar as propriedades enunciadas.

Primeiro usaremos eliminação gaussiana para calcular os determinantes de algumas matrizes.

44   Capítulo 1

■ **Exemplo 1.7.1** (a) Se $A = \begin{pmatrix} 4 & 2 & 1 \\ 3 & 0 & 1 \\ 0 & 2 & 3 \end{pmatrix}$, então A se reduz a $U = \begin{pmatrix} 4 & 2 & 1 \\ 0 & -3/2 & 1/2 \\ 0 & 0 & 10/3 \end{pmatrix}$ sem permuta

de linhas de modo que det A = det $U = -20$.

(b) Se $A = \begin{pmatrix} 1 & 3 & -1 & 2 \\ 0 & 0 & -2 & 1 \\ 1 & 2 & -3 & 1 \\ 0 & 2 & -1 & 2 \end{pmatrix}$, então A se reduz a $U = \begin{pmatrix} 1 & 3 & -1 & 2 \\ 0 & -1 & 4 & -1 \\ 0 & 0 & 2 & 1 \\ 0 & 0 & 0 & -9/2 \end{pmatrix}$

com uma permuta de linhas de modo que det $A = -$det $U = -9$.

(c) Se $A = \begin{pmatrix} 1 & 2 & 1 & 2 & 3 \\ 2 & 5 & 3 & 1 & 2 \\ 3 & 1 & 0 & 1 & 1 \\ 2 & 1 & 1 & 4 & 2 \\ 1 & 2 & 1 & 2 & 1 \end{pmatrix}$, então A se reduz a $U = \begin{pmatrix} 1 & 2 & 1 & 2 & 3 \\ 0 & 1 & 1 & -3 & -4 \\ 0 & 0 & 2 & -20 & -28 \\ 0 & 0 & 0 & 11 & 12 \\ 0 & 0 & 0 & 0 & -2 \end{pmatrix}$

sem permuta de linhas de modo que det A = det $U = -44$.   ■

■ **Exemplo 1.7.2** (a) $A = \begin{pmatrix} 0 & 1 & 0 & 0 \\ 0 & 0 & 1 & 0 \\ 0 & 0 & 0 & 1 \\ 1 & 0 & 0 & 0 \end{pmatrix}$ é uma matriz de permutação. Pode ser transformada na

matriz identidade com três permutas (primeiro linhas 1 e 4, depois 2 e 4, depois 3 e 4) e então det A = $-$ det $I = -1$.

(b) $B = \begin{pmatrix} 0 & 1 & 0 & 0 \\ 0 & 1 & 1 & 0 \\ 0 & 1 & 1 & 1 \\ 1 & 1 & 1 & 1 \end{pmatrix}$ se reduz à matriz A em 1.7.2.(a) por operações sobre linhas (subtrair a linha

3 da linha 4, depois subtrair a linha 2 da linha 3, depois subtrair a linha 1 da lina 2) e portanto det B = det $A = -1$.   ■

■ **Exemplo 1.7.3** Suponha que A é a matriz 4 por 4 $\begin{pmatrix} \mathbf{u} \\ \mathbf{v} \\ \mathbf{w} \\ \mathbf{x} \end{pmatrix}$, onde $\mathbf{u}, \mathbf{v}, \mathbf{w}, \mathbf{x}$ denotam as linhas de A.

Então podemos achar a relação entre det A e os determinantes de matrizes relacionadas com A

usando as propriedades do determinante. Por exemplo, se B é dada por $B = \begin{pmatrix} \mathbf{u} \\ 2\mathbf{u} - 3\mathbf{v} \\ \mathbf{u} + \mathbf{v} + 3\mathbf{w} - \mathbf{x}, \\ \mathbf{u} - \mathbf{x} \end{pmatrix}$ então

efetuamos operações sobre linhas em B podemos reduzí-la a $C = \begin{pmatrix} \mathbf{u} \\ -3\mathbf{v} \\ 3\mathbf{w} \\ -\mathbf{x} \end{pmatrix}$. Usando a propriedade

multilinear podemos perceber que det B = det C = 9 det A. Ou, de outro modo, $B = DA$, onde

$$D = \begin{pmatrix} 1 & 0 & 0 & 0 \\ 2 & -3 & 0 & -1 \\ 1 & 0 & -1 & 0 \\ 1 & 0 & 0 & -1 \end{pmatrix} \text{ e det } D = 9 \text{ implica det } B = 9 \text{ det } A. \qquad \blacksquare$$

■ *Exemplo 1.7.4.* Freqüentemente podemos combinar muitas das técnicas que acabamos de esboçar para calcular determinantes. Eis um exemplo: se partimos de $A = \begin{pmatrix} 1 & 0 & 1 & 1 \\ 2 & 1 & 0 & 1 \\ 1 & 0 & 0 & 2 \\ 1 & 1 & 1 & 1 \end{pmatrix}$, então subtraindo a linha 4 da linha 2 transforma-se isto em $B = \begin{pmatrix} 1 & 0 & 1 & 1 \\ 1 & 0 & -1 & 0 \\ 1 & 0 & 0 & 2 \\ 1 & 1 & 1 & 1 \end{pmatrix}$. Somando a primeira coluna à terceira obtém-se $C = \begin{pmatrix} 1 & 0 & 2 & 1 \\ 1 & 0 & 0 & 0 \\ 1 & 0 & 1 & 2 \\ 1 & 1 & 2 & 1 \end{pmatrix}$. Permutar a primeira e a segunda linhas dá $D = \begin{pmatrix} 1 & 0 & 0 & 0 \\ 1 & 0 & 2 & 1 \\ 1 & 0 & 1 & 2 \\ 1 & 1 & 2 & 1 \end{pmatrix}$

e det $D = -$ det A. Agora operações com a primeira linha levam D a $\begin{pmatrix} 1 & 0 \\ 0 & E \end{pmatrix}$ com $E = \begin{pmatrix} 0 & 2 & 1 \\ 0 & 1 & 2 \\ 1 & 2 & 1 \end{pmatrix}$ e det

$D = $ det E pois os pivôs de D darão 1 e os pivôs de E. Mas det $E = - \begin{vmatrix} 1 & 0 & 1 \\ 0 & 1 & 2 \\ 0 & 2 & 1 \end{vmatrix} = 3$ (subtraímos a primeira linha da terceira e depois permutamos a primeira e a terceira linhas). Então det $A = -3$. Note que essencialmente usamos as propriedades do determinante para reduzir o problema de computar det A ao de computar um determinante 2 por 2. ■

Exercício 1.7.1_____

Use a eliminação gaussiana para calcular os determinantes das seguintes matrizes.

(a) $\begin{pmatrix} 3 & 2 & 4 \\ 3 & 2 & 3 \\ 4 & 2 & 1 \end{pmatrix}$, (b) $\begin{pmatrix} 3 & 1 & 4 \\ 2 & 2 & 3 \\ 4 & 1 & 1 \end{pmatrix}$, (c) $\begin{pmatrix} 5 & 1 & 0 & 1 \\ 2 & 1 & 1 & 0 \\ 2 & 1 & 1 & 1 \\ 1 & 2 & 0 & 0 \end{pmatrix}$, (d) $\begin{pmatrix} 1 & -1 & 2 & 1 & 0 \\ 2 & 1 & 1 & 1 & 0 \\ 1 & 0 & 2 & 1 & 1 \\ 1 & 0 & 1 & 1 & 1 \\ -1 & -1 & 1 & -1 & 0 \end{pmatrix}$

Exercício 1.7.2_____

Calcule os determinantes das seguintes matrizes.

(a) $\begin{pmatrix} 0 & 1 & 0 & 0 \\ 1 & 0 & 0 & 0 \\ 0 & 0 & 0 & 1 \\ 1 & 1 & 1 & 0 \end{pmatrix}$, (b) $\begin{pmatrix} 0 & 0 & 0 & 1 \\ 0 & 0 & 1 & 1 \\ 0 & 1 & 1 & 1 \\ 1 & 1 & 1 & 1 \end{pmatrix}$, (c) $\begin{pmatrix} 1 & 2 & 1 & 3 \\ 1 & 2 & 0 & 1 \\ 1 & 2 & 1 & 1 \\ 1 & 1 & 1 & 0 \end{pmatrix}$, (d) $\begin{pmatrix} 2 & 1 & 0 & 1 \\ 1 & 9 & 1 & 3 \\ 1 & 0 & 0 & 2 \\ 1 & 8 & 0 & 2 \end{pmatrix}$

46 Capítulo 1

Exercício 1.7.3_____

Suponha que $A = \begin{pmatrix} \mathbf{u} \\ \mathbf{v} \\ \mathbf{w} \\ \mathbf{x} \end{pmatrix}$ e que det $A = -3$.

(a) ache det B, se $B = \begin{pmatrix} \mathbf{u} - \mathbf{v} \\ \mathbf{v} \\ \mathbf{u} + \mathbf{v} - 3\mathbf{x} \\ \mathbf{w} + \mathbf{u} \end{pmatrix}$

(b) ache det C se $C = \begin{pmatrix} \mathbf{u} - \mathbf{v} \\ \mathbf{u} - 2\mathbf{v} - \mathbf{x} \\ \mathbf{u} + 2\mathbf{v} - 4\mathbf{w} - 2\mathbf{x} \\ \mathbf{u} - \mathbf{v} + \mathbf{w} - \mathbf{x} \end{pmatrix}$. (Sugestão: escreva $C = DA$.)

Exercício 1.7.4_____

Para uma matriz B fixa com det $B \neq 0$, verifique que a função $D(A) = \det(AB)/\det B$ satisfaz às três propriedades que caracterizam o determinante.

_____

Agora discutimos algumas outras técnicas para o cálculo de determinantes. Deve-se ter em mente que embora estas técnicas sejam bastante úteis para o cálculo de determinantes de matrizes pequenas ou especiais, o uso da eliminação gaussiana como foi discutido antes em geral será muito mais eficiente. A primeira técnica que discutiremos é a de expansão por co-fatores. Primeiro introduzimos alguma notação.

DEFINIÇÃO 1.7.1 Dada a matriz n por n A, para cada par de inteiros i, j com $1 \leq i, j \leq n$ existe uma matrix relacionada $A(i, j)$, $n - 1$ por $n - 1$, o **menor-ij** que é obtida eliminando a i-ésima linha e a j-ésima coluna. O determinante com sinal $A_{ij} = (-1)^{i+j} \det A(i, j)$ é chamado o **co-fator-ij**.

Por exemplo, se $A = \begin{pmatrix} 1 & 2 & -1 & 0 \\ 2 & 1 & -4 & 2 \\ 3 & 2 & -1 & 1 \\ 2 & 1 & 3 & 2 \end{pmatrix}$, então $A(2,3) = \begin{pmatrix} 1 & 2 & 0 \\ 3 & 2 & 1 \\ 2 & 1 & 2 \end{pmatrix}$, $A_{23} = 5$ e $A(4,2) = \begin{pmatrix} 1 & -1 & 0 \\ 2 & 4 & 2 \\ 3 & -1 & 1 \end{pmatrix}$, $A_{42} = 2$.

Note que os sinais $(-1)^{i+j}$ formam uma configuração de tabuleiro de xadrez de $+1$ e -1, começando com $+1$ no canto superior esquerdo.

$$\begin{pmatrix} + & - & + & - & + \\ - & + & - & + & - \\ + & - & + & - & + \\ - & + & - & + & - \\ + & - & + & - & + \end{pmatrix}$$

Então a fórmula básica para expansão por co-fatores usado a i-ésima linha é

$$\det A = \sum_{k=1}^{n} a_{ik} A_{ik} = a_{i1} A_{i1} + \cdots + a_{in} A_{in}$$

Há também uma fórmula semelhante para a expansão usando a j-ésima coluna. Então

$$\det A = \sum_{k=1}^{n} a_{kj} A_{kj} = a_{1j} A_{1j} + \cdots + a_{nj} A_{nj}$$

O que a expansão por co-fatores faz é expressar o determinante de uma matriz n por n como combinação linear dos determinantes de n submatrizes de ordem $n-1$ (os menores). Por exemplo, um determinante 4 por 4 pode ser reduzido ao cálculo de quatro determinantes 3 por 3. É claro que cada um destes pode ser reduzido ao cálculo de três determinantes 2 por 2. Esta idéia poderia ser usada para dar uma definição indutiva do determinante, usando como ponto de partida o determinante de uma matriz 2 por 2. O determinante de uma matriz n por n exige a adição de $n!$ termos, cada um dos quais é um produto de n fatores. Do ponto de vista computacional isto é muito ineficiente para n grande (e mesmo nem tão grande).

Se $A = \begin{pmatrix} 1 & 2 & 1 & 0 \\ 3 & 1 & 3 & 2 \\ 2 & 1 & 1 & 0 \\ 1 & 2 & 1 & 2 \end{pmatrix}$, o determinante pode ser calculado expandindo por qualquer linha ou coluna,

Como a quarta coluna contém dois zeros, é mais fácil expandir por ela.

Isto dá $\det A = 2 \begin{vmatrix} 1 & 2 & 1 \\ 2 & 1 & 1 \\ 1 & 2 & 1 \end{vmatrix} + 2 \begin{vmatrix} 1 & 2 & 1 \\ 3 & 1 & 3 \\ 2 & 1 & 1 \end{vmatrix}$. O primeiro determinante é 0 e o segundo é 1 (-2) $-2(-3)$

$+ 1(1) = 5$ (usando expansão pela primeira linha).

Este método pode ser combinado com os anteriores para fornecer um método alternativo de cálculo. Primeiro simplifica-se A subtraindo a primeira linha da última para obter $\det A = \det B$ com

$$B = \begin{pmatrix} 1 & 2 & 1 & 0 \\ 3 & 1 & 3 & 2 \\ 2 & 1 & 1 & 0 \\ 0 & 0 & 0 & 2 \end{pmatrix}$$

A expansão de B pela última linha se reduz a 2 det B (4,4), que é o determinante que calculamos antes quando expandimos pela primeira linha. Também alguma eliminação gaussiana poderia ter sido usada juntamente com esta expansão.

Para justificar esta fórmula primeiro consideramos um caso particular. Para uma matriz da forma

$A = \begin{pmatrix} 1 & 0 \\ 0 & B \end{pmatrix}$ primeiro observamos que $\det A = \det B$. Isto poderia ser verificado usando a propriedade

do determinante de ser $\pm$ o produto dos pivôs ou simplesmente o fato de $f(B) = \det \begin{pmatrix} 1 & 0 \\ 0 & B \end{pmatrix}$ satisfazer

$1-3$, portanto deve ser o determinante. Na notação anterior os zeros denotam vetores zero de tamanho apropriado. Agora suponha que a i-ésima linha de A é o vetor $\mathbf{e}_k$. Então somando múltiplos desta linha às demais podemos obter uma matriz com mesmo determinante em que a k-ésima coluna só tem zeros exceto o elemento ik que é 1. Então permutando as linhas podemos colocar este elemento não nulo na primeira linha, na posição $1k$ e deslocar as linhas precedentes para baixo de um posto. Isto envolverá $i-1$ permutas. Podemos agora permutar colunas para pôr este elemento na posição 11 por $k-1$ novas permutações de colunas deslocando todas as outras colunas para a direita por um posto.

Então obtemos a matriz $\begin{pmatrix} 1 & 0 \\ 0 & A(i,k) \end{pmatrix}$ que tem determinante det $A(i, k)$. Como fizemos $i + k - 2$

48 Capítulo 1

permutas, resulta que o determinante é $A_{ik} = (-1)^{i+k} \det A\,(i, k)$ neste caso. Estamos usando que $(-1)^{i+k} = (-1)^{i+k-2}$.

Para obter a fórmula para a expansão pela i-ésima linha escreva

$$\det A = \det (\mathbf{A}_1, ..., \mathbf{A}_n)$$

Agora escreva a i-ésima linha como combinação linear $a_{i1}\,\mathbf{e}_1 + ... + a_{in}\,\mathbf{e}_n$ e use a multilinearidade sobre a i-ésima linha para re-escrever

$$
\begin{aligned}
\det A &= \det (\mathbf{A}_1, ..., a_{i1}\,\mathbf{e}_1 + \cdots + a_{in}\,\mathbf{e}_n, ..., \mathbf{A}_n) \\
&= a_{i1} \det (\mathbf{A}_1, ..., \mathbf{e}_1, ..., \mathbf{A}_n) + \cdots + a_{in} \det (\mathbf{A}_1, ..., \mathbf{e}_n, ..., \mathbf{A}_n) \\
&= a_{i1}\,\mathbf{A}_{i1} + \cdots + a_{in}\,A_{in}
\end{aligned}
$$

Um argumento semelhante dá a fórmula para a expansão pela j-ésima coluna.

Esta fórmula pode ser usada para dar uma fórmula para inversa de uma matriz. Novamente observe que esta fórmula é computacionalmente ineficiente exceto para matrizes muito pequenas.

DEFINIÇÃO 1.7.2 A matriz cujo elemento ij é o co-fator A_{ji} (note a inversão de índices) será denotada adj A.

Classicamente esta matriz era chamada matriz adjunta de A, daí a notação, mas agora,como veremos adiante, adjunta tem significado totalmente diferente.

Quando multiplicamos a i-ésima linha de A pela j-ésima coluna de adj A obtemos $a_{i1} A_{i1} + \cdots + a_{in} A_{in}$ $= \det A$. De outro lado, se multiplicamos a i-ésima linha de A pela j-ésima coluna de adj A, com $i \neq j$ obtemos $a_{i1} A_{j1} + \cdots + a_{in} A_{jn}$. Este é o determinante de uma matriz formada substituindo a j-ésima linha de A pela i-ésima, deixando inalteradas as demais linhas, e então expandindo o determinante pela nova j-ésima linha. Como esta nova matriz tem duas linhas iguais, seu determinante é zero. Estes dois cálculos podem ser reunidos para se ver que $A\,(\text{adj } A) = (\det A)\,I$. Se $\det A \neq 0$ vimos antes que A é inversível. Então usamos a fórmula precedente para ter

$$A^{-1} = (1/\det A)\,(\text{adj } A)$$

Como exemplo, suponha $A = \begin{pmatrix} 1 & 2 & 1 \\ 2 & 1 & 3 \\ 0 & 1 & 2 \end{pmatrix}$. Então

$$\text{adj } A = \begin{pmatrix} A_{11} & A_{21} & A_{31} \\ A_{12} & A_{22} & A_{32} \\ A_{13} & A_{23} & A_{33} \end{pmatrix} = \begin{pmatrix} -1 & -3 & 5 \\ -4 & 2 & -1 \\ 2 & -1 & -3 \end{pmatrix}, \det A = -7$$

e portanto $A^{-1} = (-1/7) \begin{pmatrix} -1 & -3 & 5 \\ -4 & 2 & -1 \\ 2 & -1 & -3 \end{pmatrix}$.

Exercício 1.7.5___

Calcule o determinante de $A = \begin{pmatrix} 2 & 1 & 4 & 2 \\ 0 & 2 & 1 & 2 \\ 0 & 2 & 1 & 1 \\ 2 & 0 & 1 & 0 \end{pmatrix}$

(a) por expansão pela primeira coluna.

(b) por expansão pela quarta linha.

Determinantes **49**

Exercício 1.7.6

Calcule adj A para a matriz A e use-a para calcular A^{-1}

Exercício 1.7.7

Considere a equação $A\mathbf{x} = \mathbf{b}$, onde A é inversível. Então $\mathbf{x} = A^{-1}\mathbf{b}$ é a única solução. Escreva $A^{-1} =$ ($1/\det A$) (adj A) e mostre que $x_i = \det B\,(i)\,/\det A$ onde $B\,(i)$ é a matriz obtida de A substituindo a i-ésima coluna de A pelo vetor $\mathbf{b}$. Sugestão: x_i vem de multiplicar $1/\det(A)$ pelo resultado de multiplicar a i-ésima linha da matriz adj$A$ pelo vetor $\mathbf{b}$. Esta última multiplicação deve ser identificada com o cálculo de $\det B\,(i)$ por expansão pela i-ésima coluna.

Esta fórmula é chamada regra de Cramer. É computacionalmente ineficiente exceto para pequenas matrizes. Use-a para resolver $A\mathbf{x} = \mathbf{b}$ para A com $\mathbf{b} = (1, 2, 4, 3)$.

Agora buscamos como definir o determinante de modo a satisfazer as propriedades (1)–(3). Verificamos que é a única definição possível, que satisfaça às três propriedades, derivando-a das propriedades.

$$\det A = \det (\mathbf{A}_1, \ldots, \mathbf{A}_n) = \det (a_{11}\mathbf{e}_1 + \cdots + a_{1n}\mathbf{e}_n, \ldots, a_{n1}\mathbf{e}_1 + \cdots + a_{nn}\mathbf{e}_n)$$

$$= \sum_{\sigma} a_{1\sigma(1)} \cdots a_{n\sigma(n)} \det\left(\mathbf{e}_{\sigma(1)}, \ldots, \mathbf{e}_{\sigma(n)} \right)$$

Aqui a somatória é obtida usando a multilinearidade em cada linha e estamos somando sobre todas as funções de $\{1, \ldots, n\}$ para $\{1, \ldots, n\}$. Porém sempre que $\sigma\,(i) = \sigma\,(j)$ para $i \neq j$ a matriz cujo determinante está sendo computado tem duas linhas iguais e seu determinante será 0. Assim só precisamos somar para as funções que levam $1, \ldots, n$ a valores distintos. Tais funções são permutações de $\{1, \ldots, n\}$ — tudo o que fazem é reordenar os números $1, \ldots, n$. A matriz correspondente é então a matriz de permutação, que é determinada pela permutação. Se esta permutação pode ser escrita como produto de k trocas de dois dos números (de modo que são necessarias k trocas das linhas correspondentes para retornar às identidade) então a propriedade (2) diz que $\det (\mathbf{e}_{\sigma(1)}, \ldots, \mathbf{e}_{\sigma(n)}) = (-1)^k$. Chamamos $\boldsymbol{\epsilon}\,(\boldsymbol{\sigma}) = \det (\mathbf{e}_{\sigma(1)}, \ldots, \mathbf{e}_{\sigma(n)})$ o **sinal da permutação** e obtemos a fórmula

$$\det A = \sum \boldsymbol{\epsilon}\,(\boldsymbol{\sigma})\, a_{1\sigma(1)} \cdots a_{n\sigma(n)}$$

Chamamos a permutação $\boldsymbol{\sigma}$ de **ímpar** se $\boldsymbol{\epsilon}\,(\boldsymbol{\sigma}) = -1$, **par** se $\boldsymbol{\epsilon}\,(\boldsymbol{\sigma}) = 1$. Precisamos verificar que uma permutação ímpar é o produto de número ímpar de trocas e que uma permutação par é produto de número par de trocas, para justificar nosso cálculo de $\boldsymbol{\epsilon}\,(\boldsymbol{\sigma})$ pela propriedade (2). Para ver isto damos outro modo de decidir se uma permutação deve ser par ou ímpar sem escrevê-la como produto de trocas. Para uma permutação $\boldsymbol{\sigma}$ escreva $[\boldsymbol{\sigma}\,(1) \ldots \boldsymbol{\sigma}\,(n)]$ como as imagens de $1, \ldots, n$. Seja $\boldsymbol{\mu}\,(\boldsymbol{\sigma})$ o número de pares de números que estão fora de sua ordem natural. Por exemplo, para a permutação $[3\ 2\ 5\ 1\ 4]$, os pares $(3, 2), (3, 1), (2, 1), (5, 1), (5, 4)$ estão fora de sua ordem natural, de modo que $\boldsymbol{\mu}(\boldsymbol{\sigma}) = 5$. Afirmamos que $\boldsymbol{\mu}\,(\boldsymbol{\sigma})$ é congruente mod 2 ao número de trocas usadas para trazer $\boldsymbol{\sigma}$ de volta para a identidade, qualquer que seja o modo de fazer isto. Para ver isto olhamos uma troca e vemos como muda o número $\boldsymbol{\mu}\,(\boldsymbol{\sigma})$. Se trocamos números adjacentes, tais como 5 e 1 então as demais comparações entre números não serão afetadas mas haverá mudança na ordem destes dois; assim uma troca de adjacentes vai mudar a paridade de $\boldsymbol{\mu}\,(\boldsymbol{\sigma})$, de ímpar para par ou de par para impar. Agora verificamos que toda troca de dois números pode ser realizada por um número ímpar de trocas entre números adjacentes—se estão separados por p números, então $p + 1$ trocas de números adjacentes são necessárias para mover o da direita para a posição do da esquerda e p trocas de números adjacentes para levar o da esquerda para a antiga posição do outro. Assim o número $\boldsymbol{\mu}\,(\boldsymbol{\sigma})$ mudará de paridade

50 Capítulo 1

por uma troca, mesmo que de números não adjacentes. Como $\mu\,(I)$ é 0, isto significa que se é necessário um número ímpar de trocas para levar σ à identidade então $\mu\,(\sigma)$ será ímpar. Assim a paridade de $\mu(\sigma)$ determina se é necessário um número ímpar ou um número par de trocas para trazer σ de volta à identidade, não importa como façamos isto. Então podemos *definir*

$$\det A = \sum_{\sigma} \varepsilon\big(\sigma\big) a_{1\sigma(1)} \cdots a_{n\sigma(n)}$$

onde $\varepsilon\,(\sigma)$ é *definido* como sendo $(-1)^{\mu(\sigma)}$ e o argumento mostra que isto é consistente com as propriedades (2) e (3), e que as três propriedades determinam esta forma univocamente. Aqui estamos somando sobre todas as permutação de $\{1, \ldots, n\}$. Com esta definição a propriedade (1) também está satisfeita. Observamos que embora esta definição seja útil por razões teóricas para justificar que de fato existe uma função que satisfaz (1)–(3) — note que estivemos usando isto durante toda a nossa discussão — não é um modo eficiente de calcular o determinante exceto em circunstâncias muito especiais.

Exercício 1.7.8

Use a definição por permutações para calcular det A, onde $A = \begin{pmatrix} 2 & 1 & 3 \\ 2 & 1 & 4 \\ 0 & 1 & 3 \end{pmatrix}$. Indique os seis termos que estão sendo somados bem como as seis permutações de $\{1, 2, 3\}$ correspondentes.

Exercício 1.7.9

Para cada uma das seguintes permutações ache o número $\mu\,(\sigma)$ e indique quantas trocas são necessárias para trazer cada uma de volta às identidade. (a) [2 1 4 2 5], (b) [5 2 6 3 1 4]

Completamos a discussão sobre determinantes com uma das mais antigas aplicações do determinante. Restringimos nossa discussão a $\mathbb{R}^2$ e $\mathbb{R}^3$, onde a geometria envolvida é mais fácil de visualizar. As mesmas idéias podem ser usadas também em dimensão maior. Em $\mathbb{R}^2$ considere um paralelogramo com lados dados pelos vetores $\mathbf{v}$, $\mathbf{w}$. Se $\mathbf{v}$ e $\mathbf{w}$ são ortogonais um ao outro, então o paralelogramo é um retângulo e área do paralelogramo é dada pelo produto dos comprimentos dos vetores. Como o quadrado do comprimento é dado pelo produto escalar do vetor por ele mesmo.

$$\text{área}^2 = l\,(\mathbf{v})^2\,l\,(\mathbf{w})^2 = \begin{vmatrix} l\big(\mathbf{v}\big)^2 & 0 \\ 0 & l\big(\mathbf{w}\big)^2 \end{vmatrix} = \begin{vmatrix} \mathbf{v}^t \\ \mathbf{w}^t \end{vmatrix} \begin{vmatrix} \mathbf{v} & \mathbf{w} \end{vmatrix}$$

$$= \det A^t \det A = (\det A)^2$$

onde $A = (\mathbf{v}\ \ \mathbf{w})$. Assim a área é dada por

$$\text{área} = |\det A|$$

Quando $\mathbf{w}$ não é perpendicular a $\mathbf{v}$, escreva $\mathbf{w} = a\mathbf{v} + \mathbf{z}$, onde $\mathbf{z}$ é perpendicular a $\mathbf{v}$ como na Figura 1.4. Então a área do paralelogramo é igual à área do correspondente retângulo com lados dados pelos vetores $\mathbf{v}$, $\mathbf{z}$ (como se vê por um argumento geométrico simples ou usando a fórmula que diz que a área é produto do comprimento da base pela altura, que é o comprimento de $\mathbf{z}$. De outro lado as propriedades do determinante dizem que det $(\mathbf{v}\ \mathbf{w}) = \det (\mathbf{v}\ a\mathbf{v} + \mathbf{z}) = \det (\mathbf{v}\ \mathbf{z})$. Assim a área ainda é dada por área $= |\det (\mathbf{v}\ \mathbf{w})|$.

Por exemplo, se um paralelogramo tem lados adjacentes dados pelos vetores $\mathbf{v} = (2, 1)$ e $\mathbf{w} = (-3, 2)$, então sua área é dada pela fómula área $= \begin{vmatrix} 2 & -3 \\ 1 & 2 \end{vmatrix} = 7$. A área do triângulo correspondente,

Determinantes 51

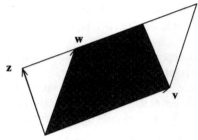

Figura 1.4. Área do paralelogramo

o qual tem estes dois vetores como lados adjacentes a um vértice comum, é dada por 1/2 da área do paralelogramo ou 7/2.

Se é dado o paralelogramo (ou triângulo) em termos dos vértices, primeiro devemos determinar os vetores ao longo de lados adjacentes. Por exemplo, se o triângulo tem vértices $\mathbf{x} = (1, 2)$, $\mathbf{y} = (3, 3)$, $\mathbf{z} = (-1, 5)$, então se olhamos o vértice $\mathbf{x}$ os vetores envolvidos são $\mathbf{v} = \mathbf{y} - \mathbf{x} = (2, 1)$ e $\mathbf{w} = \mathbf{z} - \mathbf{x} = (-2, 3)$ de modo que a área do triângulo é dada por área $= (1/2) \left\| \begin{matrix} 2 & -2 \\ 1 & 3 \end{matrix} \right\| = 4$. A área do correspondente paralelogramo então será 8. Há uma fórmula interessante relacionada com este cálculo que dispensa cálculo de $\mathbf{v}$ e $\mathbf{w}$. Pois mostramos que para o paralelogramo a área é dada por $|\mathbf{y} - \mathbf{x} \; \mathbf{z} - \mathbf{x}|$.

Mas isto pode ser reescrito como $\left\| \begin{matrix} \mathbf{x} & \mathbf{y} & \mathbf{z} \\ 1 & 1 & 1 \end{matrix} \right\|$ (subtraindo a primeira coluna das outras duas e depois expandindo pela terceira linha). Assim obtemos a fórmula seguinte para a área de um triângulo com vértices (x_1, x_2), (y_1, y_2), (z_1, z_2),

$$\text{área (triângulo)} = 1/2 \left\| \begin{matrix} x_1 & y_1 & z_1 \\ x_2 & y_2 & z_2 \\ 1 & 1 & 1 \end{matrix} \right\|$$

Em dimensão três um raciocínio semelhante mostrará que o volume de um paralelepípedo que tem como três arestas os vetores $\mathbf{u}$, $\mathbf{v}$, $\mathbf{w}$ partindo de um vértice comum será dado pela fórmula

$$\text{volume} = \|\mathbf{u} \; \mathbf{v} \; \mathbf{w}\|$$

Consideramos agora um exemplo de paralelepípedo em $\mathbb{R}^3$. Se as arestas adjacentes são dadas por $\mathbf{u} = (2, 1, 3)$, $\mathbf{v} = (1, 2, 1)$, $\mathbf{w} = (-1, 2, 3)$ então o volume é dado por

$$\text{volume} = \left\| \begin{matrix} 2 & 1 & -1 \\ 1 & 2 & 2 \\ 3 & 1 & 3 \end{matrix} \right\| = 16$$

Um lugar em que estas fórmulas são aplicadas é na mudança de variáveis em integrais sobre regiões em $\mathbb{R}^n$. Vamos restringir nossa atenção a integrais sobre regiões do plano. Suponhamos ter duas regiões R, S e uma função diferenciavel g que manda R sobre S e tem inversa diferenciavel. Então pequenos pedaços de R serão levados a pedaços correspondentes de S. A integral sobre R de uma função contínua h é definida subdividindo R em pequenos pedaços (em geral retângulos), escolhendo um ponto em cada pedaço, tomando o produto de h calculada naquele ponto pela área da pequena região e então somando estes produtos para todas as pequenas regiões da subdivisão. A teoria díz que quando a área de todas as pequenas regiões e seus diâmetros tendem a zero, as somas (chamada somas de Riemann) tendem a um limite que é a integral. Há um enunciado semelhante para a região S. A função g permite-nos relacionar integrais sobre S com integrais sobre R. Se partimos de uma função f definida sobre S então há uma função correspondente definida sobre R dada pela composição $f \circ g$ de f com g. Se subdividimos R em regiões pequenas, digamos retângulos, haverá uma correspondente subdivisão de S pelas imagens deste retângulos. Representamos isto na Figura 1.5.

Usando estas regiões imagens obtemos uma aproximação da integral de f sobre S por $\int_S f(y)\, dA$ $\sim \sum f(y_i)\, A\,(g\,(R_i))$, onde y_i é um ponto da região $g\,(R_i)$ e $A\,(g\,(R_i))$ denota a área da região $g\,(R_i)$. Podemos escolher $y_i = g\,(x_i)$, com $x_i \in R_i$. Aqui R_i denota uma das regiões em que subdividimos R. Agora $A\,(g\,(R_i))$ está relacionada com $A\,(R_i)$. Uma boa aproximação se encontra aproximando g por sua aproximação linear no ponto x_i que é fornecida pela matriz jacobiana.

$$\begin{pmatrix} \partial g^1 / \partial x^1 & \partial g^1 / \partial x^2 \\ \partial g^2 / \partial x^1 & \partial g^2 / \partial x^2 \end{pmatrix}(x_i)$$

O determinante desta matriz é chamado o determinante jacobiano da função no ponto x_i e denotado

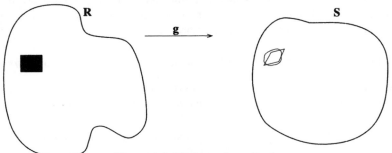

Figura 1.5. Mudança de variáveis

por $J\,(g)(x_i)$. Quando multiplicamos a matriz por uma com colunas $\mathbf{v}$, $\mathbf{w}$, isto significa que os vetores da base canônica estão sendo enviados em $\mathbf{v}$ e $\mathbf{w}$ e portanto um retângulo cujos lados são múltiplos de $\mathbf{e}_1$, $\mathbf{e}_2$ será enviado num paralelogramo. A área da imagem será então o produto da área original (isto é o produto dos comprimentos dos lados) pela área do paralelogramos de lados $\mathbf{v}$, $\mathbf{w}$. Está é dada por $\|\mathbf{v}\ \mathbf{w}\|$. Aqui a notação indica o valor absoluto do determinante. Aplicando isto à nossa situação vemos que a soma que aproxima a integral é por sua vez aproximada por

$$\sum_i f(g(x_i))\,|\,J\,(g)(x_i)\,|\,A\,(R_i)$$

que é a soma de Riemann para

$$\int_R f(g(x))\,|\,J\,(g)(x)\,|\,dA$$

Isto então dá a motivação (assim como um tosco esboço da prova) para o teorema sobre mudança de variáveis, que diz que

$$\int_R f(g(x))\,|\,J\,(g)(x)\,|\,dA = \int_S f(y)\,dA$$

Vale também o resultado análogo em dimensões maiores, onde a matriz jacobiana tem por elementos as várias derivadas parciais das funções componentes de g em relação às variáveis em R.

Um exemplo do uso disto em $\mathbb{R}^2$ ocorre quando mudamos para o uso de coordenadas polares e fazemos a substituição $x = r\cos(\theta)$, $y = r\,\mathrm{sen}(\theta)$.

Então a matriz jacobiana envolvida é $\begin{pmatrix} \cos(\theta) & \mathrm{sen}(\theta) \\ -r\,\mathrm{sen}(\theta) & r\cos(\theta) \end{pmatrix}$, que tem $J(g) = r$. A fórmula de mudança de variáveis dá então

$$\int_S f(x, y)\,dx dy = \int_R f(r\cos(\theta)\ r\,\mathrm{sen}(\theta))\,r dr d\theta$$

Determinantes **53**

Exercício 1.7.10

Dê a área do triângulo de vértices $(2, 3)$, $(1, 4)$, $(-1, 5)$.

Exercício 1.7.11

Ache o volume do paralelepípedo cujas arestas adjacentes a um vértice são os vetores $(1, 1, 0)$, $(0, 1, 1)$, $(1, -1, 1)$.

Exercício 1.7.12

As coordenadas esféricas $(r, \theta, \phi,)$ para um ponto no 3-espaço se relacionam com as coordenadas retangulares por $x = r \cos(\theta) \operatorname{sen}(\phi)$, $y = r \operatorname{sen}(\theta) \operatorname{sen}(\phi)$, $z = r \cos(\phi)$. Aqui r mede a distância da origem ao ponto, θ o angulo com o eixo-x do vetor da origem à projeção do ponto sobre o plano-xy, e ϕ o ângulo com a semi-reta positiva do eixo-z do vetor da origem ao ponto, medido no semiplano determinado pelo eixo-z e este vetor. Ache o determinante jacobiano para a mudança de variáveis de coordenadas retangulares para esféricas e use para achar o volume interior à esfera de raio 2.

1.8 OBSERVAÇÕES COMPUTACIONAIS

Discutimos o algoritmo de eliminação de Gauss que usamos para reduzir um sistema de equações à forma normal, da qual podemos ler a solução. A resolução de equações lineares, bem como a de outros problemas de álgebra linear que encontraremos adiante, é atividade rotineira em todas as áreas da ciência e dos negócios. Há duas razões principais para isto. Primeiro, fenômenos lineares tendem a surgir em muitas aplicações diferentes. Segundo, há muitos fenômenos que não são realmente lineares mas admitem modelos lineares razoáveis. Isto leva a um problema linear que pode será resolvido e dá informação útil sobre o problema original. Quando aparecem tais problemas eles frequentemente envolvem matrizes muito grandes que tornariam difícil o cálculo manual. Felizmente existem algoritmos como o de Gauss que podem ser realizados num computador.

Porém um novo problema surge neste ponto. Porque a maior parte das linguagens de computador tratam com precisão apenas uma aproximação de um número real (isto é tratam apenas de um número finito de dígitos na expansão de um número), há erros introduzidos de cada vez que uma operação como a de multiplicação é efetuada. Assim o resultado final pode ser impreciso porque todos esses pequenos erros podem se somar num erro bastante grande.

Outra fonte de imprecisões em cálculos está nas equações iniciais com que estamos lidando. Primeiro, o modelo que estamos usando para obter as equações pode ser medíocre, escolhido principalmente por levar a um problema que pode ser resolvido. Mesmo que o modelo seja bom, os dados iniciais postos no modelo (tais como os coeficientes nas equações) podem conter erros. Assim é importante compreender como pequenas modificações nos dados iniciais podem levar a alterações na solução. Gostaríamos não só de estabelecer um algoritmo que resolva o problema em abstrato, como o algoritmo de eliminação que estivemos discutindo, mas de fazê-lo de modo a minimizar os efeitos de tais erros.

A análise de tais erros é assunto da análise numérica, e nós não vamos realmente discutí-la aqui. Ver [4,3] para um tratamento completo destas questões. Porém queremos apresentar um par de exemplos que ilustram algumas das idéias envolvidas. Por simplicidade em nossa discussão vamos nos restringir a matrizes quadradas. Quando realizamos o processo gaussiano de eliminações, a matriz R resultante, em forma normal reduzida, ou é a identidade, e há uma única solução, ou existe uma linha nula e então ou não há solução ou há multiplas soluções. Além disso, modificações muito pequenas nos dados iniciais podem transformar um caso em outro. Como exemplo, considere os quatro sistemas de equações seguintes:

54   Capítulo 1

$$x + y = 1$$
$$x + 1,0001y = 1 \tag{1}$$
$$x + y = 1$$
$$x + 1,0001y = 1,0001 \tag{2}$$
$$x + y = 1$$
$$x + y = 1 \tag{3}$$
$$x + y = 1$$
$$x + y = 1,0001 \tag{4}$$

Passar de um sistema a outro envolve mudar um coeficiente por pouca coisa (aqui 0,0001, mas o mesmo princípio se aplicará ainda que a alteração seja muito menor). O efeito sobre a solução é porém notável. As equações (1) e (2) têm ambas solução única, mas para (1) a solução é $x = 1$, $y = 0$ e para (2) é $x = 0$, $y = 1$. É alteração bastante grande para mudança tão pequena nas equações iniciais. A equação (3) não só tem ambas como soluções mas uma infinidade de soluções. Finalmente (4) não tem solução nenhuma.

Os problemas que se apresentam quando encontramos equações assim são impossíveis de evitar numa situação em que há imprecisões, seja dos dados iniciais seja de erros de arredondamento na resolução das equações. O que podemos fazer, no entanto, é achar testes sobre as equações iniciais que meçam o quanto elas são sensíveis a pequenas alterações dos dados, e assim avisem das imprecisões que podem surgir. Para estas equações, o que acontece em (3) e (4) é que haverá uma linha de zeros na equação reduzida à forma normal (dizemos que as equações são singulares) e em (1) e (2) uma pequena alteração as tornará singulares, embora elas mesmas não o sejam. Estas equações quase singulares, são às vezes chamadas "computacionalmente singulares", porque erros grandes nas soluções podem resultar de erros introduzidos pelo processo de computação.

Outro tipo de problema que pode ocorrer é um que pode ser evitado por um melhor algoritmo. Por simplicidade suponhamos estar lidando com um computador que só pode guardar três algarismos significativos de um número. Por exemplo, quando somamos 1,00 e 0,00319, o computador obtém 1,00 e os três últimos dígitos se perdem. Agora consideremos o sistema seguinte, que foi introduzido por Forsythe e Moler em [4] para ilustrar a necessidade de pivotar:

$$0,0001x + y = 1$$
$$x + y = 2$$

Esta equação tem a solução exata $x = 10000/9999$, $y = 9998/9999$. Aplicando o algoritmo gaussiano (levando em conta o arredondamento a três dígitos), primeiro eliminamos x da segunda equação obtendo

$$0,0001x + y = 1$$
$$-10000y = -10000$$

que dá $y = 1$ e então $x = 0$. Assim o arredondamento produziu grande erro no valor de x na "solução". De outro lado, se primeiro permutamos as equações obteremos o sistema

$$x + y = 2$$
$$0,000y = 1$$

a eliminação gaussiana (com arredondamento) dá

$$x + y = 2$$
$$y = 1$$

que tem a solução $y = 1$ e $x = 1$, que está muito mais próxima da solução correta. Isto leva ao

Observações computacionais **55**

procedimento computacional chamado **pivotear**. Há na verdade muitas formas em uso deste procedimento, e frequentemente há uma interação entre a precisão obtida e o custo em tempo de computação para obter o resultado. Discutimos apenas uma forma simples às vezes chamada pivoteamento parcial que é essencialmente a que usamos no exemplo. Note que o algoritmo gaussiano de eliminação trabalha com uma coluna de cada vez. Antes permutamos linhas somente quando era necessário; isto é quando o primeiro elemento numa coluna com a qual estávamos trabalhando na eliminação para a frente era zero. Então percorríamos a coluna para baixo até o primeiro elemento não nulo (se existisse) e permutávamos linhas para trazê-lo até a primeira posição (no resto da matriz a partir de alguma linha). No pivoteamento parcial primeiro achamos o elemento maximal (em termos de valor absoluto) numa coluna, depois permutamos linhas de modo que seja o primeiro elemento. Ele é então chamado o **pivô** para a operação seguinte de tornar nulos os elementos abaixo dele. Um exemplo de eliminação com pivoteamento parcial:

$$\begin{pmatrix} 1 & 2 & 0 \\ 2 & 1 & 4 \\ 4 & 0 & 2 \end{pmatrix}$$

O elemento maximal na primeira coluna é 4. Efetuamos $Op\,(1, 3)$ para colocar o 4 na posição $(1, 1)$. Ele então se torna o pivô para o trabalho na primeira coluna. Fazendo $O\,(2, 1; -1/2)$ e depois $O\,(3, 1; -1/4)$ acabamos o algoritmo sobre a primeira coluna.

$$\begin{pmatrix} 4 & 0 & 2 \\ 2 & 1 & 4 \\ 1 & 2 & 0 \end{pmatrix}, \begin{pmatrix} 4 & 0 & 2 \\ 0 & 1 & 3 \\ 0 & 2 & -1/2 \end{pmatrix}$$

Agora olhamos a parte da matriz formada pelas duas últimas linhas e colunas e olhamos a segunda coluna. Permutamos as duas últimas linhas para colocar o novo pivô 2 na posição $(2, 2)$ e então tornamos o elemento abaixo igual a 0. Usamos $Op\,(2, 3)$ e $O\,(3, 2; -1/2)$.

$$\begin{pmatrix} 4 & 0 & 2 \\ 0 & 2 & -1/2 \\ 0 & 1 & 3 \end{pmatrix}, \begin{pmatrix} 4 & 0 & 2 \\ 0 & 2 & -1/2 \\ 0 & 0 & 13/4 \end{pmatrix}$$

Isto termina a parte de eliminação para a frente do algoritmo; o resto do algoritmo continua como antes.

A maior parte dos algoritmos comerciais usa algum tipo de pivoteamento para melhorar a precisão de seus resultados. Para o resto da discussão suporemos estar fazendo pivoteamento parcial como descrito antes. Consideramos agora só a parte de eliminação para a frente. Supomos também que o algoritmo para quando se determina que a matriz é quase singular, e por isso trataremos só do caso não singular. Ao final do passo de eliminação para a frente teremos $O_1 A = U$. Agora para cada coluna faremos uma troca (podemos guardar a informação sobre esta troca num vetor $IPVT$, onde $IPVT\,(k)$ dá a linha que é permutada com a k-ésima) e algumas operações de linha. Quando fazemos a operação de somar r vezes a j-ésima linha à i-ésima, podemos guardar a informação numa matriz triangular inferior fazendo o elementos (i, j) igual a r. Assim para a eliminação de Gauss precedente, com pivoteamento parcial, podemos guardar toda a informação no vetor-linha $IPVT = (3\ \ 3)$, que nos diz que para a primeira coluna primeiro trocamos a primeira e a terceira linha, depois para a segunda coluna trocamos a segunda e a terceira linhas. Note que sempre deixamos inalteradas a última linha e a última coluna, de modo que $IPVT$ tem somente $n-1$ elementos para uma matriz n por n. A matriz triangular inferior com os números r é

$$\begin{pmatrix} 0 & 0 & 0 \\ -1/2 & 0 & 0 \\ -1/4 & -1/2 & 0 \end{pmatrix}$$

56 Capítulo 1

Agora se colocarmos na metade superior da matriz a matriz U que aparece no fim do algoritmo poderemos formar a matriz

$$\begin{pmatrix} 4 & 0 & 2 \\ -1/2 & 2 & -1/2 \\ -1/4 & -1/2 & 13/4 \end{pmatrix}$$

que, juntamente com $IPVT$, não sómente nos diz o que temos como U ao fim do passo de eliminação para a frente como contém a informação em forma codificada da lista de operações que foram efetuadas sobre A para chegar a U. Em particular se queremos resolver $A\mathbf{x} = \mathbf{b}$ para uma variedade de segundos membros $\mathbf{b}$, podemos usar esta informações para fazer isto eficientemente. O que devemos fazer primeiro é ver quem é o correspondente segundo membro na equação equivalente $U\mathbf{x} = \mathbf{c}$. Para isto efetuamos as mesmas operações sobre $\mathbf{b}$ que efetuamos sobre A. Por exemplo, seja $\mathbf{b} = (1\ 2\ 0)^t$. $IPVT$ $(1) = 3$ nos diz que primeiro efetuamos Op $(1, 3)$ obtendo $(0\ 2\ 1)^t$, depois O $(2, 1; -1/2)$ obtendo $(0\ 2\ 1)^t$, depois O $(3, 1; -1/4)$ que dá $(0\ 1\ 2)^t$ e então O $(3, 2; -1/2)$ dando $(0\ 1\ 3/2)^t$. Assim a equação equivalente a

$$\begin{pmatrix} 1 & 2 & 0 & | & 1 \\ 2 & 1 & 4 & | & 2 \\ 4 & 0 & 2 & | & 0 \end{pmatrix} \text{ é } \begin{pmatrix} 4 & 0 & 2 & | & 0 \\ 0 & 2 & -1/2 & | & 1 \\ 0 & 0 & 12/4 & | & 3/2 \end{pmatrix}$$

Daqui é fácil obter a solução $(-3/13, 8/13, 6/13)$ A matriz

$$\begin{pmatrix} 4 & 0 & 2 \\ -1/2 & 2 & -1/2 \\ -1/4 & -1/2 & 13/4 \end{pmatrix}$$

que nos permite (junto com $IPVT$) construir o sistema $U\mathbf{x} = \mathbf{c}$ equivalente a $A\mathbf{x} = \mathbf{b}$, que ocorre no final da eliminação para a frente, é o resultado de uma rotina chamada a decomposição LU de A. A razão para a notação é que existe uma matriz L (que é simplesmente O_1^{-1}, onde $O_1A = U$) tal que $A = LU$ e que num caso particular L pode ser lida na matriz precedente. O caso particular envolvido é aquele em que não se fez pivoteamento (isto é não houve troca de linhas de modo que $IPVT = (1\ 2\ 3\ \dots n-1)$. Felizmente este caso particular se apresenta para úteis tipos de matrizes tais como as matrizes simétricas positivas definidas que estudaremos mais tarde. Então a matriz L será simplesmente a parte da matriz de informação que fica abaixo da diagonal *com sinais trocados* e com uns acrescentados na diagonal. Façamos um exemplo simples sem permuta de linhas como ilustração.

$$\begin{pmatrix} 2 & -1 & 0 \\ -1 & 2 & -1 \\ 0 & -1 & 2 \end{pmatrix} \xrightarrow{O(2,1;1/2)} \begin{pmatrix} 2 & -1 & 0 \\ 0 & 3/2 & -1 \\ 0 & -1 & 2 \end{pmatrix} \xrightarrow{O(3,2;2/3)} \begin{pmatrix} 2 & -1 & 0 \\ 0 & 3/2 & -1 \\ 0 & 0 & 4/3 \end{pmatrix}$$

Então registramos a informação na matriz

$$\begin{pmatrix} 2 & -1 & 0 \\ 1/2 & 3/2 & -1 \\ 0 & 1/2 & 4/3 \end{pmatrix}$$

e obtemos $L = \begin{pmatrix} 1 & 0 & 0 \\ 1/2 & 1 & 0 \\ 0 & -2/3 & 1 \end{pmatrix}$ e $U = \begin{pmatrix} 2 & -1 & 0 \\ 0 & 3/2 & -1 \\ 0 & 0 & 4/3 \end{pmatrix}$ com $LU = A$

Isto funciona porque $L = O_1^{-1}$ e $O_1 = O(3.2; 2/3)\ O(2, 1; 1/2)$. Assim $L = O_1^{-1} = O(2, 1; -1/2)\ O(3, 2; -2/3)$ pois tomamos o produto das inversas em ordem contrária. Quando formamos este produto podemos

Observações computacionais **57**

pensar em multiplicar a matriz à direita por I, a seguinte pelo resultado, e assim por diante. Mas agora elas estão na ordem certa de modo que as operações de linha estão trabalhando de baixo para cima e a cada passo mudamos só um número. Neste exemplo O (3, 2; –2/3) transforma o elemento (3, 2) em –2/3. Finalmente O (2, 1; –1/2) muda o elemento (2, 1) em –1/2 e assim ficamos com L como antes. Quando há trocas de linhas então $A = LU$ com L uma matriz triangular inferior permutada. Haverá uma matriz de permutação P relacionada com $IPVT$ tal que $PA = L'U$ com L' triangular inferior. O caso geral está desenvolvido nos exercícios e nos permite aplicar a análise dada no caso de não haverá trocas substituindo A por PA.

Uma vez que tenhamos uma decomposição LU para a matriz é bastante fácil resolver o sistema $A\mathbf{x} = \mathbf{b}$. Primeiro resolvemos $L\mathbf{c} = \mathbf{b}$ para $\mathbf{c}$ e depois resolvemos $U\mathbf{x} = \mathbf{c}$ para $\mathbf{x}$. Como L é inversível (sua inversa é O_1 com $O_1 A = U$), haverá uma única solução para $\mathbf{c}$. Se L é triangular inferior (com uns na diagonal) como acontece quando não há permutações envolvidas, é fácil resolver $L\mathbf{c} = \mathbf{b}$ de cima para baixo e resolver $U\mathbf{x} = \mathbf{c}$ de baixo para cima.

Como exemplo considere $A\mathbf{x} = \mathbf{b}$ onde conhecemos

$$L = \begin{pmatrix} 1 & 0 & 0 \\ 1 & 1 & 0 \\ 3 & 0 & 1 \end{pmatrix}, U = \begin{pmatrix} 1 & 3 & 2 \\ 0 & 2 & 2 \\ 0 & 0 & 3 \end{pmatrix}, \mathbf{b} = (1,0,1)$$

Então a resolução de $L\mathbf{c} = \mathbf{b}$ para $\mathbf{c}$ dá $c_1 = 1, c_2 = -1, c_3 = -2,$ e resolver $U\mathbf{x} = \mathbf{c}$ para $\mathbf{x}$ dá $x_3 = -2/3, \ x_2 = 1/6, x_1 = 11/6$. Basicamente o processo de resolver para $\mathbf{c}$ e depois para $\mathbf{x}$ envolve o passo de eliminação para trás (feito para a frente para L).

Há falta de simetria envolvida na decomposição LU quando podemos realizá-la com uma L triangular inferior como neste caso. Pois os elementos da diagonal são todos iguais a 1 e isto pode não acontecer com U. Suporemos pelo momento que todos os elementos na diagonal de U são não nulos. Então eles podem ser postos em evidência em cada linha e U reescrita como $U = DV$, onde D é uma matriz diagonal e V uma matriz triangular superior com uns na diagonal. Por exemplo, se

$$U = \begin{pmatrix} 2 & -1 & 0 \\ 0 & 3/2 & -1 \\ 0 & 0 & 4/3 \end{pmatrix}$$

podemos fatorar

$$U = \begin{pmatrix} 2 & 0 & 0 \\ 0 & 3/2 & 0 \\ 0 & 0 & 4/3 \end{pmatrix}\begin{pmatrix} 1 & -1/2 & 0 \\ 0 & 1 & -2/3 \\ 0 & 0 & 1 \end{pmatrix} = DV$$

Assim partindo de

$$A = \begin{pmatrix} 2 & -1 & 0 \\ -1 & 2 & -1 \\ 0 & -1 & 2 \end{pmatrix}$$

podemos fatorar como LDV onde

$$L = \begin{pmatrix} 1 & 0 & 0 \\ -1/2 & 1 & 0 \\ 0 & -2/3 & 1 \end{pmatrix}$$

Observe a relação entre L e V aqui: $V = L^t$. Isto prévem de dois fatos. Primeiro, a matriz original A era *simétrica*, o que significa que $A = A^t$. Mas então $A = LDV$ implica $A^t = V^t D^t L^t$. Mas $D^t = D$ e V^t é uma matriz triangular inferior com 1's na diagonal, e L_t é uma matriz triangular superior com 1's na diagonal. Assim $A = A^t$ significa que $LDV = V^t D L^t$. O segundo fato de que necessitamos é que neste

58 Capítulo 1

tipo de decomposição LDV os fatores são únicos, o que implica que $V = L^t$. Para verificar esta unicidade suponha $LDV = L'\,D'\,V'$, onde L, L' são triangulares inferiores com 1's na diagonal, D, D' são matrizes diagonais, e V, V' são triangulares superiores com 1's na diagonal. Multiplique a equação por L^{-1} à esquerda e $V^{-1}\,D'^{-1}$ à direita para obter $(DV)(D'\,V')^{-1} = L^{-1}\,L'$. O primeiro membro será uma matriz triangular superior (pois o produto de matrizes triangulares superiores é triangular superior) O segundo membro será uma matriz triangular inferior com 1's na diagonal, porque o produto de duas tais matrizes ainda tem essa propriedade. Também estamos usando o fato que a inversa de uma matriz triangular inferior é triangular inferior e tem 1's na diagonal se a matriz original os tinha (e analogamente para triangular superior). Mas a única matriz que é ao mesmo tempo triangular superior e inferior e tem 1's na diagonal é a matriz identidade. Disto concluímos que $L = L'$ e assim resulta $DV = D'\,V'$. Como os elementos diagonais do produto são dados pelos de D e D' obtemos $D = D'$ e $V = V'$ .Estamos usando que os elementos diagonais de D e D' são todos não nulos para cancelar D (por multiplicação por D^{-1}). Os elementos de D serão os pivôs no algoritmo de eliminação para a frente.

Uma matriz simétrica A é chamada **positiva definida** se estes pivôs são todos positivos. Assim para uma matriz positiva definida obtemos uma decomposição $A = LDL^t$ com os elementos de D todos positivos. Tomando as raízes quadradas destes elementos podemos formar uma matriz diagonal $\sqrt{D}$ com $\sqrt{D}\,\sqrt{D} = D$. Mas então $L\,\sqrt{D} = M$ será uma matriz triangular inferior com elementos positivos na diagonal e $A = MM^t$. Esta decomposição de uma matriz positiva definida simétrica é

chamada a **decomposição de Cholesky** de A. Para a matriz $A = \begin{pmatrix} 2 & -1 & 0 \\ -1 & 2 & -1 \\ 0 & -1 & 2 \end{pmatrix}$ a decomposição de

Cholesky é MM^t com

$$M = \begin{pmatrix} \sqrt{2} & 0 & 0 \\ -1/2 & \sqrt{3}/2 & 0 \\ 0 & -2/3 & 4/\sqrt{3} \end{pmatrix}$$

Use pivoteamento parcial nos exercícios 1.8.1 – 1.8.3.

Exercício 1.8.1_____
Ache os fatores L e U na decomposição LU da matriz.

$$A = \begin{pmatrix} 2 & 1 & 1 \\ 1 & 3 & 0 \\ 1 & 0 & 4 \end{pmatrix}$$

Use a decomposição LU para resolver $A\mathbf{x} = \mathbf{b}$ para $\mathbf{b} = (4, 5, -2)$, resolvendo $L\mathbf{c} = \mathbf{b}$ para $\mathbf{c}$ e $U\mathbf{x} = \mathbf{c}$ para $\mathbf{x}$.

Exercício 1.8.2_____
Ache a decomposição de Cholesky para a matriz do Exercício 1.8.1.

Exercício 1.8.3_____
Ache os fatores L e U na decomposição LU da matriz

$$A = \begin{pmatrix} 1 & 2 & 1 \\ 2 & 2 & 4 \\ 4 & 2 & 0 \end{pmatrix}$$

Use a decomposição LU para resolver $A\mathbf{x} = (0 \quad -8 \quad 6)^t$.

1.9 DUAS APLICAÇÕES BÁSICAS DA ELIMINAÇÃO GAUSSIANA

Equações lineares aparecem numa grande variedade de áreas. Nesta secção discutiremos dois exemplos básicos que levam a equações lineares. Voltaremos a olhar estes exemplos mais tarde, quando usaremos outras técnicas que teremos desenvolvido para sua análise. Os exercícios no fim deste capitulo contêm mais algumas aplicações cujas soluções são dadas usando métodos deste capítulo.

Nossa primeira aplicação gira em torno do uso da inversa. O modelo que consideramos é chamado um modelo econômico input-output aberto de Leontief. Recebe o nome do economista Wassily Leontief, que recebeu o prêmio Nobel por seu trabalho em 1973. É baseado numa matriz C, chamada a matriz de consumo, que mede quanto input vai numa unidade (igual a uma certa quantia de dinheiro) de output. Supomos que existem n indústrias. O elemento c_{ij} dá as unidades de input da indústria i necessárias para produzir uma unidade de output da indústria j. Se $\mathbf{p} = (x_1, \ldots, x_n)$ é o vetor de produção que dá as unidades produzidas por cada indústria, então $C\mathbf{p}$ dá a quantia consumida internamente nesta produção, e $(I - C)\mathbf{p}$ dá a quantia disponível para a demanda externa. Gostaríamos de saber se poderíamos satisfazer a uma dada demanda externa $\mathbf{d}$ para o output de cada indústria. Isto significa que queremos resolver $(I - C)\mathbf{p} = \mathbf{d}$. Se $I - C$ é inversível, a solução então é dada pelo vetor $\mathbf{p} = (I - C)^{-1}\mathbf{d}$. Naturalmente isto só faz sentido se a resposta é não negativa. Como a demanda será não negativa, a condição de que necessitamos para podermos satisfazer a toda demanda é que $(I - C)^{-1}$ seja ela própria não negativa. Voltaremos a olhar esta condição depois que tivermos introduzido valores próprios no Capítulo 4, mas pelo momento olhamos um exemplo em que é satisfeita.

■ **Exemplo 1.9.1** Suponhamos que há três indústrias e que a matriz de consumo é dada por

$$C = \begin{pmatrix} 0,4 & 0,3 & 0,2 \\ 0,1 & 0,5 & 0,1 \\ 0,4 & 0,2 & 0,2 \end{pmatrix}$$

então

$$(I - C)^{-1} = \begin{pmatrix} 2,5676 & 1,8919 & 0,8784 \\ 0,8108 & 2,7027 & 0,5405 \\ 1,4865 & 1,6216 & 1,8243 \end{pmatrix}$$

e portanto toda demanda pode ser satisfeita. Por exemplo, se o vetor de demanda é dado por $\mathbf{d} = (100, 50, 25)$ então a produção de cada indústria será dada por $\mathbf{p} = (I - C)^{-1}\mathbf{d} = (373,31, 229,73, 275,34)$. ■

Exercício 1.9.1_____

Considere uma economia com três indústria e matriz de consumo $C = \begin{pmatrix} 0,5 & 0,3 & 0,1 \\ 0,2 & 0,4 & 0,2 \\ 0,2 & 0,1 & 0,2 \end{pmatrix}$

Ache a matriz $(I - C)^{-1}$ e ache o vetor de produção p necessário para satisfazer ao vetor de demanda $\mathbf{d} = (100, 80, 59)$

Nosso segundo exemplo se refere a um circuito elétrico. Este circuito será simples, somente com fontes de voltagem e resistências ao longo de ramos, sem fontes de corrente externas. Há duas leis básicas de circuitos que levarão a um sistema de equações para o fluxo de corrente no circuito. São:

Leis de Kirchhoff
1) A soma das correntes com sinal passando num nó deve ser igual a zero.
2) As quedas líquidas de voltagem num laço de um circuito são zero.

Lei de Ohm
Em toda resistência a queda de voltagem é proporcional à corrente que passa pela resistência.

$$V = RI$$

■ *Exemplo 1.9.2* Aplicamos estas leis ao circuito na Figura 1.6 para ilustrar como levam a um

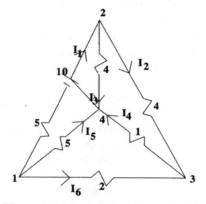

Figura 1.6. Circuito para o Exemplo 1.9.2.

sistema de equações, que podemos resolver por eliminação gaussiana, para determinar a corrente que passa por cada segmento do circuito. As flechas em cada ramo indicam a direção da corrente. Cada ramo tem uma resistência com resistência positiva, e temos uma fonte de voltagem no primeiro ramo. Unidades de corrente são ampères, unidades de voltagem são volts, unidades de resistência são ohms.

Aplicamos a primeira lei de Kirchhoff aos três primeiros nós. A equação para o quarto nó é a soma destas três.

$$\begin{aligned} -I_1 \quad -I_5 \quad -I_6 &= 0 \\ I_1 \quad -I_2 \quad -I_3 &= 0 \\ I_2 \quad -I_4 \quad +I_6 &= 0 \end{aligned}$$

Há três pequenos laços básicos. Podemos formar outros (por exemplo um grande laço externo) mas estes não darão nova informação, só uma combinação das três que obtivemos deste básicos. A aplicação da lei de Ohm e da segunda lei de Kirchhoff dá:

$$\begin{aligned} 5I_1 \quad + \quad 4I_3 \quad -5I_5 &= 10 \\ 4I_2 \quad - \quad 4I_3 \quad +I_4 &= 0 \\ -I_4 \quad + \quad 5I_5 \quad -2I_6 &= 0 \end{aligned}$$

Unindo estas seis equações obtemos uma equação matricial.

$$\begin{pmatrix} -1 & 0 & 0 & 0 & -1 & -1 \\ 1 & -1 & -1 & 0 & 0 & 0 \\ 0 & 1 & 0 & -1 & 0 & 1 \\ 5 & 0 & 4 & 0 & -5 & 0 \\ 0 & 4 & -4 & 1 & 0 & 0 \\ 0 & 0 & 0 & -1 & 5 & -2 \end{pmatrix} \begin{pmatrix} I_1 \\ I_2 \\ I_3 \\ I_4 \\ I_5 \\ I_6 \end{pmatrix} = \begin{pmatrix} 0 \\ 0 \\ 0 \\ 10 \\ 0 \\ 0 \end{pmatrix}$$

A solução é (1,1814, 0,6156, 0,5657, –0,1997, –0,3661, –0,8153). Os sinais negativos dizem apenas que a corrente vai em sentido contrário às flechas. ∎

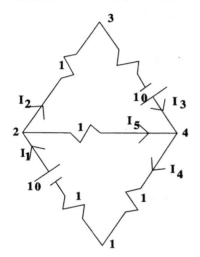

Figura 1.7. Circuito para o Exercício 1.9.4.

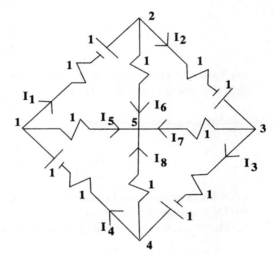

Figura 1.8. Circuito para o Exercício 1.9.5.

Exercício 1.9.2
(a) Mostre que a equação que provém do quarto nó é consequêcia das equações dos outros nós.
(b) Mostre que a equação que provém do laço externo é consequência das outras equações dos três pequenos laços.

Exercício 1.9.3
Ache a corrente que passa em circuito an logo em que se acrescenta uma fonte de voltagem de 5 volts em 3.

Exercício 1.9.4
Estabeleça e resolva as equações lineares que dão a corrente que passa em cada ramo da Figura 1.7.

Exercício 1.9.5
Estabeleça e resolva as equações lineares que dão a corrente que passa em cada ramo da Figura 1.8. Explique a forma da solução obtida em termos da natureza do circuito.

1.10 EXERCÍCIOS DO CAPITULO 1
1.10.1
$$\begin{aligned} x_1 + x_3 &= -2 \\ x_2 + 4x_3 + x_5 &= 3 \\ x_4 - 2x_5 &= 0 \end{aligned}$$

62 Capítulo 1

(a) Reescreva este sistema na forma $A\mathbf{x} = \mathbf{b}$.
(b) Dê a solução geral do sistema.

1.10.2

$$
\begin{aligned}
2x_1 + x_2 - x_3 &= 5 \\
2x_1 + x_3 - x_4 &= 2 \\
2x_2 - 3x_3 + x_4 &= 8
\end{aligned}
$$

(a) Reescreva esta equação na forma $A\mathbf{x} = \mathbf{b}$.
(b) Dê a solução geral do sistema.

1.10.3

$$
\begin{aligned}
x_1 - 4x_2 + 3x_3 - 3x_4 + x_5 &= 0 \\
2x_1 - 8x_2 + 7x_3 - 6x_4 &= 1 \\
2x_1 - 7x_2 + 6x_3 - 6x_4 + 2x_5 &= 2 \\
x2 - 2x_5 &= 2
\end{aligned}
$$

(a) Reescreva esta equação na forma $A\mathbf{x} = \mathbf{b}$.
(b) Dê a solução geral do sistema

1.10.4 Considere o sistema $A\mathbf{x} = \mathbf{b}$ com

$$
A = \begin{pmatrix} 2 & 1 & 1 & 0 & 0 \\ 0 & 1 & 3 & 2 & 1 \\ 2 & 2 & 4 & 2 & 1 \end{pmatrix}, \mathbf{b} = \begin{pmatrix} 0 \\ 1 \\ 1 \end{pmatrix}
$$

(a) Escreva as equações lineares nas variáveis $x_1, \ldots, x_5$ correspondentes a este sistema.
(b) Dê a solução geral deste sistema.
(c) Mostre que não existe solução para o sistema correspondente quando o segundo membro

é mudado para $\mathbf{b} = \begin{pmatrix} 1 \\ 1 \\ 1 \end{pmatrix}$.

1.10.5 Considere o sistema $A\mathbf{x} = \mathbf{b}$ com

$$
A = \begin{pmatrix} 0 & 1 & 2 & -1 & 0 & 1 \\ 1 & 1 & 2 & 2 & 1 & 0 \\ 1 & 2 & 2 & 2 & 1 & 1 \\ 2 & 4 & 6 & 3 & 2 & 2 \\ 1 & 0 & 2 & 2 & 1 & -1 \end{pmatrix} \mathbf{b} = \begin{pmatrix} 5 \\ 2 \\ 7 \\ 16 \\ 1 \end{pmatrix}
$$

(b) Dê a solução geral deste sistema.
(c) Dê condições sobre os coeficientes de $\mathbf{b}$ que devem ser satisfeitas para que $A\mathbf{x} = \mathbf{b}$ tenha solução.

Nos exercícios 1.10.6—1.10.13 realize a parte de eliminação para a frente do algoritmo gaussiano de eliminação. Em cada caso diga se $A\mathbf{x} = \mathbf{b}$ tem ou não uma única solução. Se não, dê condições sobre $\mathbf{b}$ para que tenha solução. Também dê a matriz O_1 tal que $O_1 A = U$ onde U é a matriz ao fim do passo de eliminação para a frente.

1.10.6
$$
\begin{pmatrix} 1 & 2 \\ 3 & 4 \end{pmatrix}
$$

1.10.7
$$
\begin{pmatrix} 1 & 2 & -1 \\ 3 & 1 & 3 \\ 6 & 7 & 0 \end{pmatrix}
$$

Exercícios do capítulo 1   **63**

1.10.8
$$\begin{pmatrix} -3 & 2 & 1 \\ 7 & -4 & -3 \\ 1 & 0 & 1 \end{pmatrix}$$

1.10.9
$$\begin{pmatrix} 4 & 1 & 3 \\ 5 & 1 & 1 \\ -1 & -3 & 1 \end{pmatrix}$$

1.10.10
$$\begin{pmatrix} 2 & 0 & 3 & 2 & -1 \\ 6 & 2 & 13 & 1 & 1 \\ 4 & -1 & 4 & -4 & -6 \end{pmatrix}$$

1.10.11
$$\begin{pmatrix} 1 & 0 & -1 \\ 2 & 1 & 3 \\ 4 & 1 & 1 \end{pmatrix}$$

1.10.12
$$\begin{pmatrix} 1 & 2 & 3 & 4 & 5 \\ 6 & 7 & 8 & 9 & 10 \\ 11 & 12 & 13 & 14 & 15 \end{pmatrix}$$

1.10.13
$$\begin{pmatrix} 2 & 1 & 0 & -1 & 2 \\ 1 & 2 & -1 & 0 & -2 \\ 4 & -1 & -1 & -1 & -1 \\ 5 & 2 & -8 & 3 & -2 \\ 1 & 0 & -4 & -2 & -4 \end{pmatrix}$$

1.10.14 Dê a matriz M tal que $MA = B$ em cada caso.

$$A = \begin{pmatrix} 2 & 1 & 4 \\ 4 & 2 & 1 \\ 4 & 5 & 3 \end{pmatrix}$$

(a) $B = \begin{pmatrix} 2 & 1 & 4 \\ 0 & 0 & -7 \\ 4 & 5 & 3 \end{pmatrix}$.   (b) $B = \begin{pmatrix} 2 & 1 & 4 \\ 0 & 0 & -7 \\ 0 & 3 & -5 \end{pmatrix}$,   (c) $B = \begin{pmatrix} 2 & 1 & 0 \\ 0 & 3 & 0 \\ 0 & 0 & 1 \end{pmatrix}$

1.10.15 Dê a matriz M tal que $MA = B$ em cada caso.

$$A = \begin{pmatrix} 1 & 2 & 3 & 4 \\ 2 & 4 & -5 & 9 \\ 2 & 2 & -3 & 4 \\ 5 & 8 & -11 & 17 \end{pmatrix}$$

(a) $E = \begin{pmatrix} 1 & 2 & -3 & 4 \\ 0 & 0 & 1 & 1 \\ 2 & 2 & -3 & 4 \\ 5 & 8 & -11 & 17 \end{pmatrix}$,   (b) $B = \begin{pmatrix} 1 & 2 & -3 & 4 \\ 0 & 0 & 1 & 1 \\ 0 & -2 & 3 & -4 \\ 0 & -2 & 4 & 3 \end{pmatrix}$,   (c) $B = \begin{pmatrix} 1 & 2 & -3 & 4 \\ 0 & -2 & 3 & -4 \\ 0 & 0 & 1 & 12 \\ 0 & 0 & 0 & 0 \end{pmatrix}$

Nos exercícios 1.10.16—1.10.23 ache a solução geral das equações dadas em termos da matriz aumentada $(A \mid \mathbf{b})$. Indique quais operações de linha são usadas para reduzir a matriz à forma normal reduzida.

64 Capítulo 1

1.10.16

$$\begin{pmatrix} 1 & 1 & 1 & | & 2 \\ 2 & 1 & 2 & | & 1 \\ 1 & 1 & 1 & | & 3 \end{pmatrix}$$

1.10.17

$$\begin{pmatrix} 2 & 4 & 4 & | & 12 \\ 1 & 2 & 0 & | & 8 \\ -1 & -2 & -8 & | & 0 \end{pmatrix}$$

1.10.18

$$\begin{pmatrix} 1 & 1 & 0 & 2 & 1 & | & 4 \\ 2 & 1 & -1 & 0 & 2 & | & 5 \\ 4 & 3 & -1 & 4 & 4 & | & 13 \end{pmatrix}$$

1.10.19

$$\begin{pmatrix} 1 & 1 & -1 & 3 & 1 & | & 3 \\ 2 & 0 & 1 & 1 & -2 & | & 1 \\ 1 & -1 & 0 & 2 & -3 & | & -2 \\ 0 & 6 & -1 & -1 & 12 & | & 15 \end{pmatrix}$$

1.10.20

$$\begin{pmatrix} 1 & 1 & -1 & 3 & 1 & | & 2 \\ 2 & 0 & 1 & 1 & -2 & | & 1 \\ 1 & -1 & 0 & 2 & -3 & | & 1 \\ 0 & 6 & -1 & -1 & 12 & | & -1 \end{pmatrix}$$

11.10.21

$$\begin{pmatrix} 1 & 0 & 2 & 0 & 4 & | & 1 \\ 1 & 1 & 2 & 4 & 3 & | & 2 \\ 0 & 0 & 1 & 1 & 0 & | & 4 \end{pmatrix}$$

1.10.22

$$\begin{pmatrix} 3 & 1 & 4 & | & 8 \\ 3 & 1 & 5 & | & 9 \\ 6 & 2 & 9 & | & 17 \\ 9 & 3 & 14 & | & 26 \end{pmatrix}$$

1.10.23

$$\begin{pmatrix} 1 & 2 & 3 & -1 & -2 & -3 & | & 0 \\ 2 & 3 & 4 & -2 & -3 & -4 & | & 1 \\ 3 & 4 & 5 & -3 & -4 & -5 & | & 2 \\ 4 & 5 & 6 & -4 & -5 & -6 & | & 3 \\ 5 & 6 & 7 & -5 & -6 & -7 & | & 4 \end{pmatrix}$$

1.10.24 Considere a equação matricial $A\mathbf{x} = \mathbf{b}$ em que que $A = \begin{pmatrix} 2 & 1 & 5 \\ 4 & 2 & 1 \\ 8 & 4 & 7 \end{pmatrix}$.

(a) Dê o vetor $\mathbf{c}$ tal que $A\mathbf{x} = \mathbf{b}$ tem solução see o produto escalar $\langle \mathbf{c}, \mathbf{b} \rangle = 0$.

(b) Descreva geometricamente "como é" o conjunto de todos os $\mathbf{b}$ tais que $A\mathbf{x} = \mathbf{b}$ tem solução em $\mathbb{R}^3$ (isto é, é um ponto, uma reta, um plano ou todo $\mathbb{R}^3$?). Esboce este conjunto bem como a reta pelo vetor $\mathbf{c}$.

(c) Escreva todos estes $\mathbf{b}$ (tais que existe solução para $A\mathbf{x} = \mathbf{b}$) na forma $a_1 \mathbf{v}_1 + \cdots + a_k \mathbf{v}_k$ para algum k (Sugestão: Resolva a equação da parte (a)).

1.10.25 Considere a equação matricial $A\mathbf{x} = \mathbf{b}$, onde

Exercícios do capítulo 1 **65**

$$A = \begin{pmatrix} 1 & 2 & -4 & -1 \\ 3 & -1 & 9 & -17 \\ 4 & -4 & 20 & -28 \\ -2 & 0 & -4 & 10 \end{pmatrix}$$

(a) Dê dois vetores $\mathbf{c}_1$, $\mathbf{c}_2$ tais que $A\mathbf{x} = \mathbf{b}$ tem solução see

$$\langle \mathbf{c}_1, \mathbf{b} \rangle = 0, \langle \mathbf{c}_2, \mathbf{b} \rangle = 0$$

(b) Escreva todos estes $\mathbf{b}$ (tais que $A\mathbf{x} = \mathbf{b}$ tem solução) na forma $a_1 \mathbf{v}_1 + \cdots + a_k \mathbf{v}_k$ para algum k. (Sugestão: Resolva as equações da parte (a)).

1.10.26 Considere a equação matricial $A\mathbf{x} = \mathbf{b}$ onde

$$A = \begin{pmatrix} 1 & -3 & 2 & 0 & 1 & 3 & 1 & 9 \\ 3 & -2 & 1 & 0 & 3 & -2 & 1 & 8 \\ 3 & -2 & -1 & 9 & -3 & -1 & 0 & 1 \\ 9 & -20 & 11 & 9 & 3 & 17 & 6 & 55 \\ 0 & -7 & 3 & 9 & -6 & 12 & 1 & 12 \\ 17 & -9 & 0 & 18 & 5 & -13 & 3 & 25 \end{pmatrix}$$

(a) Dê a matriz C tal que $A\mathbf{x} = \mathbf{b}$ tem solução see $C\mathbf{b} = \mathbf{0}$ (Sugestão: C pode ser recuperada da matriz O_1 com $O_1 A = U$).
(b) Dê exemplo de um vetor $\mathbf{b}$ para o qual se pode resolver $A\mathbf{x} = \mathbf{b}$ e um para o qual não se pode resolver a equação.
(c) Para o vetor dado na parte (b) para o qual existe solução, ache a solução geral da equação.

1.10.27 Mostre que uma matriz quadrada é inversivel see é um produto de matrizes elementares.

Nos exercícios 1.10.28—1.10.32 ache a inversa da matriz dada, se existe, e escreva a inversa como produto de matrizes elementares.

1.10.28
$$\begin{pmatrix} 5 & 3 & 1 \\ 4 & 2 & 3 \\ 9 & 5 & 4 \end{pmatrix}$$

1.10.29
$$\begin{pmatrix} 1 & 1 & 1 \\ 1 & 2 & 1 \\ 1 & 3 & 2 \end{pmatrix}$$

1.10.30
$$\begin{pmatrix} 1 & 0 & 0 & 0 \\ -3 & 1 & 0 & 0 \\ 4 & 0 & 1 & 0 \\ 8 & -3 & 0 & 1 \end{pmatrix}$$

1.10.31
$$\begin{pmatrix} 1 & 4 & 0 & 0 \\ -2 & 0 & 1 & 0 \\ 0 & 1 & 0 & 0 \\ 1 & 0 & 0 & 1 \end{pmatrix}$$

66 Capítulo 1

1.10.32
$$\begin{pmatrix} 1 & 3 & 0 & 2 & -1 \\ 0 & 1 & -1 & 0 & 0 \\ 0 & 0 & -1 & -3 & 1 \\ 0 & 0 & 0 & 1 & 2 \\ 0 & 0 & 0 & 0 & 1 \end{pmatrix}$$

Nos exercícios 1.10.33—1.10.41. ache a inversa de cada matriz, se existe.

1.10.33
$$\begin{pmatrix} 2 & 1 \\ 1 & 2 \end{pmatrix}$$

1.10.34
$$\begin{pmatrix} 1 & 3 \\ -1 & 2 \end{pmatrix}$$

1.10.35
$$\begin{pmatrix} 1 & 2 & 3 \\ 2 & 5 & 8 \\ 3 & -4 & -4 \end{pmatrix}$$

1.10.36
$$\begin{pmatrix} 1 & -1 & 2 \\ 2 & 1 & 0 \\ 3 & 0 & 2 \end{pmatrix}$$

1.10.37
$$\begin{pmatrix} 1 & -1 & 2 \\ 2 & 1 & 0 \\ 3 & 0 & 1 \end{pmatrix}$$

1.10.38
$$\begin{pmatrix} 2 & 0 & 0 & 0 \\ -2 & 1 & 0 & 0 \\ 4 & 2 & 4 & 0 \\ 0 & 2 & 1 & 1 \end{pmatrix}$$

1.10.39
$$\begin{pmatrix} 4 & -4 & 8 & 0 \\ -4 & 5 & -6 & 2 \\ 8 & -6 & 36 & 8 \\ 0 & 2 & 8 & 6 \end{pmatrix}$$

1.10.40
$$\begin{pmatrix} 1 & 2 & 3 & 4 & 5 \\ 6 & 7 & 8 & 9 & 10 \\ 11 & 12 & 13 & 14 & 15 \\ 16 & 17 & 18 & 19 & 20 \\ 21 & 22 & 23 & 24 & 25 \end{pmatrix}$$

1.10.41
$$\begin{pmatrix} 1 & 2 & 3 & 4 & 5 \\ 6 & 7 & 8 & 9 & 10 \\ 11 & 12 & 14 & 15 & 16 \\ 17 & 19 & 19 & 20 & 20 \\ 21 & 25 & 30 & 40 & 50 \end{pmatrix}$$

1.10.42 Sejam
$$E = \begin{pmatrix} 1 & 0 & 0 \\ 0 & 1 & 0 \\ r & 0 & 1 \end{pmatrix}, D = \begin{pmatrix} 1 & 0 & 0 \\ 0 & r & 0 \\ 0 & 0 & 1 \end{pmatrix}, P = \begin{pmatrix} 0 & 1 & 0 \\ 1 & 0 & 0 \\ 0 & 0 & 1 \end{pmatrix}$$

Exercícios do capítulo 1 **67**

(a) Ache fórmulas par E^{100}, D^{100}, P^{100}.
(b) Prove cada fórmula por indução.

1.40.43 Ache a inversa do seguinte produto de matrizes elementares 3 por 3:
$$A = E\,(3, 2; -1)\,E\,(3, 1; -4)\,E\,(2, 1; 2)$$

1.10.44 Ache a inversa do seguinte produto de matrizes elementares 5 por 5,
$$A = E\,(4, 2; -3)\,D\,(3; 4)\,P\,(4, 5)\,E\,(3, 5; 1)$$

1.10.45 Ache a inversa do seguinte produto de matrizes elementares 10 por 10:
$$A = E\,(5, 3; -4)\,P\,(7, 9)\,E\,(9, 7; 5)$$

1.10.46 Use a eliminação gaussiana para explicar porque uma matriz triangular inferior inversível é o produto de matrizes elementares triangulares inferiores. Use isto para mostrar que a inversa de uma matriz triangular inferior é triangular inferior.

1.10.47 Seja $A = \begin{pmatrix} 2 & 1 \\ 1 & 2 \end{pmatrix}$. Calcule A^2. Mostre que $A^2 - 4A + 3I = 0$

1.10.48 Seja $A = \begin{pmatrix} 1 & 2 & 3 \\ 2 & -2 & 1 \\ 3 & 2 & 1 \end{pmatrix}$. Calcule A^3 e mostre que $A^3 = 18A + 28I$

1.10.49 Seja $A = \begin{pmatrix} 2 & 1 & 0 \\ 0 & -1 & 2 \\ 1 & 3 & -1 \end{pmatrix}$

(a) Calcule A^3 e mostre que $A^3 = 9A - 8I$.
(b) Ache a, b, c tais que $A^6 = aA^2 + bA + cI$.

1.10.50 Denote por $M(i, j)$ a matriz com 1 na posição ij, 0 nas demais.
(a) Mostre que $M(i, j)\,A$ é uma matriz que tem zeros exceto na i-ésima linha e cuja i-ésima linha é a j-ésima linha de A: $(M\,(i, j)\,A)_i = A_j$.
(b) Mostre que $AM\,(i, j)$ é uma matriz que tem zeros exceto na j-ésima coluna e cuja j-ésima coluna é a i-ésima coluna de A: $(AM\,(i, j))^j = A^i$.

1.10.51 Suponha que $A = \begin{pmatrix} a & b \\ c & d \end{pmatrix}$ comuta com toda matriz 2 por 2 B; isto é, $AB = BA$. Mostre que $a = d$ e $b = c = 0$. (Sugestão: use o Exercício 1.10.50).

1.10.52 Suponha que uma matriz A n por n comuta com toda outra B n por n $AB = BA$.
(a) Escolhendo $B = M\,(i, i)$ (ver o Exercício 1.10.50) mostre que todos os elementos fora da diagonal são nulos.
(b) Escolhendo $B = M\,(i, j)$ mostre que todos os elementos da diagonal devem ser iguais. Conclua que A deve ser um múltiplo da identidade.

1.10.53 Dê exemplos de matrizes A, B, C tais que
(a) $Ax = b$ tem uma única solução qualquer que seja b.
(b) $Bx = b$ tem infinitas soluções para qualquer b.
(c) $Cx = b$ não tem solução para $b = (1 \ \ 1 \ \ 0)^t$ e C é matriz 3 por 3.

68 Capítulo 1

(d) Existe D matriz 3 por 3 tal que $D\mathbf{x} = \mathbf{b}$ tem infinitas soluções para todo $\mathbf{b}$ em $\mathbb{R}^3$? Dê exemplo ou explique por que isto não pode acontecer.

1.10.54 Seja $A = \begin{pmatrix} 1 & -1 & -1 \\ 1 & 0 & a \\ 1 & a & 0 \end{pmatrix}$. Dê condições sobre a para que $A\mathbf{x} = \begin{pmatrix} 2 \\ 1 \\ 1 \end{pmatrix}$ tenha

(a) uma única solução
(b) mais de uma solução
(c) nenhuma solução.

1.10.55 Seja $A = \begin{pmatrix} 1 & 0 & 1 \\ 1 & 1 & a \\ 0 & -a & -2 \end{pmatrix}$, $\mathbf{b} = \begin{pmatrix} 1 \\ 0 \\ -1 \end{pmatrix}$. Dê condições sobre a para que $A\mathbf{x} = \mathbf{b}$

(a) tenha uma única solução
(b) tenha mais de uma solução
(c) não tenha solução

1.10.56 Suponha que $A\mathbf{x} = \mathbf{b}$ para uma matriz A 3 por 4 tenha uma solução exatamente quando $b_1 + b_2 + b_3 = 0$. Dê um vetor $\mathbf{c}$ tal que $A^t\mathbf{c} = 0$. Dê um exemplo de matriz A 3 por 4 com essa propriedade.

1.10.57 Dê um exemplo de matriz 4 por 5 tal que $A\mathbf{x} = \mathbf{b}$ tenha uma solução exatamente quando $b_1 + b_2 + b_3 + b_4 = 0$.

1.10.58 Ache condições sobre a, b, c para que $\begin{pmatrix} 2 & 4 & 1 \\ -4 & -7 & 0 \\ 0 & -1 & -2 \end{pmatrix} \mathbf{x} = \begin{pmatrix} a \\ b \\ c \end{pmatrix}$ tenha uma solução.

1.10.59 Dê condições sobre a, b, c, d para que $\begin{pmatrix} 2 & 3 & -1 & 4 \\ 3 & 1 & -1 & 0 \\ 0 & 2 & 1 & 1 \\ -1 & 0 & -1 & 3 \end{pmatrix} \mathbf{x} = \begin{pmatrix} a \\ b \\ c \\ d \end{pmatrix}$ tenha uma solução.

1.10.60 Suponha que A é matriz 3 por 3.
(a) Mostre que $(1, 1, 1)$ é solução de $A^t\mathbf{x} = \mathbf{0}$ see a soma das linhas de A é a linha zero.
(b) Mostre que $(1, 1, 1)$ é solução de $A\mathbf{x} = \mathbf{0}$ see a soma das colunas de A é a coluna zero.
(c) Generalize este resultado para matrizes n por n.

1.10.61 Suponha que $A = \begin{pmatrix} A_{11} & A_{12} \\ A_{21} & A_{22} \end{pmatrix}$, $B = \begin{pmatrix} B_{11} & B_{12} \\ B_{21} & B_{22} \end{pmatrix}$ se decomponham em blocos em que A_{ij} é m_i

por n_j e B_{jk} é n_j por p_k. Mostre que o produto AB pode ser expresso em termos de multiplicação dos blocos como

$$AB = \begin{pmatrix} A_{11}B_{11} + A_{12}B_{12} & A_{11}B_{12} + A_{12}B_{22} \\ A_{21}B_{11} + A_{22}B_{21} & A_{21}B_{12} + A_{22}B_{22} \end{pmatrix}$$

1.10.62. Com a notação do exercício precedente mostre que se A e B são triangulares superiores por blocos, no sentido que $A_{21} = B_{21}$ são matrizes nulas, então o produto será também triangular superior por blocos.

Exercícios do capítulo 1   **69**

1.10.63 Multiplique as matrizes seguintes usando a fórmula de multiplicação por blocos do Exercício 1.10.61.

(a) $\begin{pmatrix} 2 & 1 & 0 \\ 1 & 2 & 0 \\ 0 & 0 & 1 \end{pmatrix} \begin{pmatrix} 3 & 2 & 0 \\ 1 & 1 & 0 \\ 0 & 0 & 7 \end{pmatrix}$

(b) $\begin{pmatrix} 2 & 1 & 2 & 1 \\ 4 & 1 & 5 & 4 \\ 0 & 0 & 0 & 5 \\ 0 & 0 & 0 & 1 \end{pmatrix} \begin{pmatrix} 1 & 2 & 1 & 1 & -1 \\ 0 & 1 & 0 & 2 & 2 \\ -1 & 1 & 2 & 0 & 1 \\ 0 & 0 & 0 & 1 & 1 \end{pmatrix}$

1.10.64 Com a notação do Exercício 1.10.61, suponha que os blocos fora da diagonal de A e B são nulos e que os blocos diagonais são quadrados e inversíveis. Mostre que AB é quadrada e inversível.

1.10.65 Mostre que se A, B são matrizes simétricas então AB é simétrica see $AB = BA$. Dê exemplo de matrizes simétricas com
- (a) AB não simétrica
- (b) AB simétrica.

1.10.66 Determine quando um produto de matrizes elementares é também uma matriz elementar.

1.10.67 Suponha que A é uma matriz m por n, que se reduz por linhas a uma matriz U com p linhas não nulas ao fim do passo de eliminação para a frente. Uma matriz n por m B chama-se uma **inversa à esquerda** de A se $BA = I_n$ e chama-se uma **inversa à direita** se $AB = I_m$.
- (a) Mostre que A tem inversa à direita see podemos resolver $Ax = b$ para todo $b \in \mathbb{R}^m$.
- (b) Mostre que A tem inversa à direita see $p = m$.
- (c) Mostre que A tem inversa à esquerda see $Ax = 0$ tem uma única solução $x = 0$.
- (d) Mostre que A tem inversa à esquerda see $p = n$.
- (e) Mostre que só uma matriz quadrada pode ser inversível (ter inversas dos dois lados) e isto exige $p = n = m$.

1.10.68 Mostre que uma matriz quadrada A tem inversa see A^t tem inversa.

1.10.69 Seja $L: \mathbb{R}^2 \to \mathbb{R}^2$ uma transformação linear com $L(1, 0) = (\sqrt{3}/2, 1/2)$, $L(0, 1) = (-1/2, \sqrt{3}/2)$. Ache A tal que $L(x) = Ax$ para todo x. Descreva geometricamente onde L envia um vetor de $\mathbb{R}^2$.

1.10.70 Seja $L: \mathbb{R}^2 \to \mathbb{R}^2$ uma transformação linear com $L(1, 0) = (0, 1)$, $L(0, 1) = (1, 0)$. Ache A tal que $L(x)$ para todo x. Descreva geometricamente onde L envia um vetor de $\mathbb{R}^2$.

1.10.71 Seja $L: \mathbb{R}^3 \to \mathbb{R}^2$ uma transformação linear com

$$L(1, 0, 0) = (2, 3), \quad L(0, 1, 0) = (-1, 3), \quad L(0, 0, 1) = (1, 0)$$

Ache a matriz A tal que $L(x) = Ax$ para todo x.

1.10.72 Seja $L: \mathbb{R}^4 \to \mathbb{R}^4$ a transformação linear tal que $L(e_1) = 0$, $L(e_i) = e_{i-1}$ para $i \geq 2$.
- (a) Ache a matriz A tal que $L(x) = Ax$.

70 Capítulo 1

(b) Mostre que se tomarmos a composta de L com ela mesma quatro vezes ($L \circ L \circ L \circ L$ também denotada por L^4), então esta composta envia os quatro vetores e_1, e_2, e_3, e_4 em $\mathbf{0}$.

(c) Sem calcular A^4 use o exercício precedente para mostrar que deve ser a matriz zero.

1.10.73 Generalize o exercício precedente a transformações lineares $L \colon \mathbb{R}^n \to \mathbb{R}^n$.

1.10.74 Calcule determinantes para as matrizes seguintes.

$$A = \begin{pmatrix} 3 & 2 & 1 \\ 1 & 0 & 1 \\ -1 & 1 & 0 \end{pmatrix}, B = \begin{pmatrix} 1 & 2 & 3 \\ 0 & 3 & 1 \\ 0 & 0 & 4 \end{pmatrix}, C = BA, D = \mathbf{B}^{-1}, E = \begin{pmatrix} 1 & 2 & 3 & 4 \\ 5 & 6 & 7 & 8 \\ 9 & 10 & 11 & 12 \\ 13 & 14 & 15 & 16 \end{pmatrix}$$

1.10.75 Quais das matrizes do exercício precedente são inversíveis? Justifique sua resposta em termos dos determinantes. Use a matriz de co-fatores para achar a inversa de B.

1.10.76 Calcule os determinantes das matrizes seguintes, usando propriedades dos determinantes.

$$(a) \begin{pmatrix} 1 & 0 & -1 & 1 & 2 \\ 0 & 0 & 0 & 2 & 1 \\ 0 & 3 & 9 & 119 & -1 \\ 0 & 0 & 0 & 0 & -2 \\ 0 & 0 & 4 & -3 & -1 \end{pmatrix}, \quad (b) \begin{pmatrix} 1 & 1 & 1 & 1 & 1 & 1 \\ 1 & 1 & 1 & 1 & 1 & 1 \\ 3 & -2 & 83 & -5 & 12 & 11 \\ 23 & 32 & 21 & 12 & 1 & 9 \\ -4 & 2 & 1 & 1 & -3 & 5 \\ 9 & 2 & 10 & 11 & 15 & 99 \end{pmatrix}$$

1.10.77 Calcule os determinantes das matrizes seguintes, usando propriedades dos determinantes.

$$(a) \begin{pmatrix} 0 & 0 & 0 & 4 & 0 & 0 & 0 & 0 & 0 \\ 0 & 0 & 3 & 0 & 0 & 0 & 0 & 0 & 0 \\ 0 & 0 & 0 & 0 & 0 & 0 & 7 & 0 & 0 \\ 1 & 0 & 0 & 0 & 0 & 0 & 0 & 0 & 0 \\ 0 & 0 & 0 & 0 & 0 & 0 & 0 & 0 & 9 \\ 0 & 0 & 0 & 5 & 0 & 0 & 0 & 0 \\ 0 & 0 & 0 & 0 & 0 & 0 & 8 & 0 \\ 0 & 2 & 0 & 0 & 0 & 0 & 0 & 0 \\ 0 & 0 & 0 & 0 & 0 & 6 & 0 & 0 & 0 \end{pmatrix}, (b) \begin{pmatrix} 1 & 1 & 1 & 1 & 1 & 1 & 1 & 1 & 1 \\ 1 & 2 & 2 & 2 & 2 & 2 & 2 & 2 & 2 \\ 2 & 2 & 3 & 3 & 3 & 3 & 3 & 3 & 3 \\ 3 & 3 & 3 & 4 & 4 & 4 & 4 & 4 & 4 \\ 4 & 4 & 4 & 4 & 5 & 5 & 5 & 5 & 5 \\ 5 & 5 & 5 & 5 & 5 & 6 & 6 & 6 & 6 \\ 6 & 6 & 6 & 6 & 6 & 6 & 7 & 7 & 7 \\ 7 & 7 & 7 & 7 & 7 & 7 & 7 & 8 & 8 \\ 8 & 8 & 8 & 8 & 8 & 8 & 8 & 9 \end{pmatrix}, (c) \begin{pmatrix} 1 & 1 & 1 & 1 & 1 & 1 & 1 & 1 & 1 \\ 1 & 2 & 2 & 2 & 2 & 2 & 2 & 2 & 2 \\ 2 & 2 & 3 & 3 & 3 & 3 & 3 & 3 & 3 \\ 3 & 3 & 3 & 4 & 4 & 4 & 4 & 4 & 4 \\ 4 & 4 & 4 & 4 & 5 & 5 & 5 & 5 & 5 \\ 5 & 5 & 5 & 5 & 5 & 6 & 6 & 6 & 6 \\ 6 & 6 & 6 & 6 & 6 & 6 & 7 & 7 & 7 \\ 7 & 7 & 7 & 7 & 7 & 7 & 7 & 8 & 8 \\ 8 & 8 & 8 & 8 & 8 & 8 & 8 & 8 \end{pmatrix}$$

1.10.78 Suponha que A tenha decomposição por blocos como no Exercício 1.10.61 em que o bloco A_{21} é zero e os blocos diagonais são quadrados. Mostre que det $(A) =$ det (A_{11}) det (A_{22}).

1.10.79 Use o exercício precedente para calcular os determinantes das matrizes seguintes:

$$(a) \; A = \begin{pmatrix} 2 & 3 & 4 & 7 \\ 4 & 1 & 2 & 5 \\ 0 & 0 & 3 & 1 \\ 0 & 0 & 1 & 3 \end{pmatrix}, \quad (b) \; B = \begin{pmatrix} 3 & 4 & 5 & -1 & 2 \\ 0 & 0 & 3 & 2 & 4 \\ 0 & 1 & 3 & 6 & 2 \\ 0 & 0 & 0 & 2 & 1 \\ 0 & 0 & 0 & 1 & -1 \end{pmatrix}$$

1.10.80 Use o Exercício 1.10.78 para calcular os determinantes das matrizes seguintes:

Exercícios do capítulo 1 **71**

(a) $A = \begin{pmatrix} 1 & 4 & 3 & 8 & 7 & -2 \\ 6 & -3 & -4 & 3 & 2 & 2 \\ 0 & 0 & 4 & 1 & 4 & 4 \\ 0 & 0 & -3 & 2 & 2 & 1 \\ 0 & 0 & 0 & 0 & 3 & 2 \\ 0 & 0 & 0 & 0 & 2 & 1 \end{pmatrix}$, (b) $B = \begin{pmatrix} 0 & 0 & 0 & 0 & 3 & 2 \\ 0 & 0 & 0 & 0 & 2 & 1 \\ 1 & 4 & 3 & 8 & 7 & -2 \\ 6 & -3 & -4 & 3 & 2 & 2 \\ 0 & 0 & 4 & 1 & 4 & 4 \\ 0 & 0 & -3 & 2 & 2 & 1 \end{pmatrix}$

1.10.81 Use o Exercício 1.10.78 para calcular o determinante da matriz seguinte.

$$A = \begin{pmatrix} 0 & 0 & 5 & 4 & 0 & 0 & 0 & 0 & 0 \\ 0 & 0 & 2 & 1 & 0 & 0 & 0 & 0 & 0 \\ 4 & 1 & 0 & 0 & 0 & 0 & 0 & 0 & 0 \\ -3 & 1 & 0 & 0 & 0 & 0 & 0 & 0 & 0 \\ 0 & 0 & 0 & 0 & 4 & 3 & 1 & 0 & 0 \\ 0 & 0 & 0 & 0 & 2 & 0 & 1 & 0 & 0 \\ 0 & 0 & 0 & 0 & 3 & 0 & 2 & 0 & 0 \\ 0 & 0 & 0 & 0 & 0 & 0 & 0 & 2 & -1 \\ 0 & 0 & 0 & 0 & 0 & 0 & 0 & 1 & 3 \end{pmatrix}$$

1.10.82 (a) Ache a área do triângulo com vértices em

$$(2, 3), (4, 1), (3, 0)$$

(b) Ache o volume do paralelepípedo com arestas num vértice comum dadas pelos vetores

$$(1, 2, -1), (2, 1, 0), (3, 1, 1)$$

1.10.83 Mostre que se T é um paralelogramo em $\mathbb{R}^3$ com lados adjacentes num vértice dados pelo vetores $\mathbf{v}$, $\mathbf{w}$, então a área do paralelogramo é dado pelo comprimento do produto vetorial $\mathbf{v} \times \mathbf{w}$ que é definido por

$$\det \begin{pmatrix} \mathbf{e}_1 & \mathbf{e}_2 & \mathbf{e}_3 \\ v_1 & v_2 & v_3 \\ w_1 & w_2 & w_3 \end{pmatrix}$$

(Sugestão. Primeiro note que o produto vetorial é perpendicular a ambos os vetores $\mathbf{v}$, $\mathbf{w}$, e que o produto da área do paralelogramo pelo comprimento do produto vetorial é dado pelo volume do paralelepípedo com base no paralelogramo dado e altura dada pelo produto vetorial. Este último volume pode ser calculado através de determinantes.)

1.10.84 Use determinantes para achar todos os valores de a tais que $A - aI$ não seja inversível, onde

$A = \begin{pmatrix} 3 & 1 & -2 \\ -2 & 2 & 2 \\ 0 & 1 & 1 \end{pmatrix}$. Um tal número a é chamado um **valor próprio** da matriz A. Para cada

valor próprio ache todas as soluções $\mathbf{v}$ de $(A - aI)\,\mathbf{v} = \mathbf{0}$. Tais vetores $\mathbf{v}$ são chamados **vetores próprios** para o valor próprio a. (Sugestão: Uma condição para que a seja valor próprio é que $\det (A - aI) = 0$. O determinante no primeiro membro é um polinômio de grau 3 em a e devemos procurar suas raízes).

72 Capítulo 1

1.10.85 Com referência ao exercício 1.10.84, ache todos os valores próprios e vetores próprios para

a matriz $A = \begin{pmatrix} -7 & 6 & 4 \\ -6 & 6 & 3 \\ -12 & 8 & 7 \end{pmatrix}$. (Sugestão: Um valor próprio é 1.)

1.10.86 Com relação ao Exercício 1.10.84 mostre que uma matriz é inversível see 0 *não* é valor próprio.

1.10.87 Quantos determinantes diferentes existem para matrizes 10 por 10 que têm todos os elementos iguais a 0 ou 1 e no máximo 11 elementos não nulos? Justifique sua resposta em termos da definição de determinante por permutação.

1.10.88 Mostre que o determinante como foi definido por permutação satisfaz à propriedade de multilinearidade.

1.10.89 Seja $A = LU$ onde

$$L = \begin{pmatrix} 1 & 0 & 0 \\ 2 & 1 & 0 \\ 4 & 1 & 1 \end{pmatrix}, U = \begin{pmatrix} 2 & 4 & 1 & 3 & 5 \\ 0 & 0 & 2 & 1 & 4 \\ 0 & 0 & 0 & 2 & 1 \end{pmatrix}$$

(a) Resolva $A\mathbf{x} = \begin{pmatrix} 1 \\ 2 \\ 0 \end{pmatrix}$ primeiro resolvendo $L\mathbf{c} = \begin{pmatrix} 1 \\ 2 \\ 0 \end{pmatrix}$ para $\mathbf{c}$ e depois resolvendo $U\mathbf{x} = \mathbf{c}$ para $\mathbf{x}$.

(b) Dê as operações sobre linhas usadas para reduzir A a U sem trocas de linhas.(Sugestão: isto está codificado em L)

(c) Dê a matriz O_1 tal que $O_1 A = U$.

1.10.90 Repita o exercício precedente para

$$L = \begin{pmatrix} 1 & 0 & 0 \\ 4 & 1 & 0 \\ 1 & 0 & 1 \end{pmatrix}, U \begin{pmatrix} 1 & 1 & 1 & 2 & 4 \\ 0 & 2 & 1 & 2 & 1 \\ 0 & 0 & 0 & 0 & 3 \end{pmatrix}$$

Para os Exercícios 1.10.91—1.10.93 dê a decomposição LU encontrada usando pivoteamento parcial e a decomposição LU encontrada sem o pivoteamento parcial. Se apárecer qualquer L que não seja triangular inferior ache uma matriz de permutação P tal que $L = PL'$ onde L' é triangular inferior. Mostre que neste caso $P^t A = L'U$.

1.10.91 $\begin{pmatrix} 1 & 2 & 3 \\ 4 & 4 & 6 \\ 7 & 8 & 9 \end{pmatrix}$

1.10.92 $\begin{pmatrix} 1 & 2 & 3 & 4 & 5 \\ -1 & 3 & 2 & 1 & 6 \\ 5 & 4 & 3 & 2 & 1 \end{pmatrix}$

1.10.93 $\begin{pmatrix} 1 & 2 & 3 & 4 \\ 2 & 1 & 3 & 4 \\ 3 & 3 & 1 & 2 \\ 4 & 4 & 2 & 1 \end{pmatrix}$

Exercícios do Capítulo 1 **73**

Nos Exercícios 1.10.94—1.10.96 dê a decomposição de Cholesky

1.10.94
$$\begin{pmatrix} 1 & 2 \\ 2 & 5 \end{pmatrix}$$

1.10.95
$$\begin{pmatrix} 5 & 1 & 2 \\ 1 & 5 & 2 \\ 2 & 2 & 5 \end{pmatrix}$$

1.10.96
$$\begin{pmatrix} 10 & 5 & 2 & 1 \\ 5 & 10 & -3 & 2 \\ 2 & -3 & 10 & 1 \\ 1 & 2 & 2 & 10 \end{pmatrix}$$

Nos exercícios 1.10.97—1.10.98 dê uma matriz de permutação P tal que quando se executa o algoritmo gaussiano de eliminação com pivoteamento parcial sobre PA não há necessidade de troca de linhas.

1.10.97
$$\begin{pmatrix} 1 & 3 & -1 \\ 3 & 1 & 2 \\ 5 & 2 & 1 \end{pmatrix}$$

1.10.98
$$\begin{pmatrix} 3 & -2 & 4 & 1 \\ 2 & 1 & -4 & 1 \\ 5 & 0 & 2 & 4 \\ 3 & 4 & 2 & 1 \end{pmatrix}$$

1.10.99 Mostre que para toda matriz A existe uma matriz de permutação P tal que podemos executar o algoritmo gaussiano de eliminação com pivoteamento parcial sobre PA sem necessidade de troca de linhas.

1.10.100 Alguém que faz dieta quer combinar três alimentos, digamos, salada de atum, pão, e uma mistura de vegetais, para obter uma refeição com contribuições especificadas de proteínas, carboidratos e gordura. Cada 100 gramas de salada contêm 80 gramas de proteína, e 20 de gordura. Cada 100 gramas de pão contêm 25 de proteína, 70 de carboidratos e 5 de gordura. Cada 100 gramas da mistura vegetal contêm 60 gramas de carboidratos, 30 de proteína e 10 de gordura.
Podemos organizar a informação dada na tabela.

	Atum	*Pão*	*Vegetais*	*Objetivo*
proteína	80	25	30	225
carboidratos	0	70	60	330
gordura	20	5	10	75

Quantas gramas de salada de atum, pão e mistura de vegetais deve esse alguém consumir se deseja terminar com 295 gramas de proteína, 330 de carboidratos e 75 de gordura?

74 Capítulo 1

1.10.101 Com relação ao problema anterior mostre que é impossível organizar uma dieta que forneça 300 gramas de proteína, 300 de carboidratos e 100 de gordura.

1.10.102 Com os mesmos dados do problema precedente, quantas gramas de cada alimento deveriam ser consumidas para obter 400 gramas de proteína, 500 de carboidratos e 100 de gordura?

1.10.103 Um programa de exercício deve consistir de 140 minutos de exercícios por semana, que devem se compor de três tipos de exercícios: bicicleta, natação e máquinas de exercício. Denotaremos as horas semanais de cada atividade por b, n, m. As calorias queimadas em uma hora de exercício (em milhares) em cada tipo de exercício são dadas na tabela anexa. Cada exercício recebe também um fator de prazer, também listado na tabela. Formule um programa de exercícios (em termos de quantas horas semanais para cada exercício) para queimar 188 calorias mas ter ainda um fator total de prazer igual a 2.

	Bicicleta	*Natação*	*Máquinas*
1000 calorias/hora	0,60	0,45	1
prazer/hora	0,90	1,2	0,60

1.10.104 Uma companhia produz quatro tipos diferentes de mobília: um sofá, uma cadeira, uma cômoda e uma cama. O trabalho da companhia pode ser subdividido em carpintaria, montagem e acabamento. A tabela dá a repartição de horas necessárias para produzir cada item. O tempo total disponível por semana é de 150 horas para carpintaria, 150 horas para montagem e 100 para acabamento.

	Sofá	*Cadeira*	*Cômoda*	*Cama*	*Hs. disponíveis*
carpintaria	2	1	1,5	1,5	150
montagem	2	1,5	1	1	150
acabamento	1	0,7	0,5	1	100

Suponha que existe margem de lucro de $80 para um sofá , $50 para uma cadeira, $60 para uma cômoda e $75 para uma cama. Formule um programa de produção para cada tipo de móvel que maximize os lucros.

1.10.105 Na mesma situação do exercício precedente, suponha que a tabela descrevendo descrevendo as horas de trabalho seja mudada para

	Sofá	*Cadeira*	*Cômoda*	*Cama*	*Hs. disponíveis*
carpintaria	1,8	1,2	1,4	1,4	180
montagem	1,5	1,4	1	1	160
acabamento	0,8	0,6	0,4	0,9	80

Ache um programa de produção que maximize o lucro

1.10.106 Suponha que no modelo de input-output de Leontief a matriz de consumo seja

$\begin{pmatrix} 0,1 & 0,6 & 0,3 \\ 0,2 & 0 & 0,6 \\ 0,1 & 0,4 & 0,1 \end{pmatrix}$. Qual o vetor de produção necessário para atender à demanda de 100 unidades de cada indústria?

1.10.107 Usando o modelo de Leontief de input-output, suponha que o output de uma unidade de cada uma das três indústrias exija iguais quantidades de input de cada uma das indústrias.

Assim a matriz de consumo terá a forma $C = \begin{pmatrix} c & c & c \\ c & c & c \\ c & c & c \end{pmatrix}$. Para quais valores de c a economia poderá atender a qualquer demanda; isto é quando $(I-C)^{-1}$ será matriz não negativa?

1.10.108 Considere uma economia com três indústrias e matriz de consumo $C = \begin{pmatrix} 0,4 & 0,2 & 0,1 \\ 0,3 & 0,3 & 0,4 \\ 0,2 & 0,5 & 0,1 \end{pmatrix}$.

Ache a matriz $(I-C)^{-1}$ e o vetor de produção **p** necessário para atender à demanda **d** = (1000, 800, 400)

1.10.109 Considere uma economia com cinco indústrias e uma matriz de consumo

$$C = \begin{pmatrix} 0,15 & 0,15 & 0,15 & 0,15 \\ 0,15 & 0,15 & 0,15 & 0,15 \\ 0,15 & 0,15 & 0,15 & 0,15 \\ 0,15 & 0,15 & 0,15 & 0,15 \end{pmatrix}$$

Ache a matriz $(I - C)^{-1}$ e o vetor de produção **p** para atender à demanda **d** = (1000, 1000, 1000, 1000, 1000).

Nos exercícios 1.10.110 – 1.10.111 ache as equações para as correntes nos circuitos dados e resolva-as.

1.10.110

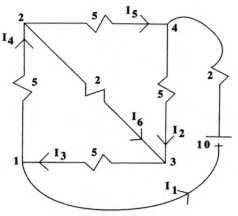

Figura 1.9 Circuito 10.110

1.10.111

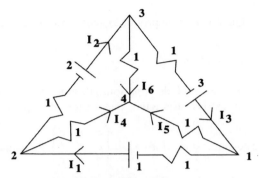

Figura 1.10. Circuito 10.111

2

Espaços vetoriais e transformações lineares

2.1 DEFINIÇÕES BÁSICAS E EXEMPLOS

Neste capítulo aplicamos os métodos do Capítulo 1 ao estudo de espaços vetoriais gerais e de transformações lineares. Também usaremos as idéias da teoria de espaços vetoriais para achar procedimentos eficientes em problemas da álgebra de matrizes. Para motivar as definições lembramos algumas das propriedades básicas das operações sobre vetores em $\mathbb{R}^n$, bem como o efeito de multiplicar por uma matriz. Consideremos a operação de somar dois vetores em $\mathbb{R}^n$. Primeiro, note que o resultado é de novo um vetor de $\mathbb{R}^n$. Isto se chama às vezes de **propriedade de fechamento** sob adição.

$$\text{Para } \mathbf{v}, \mathbf{w} \in \mathbb{R}^n, \mathbf{v} + \mathbf{w} \in \mathbb{R}^n \qquad \textbf{fechamento sob adição} \qquad (1.1)$$

A operação é associativa e comutativa, isto é, valem as fórmulas

$$(\mathbf{v} + \mathbf{w}) + \mathbf{z} = \mathbf{v} + (\mathbf{w} + \mathbf{z}) \qquad \textbf{propriedade associativa} \qquad (1.2)$$
$$\mathbf{v} + \mathbf{w} = \mathbf{w} + \mathbf{v} \qquad \textbf{propriedade comutativa} \qquad (1.3)$$

E existe um vetor $\mathbf{0} = (0, 0, ...0)$ com a propriedade

$$\mathbf{v} + \mathbf{0} = \mathbf{0} + \mathbf{v} = \mathbf{v} \qquad \mathbf{0} \text{ é chamado } \textbf{identidade aditiva} \qquad (1.4)$$

Além disso, dado qualquer vetor $\mathbf{v} \in \mathbb{R}^n$, existe um outro vetor $-\mathbf{v}$ tal que

$$\mathbf{v} + (-\mathbf{v}) = (-\mathbf{v}) + \mathbf{v} = \mathbf{0} \qquad -\mathbf{v} \text{ chama-se } \textbf{inverso aditivo} \text{ de } \mathbf{v} \qquad (1.5)$$

Qualquer conjunto V com uma operação $+$ satisfazendo às cinco propriedades dadas (fechamento, associatividade, comunitatividade, existência de inversos) chama-se um grupo abeliano. Assim $\mathbb{R}^n$ é um grupo abeliano sob a operação de adição de vetores. Porém existe uma outra operação em $\mathbb{R}^n$, que é a operação de multiplicar um número real (frequentemente designado como **escalar** para distinguí-lo de um vetor) vezes um vetor, para dar um novo vetor.

$$\text{Dados } a \in \mathbb{R}, \mathbf{v} \in \mathbb{R}^n \text{ então } a\mathbf{v} \in \mathbb{R}^n \qquad \textbf{fechamento sob multiplicação por escalar} \qquad (1.6)$$

Este fato é às vezes dito ser a **propriedade de fechamento sob multiplicação por escalar**. Além disso, essa multiplicação obedece a algumas propriedades (aqui denotamos escalares por itálicos a, b, c,... e vetores em negrito $\mathbf{v}$, $\mathbf{w}$, $\mathbf{x}$,...) :

$$a(b\mathbf{v}) = (ab)\mathbf{v} \qquad \textbf{propriedade associativa} \qquad (1.7)$$

78 Capítulo 2

$$a\,(\mathbf{v}+\mathbf{w}) = a\mathbf{v}+a\mathbf{w} \qquad \textbf{propriedade distributiva 1} \qquad (1.8)$$
$$(a+b)\,\mathbf{v}+a\mathbf{v}+b\mathbf{v} \qquad \textbf{propriedade distributiva 2} \qquad (1.9)$$
$$1\mathbf{v} = \mathbf{v}\text{ para todo }\mathbf{v} \qquad \textbf{1 é a identidade para a multiplicação por escalar} \qquad (1.10)$$

DEFINIÇÃO 2.1.1 Um conjunto V que tem uma operação +, tal que o conjunto constitui um grupo abeliano sob + e uma operação de multiplicar um número real a por um elemento $\mathbf{v} \in V$ para dar um outro elemento $a\mathbf{v} \in V$, satisfazendo às propriedades enunciadas antes, chama-se um **espaço vetorial** (sobre os números reais).

A definição toma por modelo as propriedades dos vetores em $\mathbb{R}^n$. Porém, acontece que se aplica a uma grande classe de exemplos que surgem não só na matemática como em várias aplicações da matemática a outras áreas. Existe uma definição mais geral que admite escalares que não são somente os números reais. Discutiremos isto no Capítulo 4, em conexão com o problema de valor próprio - vetor próprio, quando então olharemos espaços vetoriais complexos; mas até lá falaremos somente de espaços vetoriais sobre os reais. Em geral denotaremos a operação de multiplicação por escalar por simples justaposição $a\mathbf{v}$ do número real a e do vetor, como fizemos antes. Às vezes, porém, será conveniente pôr um ponto entre o escalar e o vetor para enfatizar essa operação e usaremos a notação $a\,.\,\mathbf{v}$ para a multiplicação do escalar a pelo vetor $\mathbf{v}$.

Começamos por considerar alguns exemplos e construções gerais de espaços vetoriais.

■ *Exemplo 2.1.1* Considere todas as funções de um conjunto fixado X com valores nos números reais. Então podemos definir $f+g$ do modo usual,

$$(f+g)(x) = f(x) + g(x)$$

Para verificar as propriedades de grupo, simplesmente usamos as correspondentes propriedades da adição de números reais. Por exemplo, para verificar a comutatividade da adição observamos que $(f+g)(x) = f(x) + g(x) = g(x) + f(x) = (g+f)(x)$. Assim estamos usando somente a definição da adição em $\mathbb{R}$ e o fato de ser comutativa a adição de números reais. A associatividade é verificada de modo semelhante. O elemento identidade é a função zero: $f(x) = 0$ para todo x. A inversa de f é a função $(-f)$ dada por $(-f)(x) = -f(x)$. Assim a verificação de que as funções formam um grupo abeliano depende inteiramente das correspondentes propriedades dos números reais. Em seguida considere-se a multiplicação por escalar, sendo $(af)(x) = af(x)$; isto é, usamos a multiplicação de números reais para defini-la. Então podemos facilmente verificar todas as propriedades multiplicativas que um espaço vetorial deve ter. Por exemplo,

$$(a(f+g))(x) = a(f+g)(x) = a(f(x) + g(x)) = af(x) + ag(x) = (af+ag)(x)$$

significa que $a\,(f+g) = af + ag$. Assim as funções de X para $\mathbb{R}$ formam um espaço vetorial que denotaremos por $\mathcal{F}\,(X, \mathbb{R})$.

Como caso particular, considere o caso $X = \{1, 2, 3\}$. Então o conjunto das funções $\mathcal{F}\,(\{1, 2, 3\}, \mathbb{R})$ é facilmente identificado com $\mathbb{R}^3$ identificando a função $f\colon \{1, 2, 3\} \to \mathbb{R}$ com o vetor $(f(1), f(2), f(3))$ de $\mathbb{R}^3$. A operação de adição de funções no espaço vetorial $\mathcal{F}\,(\{1, 2, 3\}, \mathbb{R}$ corresponde à adição usual de vetores sob esta identificação:

$$f+g \leftrightarrow ((f+g)(1),\,(f+g)(2),\,(f+g)(3),\, = (f(1), f(2), f(3)),\, + (g(1), g(2), g(3))$$

Analogamente, a operação de multiplicação de uma função por um escalar corresponde à multiplicação usual em $\mathbb{R}^3$:

$$(cf) \leftrightarrow ((cf)(1),\,(cf)(2),\,(cf)(3)) = c\,(f(1), f(2), f(3)$$

Definições básicas e exemplos **79**

Assim estes espaços de funções podem ser pensados como um tipo de generalização dos espaços vetoriais $\mathbb{R}^n$.

Se conferirmos cada passo da verificação de que $\mathcal{F}(X, \mathbb{R})$ é um espaço vetorial, observaremos que a propriedade importante a que $\mathbb{R}$ satisfaz é a de formar um espaço vetorial sob a adição e multiplicação. Assim poderiamos verificar que se V fosse qualquer espaço vetorial, então as funções de qualquer conjunto X para V, denotadas por $\mathcal{F}(X,V)$ também formam um espaço vetorial com as operações

$$(f + g)(x) = f(x) + g(x)$$
$$(a f)(x) = a f(x)$$

Nestas definições a adição e a multiplicação por escalar são as definidas no espaço vetorial V. A verificação usa só a definição e as propriedades correspondentes em V. Se escolhermos $V = \mathbb{R}^3$, por exemplo, veremos que as funções de X para $\mathbb{R}^3$ formam um espaço vetorial. Como caso particular, se $X = \mathbb{R}$, $\mathcal{F}(\mathbb{R}, \mathbb{R}^3)$ é o espaço vetorial das curvas em $\mathbb{R}^3$. ∎

■ *Exemplo 2.1.2*. Em geral não nos interessamos por funções quaisquer, mas por funções com alguma propriedade especial. Por exemplo, podemos estar interessados em funções dos números reais que sejam infinitamente deriváveis. Escolhemos diferenciáveis infinitas vezes e não só uma vez por conveniência nossa, de modo a poder tomar tantas derivadas quanto quisermos sem preocupação com sua existência. Este é um subconjunto $\mathcal{D}(\mathbb{R}, \mathbb{R})$ de $\mathcal{F}(\mathbb{R}, \mathbb{R})$. Como os elementos de $\mathcal{D}(\mathbb{R}, \mathbb{R})$ são em particular elementos de $\mathcal{F}(\mathbb{R}, \mathbb{R})$, podemos definir as operações de adição e multiplicação por escalar para eles. Que o resultado é ainda derivável é provado no primeiro curso de cálculo: a derivada da soma é a soma das derivadas e a derivada de uma constante vezes uma função é a constante vezes a derivada da função.

$$(f + g)'(t) = f'(t) + g'(t), (c f)'(t) = c f'(t)$$

Isto significa que as mesmas operações servem para definir operações de adição e multiplicação por escalar no subconjunto $\mathcal{D}(\mathbb{R}, \mathbb{R})$. Dizemos que o subconjunto $\mathcal{D}(\mathbb{R}, \mathbb{R})$ é **fechado sob as operações de adição e multiplicação por escalar**. Também verificamos que a função zero é derivável e que a inversa aditiva $-f$ de uma função derivável é também derivável. ∎

O fato de serem deriváveis as funções zero e inversa aditiva de função derivável também resulta de fatos gerais sobre subconjuntos de espaços vetoriais que são fechados sob adição e multiplicação por escalar, fatos que verificamos agora.

Lema 2.1.1. Seja V um espaço vetorial.

(a)   A identidade aditiva **0** é univocamente determinada por suas propriedades; satisfaz $0\mathbf{v} = \mathbf{0}$, $a\mathbf{0} = \mathbf{0}$. Além disso, $a\mathbf{v} = \mathbf{0}$ see $a = 0$ ou $\mathbf{v} = \mathbf{0}$.
(b)   O vetor $-\mathbf{v}$ inverso de $\mathbf{v} \in V$ é univocamente determinado por suas propriedades; ele satisfaz $(-1)\mathbf{v} = -\mathbf{v}$.

Prova. (a) Se $\mathbf{u}$, $\mathbf{v}$ satisfazem ambos à propriedade de serem uma identidade, então

$$\mathbf{u} = \mathbf{u} + \mathbf{v} = \mathbf{v}$$

a primeira igualdade resultando de ser $\mathbf{v}$ uma identidade, a segunda de ser $\mathbf{u}$ uma identidade. Denote a identidade por **0**. Agora para ver que $0\mathbf{v} = \mathbf{0}$ note que

80 Capítulo 2

$$\mathbf{v} = (1 + 0)\,\mathbf{v} = \mathbf{v} + 0\mathbf{v}$$

Mas existe o inverso $(-\mathbf{v})$ de $\mathbf{v}$ tal que $(-\mathbf{v}) + \mathbf{v} = \mathbf{0}$. Somando-o à equação precedente obtemos, usando a associatividade, que $\mathbf{0} = 0\mathbf{v}$. Em seguida considere $a\mathbf{0}$ e escreva

$$a\mathbf{0} = a(\mathbf{0} + \mathbf{0}) = a\mathbf{0} + a\mathbf{0}$$

mesmo procedimento de adicionar o inverso de $a\mathbf{0}$ a ambos os lados dá $0 = a\mathbf{0}$. Se $a\mathbf{v} = \mathbf{0}$ e $a \neq 0$ então multiplicando ambos os lados por $1/a$ resulta (usando a propriedade de associatividade na multiplicação de escalar por vetor).

$$\mathbf{v} = (1 \,/\, a)\,\mathbf{0} = \mathbf{0}$$

(b) Para a unicidade do inverso note que se $\mathbf{x}$, $\mathbf{y}$ são vetores satisfazendo à propriedade de serem inversos de $\mathbf{v}$, então

$$\mathbf{x} = \mathbf{x} + \mathbf{0} = \mathbf{x} + (\mathbf{v} + \mathbf{y}) = (\mathbf{x} + \mathbf{v}) + \mathbf{y} = \mathbf{0} + \mathbf{y} = \mathbf{y}$$

Note que é exatamente a mesma prova (só com mudança de notação) que foi usada para mostrar que a inversa de uma matriz é única. O que ocorre aqui é que as matrizes inversíveis formam um grupo (não abeliano) sob a operação de multiplicação de matrizes. Voltando a nossa afirmação, verificamos em seguida que $(-1)\mathbf{v}$ satisfaz à propriedade para ser inverso de $\mathbf{v}$:

$$\mathbf{0} = 0\mathbf{v} = (1 + (-1))\,\mathbf{v} = \mathbf{v} + (-1)\,\mathbf{v}$$

Analogamente

$$(-1)\,\mathbf{v} + \mathbf{v} = \mathbf{0} \qquad \blacksquare$$

Como $0\mathbf{v} = \mathbf{0}$ e $(-1)\,\mathbf{v} = -\mathbf{v}$ são os resultados de multiplicar $\mathbf{v}$ pelos escalares 0 e -1, isto implica que todo subconjunto de um espaço vetorial que satisfaça à propriedade de fechamento sob as mesmas operações de adição e multiplicação por escalar também satisfaz às propriedades de existência de identidade e de inversos. Em seguida note que todas as outras propriedades de um espaço vetorial tais como associatividade da multiplicação são herdadas por um subconjunto do espaço vetorial de partida (por exemplo, $(f + g) + h = f + (g + h)$ para funções deriváveis porque a igualdade vale para todas as funções). Assim isto mostra que $\mathscr{D}(\mathbb{R}, \mathbb{R})$ é um espaço vetorial usando as mesmas operações de $\mathscr{F}(\mathbb{R}, \mathbb{R})$. É dito um subespaço de $\mathscr{F}(\mathbb{R}, \mathbb{R})$.

DEFINIÇÃO 2.1.2 Um **subespaço** de um espaço vetorial é uma subconjunto não vazio que, quando provido das operações de adição e multiplicação por escalar do espaço vetorial, satisfaz ele próprio às propriedades de um espaço vetorial.

O que vimos até agora é que se um subconjunto satisfaz às propriedades de fechamento sob adição e multiplicação por escalar, isto basta para implicar que é um subespaço. Escrevamos isto como uma proposição pois esta é a forma natural pela qual encontraremos a maior parte dos espaços vetoriais.

PROPOSIÇÃO 2.1.2 Se V é um espaço vetorial e S é um subconjunto que é fechado sob as operações de adição e multiplicação por escalar em V (isto é, se $\mathbf{v}, \mathbf{w} \in S$ e $a \in \mathbb{R}$, então $\mathbf{v} + \mathbf{w} \in S$ e $a\mathbf{v} \in S$), então S é um subespaço de V (e, em particular, S é um espaço vetorial).

Note que um subconjunto S que é um subespaço de V deve conter a identidade aditiva $\mathbf{0}$ de V porque

Definições básicas e exemplos **81**

$\mathbf{0} = 0\mathbf{v}$ para qualquer $\mathbf{v} \in S$. Este fato dá uma das maneiras mais fáceis de reconhecer que um particular subconjunto não é subespaço e pode ser usado como primeira verificação sobre um subconjunto para ver se poderia ser um subespaço. Se satisfaz a isto então podemos verificar se é fechado por adição e multiplicação por escalar para ver se é subespaço. Assinalamos esta primeira verificação como uma proposição.

> **PROPOSIÇÃO 2.1.3** Todo subespaço S de um espaço vetorial V deve conter o vetor
> $\mathbf{0}$ de V. Assim um subconjunto S que não contenha o vetor $\mathbf{0}$ não é um subespaço.

Agora olhamos para alguns outros espaços vetoriais que ou são subespaços de $\mathcal{F}(X,V)$ para algum espaço vetorial V ou são subespaços de $\mathbb{R}^n$.

■ *Exemplo 2.1.3* As funções polinomiais $\mathcal{P}(\mathbb{R}, \mathbb{R})$ formam um subespaço de $\mathcal{F}(\mathbb{R}, \mathbb{R})$. Lembre que um polinômio é uma função da forma

$$p(x) = a_0 + a_1 x + \ldots + a_{n-1} x^{n-1} + a_n x^n$$

Aqui as constantes a_i são tomadas como números reais. É dito de **grau** n se o coeficiente $a_n \neq 0$. $\mathcal{P}(\mathbb{R}, \mathbb{R})$ é um subespaço pois a soma de dois polinômios é um polinômio e o produto de um número real por um polinômio é um polinômio. ■

■ *Exemplo 2.1.4* Os polinômios de grau menor ou igual a um número fixo n, notação $\mathcal{P}^n(\mathbb{R},\mathbb{R})$ também formam um subespaço pois a soma de um polinômio de grau n e de um polinômio de grau m é um polinômio de grau igual no máximo ao maior dos números n e m (pode ser menor se forem de mesmo grau e os termos de grau máximo se cancelarem) e a multiplicação por constante ou preserva o grau ou dá o polinômio zero. Note que todo polinômio assim $p(x) = a_0 + a_1 x + \ldots + a_n x^n$ é completamente determinado pelos $n + 1$ números reais $(a_0, a_1, \ldots, a_n)$. Além disso as operações de adição de dois polinômios e de multiplicação de um polinômio por um número real são inteiramente reproduzidas nas operações correspondentes em $\mathbb{R}^{n+1}$ sobre os coeficientes. Mais tarde daremos formalmente a definição de dois espaços vetoriais serem isomorfos e mostraremos que isto significa que $\mathbb{R}^{n+1}$ e $\mathcal{P}^n(\mathbb{R},\mathbb{R})$ são isomorfos. Do ponto de vista da teoria dos espaços vetoriais isto significará que satisfaz a todas as propriedades algébricas ligadas à estrutura de espaço vetorial de $\mathbb{R}^{n+1}$ e nos permitirá usar técnicas vindas de $\mathbb{R}^{n+1}$ tais como cálculos da álgebra de matrizes para resolver problemas sobre polinômios. ■

■ *Exemplo 2.1.5* Outro exemplo de subespaço é o de todos os polinômios que se anulam no 0. Se p, q são dois tais polinômios, então a soma $p + q$ e o múltiplo por escalar ap também se anulam no 0 pois

$$(p + q)(0) = p(0) + q(0) = 0 + 0 = 0, (ap)(0) = ap(0) = a0 = 0. \qquad ■$$

Damos em seguida exemplos de subconjuntos que não são subespaços.

■ *Exemplo 2.1.6* Considere os polinômios que valem 1 em 0. Este não é um subespaço pois não contém o polinômio zero (o qual, é claro, tem valor 0 no 0). Isto ilustra que freqüentemente se pode perceber que subconjuntos não são subespaços verificando se o vetor zero pertence ao subconjunto. É claro, existem também exemplos de subconjuntos que não são subespaços mas contêm o vetor zero. Por exemplo, o subconjunto de todos os polinômios que são não negativos no 0 contém o polinômio zero, mas não é um subespaço porque não é fechado por multiplicação por escalar: a função constante 1 satisfaz à propriedade mas $(-1)1 = -1$ não satisfaz. Note que este subconjunto é fechado sob adição. ■

82 Capítulo 2

■ **Exemplo 2.1.7** Outra importante operação de análise é a de tomar a integral definida. Considere o espaço vetorial de todas as funções do intervalo $[0,1]$ para os números reais, $\mathcal{F}([0, 1], \mathbb{R})$. Então o subconjunto $\mathcal{I}([0, 1), \mathbb{R})$ de todas as funções que são integráveis no intervalo, isto é, tais que existe a integral $\int_0^1 f(t)\, dt$, é um subespaço. Isto resulta do fato de a soma de funções integráveis ser integrável e também o produto de um número por uma função integrável é integrável, Contidas na classe das funções integráveis estão as funções contínuas $\mathcal{C}([0, 1], \mathbb{R}.)$ Este é um subespaço pois a soma de funções contínuas é contínua e o produto de um número real por uma função contínua é uma função contínua. ■

■ **Exemplo 2.1.8** Considere as matrizes m por n $\mathcal{M}(m, n)$. Já definimos as operações de adição de duas tais matrizes e a multiplicação de uma matriz por um número. É fácil verificar que isto dá um espaço vetorial pois todas as operações têm lugar componente por componente. A verificação se reduz ao fato de os números reais formarem um espaço vetorial. Ou, para ver de outro modo, um elemento de $\mathcal{M}(m, n)$ pode ser identificado com um vetor de $\mathbb{R}^{mn}$ (em termos de seus mn elementos) e esta identificação respeita as operações de espaço vetorial em $\mathcal{M}(m, n)$ e $\mathbb{R}^{mn}$. Assim a verificação de que $\mathcal{M}(m, n)$ é um espaço vetorial se torna essencialmente a verificação de $\mathbb{R}^{mn}$ ser um espaço vetorial. Mais tarde mostraremos que $\mathcal{M}(m, n)$ e $\mathbb{R}^{mn}$ são espaços vetoriais isomorfos. ■

■ **Exemplo 2.1.9** Considere uma matriz A m por n. Associados a A existem dois importantes espaços vetoriais que são subespaços, um de $\mathbb{R}^n$ outro de $\mathbb{R}^m$. Primeiro considere o subconjunto $\mathcal{N}(A)$ das soluções de $A\mathbf{x} = \mathbf{0}$. Este é um subespaço de $\mathbb{R}^n$. Pois se $\mathbf{x}, \mathbf{y}$ estão em $\mathcal{N}(A)$ e a é um número real então

$$A(\mathbf{x} + \mathbf{y}) = A\mathbf{x} + A\mathbf{y} = \mathbf{0} + \mathbf{0} = \mathbf{0}$$

e

$$A(a\mathbf{x}) = aA(\mathbf{x}) = a\mathbf{0} = \mathbf{0}$$

DEFINIÇÃO 2.1.3 $\mathcal{N}(A) = \{\mathbf{x} \in \mathbb{R}n : A\mathbf{x} = \mathbf{0}\}$ é chamado o **espaço de anulamento** ou **núcleo** de A.

Notemos enquanto discutimos isto que o conjunto das soluções de $A\mathbf{x} = \mathbf{w}$ para $\mathbf{w} \neq \mathbf{0}$ *não* é um subespaço vetorial pois não contém o vetor 0.

Um segundo espaço associado a A é o conjunto $\mathcal{I}(A)$ de todos os vetores em $\mathbb{R}^m$ da forma $A\mathbf{x}$ para algum $\mathbf{x} \in \mathbb{R}^n$; ou ainda, podemos definir $\mathcal{I}(A)$ como o conjunto de todos os $\mathbf{w}$ para os quais $A\mathbf{x} = \mathbf{w}$ tem solução.

Se $\mathbf{w}_1, \mathbf{w}_2$ estão em $\mathcal{I}(A)$ isto significa que existem vetores $\mathbf{x}_1, \mathbf{x}_2$ tais que $A\mathbf{x}_i = \mathbf{w}_i, i = 1, 2$. Então $A(\mathbf{x}_1 + \mathbf{x}_2) = A\mathbf{x}_1 + A\mathbf{x}_2 = \mathbf{w}_1 + \mathbf{w}_2$ de modo que $\mathbf{w}_1 + \mathbf{w}_2$ pertence a $\mathcal{I}(A)$. Também $A\mathbf{x} = \mathbf{w}$ implica $A(a\mathbf{x}) = a\mathbf{w}$ de modo que $\mathbf{w}$ pertence a $\mathcal{I}(A)$ implica que $a\mathbf{w}$ $\mathcal{I}(A)$ para todo número real a.

DEFINIÇÃO 2.1.4 $\mathcal{I}(A) = \{\mathbf{w} \in \mathbb{R}^m : \mathbf{w} = A\mathbf{x}$ para algum $\mathbf{x} \in \mathbb{R}^n\}$ chama-se **imagem** de A.

A razão de chamarmos este subespaço de imagem de A é que pensamos na multiplicação por A enviando $\mathbf{x}$ em $A\mathbf{x}$ como sendo uma função de $\mathbb{R}^n$ em $\mathbb{R}^n$ e $\mathcal{I}(A)$ é a imagem desta função. Existem também subespaços $\mathcal{N}(A^t)$ e $\mathcal{I}(A^t)$ associados à transposta de A. A interação entre esses quatro espaços será tema importante no estudo de espaços vetoriais relacionados com a resolução de $A\mathbf{x} = \mathbf{w}$. ■

■ **Exemplo 2.1.10** Seja V um espaço vetorial e $\mathbf{v}_1, \ldots, \mathbf{v}_k$ vetores de V. Então o conjunto S de todas as combinações lineares $c_1\mathbf{v}_1 + \cdots + c_k\mathbf{v}_k$ é um subespaço de V. Se $\mathbf{v} = c_1\mathbf{v}_1 + \cdots + c_k\mathbf{v}_k$ e $\mathbf{w} =$

Definições básicas e exemplos **83**

$d_1\mathbf{v}_1 + \cdots + d_k\mathbf{v}_k$ então a soma

$$\mathbf{v} + \mathbf{w} = (c_1 + d_1)\,\mathbf{v}_1 + \cdots + (c_k + d_k)\,\mathbf{v}_k$$

é também uma combinação linear destes vetores de modo que o conjunto é fechado por adição. Note que estamos usando a associatividade e a comutatividade da adição, bem como a propriedade distributiva da multiplicação por escalar para reescrever a soma. Também

$$a\mathbf{v} = (ac_1)\,\mathbf{v}_1 + \cdots + (ac_k)\,\mathbf{v}_k$$

de modo que o subconjunto é fechado sob multiplicação por escalar. S chama-se o **subespaço gerado** por $\mathbf{v}_1, \ldots, \mathbf{v}_k$. Dizemos que os vetores $\mathbf{v}_1, \ldots, \mathbf{v}_k$ **geram** esse subespaço. Este subespaço será denotado ger $(\mathbf{v}_1, \ldots, \mathbf{v}_k)$ ∎

DEFINIÇÃO 2.1.5 O subespaço gerado por $\mathbf{v}_1, \ldots, \mathbf{v}_k$, que é denotado por ger $(\mathbf{v}_1, \ldots, \mathbf{v}_k)$ é o conjunto das combinações lineares deste vetores:

$$\text{ger}(\mathbf{v}_1, \ldots, \mathbf{v}_k) = \{\mathbf{v} \in V \colon \mathbf{v} = c_1\mathbf{v}_1 + \cdots + c_k\mathbf{v}_k \text{ para certos } c_i \in \mathbb{R}\}$$

Agora restringimos nossa atenção a $V = \mathbb{R}^3$. Seja $\mathbf{v}_1 = (1, 1, 3)$. Então ger $(\mathbf{v}_1)$ é a reta pela origem e $\mathbf{v}_1$, que são todos os vetores que são múltiplos de $(1, 1, 3)$ isto é $(a, a, 3a)$ para algum a. Agora consideremos um segundo vetor $\mathbf{v}_2$. Se pertence a ger $(\mathbf{v}_1)$ então ger $(\mathbf{v}_1, \mathbf{v}_2) = $ ger $(\mathbf{v}_1)$. Pois $\mathbf{v}_2 = c\mathbf{v}_1$ e então se $\mathbf{v} = c_1\mathbf{v}_1 + c_2\mathbf{v}_2$ vem $\mathbf{v} = (c_1 + cc_2)\mathbf{v}_1$ e portanto pertence a ger $(\mathbf{v}_1)$. Existe sempre uma inclusão ger $(\mathbf{v}_1) \subset$ ger $(\mathbf{v}_1, \mathbf{v}_2)$ pois um múltiplo de $\mathbf{v}_1$ é uma combinação linear de $\mathbf{v}_1$ e $\mathbf{v}_2$ com o coeficiente de $\mathbf{v}_2$ igual a 0. De modo geral ger $(\mathbf{v}_1, \ldots, \mathbf{v}_k) \subset$ ger $(\mathbf{v}_1, \ldots, \mathbf{v}_k, \ldots, \mathbf{v}_m)$ pelo mesmo argumento. Suponha que $\mathbf{v}_2$ não é múltiplo de $\mathbf{v}_1$, digamos $\mathbf{v}_2 = (0, 1, 2)$. Então ger $(\mathbf{v}_1, \mathbf{v}_2)$ será um subespaço maior. Na verdade será um plano pela origem que contém os vetores $\mathbf{v}_1$ e $\mathbf{v}_2$. Para representar este plano em forma mais usual podemos achar o vetor perpendicular tomando o produto vetorial de $(1, 1, 3)$ e $(0, 1, 2)$, que é $(-1, -2, 1)$ de modo que a equação do plano é $-x - 2y + z = 0$. Se tomarmos um terceiro vetor $\mathbf{v}_3$ então ger $(\mathbf{v}_1, \mathbf{v}_2, \mathbf{v}_3)$ será igual a ger $(\mathbf{v}_1, \mathbf{v}_2)$ se $\mathbf{v}_3$ pertence a este plano (ver Exercício 2.1.7). Se $\mathbf{v}_3$ não pertence a este plano (por exemplo $\mathbf{v}_3 = (1, 1, 1)$ então pode-se mostrar que todo vetor de $\mathbb{R}^3$ está em ger $(\mathbf{v}_1, \mathbf{v}_2, \mathbf{v}_3)$ e então $\mathbb{R}^3 = $ ger $(\mathbf{v}_1, \mathbf{v}_2, \mathbf{v}_3)$ O que acontece aqui é parte de um fato geral sobre subespaços de $\mathbb{R}^3$. Os únicos subespaços de $\mathbb{R}^3$ são o vetor zero $\mathbf{0}$, uma reta pela origem, um plano pela origem, ou o próprio $\mathbb{R}^3$. Além disso, cada tal subespaço surge como subespaço gerado por no máximo três vetores, uma reta sendo ger $(\mathbf{v}_1)$, um plano sendo ger $(\mathbf{v}_1, \mathbf{v}_2)$ se $\mathbf{v}_2$ não está na reta gerada por $\mathbf{v}_1$.

Exercício 2.1.1_____
Determine qual dos seguintes subconjuntos de $\mathbb{R}^3$ é um subespaço.
(a) as soluções de $x - 3y + 4z = 0$
(b) as soluções de $x^2 - y^2 = 0$
(c) as soluções de $x^2 - y^2 + z^2 = 0$
(d) as soluções de

$$x - 4y + z = 0$$
$$x + 4y - z = 1$$

(e) os pontos com $x \neq 0$

Exercício 2.1.2_____
Mostre que cada um dos subconjuntos abaixo é um subespaço mostrando que é ou $\mathcal{N}(A)$ ou $\mathcal{I}(A)$ para alguma matriz A.
(a) as soluções de

84   Capítulo 2

$$3x_1 + 2x_2 - x_3 + x_4 = 0$$
$$2x_1 - 3x_2 + x_3 - 5x_4 = 0$$
$$x_1 + x_2 + 4x_3 - 7x_4 = 0$$

(b) o conjunto de todos os vetores $\mathbf{b} = (b_1, b_2, b_3)$ para os quais existe solução de

$$3x_1 + 2x_2 - x_3 + x_4 = b_1$$
$$2x_1 - 3x_2 + x_3 - 5x_4 = b_2$$
$$x_1 + x_2 + 4x_3 - 7x_4 = b_3$$

Exercício 2.1.3

(a) Para a parte (a) do Exercício 2. 1. 2 resolva o sistema de equações para escrever a solução geral na forma $c_1\mathbf{v}_1 + \ldots + c_k\mathbf{v}_k$ e assim mostrar que o subespaço é da forma ger $(\mathbf{v}_1, \ldots, \mathbf{v}_k)$.

(b) Para a parte (b) do Exercício 2. 1. 2 use o fato de que a multiplicação por uma matriz A exprime os vetores na imagem de A como combinações lineares das colunas de A

$$A\mathbf{x} = x_1\mathbf{A}^1 + \cdots + x_n\mathbf{A}^n$$

para representar o subespaço da parte (b) como $\text{ger}(\mathbf{w}_1, \ldots, \mathbf{w}_l)$ para convenientes $\mathbf{w}_1, \ldots, \mathbf{w}_l$.

Exercício 2.1.4

Determine quais seguintes subconjuntos de $\mathscr{F}(\mathbb{R}, \mathbb{R})$ são subespaços

(a) os polinômios de grau maior que 3
(b) os polinômios que têm valor 0 em $x = 1$ e $x = 4$
(c) as funções tais que $\int_0^1 f(t)\, dt = 0$
(d) as soluções da equação diferencial $y' - y = 0$
(e) as soluções da equação diferencial $y' - y = e^t$
(f) as funções que não são contínuas no ponto $t = 0$

Exercício 2.1.5

Determine quais dos seguintes subconjuntos do espaço vetorial das matrizes 4 por 4 são subespaços

(a) as **matrizes simétricas**, isto é, as que satisfazem $A = A^t$
(b) as **matrizes anti-simétricas**, isto é, as que satisfazem $A = -A^t$
(c) as **matrizes ortogonais**, isto é, as que satisfazem $A^{-1} = A^t$
(d) as matrizes de permutação

Exercício 2.1.6

Para cada uma da classes de matrizes do Exercício 2.1.5. considere aquele conjunto com a operação de multiplicação de matrizes como adição e a multiplicação por escalar usual. Determine quais das propriedades de um espaço vetorial tal conjunto satisfaz com essas operações

Exercício 2.1.7

Suponha que $\mathbf{v}, \ldots, \mathbf{v}_k, \mathbf{v}_{k+1}, \ldots, \mathbf{v}_m$ é uma coleção de vetores num espaço vetorial $\mathbf{V}$. Mostre que ger $(\mathbf{v}_1, \ldots, \mathbf{v}_k)$ está contido em ger $(\mathbf{v}_1, \ldots, \mathbf{v}_m)$. Dê exemplo em $\mathbb{R}^3$ em que são iguais e um exemplo em que não o são. Mostre que $\text{ger}(\mathbf{v}_1, \ldots, \mathbf{v}_k) = \text{ger}(\mathbf{v}_1, \ldots, \mathbf{v}_k, \mathbf{v}_{k+1})$ see $\mathbf{v}_{k+1}$ pertence ao subespaço ger $(\mathbf{v}_1, \ldots, \mathbf{v}_k)$.

2.2 SUBESPAÇO GERADO, INDEPENDÊNCIA, BASE E DIMENSÃO

Agora queremos definir os conceitos de subespaço gerado, independência linear, base e dimensão. Estes são conceitos fundamentais que são centrais para o resto do livro. Primeiro lembramos e

Subespaço gerado, independência, base e dimensão **85**

estendemos a definição de espaço gerado que foi introduzida na Secção 2.1.

DEFINIÇÃO 2.2.1 Os vetores $\mathbf{v}_1, \ldots, \mathbf{v}_m$ de um espaço vetorial V geram um subespaço S se todo vetor de S é uma combinação linear $c_1 \mathbf{v}_1 + \cdots + c_k \mathbf{v}_k$ dos vetores. Dizemos que S é gerado por $\mathbf{v}_1, \ldots, \mathbf{v}_k$. O subespaço gerado por $\mathbf{v}_1, \ldots, \mathbf{v}_n$ é denotado por ger $(\mathbf{v}_1, \ldots, \mathbf{v}_n)$. Mais geralmente se K é um subconjunto de V, então o subespaço ger (K) gerado por K é o conjunto de todas as combinações lineares finitas $c_1 \mathbf{v}_1 + \cdots + c_p \mathbf{v}_p$, onde $\mathbf{v}_i$ pertence a K e p pode ser qualquer inteiro não negativo.

■ *Exemplo 2.2.1* Em $\mathbb{R}^3$ o subespaço gerado por $\mathbf{e}_1 = (1, 0, 0)$ e $\mathbf{e}_2 = (0, 1, 0)$ é o plano–xy, pois todo vetor do plano–xy é

$$(x, y, 0) = x\mathbf{e}_1 + y\mathbf{e}_2$$

O subespaço gerado por $\mathbf{e}_1, \mathbf{e}_2, \mathbf{e}_3 = (0, 0, 1)$ é todo o $\mathbb{R}^3$, pois todo vetor $(x, y, z) \in \mathbb{R}^3$ pode ser escrito como

$$(x, y, z) = x\mathbf{e}_1 + y\mathbf{e}_2 + z\mathbf{e}_3$$

Note que se acrescentarmos outro vetor, digamos $\mathbf{v}_4 = (3, 1, 4)$, o subespaço gerado por $\mathbf{e}_1, \mathbf{e}_2, \mathbf{e}_3, \mathbf{e}_4$ é ainda $\mathbb{R}^3$. Pelo exercício 2.1.7, acrescentar mais vetores só pode aumentar o espaço gerado, mas como ele já é todo o $\mathbb{R}^3$, qualquer coleção de vetores que contenha $\mathbf{e}_1, \mathbf{e}_2, \mathbf{e}_3$ deve gerar $\mathbb{R}^3$. ■

■ *Exemplo 2.2.2* O espaço vetorial $\mathcal{M}(2, 2)$ de todas as matrizes 2 por 2 é gerado pelas matrizes

$\begin{pmatrix} 1 & 0 \\ 0 & 0 \end{pmatrix}, \begin{pmatrix} 0 & 1 \\ 0 & 0 \end{pmatrix}, \begin{pmatrix} 0 & 0 \\ 1 & 0 \end{pmatrix}$, e $\begin{pmatrix} 0 & 0 \\ 0 & 1 \end{pmatrix}$ pois a matriz geral 2 por 2 $\begin{pmatrix} a & b \\ c & d \end{pmatrix}$, é a combinação linear

$\begin{pmatrix} a & b \\ c & d \end{pmatrix} = a\begin{pmatrix} 1 & 0 \\ 0 & 0 \end{pmatrix} + b\begin{pmatrix} 0 & 1 \\ 0 & 0 \end{pmatrix} + c\begin{pmatrix} 0 & 0 \\ 1 & 0 \end{pmatrix} + d\begin{pmatrix} 0 & 0 \\ 0 & 1 \end{pmatrix}$ destas quatro matrizes. ■

■ *Exemplo 2.2.3* O espaço vetorial $\mathcal{P}^n(\mathbb{R}, \mathbb{R})$ de todos os polinômios de grau menor ou igual a n gerado pelos polinômios $1, x, x^2, \ldots, x^n$ pois o polinômio geral $a_0 + a_1 x + \cdots + a_n x_n$ de grau menor ou igual a n é uma combinação linear

$$a_0 . 1 + a_1 . x + \cdots + a_n . x^n$$

■

■ *Exemplo 2.2.4* Seja K o subconjunto de $\mathcal{P}(\mathbb{R}, \mathbb{R})$ consistindo de $1, x^2, \ldots, x^{2i}, \ldots$, isto é, de todos os monômios pares x^{2i}. Então o subespaço gerado por K é o subespaço de todos os polinômios pares

$$\text{ger}(K) = \{a_0 + a_1 x^2 + \cdots + a_n x^{2n}\}$$

onde n pode ser qualquer inteiro não negativo. ■

Antes de dar nosso próximo exemplo, definimos o que entendemos por espaço de linhas e espaço de colunas de uma matriz.

DEFINIÇÃO 2.2.2 Para um a matriz A m por n o **espaço de colunas** de A é o subespaço gerado pelos vetores coluna de A; isto é, é o subespaço das combinações lineares das colunas de A.

Quando os vetores coluna são identificados a vetores de $\mathbb{R}^m$, isto se torna um subespaço de $\mathbb{R}^m$. Devido à fórmula

86 Capítulo 2

$$A\mathbf{c} = c_1 \mathbf{A}^1 + \cdots + c_n \mathbf{A}^n$$

podemos identificar o espaço de colunas com a imagem de A. Por isto usaremos a notação $\mathscr{I}(A)$ para o espaço de colunas.

$$\mathscr{I}(A) = \{A\mathbf{c} : \mathbf{c} \in \mathbb{R}^n\} \leftrightarrow \text{ger}(\mathbf{A}^1, \ldots, \mathbf{A}^n) = \text{espaço de colunas de } A$$

DEFINIÇÃO 2.2.3 O **espaço de linhas** de A é o subespaço gerado pelos vetores linha de A; isto é, o subespaço das combinações lineares das linhas de A.

Quando os vetores linha são identificados a vetores em $\mathbb{R}^n$, isto se torna um subespaço de $\mathbb{R}^n$. Devido à fórmula

$$\mathbf{c}^t A = c_1 \mathbf{A}_1 + \cdots + c_m \mathbf{A}_m$$

e $(\mathbf{c}^t A) = (A^t \mathbf{c})^t$, podemos identificar o espaço de linhas com a imagem de A^t. Por isto usaremos a notação $\mathscr{I}(A^t)$ para o espaço de linhas.

$$\mathscr{I}(A^t) = \{A^t \mathbf{c} : \mathbf{c} \in \mathbb{R}^m\} \leftrightarrow \text{ger}(\mathbf{A}_1, \ldots, \mathbf{A}_m) = \text{espaço de linhas de } A$$

■ *Exemplo 2.2.5* Seja $A = \begin{pmatrix} 2 & 4 & 1 \\ 3 & 1 & 4 \\ 5 & 5 & 5 \end{pmatrix}$. O espaço de linhas é de todas as combinações lineares

$c_1 (2\ 4\ 1) + c_2 (3\ 1\ 4) + c_3 (5\ 5\ 5)$. Mas note que $(5\ 5\ 5) = (2\ 4\ 1) + (3\ 1\ 4)$ portanto isto pode ser reescrito como

$$(c_1 + c_3)(2\ 4\ 1) + (c_2 + c_3)(3\ 1\ 4) = d_1(2\ 3\ 1)\ d_2(3\ 1\ 4)$$

Assim só precisamos de dois dos vetores linha para descrever o espaço de linhas. Geometricamente é um plano em $\mathbb{R}^3$ com vetor normal dado pelo produto vetorial $(15, -5, -10)$ destes dois vetores e portanto é dado pela equação $15x - 5y - 10z = 0$. O espaço de colunas é o de todas as combinações

lineares $c_1 \begin{pmatrix} 2 \\ 4 \\ 5 \end{pmatrix} + c_2 \begin{pmatrix} 4 \\ 1 \\ 5 \end{pmatrix} + c_3 \begin{pmatrix} 1 \\ 4 \\ 5 \end{pmatrix}$. Temos uma igualdade $\begin{pmatrix} 4 \\ 1 \\ 5 \end{pmatrix} = 3 \begin{pmatrix} 2 \\ 3 \\ 5 \end{pmatrix} - 2 \begin{pmatrix} 1 \\ 4 \\ 5 \end{pmatrix}$

Assim todo vetor do espaço de colunas pode ser reescrito com combinação linear

$$d_1 \begin{pmatrix} 2 \\ 3 \\ 5 \end{pmatrix} + d_2 \begin{pmatrix} 1 \\ 4 \\ 5 \end{pmatrix}$$

Assim novamente só precisamos de dois vetores para gerar este subespaço, que é o plano

$$-x - y + z = 0 \qquad ■$$

Uma questão básica quanto ao conceito de espaço gerado é o de saber se um dado vetor pertence ao subespaço gerado por $\mathbf{v}_1, \ldots, \mathbf{v}_n$. No caso de vetores de $\mathbb{R}^m$, isto é apenas um problema de resolver equações lineares que pode ser feito com eliminação gaussiana. Olhemos um exemplo.

■ *Exemplo 2.2.6* Determine se o vetor $(1, 2, 1, 1)$ pertence ao subespaço gerado por $(1, 2, 1, 0)$, $(-1, 2, 1, 4)$, $(1, 2, 1, 3)$.

Para resolver este problema formemos a matriz que tem os três vetores como colunas:

Subespaço gerado, independência, base e dimensão **87**

$$A = \begin{pmatrix} 1 & -1 & 1 \\ 2 & 2 & 2 \\ 1 & 1 & 1 \\ 0 & 4 & 3 \end{pmatrix}$$

Note que

$$c_1 (1, 2, 1, 0) + c_2 (-1, 2, 1, 4) + c_3 (1, 2, 1, 3) = A\mathbf{c}$$

Portanto existe solução de

$$c_1 (1, 2, 1, 0) + c_2 (-1, 2, 1, 4) + c_3 (1, 2, 1, 3) = (1, 2, 0, 1)$$

exatamente quando existe uma solução **c** da equação matricial

$$\begin{pmatrix} 1 & -1 & 1 \\ 2 & 2 & 2 \\ 1 & 1 & 1 \\ 0 & 4 & 3 \end{pmatrix} \mathbf{c} = \begin{pmatrix} 1 \\ 2 \\ 0 \\ 1 \end{pmatrix}$$

Usando a eliminação gaussiana a matriz aumentada

$$\begin{pmatrix} 1 & -1 & 1 & | & 1 \\ 2 & 2 & 2 & | & 2 \\ 1 & 1 & 1 & | & 0 \\ 0 & 4 & 3 & | & 1 \end{pmatrix} \text{ se reduz a } \begin{pmatrix} 1 & -1 & 1 & | & 1 \\ 0 & 4 & 0 & | & 0 \\ 0 & 0 & 3 & | & 1 \\ 0 & 0 & 0 & | & -1 \end{pmatrix}$$

ao fim do passo de eliminação para a frente, portanto não há solução. Logo $(1, 2, 0, 1)$ não está no subespaço gerado por $(1, 2, 1, 0), (-1, 2, 1, 4), (1, 2, 1, 3)$. Porém o mesmo método mostraria que $(1, 2, 1, 1)$ está nesse subespaço, pois

$$\begin{pmatrix} 1 & -1 & 1 \\ 2 & 2 & 2 \\ 1 & 1 & 1 \\ 0 & 4 & 3 \end{pmatrix} \mathbf{c} = \begin{pmatrix} 1 \\ 2 \\ 1 \\ 1 \end{pmatrix}$$

tem a solução $\mathbf{c} = (2/3, 0, 1/3)$. ∎

Podemos usar o método do último exemplo para dar um algoritmo para determinar quando **v** pertence ao subespaço gerado por $\mathbf{v}_1, \ldots, \mathbf{v}_n$.

Algoritmo para determinar o subespaço gerado

Um vetor **v** pertence ao subespaço gerado pelos vetores $\mathbf{v}_1, \ldots, \mathbf{v}_n$ de $\mathbb{R}^m$ exatamente quando a equação matricial $A\mathbf{c} = \mathbf{v}$ tem uma solução, onde A é a matriz que tem os vetores $\mathbf{v}_1, \ldots, \mathbf{v}_n$ como colunas.

O Exemplo 2.2.4 ilustra o fato de freqüentemente podermos reduzir o número de vetores necessários de um particular conjunto gerador. Para ver como achar o número mínimo possível de vetores num conjunto gerador para um subespaço introduzimos o conceito de independência linear.

DEFINIÇÃO 2.2.4 Os vetores $\mathbf{v}_1, \ldots, \mathbf{v}_k$ de um espaço vetorial V são **linearmente independentes** se

$$c_1 \mathbf{v}_1 + \cdots + c_k \mathbf{v}_k = \mathbf{0} \text{ see todos os } c_i = 0$$

Caso contrário, os vetores se dizem **linearmente dependentes**.

88 Capítulo 2

Um modo de expressar o fato de serem k vetores linearmente dependentes é dizer que um deles é combinação linear dos demais. Suponha que existe uma relação $c_1 \mathbf{v}_1 + \cdots + c_k \mathbf{v}_k = \mathbf{0}$ sem que todos os $c_i = 0$. Suponha que c_j é um dos coeficientes não nulos. Então podemos resolver para $\mathbf{v}_j$ como combinação linear dos outros. Basta reescrever a equação como

$$c_j \mathbf{v}_j = -(c_1 \mathbf{v}_1 + \cdots + c_{j-1} \mathbf{v}_{j-1} + c_{j+1} \mathbf{v}_{j+1} + \cdots + c_k \mathbf{v}_k)$$

e resolver para $\mathbf{v}_j$ dividindo por c_j. Assim às vezes a dependência linear é expressa dizendo que podemos exprimir um dos vetores em termos dos demais e a independência linear , expressa dizendo que isto é impossível. Freqüentemente usaremos apenas as palavras *independente* e *dependente* para significar linearmente independente e linearmente dependente, respectivamente. Para verificar que uma coleção de vetores é independente ou não, escreva a equação

$$c_1 \mathbf{v}_1 + \cdots + c_k \mathbf{v}_k = 0$$

e resolva para os c_i. Note que existe sempre a solução $\mathbf{c} = \mathbf{0}$ que é chamada a **solução trivial**. Qualquer outra solução é chamada **não trivial**. Se existe uma solução não trivial então os vetores são dependentes. Uma solução não trivial é chamada uma **relação de dependência** entre os vetores. De outro lado, se só existe a solução trivial então os vetores são independentes.

Quase sempre estaremos interessados em conjuntos finitos de vetores quando discutirmos independência. Porém, para sermos completos, estendemos a definição de modo a abranger conjuntos infinitos de vetores.

DEFINIÇÃO 2.2.5 Um conjunto K de vetores é dito independente se todo subconjunto finito é independente; isto é, se $\mathbf{v}_1, \ldots, \mathbf{v}_n \in K$ e $c_1 \mathbf{v}_1 + \cdots + c_n \mathbf{v}_n = \mathbf{0}$ então $c_1 = \cdots = c_n = 0$.

Por exemplo, o conjunto $\{1, x, x^2, \ldots\}$ é um conjunto independente de $\mathcal{P}(\mathbb{R}, \mathbb{R})$ pois qualquer subconjunto finito será independente.

■ *Exemplo 2.2.7* Os vetores $\mathbf{e}_1, \mathbf{e}_2, \ldots, \mathbf{e}_n$ em $\mathbb{R}^n$ são independentes. Pois

$$c_1 \mathbf{e}_1 + \cdots + c_n \mathbf{e}_n = \mathbf{0}$$

implica $(c_1, \ldots, c_n) = \mathbf{0}$ e então $c_0 = \cdots = c_n = 0$. Note que estes vetores geram $\mathbb{R}^n$.

Seja A uma matriz m por n e considere os vetores colunas, que identificamos a n vetores de $\mathbb{R}^m$. Então $c_1 A^1 + \cdots + c_n A_n = A\mathbf{c}$ de modo que estamos simplesmente procurando soluções de $A\mathbf{c} = 0$. Se $\mathbf{c} = \mathbf{0}$ é a única solução então os vetores são independentes; se existe uma solução não trivial então os vetores são dependentes. Mas haverá solução não trivial see existem algumas variáveis livres quando efetuamos a eliminação gaussiana. Isto dá um método para determinar se uma coleção de n vetores em $\mathbb{R}^m$ é independente ou não.

Sejam $\mathbf{v}_1, \ldots, \mathbf{v}_n$ n vetores de $\mathbb{R}^m$. Forme a matriz A com o j-ésimo vetor coluna $A^j = \mathbf{v}_j$. Efetue a eliminação gaussiana sobre A e ache as variáveis livres. Note que se $n > m$ haverá sempre pelo menos uma variável livre, de modo que vemos que $n > m$ implica que quaisquer n vetores de $\mathbb{R}^m$ são dependentes. Note ainda que o determinante fornece uma verificação sobre a existência de variáveis livres se $m = n$. Neste caso os vetores serão independentes see $\det A \neq 0$. ■

■ *Exemplo 2.2.8* Usemos este critério para os vetores $(2, 3, 5)$, $(1, 4, 2)$, $(1, -1, 3)$ em $\mathbb{R}^3$. For-mamos a matriz $A = \begin{pmatrix} 2 & 1 & 1 \\ 3 & 4 & -1 \\ 5 & 2 & 3 \end{pmatrix}$. Resolvemos $A\mathbf{c} = \mathbf{0}$ para $\mathbf{c}$ por eliminação gaussiana. A se reduz a

Subespaço gerado, independência, base e dimensão **89**

$$U = \begin{pmatrix} 2 & 1 & 1 \\ 0 & 5/2 & -5/2 \\ 0 & 0 & 0 \end{pmatrix}$$, de modo que há uma variável livre e os vetores são dependentes. A relação de

dependência é achada resolvendo para $\mathbf{c}$, obtendo $\mathbf{c} = (-1, 1, 1)$, o que significa que $- (2, 3, 5) + (1, 4, 2) + (1, -1, 3) = (0, 0, 0)$. ∎

Agora registramos o algoritmo que acabamos de dar para decidir se uma coleção de vetores em $\mathbb{R}^m$ é independente e sua conseqüência.

Algoritmo para independência

Se $\mathbf{v}_1, \ldots, \mathbf{v}_n$ é uma coleção de vetores de $\mathbb{R}^m$, então eles são independentes see a equação matricial $A\mathbf{c} = \mathbf{0}$ só tem a solução trivial, onde A é a matriz cujo j-ésimo vetor coluna é $\mathbf{v}_j$ (olhando com vetor coluna). Se $n > m$, os vetores são dependentes. Se $n = m$, eles são independentes see det $A \neq 0$.

∎ *Exemplo 2.2.9* Considere os polinômios $p_1 = 2 - 3x^2, p_2 = 1 + 2x - x^2, p_3 = 1 + x + x^2$. Para verificar se são independentes, escrevemos $c_1 p_1 + c_2 p_2 + c_3 p_3 = \mathbf{0}$ e resolvemos para $\mathbf{c}$. Isto dá $c_1 (2 - 3x^2) + c_2 (1 + 2x - x^2) + c_3 (1 + x + x^2) = \mathbf{0}$. Reunindo termos vem $(2c_1 + c_2 + c_3) + (2c_2 + c_3)x + (-3c_1 - c_2 + c_3) x^2 = \mathbf{0}$.

Mas o polinômio zero é caracterizado por ter todos os coeficiente iguais a zero de modo que isto dá

uma equação matricial $A\mathbf{c} = \mathbf{0}$ onde $A = \begin{pmatrix} 2 & 1 & 1 \\ 0 & 2 & 1 \\ -3 & -1 & 1 \end{pmatrix}$. Esta se reduz a $\begin{pmatrix} 2 & 1 & 1 \\ 0 & 2 & 1 \\ 0 & 0 & 9/4 \end{pmatrix}$, e portanto a

única solução é $\mathbf{c} = \mathbf{0}$. Assim os três polinômios são independentes

Suponha que agora acrescentamos um quarto polinômio $4 - 3x + 2x^2$. Então estes quatro polinômios serão dependentes, como se pode ver sem trabalho algum, pois eles levam a um sistema $B\mathbf{c} = \mathbf{0}$ com B obtida de A acrescentando uma quarta coluna $(4 \ -3 \ 2)^t$. Como este sistema tem mais colunas que linhas haverá alguma variável livre e portanto uma solução não trivial. ∎

Note que neste exemplo essencialmente acabamos provando a independência substituindo $p(x) = a + bx + cx^2$ pelo vetor $(a, b, c) \in \mathbb{R}^3$ e mostrando que os correspondentes vetores em $\mathbb{R}^3$ são independentes. Nossa simplificação de $c_1 p_1 + c_2 p_2 + c_3 p_3 = \mathbf{0}$ levou a $c_1 \mathbf{A}^1 + c_2 \mathbf{A}^2 + c_3 \mathbf{A}^3 = A\mathbf{c} = \mathbf{0}$.

Considere a matriz U que aparece ao fim do passo de eliminação para a frente no algoritmo gaussiano de eliminação. Terá p linhas não nulas com o primeiro elemento não nulo na linha i aparecendo na coluna c (i). Além disso, $i < j$ implica c $(i) < c$ (j) e todos os elementos abaixo do elemento $(i, c$ $(i))$ na coluna c (i) são nulos. Chamaremos o elemento $(i, c$ $(i))$ o i-ésimo pivô. Afirmamos que estas p linhas não nulas de U são linearmente independentes. Antes de provar isto olhamos um exemplo que ilustra a idéia da prova.

∎ *Exemplo 2.2.10* Seja $U = \begin{pmatrix} 2 & 3 & 1 & -1 & 2 \\ 0 & 0 & 4 & 2 & 3 \\ 0 & 0 & 0 & 2 & 1 \\ 0 & 0 & 0 & 0 & 0 \end{pmatrix}$

Para ver que as três primeiras linhas são independentes olhamos uma combinação linear geral igualada a zero:

90   Capítulo 2

$$c_1(2, 3, 1-1, 2) + c_2(0, 0, 4, 2, 3) + c_3(0, 0, 0, 2, 1) = \mathbf{0}$$

Observando a primeira coordenada obtemos $2c_1 = 0$, de modo que $c_1 = 0$. Agora olhamos a equação restante

$$c_2(0, 0, 4, 2, 3) + c_3(0, 0, 0, 2, 1) = \mathbf{0}$$

que provém da segunda e da terceira linhas. Observando a terceira coordenada obtemos $4c_2 = 0$, de modo que $c_2 = 0$. Isto dá então $c_3(0, 0, 0, 2, 1) = \mathbf{0}$, e então a observação da quarta coordenada dá $c_3 = 0$. Um outro modo de olhar este cálculo: uma vez que mostramos que $c_1 = 0$ nós reduzimos o caso ao de uma matriz formada pela segunda e a terceira linhas, e isto nos permite dar uma prova indutiva. Esta é a idéia por trás da prova que segue. ■

Agora provamos que as p primeiras linhas $\mathbf{U}_1, \ldots, \mathbf{U}_p$ da matriz U ao fim do algoritmo de eliminação para a frente são independentes. Usamos indução sobre p, usando o fato de, quando eliminarmos a primeira linha, obtermos uma nova matriz que satisfaz às mesmas condições que U. Primeiro observamos que se $p = 1$, então um vetor é sempre independente desde que não seja nulo. Suponhamos a afirmação verdadeira para $p < k$, e que $p = k$. Suponha

$$c_1\mathbf{U}_1 + \cdots + c_k\mathbf{U}_k = \mathbf{0}$$

Então examine o elemento $c(1)$ nesta soma. Em todas as linhas exceto $\mathbf{U}_1$ ele é zero, portanto na soma obtemos o produto de c_1 pelo primeiro pivô. O pivô é não nulo, de modo que isto implica que $c_1 = 0$. Então obtemos a relação

$$c_2\mathbf{U}_2 + \cdots + c_k\mathbf{U}_k = \mathbf{0}$$

que, pela hipótese de indução implica $c_2 = \cdots = c_k = 0$.

Em seguida consideremos as p colunas em U que contêm os pivôs. Afirmamos que também são linearmente independentes. Novamente consideramos primeiro a matriz do Exemplo 2.2.10.

■ *Exemplo 2.2.11*
$$U = \begin{pmatrix} 2 & 3 & 1 & -1 & 2 \\ 0 & 0 & 4 & 2 & 3 \\ 0 & 0 & 0 & 2 & 1 \\ 0 & 0 & 0 & 0 & 0 \end{pmatrix}$$

As colunas que contêm os pivôs são a primeira, terceira, e quarta. Assim mostramos que são independentes. Seja

$$c_1\begin{pmatrix} 2 \\ 0 \\ 0 \\ 0 \end{pmatrix} + c_2\begin{pmatrix} 1 \\ 4 \\ 0 \\ 0 \end{pmatrix} + c_3\begin{pmatrix} -1 \\ 2 \\ 2 \\ 0 \end{pmatrix} = \mathbf{0}$$

Então trabalhando pelo fim, notemos que o terceiro coeficiente é $2c_3 = 0$ o que implica $c_3 = 0$. Olhando o segundo coeficiente achamos $4c_2 = 0$, donde $c_2 = 0$. Finalmente o primeiro coeficiente dá $2c_1 = 0$, donde $c_1 = 0$. ■

Agora provamos o caso geral por indução sobre p, usando o fato que quando apagamos as colunas para além de $\mathbf{U}^{c(p-1)}$, a matriz está na mesma forma, e as primeiras $p-1$ colunas contendo os pivôs da matriz original se tornam as colunas que contêm os pivôs da matriz resultante. O resultado é trivial para $p = 1$. Então suponha que é verdadeiro para $p < k$ e seja $p = k$. Supomos

$$c_1\mathbf{U}^{c(1)} + \cdots + c_k\mathbf{U}^{c(k)} = \mathbf{0}$$

e resolvemos para $\mathbf{c}$. Olhando o k-ésimo elemento, a única coluna com elemento não nulo é $\mathbf{U}^{c(k)}$, e

Subespaço gerado, independência, base e dimensão **91**

portanto essa combinação linear tem o k-ésimo elemento c_k vezes o k-ésimo pivô. Como o k-ésimo pivô é não nulo, isto implica $c_k = 0$. Isto então implica

$$c_1 \mathbf{U}^{c\,(1)} + \cdots + c_{(k-1)} \mathbf{U}^{c\,(k-1)} = \mathbf{0}$$

Nossa hipótese de indução então implica que $c_1 = \cdots = c_{(k-1)} = 0$

Registramos este resultado como proposição para uso futuro.

> ***PROPOSIÇÃO 2.2.1***. Se U é a matriz que aparece no fim do passo de eliminação para a frente no algoritmo gaussiano de eliminação sobre a matriz A, então as linhas (resp.colunas) que contêm os pivôs são vetores linearmente independentes em $\mathbb{R}^n$ (resp. $\mathbb{R}^m$).

■ ***Exemplo 2.2.12*** Como exemplo específico considere a matriz

$$U = \begin{pmatrix} 2 & 3 & 1 & 5 & 3 & 2 \\ 0 & 0 & 2 & 2 & 4 & 1 \\ 0 & 0 & 0 & 0 & 4 & 1 \\ 0 & 0 & 0 & 0 & 0 & 0 \end{pmatrix}$$

Então a Proposição 2.2.1 diz que as três primeiras linhas são independentes e que a primeira, terceira e quinta colunas são independentes. ■

Um argumento semelhante diz que o mesmo resultado será verdadeiro se usarmos a matriz R ao fim do passo de eliminação para trás em vez de usar U. O argumento é até mais fácil para R pois as colunas de R contendo os pivôs são os vetores $\mathbf{e}_1, \ldots, \mathbf{e}_p$. Naturalmente, poderíamos simplesmente usar o fato de R satisfazer às mesmas propriedades que usamos para U na prova.

Agora queremos combinar os dois conceitos de independência e geração.

DEFINIÇÃO 2.2.6. Os vetores $\mathbf{v}_1, \ldots, \mathbf{v}_n$ de um espaço vetorial V formam uma **base** para V se são linearmente independentes *e* geram V. Mais geralmente, um conjunto K (possivelmente infinito) é uma base para o espaço vetorial V se K é um conjunto independente e gera V no sentido que todo vetor de V é uma combinação linear *finita* de alguns desses vetores.

Estaremos interessados principalmente em espaços vetoriais com bases finitas. O exemplo protótipo de base é o conjunto dos vetores $\mathbf{e}_1, \ldots, \mathbf{e}_n \in \mathbb{R}^n$, que é chamado **base canônica** para $\mathbb{R}^n$. Um exemplo de base infinita para um espaço vetorial é o conjunto dos monômios $1, x, x^2, \ldots$que é uma base para $\mathscr{P}(\mathbb{R}, \mathbb{R})$. Note que qualquer coleção de k vetores que sejam linearmente independentes será uma base para o subespaço que geram (que pode ser ou não todo o espaço V). Em nossos exemplos de conjuntos geradores, achamos as seguintes bases:

1) As quatro matrizes $\begin{pmatrix} 1 & 0 \\ 0 & 0 \end{pmatrix}, \begin{pmatrix} 0 & 1 \\ 0 & 0 \end{pmatrix}, \begin{pmatrix} 0 & 0 \\ 1 & 0 \end{pmatrix}, \begin{pmatrix} 0 & 0 \\ 0 & 1 \end{pmatrix}$ formam uma base para todas as matrizes 2 por 2.

2) Os polinômios $1, x, \ldots, x^n$ formam uma base para o espaço vetorial $\mathscr{P}^n(\mathbb{R}, \mathbb{R})$ de todos os polinômios de grau menor ou igual a n.

3) A coleção infinita $\{1, x^2, x^4, \ldots\}$ forma uma base para os polinômios pares.

4) Para a matriz $A = \begin{pmatrix} 2 & 4 & 1 \\ 3 & 1 & 4 \\ 5 & 5 & 5 \end{pmatrix}$ as duas primeiras linhas formam uma base para o espaço de

linhas e as duas primeiras colunas formam uma base para o espaço de colunas.

92 Capítulo 2

Há muitas bases para um dado espaço vetorial (na verdade, infinitas). No último exemplo poderíamos também ter achado bases efetuando o passo de eliminação gaussiana para a frente e usando as linhas não nulas como base para o espaço de linhas. As colunas contendo pivôs nem sequer estarão no espaço de colunas da matriz original. Porém, as colunas correspondentes na matriz original fornecerão uma base, como veremos na Secção 2.5.

Queremos mostrar que o número de elementos de uma base para um espaço vetorial é bem definido: isto é, não podem existir duas bases com números diferentes de vetores. Provaremos isto como corolário à seguinte asserção.

PROPOSIÇÃO 2.2.2. Se $\mathbf{v}_1, \ldots, \mathbf{v}_m$ geram V e se $\mathbf{w}_1, \ldots, \mathbf{w}_n$ são vetores de V, então $n > m$ implica que $\mathbf{w}_1, \ldots, \mathbf{w}_n$ são linearmente dependentes

COROLÁRIO 2.2.3. Duas bases para o mesmo espaço vetorial têm o mesmo número de elementos.

Um enunciado alternativo para a conclusão da Proposição 2.2.2 é

$$\text{Se } \mathbf{w}_1, \ldots, \mathbf{w}_n \text{ são independentes então } n \leq m.$$

Para ver que o corolário segue da Proposição 2.2.2 partimos da hipótese de $\mathbf{v}_1, \ldots, \mathbf{v}_m$ e $\mathbf{w}_1, \ldots, \mathbf{w}_n$ serem bases de V. Então a Proposição 2.2.2 implica que $n \leq m$ pois que os $\mathbf{v}_i$ geram V e os $\mathbf{w}_j$ são linearmente independentes. De outro lado, o fato de os $\mathbf{w}_j$ gerarem V e os $\mathbf{v}_i$ serem linearmente independentes implica que $m \leq n$. Logo $m = n$. Isto prova o resultado quando as duas bases têm número finito de elementos. Não podem existir duas bases uma com número finito de elementos e outra com número infinito pois a Proposição 2.2.2 então implicaria que a coleção infinita é dependente.

DEFINIÇÃO 2.2.7. A **dimensão** de um espaço vetorial V é o número de vetores de qualquer base de V. Dizemos que V é de **dimensão finita** quando este número é finito, e que V é de **dimensão infinita** quando é infinito. Denotamos a dimensão de V por dim V.

Aqui estaremos interessados principalmente em espaços vetoriais de dimensão finita. Agora provamos a Proposição 2.2.2.

Prova. Supomos

$$c_1 \mathbf{w}_1 + \cdots + c_n \mathbf{w}_n = \mathbf{0}$$

e tentamos achar uma solução não trivial. Primeiro expressamos os $\mathbf{w}_j$ em termos dos $\mathbf{v}_i$ usando a hipótese de os $\mathbf{v}_i$ gerarem V. Suponhamos

$$\mathbf{w}_j = a_{1j} \mathbf{v}_1 + \cdots + a_{mj} \mathbf{v}_m$$

Então reescrevemos $c_1 \mathbf{w}_1 + \cdots + c_n \mathbf{w}_n = \mathbf{0}$ como

$$c_1 (a_{11} \mathbf{v}_1 + \cdots + a_{m1} \mathbf{v}_m) + \cdots + c_n (a_{1n} \mathbf{v}_1 + \cdots + a_{mn} \mathbf{v}_m) = \mathbf{0}$$

Rearranjando os termos obtemos

$$(a_{11} c_1 + \cdots + a_{1n} c_n) \mathbf{v}_1 + \cdots + (a_{m1} c_1 + \cdots + a_{mn} c_n) \mathbf{v}_m = \mathbf{0}$$

Uma solução desta equação ocorre quando os coeficientes de todos os $\mathbf{v}_i$ são iguais a zero. Esta condição dá uma equação matricial $A\mathbf{c} = \mathbf{0}$, onde A é uma matriz m por n e $n > n$. Como existirá uma variável livre, existe uma solução não trivial $\mathbf{c}$, o que então implica que os vetores $\mathbf{w}_1, \ldots, \mathbf{w}_n$ são linearmente dependentes. ∎

Vamos dar as dimensões de alguns dos exemplos já discutidos.

Subespaço gerado, independência, base e dimensão **93**

- $\mathbb{R}^n$ tem dimensão n pois tem uma base formada dos n vetores $\mathbf{e}_1, \ldots, \mathbf{e}_n$. Em $\mathbb{R}^3$ uma reta tem dimensão 1 e um plano tem dimensão 2.
- O espaço vetorial $\mathcal{M}(2, 2)$ das matrizes 2 por 2 tem dimensão 4 pois tem como base as quatro matrizes.

$$\begin{pmatrix} 1 & 0 \\ 0 & 0 \end{pmatrix}, \begin{pmatrix} 0 & 1 \\ 0 & 0 \end{pmatrix}, \begin{pmatrix} 0 & 0 \\ 1 & 0 \end{pmatrix}, \begin{pmatrix} 0 & 0 \\ 0 & 1 \end{pmatrix}$$

Mais geralmente o espaço vetorial $\mathcal{M}(m, n)$ tem dimensão mn, . Tem uma base formada das matrizes $N(i, j)$, $1 \le i \le m$, $1 \le j \le n$, com todos os elementos nulos exceto o elemento ij-ésimo que é 1. Se A é uma matriz m por n com elemento ij a_{ij} então $A = \sum_{i,j=1}^{n} a_{ij} N(i, j)$. Isto mostra que estas matrizes geram $\mathcal{M}(m, n)$. Se existe uma combinação linear $\sum_{i,j=1}^{n} a_{ij} N(i,j) = \mathbf{0}$ então o elemento ij a_{ij}, da combinação linear será 0, logo todos os $a_{ij} = 0$. Portanto as $N(i, j)$ são linearmente independentes.

- O espaço vetorial $\mathcal{P}(\mathbb{R}, \mathbb{R})$ tem dimensão infinita. Isto resulta de $1, x, x^2, \ldots$ formarem base infinita.

- O espaço vetorial $\mathcal{P}^n(\mathbb{R}, \mathbb{R})$ tem dimensão $n + 1$ pois tem como base

$$1, x, x^2, \ldots, x^n$$

Agora notamos uma consequencia para V de ter uma base $\mathbf{v}_1, \ldots, \mathbf{v}_n$. Como esses vetores geram V, sabemos que todo vetor $\mathbf{v}$ pode ser representado como combinação linear $\mathbf{v} = c_1 \mathbf{v}_1 + \cdots + c_n \mathbf{v}_n$. Afirmamos que os números $c_1, \ldots, c_n$ são únicos. Suponhamos que exista outra representação $\mathbf{v} = d_1 \mathbf{v}_1 + \cdots + d_n \mathbf{v}_n$. Então tomando a diferença de $\mathbf{v}$ com $\mathbf{v}$ mesmo temos

$$\mathbf{0} = (c_1 - d_1) \mathbf{v}_1 + \cdots + (c_n - d_n) \mathbf{v}_n$$

Como os $\mathbf{v}_i$ são linearmente independentes isto dá $(c_1 - d_1) = \cdots = (c_n - d_n) = 0$ de modo que $c_i = d_i$ para todo i. Registramos isto para referência futura.

PROPOSIÇÃO 2.2.4 Se $\mathbf{v}_1, \ldots, \mathbf{v}_n$ é uma base para V então cada vetor $\mathbf{v}$ de V pode ser escrito de modo único como $\mathbf{v} = c_1 \mathbf{v}_1 + \cdots + c_n \mathbf{v}_n$.

Suponha que já sabemos que a dimensão de um espaço vetorial V é n e que são dados n vetores $\mathbf{v}_1, \ldots, \mathbf{v}_n \in V$. Para verificar se isto é uma base teríamos que saber que são linearmente independentes e que geram V. Mas afirmamos que uma destas propriedades implica a outra quando a dimensão é n. Primeiro, suponhamos que $\mathbf{v}_1, \ldots, \mathbf{v}_n$ são linearmente independentes. Então devem gerar V. Suponha dado $\mathbf{v} \in V$. Então $\mathbf{v}_1, \ldots, \mathbf{v}_n, \mathbf{v}$ são $n + 1$ vetores num espaço de dimensão n logo devem ser dependentes. Assim existem $c_1, \ldots, c_{n+1}$ não todos nulos tais que

$$c_1 \mathbf{v}_1 + \cdots + c_n \mathbf{v}_n + c_{n+1} \mathbf{v} = \mathbf{0}$$

Não podemos ter $c_{n+1} = 0$ pois isto viria em contradição a serem $\mathbf{v}_1, \ldots, \mathbf{v}_n$ linearmente independentes. Então podemos resolver para $\mathbf{v}$ como combinação linear de $\mathbf{v}_1, \ldots, \mathbf{v}_n$, o que mostra que geram V. De outro lado, se sabemos que os $\mathbf{v}_i$ geram V, então têm de ser linearmente independentes. Pois caso contrário um deles poderia ser escrito como combinação linear dos outros. Então podemos achar $n - 1$ vetores que geram V, contradizendo o fato de V ser de dimensão n de modo que existem n vetores linearmente independentes em V. Note que a dimensão de um espaço vetorial é sempre menor ou igual ao número de vetores em qualquer conjunto gerador, pois sempre podemos achar uma base como subcoleção de um conjunto gerador jogando fora vetores dependentes um de cada vez. Esta

94 Capítulo 2

discussão prova a seguinte útil proposição.

PROPOSIÇÃO 2.2.5 Se a dimensão de V é n e $\mathbf{v}_1, \ldots, \mathbf{v}_n$ são n vetores de V, então eles formam uma base se são independentes OU se geram V.

Exercício 2.2.1
Em cada parte determine se o vetor $\mathbf{v}$ está no subespaço gerado por $\mathbf{v}_1, \mathbf{v}_2, \mathbf{v}_3$. Se está, dê constantes c_1, c_2, c_3 tais que $\mathbf{v} = c_1 \mathbf{v}_1 + c_2 \mathbf{v}_2 + c_3 \mathbf{v}_3$.
(a) $\mathbf{v} = (1, 1, -1, 2), \mathbf{v}_1 = (2, 0, -1, 1), \mathbf{v}_2 = (3, 1, 1, 1)\ \mathbf{v}_3 = (-3, 1, 2, 1)$
(b) $\mathbf{v} = (11, 1, -1, 2), \mathbf{v}_1 = (2, 0, -1, 1), \mathbf{v}_2 = (3, 1, 1, 1), \mathbf{v}_3 = (-3, 1, 2, 1)$

Exercício 2.2.2
Em cada parte determine se os vetores dados são linearmente independentes
(a) $(1, 2, 3), (4, 5, 6), (7, 8, 9)$
(b) $(2, 1, 4), (3, 9, 2), (3, 6, 2), (4, 7, 2)$
(c) $(1, 1, 1), (1, 1, 0), (1, 0, 0)$
(d) $(1, 5, 2, 7), (3, 2, 1, 5), (3, 2, 1, 1), (2, 6, 2, 1)$

Exercício 2.2.3
Em cada parte determine se a coleção de polinômios dada é linearmente independente.
(a) $1, 1 + x, 1 + x + x^2$
(b) $3 + x - x^2, x + x^2, 6 + 3x - x^2$

Exercício 2.2.4
Considere o espaço vetorial das matrizes 2 por 2 e o subespaço S das matrizes 2 por 2 simétricas, isto

é, da forma $\begin{pmatrix} a & b \\ b & c \end{pmatrix}$. Mostre que as três matrizes $\begin{pmatrix} 1 & 0 \\ 0 & 0 \end{pmatrix}, \begin{pmatrix} 0 & 1 \\ 1 & 0 \end{pmatrix}, \begin{pmatrix} 0 & 0 \\ 0 & 1 \end{pmatrix}$ geram S. Formam uma

base de S? Justifique sua asserção.

Exercício 2.2.5
Mostre que os vetores $(1, 1, 1), (1, 1, 0), (1, 0, 0)$ geram $\mathbb{R}^3$.

Exercício 2.2.6
Mostre que não pode existir um conjunto de dois vetores que gera $\mathbb{R}^3$.

Exercício 2.2.7
Determine se ger $((1, 2, 1), (3, 1, 2)\ (2, -1, 1))$ é uma reta por $\mathbf{0}$, um plano por $\mathbf{0}$ ou $\mathbb{R}^3$ todo. Se for reta ou plano escreva a equação na forma usual.

Exercício 2.2.8
Ache uma base para o conjunto de matrizes anti-simétricas 3 por 3

$$\begin{pmatrix} 0 & a & b \\ -a & 0 & c \\ -b & -c & 0 \end{pmatrix}$$

Exercício 2.2.9
Mostre que todo subespaço de $\mathbb{R}^3$ é ou $\{\mathbf{0}\}$, uma reta, um plano, ou todo $\mathbb{R}^3$.

Transformações lineares **95**

2.3 TRANSFORMAÇÕES LINEARES

Vimos alguns exemplos de espaços vetoriais. Agora queremos discutir o tipo apropriado de funções entre espaços vetoriais. Como um espaço vetorial tem dois tipos de operações, queremos considerar funções que sejam consistentes com estas operações.

DEFINIÇÃO 2.3.1. Se V e W são espaços vetoriais, uma **transformação linear** $L : V \rightarrow W$ é uma função que satisfaz às duas propriedades

$$L\,(\mathbf{v}_1 + \mathbf{v}_2) = L\,(\mathbf{v}_1) + L\,(\mathbf{v}_2) \ \text{ e } \ L\,(a\mathbf{v}) = aL(\mathbf{v})$$

onde $\mathbf{v}_1, \mathbf{v}_2$ e $\mathbf{v}$ pertencem a V e a é um número real.

Outro modo de expressar a propriedade de linearidade a que uma transformação linear deve satisfazer é

$$L\,(a_1\mathbf{v}_1 + a_2\mathbf{v}_2) = a_1 L\,(\mathbf{v}_1) + a_2 L\,(\mathbf{v}_2)$$

Se L é uma transformação linear então satisfará a esta propriedade pois

$$L\,(a_1\mathbf{v}_1 + a_2\mathbf{v}_2) = L\,(a_1\mathbf{v}_1) + L\,(a_2\mathbf{v}_2) = a_1 L\,(\mathbf{v}_1) + a_2 L(\mathbf{v}_2)$$

De outro lado se L satisfaz à propriedade de linearidade em termos de combinação linear então tomando $a_2 = 0$ vê-se que L satisfaz à propriedade correta em termos de multiplicação por escalar, e escolhendo $a_1 = a_2 = 1$ vê-se que L satisfaz à propriedade de linearidade com relação à adição. Num exercício adiante mostra-se que uma transformação linear satisfaz

$$L\,(a_1\mathbf{v}_1 + \cdots + a_k\mathbf{v}_k) = a_1 L(\mathbf{v}_1) + \cdots + a_k L(\mathbf{v}_k)$$

Isto é, L manda uma combinação linear geral numa combinação linear.

Uma transformação linear $L : V \rightarrow W$ satisfaz $L(\mathbf{0}) = \mathbf{0}$:

$$L(\mathbf{0}) = L(0 \cdot \mathbf{v}) = 0 \cdot L(\mathbf{v}) = \mathbf{0}$$

Aqui o primeiro $\mathbf{0}$ é a identidade aditiva de V, e o segundo é a identidade aditiva de W.

Lembre que observamos antes que a função $L \colon \mathbb{R}^n \rightarrow \mathbb{R}^m$ dada por $L(\mathbf{v}) = A\mathbf{v}$ (onde A é matriz m por n e $\mathbf{v}$ está sendo considerado como vetor coluna) satifaz a esta propriedade e portanto é uma transformação linear. Vimos também que toda transformação linear de $\mathbb{R}^n$ para $\mathbb{R}^m$ provém desta maneira de alguma matriz A . Vamos generalizar isto na Secção 2.7 mostrando como associar matrizes a tranformações lineares.

Agora olhamos alguns exemplos de transformações lineares.

■ *Exemplo 2.3.1* Considere a aplicação $L_A : \mathbb{R}^2 \rightarrow \mathbb{R}^2$ obtida multiplicando pela matriz

$A = \begin{pmatrix} 2 & 1 \\ 1 & 2 \end{pmatrix}$. Vimos antes que a multiplicação por matriz é uma transformação linear. Para ter uma idéia de onde L_A manda vetores, a Figura 2.1. mostra a imagem de um triângulo. O triângulo original é dado em linhas cheias e a imagem em linhas pontilhadas. ■

A Figura 2.2. mostra onde o círculo unitário é mandado por L_A .

■ *Exemplo 2.3.2* Considere a função $L \colon \mathbb{R}^2 \rightarrow \mathbb{R}^2$ que reflete cada vetor pelo eixo–x. Isto tem a fórmula $L(x, y) = (x, -y)$. Vem da multiplicação pela matriz $\begin{pmatrix} 1 & 0 \\ 0 & -1 \end{pmatrix}$ portanto é uma transformação linear.

A Figura 2.3 mostra a imagem de dois triângulos sob esta reflexão pelo eixo–x.

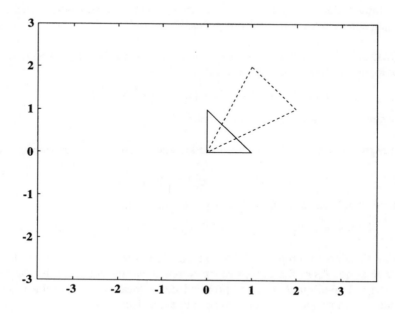

Figura 2.1. Imagem de um triângulo sob L_A

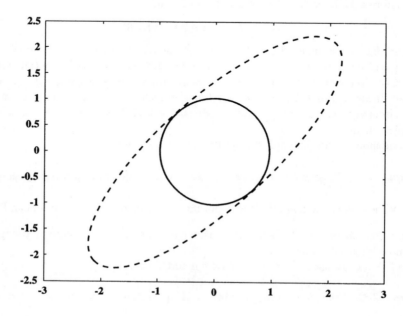

Figura 2.2. Imagem de círculo sob L_A

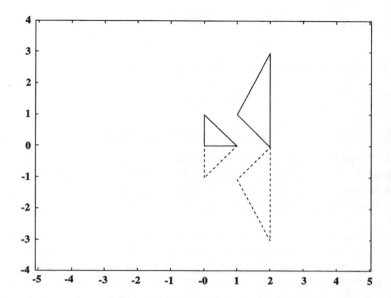

Figura 2.3. Imagem de dois triângulos sob reflexão pelo eixo–x

Suponha que escolhemos outra reta pela qual fazer a reflexão. Por exemplo, vamos refletir pela reta $x = 2y$. Uma reflexão por uma reta é caracterizada por mandar cada vetor da reta nele mesmo e mandar um vetor perpendicular à reta em seu negativo. Para ver o que a reflexão por uma reta pela origem faz a um vetor qualquer, primeiro escrevemos $\mathbf{v} = \mathbf{v}_1 + \mathbf{v}_2$, onde $\mathbf{v}_1$ está sobre a reta $x = 2y$ e $\mathbf{v}_2$

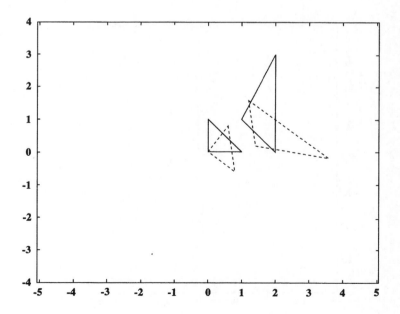

Figura 2.4. Imagem de triângulos por reflexão por $x = 2y$

está na reta perpendicular $y = -2x$. Que isto é possível, e que há um modo único de fazer isto usa o

fato de $(2, 1), (-1, 2)$ ser uma base de $\mathbb{R}^2$. Então definimos
$$L(\mathbf{v}) = L(\mathbf{v}_1 + \mathbf{v}_2) = \mathbf{v}_1 - \mathbf{v}_2$$
Se $\mathbf{v} = \mathbf{v}_1 + \mathbf{v}_2$ e $\mathbf{w} = \mathbf{w}_1 + \mathbf{w}_2$, então $\mathbf{v} + \mathbf{w} = (\mathbf{v}_1 + \mathbf{w}_1) + (\mathbf{v}_2 + \mathbf{w}_2)$ e então
$$L(\mathbf{v} + \mathbf{w}) = (\mathbf{v}_1 + \mathbf{w}_1) - (\mathbf{v}_2 + \mathbf{w}_2) = (\mathbf{v}_1 - \mathbf{v}_2) + (\mathbf{w}_1 - \mathbf{w}_2) = L(\mathbf{v}) + L(\mathbf{w})$$
Também,
$$L(c\mathbf{v}) = L(c\mathbf{v}_1 + c\mathbf{v}_2) = c\mathbf{v}_1 - c\mathbf{v}_2 = c(\mathbf{v}_1 - \mathbf{v}_2) = cL(\mathbf{v})$$
Assim L é uma transformação linear. Esta linearidade também pode ser vista geometricamente.

Como a reflexão L é uma transformação linear de $\mathbb{R}^2$ para $\mathbb{R}^2$, existe alguma matriz A 2 por 2 tal que L seja simplesmente a multiplicação por A. Uma de nossas tarefas será a de achar esta matriz.

A Figura 2.4 mostra a imagem dos mesmos dois triângulos sob esta reflexão. ∎

■ *Exemplo 2.3.3* Seja $L : \mathbb{R}^2 \to \mathbb{R}^2$ a rotação de 60 graus. Então L é uma transformação linear pois se somarmos dois vetores e girarmos a soma obteremos o mesmo resultado que se primeiro girarmos os vetores e depois efetuarmos a soma. Para ver isto, formamos o paralelogramo associado à adição de dois vetores e depois giramos todo o paralelogramo para ilustrar a adição dos dois vetores girados. Também, se um vetor é multiplicado por um escalar e depois girarmos o resultado obtemos o mesmo resultado que se primeiro girarmos depois multiplicarmos pela constante. Para ver que matriz corresponde a L, computamos $L(\mathbf{e}_1) = (1/2, \sqrt{3}/2)$ e $L(\mathbf{e}_2) = (-\sqrt{3}/2, 1/2)$. Assim L corresponde a multiplicar pela matriz $\begin{pmatrix} 1/2 & -\sqrt{3}/2 \\ \sqrt{3}/2 & 1/2 \end{pmatrix}$

A figura 2.5 representa a imagem de um triângulo sob esta rotação.

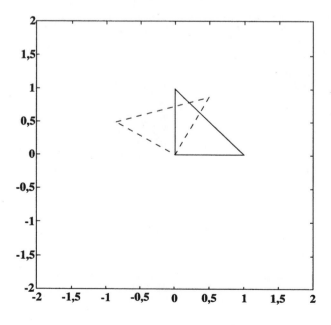

Figura 2.5. Imagem de um triângulo sob rotação por $\pi/3$

Um cálculo semelhante mostra que uma rotação por um ângulo θ corresponde a multiplicação pela matriz $\begin{pmatrix} \cos\theta & -\text{sen}\theta \\ \text{sen}\theta & \cos\theta \end{pmatrix}$. Mais geralmente, podemos considerar uma rotação em $\mathbb{R}^3$ em que haja algum eixo fixo. Isto dará também uma transformação linear L e acharemos A tal que $L = L_A$. ∎

∎ **Exemplo 2.3.4** Considere a aplicação $L : \mathbb{R}^3 \to \mathbb{R}^3$ que projeta cada vetor no plano–xy, $L(x, y, z)$

$= (x, y, 0)$. Isto corresponde a multiplicar pela matriz $\begin{pmatrix} 1 & 0 & 0 \\ 0 & 1 & 0 \\ 0 & 0 & 0 \end{pmatrix}$ onde as colunas indicam as imagens

dos vetores $\mathbf{e}_1$, $\mathbf{e}_2$, $\mathbf{e}_3$ por L. Como provém de multiplicação por matriz, será uma aplicação linear. Uma projeção um pouco mais complicada viria de escolher um plano P diferente em $\mathbb{R}^3$ e projetar cada vetor ortogonalmente sobre esse plano. O significado disto é que decomporíamos cada vetor como $\mathbf{v} + \mathbf{w}$ onde $\mathbf{v}$ pertence a P e $\mathbf{w}$ à reta pela origem que é perpendicular ao plano P, e $L(\mathbf{v} + \mathbf{w}) = \mathbf{v}$. Isto é a generalização do que acontece no primeiro exemplo pois estamos mandando $(x, y, z) = (x, y, 0) + (0, 0, z)$ em $(x, y, 0)$. Esta será uma transformação linear pois se $\mathbf{z}_1 = \mathbf{v}_1 + \mathbf{w}_1$ e $\mathbf{z}_2 = \mathbf{v}_2 + \mathbf{w}_2$, então $\mathbf{z}_1 + \mathbf{z}_2 = (\mathbf{v}_1 + \mathbf{v}_2) + (\mathbf{w}_1 + \mathbf{w}_2)$ e portanto

$$L(\mathbf{z}_1 + \mathbf{z}_2) = \mathbf{v}_1 + \mathbf{v}_2 = L(\mathbf{z}_1) + L(\mathbf{z}_2)$$

Também $c\mathbf{z}_1 = c\mathbf{v}_1 + c\mathbf{w}_1$ implica que

$$L(c\mathbf{z}_1) = c\mathbf{v}_1 = cL(\mathbf{z}_1)$$

Estamos usando tanto que P e a reta perpendicular são subespaços quanto o fato de cada vetor de $\mathbb{R}^3$ ter uma decomposição única como soma de um vetor em P e um vetor na reta perpendicular. Verificaremos estes fatos mais tarde e discutiremos esta transformação linear que chamaremos de **projeção** sobre o plano P com muito mais detalhes. Em particular, ela deve provir da multiplicação por uma matriz e uma de nossas tarefas será encontrar essa matriz. ∎

∎ **Exemplo 2.3.5** Seja $\mathcal{D}(\mathbb{R}, \mathbb{R})$ o espaço vetorial das funções diferenciáveis com infinitas derivadas. Defina $D : \mathcal{D}(\mathbb{R}, \mathbb{R}) \to \mathcal{D}(\mathbb{R}, \mathbb{R})$ por $D(f) = f'$, onde f' denota a derivada de f. Então

$$D(af + bg) = (af + bg)' = af' + bg' = aD(f) + bD(g)$$

portanto D é uma transformação linear. ∎

∎ **Exemplo 2.3.6** Seja $\mathcal{I}_0 : \mathcal{D}(\mathbb{R}, \mathbb{R}) \to \mathcal{D}(\mathbb{R}, \mathbb{R})$ a aplicação que toma a primitiva h de f satisfazendo $h(0) = 0$. Esta pode também se escrita como

$$\mathcal{I}_0(f)(x) = \int_0^x f(t)\, dt$$

Por exemplo, $\mathcal{I}_0(x^2) = x^3/3$. $\mathcal{I}_0(f)$ é pois caracterizada por $D\mathcal{I}_0(f) = f$ e $\mathcal{I}_0(f)(0) = 0$. Então

$$\mathcal{I}_0(af + bg) = a\,\mathcal{I}_0(f) + b\,\mathcal{I}_0(g)$$

pois

$$D(a\mathcal{I}_0(f) + b\mathcal{I}_0(g)) = a\,D\mathcal{I}_0(f) + b\,D\mathcal{I}_0(g) = af + bg$$

e

$$(a\mathcal{I}_0(f) + b\mathcal{I}_0(g))(0) = a\mathcal{I}_0(f)(0) + b\mathcal{I}_0(g)(0) = 0 + 0 = 0$$

Poderíamos também verificar isto usando a integral definida. ∎

100 Capítulo 2

Se $L_1, \ldots, L_k$ são transformações lineares de V em W, então podemos formar uma combinação linear $a_1 L_1 + \cdots + a_k L_k$ usando a fórmula

$$(a_1 L_1 + \cdots + a_k L_k)(\mathbf{v}) = a_1 L_1(\mathbf{v}) + \cdots + a_k L_k(\mathbf{v})$$

Aqui as operações de espaço vetorial em W estão sendo usadas para definir a adição e multiplicação por escalar no segundo membro. Isto é apenas a verificação de que transformações lineares formam um subespaço do espaço vetorial de todas as funções de V em W. Denotamos este espaço vetorial de todas as transformações lineares de V em W por $\mathscr{L}(V,W)$. Usamos esta idéia no Exemplo 2.3.7.

■ *Exemplo 2.3.7* Consideremos a equação diferencial $y'' - 3y + 2y = 0$. Seja $D : \mathscr{D}(\mathbb{R}, \mathbb{R}) \to \mathscr{D}(\mathbb{R}, \mathbb{R})$ a transformação linear que toma a derivada de uma função, $D(y) = y'$. A composição $D \circ D$ de D com ela mesma, que denotaremos por D^2, corresponderá a tomar a segunda derivada: $D^2(y) = D(D(y)) = D(y') = (y')' = y''$. Então o primeiro membro da equação pode ser reescrito como a combinação linear $(D^2 - 3D + 2I)\,y$, onde $I(y) = y$. Assim as soluções da equação diferencial serão aquelas funções y que $L = D^2 - 3D + 2I$ envia na função zero $\mathbf{0}$. Note que a transformação linear L se fatora como a composição de $(D - 2I)$ e $(D - I)$, $L = (D - 2I)(D - I) = (D - I)(D - 2I)$. Aqui estamos usando a justaposição de $D - 2I$ e $D - I$ para indicar a composição destas transformações lineares. A igualdade pode ser verificada avaliando sobre uma função arbitrária. Depende do fato de D comutar com I: $DI = ID = D$. Por causa desta igualdade toda função que $D - I$ ou $D - 2I$ envia no $\mathbf{0}$ é enviada em $\mathbf{0}$ por L. Note que $(D - I)\,y = y' - y$, $(D - 2I)\,y = y' - 2y$. Assim toda solução de $y' - 2y = 0$ ou de $y' - y = 0$ é solução da equação de segunda ordem precedente. Duas tais soluções são $y = e^{2t}$ e $y = e^t$. Como L é transformação linear, combinações lineares de soluções de $Ly = \mathbf{0}$ são também soluções: se $L(y_1) = 0 = L(y_2)$ então

$$L(c_1 y_1 + c_2 y_2) = c_1 L(y_1) + c_2 L(y_2) = c_1 \cdot 0 + c_2 \cdot 0 = 0$$

Assim $c_1 e^{2t} + c_2 e^t$ é solução de $Ly = \mathbf{0}$. Veremos mais tarde que isto implicará que a solução geral desta equação é $c_1 e^{2t} + c_2 e^t$. ■

■ *Exemplo 2.3.8.* Nosso último exemplo consistirá de várias funções que não são transformações lineares.

(a) Seja $F : \mathbb{R} \to \mathbb{R}$ a função $f(x) = x^2$. Então $f(2x) = 4x^2 = 4f(x) \neq 2f(x)$ e portanto f não é linear.

(b) Seja $F : \mathscr{F}(\mathbb{R}, \mathbb{R}) \to \mathscr{F}(\mathbb{R}, \mathbb{R})$ dada por $F(f) = |f|$: isto é, F leva a função ao seu valor absoluto. Note que $f + (-f) = \mathbf{0}$ mas que $\mathbf{0} = F(\mathbf{0}) = F(f + (-f)) \neq F(f) + F(-f) = |f| + |f| = 2|f|$ a menos que $f = \mathbf{0}$. Assim F não é uma transformação linear.

(c) Seja $S : \mathcal{M}(2, 2) \to \mathcal{M}(2, 2)$ definida por $S(A) = A^2$. Então $S(2A) = 4A^2 = 4S(A)$ e S não é uma transformação linear.

(d) Considere $S : \mathscr{D}(\mathbb{R}, \mathbb{R}) \to \mathscr{D}(\mathbb{R}, \mathbb{R})$ dada por $S(y) = y'' - (y')^2$. Então $S(cy) = cy'' - c^2(y')^2 \neq cS(y)$ se $c \neq 1$. Assim S não é linear. A equação diferencial $Sy = 0$ é chamada uma equação diferencial não-linear. As propriedades das soluções de equações diferenciais lineares e não-lineares são perceptivelmente diferentes. Para equações lineares as soluções formam um espaço vetorial (quando o segundo membro é 0), ao passo que isto não acontece com equações não-lineares,

(e) Seja $\mathscr{I}_1 : \mathscr{D}(\mathbb{R}, \mathbb{R}) \to \mathscr{D}(\mathbb{R}, \mathbb{R})$ definida tomando $\mathscr{I}_1(f)$ como a primitiva de f que satisfaz $(\mathscr{I}_1(f))(0) = 1$. Então $\mathscr{I}_1(0) = 1 \neq 0$, de modo que $\mathscr{I}_1$ não é uma transformação linear. ■

Exercício 2.3.1 _____

Mostre que se $L : V \to W$ é uma transformação linear, então

$$L(a_1 \mathbf{v}_1 + \cdots + a_k \mathbf{v}_k) = a_1 L(\mathbf{v}_1) + \cdots + a_k L(\mathbf{v}_k)$$

Transformações lineares **101**

(Sugestão: Use indução sobre k.)

Exercício 2.3.2
Verifique que as transformações lineares formam um subespaço do espaço vetorial $\mathscr{F}(V, W)$ de todas as funções do espaço vetorial V no espaço vetorial W.

Exercício 2.3.3
Para cada uma das funções seguintes, determine se é uma transformação linear.
   (a) $L : \mathscr{P}^n(\mathbb{R}, \mathbb{R}) \to \mathbb{R}^{n+1}$, onde $L(a_0 + a_1 x + \cdots + a_n x^n) = (a_0, a_1, \ldots, a_n)$.
   (b) $M : \mathbb{R}^{n+1} \to \mathscr{P}^n(\mathbb{R}, \mathbb{R})$, onde $M(a_0, \ldots, a_n) = a_0 + a_1 x + \cdots + a_n x^n$. Mostre que LM é a transformação linear identidade de $\mathbb{R}^{n+1}$ e ML é a transformação linear identidade de $\mathscr{P}^n(\mathbb{R}, \mathbb{R})$.
   (c) $H : \mathbb{R}^2 \to \mathbb{R}^3$, $H(x, y) = (x, y, xy)$.
   (d) $F : \mathscr{D}(\mathbb{R}, \mathbb{R}) \to \mathscr{D}(\mathbb{R}, \mathbb{R})$, onde $F(y) = y'' - 2y + e^x$
   (e) $T : \mathscr{M}(m, n) \to \mathscr{M}(n, m)$, onde $T(A) = A^t$.
   (f) $H_f : \mathscr{D}(\mathbb{R}, \mathbb{R}) \to \mathscr{D}(\mathbb{R}, \mathbb{R})$ onde $H_f(g) = f \cdot g$, onde $(f \cdot g)(x) = f(x)g(x)$
   (g) $T : \mathscr{D}(\mathbb{R}, \mathbb{R}) \to \mathbb{R}$, $T(f) = \int_0^1 f(t)\, dt$.
   (h) $L : \mathbb{R}^3 \to \mathbb{R}^3$, $L(\mathbf{v}) = \mathbf{v} \times \mathbf{e}_1$, onde $\times$ denota o produto vetorial.
   (i) $L : \mathbb{R}^3 \to \mathbb{R}^3$, $L(x, y, z) = (xy, yz)$.

Encerramos esta secção estabelecendo conexão entre os tópicos de transformações lineares e bases.

PROPOSIÇÃO 2.3.1. Sejam V, W espaços vetoriais, $\mathscr{V} = \{\mathbf{v}_1, \ldots, \mathbf{v}_n\}$ uma base de V, e $\mathbf{w}_1, \ldots, \mathbf{w}_n \in W$. Então existe uma única transformação linear $L : V \to W$ satisfazendo $L(\mathbf{v}_i) = \mathbf{w}_i$. Em particular isto significa que uma transformação linear $L : V \to W$ é completamente determinada por seus valores na base $\mathscr{V}$.

Antes de dar a prova desta proposição observamos a força da condição que é sua conclusão. Uma função geral $f : \mathbb{R}^2 \to \mathbb{R}$ é um objeto muito complicado, e seus valores em dois pontos de $\mathbb{R}^2$ dão muito pouca informação sobre ela. Pense no gráfico total da função e na informação dada por dois pontos desse gráfico. De outro lado, uma transformação linear $L : \mathbb{R}^2 \to \mathbb{R}$ é completamente determinada conhecendo-se $L(\mathbf{e}_1) = a$, $L(\mathbf{e}_2) = b$. A transformação linear é então

$$L(x, y) = L(x\mathbf{e}_1 + y\mathbf{e}_2) = xL(\mathbf{e}_1) + yL(\mathbf{e}_2) = ax + by$$

Seu gráfico é agora o plano que passa pelos pontos

$$(0, 0, 0), (1, 0, a), (0, 1, b)$$

Em geral, uma transformação linear $L : \mathbb{R}^n \to \mathbb{R}^m$ é, como se mostrou, a multiplicação por uma matriz A, onde $A^j = L(\mathbf{e}_j)$, e portanto é completamente determinada pelos valores $L(\mathbf{e}_j)$ na base canônica $\mathbf{e}_1$, $\ldots$, $\mathbf{e}_n$. Esta proposição diz que um fenômeno semelhante vale para qualquer transformação linear. Levaremos isto mais adiante na Secção 2.7.

Agora damos a prova da proposição.

Prova. Quanto à existência, podemos definir L como segue. Todo vetor $\mathbf{v} \in V$ pode ser expresso de modo único na forma.

$$\mathbf{v} = c_1 \mathbf{v}_1 + \ldots + c_n \mathbf{v}_n$$

Então defina

102 Capítulo 2

$$L(\mathbf{v}) = c_1 \mathbf{w}_1 + \cdots + c_n \mathbf{w}_n$$

Por definição, $L(v_i) = \mathbf{w}_i$ pois

$$\mathbf{v}_i = 0 \cdot \mathbf{v}_1 + \cdots + 0 \cdot \mathbf{v}_{i-1} + 1 \cdot \mathbf{v}_i + \cdots + 0 \cdot \mathbf{v}_{i+1} + \cdots + 0 \cdot \mathbf{v}_n$$

Precisamos verificar que L é de fato uma transformação linear. Suponhamos

$$\mathbf{v} = c_1 \mathbf{v}_1 + \cdots + c_n \mathbf{v}_n , \mathbf{u} = d_1 \mathbf{v}_1 + \cdots + d_n \mathbf{v}_n$$

Então

$$\mathbf{v} + \mathbf{u} = (c_1 + d_1) \mathbf{v}_1 + \cdots + (c_n + d_n) \mathbf{v}_n$$

e

$$
\begin{aligned}
L(\mathbf{v} + \mathbf{u}) &= (c_1 + d_1) \mathbf{w}_1 + \cdots + (c_n + d_n) \mathbf{w}_n \\
&= (c_1 \mathbf{w}_1 + \cdots + c_n \mathbf{w}_n) = (d_1 \mathbf{w}_1 + \cdots + d_n \mathbf{w}_n) \\
&= L(\mathbf{v}) + L(\mathbf{u})
\end{aligned}
$$

Também

$$
\begin{aligned}
L(a\mathbf{v}) &= L(ac_1 \mathbf{v}_1 + \cdots + ac_n \mathbf{v}_n) \\
&= ac_1 \mathbf{w}_1 + ac_n \mathbf{w}_n \\
&= a(c_1 \mathbf{w}_1 + \cdots + c_n \mathbf{w}_n) \\
&= aL(\mathbf{v})
\end{aligned}
$$

Quanto à unicidade, suponhamos que $L : V \to W$ é uma transformação linear que satisfaz $L(\mathbf{v}_i) = \mathbf{w}_i$. Para todo $\mathbf{v} \in V$ existem constantes únicas $c_1, \ldots, c_n$ com

$$\mathbf{v} = c_1 \mathbf{v}_1 + \cdots + c_n \mathbf{v}_n$$

Então L sendo uma transformação linear segue-se

$$L(\mathbf{v}) = L(c_1 \mathbf{v}_1 + \cdots + c_n \mathbf{v}_n) = c_1 L(\mathbf{v}_1) + \cdots + c_n L(\mathbf{v}_n) = c_1 \mathbf{w}_1 + \cdots + c_n \mathbf{w}_n$$

Assim L é completamente determinada por seus valores nesta base. ■

■ *Exemplo 2.3.9* Considere o plano $V \subset \mathbb{R}^3$ dado pela equação $x + y + z = 0$. Como as soluções desta equação são da forma $c_1(-1, 1, 0) + c_2(-1, 0, 1)$ os vetores $\mathbf{v}_1 = (-1, 1, 0)$, $\mathbf{v}_2 = (-1, 0, 1)$ geram este plano V. Eles são independentes pois $c_1(-1, 1, 0) + c_2(-1, 0, 1) = (0, 0, 0)$ significa $(-c_1 - c_2, c_1, c_2)$ $= (0, 0, 0)$ e então $c_1 = c_2 = 0$. Assim estes dois vetores formam uma base para o plano. Agora considere as dois vetores de $\mathbb{R}^2$ dados por $\mathbf{w}_1 = (2, 3)$, $\mathbf{w}_2 = (-1, 2)$. Então a Proposição 2.3.1 diz que existe uma única transformação linear $L : V \to \mathbb{R}^2$ com $L(\mathbf{v}_i) = \mathbf{w}_i$. Para ver onde L envia um vetor geral $\mathbf{v} \in V$, escrevamos $\mathbf{v} = c_1 \mathbf{v}_1 + c_2 \mathbf{v}_2$ e então $L(\mathbf{v}) = c_1(2, 3) + c_2(-1, 2)$. Por exemplo, olhemos $L(-4, 3, 1)$. Primeiro resolva-se para c_1, c_2 com

$$(-4, 3, 1) = c_1(-1, 1, 0) + c_2(-1, 0, 1) = (-c_1 - c_2, c_1, c_2)$$

Esta é fácil de resolver, dando $c_1 = 3$, $c_2 = 1$. Então $L(-4, 3, 1) = 3(2, 3) + (-1, 2) = (5, 11)$.

Para encontrar uma fórmula para o caso em que L é aplicada a um vetor geral $(x, y, z) \in V$, temos primeiro que resolver para c_1, c_2 a

$$(x, y, z) = c_1(-1, 1, 0) + c_2(-1, 0, 1)$$

A solução é $c_1 = y$, $c_2 = z$. Então

$$L(x, y, z) = y(2, 3) + z(-1, 2) = (2y - z, 3y + 2z)$$ ■

Espaços vetoriais isomorfos e dimensão **103**

Exercício 2.3.4

Suponha que $L : V = \text{ger }((1, 0, 1), (0, 1, 1)) \to \mathbb{R}^4$ é uma transformação linear satisfazendo

$$L(1, 0, 1) = (1, 2, 3, 4), L(0, 1, 1) = (0, 1, 0, 1)$$

(a) Escreva o vetor $(2, 3, 5)$ como combinação linear

$$(2, 3, 5) = c_1(1, 0, 1) + c_2(0, 1, 1)$$

e ache $L(2, 3, 5)$

(b) Para um vetor geral $(x, y, z) \in V$, escreva

$$(x,\ y,\ z) = c_1(1, 0, 1) + c_2(0, 1, 1)$$

Resolva para c_1, c_2 em termos de x, y, z e ache uma fórmula para $L(x, y, z)$.

Exercício 2.3.5

Suponha que

$$L : \text{ger }((1, 2, 3), (4, 5, 6)) \to \mathbb{R}^4$$

é uma transformação linear satisfazendo

$$L(1, 2, 3) = (1, 2, 3, 4), L(4, 5, 6) = (0, 1, 0, 1)$$

(a) Escreva o vetor $(10, 11, 12)$ como combinação linear

$$(10, 11, 12) = c_1(1, 2, 3) + c_2(4, 5, 6)$$

e ache $L(10, 11, 12)$.

(b) Para um vetor geral $(x,\ y,\ z) \in V$ escreva

$$(x, y, z) = c_1(1, 2, 3) + c_2(4, 5, 6)$$

Resolva para $c_1\, c_2$ em termos de x, y, z e então ache uma fórmula para $L(x, y, z)$.

2.4 ESPAÇOS VETORIAIS ISOMORFOS E DIMENSÃO

Nossa discussão na última secção sobre bases e dimensão mostra que uma transformação linear L: $V \to W$ é completamente determinada por seus valores numa base de V. Algumas transformações lineares têm a propriedade de mandar uma base $\{\mathbf{v}_1, ..., \mathbf{v}_n\}$ de V a uma base $\{\mathbf{w}_1, ..., \mathbf{w}_n\}$ de W. Quando isto acontece podemos definir uma transformação linear $M : W \to V$ tal que $M(\mathbf{w}_i) = \mathbf{v}_i$, $i = 1, ..., n$. Temos $ML(\mathbf{v}_i) = \mathbf{v}_i$, $LM(\mathbf{w}_j) = \mathbf{w}_j$. Como as transformações lineares, ML, LM são determinadas por seus valores nestas bases, $ML(\mathbf{v}) = \mathbf{v}$, $ML(\mathbf{w}) = \mathbf{w}$.

DEFINIÇÃO 2.4.1 Uma transformação linear L: $V \to W$ chama-se um **isomorfismo** se existe uma transformação linear M: $W \to V$ (chamada a **inversa** de L) que satisfaz $ML(\mathbf{v})$ para todo $\mathbf{v} \in V$, e $LM(\mathbf{w}) = \mathbf{w}$ para todo $\mathbf{w} \in W$. Os espaços vetoriais V e W se dizem **isomorfos**.

■ *Exemplo 2.4.1* A transformação linear L: $\mathscr{P}^2 \to \mathbb{R}^3$ dada por

$$L(a_0 + a_1 x + a_2 x^2) = (a_0, a_1, a_2)$$

104 Capítulo 2

que manda um polinômio em seus coeficientes satisfaz

$$L(1) = \mathbf{e}_1, L(x) = \mathbf{e}_2, L(x^2) = \mathbf{e}_3$$

Defina uma transformação linear $M: \mathbb{R}^3 \to \mathcal{P}^2(\mathbb{R}, \mathbb{R})$ que envie estes vetores da base de $\mathbb{R}^3$ de volta à base de partida de $\mathcal{P}^2(\mathbb{R}, \mathbb{R})$:

$$M(\mathbf{e}_1) = 1, M(\mathbf{e}_2) = x, M(\mathbf{e}_3) = x^2$$

A fórmula completa para M é

$$M(a, b, c) = a + bx + cx^2$$

Então L e M são isomorfismos, e os espaços vetoriais $\mathcal{P}^2$ e $\mathbb{R}^3$ são isomorfos. ∎

Nossa discussão precedendo a definição de isomorfismo fornece o seguinte meio básico para reconhecer um isomorfismo.

PROPOSIÇÃO 2.4.1 Seja $L: V \to W$ uma transformação linear. Seja $\mathcal{V} = \{\mathbf{v}_1, \ldots, \mathbf{v}_n\}$ uma base de V, e $\mathbf{w}_i = L(\mathbf{v}_i)$. Então L é um isomorfismo see $\mathbf{w}_1, \ldots, \mathbf{w}_n$ formam uma base para W.

Prova. Já vimos que se $\mathbf{w}_1, \ldots, \mathbf{w}_n$ é uma base para W então podemos definir uma inversa M para L pela fórmula $M(\mathbf{w}_i) = \mathbf{v}_i$. Suponha que sabemos que L é um isomorfismo e tem inversa M. Temos que provar que $\mathbf{w}_1 = L(\mathbf{v}_1), \ldots, \mathbf{w}_n = L(\mathbf{v}_n)$ é uma base para W. Primeiro mostramos que são independentes. Suponha que

$$c_1\mathbf{w}_1 + \cdots + c_n\mathbf{w}_n = \mathbf{0}$$

Então

$$c_1 M(\mathbf{w}_1) + \cdots + c_n M(\mathbf{w}_n) = M(c_1\mathbf{w}_1 + \cdots + c_n\mathbf{w}_n) = M(\mathbf{0}) = \mathbf{0}$$

Mas $ML(\mathbf{v}) = \mathbf{v}$ implica $M(\mathbf{w}_i) = ML(\mathbf{v}_i) = \mathbf{v}_i$. Portanto

$$c_1\mathbf{v}_1 + \cdots + c_n\mathbf{v}_n = c_1 M(\mathbf{w}_1) + \cdots + c_n M(\mathbf{w}_n) = \mathbf{0}$$

e a independência dos $\mathbf{v}_i, \ldots, \mathbf{v}_n$ implica $c_1 = \cdots = c_n = 0$. Agora precisamos provar que $\mathbf{w}_1, \ldots, \mathbf{w}_n$ geram W. Seja $\mathbf{w} \in W$. Então $M(\mathbf{w}) = c_1\mathbf{v}_1 + \cdots + c_n\mathbf{v}_n$ para certos $c_1, \ldots, c_n$ pois $\mathbf{v}_1, \ldots, \mathbf{v}_n$ geram V. Então

$$\begin{aligned} \mathbf{w} &= LM(\mathbf{w}) = L(c_1\mathbf{v}_1 + \cdots + c_n\mathbf{v}_n) \\ &= c_1 L(\mathbf{v}_1) + \cdots + c_n L(\mathbf{v}_n) = c_1\mathbf{w}_1 + \cdots + c_n\mathbf{w}_n \end{aligned}$$ ∎

Um enunciado informal para a proposição é que um isomorfismo é uma transformação linear que manda uma base numa base.

COROLÁRIO 2.4.2. Se V e W são espaços vetoriais de dimensão finita então eles são isomorfos see têm a mesma dimensão.

Prova. Como um isomorfismo $L: V \to W$ manda uma base de V numa base de W, estas duas bases têm o mesmo número de vetores, e portanto V e W têm a mesma dimensão. De outro lado, se V e W têm a mesma dimensão, seja $\mathbf{v}_1, \ldots, \mathbf{v}_n$ uma base de V e seja $\mathbf{w}_1, \ldots, \mathbf{w}_n$ uma base de W. Então defina uma transformação linear $L: V \to W$ pondo $L(\mathbf{v}_i) = \mathbf{w}_i$, $i = 1, \ldots, n$. Como L envia uma base numa base, é um isomorfismo e portanto V e W são isomorfos. ∎

Como caso particular do corolário, todo espaço vetorial de dimensão n é isomorfo a $\mathbb{R}^n$. Existe

Espaços vetoriais isomorfos e dimensão **105**

uma forma especial de isomorfismo que será muito útil para nós no estudo do espaços vetoriais de dimensão n. Resulta de mandar uma base dada de V na base canônica de $\mathbb{R}^n$ e é o que foi usado no Exemplo 2.4.1. Suponha que $\mathcal{V} = \{\mathbf{v}_1, \ldots, \mathbf{v}_n\}$ é uma base de V. Então a transformação linear $L: V \to \mathbb{R}^n$ definida por $L(\mathbf{v}_i) = \mathbf{e}_i$ é um isomorfismo. Para um vetor geral $\mathbf{v} \in V$, primeiro escrevemos $\mathbf{v} = c_1 \mathbf{v}_1 + \ldots + c_n \mathbf{v}_n$ e então

$$L(\mathbf{v}) = L(v_1 \mathbf{v}_1 + \cdots + c_n \mathbf{v}_n) = c_1 \mathbf{e}_1 + \cdots + c_n \mathbf{e}_n = (c_1, \ldots, c_n)$$

A inversa M é dada por

$$M(c_1, \ldots, c_n) = c_1 \mathbf{v}_1 + \cdots + c_n \mathbf{v}_n$$

Descreveremos este isomorfismo L dizendo que envia um vetor em suas coordenadas com relação à base $\mathcal{V}$. Vamos estudá-lo mais a fundo na Secção 2.7. Ele nos permitirá transferir problemas de um espaço vetorial geral V para problemas em $\mathbb{R}^n$ onde podemos usar técnicas de matrizes.

A relação de isomorfismo entre espaços vetoriais é uma relação de equivalência. Isto significa que satisfaz a três propriedades:

1) *Reflexividade: V é isomorfo a V.* Um isomorfismo é dado simplesmente pela transformação linear identidade nas duas direções.

2) *Simetria: V isomorfo a W implica que W é isomorfo a V. V* isomorfo a W significa que existem transformações lineares $L: V \to W$ e $M: W \to V$ tais que $ML(\mathbf{v}) = \mathbf{v}$ e $LM(\mathbf{w}) = \mathbf{w}$. Mas então L e M podem ser usadas para mostrar que W é isomorfo a V.

3) *Transitividade: V isomorfo a W e W isomorfo a X implica que V é isomorfo a X. V* isomorfo a W implica que existem transformações lineares $L: V \to W$ e $M: W \to V$ com $LM(\mathbf{w}) = \mathbf{w}$ e $ML(\mathbf{v}) = \mathbf{v}$. W isomorfo a X implica que existem transformações lineares $N: W \to X$ e $P: X \to W$ com $NP(\mathbf{x}) = \mathbf{x}$ e $PN(\mathbf{w}) = \mathbf{w}$. Então as composições $NL: V \to X$ e $MP: X \to V$ serão transformações lineares tais que $(MP)(NL)(\mathbf{v}) = M(PN)(L(\mathbf{v})) = M(L(\mathbf{v})) = ML(\mathbf{v}) = \mathbf{v}$ e $(NL)(MP)(\mathbf{x}) = N(LM)(P\mathbf{x})) = N(P(\mathbf{x})) = NP(\mathbf{x}) = \mathbf{x}$. Assim V e X são isomorfos.

Analisemos um pouco mais a definição de isomorfismo. Uma propriedade necessária de $L: V \to W$ é a de ser uma **bijeção**. Isto significa que:

1) L leva V **sobre** W (cada vetor $\mathbf{w} \in W$ é $L(\mathbf{v})$ para algum $\mathbf{v} \in V$). Isto vale para um isomorfismo por $L(M(\mathbf{w})) = \mathbf{w}$.

2) L é $\mathbf{1-1}$, o que significa que $L(\mathbf{v}) = L(\mathbf{v}')$ implica $\mathbf{v} = \mathbf{v}'$. Isto vale para um isomorfismo porque

$$L(\mathbf{v}) = L(\mathbf{v}') \text{ implica } \mathbf{v} = ML(\mathbf{v}) = ML(\mathbf{v}') = \mathbf{v}'$$

De modo geral L ser bijeção é equivalente a existir uma função $M: W \to V$ que satisfaz $ML(\mathbf{v}) = \mathbf{v}$ e $LM(\mathbf{w}) = \mathbf{w}$, que é então chamada a inversa de L. Porém, verifica-se que M terá que ser linear porque L o é. Pois suponha que L é uma transformação linear e M satisfaz às propriedades acima. Então se $\mathbf{w}, \mathbf{w}' \in W$ e $a, b \in \mathbb{R}$, escrevemos $M(\mathbf{w}) = \mathbf{v}$ e $M(\mathbf{w}') = \mathbf{v}'$. Então $L(\mathbf{v}) = \mathbf{w}$ e $L(\mathbf{v}') = \mathbf{w}'$. Mas L linear implica que

$$L(a\mathbf{v} + b\mathbf{v}') = aL(\mathbf{v}) + bL(\mathbf{v}') = a\mathbf{w} + b\mathbf{w}'$$

Então $ML(a\mathbf{v} + b\mathbf{v}') = M(a\mathbf{w} + b\mathbf{w}')$ e

$$ML(a\mathbf{v} + b\mathbf{v}') = a\mathbf{v} + b\mathbf{v}' = aM(\mathbf{w}) + bM(\mathbf{w}')$$

de modo que M é linear. Assim para verificar que uma transformação linear $L: V \to W$ é um

106 Capítulo 2

isomorfismo basta saber que L é bijeção.

Agora introduzimos um conceito relacionado, o de espaço de anulamento ou núcleo.

DEFINIÇÃO 2.4.2. Se $L: V \to W$ é uma transformação linear então o **espaço de anulamento** ou **núcleo** $\mathcal{N}(L) = \{\mathbf{v} \in V: L(\mathbf{v}) = \mathbf{0}\}$.

Primeiro observe que se L é a multiplicação por uma matriz A, então $\mathcal{N}(L) = \mathcal{N}(A)$. Em seguida, note que $\mathbf{0} \in \mathcal{N}(L)$ pois $L(\mathbf{0}) = \mathbf{0}$. Se L é $1 - 1$, então $L(\mathbf{v}) = \mathbf{0} = L(\mathbf{0})$ implica $\mathbf{v} = \mathbf{0}$ de modo que $\mathcal{N}(L) = \{\mathbf{0}\}$.

Em seguida afirmamos que basta saber que o núcleo $\mathcal{N}(L) = \{\mathbf{0}\}$ para saber que L é $1 - 1$. Pois se $L(\mathbf{v}) = L(\mathbf{v}')$ e $\mathcal{N}(L) = \{\mathbf{0}\}$, então $L(\mathbf{v} - \mathbf{v}') = \mathbf{0}$ implica $\mathbf{v} - \mathbf{v}' = \mathbf{0}$ e $\mathbf{v} = \mathbf{v}'$.

Finalmente considere uma transformação linear $L: V \to W$ em que a dimensão de V é igual à dimensão de W. Se partimos de uma base de V e olhamos os vetores imagens, eles serão independentes see geram W. L $1 - 1$ implica que são independentes. De outro lado L sobre implica que geram W. Assim concluímos que L é isomorfismo se ou L é $1 - 1$ ou é sobre.

Provamos os fatos seguintes.

PROPOSIÇÃO 2.4.3.

1) Se dim V = dim $W = n$ então V e W são isomorfos um ao outro. Em particular cada um é isomorfo a $\mathbb{R}^n$. A relação de isomorfismo é uma relação de equivalência no conjunto dos espaços vetoriais. Dois espaços vetoriais de dimensão finita quaisquer são isomorfos see têm a mesma dimensão .

2) Se $L: V \to W$ é uma transformação linear que é uma bijeção, então L é um isomorfismo.

3) Se $L: V \to W$ é uma transformação linear com espaço de anulamento $\{\mathbf{0}\}$, então L é $1 - 1$.

4) Uma transformação linear $L: V \to W$ é um isomorfismo see leva uma base de V numa base de W.

5) Se dim V = dim W e $L: V \to W$ é uma transformação linear, então L é um isomorfismo se L é $1 - 1$ OU L é sobre.

■ *Exemplo 2.4.2.* Considere o espaço T das matrizes 3 por 3 que são triangulares superiores, e o espaço S das matrizes 3 por 3 simétricas. Cada um é de dimensão seis, de modo que são isomorfos. Um isomorfismo explícito é dado por

$$L\begin{pmatrix} a & b & c \\ 0 & d & e \\ 0 & 0 & f \end{pmatrix} = \begin{pmatrix} a & b & c \\ b & d & e \\ c & e & f \end{pmatrix}$$

Note que cada espaço é isomorfo a $\mathbb{R}^6$. ■

■ *Exemplo 2.4.3.* Considere a transformação linear

$$L: R^4 \to \mathcal{M}(2, 2), L(x_1, x_2, x_3, x_4) = \begin{pmatrix} x_1 & x_1 - x_2 \\ x_1 + 2x_3 & x_1 + x_2 - x_4 \end{pmatrix}$$

Para mostrar que é um isomorfismo basta mostrar que $\mathcal{N}(L) = \{\mathbf{0}\}$. Mas $L(\mathbf{x}) = \mathbf{0}$ significa $A\mathbf{x} = \mathbf{0}$

onde $A = \begin{pmatrix} 1 & 0 & 0 & 0 \\ 1 & -1 & 0 & 0 \\ 1 & 0 & 2 & 0 \\ 1 & 1 & 0 & -1 \end{pmatrix}$. Como det $A = 2$, A é inversível de modo que a única solução é $\mathbf{x} = \mathbf{0}$. ■

Transformações lineares e subespaços **107**

Exercício 2.4.1

Considere a transformação linear $L: \mathbb{R}^3 \to S$, onde S é o espaço vetorial das matrizes 2 por 2 simétricas.

L é definida por $L\,(x, y, z) = \begin{pmatrix} x & y \\ y & z \end{pmatrix}$. Verifique que L é um isomorfismo de espaços vetoriais.

Exercício 2.4.2

Mostre que se $L: V \to W$ satisfaz $L\,(\mathbf{v}_i) = \mathbf{w}_i$, $i = 1, \ldots, n$ e os $\mathbf{w}_i$ são independentes, então os $\mathbf{v}_i$ são independentes.

Exercício 2.4.3

Uma reta em $\mathbb{R}^3$ pode ser isomorfa a um plano em $\mathbb{R}^3$? Justifique a resposta.

Exercício 2.4.4

Suponha que $\mathbf{v}_1, \ldots, \mathbf{v}_n$ e $\mathbf{w}_1, \ldots, \mathbf{w}_n$ são ambas bases de um espaço vetorial V. Mostre que existe uma matriz n por $n\,A$, com elemento $ij\,a_{ij}$ tal que $\mathbf{v}_j = \sum_{j=1}^{n} a_{ij}\,\mathbf{w}_i$ e uma matriz n por $n\,B$ com elemento $pm\,b_{pm}$ e $\mathbf{w}_m = \sum_{p=1}^{n} b_{pm}\,\mathbf{v}_p$. Mostre que A e B são inversas uma da outra.

Exercício 2.4.5

Suponha que $L: V \to W$ é uma transformação linear. Seja $\mathbf{v}_1, \ldots, \mathbf{v}_n$ uma base de V e sejam $\mathbf{w}_i = L\,(\mathbf{v}_i)$. Mostre que se L é $1-1$, então os $\mathbf{w}_i$ são independentes e se L é sobre então os $\mathbf{w}_i$ geram W.

Exercício 2.4.6

Mostre que se S é um subespaço de T da mesma dimensão, então eles são iguais. (Sugestão: comece com uma base de S e mostre que é também uma base de T).

2.5 TRANFORMAÇÕES LINEARES E SUBESPAÇOS

Agora queremos aplicar algumas das idéias desenvolvidas nas secções anteriores para estudar certos subespaços associados a transformações lineares. Restringindo-nos às transformações lineares de $\mathbb{R}^n$ para $\mathbb{R}^m$ que provêm de multiplicação por uma matriz A, estudaremos também a relação entre os espaços de linhas e de colunas de A, e os espaços de anulamento de A e A^t. Lembremos que na última secção definimos o espaço de anulamento de uma transformação linear. Agora definimos imagem de uma transformação linear.

DEFINIÇÃO 2.5.1 Seja $L: V \to W$ uma transformação linear. Associado a L temos a **imagem** de L, $\mathscr{I}\,(L) = \{\,\mathbf{w} \in W : L(\mathbf{v}) = \mathbf{w} \text{ para algum } \mathbf{v} \in V\,\}$.

Quando L provêm de multiplicação por matriz A, a imagem de L é o que antes chamamos $\mathscr{I}\,(A)$.

DEFINIÇÃO 2.5.2. Chamamos **nulidade** $n(L)$ á dimensão de $\mathscr{N}\,(L)$ e **posto** de L, $p(L)$, à dimensão de $\mathscr{I}\,(L)$.

Consideramos agora o caso em que dim V é finita. Como $\mathscr{N}\,(L) \subset V$, $n\,(L)$ é finito. Como a imagem de L é gerada pela imagem por L de vetores de uma base de V, então $\mathscr{I}\,(L)$ é de dimensão finita e portanto $p\,(L)$ é finito também. Nesta situação existe o seguinte teorema, que diz que a soma da nulidade e do posto deve ser igual à dimensão do espaço domínio. No caso da transformação

108 Capítulo 2

linear L_A isto é a afirmação de que o número total de variáveis n é a soma do número p de variáveis básicas (que corresponde a uma base de $\mathcal{I}(A)$) mais o número de variáveis livres (que corresponde a uma base de $\mathcal{N}(A)$).

> **TEOREMA 2.5.1 (Teorema do posto e anulamento)** Suponha que $L: V \to W$ é transformação linear e que V é de dimensão finita. Então
> $$p(L) + n(L) = \dim V$$

Prova. Seja $\mathbf{v}_1, ..., \mathbf{v}_k$ uma base de $\mathcal{N}(L)$ e $\mathbf{w}_1, ..., \mathbf{w}_p$ uma base de $\mathcal{I}(L)$. Aqui $k = n(L)$ e $p = p(L)$. Para verificar o resultado precisamos achar uma base de V com $k + p$ vetores pois toda base terá dim V vetores. Como $\mathbf{w}_i \in \mathcal{I}(L)$, existem vetores $\mathbf{u}_1, ..., \mathbf{u}_p$ em V tais que $L(\mathbf{u}_i) = \mathbf{w}_i$, $i = 1, ..., p$. Agora afirmamos que $\mathbf{v}_1, ..., \mathbf{v}_k, \mathbf{u}_1, ..., \mathbf{u}_p$ formam uma base de V. Primeiro mostramos que são independentes. Suponha que $c_1 \mathbf{v}_1 + \cdots + c_k \mathbf{v}_k + d_1 \mathbf{u}_1 + \cdots + d_p \mathbf{u}_p = \mathbf{0}$. Aplicando L a ambos os lados e usando que $L(\mathbf{v}_i) = \mathbf{0}$ (pois $\mathbf{v}_i \in \mathcal{N}(L)$) e $L(\mathbf{u}_i) = \mathbf{w}_i$ vem $d_1 \mathbf{w}_1 + \cdots + d_p \mathbf{w}_p = \mathbf{0}$. Mas os $\mathbf{w}_i$ são independentes pois formam base de $\mathcal{I}(L)$, logo isto implica que $d_i = 0$, $i = 1, ..., p$. Isto então dá $c_1 \mathbf{v}_1 + \cdots + c_k \mathbf{v}_k = \mathbf{0}$. A independência do $\mathbf{v}_i$ (pois formam base de $\mathcal{N}(L)$ implica que $c_i = 0$, $i = 1, ..., k$. Assim os $\mathbf{v}_i$ e $\mathbf{u}_i$ são independentes.

Agora mostramos que os $\mathbf{v}_i$ e $\mathbf{u}_i$ geram V. Seja dado $\mathbf{v} \in V$. Então $L(\mathbf{v})$ está em $\mathcal{I}(L)$ e $\{\mathbf{w}_i, i = 1, ..., p\}$ formam uma base de $\mathcal{I}(L)$ logo existem escalares $d_1, ..., d_p$ com $L(\mathbf{v}) = d_1 \mathbf{w}_1 + \cdots + d_p \mathbf{w}_p$. Podemos usar o fato de $L(\mathbf{u}_i) = \mathbf{w}_i$ para ver que $L(d_1 \mathbf{u}_1 + \cdots + d_p \mathbf{u}_p) = d_1 \mathbf{w}_1 + \cdots + d_p \mathbf{w}_p = L(\mathbf{v})$. Então $L(\mathbf{v} - (d_1 \mathbf{u}_1 + \cdots + d_p \mathbf{u}_p)) = \mathbf{0}$ e portanto $\mathbf{v} - (d_1 \mathbf{u}_1 + \cdots + d_p \mathbf{u}_p)$ está em $\mathcal{N}(L)$. Como os $\mathbf{v}_i$ formam base de $\mathcal{N}(L)$ temos que $\mathbf{v} - (d_1 \mathbf{u}_1 + \cdots + d_p \mathbf{u}_p) = c_1 \mathbf{v}_1 + \cdots + c_k \mathbf{v}_k$ para convenientes c_i. Mas isto implica que $\mathbf{v} = c_1 \mathbf{v}_1 + \cdots + c_k \mathbf{v}_k + d_1 \mathbf{u}_1 + \cdots + d_p \mathbf{u}_p$, o que mostra que os $\mathbf{u}_i$ e $\mathbf{v}_i$ geram V. ∎

Agora aplicamos o Teorema 2.5.1. à transformação linear $L_A: \mathbb{R}^n \to \mathbb{R}^m$ onde L_A é a transformação linear proveniente da multiplicação por A, matriz m por n. Então $\mathcal{N}(L_A) = \mathcal{N}(A)$ e $\mathcal{I}(L_A) = \mathcal{I}(A)$. Existe solução de $A\mathbf{x} = \mathbf{b}$ exatamente quando $\mathbf{b}$ pertence a $\mathcal{I}(A)$. Além disso, as soluções de $A\mathbf{x} = \mathbf{b}$ são da forma $\mathbf{v}_0 + c_1 \mathbf{v}_1 + \cdots + c_k \mathbf{v}_k$, onde $\mathbf{v}_0$ é uma particular solução de $A\mathbf{x} = \mathbf{b}$ e $c_1 \mathbf{v}_1 + \cdots + c_k \mathbf{v}_k$ é a solução geral de $A\mathbf{x} - \mathbf{0}$; isto é, esta combinação linear denota o vetor geral do espaço de anulamento $\mathcal{N}(A)$. Mas isto significa apenas que queremos que $\mathbf{v}_1, ..., \mathbf{v}_k$ seja uma base de $\mathcal{N}(A)$.

Nossa discussão anterior no capítulo 1 da resolução de $A\mathbf{x} = \mathbf{0}$ agora permitirá achar uma base para $\mathcal{N}(A)$. Usamos a eliminação gaussiana para reduzir A a uma matriz R em forma normal reduzida. Então o algoritmo para resolver $R\mathbf{x} = \mathbf{b}$ na secção 1.3 nos diz como ler a solução geral como combinação linear de $n - p$ soluções, onde há uma solução correspondendo a cada variável livre. Isto implica que estas $n - p$ soluções geram $\mathcal{N}(A)$. Que formam uma base depende de verificar que são independentes. Se chamarmos estas soluções $\mathbf{v}_1, ..., \mathbf{v}_k$, $k = n - p$, e denotarmos por $f(i)$ a i-ésima variável livre, então elas satisfazem à propriedade de ser o elemento na posição $f(i)$ de $\mathbf{v}_j$ igual a zero a não ser que $i = j$, e então vale 1. Assim se tivermos $c_1 \mathbf{v}_1 + \cdots + c_k \mathbf{v}_k = \mathbf{0}$ então o elemento na posição $f(i)$ é c_i e portanto $c_i = 0$ para todo i. Assim a dimensão de $\mathcal{N}(A)$ é $n - p$, onde p é o número de variáveis básicas.

■ **Exemplo 2.5.1.** Considere a matriz $A = \begin{pmatrix} 1 & 2 & 3 \\ 4 & 5 & 6 \\ 7 & 8 & 9 \end{pmatrix}$. Então o algoritmo gaussiano de

eliminação dá $O_1 = \begin{pmatrix} 1 & 0 & 0 \\ -4 & 1 & 0 \\ 1 & -2 & 1 \end{pmatrix}$, $U = \begin{pmatrix} 1 & 2 & 3 \\ 0 & -3 & -6 \\ 0 & 0 & 0 \end{pmatrix}$, $R = \begin{pmatrix} 1 & 0 & -1 \\ 0 & 1 & 2 \\ 0 & 0 & 0 \end{pmatrix}$

Da forma de R vemos que uma base para $\mathcal{N}(A)$ é dada por $(1, -2, 1)$. ■

O número p que ocorre é também o número de linhas não nulas na matriz reduzida normal R (ou

Transformações lineares e subespaços **109**

na matriz U, que tem o mesmo número de linhas não nulas). Em particular, isto implica que o número p não depende do método usado para reduzir A à forma normal (em particular, de usarmos pivoteamento ou não) pois aparece como $n - \dim \mathcal{N}(A)$. A proposição agora implicará que $\dim \mathcal{I}(L) = p$. Agora queremos descrever como achar uma base para $\mathcal{I}(L)$. Olhamos a matriz U ao fim do passo de eliminação para a frente e achamos as colunas que contêm os pivôs. Já mostramos que são independentes. Agora olhamos as colunas correspondentes na matriz A. Cada uma destas colunas está no espaço de colunas de A que é $\mathcal{I}(A)$. Existem p destas, pois há p pivôs. Suponha que existe uma relação $a_1 A^{c(1)} + \ldots + a_p A^{c(p)} = \mathbf{0}$. Então isto dá uma solução de $A\mathbf{x} = \mathbf{0}$, em que o elemento na posição $c(i)$-ésima é a_i e todos os elementos que não correspondem a colunas básicas são nulos. Este vetor então seria uma solução de $U\mathbf{x} = \mathbf{0}$ e portanto daria uma relação semelhante $a_1 U^{c(1)} + \ldots + a_p U^{c(p)} = \mathbf{0}$. Como estas colunas de U são independentes, os $a_i = 0$, o que mostra que as correspondentes colunas de A são independentes. Como temos p vetores independentes no espaço p-dimensional $\mathcal{I}(A)$, eles formam uma base.

Um outro argumento para mostrar que $A^{c(1)}, \ldots, A^{c(p)}$ são independentes: a multiplicação por O_1 é um isomorfismo de $\mathbb{R}^m$ sobre si mesmo pois O_1 é inversível. Ele envia o espaço de colunas de A no espaço de colunas de U e sua restrição é um isomorfismo entre esses espaços de colunas. Também envia $A^{c(1)}, \ldots, A^{c(p)}$ em $U^{c(1)}, \ldots, U^{c(p)}$. Como um isomorfismo manda base em base, o fato de $U^{c(1)}, \ldots, U^{c(p)}$ ser uma base do espaço de colunas de U implica que $A^{c(1)}, \ldots, A^{c(p)}$ é uma base do espaço de colunas de A.

■ **Exemplo 2.5.2** Voltamos à matriz A do último exemplo. As colunas de U que contêm as variáveis livres são as duas primeiras. Assim nosso método diz que se tomarmos as duas primeiras colunas de A teremos uma base para $\mathcal{I}(A)$. Isto dá a base $(1, 4, 7)$, $(2, 5, 8)$. Outro modo de olhar isto é que uma vez que sabemos que a dimensão da imagem de A é dois, tudo o que temos que fazer é apresentar dois vetores independentes na imagem de A para ter uma base. Nosso algoritmo nos diz que as duas primeiras colunas funcionam, mas para esta matriz duas colunas quaisquer serviriam também. ■

Agora olhamos o espaço de linhas, que é também $\mathcal{I}(A^t)$. Aqui afirmamos que as linhas não nulas de U formam uma base. Sabemos que são independentes. Assim só temos que provar que estão no espaço de linhas e que o geram. Para ver que estão no espaço de linhas consideramos o processo gaussiano de eliminação. Cada passo substitui uma linha por combinação linear (especial) de outras linhas. Assim cada linha da nova matriz depois de um passo está no espaço de linhas da matriz original. Assim o espaço de linhas da nova matriz está contido no espaço de linhas da matriz original. Como cada passo é reversível isto implica que as linhas da velha matriz são combinações lineares das linhas da nova. Assim o velho espaço de linhas está contido no novo. Concluímos que o espaço de linhas não sofre alteração durante todo o processo gaussiano de eliminação, mesmo que as linhas mudem. Ao fim do algoritmo de eliminação, para a frente haverá p linhas não nulas e $m - p$ linhas nulas. Assim as combinações lineares destas linhas serão as mesmas que as das linhas não nulas. Isto significa que as linhas não nulas de U geram o espaço de linhas. Assim fornecem uma base para esse espaço. Note que isto implica que a dimensão do espaço de linhas é igual à dimensão do espaço de colunas.

DEFINIÇÃO 2.5.3 A dimensão do espaço de linhas de uma matriz é chamado o **posto por linhas** da matriz, e a dimensão do espaço de colunas é chamado o **posto por colunas**. O que acabamos de mostrar é às vezes expresso dizendo que o posto de colunas é igual ao posto de linhas. O **posto** da matriz é então definido como sendo esse número comum. É também igual ao posto da transformação linear dada por multiplicação pela matriz.

Poderíamos ter encontrado outra base para o espaço de colunas, primeiro tomando a transposta

110 Capítulo 2

da matriz, efetuando o passo de eliminação para a frente sobre ela e depois tomando as linhas não nulas. Nossos cálculos mostraram assim que obteríamos o mesmo número p de linhas não nulas que antes com A, mesmo que obtenhamos uma base diferente para o espaço de colunas desta forma. Note também que poderíamos usar a matriz R no argumento e obter uma base diferente para o espaço de linhas.

■ *Exemplo 2.5.3* Continuando com nosso último exemplo, poderíamos obter uma base para o espaço de linhas usando as linhas não nulas de U, o que daria $(1, 2, 3)$, $(0, -3, -6)$. Ou também poderíamos usar as linhas não nulas de R, que dão a base $(1, 0, -1)$, $(0, 1, 2)$. Outro modo de obter uma base seria usando o fato de o espaço de linhas ter dimensão dois de modo que se escolhermos duas linhas independentes de A estas dão uma base. Aqui poderíamos escolher duas linhas quaisquer de A. Se escolhermos as duas primeiras linhas obteremos a base $(1, 2, 3)$, $(4, 5, 6)$. ■

Agora descreveremos como encontrar uma base para o espaço de anulamento de A^t. Primeiro observamos que, usando a proposição aplicada à multiplicação por A^t como transformação linear de $\mathbb{R}^m$ para $\mathbb{R}^n$ e que a dimensão de $\mathcal{I}(A^t)$ é igual ao número p de linhas não nulas, obtemos que a dimensão de $\mathcal{N}(A^t)$ é igual a $m - p$. Assim precisamos apenas achar $m - p$ vetores independentes no espaço de anulamento de A^t. Mas temos uma equação $O_1 A = U$, que, tomando transpostas, dá $A^t O^t_1 = U^t$. Como as $m - p$ últimas colunas de U^t são nulas, isto significa que cada uma das $m - p$ últimas colunas de O^t_1 está no núcleo de A^t. Mas O^t_1 é inversível (sendo produto de matrizes elementares) portanto suas colunas são independentes (pois uma relação de dependência daria uma solução não trivial para $O^t_1 \mathbf{c} = \mathbf{0}$ e uma matriz inversível só tem a solução trivial). Assim as colunas de O^t_1 são independentes e portanto as últimas $m - p$ colunas dão $m - p$ vetores independentes no espaço $m - p$ dimensional $\mathcal{N}(A^t)$. Portanto estas colunas formam uma base para $\mathcal{N}(A^t)$.

■ *Exemplo 2.5.4* Continuamos com nosso exemplo. Como a última linha da matriz O_1 é $(1 \ -2 \ 1)$ nossa discussão dá que uma base de $\mathcal{N}(A^t)$ é $(1, -2, 1)$. ■

Lembre que no capítulo 1 mostramos que $A\mathbf{x} = \mathbf{b}$ tem uma solução see $\mathbf{b}$ é perpendicular às $m - p$ últimas colunas de O^t_1. Como estas formam uma base para $\mathcal{N}(A^t)$, isto pode ser reexpresso como

$$\mathbf{b} \in \mathcal{I}(A) \text{ see } \langle \mathbf{b}, \mathbf{c} \rangle = 0 \text{ para todo } \mathbf{c} \in \mathcal{N}(A^t)$$

Lembre-se que também mostramos no capítulo 1 o fato seguinte, que agora reenunciamos em termos de $\mathcal{N}(A)$:

$$\mathbf{x} \in \mathcal{N}(A) \text{ see } \langle \mathbf{x}, \mathbf{y} \rangle = 0 \text{ para todo } \mathbf{y} \in \mathcal{I}(A^t)$$

Levaremos adiante estes fatos no capítulo 3 quando discutirmos ortogonalização mais a fundo. Na terminologia alí introduzida, $\mathcal{N}(A)$ e $\mathcal{I}(A^t)$ são complementares ortogonais em $\mathbb{R}^n$, e $\mathcal{N}(A^t)$ e $\mathcal{I}(A)$ são complementares ortogonais em $\mathbb{R}^m$.

DEFINIÇÃO 2.5.4 Os subespaços

$$\mathcal{N}(A), \ \mathcal{N}(A^t), \ \mathcal{I}(A), \ \mathcal{I}(A^t)$$

são chamados **quatro subespaços fundamentais associados à matriz A** .

A terminologia *subespaços fundamentais* para estes quatro importantes subespaços é devida a Gilbert Strang em seu texto [7], onde ele destaca a sua importância para resolver $A\mathbf{x} = \mathbf{b}$.

Agora enunciamos os algoritmos desenvolvidos acima para achar bases para cada um dos subespaços fundamentais.

Algoritmos para bases para os quatro subespaços fundamentais

Seja A uma matriz m por n. Use o algoritmo gaussiano de eliminação para escrever $O_1 A = U$ e $OA = R$, onde U é a matriz ao fim do passo de eliminação para a frente e R é a matriz em forma normal reduzida. Seja p o número de linhas não nulas de U (ou R, são iguais). Identificamos todos os vetores de base com vetores coluna, o que às vezes tornará necessário tomar transpostos.

1. Uma base para $\mathcal{N}(A)$, que é de dimensão $n - p$, é dada pelos $n - p$ vetores encontrados, correspondendo às $n - p$ variáveis livres, associando essa variável livre a 1 e as demais a 0, e resolvendo para as variáveis básicas. Esta base pode ser lida na matriz R: para o i-ésimo vetor associe a i-ésima variável a 1 e as demais livres a 0 e preencha as variáveis básicas com os negativos dos elementos na parte não nula da coluna de R contendo a i-ésima variável livre.
2. Uma base para $\mathcal{I}(A)$, que é de dimensão p, é dada pelas colunas de A correspondendo às variáveis básicas.
3. Uma base para $\mathcal{I}(A^t)$, que é de dimensão p, é dada pelos transpostos das linhas não nulas de U (ou de R).
4. Uma base para $\mathcal{N}(A^t)$, que é de dimensão $m - p$, é dada pelos transpostos das últimas $m - p$ linhas de O_1 (ou de O).

■ Exemplo 2.5.5

$$A = \begin{pmatrix} 1 & 3 & 2 & 1 \\ 4 & 1 & 0 & 2 \\ 1 & 3 & 2 & 2 \\ 0 & 1 & 0 & 0 \end{pmatrix}$$

Então $U = U = \begin{pmatrix} 1 & 3 & 2 & 1 \\ 0 & -11 & -8 & -2 \\ 0 & 0 & -0.73 & -0.18 \\ 0 & 0 & 0 & 1 \end{pmatrix}$. Isto significa que A é inversível, e assim $\mathcal{I}(a) = \mathbb{R}^4 = \mathcal{I}(A^t)$

e $\mathcal{N}(A) = \mathcal{N}(A^t) = \{0\}$. Podemos então tomar a base canônica de $\mathbb{R}^4$ para $\mathcal{I}(A)$ e $\mathcal{I}(A^t)$. Quando não existem linhas nulas em U tem-se $m = p$, e assim a imagem de A é todo o $\mathbb{R}^m$ e $\mathcal{N}(A^t) = \{0\}$. Quando não existem variáveis livres tem-se $n = p$, e assim o espaço de linhas é $\mathbb{R}^n$ e $\mathcal{N}(A) = \{0\}$. ■

■ Exemplo 2.5.6 $A = \begin{pmatrix} 1 & 0 & 2 & 1 & 3 \\ 2 & 4 & 3 & 1 & 3 \\ 0 & 0 & 0 & 0 & 1 \\ 3 & 4 & 5 & 2 & 6 \end{pmatrix}$. Então

$$O_1 = \begin{pmatrix} -1 & 0 & 0 & 0 \\ -2 & 1 & 0 & 0 \\ -0 & 0 & 1 & 0 \\ -1 & -1 & 0 & 1 \end{pmatrix}, U = \begin{pmatrix} 1 & 0 & 2 & 1 & 3 \\ 0 & 4 & -1 & -1 & -3 \\ 0 & 0 & 0 & 0 & 1 \\ 0 & 0 & 0 & 0 & 0 \end{pmatrix} \text{ e } R = \begin{pmatrix} 1 & 0 & 2 & 1 & 0 \\ 0 & 1 & -1/4 & -1/4 & 0 \\ 0 & 0 & 0 & 0 & 1 \\ 0 & 0 & 0 & 0 & 0 \end{pmatrix}$$

Assim uma base para $\mathcal{N}(A)$ é dada por $(-2, 1/4, 1, 0, 0)$ e $(-1, 1/4, 0, 1, 0)$. Uma base para $\mathcal{N}(A^t)$ é dada por $(-1, -1, 0, 1)$. Uma base para $\mathcal{I}(A)$ é dada por $(1, 2, 0, 3), (0, 4, 0, 4)$ e $(3, 3, 1, 6)$. Uma base para $\mathcal{I}(A^t)$ é dada por $(1, 0, 2, 1, 3), (0, 4, -1, -1, -3)$ e $(0, 0, 0, 0, 1)$. ■

■ Exemplo 2.5.7 Agora damos um exemplo envolvendo outros espaços vetoriais. Considere a transformação linear $D: \mathcal{P}^4(\mathbb{R}, \mathbb{R}) \to \mathcal{P}^4(\mathbb{R}, \mathbb{R})$, onde $D(p) = p'$; isto é, D deriva o polinômio. Como

112 Capítulo 2

a derivada de uma função ser zero implica que a função é constante, resulta que o espaço de anulamento de D consiste dos polinômios constantes. São os múltiplos escalares do polinômio 1, assim a dimensão de $\mathcal{N}(D)$ é 1 e uma base para $\mathcal{N}(D) = \{c\}$ é dada pelo polinômio 1. Pelo teorema 2.5.1 a dimensão da imagem de D é quatro. Mas todo polinômio que é a derivada de um polinômio de grau menor ou igual a 4 tem grau menor ou igual a 3. Assim a imagem de D deve estar contida no subespaço dos polinômios de grau menor ou igual a 3, que é $\mathcal{P}^3(\mathbb{R}, \mathbb{R})$. Como a imagem de D e $\mathcal{P}^3(\mathbb{R}, \mathbb{R})$ têm a mesma dimensão, devem ser iguais (ver exercício 2.4.6). Assim a imagem de D é $\mathcal{P}^3(\mathbb{R}, \mathbb{R})$. Portanto tem uma base $1, x, x^2, x^3$. Cada $x^i = D(x^{i+1}/(i+1))$ portanto está na imagem de D como se exige. ∎

Nos exercícios 2.5.1—2.5.4 ache bases para cada um dos quatro subespaços fundamentais associados à matriz dada.

Exercício 2.5.1_____

$$A = \begin{pmatrix} 1 & 2 & 0 \\ 2 & 1 & 1 \\ 0 & 3 & -1 \end{pmatrix}$$

Exercício 2.5.2_____

$$A = \begin{pmatrix} 1 & 0 & -1 & 0 \\ 0 & 1 & 1 & 1 \\ 3 & 2 & -1 & 2 \end{pmatrix}$$

Exercício 2.5.3_____

$$A = \begin{pmatrix} 1 & 2 & 0 & 2 & 1 \\ 0 & 1 & 1 & 1 & 0 \\ 2 & 1 & 1 & 0 & 1 \\ 0 & 4 & 0 & 5 & 1 \end{pmatrix}$$

Exercício 2.5.4_____

$$A = \begin{pmatrix} 1 & -1 & 1 & 0 & 2 & 1 \\ 2 & 1 & 2 & 1 & 2 & 1 \\ 3 & 0 & 3 & 1 & 4 & 2 \\ 1 & 2 & 1 & 1 & 0 & 0 \end{pmatrix}$$

Exercício 2.5.5_____
Considere a transformação linear $L: \mathbb{R}^3 \to \mathcal{D}(\mathbb{R}, \mathbb{R})$ dada por $L(a_1, a_2, a_3) = a_1 \operatorname{sen} t + a_2 \cos t + a_3 \operatorname{sen}(t + \pi/4)$. Ache bases para $\mathcal{N}(L)$ e $\mathcal{I}(L)$.

Exercício 2.5.6_____
Suponha que $L: \mathbb{R}^5 \to \mathcal{P}(\mathbb{R}, \mathbb{R})$ é uma transformação linear sobre $\mathcal{P}^3(\mathbb{R}, \mathbb{R})$. Qual é a dimensão de $\mathcal{N}(L)$, o espaço de anulamento ?

Exercício 2.5.7_____
Mostre que a transformação linear $\dot{L}: \mathbb{R}^4 \to \mathcal{M}(2, 2)$ dada por

$$L(\mathbf{e}_1) = \begin{pmatrix} 1 & 0 \\ 0 & 0 \end{pmatrix}, L(\mathbf{e}_2) = \begin{pmatrix} 1 & 1 \\ 0 & 0 \end{pmatrix}, L(\mathbf{e}_3) = \begin{pmatrix} 1 & 1 \\ 1 & 0 \end{pmatrix}, L(\mathbf{e}_4) = \begin{pmatrix} 1 & 1 \\ 1 & 1 \end{pmatrix}$$

é um isomorfismo.

Construçnoes de subespaços **113**

Exercício 2.5.8

Verifique que $\mathcal{I}(L)$ e $\mathcal{N}(L)$ são subespaços para qualquer transformação linear L.

Exercício 2.5.9

(a) Considere um plano em $\mathbb{R}^3$ com base $(1, 1, 3)$, $(2, 1, 4)$. Ache um vetor sobre a reta perpendicular e use-o para caracterizar o plano como espaço de anulamento de uma matriz A; isto é, das soluções de $A\mathbf{x} = \mathbf{0}$.

(b) Considere a reta em $\mathbb{R}^3$ com base $(1, 0 -2)$. Ache uma matriz B tal que essa reta seja o espaço de anulamento de B.

Exercício 2.5.10

(a) Ache uma base para o subespaço S de $\mathbb{R}^4$ gerado por
$$(1, 0, -1, 1), (2, 1, 1, 0), (0, -1, 3, 2)$$
(b) Ache uma base para o subespaço perpendicular a este subespaço.

(c) Use a base em (b) para dar uma matriz A tal que S seja o espaço de anulamento de A.

2.6 CONSTRUÇÕES DE SUBESPAÇOS

Suponha que S, T são subespaços de um espaço vetorial V.

DEFINIÇÃO 2.6.1 A intersecção de S e T é definida por

$$S \cap T = \{\mathbf{v}: \mathbf{v} \in S \ \text{e} \ \mathbf{v} \in T\}$$

A intersecção será também um subespaço de V; estará contida em S e T. Pois se $\mathbf{v}, \mathbf{w} \in S \cap T$, então isto implica que $\mathbf{v}, \mathbf{w} \in S$ e $\mathbf{v}, \mathbf{w} \in T$. Então toda combinação linear $a\mathbf{v} + b\mathbf{w}$ estará tanto em S quanto em T pois S e T são subespaços. Mas isto significa que $a\mathbf{v} + b\mathbf{w} \in S \cap T$ e assim $S \cap T$ é um subespaço. Como $S \cap T$ está contido em S e em T sua dimensão será menor ou igual à dimensão de cada um. Analogamente a intersecção de um número qualquer (finito ou infinito) de subespaços será um subespaço. Quando temos uma equação $A\mathbf{x} = \mathbf{0}$, estamos olhando a intersecção de m subespaços dados pelas soluções de $\mathbf{A}_i \mathbf{x} = 0$, $i = 1, \ldots, m$, correspondendo às m linhas de A.

Porém a união de subespaços não é, em geral, um subespaço. Mas existe um novo subespaço chamado a **soma**, que é o menor subespaço que contém a união.

DEFINIÇÃO 2.6.2 $S + T = \{\mathbf{v} \in V: \mathbf{v} = \mathbf{s} + \mathbf{t}, \mathbf{s} \in S, \mathbf{t} \in T\}$. $S + T$ é chamado a **soma** de S e T.

Verificamos agora que $S + T$ é um subespaço de V. Se $\mathbf{v}, \mathbf{w} \in S + T$, então $\mathbf{v} = \mathbf{s}_1 + \mathbf{t}_1, \mathbf{w} = \mathbf{s}_2 + \mathbf{t}_2$. Então $a\mathbf{v} + b\mathbf{w} = a(\mathbf{s}_1 + \mathbf{t}_1) + b(\mathbf{s}_2 + \mathbf{t}_2) = (a\mathbf{s}_1 + b\mathbf{s}_2) + (a\mathbf{t}_1 + b\mathbf{t}_2)$. Como S e T são subespaços, temos $a\mathbf{s}_1 + b\mathbf{s}_2 \in S, a\mathbf{t}_1 + b\mathbf{t}_2 \in T$, de modo que $a\mathbf{v} + b\mathbf{w} \in S + T$. Como $S + T$ contém S e T como subespaços sua dimensão será maior ou igual a dim S, dim T. Note que qualquer subespaço que contenha a união $S \cup T$ deve conter a soma $S + T$ pois o subespaço é fechado por adição.

Agora examinamos como as dimensões de $S \cap T$ e $S + T$ se relacionam com dim S e dim T.

PROPOSIÇÃO 2.6.1 dim S + dim T = dim($S \cap T$) + dim($S + T$).

Antes de provar esta proposição discutiremos uma idéia que usaremos na prova. Seja V um espaço vetorial de dimensão n e $\mathbf{v}_1, \ldots, \mathbf{v}_k$ um conjunto independente de vetores de V. Então podemos

114 Capítulo 2

estender $\mathbf{v}_1, \ldots, \mathbf{v}_k$ a uma base de V acrescentando $n-k$ vetores. Se $k = n$ então os $\mathbf{v}_i$ já são uma base e nada precisamos fazer. Se não, mostramos como adicionar um novo vetor de modo que o velho conjunto de k vetores e o novo vetor sejam ainda independentes. Repetindo o procedimento $n-k$ vezes chegaremos a um conjunto independente de n vetores, que é então uma base. Assim suponhamos $k < n$. Então estes k vetores não podem gerar V (o que daria dim $V = k < n =$ dim V) de modo que existe um vetor $\mathbf{v} \in V$ que não é combinação linear de $\mathbf{v}_1, \ldots, \mathbf{v}_k$. Então $\mathbf{v}_1, \ldots, \mathbf{v}_k, \mathbf{v}$ serão independentes. Se existisse uma combinação linear $a_1\mathbf{v}_1 + \cdots + a_k\mathbf{v}_k + a\mathbf{v} = \mathbf{0}$, então teria que ser $a = 0$ ou poderíamos escrever $\mathbf{v}$ como combinação linear dos $\mathbf{v}_i$. Mas então os $a_i = 0$ pois os $\mathbf{v}_i$ são independentes. Escrevemos esta construção como um lema.

> **LEMA 2.6.2** Sejam $\mathbf{v}_1, \ldots, \mathbf{v}_k$ vetores independentes de um espaço vetorial n-dimensional V. Então podemos estender estes vetores a uma base $\mathbf{v}_1, \ldots, \mathbf{v}_k, \mathbf{v}_{k+1}, \ldots, \mathbf{v}_n$ de V.

Agora usamos este lema para provar o teorema.

Prova. Seja $\mathbf{v}_1, \ldots, \mathbf{v}_k$ uma base de $S \cap T$. Estendamos estes k vetores a bases de S e T; isto é, encontremos $\mathbf{w}_1, \ldots, \mathbf{w}_m$ tais que $\mathbf{v}_1, \ldots, \mathbf{v}_k, \mathbf{w}_1, \ldots, \mathbf{w}_m$ seja uma base de S e também $\mathbf{x}_1, \ldots, \mathbf{x}_p$ tais que $\mathbf{v}_1, \ldots, \mathbf{v}_k, \mathbf{x}_1, \ldots, \mathbf{x}_p$ seja base para T. Agora afirmamos que

$$\mathbf{v}_1, \ldots, \mathbf{v}_k, \mathbf{w}_1, \ldots, \mathbf{w}_m, \mathbf{x}_1, \ldots, \mathbf{x}_p$$

é uma base para $S + T$. O resultado segue facilmente daqui pois dim $S = k + m$, dim $T = k + p$, dim $S \cap T = k$, dim $S + T = k + m + p$. Para verificar a asserção devemos mostrar que estes vetores são independentes e geram $S + T$. Suponhamos

$$a_1\mathbf{v}_1 + \cdots + a_k\mathbf{v}_k + b_1\mathbf{w}_1 + \cdots + b_m\mathbf{w}_m + c_1\mathbf{x}_1 + \cdots + c_p\mathbf{x}_p = \mathbf{0}$$

Reescrevamos isto como

$$a_1\mathbf{v}_1 + \cdots + a_k\mathbf{v}_k + b_1\mathbf{w}_1 + \cdots + b_m\mathbf{w}_m = -(c_1\mathbf{x}_1 + \cdots + c_p\mathbf{x}_p)$$

Como o primeiro membro está em S e o segundo membro está em T, ambos devem estar em $S \cap T$. Mas um vetor em $S \cap T$ pode ser expresso univocamente como combinação linear dos $\mathbf{v}_i$. Considerando-o expresso assim como vetor de S, os coeficientes dos $\mathbf{w}_i$ devem ser nulos. Assim devemos ter $b_i = 0$. Então fazendo o segundo membro voltar ao primeiro e usando a independência dos $\mathbf{v}_i$ e dos $\mathbf{x}_i$ (que juntos formam uma base para T) obtemos que os a_i e os c_i também devem ser iguais a 0. Assim os vetores são independentes.

Agora queremos mostrar que geram $S + T$. Dado $\mathbf{v} \in S + T$, escrevamos $\mathbf{v} = \mathbf{s} + \mathbf{t}, \mathbf{s} \in S, \mathbf{t} \in T$. Então $\mathbf{s} = a_1\mathbf{v}_1 + \cdots + a_k\mathbf{v}_k + b_1\mathbf{w}_1 + \cdots + b_m\mathbf{w}_m$ e $t = d_1\mathbf{v}_1 + \cdots + d_k\mathbf{v}_k + c_1\mathbf{x}_1 + \cdots + c_p\mathbf{v}_p$ donde

$$\mathbf{v} = \mathbf{s} + \mathbf{t}$$
$$= (a_1 + d_1)\mathbf{v}_1 + \cdots + (a_k + d_k)\mathbf{v}_k + b_1\mathbf{w}_1 + \cdots + b_m\mathbf{w}_m + c_1\mathbf{x}_1 + \cdots + c_p\mathbf{x}_p$$

Assim $\mathbf{v}$ é combinação linear dos $\mathbf{v}_i, \mathbf{w}_i, \mathbf{x}_i$ portanto estes geram $S + T$. ∎

Cada vetor de $S + T$ pode ser expresso como $\mathbf{s} + \mathbf{t}$ com $\mathbf{s} \in S, \mathbf{t} \in T$. Esta expressão em geral não precisa ser única. Na verdade $S \cap T$ exprime exatamente a falta de unicidade. Pois se $\mathbf{w} \in S \cap T$, então $\mathbf{s} + \mathbf{t} = (\mathbf{s} + \mathbf{w}) + (\mathbf{t} - \mathbf{w})$ dará duas expressões diferentes para a soma de um vetor de S e um vetor

Construções de subespaços **115**

de T. Quando $S \cap T = \{0\}$, então a expressão será única. Pois se $\mathbf{s} + \mathbf{t} = \mathbf{s}' + \mathbf{t}'$ então $\mathbf{s} - \mathbf{s}' = \mathbf{t}' - \mathbf{t}$ e então ambos os lados pertencerão a $S \cap T$ e portanto são iguais a $\mathbf{0}$. Assim $\mathbf{s} = \mathbf{s}'$ e $\mathbf{t} = \mathbf{t}'$.

DEFINIÇÃO 2.6.3 Se $S \cap T = \{0\}$, dizemos que a soma $S + T$ é uma **soma direta** e a escreveremos com $S \oplus T$.

Agora procuramos outro modo de exprimir os resultados acima em termos de transformações lineares. Seja $\mathbf{s}_1, \ldots, \mathbf{s}_m$ uma base de S e $\mathbf{t}_1, \ldots, \mathbf{t}_n$ uma base de T. Então $\mathbf{s}_1, \ldots, \mathbf{s}_m, \mathbf{t}_1, \ldots \mathbf{t}_n$ geram $S + T$ mas não serão necessariamente uma base. De fato a proposição implica que será uma base exatamente quando $S \cap T = \{\boldsymbol{0}\}$ (pois então teremos dim $S + T = \dim S + \dim T = m + n$). Definamos $L: \mathbb{R}^{m+n} \rightarrow S + T$ por

$$L(a_1, \ldots, a_m, b_1, \ldots, b_n) = a_1 \mathbf{s}_1 + \cdots + a_m \mathbf{s}_m + b_1 \mathbf{t}_1 + \cdots + b_n \mathbf{t}_n$$

Então observemos que como L aplica $\mathbb{R}^{m+n}$ sobre $S + T$, dim $\mathcal{N}(L) = m + n - \dim S + T = \dim S \cap T$. Construiremos um isomorfismo entre $\mathcal{N}(L)$ e $S \cap T$. Definimos uma transformação $M : \mathcal{N}(L) \rightarrow S \cap T$ por

$$M(a_1, \ldots, a_m, b_1, \ldots, b_n) = M(\mathbf{a}, \mathbf{b}) = a_1 \mathbf{s}_1 + \cdots + a_m \mathbf{s}_m$$

Primeiro notemos que $(\mathbf{a}, \mathbf{b}) \in \mathcal{N}(L)$ significa que $a_1 \mathbf{s}_1 + \cdots + a_m \mathbf{s}_m = -(b_1 \mathbf{t}_1 + \cdots + b_n \mathbf{t}_n)$ e portanto está em $S \cap T$. Como $N(L)$ e $S \cap T$ têm a mesma dimensão, só temos que mostrar que $\mathcal{N}(M) = 0$. Se $M(\mathbf{a}, \mathbf{b}) = 0$, então $a_1 \mathbf{s}_1 + \cdots + a_m \mathbf{s}_m = 0$ e a independência dos $\mathbf{s}_i$ implica que $\mathbf{a} = 0$. Então $(\mathbf{a}, \mathbf{b}) \in \mathcal{N}(L)$ implica $b_1 \mathbf{t}_1 + \cdots + b_n \mathbf{t}_n = 0$, assim a independência dos $\mathbf{t}_i$ implica que $\mathbf{b} = 0$. Assim o núcleo de M é $\{0\}$ e M é um isomorfismo.

Este último resultado nos dá um meio de achar uma base de $S \cap T$ quando temos bases de S e de T. Podemos achar uma base de $\mathcal{N}(L)$ e então tomar a imagem desta base sob o isomorfismo M, usando o fato de isomorfismos mandarem bases em bases. Apliquemos isto a subespaços de $\mathbb{R}^m$. Dadas bases para S e T, podemos escrevê-las como colunas de uma matriz A; estas colunas darão um conjunto gerador para $S + T$. Para achar uma base para $S + T$ só precisamos usar nosso algoritmo para achar uma base para o espaço de colunas de A. Para achar uma base para $S \cap T$ primeiro usamos nosso algoritmo para achar uma base para $\mathcal{N}(L)$, que é simplesmente $\mathcal{N}(A)$, dado o modo de construir A, e então tomamos as imagens destes vetores de base usando a transformação linear M. Damos agora alguns exemplos.

■ *Exemplo 2.6.1* Seja S o plano em $\mathbb{R}^4$ com base $(1, 0, 0, -1)$ e $(1, 2, -1, 0)$, e seja T o plano com base $(2, 1, 0, 1)$, $(1, -2, 1, -2)$. Então $S + T$ será gerado por estes quatro vetores e será o espaço de colunas da matriz

$$A = \begin{pmatrix} 1 & 1 & 2 & 1 \\ 0 & 2 & 1 & -2 \\ 0 & -1 & 0 & 1 \\ -1 & 0 & 1 & -2 \end{pmatrix}$$

Como A se reduz a

$$R = \begin{pmatrix} 1 & 0 & 0 & 2 \\ 0 & 1 & 0 & -1 \\ 0 & 0 & 1 & 0 \\ 0 & 0 & 0 & 0 \end{pmatrix}$$

obtemos uma base para $\mathcal{N}(A)$ dada por $(-2, 1, 0, 1)$, e M envia este vetor em

$$-2(1, 0, 0, -1) + (1, 2, -1, 0) = (-1, 2, -1, 2)$$

116 Capítulo 2

que é uma base para $S \cap T$. Uma base para $S + T$ é dada por

$$\{(1, 0, 0, -1), (1, 2, -1, 0), (2, 1, 0, 1)\}$$ ■

■ *Exemplo 2.6.2* Sejam S, T planos em $\mathbb{R}^3$ dados pelas equações $x - y + z = 0$ e $x + 2y - z = 0$. Estes planos ou são idênticos ou se intersectam numa reta. Uma base para S é dada por $(1, 1, 0)$, $(-1, 0, 1)$ e uma base para T é dada por $(-2, 1, 0)$, $(1, 0, 1)$. Como a matriz $A = \begin{pmatrix} 1 & -1 & -2 & 1 \\ 1 & 0 & 1 & 0 \\ 0 & 1 & 0 & 1 \end{pmatrix}$ tem

posto 3, então $S + T = \mathbb{R}^3$. O espaço de anulamento desta matriz tem base $(-2/3, -1, 2/3, 1)$ e portanto uma base para a intersecção $S \cap T$ é dada por $(2/3, 2/3, 0) + (-1, 0, 1) = (-1/3, 2/3, 1)$. Este vetor poderia ter sido encontrado geometricamente tomando o produto vetorial dos dois vetores normais. O fato de não ser zero implica que dim $S + T = 3$, o que significa que é $\mathbb{R}^3$ todo. ■

■ *Exemplo 2.6.3* Seja S o subespaço de polinômios $\mathcal{P}^3 (\mathbb{R}, \mathbb{R})$ gerado por $1 + x, 2 - x^2 + x^3$, e seja T o subespaço gerado por $3 + x^3, x - x^2$. Para achar bases para $S + T$ e $S \cap T$ podemos usar o isomorfismo canônico entre $\mathcal{P}^3 (\mathbb{R}, \mathbb{R})$ e $\mathbb{R}^4$ para converter este problema a um em $\mathbb{R}^4$. A matriz

correspondente cujas colunas gerarão a imagem de $S + T$ é $A = \begin{pmatrix} 1 & 2 & 3 & 0 \\ 1 & 0 & 0 & 1 \\ 0 & -1 & 0 & -1 \\ 0 & 1 & 1 & 0 \end{pmatrix}$. As três primeiras

colunas são uma base para a soma: portanto isto dá uma base $1 + x, 2 - x^2 + x^3, 3 + x^3$ para $S + T$. O espaço de anulamento desta matriz tem uma base dada por $(-1, -1, 1, 1)$. Assim uma base para $S \cap T$ é dada por $3 + x - x^2 + x^3$. ■

Exercício 2.6.1_____
Considere os vetores $(1, 2, 0)$ e $(2, 1, 3)$. Mostre que são independentes. Ache um terceiro vetor **v** tal que os três vetores formem uma base para $\mathbb{R}^3$. (Sugestão: tente um dos vetores da base canônica).

Exercício 2.6.2_____
Seja S o subespaço de $\mathcal{M}$ $(3, 3)$ das matrizes simétricas e T o subespaço das matrizes triangulares superiores. Ache bases para S, T, $S \cap T$, $S + T$.

Exercício 2.6.3_____
Seja S o plano em $\mathbb{R}^3$ dado por $-x + y + 2z = 0$. Seja T a reta perpendicular c $(-1, 1, 2)$. Mostre que existe uma partição em soma direta $S \oplus T = \mathbb{R}^3$ tal que cada ponto em $\mathbb{R}^3$ pode ser escrito de modo único como soma de um vetor em S e um vetor em T. (Sugestão: ache uma base para S e use-a com $(-1, 1, 2)$ para obter uma base para $\mathbb{R}^3$.)

Exercício 2.6.4_____
Seja S o subespaço de $\mathbb{R}^3$ com base $(1, 0, -1)$, $(2, 1, 0)$ e T o subespaço com base $(2,0,1),(1,1,-2)$. Ache um base para $S \cap T$. Mostre que $S + T = \mathbb{R}^3$.

Exercício 2.6.5_____
Seja S o subespaço do espaço de polinômios $\mathcal{P}^3(\mathbb{R},\mathbb{R})$ gerado por $1 - x + x^2$, $x - x^2 + x^3$ e seja T o subespaço gerado por $1 + x, x + x^2, x^2 + x^3$. Ache bases para $S + T$ e $S \cap T$.

Transformações lineares e matrizes **117**

2.7 TRANSFORMAÇÕES LINEARES E MATRIZES

Vimos antes que existe uma relação próxima entre transformações lineares $L; \mathbb{R}^n \to \mathbb{R}^m$ e matrizes m por n. Cada uma destas matrizes determina uma transformação linear pela fórmula $L_A (\mathbf{x}) = A\mathbf{x}$. Reciprocamente, cada transformação linear L provém de uma matriz A como se viu antes; a j-ésima coluna de A é $L (\mathbf{e}_j)$. Queremos agora generalizar esta relação para transformações lineares arbitrárias. Também reinterpretaremos a relação mesmo que os espaços envolvidos sejam $\mathbb{R}^n$, $\mathbb{R}^m$, em termos de usar outras bases além das bases canônicas. Seja V um espaço vetorial de dimensão n, W um espaço vetorial de dimensão m, e $L: V \to W$ uma transformação linear. Seja $\mathbf{v}_1, ..., \mathbf{v}_n$ uma base de V, $\mathbf{w}_1, ...,$ $\mathbf{w}_m$ uma base de W. Como L é linear, o valor $L (\mathbf{v})$ num vetor arbitrário $\mathbf{v}$ é determinado pelos valores $L (\mathbf{v}_j)$ sobre os vetores da base. Pois $\mathbf{v} = c_1 \mathbf{v}_1 + ... + c_n \mathbf{v}_n$ com c_j univocamente definidos e portanto

$$L (\mathbf{v}) = L (c_1 \mathbf{v}_1 + \cdots + c_n \mathbf{v}_n) = c_1 L (\mathbf{v}_1) + \cdots + c_n L (\mathbf{v}_n)$$

Como $\mathbf{w}_1, ..., \mathbf{w}_m$ é uma base para W podemos escrever $L (\mathbf{v}_j) = \sum_{i=1}^{m} a_{ij} \mathbf{w}_i$ para a_{ij} únicos.

DEFINIÇÃO 2.7.1 A matriz A cujos elementos a_{ij} satisfazem

$$L\left(\mathbf{v}_j\right) = \sum_{i=1}^{m} a_{ij} \mathbf{w}_i$$

chama-se a **matriz que representa** L **com relação às bases** $\mathcal{V}$ e $\mathcal{W}$. Sua j-ésima coluna é formada com os coeficientes de $L (\mathbf{v}_j)$ em relação à base $\mathbf{w}_1, ..., \mathbf{w}_m$. Nós a denotaremos por $A = [L]_{\mathcal{W}}^{\mathcal{V}}$ onde $\mathcal{V}$ denota a base escolhida para V e $\mathcal{W}$ denota a base escolhida para W. Quando as bases são entendidas e fixadas, algumas vezes suprimiremos sua indicação na notação e escreveremos esta matriz como $[L]$.

Indicaremos as colunas desta matriz pelos vetores imagem $L (\mathbf{v}_1), ..., L (\mathbf{v}_n)$ e as linhas pela base $\mathbf{w}_1, ..., L (\mathbf{w}_m)$. Então representamos esquematicamente esta informação por

$$
\begin{array}{cccc}
 & L(\mathbf{v}_1) \; \cdots \; L(\mathbf{v}_j) \; \cdots \; L(\mathbf{v}_n) \\
\end{array}
$$

$$
\begin{array}{c}
\mathbf{w}_1 \\
\cdots \\
\mathbf{w}_i \\
\cdots \\
\mathbf{w}_m
\end{array}
\left(
\begin{array}{ccccc}
a_{11} & \cdots & a_{1j} & \cdots & a_{1n} \\
\cdots & \cdots & \cdots & \cdots & \cdots \\
a_{i1} & \cdots & a_{ij} & \cdots & a_{in} \\
\cdots & \cdots & \cdots & \cdots & \cdots \\
a_{m1} & \cdots & a_{mj} & \cdots & a_{mn}
\end{array}
\right)
$$

Por exemplo, se $L (\mathbf{v}_1) = 2\mathbf{w}_1 - \mathbf{w}_2 + 3\mathbf{w}_3$, $L (\mathbf{v}_2) = -3\mathbf{w}_1 + \mathbf{w}_2 + \mathbf{w}_3$ então podemos representar esta informação por

$$
\begin{array}{c}
 \\
\mathbf{w}_1 \\
\mathbf{w}_2 \\
\mathbf{w}_3
\end{array}
\begin{array}{c}
L(\mathbf{v}_1) \; L(\mathbf{v}_2) \\
\left(
\begin{array}{cc}
2 & -3 \\
-1 & 1 \\
3 & 1
\end{array}
\right)
\end{array}
$$

Assim a matriz

$$[L]_{\mathcal{W}}^{\mathcal{V}} = \begin{pmatrix} 2 & -3 \\ -1 & 1 \\ 3 & 1 \end{pmatrix}$$

Vejamos que este conceito é de fato uma generalização do que acontece em $\mathbb{R}^n$ e $\mathbb{R}^m$ quando multiplicamos por uma matriz A. Seja $L_A: \mathbb{R}^n \to \mathbb{R}^m$ dada por $L_A(\mathbf{x}) = A\mathbf{x}$ para alguma matriz m por n A. Seja $\mathcal{E}_n = \{\mathbf{e}_1, ..., \mathbf{e}_n\}$ a base canônica de $\mathbb{R}^n$ e $\mathcal{E}_m = \{\mathbf{e}_1, ..., \mathbf{e}_m\}$ a base canônica de $\mathbb{R}^m$. Note que estamos empregando o usual abuso de notação, denotando os elementos das bases canônicas de $\mathbb{R}^n$ e $\mathbb{R}^m$ pelos mesmos símbolos. Então

$$L_A(\mathbf{e}_j) = A\mathbf{e}_j = \mathbf{A}^j = \sum_{i=1}^{m} a_{ij}\mathbf{e}_i$$

Portanto $[L_A]_{\mathcal{E}_m}^{\mathcal{E}_n} = A$, e representamos isto por

$$\begin{array}{c} \begin{array}{ccccc} L(\mathbf{e}_1) & \cdots & L(\mathbf{e}_j) & \cdots & L(\mathbf{e}_n) \end{array} \\ \begin{array}{c} \mathbf{e}_1 \\ \cdots \\ \mathbf{e}_i \\ \cdots \\ \mathbf{e}_m \end{array} \begin{pmatrix} a_{11} & \cdots & a_{1j} & \cdots & a_{1n} \\ \cdots & \cdots & \cdots & \cdots & \cdots \\ a_{i1} & \cdots & a_{ij} & \cdots & a_{in} \\ \cdots & \cdots & \cdots & \cdots & \cdots \\ a_{m1} & \cdots & a_{mj} & \cdots & a_{mn} \end{pmatrix} \end{array}$$

Agora introduzimos uma nova notação que é bastante útil nas computações. Dada uma coleção de n vetores $\{\mathbf{u}_1, ..., \mathbf{u}_n\}$ num espaço vetorial Z, podemos formar um vetor linha $\mathbf{U} = (\mathbf{u}_1 \ ... \ \mathbf{u}_n)$ cujos elementos são os vetores dados. Agora se L é uma transformação linear definida em Z, podemos aplicar L a cada vetor $\mathbf{u}_i$ e formar um novo vetor linha $(L(\mathbf{u}_i) \ ... \ L(\mathbf{u}_n))$, que denotaremos por $L(\mathbf{U})$. Dado um vetor linha $\mathbf{U}$ podemos multiplicá-lo por uma matriz n por k A usando as regras usuais de multiplicação de matrizes para obter um novo vetor linha

$$\mathbf{U}A = (\mathbf{U}\mathbf{A}^1 \ ... \ \mathbf{U}\mathbf{A}^k)$$

onde

$$\mathbf{U}\mathbf{A}^j = a_{1j}\mathbf{u}_1 + \cdots + a_{nj}\mathbf{u}_n = \sum_{i=1}^{n} a_{ij}\mathbf{u}_i$$

Agora suponha que $\mathcal{V} = \{\mathbf{v}_1, ..., \mathbf{v}_n\}$ é uma base de V e $\mathcal{W} = \{\mathbf{w}_1, ..., \mathbf{w}_m\}$ uma base de W. Teremos os correspondentes vetores linha $\mathbf{V} = (\mathbf{v}_1 \ ... \ \mathbf{v}_n)$, $\mathbf{W} = (\mathbf{w}_1 \ ... \ \mathbf{w}_m)$. Então as equações

$$L(\mathbf{v}_j) = \sum_{i=1}^{m} a_{ij}\mathbf{w}_i, \ A = [L]_{\mathcal{W}}^{\mathcal{V}}$$

podem ser expressas por uma única equação

$$L(\mathbf{V}) = \mathbf{W}A$$

Pois o j-ésimo elemento do primeiro membro é $L(\mathbf{v}_j)$ e o j-ésimo elemento do segundo membro é encontrado multiplicando o vetor linha $\mathbf{W}$ pela j-ésima coluna de A dando $\sum_{i=1}^{m} a_{ij}\mathbf{w}_i$.

Deixaremos como exercício mostrar que a multiplicação destes vetores linha de vetores por matrizes é associativa:

$$(\mathbf{W}A)B = ((\mathbf{w}_1 \ ... \ \mathbf{w}_m)A)B = (\mathbf{w}_1 \ ... \ \mathbf{w}_m)(AB) = \mathbf{W}(AB)$$

L sendo transformação linear resulta que se

Transformações lineares e matrizes **119**

então
$$V = (v_1 \ldots v_n) = (u_1 \ldots u_n) \, C = UC$$

$$L(V) = (L(v_1) \ldots L(v_n)) = (L(u_1) \ldots L(u_n)) \, C = L(U) \, C$$

Isto também fica como exercício e resulta do fato de L mandar combinação linear a uma correspondente combinação linear.

Note que a matriz resultante depende das bases escolhidas; em breve investigaremos a dependência. Note também que nosso procedimento para achar $[L]_W^V$ é o mesmo que estávamos usando para transformações lineares de $\mathbb{R}^n$ para $\mathbb{R}^m$ com a restrição adicional de escolhermos as bases canônicas $e_1, \ldots, e_n$ para $\mathbb{R}^n$ e $e_1, \ldots, e_m$ para $\mathbb{R}^m$. Agora olhamos alguns exemplos.

■ *Exemplo 2.7.1* Seja $L: \mathbb{R}^3 \to \mathbb{R}^3$ a transformação linear que proteja sobre o plano-xy. Então L $(e_1) = e_1 = 1 \cdot e_1 + 0 \cdot e_2 + 0 \cdot e_3$, $L(e_2) = e_2 = 0 \cdot e_1 + 1 \cdot e_2 + 0 \cdot e_3$ e $L(e_3) = 0 = 0 \cdot e_1 + 0 \cdot e_2 + 0 \cdot e_3$. Representamos isto por

$$
\begin{array}{c}
\quad L(e_1) \quad L(e_2) \quad L(e_3) \\
\begin{array}{c} e_1 \\ e_2 \\ e_3 \end{array}
\begin{pmatrix}
1 & 0 & 0 \\
0 & 1 & 0 \\
0 & 0 & 0
\end{pmatrix}
\end{array}
$$

Assim a matriz $[L]_W^V$ que representa L em relação à base canônica $\mathscr{E}$ nas duas cópias de $\mathbb{R}^3$ é

$$A = \begin{pmatrix} 1 & 0 & 0 \\ 0 & 1 & 0 \\ 0 & 0 & 0 \end{pmatrix}$$ ■

■ *Exemplo 2.7.2* Seja $L: \mathbb{R}^3 \to \mathbb{R}^3$ a transformação linear que projeta $\mathbb{R}^3$ sobre o plano $x + y + z = 0$. Note que $(1, 1, 1)$ é vetor normal a este plano e uma base para ele é dada por $(-1, 1, 0)$ e $(-1, 0, 1)$. Se usarmos as bases $v_1 = w_1 = (-1, 1, 0)$, $v_2 = w_2 = (-1, 0, 1)$, $v_3 = w_3 = (1, 1, 1)$, então $L(v_1) = v_1 = 1 \cdot v_1 + 0 \cdot v_2 + 0 \cdot v_3$, $L(v_2) = v_2 = 0 \cdot v_1 + 1 \cdot v_2 + 0 \cdot v_3$, $L(v_3) = 0 = 0 \cdot v_1 + 0 \cdot v_2 + 0 \cdot v_3$. Estas fórmulas usam o fato de a projeção sobre um plano deixar todo vetor do plano fixo e mandar todo vetor perpendicular ao plano no 0. Assim temos

$$
\begin{array}{c}
\quad L(v_1) \quad L(v_2) \quad L(v_3) \\
\begin{array}{c} v_1 \\ v_2 \\ v_3 \end{array}
\begin{pmatrix}
1 & 0 & 0 \\
0 & 1 & 0 \\
0 & 0 & 0
\end{pmatrix}
\end{array}
$$

A matriz $[L]_V^V$ que representa L em relação à base $\mathcal{V} = \{v_1, v_2, v_3\}$ nas duas cópias de $\mathbb{R}^3$ é exatamente a matriz A do exemplo precedente. Suponhamos que quiséssemos a base canônica $\mathscr{E}$ em vez desta. Então teríamos que achar $L(e_j)$ e expressá-lo em termos de e_1, e_2, e_3. Podemos usar $(e_1 \, e_2 \, e_3) = (v_1 \, v_2 \, v_3) \, C$ onde $C = \begin{pmatrix} 1/3 & 2/3 & -1/3 \\ -1/3 & -1/3 & 2/3 \\ 1/3 & 1/3 & 1/3 \end{pmatrix}$. Note que C é simplesmente a inversa da matriz com colunas dada pelos v_j. Também $(v_1 \, v_2 \, v_3) = (e_1 \, e_2 \, e_3) \, C^{-1}$. Então

$$
\begin{aligned}
(L(e_1) \; L(e_2 \; L(e_3)) &= (L(v_1) \; L(v_2) \; L(v_3)) \, C \\
&= (v_1 \; v_2 \; v_3) AC = (e_1 \; e_2 \; v_3) \, C^{-1} AC
\end{aligned}
$$

Assim a matriz $[L]_\mathscr{E}^\mathscr{E}$ que representa L em relação à base canônica em ambas as cópias de $\mathbb{R}^3$, domí-

120 Capítulo 2

nio e campo de valores, é $C^{-1} AC$, que é $\begin{pmatrix} 2/3 & -1/3 & -1/3 \\ -1/3 & 2/3 & -1/3 \\ 1/3 & -1/3 & 2/3 \end{pmatrix}$. Isto exprime o fato de que

$$L\ (e_1) = (2/3, -1/3, -1/3),\ L\ (e_2) = (-1/3, 2/3, -1/3),\ L\ (e_3)$$
$$= (-1/3, -1/3, 2/3)$$

Note que o cálculo foi muito mais simples com o primeiro par de bases do que com a base canônica. Uma de nossas tarefas para compreender uma transformação linear geral será a de achar bases que estejam relacionadas de perto com ela de modo que a matriz que representa a transformação linear nessas bases seja particularmente simples. ∎

■ *Exemplo 2.7.3* Seja $L: V \to W$ um isomorfismo. Seja $v_1, \ldots, v_n$ uma base de V, e $w_1 = L\ (v_1)$, $\ldots, w_n = L\ (v_n)$. O fato de L ser um isomorfismo significa que $w_1, \ldots, w_n$ é uma base de W. A matriz de L com relação a essas duas bases é a matriz identidade. Suponhamos que se escolha uma base diferente $u_1, \ldots, u_n$ para W. Então o fato de u_i e w_i formarem bases significa que existe uma matriz **inversível** $C\ (w_1, \ldots, w_n) = (u_1, \ldots, u_n)\ C$. Assim $(L(v_1) \ldots L(v_n)) = (w_1 \ldots w_n) = (u_1 \ldots u_n)\ C$. Isto significa que C é a matriz $[L]_{\mathcal{U}}^{\mathcal{V}}$ que representa L em relação às bases $\mathcal{V} = (v_1, \ldots, v_n)$ de V e $\mathcal{U} = (u_1, \ldots, u_n)$ de W. Podemos concluir deste argumento que se L é um isomorfismo de V em W então a matriz que representa L em relação a quaisquer bases escolhidas é inversível. A recíproca será deixada como exercício. Além disso L ser isomorfismo significa que as bases podem ser escolhidas do modo que a matriz seja a identidade. ∎

■ *Exemplo 2.7.4* Seja $D: \mathcal{P}^3\ (\mathbb{R}, \mathbb{R}) \to \mathcal{P}^3\ (\mathbb{R}, \mathbb{R})$ a transformação linear de diferenciação, $D\ (p) = p'$. Usando a base $\{1, x, x^2, x^3\}$ nas duas cópias de $\mathcal{P}^3\ (\mathbb{R}, \mathbb{R})$ então $D\ (1) = 0$, $D\ (x) = 1$, $D\ (x^2) = 2x$, $D\ (x^3) = 3\ x^2$. Podemos escrever cada um dos polinômios imagem em termos da base $\{1, x, x^2, x^3\}$ obtendo

$$\begin{array}{c c}
 & \begin{array}{cccc} D(1) & D(x) & D(x^2) & D(x^3) \end{array} \\
\begin{array}{c} 1 \\ x \\ x^2 \\ x^3 \end{array} & \begin{pmatrix} 0 & 1 & 0 & 0 \\ 0 & 0 & 2 & 0 \\ 0 & 0 & 0 & 3 \\ 0 & 0 & 0 & 0 \end{pmatrix}
\end{array}$$

Assim a matriz $[D]_{\mathcal{I}}^{\mathcal{I}}$ em relação a esta base $\mathcal{I} = \{1, x, x^2, x^3\}$ nas duas cópias de $P^3\ (\mathbb{R}, \mathbb{R})$ é $\begin{pmatrix} 0 & 1 & 0 & 0 \\ 0 & 0 & 2 & 0 \\ 0 & 0 & 0 & 3 \\ 0 & 0 & 0 & 0 \end{pmatrix}$ ∎

■ *Exemplo 2.7.5* Seja A matriz 2 por 2 $\begin{pmatrix} 1 & 3 \\ 2 & 1 \end{pmatrix}$. Considere a transformação linear $L: \mathcal{M}\ (2, 2) \to \mathcal{M}\ (2, 2)$, $L\ (B) = AB$, Usaremos as bases

$$v_1 = w_1 = \begin{pmatrix} 1 & 0 \\ 0 & 0 \end{pmatrix}, v_2 = w_2 = \begin{pmatrix} 0 & 1 \\ 0 & 0 \end{pmatrix}, v_3 = w_3 = \begin{pmatrix} 0 & 0 \\ 1 & 0 \end{pmatrix}, v_4 = w_4 = \begin{pmatrix} 0 & 0 \\ 0 & 1 \end{pmatrix}$$

Então

$$L(v_1) = \begin{pmatrix} 1 & 0 \\ 2 & 0 \end{pmatrix} = v_1 + 2v_3, L(v_2) = \begin{pmatrix} 0 & 1 \\ 0 & 2 \end{pmatrix} = v_2 + 2v_4$$

$$L(\mathbf{v}_3) = \begin{pmatrix} 3 & 0 \\ 1 & 0 \end{pmatrix} = 3\mathbf{v}_1 + \mathbf{v}_3, L(\mathbf{v}_4) = \begin{pmatrix} 0 & 3 \\ 0 & 1 \end{pmatrix} = 3\mathbf{v}_2 + \mathbf{v}_4$$

Esta informação pode ser registrada como

$$
\begin{array}{c}
\begin{array}{cccc} L(\mathbf{v}) & L(\mathbf{v}_2) & L(\mathbf{v}_3) & L(\mathbf{v}_4) \end{array} \\
\begin{array}{c} \mathbf{v}_1 \\ \mathbf{v}_2 \\ \mathbf{v}_3 \\ \mathbf{v}_4 \end{array}
\begin{pmatrix} 1 & 0 & 3 & 0 \\ 0 & 1 & 0 & 3 \\ 2 & 0 & 1 & 0 \\ 0 & 2 & 0 & 1 \end{pmatrix}
\end{array}
$$

Assim, a matriz $[L]_V^V$, que representa L em relação a estas bases é

$$\begin{pmatrix} 1 & 0 & 3 & 0 \\ 0 & 1 & 0 & 3 \\ 2 & 0 & 1 & 0 \\ 0 & 2 & 0 & 1 \end{pmatrix}$$

Esta matriz é inversível, o que corresponde ao fato de L ser um isomorfismo. ■

Exercício 2.7.1

Sejam $\mathbf{v}_1, \ldots, \mathbf{v}_k$ k vetores de V e C uma matriz k por p. Seja $\mathbf{V} = (\mathbf{v}_1, \ldots, \mathbf{v}_k)$o vetor linha com elementos em V formados pelos k vetores $\mathbf{v}_i$. Defina $\mathbf{V}C$ como sendo o vetor linha 1 por p $\mathbf{U} = (\mathbf{u}_1 \ldots \mathbf{u}_p)$ formado multiplicando o vetor linha pela matriz com as regras usuais: $\mathbf{u}_j = \sum_{i=1}^{k} c_{ij} \mathbf{v}_i$. Mostre que esta operação é associativa: $(\mathbf{V}C) D = \mathbf{V} (CD)$.

Exercício 2.7.2

Se $L: V \to W$ é uma transformação linear e $\mathbf{V} = (\mathbf{v}_1 \ldots \mathbf{v}_k)$ é um vetor linha de vetores de V, seja $L(\mathbf{V}) = (L(\mathbf{v}_1) \ldots L(\mathbf{v}_k))$ o vetor linha dos vetores imagem em W. Mostre que se $\mathbf{U} = \mathbf{V}C$ então $L(\mathbf{U}) = L(\mathbf{V})C$.

Exercício 2.7.3

Seja $L: V \to W$ uma transformação linear e seja A a matriz que representa em relação às bases $\mathbf{v}_1, \ldots, \mathbf{v}_n$ de V e $\mathbf{w}_1, \ldots, \mathbf{w}_m$ de W. Mostre que se A é inversível então L é um isomorfismo. (Sugestão: se B é a inversa de A, defina $M: W \to V$ por $M(\mathbf{W}) = V B$. Use que $L(\mathbf{V}) = \mathbf{W}A$ e $A^{-1} = B$ para mostrar $M = L^{-1}$).

Exercício 2.7.4

Seja $I_0: \mathcal{P}^2(\mathbb{R}, \mathbb{R}) \to \mathcal{P}^3(\mathbb{R}, \mathbb{R})$ dada por $I_0(p) = q$ onde q é o polinômio cuja derivada $q' = p$ e $q(0) = 0$. Use a base $1, x, x^2$ para $\mathcal{P}^2(\mathbb{R}, \mathbb{R})$ e a base $1, x, x^2, x^3$ para $\mathcal{P}^3(\mathbb{R}, \mathbb{R})$ e escreva a matriz que representa I_0 em relação a estas bases.

Exercício 2.7.5

Seja $R: \mathbb{R}^2 \to \mathbb{R}^2$ a transformação linear dada pela reflexão sobre a reta $x = 2y$. Usando a base $\mathbf{v}_1 = (2, 1)$, $\mathbf{v}_2 = (-1, 2)$ tanto para o domínio quanto para o campo de valores junto com o fato de a reflexão por uma reta enviar um vetor da reta em si mesmo e um vetor perpendicular à reta em seu negativo, dê a matriz que representa R em relação a estas bases. Escreva a base canônica em termos destas bases como $(\mathbf{e}_1 \, \mathbf{e}_2) = (\mathbf{v}_1 \, \mathbf{v}_2) C$ para achar a matriz que representa L com relação à base canônica no domínio e campo de valores.

122 Capítulo 2

2.7.1 FÓRMULA PARA MUDANÇA DE BASE

Agora restringimos nossa atenção a uma transformação linear $L: V \to V$ e investigamos como $[L]_{\mathcal{V}}^{\mathcal{V}}$ depende da base $\mathcal{V}$. Primeiro olhamos como usar uma matriz para comparar duas bases de V.

> **DEFINIÇÃO 2.7.2** A matriz C é chamada a **matriz de transição da base** $\mathcal{U}$ **para a base** $\mathcal{V}$ quando
>
> $$\mathbf{U} = \mathbf{V}C; \text{ isto é, } \mathbf{u}_j = \sum_{i=1}^{n} c_{ij}\mathbf{v}_i, = 1,\ldots, n$$
>
> A matriz de transição C é denotada por $\mathcal{T}_{\mathcal{V}}^{\mathcal{U}}$.

Multiplicando a equação

$$\mathbf{U} = \mathbf{V}C$$

por C^{-1} dá

$$\mathcal{T}_{\mathcal{U}}^{\mathcal{V}} = (\mathcal{T}_{\mathcal{V}}^{\mathcal{U}})^{-1}$$

Os detalhes ficam como exercício.

Exercício 2.7.6_____
Mostre que $\mathcal{T}_{\mathcal{U}}^{\mathcal{V}} = (\mathcal{T}_{\mathcal{V}}^{\mathcal{U}})^{-1}$

_____

Para achar a matriz de transição $\mathcal{T}_{\mathcal{U}}^{\mathcal{V}}$ escrevemos os vetores da base $\mathcal{V}$ em termos dos de $\mathcal{U}$. Podemos expressar esta relação como:

$$\begin{array}{c} \\ \mathbf{u}_1 \\ \cdots \\ \mathbf{u}_i \\ \cdots \\ \mathbf{u}_n \end{array} \begin{array}{c} \mathbf{v}_1 \quad \cdots \quad \mathbf{v}_j \quad \cdots \quad \mathbf{v}_n \\ \begin{pmatrix} a_{11} & \cdots & a_{1j} & \cdots & a_{1n} \\ \cdots & \cdots & \cdots & \cdots & \cdots \\ a_{i1} & \cdots & a_{ij} & \cdots & a_{in} \\ \cdots & \cdots & \cdots & \cdots & \cdots \\ a_{n1} & \cdots & a_{nj} & \cdots & a_{nn} \end{pmatrix} \end{array}$$

com a j-ésima coluna dando os coeficientes de $\mathbf{v}_j$ em relação à base $\mathcal{U}$.

Note que se I denota a transformação linear identidade então

$$[I]_{\mathcal{V}}^{\mathcal{U}} = \mathcal{T}_{\mathcal{V}}^{\mathcal{U}}$$

Em cada caso os vetores da base $\mathcal{U}$ estão sendo escritos em termos dos da base $\mathcal{V}$.

■ *Exemplo 2.7.6* Seja $\mathcal{V} = \{\mathbf{v}_1 = (1, -1, 3), \mathbf{v}_2 = (2, 1, 0), \mathbf{v}_3 = (1, 1, 1)\}$ e $\mathcal{E} = \{\mathbf{e}_1, \mathbf{e}_2, \mathbf{e}_3\}$. Então $\mathcal{T}_{\mathcal{E}}^{\mathcal{V}}$ é fácil de achar pois podemos escrever

$$\mathbf{v}_1 = 1 \cdot \mathbf{e}_1 - 1 \cdot \mathbf{e}_2 + 3 \cdot \mathbf{e}_3$$
$$\mathbf{v}_2 = 2 \cdot \mathbf{e}_1 + 1 \cdot \mathbf{e}_2 + 0 \cdot \mathbf{e}_3$$
$$\mathbf{v}_3 = 1 \cdot \mathbf{e}_1 + 1 \cdot \mathbf{e}_2 + 1 \cdot \mathbf{e}_3$$

Representamos esta informação como

$$
\begin{array}{c}
\quad\ \mathbf{v}_1\ \ \mathbf{v}_2\ \ \mathbf{v}_3 \\
\begin{array}{c}\mathbf{e}_1 \\ \mathbf{e}_2 \\ \mathbf{e}_3\end{array}
\left(\begin{array}{ccc}
1 & 2 & 1 \\
-1 & 1 & 1 \\
3 & 0 & 1
\end{array}\right)
\end{array}
$$

Assim a matriz

$$
\mathcal{T}_{\mathcal{E}}^{\mathcal{V}} = \left(\begin{array}{ccc}
1 & 2 & 1 \\
-1 & 1 & 1 \\
3 & 0 & 1
\end{array}\right)
$$

simplesmente tem os vetores da base $\mathcal{V}$ como suas colunas. Para achar a matriz $\mathcal{T}_{\mathcal{V}}^{\mathcal{E}}$ temos que escrever os vetores $\mathbf{e}_1, \mathbf{e}_2, \mathbf{e}_3$ em termos da base $\mathcal{V}$. Isto é mais difícil mas podemos usar que $\mathcal{T}_{\mathcal{E}}^{\mathcal{V}}$ é a inversa de $\mathcal{T}_{\mathcal{V}}^{\mathcal{E}}$. Assim tomamos a inversa da matriz obtendo

$$
\mathcal{T}_{\mathcal{V}}^{\mathcal{E}} = \left(\begin{array}{ccc}
1/6 & -1/3 & 1/6 \\
2/3 & -1/3 & -1/3 \\
-1/2 & 1 & 1/2
\end{array}\right)
$$

Ou podemos considerar a matriz $\mathbf{E}$ de vetores linha como a matriz identidade pensando nos próprios vetores como vetores coluna. Também podemos pensar no vetor linha $\mathbf{V}$ como fornecendo uma matriz. Então teremos a equação matricial

$$
\mathbf{V} = \mathbf{E} \left(\begin{array}{ccc}
1 & 2 & 1 \\
-1 & 1 & 1 \\
3 & 0 & 1
\end{array}\right)
$$

Então multiplicando pela inversa da matriz à direita obtemos

$$
\mathbf{V} \left(\begin{array}{ccc}
1/6 & -1/3 & 1/6 \\
2/3 & -1/3 & -1/3 \\
1/2 & 1 & 1/2
\end{array}\right) = \mathbf{E}
$$

assim $\mathcal{T}_{\mathcal{V}}^{\mathcal{E}} = \left(\begin{array}{ccc}
1/6 & 1/3 & 1/6 \\
2/3 & -1/3 & -1/3 \\
1/2 & 1 & 1/2
\end{array}\right)$. ∎

■ **Exemplo 2.7.7** Sejam $\mathcal{V} = \{\mathbf{v}_1 = 1 - x + 3x^2,\ \mathbf{v}_2 = 2 + x, \mathbf{v}_3 = 1 + x + x^2\}$ e $\mathcal{S} = \{1, x, x^2\}$ bases para $\mathcal{P}^2\,(\mathbb{R}, \mathbb{R})$. Então para achar $\mathcal{T}_{\mathcal{S}}^{\mathcal{V}}$ precisamos expressar os três polinômios $1 - x + 3x^2, 2 + x, 1 + x + x^2$ em termos de $1, x, x^2$. Mas isto está automaticamente feito e podemos ler

$$
\begin{array}{c}
\quad\ \mathbf{v}_1\ \ \mathbf{v}_2\ \ \mathbf{v}_3 \\
\begin{array}{c}1 \\ x \\ x^2\end{array}
\left(\begin{array}{ccc}
1 & 2 & 1 \\
-1 & 1 & 1 \\
3 & 0 & 1
\end{array}\right)
\end{array}
$$

como no último exemplo. Analogamente achamos $\mathcal{T}_{\mathcal{V}}^{\mathcal{S}}$ como a inversa desta matriz,

$$
\mathcal{T}_{\mathcal{V}}^{\mathcal{S}} = \left(\begin{array}{ccc}
1/6 & -1/3 & 1/6 \\
2/3 & -1/3 & -1/3 \\
1/2 & 1 & 1/2
\end{array}\right)
$$
■

■ **Exemplo 2.7.8** Neste exemplo procuramos a matriz de transição entre duas bases para um subespaço de $\mathbb{R}^4$. As base são $\mathcal{V} = \{(1, 0, -1, 0), (2, -1, 3, 1), (1, 2, 0, 1)\}$ e $\mathcal{U} = \{(3, 4, -1, 2), (8, 0, 3, 3),$

124 Capítulo 2

(5, 7, 4, 5)}. Quando escrevemos os vetores linha contendo estes vetores (como vetores coluna) obtemos duas matrizes

$$V = \begin{pmatrix} 1 & 2 & 1 \\ 0 & -1 & 2 \\ 1 & 3 & - \\ 0 & 1 & 1 \end{pmatrix}, U = \begin{pmatrix} 3 & 8 & 5 \\ 4 & 0 & 7 \\ -1 & 3 & 4 \\ 2 & 3 & 5 \end{pmatrix}$$

Achar a matriz de transição $\mathcal{T}_{\mathcal{U}}^{\mathcal{V}} = T$ então se torna uma questão de resolver a equação matricial $V = UT$. Esta se resolve resolvendo o correspondente sistema de equações por eliminação gaussiana, o que dá

$$\mathcal{T}_{\mathcal{U}}^{\mathcal{V}} = T = (1/17) \begin{pmatrix} 7 & -13 & 5 \\ 2 & 6 & -1 \\ -4 & 5 & 2 \end{pmatrix}$$ ∎

Exercício 2.7.7_____

(a) Ache a matriz de transição $\mathcal{T}_{\mathcal{V}}^{\mathcal{E}}$ da base canônica $\mathcal{E} = \{e_1, e_2, e_3\}$ para a base $\mathcal{V} = \{(2, 1, 3),$ $(1, 0, 1), (3, 1, 1)\}$ de $\mathbb{R}^3$.

(b) Ache a matriz de transição $\mathcal{T}_{\mathcal{V}}^{\mathcal{S}}$ da base canônica $\mathcal{S} = \{1, x, x^2\}$ para a base $\mathcal{V} = \{2 + x = 3x^2, 1 + x^2, 3 + x + x^2\}$ de $\mathcal{P}^2 (\mathbb{R}, \mathbb{R})$.

Exercício 2.7.8_____

Ache a matriz de transição $\mathcal{T}_{\mathcal{W}}^{\mathcal{V}}$ da base

$$\mathcal{V} = \{(1, 3, 2, 1), (4, 2, 1, 5)\} \text{ para a base } \mathcal{W} = \{(9, 7, 4, 11), (6, 8, 5, 7)\}$$

de um subespaço S de $\mathbb{R}^4$.

Voltemos à transformação linear geral $L: V \to V$ com dim $V = n$. Seja $\mathcal{V} = \{v_1, \dots, v_n\}$ uma base de V. Podemos formar o correspondente vetor linha $V = (v_1 \dots v_n)$ Usando a notação introduzida antes temos $L(V) = VA$, onde $A = [L]_{\mathcal{V}}^{\mathcal{V}}$ é a matriz que representa L com relação a estas duas bases. Agora investigamos o que acontece quando mudamos bases. Suponhamos que $U = (u_1, \dots, u_n)$ é um vetor linha cujos elementos formam uma nova base $U = \{u_1, \dots, u_n\}$ para V. Seja $C = \mathcal{T}_{\mathcal{V}}^{\mathcal{U}}$ a matriz de transição da base $\mathcal{U}$ para a base $\mathcal{V}$. Assim $U = VC$, e multiplicando por C^{-1} vem $V = UC^{-1}$. Calculamos $[L]_{\mathcal{U}}^{\mathcal{U}}$ como segue

$$L(U) = L(VC) = L(V)\, C = (VA)\, C = U\, (C^{-1} AC)$$

Esta equação significa que

$$[L]_{\mathcal{U}}^{\mathcal{U}} = C^{-1} AC = \mathcal{T}_{\mathcal{U}}^{\mathcal{V}} [L]_{\mathcal{V}}^{\mathcal{V}} \mathcal{T}_{\mathcal{V}}^{\mathcal{U}}$$

Esta última notação é muito útil para lembrar a fórmula: os índices superiores e inferiores do segundo membro são lidos de cima para baixo e da direita para a esquerda, para fornecer os índices superiores e inferiores finais do primeiro membro. O índice de cima de um termo combina com o inferior no termo à direita.

$$\mathcal{U} \to \mathcal{V} \to \mathcal{V} \to \mathcal{U}$$

Agora enunciamos esta relação para uso futuro.

Fórmula para mudança de base **125**

PROPOSIÇÃO 2.7.1 Seja $L: V \to V$ uma transformação linear e suponhamos que $\mathcal{V}$ e $\mathcal{U}$ são bases de V. Seja $C = \mathcal{T}_{\mathcal{V}}^{\mathcal{U}}$ a matriz de transição da base $\mathcal{U}$ para a base $\mathcal{V}$. Então as matrizes $A = [L]_{\mathcal{V}}^{\mathcal{V}}$ e $B = [L]_{\mathcal{U}}^{\mathcal{U}}$ são relacionadas pela fórmula
$$B = C^{-1} AC, \text{ ou, equivalentemente, } [L]_{\mathcal{U}}^{\mathcal{U}} = \mathcal{T}_{\mathcal{U}}^{\mathcal{V}} [L]_{\mathcal{V}}^{\mathcal{V}} \mathcal{T}_{\mathcal{V}}^{\mathcal{U}}$$

DEFINIÇÃO 2.7.3 Uma matriz B se diz **semelhante** a A se existe uma matriz inversível C tal que $B = C^{-1} AC$.

A relação de semelhança entre duas matrizes é uma relação de equivalência sobre as matrizes. Assim a proposição diz que o efeito de mudar bases é o de trocar a matriz que representa L por uma matriz semelhante. Nesta situação queremos achar a matriz mais simples que representa L. Isto fica sendo um problema: dada uma matriz A (que representa L com relação a certas bases) achar a matriz "mais simples" que é semelhante a A. Frequentemente acontece (embora nem sempre) que existe uma matriz diagonal D a qual A é semelhante. Isto corresponde a achar uma base de vetores $\mathbf{v}_1, \ldots, \mathbf{v}_n$ tais que $L(\mathbf{v}_i) = d_i \mathbf{v}_i$. Os vetores $\mathbf{v}_i$ serão chamados vetores próprios e os números d_i valores próprios. A procura desta base nos levará ao problema valor próprio-vetor próprio, que é o tópico principal do Capítulo 4. Achar a matriz mais simples quando não é diagonal nos levará à forma canônica de Jordan para uma matriz, que é discutida no Capítulo 6.

Exercício 2.7.9

Seja $R: \mathbb{R}^3 \to \mathbb{R}^3$ a reflexão no plano $x + y - z = 0$.

(a) Ache a matriz que representa R em relação à base dada por $(1, 0, 1)$, $(0, 1, 1)$, $(1, 1, -1)$ tanto no domínio quanto no campo de valores. Note que os dois primeiros vetores formam um base para este plano e o terceiro vetor é perpendicular ao plano.

(b) Ache a matriz que representa R em relação à base canônica.

Exercício 2.7.10

Seja $r : \mathbb{R}^3 \to \mathbb{R}^3$ a transformação linear que fixa o eixo c $(1, 1, 1)$ e gira cada plano perpendicular a este eixo de 90 graus. Se $\mathbf{v}_1 = (1/\sqrt{3}, 1/\sqrt{3}, 1/\sqrt{3})$, $\mathbf{v}_2 = (-1/\sqrt{2}, 1/\sqrt{2}, 0)$ $\mathbf{v}_3 = (1/\sqrt{6}, 1/\sqrt{6}\ 1, -2/\sqrt{6})$, ache a matriz $[r]_{\mathcal{V}}^{\mathcal{V}}$, $\mathcal{V} = \{\mathbf{v}_1, \mathbf{v}_2, \mathbf{v}_3\}$. Note que $\mathbf{v}_1$ está sobre o eixo de rotação e $\mathbf{v}_2, \mathbf{v}_3$ são vetores perpendiculares que são uma base para o plano perpendicular ao eixo. Use a proposição para achar a matriz $[r]_{\mathcal{E}}^{\mathcal{E}}$, onde $\mathcal{E} = \{\mathbf{e}_1, \mathbf{e}_2, \mathbf{e}_3\}$ é a base canônica de $\mathbb{R}^3$.

Exercício 2.7.11

(a) Seja $L : \mathcal{P}^3 \to \mathcal{P}^3$ dada por $L(p) = xp' - p$. Use a base $\mathcal{B}$ de $\mathcal{P}^3$ dada por $1, 1 + x, 1 + x + x^2, 1 + x + x^2 + x^3$ para achar a matriz $[L]_{\mathcal{B}}^{\mathcal{B}}$.

(b) Ache a matriz de transição $\mathcal{T}_{\mathcal{G}}^{\mathcal{B}}$ que relaciona a base $\mathcal{B}$ à base canônica $\mathcal{G} = \{1, x, x^2, x^3\}$ para $\mathcal{P}^3$.

(c) Ache diretamente a matriz $[L]_{\mathcal{G}}^{\mathcal{G}}$ e ache também essa matriz usando a fórmula $[L]_{\mathcal{G}}^{\mathcal{G}} = \mathcal{T}_{\mathcal{G}}^{\mathcal{B}} [L]_{\mathcal{B}}^{\mathcal{B}} \mathcal{T}_{\mathcal{B}}^{\mathcal{G}}$.

(d) Ache a matriz $[L]_{\mathcal{G}}^{\mathcal{B}}$.

Exercício 2.7.12

Mostre que a relação "B é semelhante a A" é uma relação de equivalência, isto é, mostre que é reflexiva (A é semelhante a A), simétrica (B é semelhante a A implica que A é semelhante a B) e transitiva (B é semelhante a A e C é semelhante a B implica C é semelhante a A).

126 Capítulo 2

2.7.2 USO DE COORDENADAS PARA TRANSFERIR PROBLEMAS PARA $\mathbb{R}^n$.

Nesta secção supomos que V é um espaço *n-dimensional* e $\mathcal{V} = \{\mathbf{v}_1, ..., \mathbf{v}_n\}$ é uma base para V. Se $\mathbf{v} \in V$ então podemos associar a $\mathbf{v}$ um vetor $\mathbf{x} = (x_1, ..., x_n) \in \mathbb{R}^n$ pela equação

$$\mathbf{v} = \mathbf{Vx} = x_1 \mathbf{v}_1 + \cdots + x_n \mathbf{v}_n$$

DEFINIÇÃO 2.7.4. Se $\mathbf{v} = \mathbf{Vx} = x_1 \mathbf{v}_1 + \cdots + x_n \mathbf{v}_n$ onde $\mathbf{V}$ é vetor linha com elementos na base $\mathcal{V}$, chamaremos $\mathbf{x}$ as **coordenadas de v com relação à base** $\mathcal{V}$ e escrevemos $\mathbf{x} = [\mathbf{v}]_{\mathcal{V}}$.

Se mudarmos para uma base diferente $\mathcal{W} = \{\mathbf{w}_1, ..., \mathbf{w}_n\}$ para V e a matriz de transição $\mathcal{T}_{\mathcal{W}}^{\mathcal{V}} = T$, então

$$\mathbf{v} = \mathbf{VX} = (\mathbf{W}T)\,\mathbf{x} = \mathbf{W}\,(T\mathbf{x})$$

significa

$$[\mathbf{v}]_{\mathcal{W}} = \mathcal{T}_{\mathcal{W}}^{\mathcal{V}}\,[\mathbf{v}]_{\mathcal{V}}$$

Note que nesta notação o índice superior do primeiro elemento no segundo membro corresponde ao inferior do segundo, como na nossa fórmula para a mudança na matriz associada a uma base. Enunciamos isto como uma proposição.

PROPOSIÇÃO 2.7.2 Se $[\mathbf{v}]_{\mathcal{V}}$, $[\mathbf{v}]_{\mathcal{W}}$ denotam as coordenadas de $\mathbf{v}$ com relação às bases $\mathcal{V}$, $\mathcal{W}$, respectivamente, então

$$[\mathbf{v}]_{\mathcal{W}} = \mathcal{T}_{\mathcal{W}}^{\mathcal{V}}\,[\mathbf{v}]_{\mathcal{V}}$$

■ *Exemplo 2.7.9* Considere o espaço vetorial $\mathcal{P}^2\,(\mathbb{R}, \mathbb{R})$ dos polinômios de grau menor ou igual a 2. Tem uma base canônica $\mathcal{S} = \{1, x, x^2\}$. Então

$$[a_0 + a_1 x + a_2 x^2]_{\mathcal{S}} = (a_0, a_1, a_2)$$

Agora considere outra base $\mathcal{B} = \{1, x - 1, (x - 1)^2\}$. A matriz de transição $\mathcal{T}_{\mathcal{S}}^{\mathcal{B}} = \begin{pmatrix} 1 & -1 & 1 \\ 0 & 1 & -2 \\ 0 & 0 & 1 \end{pmatrix}$ é encontrada simplesmente escrevendo a nova base em termos da canônica.

Tomando a inversa podemos achar a matriz de transição $\mathcal{T}_{\mathcal{B}}^{\mathcal{S}} = \begin{pmatrix} 1 & 1 & 1 \\ 0 & 1 & 2 \\ 0 & 0 & 1 \end{pmatrix}$. Assim

$$a_0 + a_1 x + a_2 x^2]_{\mathcal{B}} = \mathcal{T}_{\mathcal{B}}^{\mathcal{S}}[a_0 + a_1 x + a_2 x^2]_{\mathcal{S}} = \begin{pmatrix} 1 & 1 & 1 \\ 0 & 1 & 2 \\ 0 & 0 & 1 \end{pmatrix}\begin{pmatrix} a_0 \\ a_1 \\ a_2 \end{pmatrix} = \begin{pmatrix} a_0 + a_1 + a_2 \\ a_1 + 2a_2 \\ a_3 \end{pmatrix}$$

Isto significa que o polinômio

$$a_0 + a_1 x + a_2 x^2 = (a_0 + a_1 + a_2)\,1 + (a_1 + 2a_2)\,(x - 1) + a_2\,(x - 1)^2$$

Como exemplo concreto

$$3 + 2x - 4x^2 = 1 - 6\,(x - 1) - 4\,(x - 1)^2$$

■

Uso de coordenadas para transferir problemas para $\mathbb{R}^n$ **127**

Agora suponha que $L : V \to V$ é uma transformação linear. Escolhemos uma base fixa $\mathcal{V} = \{\mathbf{v}_1, \ldots, \mathbf{v}_n\}$. Então teremos a seguinte fórmula básica:

PROPOSIÇÃO 2.7.3 Se $\mathcal{V}$ é uma base de V então

$$[L\mathbf{v}]_\mathcal{V} = [L]_\mathcal{V}^\mathcal{V} [\mathbf{v}]_\mathcal{V}$$

Prova.

$$L\mathbf{v} = L\,(\mathbf{V}[\mathbf{v}]_\mathcal{V}) = L\,(\mathbf{V})\,[\mathbf{v}]_\mathcal{V} = (\mathbf{V}\,[L]_\mathcal{V}^\mathcal{V})\,[\mathbf{v}]_\mathcal{V} = \mathbf{V}\,([L]_\mathcal{V}^\mathcal{V}\,[\mathbf{v}]_\mathcal{V}) \qquad \blacksquare$$

Sempre que temos uma única base simplificaremos a notação e escreveremos $[L]$ em lugar de $[L]_\mathcal{V}^\mathcal{V}$ e $[\mathbf{v}]$ em lugar de $[\mathbf{v}]_\mathcal{V}$. Então a conclusão do teorema pode ser reenunciada como

$$[L\mathbf{v}] = [L]\,[\mathbf{v}]$$

Usaremos esta notação, eliminando os índices superiores e inferiores no resto desta secção. Em seguida observamos o que acontece a composições e combinações lineares de transformações lineares.

PROPOSIÇÃO 2.7.4 Se $L, M: V \to V$ são transformações lineares e $[L]$, $[M]$, denotam as matrizes para essas transformações lineares em relação a uma base fixa $\mathcal{V}$, então
(1) $[ML] = [M]\,[L]$.
(2) $[aL + bM] = a[L] + b[M]$.

Prova.
(1) $(ML)\,(\mathbf{V}) = M\,(L\,(\mathbf{V})) = M\,(\mathbf{V}\,[L]) = M\,(\mathbf{V})\,[L] = (\mathbf{V}\,[M])\,[L] = \mathbf{V}\,([M]\,[L])$
implica o resultado pois a condição que define $[ML]$ é que satisfaça à equação

$$(ML)\,(\mathbf{V}) = \mathbf{V}\,[ML]$$

(2) Segue de

$$(aL + bM)\,(\mathbf{V}) = aL\,(\mathbf{V}) + bM\,(\mathbf{V}) = a\mathbf{V}\,[L] + b\mathbf{V}\,[M] = \mathbf{V}\,(a\,[L] + b\,[M]) \qquad \blacksquare$$

■ **Exemplo 2.7.10** Olhamos o espaço vetorial $\mathcal{P}^2\,(\mathbb{R},\,\mathbb{R})$ e usamos a base $\mathcal{S} = \{1,\, x,\, x^2\}$. Primeiro olhamos a operação de tomar derivadas $D\,(p) = p'$.

Então $D\,(1) = 0$, $D\,(x) = 1, D\,(x^2) = 2x$ significa que $D = \begin{pmatrix} 0 & 1 & 0 \\ 0 & 0 & 2 \\ 0 & 0 & 0 \end{pmatrix}$. Quando olhamos a segunda

derivada, é a composição $D \circ D$, que denotamos por D^2. Agora considere a equação diferencial

$$y'' - 2y + 3y = x^2 + 3$$

Podemos olhar se existem soluções polinomiais desta equação considerando o primeiro membro com Ly, onde $L = D^2 - 2D + 3I$. Aqui I indica a transformação linear identidade, e consideramos L como transformação linear $L: \mathcal{P}^2\,(\mathbb{R},\,\mathbb{R}) \to \mathcal{P}^2\,(\mathbb{R},\,\mathbb{R})$. Note que

$$[D] = \begin{pmatrix} 0 & 1 & 0 \\ 0 & 0 & 2 \\ 0 & 0 & 0 \end{pmatrix}, [D^2] = [D]^2 = \begin{pmatrix} 0 & 0 & 2 \\ 0 & 0 & 0 \\ 0 & 0 & 0 \end{pmatrix}, [I] = \begin{pmatrix} 1 & 0 & 0 \\ 0 & 1 & 0 \\ 0 & 0 & 1 \end{pmatrix}$$

128 Capítulo 2

de modo que $[L] = \begin{pmatrix} 3 & -2 & 2 \\ 0 & 3 & -4 \\ 0 & 0 & 3 \end{pmatrix}$. Como $[x^2 + 3] = \begin{pmatrix} 3 \\ 0 \\ 1 \end{pmatrix}$, a questão de achar solução polinomial desta

equação $Ly = x^2 + 3$ pode ser transferida para a de resolver a equação

$$[Ly] = [L][y] = [x^2 + 1]$$

que é a equação

$$\begin{pmatrix} 3 & -2 & 2 \\ 0 & 3 & -4 \\ 0 & 0 & 3 \end{pmatrix}[y] = \begin{pmatrix} 3 \\ 0 \\ 1 \end{pmatrix}$$

Esta tem a solução $[y] = (29/27, 4/9, 1/3)$. Assim a solução polinomial da equação diferencial é $y = (29/27) + (4/9)x + (1/3)x^2$. ∎

■ *Exemplo 2.7.11* Considere a transformação linear $L : \mathcal{M}(2, 2) \to \mathcal{M}(2, 2)$ dada por $L(B) = AB - B$, onde $A = \begin{pmatrix} 1 & 1 \\ 0 & 1 \end{pmatrix}$. Usamos a base canônica para $\mathcal{M}(2, 2)$ que consiste de

$$B_1 = \begin{pmatrix} 1 & 0 \\ 0 & 0 \end{pmatrix}, B_2 = \begin{pmatrix} 0 & 1 \\ 0 & 0 \end{pmatrix}, B_3 = \begin{pmatrix} 0 & 0 \\ 1 & 0 \end{pmatrix}, B_4 = \begin{pmatrix} 0 & 0 \\ 0 & 1 \end{pmatrix}$$

Como

$$AB_1 - B_1 = \begin{pmatrix} 0 & 0 \\ 0 & 0 \end{pmatrix}, AB_2 - B_2 = \begin{pmatrix} 0 & 0 \\ 0 & 0 \end{pmatrix}$$

$$AB_3 - B_3 = \begin{pmatrix} 1 & 0 \\ 0 & 0 \end{pmatrix} = B_1, AB_4 - B_4 = \begin{pmatrix} 0 & 1 \\ 0 & 0 \end{pmatrix} = B_2$$

temos

$$[L] = \begin{pmatrix} 0 & 0 & 1 & 0 \\ 0 & 0 & 0 & 1 \\ 0 & 0 & 0 & 0 \\ 0 & 0 & 0 & 0 \end{pmatrix}$$

Para determinar $\mathcal{N}(L)$ procuramos matrizes B tais que $L(B) = \mathbf{0}$. Mas esta equação implica $[L][B] = [\mathbf{0}]$. Isto reduz o problema ao de calcular $\mathcal{N}([L])$, o que é um cálculo de matrizes. A matriz $[L]$ já está em forma normal reduzida, de modo que $\{(1, 0, 0, 0), (0, 1, 0, 0)\}$ é uma base para $\mathcal{N}([L])$. Este dois vetores então dão as coordenadas de vetores de base para $\mathcal{N}([L])$, que teria como base B_1, B_2. Analogamente, vetores de base para $\mathcal{T}([L])$ são $(1, 0, 0, 0), (0, 1, 0, 0)$, o que implica que uma base para $\mathcal{F}(L)$ é B_1, B_2. ∎

Este último exemplo ilustra a seguinte proposição

PROPOSIÇÃO 2.7.5 Seja $L: V \to V$ uma transformação linear e seja $\mathcal{V} = \{\mathbf{v}_1, \ldots, \mathbf{v}_n\}$ uma base para V. Então a transformação linear
$$C : V \to \mathbf{R}^n, C(\mathbf{v}) = [\mathbf{v}]$$
é um isomorfismo que por restrição dá um isomorfismo entre $\mathcal{N}(L)$ e $\mathcal{N}([L])$ e um isomorfismo entre $\mathcal{F}(L)$ e $\mathcal{F}([L])$.

Prova. Como

$$\mathbf{v} = \mathbf{Vx}, \mathbf{w} = \mathbf{Vy} \text{ implica } a\mathbf{v} + b\mathbf{w} = a\mathbf{Vx} = b\mathbf{Vy} = \mathbf{V}(a\mathbf{x} + b\mathbf{y})$$

temos $C(a\mathbf{v} + b\mathbf{w}) = a\,C(\mathbf{v}) + bC(\mathbf{w})$. Portanto C é uma transformação linear. Tem uma inversa dada pela transformação linear $F(\mathbf{x}) = \mathbf{Vx}$, de modo que C é um isomorfismo. Se $\mathbf{v} \in \mathcal{N}(L)$ então

$$L(\mathbf{v}) = \mathbf{0} \text{ implica } [L][\mathbf{v}] = [\mathbf{0}] = \mathbf{0}$$

e assim $C(\mathbf{V}) = [\mathbf{v}] \in \mathcal{N}([L])$. Analogamente se $\mathbf{x} \in \mathcal{N}([L])$ então

$$[L](\mathbf{x}) = \mathbf{0}, \mathbf{x} = [F(\mathbf{x})] = [\mathbf{Vx}] \text{ implica } [L(\mathbf{Vx})] = [\mathbf{0}] \text{ implica } L(F(\mathbf{x})) = \mathbf{0}$$

de modo $F(\mathbf{x}) \in \mathcal{N}(L)$. Assim C e F por restrição dão isomorfismo entre $\mathcal{N}(L)$ e $\mathcal{N}([L])$.
A equação

$$C(L\mathbf{v}) = [L\mathbf{v}] = [L][\mathbf{v}]$$

implica que C leva $\mathcal{I}(L)$ em $\mathcal{I}([L])$. Se $\mathbf{x} \in \mathcal{I}([L])$, então $\mathbf{x} = [L]\,\mathbf{y}$, de modo que

$$[L(\mathbf{Vy})] = [(L(\mathbf{V}))\mathbf{y}] = [(\mathbf{V}[L])\mathbf{y}] = [L]\mathbf{y} = \mathbf{x}$$

que implica

$$F(\mathbf{x}) = L(\mathbf{Vy}) \in \mathcal{I}(L) \qquad \blacksquare$$

Damos um diagrama que indica como L e $[L]$ se relacionam, onde $[L]$ na linha de baixo denota a multiplicação pela matriz $[L]$. Chama-se um diagrama comutativo porque

$$CL = [L]\,C, \text{ i.e., } [L\mathbf{v}] = [L][\mathbf{v}]$$

A proposição diz que o isomorfismo C fornece uma correspondência entre $\mathcal{N}(L)$, $\mathcal{I}(L)$ no nível superior e $\mathcal{N}([L])$, $\mathcal{I}([L])$ no nível inferior. Mais geralmente C fornece meios para transformar questões em V em questões em $\mathbb{R}^n$, que podem ser tratadas com cálculos sobre matrizes.

Exercício 2.7.13
Transferindo o problema para $\mathbb{R}^n$, ache bases para o espaço de anulamento e imagem da transformação linear

$$L: \mathcal{P}^3 \to \mathcal{P}^3, L(p) = xp' - p$$

Como primeiro passo deve-se calcular $[L]$. Então achar bases para o espaço de anulamento e imagem de $[L]$, e então usar estas (através de F, a inversa de C) para obter as bases procuradas.

Exercício 2.7.14
Considere a equação diferencial

$$y'' - xy' + 3y = x + 1$$

Seja $L: \mathcal{P}^1(\mathbb{R}, \mathbb{R}) \to \mathcal{P}^1(\mathbb{R}, \mathbb{R})$ a transformação linear $D^2 - xD + 3I$, onde x denota multiplicação por x e I denota a transformação linear identidade. Uma solução polinomial de grau menor ou igual a 1 seria então uma solução de $L(y) = x + 1$. Seja $\mathcal{S} = \{1, x\}$ a base canônica de $\mathcal{P}^1(\mathbb{R}, \mathbb{R})$: todas as nossas matrizes e coordenadas serão tomadas em relação a esta base.

130 Capítulo 2

(a) Ache $[L]$ e $[x + 1]$.

(b) Resolva $[L]\,\mathbf{c} = [x + 1]$ e use a solução para achar uma solução polinomial para a equação diferencial.

Por simplicidade restringimos nossa atenção aqui a transformações lineares de um espaço vetorial V em si mesmo, em que usamos a mesma base no domínio e no campo de valores. Existem proposições correspondentes quando consideramos $L\colon V \to W$. Enunciamos estas em seguida mas deixamos suas provas como exercícios no fim deste capítulo.

PROPOSIÇÃO 2.7.6 Seja $L\colon V \to W$ uma transformação linear e sejam $\mathcal{V}$, $\mathcal{W}$ bases para V, W. Denote por $[L]$ a matriz $[L]_{\mathcal{W}}^{\mathcal{V}}$ e por simplicidade denote $[\mathbf{v}]_{\mathcal{V}} = [\mathbf{v}], [\mathbf{w}]_{\mathcal{W}} = [\mathbf{w}]$. Então

$$[L\mathbf{v}]_{\mathcal{W}} = [L]_{\mathcal{W}}^{\mathcal{V}}\, \mathbf{v}_{\mathcal{V}} \quad \text{ou, mais brevemente,} \quad [L\mathbf{v}] = [L]\,[\mathbf{v}]$$

PROPOSIÇÃO 2.7.7 Sejam $L\colon V \to W$, $M\colon W \to X$ transformações lineares e $\mathcal{V}, \mathcal{W}, \mathcal{H}$ bases para V, W, X. Então

$$[ML]_{\mathcal{H}}^{\mathcal{V}} = [M]_{\mathcal{H}}^{\mathcal{W}}\, [L]_{\mathcal{W}}^{\mathcal{V}}$$

Se suprimimos todos os índices superiores e inferiores denotando as bases escolhidas isto se torna

$$[ML] = [M][L]$$

PROPOSIÇÃO 2.7.8 Se $L_1, L_2 \colon V \to W$ são transformações lineares, $\mathcal{V}$, $\mathcal{W}$ são bases escolhidas para V, W e $[N] = [N]_{\mathcal{W}}^{\mathcal{V}}$, então

$$[aL_1 + bL_2] = a\,[L_1] + b\,[L_2]$$

2.8 APLICAÇÕES À TEORIA DOS GRAFOS

Nesta secção damos algumas aplicações elementares da álgebra linear a problemas na teoria dos grafos. Informalmente, um grafo consiste numa coleção de pontos, que chamaremos vértices, e uma coleção de segmentos de reta unindo esses pontos que chamaremos arestas. Podemos estar interessados em dar um sentido a cada aresta, o que faremos colocando nela uma flecha. Quando as arestas têm essas flechas, isto dará um grafo orientado. A Figura 2.6. representa quatro diferentes grafos orientados. O grafo (a) tem quatro vértices e seis arestas. Note que o grafo (b) tem uma seta que vai de um vértice a ele mesmo, o que será chamado um laço simples. Note também que o grafo (d) tem um vértice, o vértice 9 que não tem arestas chegando nele ou partindo dele.

Damos agora uma definição formal de grafo e de grafo orientado. Todos os nossos grafos são finitos (isto é, tem número um finito de vértices e arestas).

DEFINIÇÃO 2.8.1 Um **grafo** (finito) consiste de um conjunto $V = \{v_1, \ldots, v_n\}$ de **vértices** (representados como pontos) e um conjunto $E = \{e_1, \ldots, e_m\}$ de **arestas** (representados por curvas). Cada aresta $e \in E$ está relacionada a um conjunto de um ou dois vértices.

Representamos esta relação por uma curva unindo os vértices, admitindo a possibilidade de a curva partir de um vértice e voltar a ele. Para um **grafo orientado**, também chamado um **digrafo**, um desses vértices é chamado o vértice inicial e o outro o vértice terminal. Esta relação na verdade são duas funções $i, t: E \to V$. Aqui $i(e)$ denota o vértice inicial de e, e $t(e)$ é o vértice terminal de e. Representamos isto graficamente traçando uma flecha sobre a aresta indo no sentido de $i(e)$ para $t(e)$. Uma aresta ligando um vértice a si mesmo ($i(e) = t(e)$) chama-se um **laço simples**.

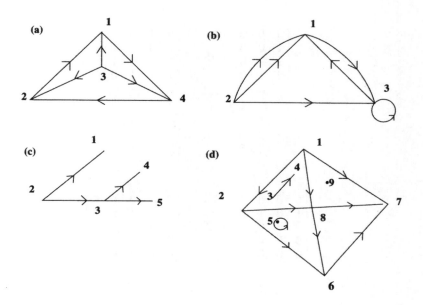

Figura 2.6. Exemplos de grafos orientados

Associado a cada grafo orientado há um grafo que é obtido ignorando a informação referente a vértice inicial e terminal de cada aresta (isto é, ignorando as setas). Às vezes partimos de um grafo, damos arbitrariamente um sentido a cada aresta para obter um grafo orientado, e depois usamos o grafo orientado para responder a uma questão sobre o grafo original. A Figura 2.6. dá alguns exemplos de grafos orientados. Numeramos os vértices para uso futuro. Consideraremos o grafo orientado e o grafo associado.

Num grafo ou digrafo existem caminhos que unem vértices.

DEFINIÇÃO 2.8.2 Um **caminho** num grafo orientado é uma coleção finita ordenada de arestas $e_1, \ldots, e_k$ tal que o vértice terminal de e_i é o vértice inicial de e_{i+1}. Aqui dizemos que o caminho vai de $i(e_1)$ para $t(e_k)$, Chama-se um **laço** se $i(e_1) = t(e_k)$. Usamos a mesma definição para um caminho num grafo com a condição de que podemos dar uma orientação a cada aresta quando ocorre (e talvez usar mais tarde a aresta com outro sentido). Ou podemos tomar um grafo orientado que tenha esse grafo como associado, e então considerar como caminho no grafo uma seqüência de arestas com sinal no grafo orientado, onde o sinal é + 1 se a aresta é percorrida na ordem dada no grafo orientado, e −1 se é percorrida na outra ordem. Um grafo se diz **conexo** se dados dois vértices quaisquer **v, w** existe um caminho indo de **v** a **w**.

132   Aplicações à teoria dos grafos

Dado um grafo G e uma ordem a seus vértices $\mathbf{v}_1, \ldots, \mathbf{v}_n$ existe uma **matriz de conectividade** C associada a ele. O elemento $c_{ij} = 0$ a menos que exista uma aresta unindo v_i a v_j e neste caso é o número de tais arestas. Para um grafo orientado a matriz de conectividade C tem $c_{ij} = 0$ a menos que exista uma aresta e com $i\,(e) = v_i$ e $t\,(e) = v_j$. Então c_{ij} conta o número de tais arestas. Note que a matriz de conectividade de um grafo é simétrica ($C = C^t$), mas isto pode não ocorrer com um grafo orientado. Aqui damos a matriz de conectividade para os quatro exemplos na Figura 2.6. Denotamos a matriz de conectividade para o digrafo por C_d e a matriz de conectividade para o grafo por C_g.

(a)

$$C_d = \begin{pmatrix} 0 & 0 & 0 & 1 \\ 1 & 0 & 0 & 0 \\ 1 & 1 & 0 & 1 \\ 0 & 1 & 0 & 0 \end{pmatrix}, C_g = \begin{pmatrix} 0 & 1 & 1 & 1 \\ 1 & 0 & 1 & 1 \\ 1 & 1 & 0 & 1 \\ 1 & 1 & 1 & 0 \end{pmatrix}$$

(b)

$$C_d = \begin{pmatrix} 0 & 0 & 1 \\ 2 & 0 & 1 \\ 1 & 0 & 1 \end{pmatrix}, C_g = \begin{pmatrix} 0 & 2 & 2 \\ 2 & 0 & 1 \\ 2 & 1 & 1 \end{pmatrix}$$

(c)

$$C_d = \begin{pmatrix} 0 & 0 & 0 & 0 & 0 \\ 1 & 0 & 1 & 0 & 0 \\ 0 & 0 & 0 & 1 & 1 \\ 0 & 0 & 0 & 0 & 0 \\ 0 & 0 & 0 & 0 & 0 \end{pmatrix}, C_g = \begin{pmatrix} 0 & 1 & 0 & 0 & 0 \\ 1 & 0 & 1 & 0 & 0 \\ 0 & 1 & 0 & 1 & 1 \\ 0 & 0 & 1 & 0 & 0 \\ 0 & 0 & 1 & 0 & 0 \end{pmatrix}$$

(d)

$$C_d = \begin{pmatrix} 0 & 1 & 0 & 0 & 0 & 0 & 1 & 1 & 0 \\ 0 & 0 & 0 & 0 & 0 & 1 & 0 & 1 & 0 \\ 0 & 0 & 0 & 1 & 0 & 0 & 0 & 0 & 0 \\ 0 & 0 & 0 & 0 & 0 & 0 & 0 & 0 & 0 \\ 0 & 0 & 0 & 0 & 1 & 0 & 0 & 0 & 0 \\ 0 & 0 & 0 & 0 & 0 & 0 & 1 & 0 & 0 \\ 0 & 0 & 0 & 0 & 0 & 0 & 0 & 0 & 0 \\ 0 & 0 & 0 & 0 & 0 & 1 & 1 & 0 & 0 \\ 0 & 0 & 0 & 0 & 0 & 0 & 0 & 0 & 0 \end{pmatrix}, C_g = \begin{pmatrix} 0 & 1 & 0 & 0 & 0 & 0 & 1 & 1 & 0 \\ 1 & 0 & 0 & 0 & 0 & 1 & 0 & 1 & 0 \\ 0 & 0 & 0 & 1 & 0 & 0 & 0 & 0 & 0 \\ 0 & 0 & 1 & 0 & 0 & 0 & 0 & 0 & 0 \\ 0 & 0 & 0 & 0 & 1 & 0 & 0 & 0 & 0 \\ 0 & 1 & 0 & 0 & 0 & 0 & 1 & 1 & 0 \\ 1 & 0 & 0 & 0 & 0 & 1 & 0 & 1 & 0 \\ 1 & 1 & 0 & 0 & 0 & 1 & 1 & 0 & 0 \\ 0 & 0 & 0 & 0 & 0 & 0 & 0 & 0 & 0 \end{pmatrix}$$

Note que a matriz de conectividade determina completamente o grafo ou digrafo.

■ *Exemplo 2.8.1* Considere as matrizes de conectividade

$$C_d = \begin{pmatrix} 0 & 1 & 0 & 2 & 0 \\ 1 & 0 & 1 & 0 & 1 \\ 0 & 0 & 0 & 1 & 0 \\ 0 & 0 & 0 & 1 & 0 \\ 0 & 1 & 0 & 1 & 0 \end{pmatrix}, C_g = \begin{pmatrix} 0 & 2 & 0 & 2 & 0 \\ 2 & 0 & 1 & 0 & 2 \\ 0 & 1 & 0 & 1 & 0 \\ 2 & 0 & 1 & 1 & 1 \\ 0 & 2 & 0 & 1 & 0 \end{pmatrix}$$

C_d corresponde ao digrafo e C_g corresponde ao grafo associado na Figura 2.7.   ■

Capítulo 2

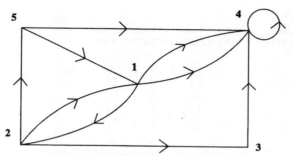

Figura 2.7. Digrafo para o Exemplo 2.8.1.

Exercício 2.8.1

Para cada um dos grafos orientados na Figura 2.8 dar sua matriz de conectividade C_d assim como a matriz de conectividade C_g para o grafo associado.

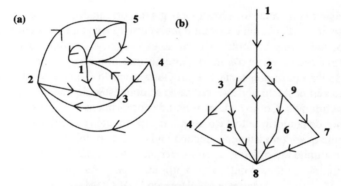

Figura 2.8. Grafos para o Exercício 2.8.1.

Exercício 2.8.2

Para cada um dos grafos na Figura 2.9 dar a matriz de conectividade.

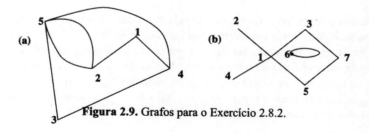

Figura 2.9. Grafos para o Exercício 2.8.2.

Exercício 2.8.3

Considere a seguinte matriz de conectividade para um grafo orientado:

$$\begin{pmatrix} 1 & 0 & 1 & 1 & 0 \\ 0 & 0 & 1 & 0 & 1 \\ 1 & 1 & 0 & 0 & 0 \\ 0 & 1 & 1 & 0 & 0 \\ 2 & 0 & 0 & 0 & 0 \end{pmatrix}$$

Trace o grafo orientado correspondente.

134 Capítulo 2

Exercício 2.8.4
Considere a seguinte matriz de conectividade para um grafo:

$$\begin{pmatrix} 0 & 1 & 0 & 1 & 0 \\ 1 & 1 & 0 & 0 & 2 \\ 0 & 0 & 0 & 1 & 1 \\ 1 & 0 & 1 & 0 & 1 \\ 0 & 2 & 1 & 1 & 0 \end{pmatrix}$$

Trace o grafo correspondente.

Um dos contextos em que grafos surgem naturalmente é o de rede de transportes, como a rede de ruas de uma cidade. Aqui os vértices corresponderiam às intersecções e as arestas às ruas que as unem. Se queremos distinguir ruas de mão única de ruas de duas mãos, então poderíamos traçar um grafo orientado em que cada rua de duas mãos unindo dois vértices corresponderia a duas arestas orientadas.

Uma questão básica com relação a grafos ou grafos orientados é a de serem dois vértices conectados, e em caso afirmativo, qual o caminho mais curto que os une. No contexto desta questão, o grafo pode ter **peso**, que é simplesmente uma função não negativa definida sobre as arestas. Isto dá um comprimento $w(e)$ a cada aresta e o comprimento de um caminho $e_1, \ldots, e_k$ é $w(e_1) + \cdots + w(e_k)$. Usaremos apenas a função peso constante 1 aqui. Outra questão é quantos caminhos existem que unem um dado par de vértices. Isto pode ser reduzido à subquestão de quantos caminhos existem de um comprimento determinado. Como cada caminho de comprimento 1 corresponde a uma aresta, a resposta para caminhos de comprimento 1 é dada por c_{ij}. Existe uma caminho de comprimento 2 indo de v_i para v_j exatamente quando existe uma aresta unindo v_i a outro vértice v_k e uma aresta unindo v_k a v_j. Existirá um tal caminho envolvendo v_k como vértice intermediário exatamente quando c_{ik} e c_{kj} são ambos não nulos, então o número deles será o produto $c_{ik} c_{kj}$. Assim o número total de caminhos de comprimento 2 é $\sum_{k=1}^{n} c_{ik} c_{kj}$. Mas este é o elemento ij de C^2. Mais geralmente temos a seguinte proposição.

> **PROPOSIÇÃO 2.8.1** O número de caminhos de comprimento exatamente p num grafo (ou digrafo) unindo v_i a v_j é dado pelo elemento ij de C^p.

Prova. Provamos isto por indução. É verdade pela definição da matriz de conectividade se $p = 1$. Supomos que é verdade para $p = q$ e provamos para $p = q + 1$. Se existe um caminho de comprimento $q + 1$ de v_i a v_j então as q primeiras arestas dão um caminho de comprimento q de v_i até algum v_k e a última aresta dá um caminho de comprimento 1 indo de v_k a v_j. Para um k fixo existem b_{ik} caminhos de v_i a v_k, onde por nossa hipótese de indução b_{ik} é o elemento ik de C^q. Assim existem $\sum_{k=1}^{n} b_{ik} c_{kj}$ caminhos de comprimento $q+1$ indo de v_i a v_j. Como este número é o elemento ij de C^{q+1}, isto prova o resultado. ∎

> **COROLÁRIO 2.8.2** O número total de caminhos de comprimento menor ou igual a p indo de v_i a v_j é dado pelo elemento ij de $C + C^2 + \cdots + C^p$.

Exercício 2.8.5
Prove o Corolário 2.8.2.

Verificar se um grafo é conexo é fácil para um grafo pequeno, mas pode não ser evidente para um grafo mais complicado. Porém, se existe um caminho unindo dois vértices, deve existir um caminho com no máximo $n-1$ arestas. Pois se o caminho contiver mais do que esse número de arestas ele terá que encontrar algum vértice duas vezes, o que daria um laço que poderia ser suprimido do caminho dando um caminho de comprimento menor unindo os dois vértices. Assim obtemos o seguinte critério para saber se um grafo é conexo.

PROPOSIÇÃO 2.8.3 Um grafo com n vértices é conexo see todos os elementos de $C + C^2 + \cdots + C^{n-1}$ são não nulos.

Exercício 2.8.6

Para cada uma das seguintes matrizes de conectividade de grafos use a Proposição 2.8.3 para decidir se é conexo ou não. Determine também quantos caminhos existem de comprimento menor ou igual a 5 ligando o primeiro vértice ao segundo.

(a) $C = \begin{pmatrix} 0 & 1 & 0 & 0 & 0 \\ 1 & 0 & 0 & 0 & 0 \\ 0 & 0 & 1 & 0 & 0 \\ 0 & 0 & 0 & 1 & 1 \\ 0 & 0 & 0 & 1 & 1 \end{pmatrix}$

(b) $C = \begin{pmatrix} 0 & 0 & 0 & 0 & 0 & 0 & 1 & 0 & 0 \\ 0 & 0 & 1 & 1 & 1 & 0 & 0 & 0 & 0 \\ 0 & 1 & 1 & 0 & 0 & 0 & 0 & 1 & 0 \\ 0 & 1 & 0 & 0 & 2 & 0 & 0 & 0 & 1 \\ 0 & 1 & 0 & 2 & 0 & 1 & 0 & 1 & 0 \\ 0 & 0 & 0 & 0 & 1 & 0 & 1 & 0 & 0 \\ 1 & 0 & 0 & 0 & 0 & 1 & 0 & 1 & 0 \\ 0 & 0 & 1 & 0 & 1 & 0 & 1 & 1 & 0 \\ 0 & 0 & 0 & 1 & 0 & 0 & 0 & 0 & 0 \end{pmatrix}$

Agora olhamos uma segunda matriz associada a um grafo orientado que não tenha vértices isolados nem laços simples, que é a **matriz de incidência** N. Supomos dadas uma ordenação $v_1, \ldots, v_n$ dos vértices e uma ordenação $e_1, \ldots, e_m$ das arestas. Aqui o elemento ij registra a relação entre a i-ésima aresta e o j-ésimo vértice. Temos $n_{ij} = 0$ a menos que ou $i(e_i) = v_j$ ou $t(e_i) = v_j$. Se $i(e_i) = v_j$ então $n_{ij} = -1$. Se $t(e_i) = v_j$ então $n_{ij} = 1$. Assim as linhas de N registram quais vértices são ligados por uma dada aresta e as colunas registram quais arestas partem ou chegam num dado vértice.

■ **Exemplo 2.8.2** A Figura 2.10 mostra exemplos de grafos dirigidos e suas matrizes de incidência. Para evitar confusão na denominação de vértices e arestas usamos números para vértices e letras para as arestas. A ordem das arestas é dada alfabeticamente.

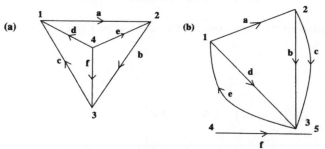

Figura 2.10. Grafos orientados para o Exemplo 2.8.2.

(a) $\begin{pmatrix} -1 & 1 & 0 & 0 \\ 0 & -1 & 1 & 0 \\ 1 & 0 & -1 & 0 \\ 1 & 0 & 0 & -1 \\ 0 & 1 & 0 & -1 \\ 0 & 0 & 1 & -1 \end{pmatrix}$, (b) $\begin{pmatrix} -1 & 1 & 0 & 0 & 0 \\ 0 & -1 & 1 & 0 & 0 \\ 0 & -1 & 1 & 0 & 0 \\ -1 & 0 & 1 & 0 & 0 \\ 1 & 0 & -1 & 0 & 0 \\ 0 & 0 & 0 & -1 & 1 \end{pmatrix}$

Note que cada linha da matriz de incidência tem um 1, um −1 e os outros elementos são 0. Assim a soma de todos os elementos numa linha é zero. Como isto vale para cada linha, a soma de todas as colunas de N será zero. Isto significa que o vetor $(1, 1, ..., 1)$ com todos os elementos iguais a 1 será uma solução de $N\mathbf{x} = \mathbf{0}$, pois multiplicar N por este vetor simplesmente faz a soma das colunas de N. ■

Em seguida consideramos a questão da conectividade do grafo associado a um grafo orientado em termos da matriz de incidência do grafo orientado. Primeiro observamos que a questão de achar um caminho ligando dois vértices quaisquer v_i a v_j é equivalente a achar um caminho que ligue o primeiro vértice v_1 a qualquer outro vértice v_i. Se pudermos sempre encontrar um tal caminho, poderemos achar um caminho de v_i a v_j indo primeiro para trás para v_1 pelo caminho unindo v_1 a v_i (o que nos dá um caminho de v_i para v_1) e depois percorrendo o caminho de v_1 a v_j. Em seguida observamos que um caminho de v_1 a v_i corresponde a uma seqüência de arestas $e_1, ..., e_k$, juntamente com o sinal ± 1 para cada aresta. O sinal é + 1 se a aresta é percorrida em sua ordem usual neste caminho e é − 1 se é percorrida na direção oposta. O grafo é conexo se existe uma tal seqüência de arestas com sinal indo de v_1 a v_i para todo i. Note que se uma aresta é percorrida duas vezes, então poderíamos achar um caminho mais curto que não inclua uma das ocorrências desta aresta. Assim só precisamos considerar caminhos que percorrem uma dada aresta no máximo uma vez. Em seguida observamos que correspondendo a um tal caminho existe um vetor linha $\mathbf{p}$ que tem $\mathbf{p}_j = 0$ se a j-ésima aresta não é percorrida no caminho, $p_j = -1$ se a j-ésima aresta é percorrida no sentido errado, e $p_j = 1$ se é percorrida no sentido correto.

■ **Exemplo 2.8.3** A Figura 2.11 mostra um caminho num grafo orientado

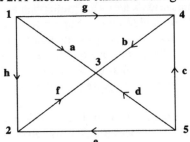

Figura 2.11. Grafo para o Exemplo 2.8.3

O caminho é dado pelas arestas com sinal $a, -b, -c$. O vetor linha correspondente e a matriz de incidência são

$$\mathbf{p} = \begin{pmatrix} 1 & -1 & -1 & 0 & 0 & 0 & 0 \end{pmatrix}, N = \begin{pmatrix} -1 & 0 & 1 & 0 & 0 \\ 0 & 0 & 1 & -1 & 0 \\ 0 & 0 & 0 & 1 & -1 \\ 0 & 0 & 1 & 0 & -1 \\ 0 & 1 & 0 & 0 & -1 \\ 0 & -1 & 1 & 0 & 0 \\ -1 & 0 & 0 & 1 & 0 \\ -1 & 1 & 0 & 0 & 0 \end{pmatrix}$$

Aplicações à teoria dos grafos **137**

A útil propriedade que o vetor linha $\mathbf{p}$ associado a um caminho ligando e_1 a e_i possui é que quando o multiplicamos por N para formar $\mathbf{p}N$ obtemos simplesmente o vetor $\pm (\mathbf{e}_1 - \mathbf{e}_i)$. Isto é verdade porque o vetor linha inicial correspondendo à primeira aresta é deste tipo, e cada nova aresta que é acrescentada cancela o termo correspondendo ao vértice em que as duas arestas são unidas: $(\mathbf{e}_1 - \mathbf{e}_k) + (\mathbf{e}_k - \mathbf{e}_l) = \mathbf{e}_1 - \mathbf{e}_l$. Isto usa o fato de que se uma aresta chega a um vértice a aresta seguinte deve partir dele. Assim a conectividade de um grafo é equivalente à existência de vetores linha $\mathbf{p}$ (i) com $\mathbf{p}$ (i) $N = \mathbf{e}_1 - \mathbf{e}_i$ para $i = 2, \ldots, n$. Quando tomamos transpostas, obtemos a condição $N^t\mathbf{p}$ $(i)^t = \mathbf{e}_1 - \mathbf{e}_i$, onde agora olhamos o segundo membro como vetores coluna.

Assim vemos que o grafo ser conexo equivale a que os vetores $\mathbf{e}_1 - \mathbf{e}_i$ pertençam à imagem $\mathcal{I}$ (N^t). Mas $\mathcal{N}$ (N) é caracterizado como o conjunto de todos os vetores que são perpendiculares a todo $\mathcal{I}$ (N^t). Assim todo vetor em $\mathcal{N}$ (N) deve ser perpendicular a cada um dos vetores $\mathbf{e}_1 - \mathbf{e}_i$, $i = 2, \ldots, n$. Mas então $< \mathbf{x}, \mathbf{e}_1 - \mathbf{e}_i> = x_1 - x_i = 0$. Portanto $\mathbf{x}$ é múltiplo de $(1, 1, \ldots, 1) = \mathbf{e}_1 + \mathbf{e}_2 + \cdots + \mathbf{e}_n$. ∎

Resumimos nossos resultados no teorema seguinte.

TEOREMA 2.8.4 Seja D um grafo orientado sem laços simples e G o grafo associado. Seja N a matriz de incidência de D. Então
1) O vetor $\mathbf{s} = \mathbf{e}_1 + \cdots + \mathbf{e}_n = (1, \ldots, 1)$ satisfaz $N\mathbf{x} = \mathbf{0}$.
2) O grafo G é conexo exatamente quando as soluções de $N\mathbf{x} = \mathbf{0}$ são os múltiplos de $\mathbf{s}$.

Exercício 2.8.7_____

Para a seguinte matriz de incidência de um grafo orientado determine se o grafo é conexo calculando as soluções de $N\mathbf{x} = \mathbf{0}$.

$$\begin{pmatrix} 0 & -1 & 0 & 1 & 0 & 0 & 0 & 0 \\ 0 & 0 & -1 & 0 & 1 & 0 & 0 & 0 \\ 0 & 0 & -1 & 0 & 0 & 0 & 1 & 0 \\ -1 & 0 & 0 & 0 & 1 & 0 & 0 & 0 \\ -1 & 0 & 0 & 0 & 0 & 0 & 0 & 1 \\ 1 & 0 & 0 & 0 & 1 & 0 & 0 & 0 \\ 1 & 0 & 0 & 0 & 0 & -1 & 0 & 0 \end{pmatrix}$$

_____

Em seguida olhamos como os laços de um grafo se relacionam com o espaço de anulamento de N^t. Um laço é dito **elementar** se cada aresta orientada que ocorre no laço ocorre só uma vez (com sinal ± 1). Se um laço não for elementar, conterá em seu interior um sublaço elementar formado deixando de lado certas arestas repetidas. Vamos nos concentrar em compreender os laços elementares. Agora, cada laço elementar pode ser registrado pelas arestas que contém, cada uma com um coeficiente ± 1, onde o sinal indica se a aresta é percorrida no sentido preferencial ou no oposto. Quando se dá uma ordem às arestas, como fizemos ao indicá-las com letras do alfabeto, isto determina um vetor $\mathbf{p}$ com E elementos ± 1, onde E indica o número de arestas.

No Exemplo 2.8.3 o vetor $(1, -1, 0, 0, 0, 0, -1)$ indicaria o laço elementar que primeiro percorre a, depois b na direção oposta, e então g na direção oposta. Veja que esta notação não indica qual é o vértice de partida para o laço. Isto é útil pois sempre que há um laço podemos formar outros laços a partir dele simplesmente mudando o vértice de partida mas ainda percorrendo as arestas na mesma ordem (cíclica). Por exemplo, este vetor também indica o laço que primeiro percorre b na direção oposta, depois g na direção oposta , depois percorre a . O vetor linha $\mathbf{p}$ correspondente a cada laço elementar satisfará $\mathbf{p}N = \mathbf{0}$. Pois a multiplicação por $\mathbf{p}$ simplesmente toma uma combinação linear das linhas de N. O fato de termos um laço elementar significa que elementos não nulos de uma linha

138 Capítulo 2

correspondente a um vértice ocorrerão com sinais que cancelam, dos dois termos correspondentes a uma aresta chegando ao vértice e a aresta seguinte que parte do vértice.

Tomando a transposta, estes laços elementares determinam elementos de $\mathcal{N}$ (N^t). Se o grafo é conexo, o Teorema 2.8.4 diz que a dimensão de $\mathcal{I}$ (N^t) é $V-1$, onde V é o número de vértices do grafo. Assim o teorema de posto-nulidade implica que a dimensão de $\mathcal{N}$ (N^t) é $E-V+1$. Verifica-se que podemos obter uma base para este subespaço correspondendo aos laços elementares. Mostraremos como achar esta base como um resultado do usual algoritmo gaussiano de eliminação. Em vez de provar que isto funciona de modo geral, simplesmente olharemos um exemplo para ilustrar o procedimento.

■ **Exemplo 2.8.4** Olhamos a matriz do último exemplo. Então $N = 0_1 U$, onde

$$
U = \begin{pmatrix}
-1 & 0 & 1 & 0 & 0 \\
0 & 1 & 0 & 0 & -1 \\
0 & 0 & 1 & 0 & -1 \\
0 & 0 & 0 & 1 & -1 \\
0 & 0 & 0 & 0 & 0 \\
0 & 0 & 0 & 0 & 0 \\
0 & 0 & 0 & 0 & 0 \\
0 & 0 & 0 & 0 & 0
\end{pmatrix}, O_1 = \begin{pmatrix}
1 & 0 & 0 & 0 & 0 & 0 & 0 & 0 \\
0 & 0 & 0 & 0 & 1 & 0 & 0 & 0 \\
0 & 0 & 0 & 1 & 0 & 0 & 0 & 0 \\
0 & 0 & 1 & 0 & 0 & 0 & 0 & 0 \\
0 & 1 & 1 & -1 & 0 & 0 & 0 & 0 \\
0 & 0 & 0 & -1 & 1 & 1 & 0 & 0 \\
-1 & 0 & -1 & 1 & 0 & 0 & 1 & 0 \\
-1 & 0 & 0 & 1 & -1 & 0 & 0 & 1
\end{pmatrix}
$$

As quatro linhas de baixo de O_1 então dão uma base de vetores correspondendo aos laços elementares. Em termos da designação no grafo, esses laços correspondem a $bd^{-1}c$, $d^{-1}ef$, $a^{-1}gc^{-1}d$, $a^{-1}he^{-1}d$. Nesta notação percorrer uma aresta orientada no sentido oposto é indicado com o índice -1. Outros laços elementares derivam destes quatro tomando combinações lineares com coeficientes inteiros. Por exemplo, o laço elementar que provém do perímetro é $gc^{-1}eh^{-1}$, que corresponde ao vetor $(0, 0, -1, 0, 1, 0, 1, -1)$. Este é a combinação linear

$$(-1, 0, 1, 1, 0, 01, 0) - (-1, 0, 0, 1, -1, 0, 0, 1)$$ ■

Encerramos esta secção registrando como isto se aplica a circuitos elétricos, como discutido na Secção 1.9. Para circuitos, os vértices são chamados nós, e arestas são chamadas de ramos. Cada ramo terá um resistor de resistência positiva, e pode também ter uma fonte de voltagem. Uma vez indicadas as correntes em cada ramo do circuito e os nós podemos formar um grafo orientado. Estamos supondo que o circuito leva a um grafo conexo. Então podemos tomar a matriz de incidência N deste grafo orientado. Nossa análise é para um circuito sem fontes externas de corrente nos nós, mas poderia facilmente ser modificada para permitir estas se a soma der 0. Há um vetor $\mathbf{I}$ cujo tamanho corresponde ao número E de arestas. Há também um vetor $\mathbf{V}_S$ de tamanho E que fornece as voltagens vindas de fontes ao longo de cada aresta. Finalmente, existe uma matriz diagonal E por E R cujos elementos positivos na diagonal dão as resistências em cada aresta. Usando R e $\mathbf{I}$ podemos usar a lei de Ohm para formar um vetor $\mathbf{V}_R = R\mathbf{I}$ que fornece as quedas de voltagem devidas à resistência em cada aresta. A diferença $\mathbf{V}_S - \mathbf{V}_R$ dá a variação de potencial ao longo dos ramos.

Quando escrevemos as equações correspondentes ao fato de a soma das correntes chegando a cada nó ser zero, obtemos V equações, que correspondem ao produto de um vetor linha $\mathbf{I}^t$ contendo as correntes em cada aresta vezes cada uma das colunas da matriz de incidência dar $\mathbf{0}$. Isto usa o fato de as colunas de N simplesmente indicarem quais arestas vão para ou vêm de uma dado vértice. Estas equações são então $\mathbf{I}^t N = \mathbf{0}$. Como as colunas de N têm soma zero, qualquer das equações pode ser escrita em termos das demais. Isto justifica o procedimento de usar todos os nós menos um ao formar estas equações. Isto dá $V-1$ equações

Aplicações à teoria dos grafos **139**

$$\overline{N}^t\mathbf{I} = \mathbf{0},$$

onde $\overline{N}$ é a matriz formada a partir de N eliminando a última coluna. Note que o posto de $\overline{N}$ é de fato $V-1$, pois o posto de N é $V-1$ e a última coluna é menos a soma das demais colunas.

As outras equações vêm da lei de Kirchhoff sobre as quedas de voltagem em um laço, junto com a lei de Ohm que escreve a queda de voltagem devida a resistores como $R\mathbf{I}$. Para obter as outras equações usamos o fato de podermos nos restringir a laços elementares, e só precisamos escolher uma base para $\mathcal{N}\,(N^t)$ de tais laços. Para um circuito pequeno isto é razoavelmente simples de fazer por inspeção. Para um circuito maior podemos usar o algoritmo dado antes para achar uma base dos laços elementares. Esta base leva a $E - V + 1$ equações a mais. Denotemos por L a matriz $E - V + 1$ por E que tem como linhas as bases dos laços elementares. Note antes que $\mathcal{N}\,(L) = \mathcal{I}\,(\overline{N}) = \mathcal{I}\,(\overline{N})$ – os detalhes são deixados como exercício. As equações restantes exprimem o fato de serem nulas as variações de potencial num laço. São apenas $L\,(\mathbf{V}_S) - L\,(\mathbf{V}_R) = \mathbf{0}$ ou $(LR)\mathbf{I} = L\,(R\mathbf{I}) = L\,(\mathbf{V}_R) = L\,(\mathbf{V}_S)$. Assim nossas equações podem ser escritas como

$$\overline{N}^t\mathbf{I} = \mathbf{0},\, LR\mathbf{I} = L\mathbf{V}_S \quad \text{ou} \quad \begin{pmatrix} \overline{N}^t \\ LR \end{pmatrix}\mathbf{I} = \begin{pmatrix} \mathbf{0} \\ L\mathbf{V}_S \end{pmatrix}$$

Surge a questão de saber porque este sistema tem uma única solução para a corrente. Primeiro observe que $L(\mathbf{V}_S - R\mathbf{I}) = \mathbf{0}$. Como $\mathcal{N}\,(L) = \mathcal{I}\,(\overline{N})$, existe uma única solução se $\mathbf{V}_S - R\mathbf{I} = \overline{N}\mathbf{x}$ para algum $\mathbf{x}$. O vetor $\mathbf{x}$ é interpretado como potenciais em cada nó (onde o potencial é posto no zero no último nó que foi omitido ao formar $\overline{N}$ a partir de N). O vetor $\overline{N}\mathbf{x}$ então mede a variação de potencial através dos ramos, e a equação $\overline{N}\mathbf{x} = \mathbf{V}_S - R\mathbf{I}$ exprime a variação de potencial através de um ramo como a diferença entre a voltagem da fonte no ramo e a queda de voltagem no resistor. Então nossas equações acima se tornam

$$R\mathbf{I} + \overline{N}^t\mathbf{x} = \mathbf{V}_S,\, \overline{N}^t\mathbf{I} = \mathbf{0}$$

Soluções deste sistema correspondem a soluções de nosso sistema original. Isto pode parecer mais complicado porque agora temos duas variáveis $\mathbf{x}, \mathbf{I}$ para as quais devemos resolver, mas verifica-se que é relativamente fácil de resolver. Multiplique a primeira equação por $\overline{N}^t R^{-1}$ e subtraia da segunda para obter

$$\overline{N}^t R^{-1} \overline{N}^t \mathbf{x} = -\overline{N}^t R^{-1} \mathbf{V}_S$$

Como a matriz $\overline{N}$ é de posto $V - 1$, um breve argumento mostra que a matriz quadrada $\overline{N}^t R^{-1} \overline{N}$ é inversível. Assim podemos resolver para um $\mathbf{x}$ único e substituir para resolver para $\mathbf{I}$. Note que este método usando potenciais de resolver o problema leva ao sistema $V-1$ por $V-1$, $\overline{N}^t R^{-1} \overline{N} = \overline{N}^t R^{-1} \mathbf{V}_S$, menor que o programa original de 1.9 para estabelecer as equações diretamente a partir das leis de Kirchhoff e resolver o sistema E por E $\begin{pmatrix} \overline{N}^t \\ LR \end{pmatrix}\mathbf{I} = \begin{pmatrix} \mathbf{0} \\ L\mathbf{V}_S \end{pmatrix}$ que resulta.

■ *Exemplo 2.8.5* Considere o circuito do Exemplo 1.9.2. Então temos

$$N = \begin{pmatrix} -1 & 1 & 0 & 0 \\ 0 & -1 & 1 & 0 \\ 0 & -1 & 0 & 1 \\ 0 & 0 & -1 & 1 \\ -1 & 0 & 0 & 1 \\ -1 & 0 & 1 & 0 \end{pmatrix}, \overline{N} = \begin{pmatrix} -1 & 1 & 0 \\ 0 & -1 & 1 \\ 0 & -1 & 0 \\ 0 & 0 & -1 \\ -1 & 0 & 0 \\ -1 & 0 & 1 \end{pmatrix}$$

140 Capítulo 2

$$L = \begin{pmatrix} 1 & 0 & 1 & 0 & -1 & 0 \\ 0 & 1 & -1 & 1 & 0 & 0 \\ 0 & 0 & 0 & -1 & -1 & -1 \end{pmatrix}, R = \begin{pmatrix} 5 & 0 & 0 & 0 & 0 & 0 \\ 0 & 4 & 0 & 0 & 0 & 0 \\ 0 & 0 & 4 & 0 & 0 & 0 \\ 0 & 0 & 0 & 1 & 0 & 0 \\ 0 & 0 & 0 & 0 & 5 & 0 \\ 0 & 0 & 0 & 0 & 0 & 2 \end{pmatrix}$$

Assim a matriz $\begin{pmatrix} \overline{N}^t \\ LR \end{pmatrix} = \begin{pmatrix} -1 & 0 & 0 & 0 & -1 & -1 \\ 1 & -1 & -1 & 0 & 0 & 0 \\ 0 & 1 & 0 & -1 & 0 & 1 \\ 5 & 0 & 4 & 0 & -5 & 0 \\ 0 & 4 & -4 & 1 & 0 & 0 \\ 0 & 0 & 0 & -1 & 5 & -2 \end{pmatrix}$ é a matriz que usamos em nossa resolução

no Exemplo 1.9.2 ■

Usando o método de potenciais acima poderíamos formar $\overline{N}^t R^{-1} \overline{N} \mathbf{x} = \overline{N}^t R^{-1} \mathbf{V}_S$.

$$\begin{pmatrix} 0,9 & -0,2 & -0,5 \\ -0,2 & 0,7 & -0,25 \\ -0,5 & -0,25 & 1,75 \end{pmatrix} \mathbf{x} = \begin{pmatrix} -2 \\ 2 \\ 0 \end{pmatrix}$$

com solução $\mathbf{x} = (1,8303; 2,2629; -0,1997)$. Assim resolvemos para

$$I = R^{-1}(V_S - \overline{N}\mathbf{x}) = (1,1814, 0,6156, 0,5657, -0,1997, -0,3661, -0,8153).$$

Exercício 2.8.8

Mostre que $\mathcal{N}(L) = \mathcal{I}(N) = \mathcal{I}(\overline{N})$. Sugestão. Ache uma inclusão e use contagem de dimensões.

Exercício 2.8.9

Verifique que a matriz $\overline{N}^t R^{-1}$ é inversível. Sugestão. Mostre que $\{0\} = \mathcal{N}(\overline{N}) = \mathcal{N}(\overline{N}^t R^{-1} \overline{N})$ por meio da multiplicação da equação

$$\overline{N}^t R^{-1} \overline{N} \mathbf{y} = 0$$

na esquerda por $\mathbf{y}^t$.

2.9 EXERCÍCIOS DO CAPÍTULO 2

2.9.1 Determine quais dos seguintes subconjuntos de $\mathbb{R}^3$ são subespaços. Para cada um dos que forem subespaços dê uma descrição geométrica deste subespaço e ache uma base.
  a) $\{\mathbf{x} : x_1 x_2 + x_3 = 0\}$
  b) $\{\mathbf{x} : 3x_1 + x_2 - x_3 = 2\}$
  c) $\{\mathbf{x} : \langle \mathbf{x}, (1, 3, 2) \rangle = 0\}$
  d) $\{\mathbf{x} : \langle \mathbf{x}, \mathbf{x} \rangle = 1\}$

2.9.2 Determine quais dos seguintes subconjuntos de $\mathbb{R}^3$ são subespaços. Para cada um dos que forem subespaços dê uma descrição geométrica do subespaço e ache uma base.
  (a) $\{\mathbf{x} : 3x_1 + x_2 - x_3 = 0\}$
  (b) $\{\mathbf{x} : x_1^2 + x_2^2 - x_3^2 = 1\}$

Aplicações à teoria dos grafos   **141**

(c) $\{\mathbf{x} : x_1^2 + x_2^2 - x_3^2 = 0\}$
(d) $\{\mathbf{x} : \langle \mathbf{x}, (1, 2, 1) \rangle = 0, \langle \mathbf{x}, (0, 2, 3) \rangle = 0\}$

2.9.3   Determine quais dos seguintes subconjuntos de $\mathbb{R}^4$ são subespaços. Para os que o forem determine uma base.
(a) $\{\mathbf{x} : x_1 + x_2 = x_3 + x_4\}$
(b) $\{\mathbf{x} : x_1^2 + x_2^2 = x_3^2 + x_4^2\}$
(c) $\{\mathbf{x} : x_1^2 + x_2^2 = 0, x_3^2 + x_4^2 = 0\}$
(d) $\{\mathbf{x} : x_1^2 + x_2^2 = 1, x_3^2 + x_4^2 = 0\}$
(e) $\{\mathbf{x} : (x_1 + x_2)^2 + (x_3 + x_4)^2 = 0\}$

2.9.4   Determine quais os seguintes subconjuntos de $\mathcal{P}^3 (\mathbb{R}, \mathbb{R})$ são subespaços. Para os que o forem determine uma base.
(a) os polinômios de grau maior que 1.
(b) os polinômios $a_0 + a_1 x + a_2 x^2 + a_3 x^3$ com $a_0 + a_2 = 0$
(c) os polinômios $a_0 + a_1 x + a_2 x^2 + a_3 x^3$ com $a_0 + a_2 = 1$
(d) os polinômios p com $p(2) - p(3) = 0$

2.9.5   Determine quais dos seguintes subconjuntos de $\mathcal{P}^4 (\mathbb{R}, \mathbb{R})$ são subespaços. Para os que o forem determine uma base.
(a) os polinômios de grau 4
(b) os polinômios com $p(0) = 4$
(c) os polinômios com $p(4) = 0$
(d) os polinômios com pelo menos uma raiz dupla; isto é, $p(x) = (x-r)^2 q(x)$ para *algum r*
(e) os polinômios com raiz dupla em 3; isto é, $p(x) = (x-3)^2 q(x)$
(f) os polinômios com $\int_0^1 p(x)\, dx = 0$

2.9.6   Considere os seguintes subconjuntos de matrizes 2 por 2

$$A = \begin{pmatrix} a_{11} & a_{12} \\ a_{21} & a_{22} \end{pmatrix}$$

Determine quais são subespaços. Para os que o forem ache uma base.
(a) as matrizes que são triangulares superiores, $a_{21} = 0$
(b) as matrizes que são inversíveis
(c) as matrizes que satisfazem $a_{11} + a_{22} = 0$
(d) as matrizes que satisfazem $a_{11} a_{22} = 1$

2.9.7   Seja S o subconjunto de $\mathbb{R}^4$ que consiste das soluções das equações
$$2x - 2y + z - w = 0$$
$$x - y + z = 0$$
(a) Mostre que S é um subespaço de $\mathbb{R}^4$
(b) Dê uma matriz A tal que $S = \mathcal{N}(A)$
(c) Ache uma base para S

2.9.8   Seja S o subconjunto de $\mathbb{R}^3$ que consiste das soluções de
$$x + 2y - 3z = 0$$
$$3x + 4y + z = 0$$
(a) Mostre que S é um subespaço

142 Capítulo 2

(b) Dê uma matriz A tal que $S = \mathcal{N}\,(A)$
(c) Dê uma matriz B tal que $S = \mathcal{N}\,(B^t)$
(d) Dê uma matriz C tal que $S = \mathcal{I}\,(C)$
(e) Dê uma matriz D tal que $S = \mathcal{I}\,(D^t)$

2.9.9   Seja S o subconjunto de $\mathbb{R}^5$ que satisfaz às equações
$$x_1 + x_3 + x_5 = 0$$
$$x_2 + x_4 = 0$$
$$x_1 + x_2 + x_3 + x_4 + x_5 = 0$$
(a) Mostre que S é um subespaço
(b) Ache uma base para S
(c) Ache uma matriz A tal que S é o espaço de colunas de A
(d) Ache uma matriz A tal que S é o espaço de linhas de A

2.9.10 Seja S o subespaço de $\mathbb{R}^3$ que é gerado pelos três vetores $(1, 1, 1)$, $(3, -1, 2)$, $(5, 1, 4)$. Seja T o subconjunto de todos os vetores que são perpendiculares a cada um destes três vetores.
(a) Mostre que T é um subespaço
(b) Dê uma base para S e uma base para T
(c) Dê uma matriz A tal que $S = \mathcal{I}\,(A)$
(d) Dê uma matriz B tal que $T = \mathcal{N}\,(B)$

2.9.11 Seja S o subconjunto de $\mathbb{R}^4$ que é gerado pelos dois vetores $(1, 2, 3, 4)$, $(4, 5, 6, 7)$. Seja T o subconjunto de todos os vetores que são perpendiculares a cada um destes vetores.
(a) Mostre que T é um subespaço
(b) Dê uma base para S e uma base para T
(c) Dê uma matriz A tal que $S = \mathcal{N}\,(A)$
(d) Dê uma matriz B tal que $T = \mathcal{N}\,(B)$

2.9.12 A união de dois subespaços é necessariamente um subespaço ? Dê uma prova ou um contraexemplo.

2.9.13 Mostre que $(1, 2, 3)$, $(2, 3, 1)$, $(3, 2, 1)$, $(3, 1, 2)$ geram $\mathbb{R}^3$. Eles são independentes ? Justifique sua resposta.

2.9.14 Determine se os vetores seguintes geram $\mathbb{R}^4$ e se são independentes.
(a) $(1, 2, 3, 4)$, $(1, -1, 2, 2)$, $(3, 1, 2, -3)$, $(-4, -3, -2, 1)$
(b) $(1, 2, -2, -1)$, $(3, 2, -2, -3)$, $(4, -2, 2, -4)$, $(5, -2, -2, 1)$

2.9.15 Determine se os vetores seguintes geram o subespaço S dos vetores de $\mathbb{R}_5$ que são perpendiculares tanto a $(1, 1, 1, 1, 1)$ quanto a $(1, 0, 0, 0, -1)$.
(a) $(1, 2, 3, -7, 1)$, $(2, 1, 3, -8, 2)$, $(3, 2, 1, -9, 3)$
(b) $(1, 2, 3, -7, 1)$, $(2, 1, 3, -8, 2)$, $(3, 3, 6, -15, 3)$

2.9.16 Determine se os seguintes polinômios de $\mathcal{P}^3\,(\mathbb{R}, \mathbb{R})$ são independentes. Para os que não forem independentes determine uma base para o subespaço que eles geram.

(a) $1 - x + x^2 - x^3$, $2 - x - x^3$, $x - x^2$, $-1 + x^2$
(b) $3 - x + x^2$, $3 + 2x + x^3$, $1 + x^3$, $1 + x + x^2 + x^3$

Exercícios do Capítulo 2 **143**

2.9.17 Determine se os polinômios seguintes em $\mathcal{P}^4(\mathbb{R}, \mathbb{R})$ são independentes. Para os que não forem independentes determine uma base para o subespaço que eles geram.
(a) $1 - x + x^2 - x^3 + x^4, 2 + x^2 + x^4, x - x^3, -3 - 2x^2 + 2x^3 - 2x^4$
(b) $1 - x + x^3, 4 + x^2 + x^4, x + x^2 + x^3, 4 - x^4$

2.9.18 Determine se as matrizes seguintes em $\mathcal{M}(2,2)$ são independentes. Se não forem independentes, ache uma base para o subespaço que geram.

(a) $\begin{pmatrix} 1 & -1 \\ 1 & 1 \end{pmatrix}, \begin{pmatrix} 2 & 3 \\ -1 & 1 \end{pmatrix}, \begin{pmatrix} 4 & 2 \\ -2 & 1 \end{pmatrix}, \begin{pmatrix} 3 & -3 \\ 3 & 2 \end{pmatrix}$

(b) $\begin{pmatrix} 1 & 1 \\ 1 & 1 \end{pmatrix}, \begin{pmatrix} 2 & 1 \\ 0 & 2 \end{pmatrix}, \begin{pmatrix} 0 & 1 \\ 2 & 0 \end{pmatrix}$

2.9.19 Seja A uma matriz m por n. Mostre que $A\mathbf{x} = \mathbf{b}$ tem uma solução see o posto da matriz A é igual ao posto da matriz aumentada $(A \mid \mathbf{b})$.

2.9.20 Suponha que A é uma matriz inversível n por n. Que é $\mathcal{T}(A)$? Que é $\mathcal{N}(A)$?

2.9.21 Suponha que A é a matriz não inversível n por n. Mostre que $\mathcal{N}(A)$ contém um vetor não nulo $\mathbf{x}$ e que existe um vetor $\mathbf{b}$ para o qual não há solução para $A\mathbf{x} = \mathbf{b}$.

2.9.22 Considere o subespaço S de $\mathbb{R}^4$ que é gerado pelos dois vetores $\mathbf{v}_1 (1, -1, 0, 1), \mathbf{v}_2 = (2, 0, -1, -1)$.
(a) Ache condições necessárias e suficientes sobre um vetor $\mathbf{x} = (x_1, x_2, x_3, x_4)$ para que pertença a S.
(b) Ache mais dois vetores $\mathbf{v}_3, \mathbf{v}_4$ de modo que os quatro vetores formem uma base para $\mathbb{R}^4$.

2.9.23 Considere o subespaço S de $\mathbb{R}^4$ que é gerado pelos três vetores $\mathbf{v}_1 = (1, 3, -5, 1), \mathbf{v}_2 = (2, 3, -4, -1), \mathbf{v}_3 = (3, 1, -2, -2)$.
(a) Ache condições necessárias e suficientes sobre um vetor $\mathbf{x} = (x_1, x_2, x_3, x_4)$ para que pertença a S.
(b) Ache outro vetor $\mathbf{v}_4$ tal que os quatro vetores formem uma base para $\mathbb{R}^4$.

2.9.24 Considere o subespaço S de $\mathcal{P}^2(\mathbb{R}, \mathbb{R})$ que é gerado pelos três polinômios $2 + x + x^2, 3 - 2x + 3x^2, 1 + 4x - x^2$.
(a) Mostre que esses polinômios são dependentes.
(b) Ache uma base para S
(c) Ache outro polinômio p tal que sua base de (b) junto com p forme uma base para $\mathcal{P}^2(\mathbb{R}, \mathbb{R})$

2.9.25 Suponha que $f_1, \ldots, f_n \in \mathcal{D}(\mathbb{R}, \mathbb{R})$. Defina o wronskiano.

$$W(f_1, \ldots f_n)(0) = \det \begin{pmatrix} f_1(0) & f_2(0) & \cdots & f_n(0) \\ f_1'(0) & f_2'(0) & \cdots & f_n'(0) \\ \cdots & \cdots & \cdots & \cdots \\ f_1^{n-1}(0) & f_2^{n-1}(0) & \cdots & f_n^{n-1}(0) \end{pmatrix}$$

(a) Mostre que se $W(f_1, \ldots, f_n)(0) \neq 0$ então $f_1, \ldots, f_n$ são independentes.
(b) Use isto para mostrar que $\cos x, e^x, x$ são independentes.

2.9.26 Seja $L: V \to \mathbb{R}^n$ uma transformação linear.
(a) Suponha que $\mathbf{v}_1, \ldots, \mathbf{v}_n$ são n vetores em V e A é a matriz cujas colunas são $L(\mathbf{v}_1), \ldots, L(\mathbf{v}_n)$.

144 Capítulo 2

Mostre que se det $A \neq 0$ então $v_1, \ldots, v_n$ são independentes.

(b) Mostre que $L ; \mathcal{D} (\mathbb{R}, \mathbb{R}) \rightarrow \mathbb{R}^n$ dada por $L(f) = (f(0) f'(0), \ldots, f^{(n-1)}(0))$ é uma transformação linear.

(c) Use as partes (a) e (b) para dar uma prova da parte (a) do exercício anterior.

2.9.27 Determine se o vetor $(4, 0, 8, 2)$ está no subespaço gerado pelos vetores $(2, 1, 3, 2)$, $(1, 2, 1, 2)$, $(0, 1, 1, 0)$. Se estiver ache a,b,c tais que
$$(4, 0, 8, 2) = a (2, 1, 3, 2) + b (1, 2, 1, 2) + c (0, 1, 1, 0)$$

2.9.28 Determine se o polinômio $4 + 8x^2 + 2x^3$ está no subespaço gerado pelos polinômios $2 + x + 3x^2 + 2x^3$, $1 + 2x + x^2 + 2x^3$, $x + x^2$. Se estiver, ache a, b, c tais que
$$4 + 8x^2 + 2x^3 = a (2 + x + 3x^2 + 2x^3) + b (1 + 2x + 2x^3) + c (x + x^2)$$

2.9.29 Determine se os vetores seguintes são linearmente independentes. Se forem dependentes escreva um deles como combinação linear dos outros dois.

(a) $(1, 2, 1)$, $(3, 1, 1)$, $(0, 5, 2)$

(b) $(1, 2, 3)$, $(2, 3, 1)$, $(3, 1, 2)$

2.9.30 Determine se os vetores seguintes são linearmente independentes. Se forem dependentes escreva um deles como combinação linear dos outros.

(a) $(1, 2, 1, 0)$, $(-2, 1, 3, 2)$, $(2, 3, 2, 1)$

(b) $(1, 2, 1, 0)$, $(-2, 1, 3, 2)$, $(1, 7, 6, 2)$

2.9.31 Determine se os polinômios seguintes são linearmente independentes. Se forem dependentes escreva um deles como combinação linear dos outros.

(a) $2 - x + x^2, -x + x^2, 1 + x + x^2$

(b) $2 - x + x^2, -x + x^2, 1 - x + x^2$

2.9..32 Determine se as matrizes seguintes são linearmente independentes. Se forem dependentes escreva uma delas como combinação linear das outras.

(a) $\begin{pmatrix} 1 & 1 \\ 0 & 1 \end{pmatrix}, \begin{pmatrix} 1 & 0 \\ 1 & 1 \end{pmatrix}, \begin{pmatrix} 1 & 1 \\ 1 & 0 \end{pmatrix}$

(b) $\begin{pmatrix} 1 & 1 \\ 0 & 1 \end{pmatrix}, \begin{pmatrix} 1 & 0 \\ 1 & 1 \end{pmatrix}, \begin{pmatrix} 1 & 1 \\ 1 & 0 \end{pmatrix}, \begin{pmatrix} 0 & 1 \\ 1 & 1 \end{pmatrix}$

2.9.33 Determine se as seguintes matrizes de $\mathcal{M} (2, 2)$ são linearmente independentes. Se forem dependentes escreva uma delas como combinação linear das outras.

(a) $\begin{pmatrix} 1 & 1 \\ 1 & 1 \end{pmatrix}, \begin{pmatrix} 1 & 2 \\ 2 & 1 \end{pmatrix}, \begin{pmatrix} 1 & 2 \\ 3 & 4 \end{pmatrix}$

(b) $\begin{pmatrix} 1 & 0 \\ 0 & 0 \end{pmatrix}, \begin{pmatrix} 1 & 1 \\ 0 & 0 \end{pmatrix}, \begin{pmatrix} 1 & 1 \\ 1 & 0 \end{pmatrix}, \begin{pmatrix} 1 & 1 \\ 1 & 1 \end{pmatrix}, \begin{pmatrix} 1 & 2 \\ 2 & 1 \end{pmatrix}$

2.9.34 (a) Ache uma base para o subespaço dos polinômios gerado por
$$1 - x^2 + x^3, 1 + x - x^2, x - x^3, 1 - x + x^2$$
(b) Ache uma base para o subespaço de $\mathbb{R}^4$ gerado pelos vetores
$$(1, 0 - 1, 1), (1, 1, -1, 0), (0, 1, 0, -1), (1, -1, 1, 0)$$

2.9.35 Determine quais das funções seguintes são transformações lineares.

Exercícios do Capítulo 2 **145**

(a) $L: \mathbb{R}^3 \to \mathbb{R}^3, L(x, y, z) = (x, x + y, x + y + z)$

(b) $L: \mathcal{P}^3(\mathbb{R}, \mathbb{R}) \to \mathcal{P}^3(\mathbb{R}, \mathbb{R}), L(p) = p - p(1)$.

(c) $L: \mathcal{M}(2, 2) \to \mathcal{M}(2, 2), L(A) = ABA, B = \begin{pmatrix} 1 & 2 \\ 2 & 1 \end{pmatrix}$

(d) $L: \mathcal{M}(2, 2) \to \mathbb{R}^4, L(A) = (a_{11} + a_{12}, a_{21} + a_{22}, a_{11} + a_{22}, a_{12} + a_{21})$ onde $A = \begin{pmatrix} a_{11} & a_{12} \\ a_{21} & a_{22} \end{pmatrix}$

2.9.36 Determine quais das funções seguintes são transformações lineares.
(a) $L: \mathcal{D}(\mathbb{R}, \mathbb{R}) \to \mathbb{R}, L(f) = f(3) - f(2)$.
(b) $L: \mathcal{D}(\mathbb{R}, \mathbb{R}) \to \mathcal{D}(\mathbb{R}, \mathbb{R}), L(f)(x) = f(\operatorname{sen} x)$.
(c) $L: \mathcal{D}(\mathbb{R}, \mathbb{R}) \to \mathcal{D}(\mathbb{R}, \mathbb{R}), L(f)(x) = \operatorname{sen}(f(x))$.
(d) $L: \mathbb{R} \to \mathbb{R}, L(x) = \operatorname{sen}(x)$
(e) $L: \mathcal{D}(\mathbb{R}, \mathbb{R}) \to \mathcal{D}(\mathbb{R}, \mathbb{R}), L(f) = f' - f^2$, onde f' denota derivação.

2.9.37. Determine quais das funções seguintes são transformações lineares. Para as que o forem ache seus núcleo e suas imagens.
(a) $L: \mathcal{D}(\mathbb{R}, \mathbb{R}) \to \mathcal{D}(\mathbb{R}, \mathbb{R}), L(f)(x) = \int_1^x f(t)\, dt$.
(b) $L: \mathcal{P}^2 \to \mathcal{P}^3, L(f)(x) = \int_1^x f(t)\, dt$.

2.9.38. Determine quais das funções seguintes são transformações lineares. Para as que o sejam determine bases para seu núcleo e imagem

(a) $L: \mathcal{M}(2, 2) \to \mathcal{M}(3, 3), L\begin{pmatrix} a_{11} & a_{12} \\ a_{21} & a_{22} \end{pmatrix} = \begin{pmatrix} a_{11} & a_{12} & 0 \\ a_{21} & a_{22} & 0 \\ 0 & 0 & 1 \end{pmatrix}$

(b) $L: \mathcal{M}(2, 2) \to \mathcal{M}(3, 3), L\begin{pmatrix} a_{11} & a_{12} \\ a_{21} & a_{22} \end{pmatrix} = \begin{pmatrix} a_{11} & a_{12} & 0 \\ a_{21} & a_{22} & 0 \\ 0 & 0 & 0 \end{pmatrix}$

2.9.39 Determine quais das seguintes funções são transformações lineares. Para as que o sejam determine bases para seu núcleo e imagem.

(a) $L: \mathcal{P}^2 \to \mathcal{M}(2, 2), L(a_0 + a_1 x + a_2 x^2) = \begin{pmatrix} a_0 & a_1 \\ a_1 & a_2 \end{pmatrix}$

(b) $L: \mathcal{P}^2(\mathbb{R}, \mathbb{R}) \to \mathcal{D}(\mathbb{R}, \mathbb{R}),$
$$L(a_0 + a_1 x + a_2 x^2) = a_0 \cos(t) + a_1 \operatorname{sen}(t) + a_2 \cos(1 + t)$$

2.9.40 Seja $L: V \to W$ uma transformação linear.
(a) Mostre que se $\dim V > \dim W$ então L não é $1 - 1$.
(b) Mostre que se $\dim V < \dim W$ então L não é sobre.

2.9.41 Seja $L: \mathcal{M}(2, 2) \to \mathcal{P}^2(\mathbb{R}, \mathbb{R},)$ uma transformação linear. Mostre que $\mathcal{N}(L) \neq \{\mathbf{0}\}$. Dê exemplo de uma L que seja sobre $\mathcal{P}^2(\mathbb{R}, \mathbb{R})$ e um exemplo de uma L que não seja sobre. Qual tem núcleo de dimensão maior?

146 Capítulo 2

2.9.42 Seja $L: \mathbb{R}^3 \to \mathscr{P}^2$ uma transformação linear.
(a) Mostre que se L aplica sobre $\mathscr{P}^2$ então $\mathcal{N}(L) = \{\mathbf{0}\}$.
(b) Mostre que se $L(\mathbf{e}_1 + \mathbf{e}_2 + \mathbf{e}_3) = \mathbf{0}$ então L não é sobre $\mathscr{P}^2$.

2.9.43. (a) Dê um exemplo de espaços vetoriais V, W e uma transformação linear $L: V \to W$ tais que dim $V <$ dim W e L não é $1-1$.
(b) Dê um exemplo de espaços vetoriais V, W e uma transformação linear $L: V \to W$ tais que dim $V >$ dim W e L não é sobre.

2.9.44 Mostre que se $\mathbf{v}_1, \ldots, \mathbf{v}_k \in S$, onde S é um subespaço de V, então $T = \text{ger}(\mathbf{v}_1, \ldots, \mathbf{v}_k)$ é um subespaço de S. Como se comparam as dimensões de T e S?

2.9.45 Ache um conjunto independente maximal em cada uma das coleções de vetores e estenda-o a uma base do espaço vetorial todo.
(a) $(1, 1, 1), (1, 2, 1), (2, 3, 2)$ em $\mathbb{R}^3$.
(b) $(x - 1), (x^2 - 1), (x^2 - x)$ no espaço dos polinômios de grau menor ou igual a 3 que se anulam em $x = 1$.

2.9.46 Ache um coleção independente maximal em cada uma das coleções de vetores e estenda-a a uma base do espaço vetorial todo.
(a) $(-1, 0, 1, 0), (2, 3, -3, -2), (1, 2, 3, -6)$ em $\mathbb{R}^4$.
(b) $\begin{pmatrix} -1 & 0 \\ 1 & 0 \end{pmatrix}, \begin{pmatrix} 2 & 3 \\ -3 & 2 \end{pmatrix}, \begin{pmatrix} 1 & 2 \\ 3 & -6 \end{pmatrix}$ em $\mathcal{M}(2, 2)$

2.9.47 Mostre que se $\mathbf{v}_1, \mathbf{v}_2$ são dois vetores independentes em $\mathbb{R}^3$ então para pelo menos uma escolha de $i = 1, 2, 3$ os 3 vetores $\mathbf{v}_1, \mathbf{v}_2, \mathbf{e}_i$ formam uma base de $\mathbb{R}^3$.

2.9.48 Use o exercício precedente para mostrar que $\mathbf{v}_1 = (a, b, c)$, $\mathbf{v}_2 = (d, e, f)$ são vetores independentes em $\mathbb{R}^3$ see pelo menos um dos determinantes
$$\begin{vmatrix} a & d \\ b & e \end{vmatrix}, \begin{vmatrix} a & d \\ c & f \end{vmatrix}, \begin{vmatrix} b & e \\ c & f \end{vmatrix}$$
não é igual a 0.

2.9.49 Generalize o exercício precedente para mostrar que $n - 1$ vetores em $\mathbb{R}^n$ são independentes see quando formamos uma matriz n por $n - 1$ com os vetores como colunas, então uma das submatrizes $(n - 1)$ por $(n - 1)$ formadas eliminando uma linha tem determinante não nulo.

2.9.50 Mostre que uma matriz tem posto p se p é o tamanho da maior submatriz quadrada que tem determinante não nulo.

2.9.51 Seja A uma matriz m por n.
(a) Mostre que $A\mathbf{v} = \mathbf{0}$ see $\mathbf{v}$ é perpendicular a cada uma das linhas de A.
(b) Mostre que $A\mathbf{v} = \mathbf{0}$ see $\mathbf{v}$ é perpendicular a cada vetor no espaço de linhas de A.
(c) Mostre que se $\mathbf{v}$ está no espaço de linhas então $A\mathbf{v} = \mathbf{0}$ see $\mathbf{v} = \mathbf{0}$.
(d) Mostre que se $\mathbf{v}_1, \ldots, \mathbf{v}_r$ é uma base para o espaço de linhas então $A\mathbf{v}_1, \ldots, A\mathbf{v}_r$ é uma base para o espaço de colunas.

Exercícios do Capítulo 2 **147**

(e) Mostre que $L: \mathcal{I}(A^t) \rightarrow \mathcal{I}(A)$ dada por $L(\mathbf{x}) = A\mathbf{x}$ é um isomorfismo entre o espaço de linhas e o espaço de colunas.

2.9.52 Lembre que o traço de uma matriz é a soma de seus elementos diagonais. Defina L : $\mathcal{M}(3, 3) \rightarrow \mathbb{R}$ por $L(A) = \text{tr } A$. Mostre que L é uma transformação linear e dê uma base para $\mathcal{N}(L)$.

2.9.53 Com relação ao último exercício mostre que as matrizes anti-simétricas 3 por 3 formam um subespaço tridimensional das matrizes 3 por 3 de traço 0. Ache uma base para este subespaço e estenda-a a uma base para as matrizes de traço 0.

2.9.54 (a) Considere os n vetores.
$(1, 1, 0, \ldots, 0), (0, 1, 1, 0, \ldots, 0), \ldots, (0, 0, \ldots, 0, 1, 1), (1, 0, \ldots, 0, 1) \in \mathbb{R}^n$
Mostre que são independentes see n é impar.
(b) Mostre que se $\mathbf{v}_1, \ldots, \mathbf{v}_n$ é uma base de V, então $\mathbf{v}_1 + \mathbf{v}_2, \mathbf{v}_2 + \mathbf{v}_3, \ldots, \mathbf{v}_{n-1} + \mathbf{v}_n, \mathbf{v}_n + \mathbf{v}_1$ é também uma base see n é impar.

2.9.55 Considere o subespaço de $\mathbb{R}^4$ que é gerado pelos quatro vetores $(1, -1, 0, 0), (0, 1, -1, 0), (0, 0, 1, -1), (1, 0, 0, -1)$. Mostre que tem dimensão três e mostre que qualquer subcoleção de três dos quatro vetores é uma base.

2.9.56 Sejam $\mathbf{v}_1, \ldots, \mathbf{v}_k$ vetores independentes em V e $L: V \rightarrow W$ uma transformação linear. Mostre que se $\mathcal{N}(L) = \{\mathbf{0}\}$, então $L\mathbf{v}_1, \ldots, L\mathbf{v}_k$ são independentes. Dê um exemplo para mostrar que a recíproca em geral não é verdadeira, mas vale se dim $V = k$.

Nos Exercícios 2.9.57—2.9.61 dê bases para os quatro subespaços fundamentais associados à matriz dada.

2.9.57 $\begin{pmatrix} 1 & 1 & 1 \\ 0 & 1 & 2 \\ 0 & 0 & 3 \end{pmatrix}$

2.9.58 $\begin{pmatrix} 3 & 2 & 1 & 0 & 3 \\ 2 & 0 & 2 & -1 & -3 \\ 1 & -2 & 3 & -3 & -9 \end{pmatrix}$

2.9.59 $\begin{pmatrix} 1 & 4 & 2 & 3 \\ -2 & -3 & 1 & 1 \\ 0 & 5 & 5 & 7 \\ 3 & 1 & 3 & 4 \end{pmatrix}$

2.9.60 $\begin{pmatrix} 1 & 2 & 3 & 4 \\ 5 & 6 & 7 & 8 \\ 9 & 10 & 11 & 12 \end{pmatrix}$

2.9.61 $\begin{pmatrix} 1 & 2 & -1 & -2 & 1 \\ 0 & 1 & 2 & -1 & -2 \\ 2 & 0 & -10 & 0 & 10 \end{pmatrix}$

2.9.62 Mostre que se $L: V \rightarrow W$ é uma transformação linear então V é de dimensão finita see a

148 Capítulo 2

nulidade n (L) e o posto p (L) são ambos finitos.

2.9.63 Seja $V = \mathcal{D}$ $(\mathbb{R}, \mathbb{R})$ o espaço vetorial das funções infinitas vezes deriváveis e S o subespaço de V gerado por e^x, e^{-x}, 1, x, x^2.
(a) Mostre que dim $S = 5$. (Sugestão: Se $c_1 e^x + c_2 e^{-x} + c_3 + c_4 x + c_5 x^2 = 0$, derive três vezes para obter uma relação entre e^x e e^{-x} e use-a para mostrar que $c_1 = c_2 = 0$.)
(b) Seja $L: S \rightarrow V$ dada por L $(f) = f'' - f$. Ache uma base $\mathcal{N}$ (L) e uma base para $\mathcal{I}$ (L).
(c) Ache todas as soluções de L $(f) = 1 + x + x^2$.

2.9.64 Seja $V = \mathcal{D}$ $(\mathbb{R}, \mathbb{R})$ o espaço vetorial das funções infinitas vezes deriváveis e S o subespaço de V gerado por sen x, cos x, sen $2x$, cos $2x$.
(a) Mostre que S tem dimensão quatro mostrando que estas funções são independentes. (Sugestão: Comece com uma combinação linear geral destas funções sendo zero e calcule em pontos bem escolhidos para mostrar que todos os coeficientes devem ser 0.)
(b) Seja $L: S \rightarrow \mathcal{D}$ $(\mathbb{R}, \mathbb{R})$ dada por L $(f) = f'' + 4f$. Ache uma base para $\mathcal{N}$ (L) e uma base para $\mathcal{I}$ (L).

2.9.65 Seja $L : \mathcal{M}$ $(2, 2) \rightarrow \mathcal{P}^2$ $(\mathbb{R}, \mathbb{R})$ uma transformação linear.
(a) Mostre que n $(L) \neq 0$
(b) Se n $(L) = 2$ mostre que L não é sobre.

2.9.66 Seja $L: \mathcal{P}^4$ $(\mathbb{R}, \mathbb{R}) \rightarrow \mathcal{M}$ $(2, 2)$ uma transformação linear com núcleo de dimensão 2. Mostre que L não é sobre.

2.9.67 Seja $L : V \rightarrow W$ uma transformação linear e V de dimensão finita. Mostre que $\mathcal{I}$ (L) é também de dimensão finita. Como p (L) se compara com dim V? Dê um exemplo em que W tem dimensão infinita e p $(L) <$ dim V.

2.9.68 Sejam $L, M : V \rightarrow W$ transformações lineares e defina $L + M: V \rightarrow W$ por $(L + M)$ $(\mathbf{v}) = L$ $(\mathbf{v}) + M$ $(\mathbf{v})$.
(a) Mostre que $L + M$ é uma transformação linear.
(b) Mostre que $\mathcal{N}$ $(L) \cap \mathcal{N}$ $(M) \subset \mathcal{N}$ $(L + M)$
(c) Dê um exemplo em que nem L nem M é sobrejetora mas $L + M$ é sobrejetora.

2.9.69 Denotemos por $\mathcal{C}$ $(\mathbb{R}, \mathbb{R})$ o espaço das funções contínuas dos reais e por $\mathcal{C}^1$ $(\mathbb{R}, \mathbb{R})$ as funções que têm primeira derivada contínua. Seja $D : \mathcal{C}^1$ $(\mathbb{R}, \mathbb{R}) \rightarrow \mathcal{C}$ $(\mathbb{R}, \mathbb{R})$ dada por D $(f) = f'$.
(a) Mostre que $\mathcal{I}$ $(D) = \mathcal{C}$ $(\mathbb{R}, \mathbb{R})$
(b) Dê uma base para o núcleo de D.
(c) Mostre que $\mathcal{C}$ $(\mathbb{R}, \mathbb{R})$ e $\mathcal{C}^1$ $(\mathbb{R}, \mathbb{R})$ são ambos de dimensão infinita encontrando uma coleção infinita de funções independentes em cada um deles.

2.9.70 Use o conceito de posto para mostrar que uma matriz quadrada A é inversível see A^t é inversível.

2.9.71 Use o determinante para mostrar que uma matriz quadrada A é inversível see A^t é inversível.

2.9.72 Seja A matriz 3 por 4. Mostre que n $(A) \neq n$ (A^t).

2.9.73 Mostre que para toda matriz não quadrada n $(A) \neq n$ (A^t)

Exercícios do Capítulo 2   **149**

2.9.74   Construa um isomorfismo entre o espaço vetorial das matrizes simétricas 2 por 2 e o espaço vetorial das matrizes anti-simétricas 3 por 3.

2.9.75   Construa um isomorfismo entre o espaço vetorial das matrizes anti-simétricas 3 por 3 e o subespaço de $\mathbb{R}^5$ que satisfaz às equações
$$x_1 + x_2 + x_3 + x_4 + x_5 = 0, \; x_1 - x_2 + x_3 - x_5 = 0.$$

2.9.76   Seja $L : \mathbb{R}^4 \rightarrow \mathcal{M}(2, 2)$ dada por
$$L\left(x_1, x_2, x_3, x_4\right) = \begin{pmatrix} x_1 & \left(x_2 + x_3\right) \\ \left(x_2 - x_3\right) & -x_4 \end{pmatrix}$$

Mostre que L é um isomorfismo.

2.9.77   Seja $L : \mathcal{P}^3(\mathbb{R}, \mathbb{R}) \rightarrow \mathcal{M}(2, 2)$ dada por $L(a + bx + cx^2 + dx^3) = aI + bA + cA^2 + dA^3$ onde $A = \begin{pmatrix} 1 & 1 \\ 0 & 0 \end{pmatrix}$. Ache $\mathcal{I}(L)$ e $\mathcal{N}(L)$

2.9.78   Seja $L : \mathcal{M}(3, 3) \rightarrow \mathcal{M}(3, 3)$ dada por $L(A) = 3A - \text{tr}(A)I$, onde tr denota o traço da matriz, que é a soma dos elementos diagonais, e I denota a matriz identidade. Ache $\mathcal{N}(L)$ e $\mathcal{I}(L)$.

2.9.79   Seja A uma matriz n por n. Mostre que $B = (A + A^t)/2$ é simétrica e $C = (A - A^t)/2$ é anti-simétrica. Mostre que toda matriz é soma de uma matriz simétrica e uma anti-simétrica. Se S denota as matrizes simétricas e T as anti-simétricas mostre que $\mathcal{M}(n, n)$ é a soma direta de S e T.

Os Exercícios 2.9.80—2.9.83 se relacionam ao estudo do comportamento de espaço de anulamento e imagens sob composição. Em todos eles $L : V \rightarrow W$ e $M : W \rightarrow X$ são transformações lineares.

2.9.80   (a) Mostre que a composição ML é uma transformação linear de V em X.
(b) Se $V = \mathbb{R}^n$, $W = \mathbb{R}^m$, $X = \mathbb{R}^p$, e L, M são transformações lineares que provêm de multiplicação por A, B, respectivamente, mostre que ML provém de multiplicação por BA.

2.9.81   (a) Mostre que $\mathcal{N}(L) \subset \mathcal{N}(ML)$. Conclua que $n(L) \leq n(ML)$. Use o teorema do posto-nulidade para mostrar que $p(ML) \leq p(L)$.
(b) Mostre que $\mathcal{I}(ML) \subset \mathcal{I}(M)$. Conclua que $p(ML) \leq p(M)$.

2.9.82   Suponha que L é um isomorfismo.
(a) Mostre que $\mathcal{I}(M) = \mathcal{I}(ML)$ e assim $p(M) = p(ML)$.
(b) Mostre que a restrição de L dá um isomorfismo entre $\mathcal{N}(ML)$ e $\mathcal{N}(M)$. Conclua que $n(ML) = n(M)$.

2.9.83   Suponha que A é uma matriz m por n e B é uma matriz p por m. Use os exercícios precedentes para mostrar os fatos seguintes:
(a) posto $BA \leq$ posto B, posto A
(b) nulidade $A \leq$ nulidade BA
(c) Se A é inversível então nulidade $B = $ nulidade (BA) e posto $B = $ posto BA.

150 Capítulo 2

Dê um exemplo de matrizes A, B 2 por 2 com
(d) posto A > posto BA
(e) posto B > posto BA
(f) nulidade B < nulidade BA
(g) nulidade A < nulidade BA
(Sugestão: para as partes (d)–(g) pense em matrizes como vindo de aplicações de modo que estas desigualdades sejam verdadeiras. Faça as definições tão simples quanto possível.)

2.9.84 Seja S o subespaço de $\mathbb{R}^4$ gerado por $(1, 0, 1, 1)$, $(2, 1, 0, 1)$, $(3, 1, 1, 2)$ e T o subespaço gerado por $(1, 1, -1, 0)$, $(1, 1, 1, 1)$, $(0, 0, 2, 1)$.
(a) Ache uma base para S.
(b) Ache uma base para T.
(c) Ache uma base para $S + T$ e uma base para $S \cap T$.

2.9.85 Seja S o subespaço de $\mathbb{R}^4$ gerado por
$$(-2, 1, 3, 1), (2, 2, 1, -5), (1, 3, 2, 1)$$
e T o subespaço gerado por
$$(2, 1, 3, 1), (2, 1, 1, 3), (2, 1, 5, -1)$$
(a) Ache uma base para S
(b) Ache uma base para T
(c) Ache uma base para $S + T$ e uma base para $S \cap T$

2.9.86 Seja S o subespaço de $\mathscr{P}^4 (\mathbb{R}, \mathbb{R})$ gerado por
$$x - x^3, 1 + x + x^2, x + x^3$$
e T o subespaço gerado por
$$1 - x + x^2 - x^3, x + x^4, 1 - x + x^4, x^2 + x^3 + x^4$$
(a) Ache uma base para S e uma base para T
(b) Ache uma base para $S \cap T$ e uma base para $S + T$

2.9.87 (a) Ache um base para o subespaço S das matrizes 3 por 3 gerado pelas matrizes $E(i, j; 1)$, $i \neq j$
(b) Ache um base para o subespaço T gerado pelas matrizes de permutação.
(c) Ache bases para $S + T$ e $S \cap T$.

2.9.88 Mostre que se S, T são subespaços de V então $S + T = S$ see $T \subset S$.

2.8.89 (a) Dê uma base para $\mathbb{R}^4$ que contenha os vetores $(3, 1, 1, 2)$ e $(2, 1, 0, 0)$
(b) Se $S = \mathrm{ger}\,((3, 1, 1, 2), (2, 1, 0, 0))$, ache um subespaço $T = \mathrm{ger}\,(\mathbf{v}, \mathbf{w})$ com $S + T = \mathbb{R}^4$

2.9.90 Seja S o subespaço de $\mathscr{P}^2 (\mathbb{R}, \mathbb{R})$ que consiste de todos os polinômios que se anulam no 0, e T o subespaço dos polinômios que se anulam em 1.
(a) Ache uma base para S
(b) Ache uma base para T
(c) Ache um base para $S + T$ e uma base para $S \cap T$.

2.9.91 Seja $L: \mathscr{P}^2 (\mathbb{R}, \mathbb{R}) \to \mathscr{P}^3 (\mathbb{R}, \mathbb{R})$ dada por $L(p) = xp - p$. Seja D: $\mathscr{P}^3 (\mathbb{R}, \mathbb{R}) \to \mathscr{P}^2 (\mathbb{R}, \mathbb{R})$ dada por $D(p) = p'$. Ache bases para $\mathscr{N}(L)$, $\mathscr{N}(D)$, $\mathscr{N}(LD)$, $\mathscr{N}(DL)$.

2.9.92 Seja $T: \mathscr{P}^4 (\mathbb{R}, \mathbb{R}) \to \mathscr{P}^4 (\mathbb{R}, \mathbb{R})$ dada por $T(p) = p' - p$

Exercícios do Capítulo 2   **151**

(a) Mostre que T é uma transformação linear.
(b) Ache a matriz que representa T em relação à base $1, x, x^2, x^3, x^4$
(c) Ache o núcleo e a imagem de T.

2.9.93   Seja $L: \mathcal{P}^2 \to \mathcal{P}^2$ dada por $L(p) = p + xp' + x^2p''$
(a) Mostre que L é uma transformação linear.
(b) Ache a matriz que representa L com relação à base $1, x, x^2$
(c) Ache bases para o espaço de anulamento e a imagem de L.

2.9.94   Seja $T : \mathcal{P}^2 (\mathbb{R}, \mathbb{R}) \to \mathbb{R}^3$ dada por $T(p) = (p(-1), p(0), p(1))$
(a) Mostre que T é transformação linear.
(b) Ache a matriz que representa T em relação à base $1, x, x^2$ para $\mathcal{P}^2(\mathbb{R}, \mathbb{R})$ e base canônica para $\mathbb{R}^3$.
(c) Mostre que T é um isomorfismo
(d) Ache a inversa S de T. Note que $S(a, b, c) = p$ onde $p(-1) = a, p(0) = b, \text{p}(1) = c$

2.9.95   Seja $L: \mathcal{P}^2 (\mathbb{R}, \mathbb{R}) \to \mathcal{P}^2 (\mathbb{R}, \mathbb{R})$ dada por $L(p)(x) = p(x-1)$.
(a) Ache a matriz que representa L em relação à base $1, x, x^2$, no domínio e $1, x-1, (x-1)^2$ no campo de valores.
(b) Ache a matriz que representa L em relação à base $1, x, x^2$ tanto no domínio quanto no campo de valores.
(c) Mostre que L é um isomorfismo.

2.9.96   Dê exemplo de transformação linear $L: \mathbb{R}^2 \to \mathbb{R}^2$ tal que $\mathcal{N}(L) = \mathcal{I}(L) = \text{ger}(\mathbf{e}_1)$.

2.9.97   Seja $L:V \to V$ e seja S um subespaço de V que é invariante sob L, isto é, $L(S) \subset S$. Mostre que se escolhermos uma base $\mathbf{v}_1, \ldots, \mathbf{v}_n$ para V que inclui uma base de S como os primeiros k vetores, então a matriz que representa L em relação a esta base terá a forma especial.

$$\begin{pmatrix} A & B \\ \mathbf{0} & C \end{pmatrix}$$

Qual será a matriz que representa a restrição $L|S: S \to S$ com respeito às bases $\mathbf{v}_1, \ldots, \mathbf{v}_k$?

2.9.98   Ache a matriz de transição $\mathcal{T}_{\mathcal{V}}^{\mathcal{U}}$ entre as duas bases $\mathcal{U} = \{(1, 1, 1), (2, 1, 0), (2, 3, 1)\}$ e $\mathcal{V} = \{(-1, 2, 0), (1, 0, 1), (0, 1, 1)\}$ para $\mathbb{R}^3$

2.9.99   Ache a matriz de transição $\mathcal{T}_{\mathcal{W}}^{\mathcal{V}}$ da base
$$\mathcal{V} = \{(1, 0, 0, 0), (1, 1, 0, 0), (1, 1, 1, 0), (1, 1, 1, 1)\}$$
para a base
$$\mathcal{W} = \{(0, 0, 0, 1), (0, 0, 1, 1), (0, 1, 1, 1), (1, 1, 1, 1)\}$$

2.9.100 Ache a matriz de transição $\mathcal{T}_{\mathcal{W}}^{\mathcal{V}}$ da base
$$\mathcal{V} = \{1 - x, 1 + x^2, 1 - x^3\}$$
para a base
$$\mathcal{W} = \{3 - x - 2x^3, 4 - 3x + x^2, 2 - 2x - x^2 - x^3\}$$

2.9.101 Ache a matriz de transição $\mathcal{T}_{\mathcal{W}}^{\mathcal{V}}$ da base

$$\mathcal{V} = \left\{ \begin{pmatrix} 3 & 2 \\ 2 & 3 \end{pmatrix}, \begin{pmatrix} 1 & 2 \\ 2 & 1 \end{pmatrix}, \begin{pmatrix} -2 & 1 \\ 1 & 5 \end{pmatrix} \right\}$$

152 Capítulo 2

para a base

$$\mathcal{W} = \left\{ \begin{pmatrix} 1 & 0 \\ 0 & 1 \end{pmatrix}, \begin{pmatrix} 1 & 6 \\ 6 & 13 \end{pmatrix}, \begin{pmatrix} 8 & 9 \\ 9 & 15 \end{pmatrix} \right\}$$

2.9.102 Ache a matriz de transição $\mathcal{T}_\mathcal{V}^\mathcal{U}$ entre as bases $\mathcal{U} = \{1, 1 + x, 1 + x + x^2\}$ e $\mathcal{V} = \{x, x-1, x(x-1)\}$ para $\mathcal{P}^2$ ($\mathbb{R}, \mathbb{R}$).

2.9.103 Considere a base $\mathcal{V} = \{(1, 3, 2, 4), (2, -1, 3, 2), (0, -1, 3, 2)\}$ para um subespaço de $\mathbb{R}^4$.

Se a matriz de transição $\mathcal{T}_\mathcal{W}^\mathcal{V} = \begin{pmatrix} 2 & 2 & 1 \\ 1 & 3 & 0 \\ -1 & 4 & 1 \end{pmatrix}$ ache a base $\mathcal{W}$

2.9.104 Considere a base $\mathcal{V} = \{1 - x + x^3, x^2 + x^3, 3 - x + x^2 - x^3\}$ de um subespaço de $\mathcal{P}^3$ ($\mathbb{R}, \mathbb{R}$).

Se a matriz de transição $\mathcal{T}_\mathcal{W}^\mathcal{V} = \begin{pmatrix} 1 & 1 & 1 \\ 2 & 1 & 0 \\ 3 & 0 & 0 \end{pmatrix}$ ache a base $\mathcal{W}$

2.9.105 Mostre que matrizes semelhantes têm o mesmo posto. Descreva como $\mathcal{I}$ (A) e $\mathcal{I}$ (B) se relacionam em termos da matriz C tal que $A = C^{-1} BC$.

2.9.106 Ache a matriz que representa a transformação linear T: $\mathcal{M}$ (2, 2) → $\mathcal{M}$ (2, 2), $T (A) = A^t$ em relação à base

$$\begin{pmatrix} 1 & 0 \\ 0 & 0 \end{pmatrix}, \begin{pmatrix} 0 & 1 \\ 0 & 0 \end{pmatrix}, \begin{pmatrix} 0 & 0 \\ 1 & 0 \end{pmatrix}, \begin{pmatrix} 0 & 0 \\ 0 & 1 \end{pmatrix}$$

2.9.107. Seja L: $\mathcal{P}^3$ ($\mathbb{R}, \mathbb{R}$) → $\mathcal{P}^2$ ($\mathbb{R}, \mathbb{R}$) uma transformação linear com $L (1) = x^2$, $L (1+x) = x$, $L (1 + x + x^2) = 1$, $L (1 + x + x^2 + x^3) = 0$
(a) Ache uma fórmula para $L (p)$ para $p \in \mathcal{P}^3$ ($\mathbb{R}, \mathbb{R}$).
(b) Dê a matriz de L em relação à base $1, x, x^2, x^3$ de $\mathcal{P}^3$ ($\mathbb{R}, \mathbb{R}$) e a base $1, x, x^2$ de $\mathcal{P}^2$ ($\mathbb{R}, \mathbb{R}$).

2.9.108 Se L; $\mathbb{R}^3$ → $\mathbb{R}^2$ é dada pela multiplicação pela matriz $A = \begin{pmatrix} 1 & 1 & 1 \\ 2 & 1 & -1 \end{pmatrix}$, qual é a matriz que representa L em relação à base $(1, 1, 1), (1, 0, -1), (2, 1, 1)$ em $\mathbb{R}^3$ e $(1, 1), (0, 1)$ em $\mathbb{R}^2$?

2.9.109 Suponha que L: $\mathcal{P}^2$ ($\mathbb{R}, \mathbb{R}$) → $\mathbb{R}^4$ satisfaz
$L (1) = (1, 0, 2, -1)$, $L (1 + x) = (2, 1, 0, -1)$, $L (1 + x + x^2) = (0, -1, 4, -1)$
(a) Ache uma base para $\mathcal{N}$ (L)
(b) Ache uma base para $\mathcal{I}$ (L)
(c) Escreva uma fórmula para $L (a_0 + a_1 x + a_2 x^2)$
(d) Qual é a matriz que representa L em relação às bases canônicas $1, x, x^2$ e $\mathbf{e}_1, \mathbf{e}_2, \mathbf{e}_3, \mathbf{e}_4$?

2.9.110 Seja P: $\mathbb{R}^3$ → $\mathbb{R}^3$ a transformação linear que projeta sobre o plano $x = y$. Isto significa que um vetor neste plano é enviado em si mesmo e um vetor que é perpendicular ao plano é enviado em $\mathbf{0}$.
(a) Ache um base $\mathbf{v}_1, \mathbf{v}_2$ para este plano.

Exercícios do Capítulo 2   **153**

(b) Ache uma base $\mathbf{v}_3$ para a reta perpendicular ao plano $x = y$.
(c) Dê a matriz que representa P em relação às bases $\mathbf{v}_1, \mathbf{v}_2, \mathbf{v}_3$ tanto no domínio quanto no campo de valores.
(d) Dê a matriz C que exprime a base canônica $\mathbf{e}_1, \mathbf{e}_2, \mathbf{e}_3$ em termos da base $\mathbf{v}_1, \mathbf{v}_2, \mathbf{v}_3$: $\mathbf{E} = \mathbf{V}C$.
(e) Dê a matriz que representa P em relação à base canônica.

2.9.111   Seja $T: \mathscr{P}^2\,(\mathbb{R}, \mathbb{R}) \;\rightarrow\mathscr{P}^2\,(\mathbb{R}, \mathbb{R})$ dada por $T\,(p) = x^2 p'' - p$.
(a) Ache a matriz que representa T em relação à base $1, x, x^2$.
(b) Mostre que T é um isomorfismo.

2.9.112   Denotemos por $\mathscr{L}\,(\mathbb{R}^3, \mathbb{R}^3)$ o espaço vetorial das transformações lineares de $\mathbb{R}^3$ em $\mathbb{R}^3$.
(a) Denotemos por L_{ij} as transformações lineares com $L_{ij}\,(\mathbf{e}_j) = \mathbf{e}_i$, e $L_{ij}\,(\mathbf{e}_k) = \mathbf{0}$ se $k \neq j$. Mostre que as nove transformações lineares $L_{ij}, i, j = 1, 2, 3$ formam uma base para $\mathscr{L}\,(\mathbb{R}^3, \mathbb{R}^3)$.
(b) Seja $T: \mathscr{L}\,(\mathbb{R}^3, \mathbb{R}^3) \;\rightarrow\mathscr{M}\,(3, 3)$ a transformação linear que envia cada transformação linear na matriz que a representa em relação à base canônica. Mostre que T é um isomorfismo.
(c) Seja $C: \mathbb{R}^3 \rightarrow\mathscr{L}\,(\mathbb{R}^3, \mathbb{R}^3)$ dada por $C\,(\mathbf{x})\,(\mathbf{y}) = \mathbf{x} \times \mathbf{y}$, onde $\mathbf{x} \times \mathbf{y}$ é o produto vetorial de $\mathbf{x}$ e $\mathbf{y}$. Mostre que $\mathscr{N}\,(C) = \{\mathbf{0}\}$ de modo que C é $1 - 1$. Ache as imagens dos vetores $\mathbf{e}_1, \mathbf{e}_2$, $\mathbf{e}_3$ sob a composição TC. Mostre que $\mathscr{I}\,(TC)$ é formado das matrizes 3 por 3 anti-simétricas.

2.9.113   Mostre que se V é um espaço vetorial de dimensão n então o conjunto das transformações lineares $\mathscr{L}\,(V, V)$ de V em si mesmo é isomorfo a $\mathscr{M}\,(n, n)$.

2.9.114   Prove a Proposição 2.7.6.

2.9.115   Prove a Proposição 2.7.7.

2.9.116   Usando a Proposição 2.7.7. junto com os fatos que $[I]_{\mathcal{V}}^{\mathcal{U}} = \mathcal{T}_{\mathcal{V}}^{\mathcal{U}}, [I]_{\mathcal{U}}^{\mathcal{V}} = \mathcal{T}_{\mathcal{U}}^{\mathcal{V}}$ e $L = I\,L\,I$ prove a fórmula

$$[L]_{\mathcal{U}}^{\mathcal{U}} = \mathcal{T}_{\mathcal{U}}^{\mathcal{V}}\,[L]_{\mathcal{V}}^{\mathcal{V}}\;\mathcal{T}_{\mathcal{V}}^{\mathcal{U}}$$

2.9.117   Prove a Proposição 2.7.8.

Os Exercícios 2.9.118 - 2.9.127 usam os digrafos e seus grafos associados da Figura 2.12

2.9.118.   Para cada um dos diagrafos dê a matriz de conectividade, a matriz de conectividade do grafo associado, e a matriz de incidência do digrafo formado deletando todos os laços simples.

2.9.119   Os grafos G_1 e G_5 estão relacionados pela mudança de direção de algumas setas, especificamente as das arestas b, c e e.
(a) Descreva como isto muda a matriz de conectividade para o grafo associado
(b) Descreva como isto muda a matriz de incidência.
(c) Escreva a matriz de incidência N_5 para G_5, em termos da matriz de incidência N_1 para G_1, como $N_5 = DN_1$ onde D é uma certa matriz diagonal.

2.9.120   Generalize os resultados do exercício precedente para dois digrafos quaisquer que estejam relacionados por serem invertidos os sentidos de algumas setas. Faça uma conjetura quanto à relação entre as matrizes de conectividade e de incidência e prove sua conjetura.

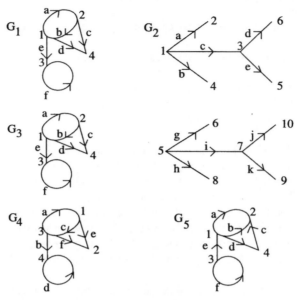

Figura 2.12. Grafos para os Exercícios 2.9.118—2.9.127

2.9.121 A relação entre os grafos G_1 e G_4 é que tanto vértices quanto arestas são reenumerados para formar G_4 a partir de G_1. Esta reenumeração é dada por duas funções $\sigma : \{1, 2, 3, 4\} \to \{1, 2, 3, 4\}$, $\sigma(1) = 3$, $\sigma(2) = 1$, $\sigma(3) = 4$, $\sigma(4) = 2$, e $\tau : \{a, b, c, d, e, f\} \to \{a, b, c, d, e, f\}$. Identificando estas letras com os seis primeiros números, podemos olhar τ como dada por $\tau(1) = 1$, $\tau(2) = 3$, $\tau(3) = 5$, $\tau(4) = 6$, $\tau(5) = 2$, $\tau(6) = 4$. Dê a matriz S tal que $Se_j = e_{\sigma(j)}$ e a matriz T tal que $T(e_j) = e_{\tau(j)}$

2.9.122 Mostre que se $A = (a_{ij})$ é a matriz de conectividade para G_1 e $B = (b_{ij})$ é a matriz de conectividade para G_4 então $b_{\sigma(i)\sigma(j)} = a_{ij}$.

2.9.123 Com A e B como no exercício precedente mostre que $A = S^t B S$. (Sugestão: tome como ponto de partida as equações.

$$a_{ij} = \langle e_i, Ae_j \rangle \text{ e } b_{\sigma(i)\sigma(j)} = \langle e_{\sigma(i)} Be_{\sigma(j)} \rangle$$

juntamente com os resultados dos dois exercícios precedentes.

2.9.124 Generalize os exercícios anteriores para dizer como muda a matriz de conectividade quando os vértices são reenumerados através de uma permutação σ.

2.9.125 Suponha que temos dois grafos onde o segundo resulta do primeiro por reenumeração dos vértices e arestas orientadas, através das permutações σ e τ. Suponha também que (ao contrário de G_1 e G_4) os grafos não contém laços simples. Seja A a matriz de incidência para o primeiro grafo e B a matriz de incidência para o segundo. Se S é a matriz tal que $S(e_j) = e_{\sigma(j)}$ e T é a matriz tal que $T(e_j) = e_{\tau(j)}$, ache uma equação relacionando as quatro matrizes A, B, S, T. Prove sua afirmação.

Exercícios do Capítulo 2 **155**

2.9.126 Use os teoremas sobre matrizes de conectividade e de incidência para dar duas provas diferentes de que o grafo G_3 não é conexo.

2.9.127 O grafo G_3 é formado a partir de G_1 e G_2 de uma certa maneira. Descreva essa relação e suas implicações quanto às correspondentes matrizes de conectividade e incidência (depois de eliminar laços simples). Formule uma definição geral de soma de dois grafos, e determine como as matrizes de conectividade e de incidência da soma se relacionam com as dos grafos originais.

2.9.128 Mostre que se D é um digrafo com grafo associado G e D não tem laços simples então $C_g = C_d + C_d^t$.

2.9.129 Generalize o resultado no Exercício 2.9.128 para descrever como C_g e C_d se relacionam quando possam existir laços simples.

2.9.130 Seja N a matriz de incidência para um grafo conexo. Mostre que cada passo da eliminação gaussiana leva a uma nova matriz cujas linhas não nulas formam a matriz de incidência para um grafo conexo. Mostre que as linhas não nulas de U formam a matriz de incidência para um grafo conexo sem laços.

2.9.131 Seja A uma matriz m por n de posto n e B uma matriz $(m - n)$ por m de posto $m - n$ tal que $BA = 0$. Mostre que a matriz $\begin{pmatrix} A^t \\ B \end{pmatrix}$ é inversível.

3
Ortogonalidade e projeções

3.1 BASES ORTOGONAIS E A DECOMPOSIÇÃO *QR*

Em $\mathbb{R}^n$ o produto escalar $\langle \mathbf{x}, \mathbf{y} \rangle$ fornece uma estrutura importante, que se adiciona à sua estrutura como espaço vetorial. O produto escalar está intimamente ligado ao conceito de angulo e comprimento de vetores e constitui instrumento importante na discussão de conceitos geométricos. É definido por

$$\langle \mathbf{x}, \mathbf{y} \rangle = \sum_{i=1}^{n} x_i y_i$$

O quadrado do comprimento de um vetor **x** é dado em termos do produto escalar por

$$\|\mathbf{x}\|^2 = \langle \mathbf{x}, \mathbf{x} \rangle = x_1^2 + \cdots + x_n^2$$

Lembre que a lei dos co-senos dá $\|\mathbf{x} - \mathbf{y}\|^2 = \|\mathbf{x}\|^2 + \|\mathbf{y}\|^2 - 2\|\mathbf{x}\| \|\mathbf{y}\| \cos \theta$, onde usamos o triângulo com dois lados vindo dos vetores **x** e **y** partindo da origem e com ângulo θ entre eles. A Figura 3.1 ilustra como isto resulta do teorema de Pitágoras usando o triângulo hachurado.

Usando a relação entre comprimento e produto escalar, isto dá

$$\langle \mathbf{x} - \mathbf{y}, \mathbf{x} - \mathbf{y} \rangle = \langle \mathbf{x}, \mathbf{x} \rangle + \langle \mathbf{y}, \mathbf{y} \rangle - 2\|\mathbf{x}\| \|\mathbf{y}\| \cos \theta$$

Mas o produto escalar é linear em cada termo (dito bilinear), e assim o primeiro membro pode ser expandido como

$$\langle \mathbf{x}, \mathbf{x} \rangle + \langle \mathbf{y}, \mathbf{y} \rangle - 2\langle \mathbf{x}, \mathbf{y} \rangle$$

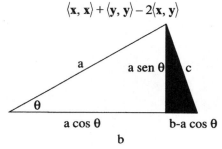

Figura 3.1. Lei dos co-senos

Assim obtemos a igualdade

Bases ortogonais e a decomposição *QR* **157**

$$\langle \mathbf{x}, \mathbf{y} \rangle = \|\mathbf{x}\| \, \|\mathbf{y}\| \cos \theta$$

Se $\mathbf{x}$ ou $\mathbf{y}$ é $\mathbf{0}$, ambos os membros são nulos. Se $\mathbf{x}$ e $\mathbf{y}$ são ambos não nulos então podemos resolver

para $\cos \theta = \dfrac{\langle \mathbf{x}, \mathbf{y} \rangle}{\|\mathbf{x}\| \, \|\mathbf{y}\|}$. Note que como $|\cos \theta| \leq 1$ temos a desigualdade

$$|\langle \mathbf{x}, \mathbf{y} \rangle| \leq \|\mathbf{x}\| \, \|\mathbf{y}\|$$

Esta desigualdade chama-se a **desigualdade de Cauchy-Schwarz**

O produto escalar tem três propriedades importantes:

(1) $\qquad \langle a\mathbf{x} + b\mathbf{y}, \mathbf{z} \rangle = a \langle \mathbf{x}, \mathbf{z} \rangle + b \langle \mathbf{y}, \mathbf{z} \rangle$ $\qquad\qquad$ (bilinearidade)

$\qquad\qquad \langle \mathbf{x}, a\mathbf{y} + b\mathbf{z} \rangle = a \langle \mathbf{x}, \mathbf{y} \rangle + b \langle \mathbf{x}, \mathbf{z} \rangle$

(2) $\qquad\qquad \langle \mathbf{x}, \mathbf{y} \rangle = \langle \mathbf{y}, \mathbf{x} \rangle$ $\qquad\qquad\qquad$ (simetria)

(3) $\qquad\qquad \langle \mathbf{x}, \mathbf{x} \rangle \geq 0$ e $= 0$ see $\mathbf{x} = \mathbf{0}$ $\qquad$ (positividade)(ou definida positiva)

Cada uma destas propriedades tem verificação direta. Note que já as usamos antes quando verificamos as propriedades da multiplicação de matrizes, pois a multiplicação de matrizes é baseada no produto escalar. A segunda propriedade em (1) resulta da primeira (linearidade na primeira variável) e da simetria. Usamos agora estas propriedades para definir o conceito de produto interno sobre um espaço vetorial V.

DEFINIÇÃO 3.1.1 Um **produto interno** sobre um espaço vetorial V é uma função de $V \times V$ para os números reais (que denotaremos por $\mathbf{x}, \mathbf{y} \to \langle \mathbf{x}, \mathbf{y} \rangle$) que satisfaz às três propriedades. Dado em V um tal produto, V se diz um **espaço com produto interno**.

A definição de produto interno segue o modelo do produto escalar em $\mathbb{R}^n$. Existem na verdade infinitos produtos internos diferentes sobre qualquer espaço vetorial. Em geral usaremos apenas a existência de um produto interno e não propriedades especiais de um particular produto em nossos argumentos. Porém às vezes um produto interno particular desempenhará um papel especial.

Vejamos um modo de definir muitos produtos internos diferentes em $\mathbb{R}^n$. Note que para o produto escalar usual podemos escrever

$$\mathbf{x} = \sum_{i=1}^{n} x_i \mathbf{e}_i, \; \mathbf{y} = \sum_{i=1}^{n} y_i \mathbf{e}_i, \; \mathbf{x} \cdot \mathbf{y} = \sum x_i y_i$$

Para definir um produto interno diferente escolha primeiro uma base diferente de $\mathbb{R}^n$, $\mathcal{V} = \{\mathbf{v}_1, \ldots, \mathbf{v}_n\}$. Escreva agora os vetores $\mathbf{x}, \mathbf{y}$ em termos dessa base:

$$\mathbf{x} = \sum_{i=1}^{n} a_i \mathbf{v}_i, \; \mathbf{y} = \sum_{i=1}^{n} b_i \mathbf{v}_i$$

Então defina o produto interno

$$\langle \mathbf{x}, \mathbf{y} \rangle_{\mathcal{V}} = \sum_{i=1}^{n} a_i b_i$$

Note que o produto escalar é simplesmente o caso particular em que usamos a base canônica $\mathcal{V} = \{\mathbf{e}_1, \ldots, \mathbf{e}_n\}$. Verifiquemos que isto é de fato um produto interno. Sejam

$$\mathbf{x} = \sum_{i=1}^{n} a_i \mathbf{v}_i, \; \mathbf{y} = \sum_{i=1}^{n} b_i \mathbf{v}_i, \; \mathbf{z} = \sum_{i=1}^{n} c_i \mathbf{v}_i$$

158 Capítulo 3

$$ax + by = \sum_{i=1}^{n} \left(aa_i + bb_i \right) \mathbf{v}_i \tag{1} \quad \text{(bilinearidade)}$$

Portanto

$$\langle ax + by, \mathbf{z} \rangle_{\mathcal{V}} = \sum_{i=1}^{n} \left(aa_i + bb_i \right) c_i = a \sum_{i=1}^{n} a_i c_i + b \sum_{i=1}^{n} b_i c_i = a \langle \mathbf{x}, \mathbf{z} \rangle_{\mathcal{V}} + b \langle \mathbf{x}, \mathbf{z} \rangle_{\mathcal{V}}$$

A linearidade na segunda variável se verifica de modo semelhante.

$$\langle \mathbf{x}, \mathbf{y} \rangle_{\mathcal{V}} = \sum_{i=1}^{n} a_i b_i = \sum_{i=1}^{n} b_i a_i = \langle \mathbf{y}, \mathbf{x} \rangle_{\mathcal{V}} \tag{2} \quad \text{(simetria)}$$

$$\langle \mathbf{x}, \mathbf{x} \rangle_{\mathcal{V}} = \sum_{i=1}^{n} a_i^2 \geq 0 \text{ e} = 0 \text{ see } a_i = 0, i = 1, \dots, n \text{ see } \mathbf{x} = \mathbf{0} \tag{3} \quad \text{(positividade)}$$

Podemos exprimir este produto interno de outro modo. A equação $\mathbf{x} = \sum_{i=1} a_i \mathbf{v}_i$ pode ser escrita como uma equação matricial $V\mathbf{a} = \mathbf{x}$, onde escrevemos os coeficientes $(a_1, \dots, a_n)$ como vetor coluna, escrevemos $\mathbf{x}$ como vetor coluna, e escrevemos os vetores da base $\mathcal{V}$ como colunas da matriz V. Assim também $V\mathbf{b} = \mathbf{y}$, Isto dá $\mathbf{a} = W\mathbf{x}$, $\mathbf{b} = W\mathbf{y}$, com $W = V^{-1}$. Então

$$\langle \mathbf{x}, \mathbf{y} \rangle_{\mathcal{V}} = \sum_{i=1}^{n} a_i b_i = \mathbf{a}^t \mathbf{b} = (W\mathbf{x})^t (W\mathbf{y}) = \mathbf{x}^t (W^t W) \mathbf{y}$$

A matriz $A = W^t W$ que aparece aqui é um tipo especial de matriz, que se chama simétrica positiva definida. Em termos da eliminação gaussiana, matrizes positivas definidas são caracterizadas por terem pivôs positivos. Em geral todo produto interno em $\mathbb{R}^n$ surge como $\langle \mathbf{x}, \mathbf{y} \rangle_{\mathcal{V}}$ para alguma base, ou, de outra forma, como $\mathbf{x}^t A \mathbf{y}$ para alguma matriz simétrica positiva definida. Estes resultados serão provados no Capítulo 6.

Supomos agora que o espaço vetorial V é um espaço com produto interno e vamos ver quais conceitos geométricos em $\mathbb{R}^n$ se transportam para V devido ao produto interno. Por causa da terceira propriedade podemos definir o **comprimento** $\|\mathbf{v}\|$ de um vetor por $\|\mathbf{v}\|^2 = \langle \mathbf{v}, \mathbf{v} \rangle$. Note que (3) significa que o único vetor de comprimento 0 é o vetor zero. O comprimento tem a propriedade $\|c\mathbf{v}\| = |c| \, \|\mathbf{v}\|$; isto se vê usando (1).

As propriedade (1)—(3) podem ser usadas para provar a desigualdade de Cauchy-Schwarz. A desigualdade vale, com ambos os lados 0, quando $\mathbf{x}$ ou $\mathbf{y}$ é $\mathbf{0}$, portanto suponhamos que nenhum é $\mathbf{0}$. Então para todo número real t temos

$$0 \leq \langle \mathbf{x} - t\mathbf{y}, \mathbf{x} - t\mathbf{y} \rangle = \langle \mathbf{x}, \mathbf{x} \rangle - 2t \langle \mathbf{x}, \mathbf{y} \rangle + t^2 \langle \mathbf{y}, \mathbf{y} \rangle$$

Agora ponhamos $t = \langle \mathbf{x}, \mathbf{y} \rangle / \langle \mathbf{y}, \mathbf{y} \rangle$ e multipliquemos por $\langle \mathbf{y}, \mathbf{y} \rangle$ obtendo

$$0 \leq \langle \mathbf{x}, \mathbf{x} \rangle \langle \mathbf{y}, \mathbf{y} \rangle - \langle \mathbf{x}, \mathbf{y} \rangle^2$$

Passando $\langle \mathbf{x}, \mathbf{y} \rangle^2$ para o primeiro membro e extraindo raízes quadradas obtemos a desigualdade. Esta desigualdade implica então que $-1 \leq \langle \mathbf{x}, \mathbf{y} \rangle / \|\mathbf{x}\| \, \|\mathbf{y}\| \leq 1$, e portanto podemos definir o ângulo θ (a menos de sinal e de múltiplo de 2π) entre os vetores por

$$\cos \theta = \langle \mathbf{x}, \mathbf{y} \rangle / \|\mathbf{x}\| \, \|\mathbf{y}\|$$

Isto concorda com o que obtivemos a partir da lei dos co-senos em $\mathbb{R}^n$. Note que $\theta = \pi/2$ radianos corresponde a $\langle \mathbf{x}, \mathbf{y} \rangle = 0$.

Algoritmo de ortogonalização de Gram-Schmidt e decomposição QR **159**

DEFINIÇÃO 3.1.2 Quando $\langle \mathbf{x}, \mathbf{y} \rangle = 0$ dizemos que os vetores $\mathbf{x}$ e $\mathbf{y}$ são **ortogonais.**

Por definição todos os vetores são ortogonais ao vetor zero. Um vetor é ortogonal a si mesmo see é o vetor zero – isto é a propriedade de positividade (3) na definição de um produto interno. Isto pode também ser enunciado dizendo que o único vetor de comprimento 0 é o vetor zero.

DEFINIÇÃO 3.1.3 Dizemos que vetores de uma coleção $\mathbf{v}_1, \ldots, \mathbf{v}_k$ são **dois a dois ortogonais** se dois vetores distintos quaisquer $\mathbf{v}_i, \mathbf{v}_j, i \neq j$, são ortogonais.

O fato seguinte é muito útil.

> **PROPOSIÇÃO 3.1.1** Se $\mathbf{v}_1, \ldots, \mathbf{v}_k$ são vetores não nulos dois a dois ortogonais então eles são linearmente independentes

Prova. Suponhamos $c_1 \mathbf{v}_1 + \cdots + c_k \mathbf{v}_k = \mathbf{0}$. Então tomemos o produto interno de ambos os lados por $\mathbf{v}_j$ para obter

$$0 = \langle \mathbf{0}, \mathbf{v}_j \rangle = \sum_{i=1}^{n} c_i \langle \mathbf{v}_i \, \mathbf{v}_j \rangle = c_j \langle \mathbf{v}_j , \mathbf{v}_j \rangle$$

Como $\mathbf{v}_j \neq \mathbf{0}$, $\langle \mathbf{v}_j, \mathbf{v}_j \rangle > 0$ e isto implica que $c_j = 0$ ■

Note que se tivermos n vetores não nulos dois a dois ortogonais num espaço vetorial de dimensão n, eles terão que ser uma base.

DEFINIÇÃO 3.1.4 Uma base consistindo de vetores dois a dois ortogonais chama-se uma **base ortogonal**. Se os vetores são vetores unitários (isto é, seus comprimentos são iguais a 1) então a base se diz uma **base ortonormal**.

Observe que a base canônica de $\mathbb{R}^n$ é uma base ortonormal. Um fato que causa confusão na notação aparece quando nos restringimos a $\mathbb{R}^n$ e colocamos os elementos de uma base como colunas de uma matriz. Então a base é ortonormal exatamente quando a matriz formada é uma matriz ortogonal. Se a base é apenas ortogonal então a condição sobre a matriz é que satisfaz $A^t A = D$ onde D é uma matriz diagonal. Deixamos os detalhes como exercício.

Exercício 3.1.1_____

Seja $\mathcal{V} = \{\mathbf{v}_1, \ldots, \mathbf{v}_n\}$ uma base de $\mathbb{R}^n$ e seja A a matriz que tem estes vetores da base como vetores coluna. Mostre que $\mathcal{V}$ é uma base ortogonal see $A^t A = D$ é uma matriz diagonal. Mostre que é base ortonormal see A é matriz ortogonal. Mostre que há afirmações análogas sobre as linhas de A. (Sugestão: A condição sobre $A^t A$ deve resultar imediatamente das definições. Use as propriedades das inversas para obter a condição sobre AA^t.).

3.1.1   ALGORITMO DE ORTOGONALIZAÇÃO DE GRAM-SCHMIDT E DECOMPOSIÇÃO QR

Muitos dos problemas que discutiremos neste capítulo são muito facilitados quando temos uma base ortonormal para o subespaço em questão. Podemos obter uma base ortonormal de uma base ortogonal dividindo cada vetor por seu comprimento. O passo mais difícil é o de produzir uma base ortogonal a partir de uma base dada.

Damos agora um algoritmo, chamado o algoritmo de ortogonalização de Gram-Schmidt para obter uma base ortonormal para qualquer espaço vetorial V com produto interno, de dimensão finita. Suponha que $v_1, ..., v_n$ é uma base dada. Primeiro formaremos uma base ortogonal $w_1, ..., w_n$ para V e a base ortonormal correspondente será dada por $q_1, ..., q_n$ com $q_i = w_i / \|w_i\|$. Isto será feito indutivamente de modo que ao fim do i-ésimo passo 1, $w_1, ..., w_i$ será uma base ortogonal para o subespaço gerado por $v_1, ..., v_i$. A Figura 3.2 ilustra como w_1, w_2 são construídos de uma base v_1, v_2 de $\mathbb{R}^2$.

O passo inicial da indução é definir $w_1 = v_1$ e $q_1 = w_1 / \|w_1\|$. Suponha que $w_1, ..., w_i$ foram definidos de modo a formar uma base ortogonal para o subespaço gerado por $v_1, ..., v_i$ e que $q_j = w_j / \|w_j\|$ para $j = 1, ..., i$. Então construímos w_{i+1} partindo de v_{i+1} e adicionando múltiplos dos w_j para torná-lo ortogonal a cada um dos w_j anteriores. Para fazer um vetor v ortogonal a um vetor w, subtraímos de v um múltiplo conveniente de w. Para achar o múltiplo observamos que $\langle v - tw, w \rangle = \langle v, w \rangle - t \langle w, w \rangle$. Assim se queremos que o resultado seja 0, escolhemos $t = \langle v, w \rangle / \langle w, w \rangle$. Assim tornaremos v_{i+1} ortogonal a w_1 subtraindo $\dfrac{\langle v_{i+1}, w_1 \rangle}{\langle w_1, w_1 \rangle} w_1$. Para torná-lo ortogonal a w_2 subtraímos um múltiplo semelhante de w_2. A conseqüência importante de serem os w_i ortogonais entre si é que quando subtraímos ambos os vetores obtemos um resultado que é ortogonal tanto a w_1 quanto a w_2. Assim definimos

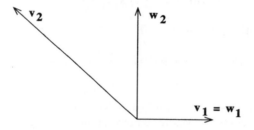

Figura 3.2 Algoritmo de Gram-Schmidt

$$w_{i+1} = v_{i+1} - (t_1 w_1 + \cdots + t_i w_i)$$

onde

$$t_j = \frac{\langle v_{i+1}, w_j \rangle}{\langle w_j, w_j \rangle}$$

Então verificamos que $\langle w_{i+1}, w_j \rangle = \langle v_{i+1}, w_j \rangle - t_j \langle w_j, w_j \rangle = 0$

Além disso $w_1, ..., w_{i+1}$ será uma base ortogonal para o subespaço gerado por $v_1, ..., v_{i+1}$. Isto completa o passo de indução da construção.

Vejamos como a base resultante $w_1, ..., w_n$ está relacionada com a base original. Teremos as equações

$$\begin{aligned} v_1 &= w_1 \\ v_2 &= t_{12} w_1 + w_2 \\ v_3 &= t_{13} w_1 + t_{23} w_2 + w_3 \\ &\vdots \\ v_n &= t_{1n} w_1 + t_{2n} w_2 + \cdots + t_{(n-1)n} w_{n-1} + w_n \end{aligned}$$

Aqui $t_{ij} = \langle v_j, w_i \rangle / \langle w_i, w_i \rangle$. Em termos da notação do último capítulo os vetores linha V e W determinados pelas bases $\mathcal{V}$ e $\mathcal{W}$ são relacionados pela equação $V = WT$ onde T é diagonal superior

Algoritmo de ortogonalização de Gram-Schmidt e decomposição QR 161

com uns na diagonal e, para $i < j$, t_{ij} como elemento $-ij$.

Usando $\mathbf{w}_j = \|\mathbf{w}_j\| \, \mathbf{q}_j$ podemos expressar os $\mathbf{v}_i$ em termos dos $\mathbf{q}_i$ pelas equações

$$\mathbf{v}_1 = r_{11}\,\mathbf{q}_1$$
$$\mathbf{v}_2 = r_{12}\,\mathbf{q}_1 + r_{22}\,\mathbf{q}_2$$
$$\vdots$$
$$\mathbf{v}_n = r_{1n}\,\mathbf{q}_1 + r_{2n}\,\mathbf{q}_2 + \cdots + r_{nn}\,\mathbf{q}_n$$

Aqui $r_{ii} = \|\mathbf{w}_i\|$ e

$$r_{ij} = t_{ij}\,\|\mathbf{w}_i\| = \frac{\langle \mathbf{v}_j,\, \mathbf{w}_i\rangle\,\|\mathbf{w}_i\|}{\langle \mathbf{v}_i,\, \mathbf{w}_i\rangle} = \frac{\langle \mathbf{v}_j,\, \mathbf{w}_i\rangle}{\|\mathbf{w}_i\|} = \langle \mathbf{v}_j,\, \mathbf{q}_i\rangle \text{ para } i < j$$

Se os vetores $\mathbf{v}_i$ estão em $\mathbb{R}^m$ obtemos uma equação matricial $A = QR$ onde A é uma matriz m por n com os n vetores independentes $\mathbf{v}_i$ como suas colunas, Q é uma matriz m por n com colunas $\mathbf{q}_i$ ortonormais e R é uma matriz triangular superior com elementos positivos na diagonal. Esta equação chama-se a *decomposição QR* da matriz A. A equação exprime a base $\mathcal{V} = \{\mathbf{v}_1, \ldots, \mathbf{v}_n\}$ em termos da base $\mathcal{Q} = \{\mathbf{q}_1, \ldots, \mathbf{q}_n\}$, de modo que $R = \mathcal{T}_{\mathcal{Q}}^{\mathcal{V}}$.

Note que estamos assumindo que os vetores $\mathbf{v}_i$ são independentes. O mesmo procedimento pode ser aplicado mesmo que os $\mathbf{v}_i$ não sejam independentes. Porém, se forem dependentes, obteremos uma base ortogonal (e ortonormal) para o subespaço gerado pelos $\mathbf{v}_i$ que tem menos vetores que a coleção original. O que acontece da primeira vez que $\mathbf{v}_{i+1}$ é combinação linear dos $\mathbf{v}_j$ anteriores (e assim também dos $\mathbf{w}_j$) é que não precisaremos acrescentar um novo vetor $\mathbf{w}_{i+1}$ para obter uma base do subespaço gerado por $\mathbf{v}_1, \ldots, \mathbf{v}_{i+1}$. Ainda assim obteremos uma equação $\mathbf{V} = \mathbf{QR}$ relacionando o conjunto gerador original $\mathbf{V} = \{\mathbf{v}_1, \ldots, \mathbf{v}_n\}$ com a base ortonormal $\mathbf{Q} = \{\mathbf{q}_1, \ldots, \mathbf{q}_r\}$. Se partimos *de n* vetores que geram um subespaço r-dimensional, $\mathbf{V}$ conterá os n vetores originais, $\mathbf{Q}$ terá base ortonormal com r vetores e R será uma matriz r por n que é triangular superior mas que poderá ter alguns zeros na diagonal. No caso de $\mathbb{R}^m$ ainda teremos uma decomposição QR, mas agora R não será necessariamente uma matriz quadrada inversível.

■ *Exemplo 3.1.1.* Considere o plano em $\mathbb{R}^3$, $x + y - 3z = 0$. Uma base para este plano é dada por $\mathbf{v}_1 = (-1, 1, 0)$ e $\mathbf{v}_2 = (3, 0, 1)$. Para obter uma base ortonormal primeiro pomos $\mathbf{w}_1 = \mathbf{v}_1$ e $\mathbf{q}_1 = \mathbf{w}_1 /$

$\|\mathbf{w}_1\| = (-1/\sqrt{2}, 1/\sqrt{2}, 0)$. Note que $r_{11} = \|\mathbf{w}_1\| = \sqrt{2}$. Então $\mathbf{w}_2 = \mathbf{v}_2 - t_{12}\,\mathbf{w}_1 = \mathbf{v}_2 - \dfrac{\langle \mathbf{w}_2,\, \mathbf{w}_1\rangle}{\langle \mathbf{w}_1,\, \mathbf{w}_1\rangle}\,\mathbf{w}_1 = (3,$

$0, 1) - (-3/2)(-1, 1, 0) = (3/2, 3/2, 1)$, $r_{22} = \|\mathbf{w}_2\| = \sqrt{22}/2$, e $\mathbf{q}_2 = \mathbf{w}_2/\|\mathbf{w}_2\| = (3/\sqrt{22}, 3/\sqrt{22}, 2/\sqrt{22})$. Aqui $r_{22} = \langle \mathbf{v}_2,\, \mathbf{q}_2\rangle = t_{12}\,\|\mathbf{w}_1\| = -3\sqrt{2}$. Obtemos $a = QR$ com

$$A = \begin{pmatrix} -1 & 3 \\ 1 & 0 \\ 1 & 1 \end{pmatrix}, Q = \begin{pmatrix} -1/\sqrt{2} & 3/\sqrt{22} \\ 1/\sqrt{2} & 3/\sqrt{22} \\ 0 & 2/\sqrt{22} \end{pmatrix}, R = \begin{pmatrix} \sqrt{2} & -3/\sqrt{2} \\ 0 & \sqrt{2} \end{pmatrix} \qquad ■$$

■ *Exemplo 3.1.2.* Considere o subespaço tridimensional de $\mathbb{R}^4$ com base $\mathbf{v}_1 = (1, 1, 0, 1)$, $\mathbf{v}_2 = (2, 0, 0, 1)$, $\mathbf{v}_3 = (0, 0, 1, 1)$. Então $\mathbf{w}_1 = \mathbf{v}_1$, $r_{11} = \|\mathbf{w}_1\| = \sqrt{3}$, e $\mathbf{q}_1 = (1/\sqrt{3})(1, 1, 0, 1)$. Em seguida, $\mathbf{w}_2 = \mathbf{v}_2 - t_{12}\,\mathbf{w}_1 = (2, 0, 0, 1) - (1)(1, 1, 0, 1) = (1, -1, 0, 0)$, $r_{12} = t_{12}\,\|\mathbf{w}_1\| = \sqrt{3}$, $r_{22} = \|\mathbf{w}_2\| = \sqrt{2}$, e $\mathbf{q}_2 = (1/\sqrt{2})(1, -1, 0, 0)$. Para o passo seguinte calculamos $t_{13} = 1/3$, $t_{23} = 0$, de modo que $\mathbf{w}_3 = \mathbf{v}_3 - (1/3)\mathbf{w}_1$

162 Capítulo 3

$- (0) \, \mathbf{w}_2 = (0, 0, 1, 1) - (1/3) \, (1, 1, 0, 1) = (-1/3, -1/3, 1, 2/3), \, r_{33} = \|\mathbf{w}_3\| = \sqrt{15}/3, \, r_{13} = \sqrt{3}/3, \, r_{23} = 0, \, \mathbf{q}_3 = (1/\sqrt{15}) \, (-1, -1, 3, 2)$. Obtemos $A = QR$ com

$$A = \begin{pmatrix} 1 & 2 & 0 \\ 1 & 0 & 0 \\ 0 & 0 & 1 \\ 1 & 1 & 1 \end{pmatrix}, Q = \begin{pmatrix} 1/\sqrt{3} & 1/\sqrt{2} & -1/\sqrt{15} \\ 1/\sqrt{3} & -1/\sqrt{2} & -1/\sqrt{15} \\ 0 & 0 & 3/\sqrt{15} \\ 1/\sqrt{3} & 0 & 2/\sqrt{15} \end{pmatrix}, R = \begin{pmatrix} \sqrt{3} & \sqrt{3} & \sqrt{3}/3 \\ 0 & \sqrt{2} & 0 \\ 0 & 0 & \sqrt{15}/3 \end{pmatrix} \quad \blacksquare$$

■ *Exemplo 3.1.3* Neste exemplo consideramos uma matriz A cujas colunas são dependentes. Sejam $\mathbf{v}_1 = (1, 0, 1, 0)$, $\mathbf{v}_2 = (1, 1, 0, 0)$, $\mathbf{v}_3 = (2, 1, 1, 0)$, e seja A a matriz com estes vetores como colunas. Então $\mathbf{w}_1 = \mathbf{v}_1 = (1, 0, 1, 0)$, $r_{11} = \|\mathbf{w}_1\| = \sqrt{2}$, $\mathbf{q}_1 = (1/\sqrt{2}) \, (1, 0, 1, 0)$. Em seguida $\mathbf{w}_2 = \mathbf{v}_2 - t_{12} \mathbf{w}_1$, $t_{12} = 1/2$, de modo que $\mathbf{w}_2 = (1, 1, 0, 0) - (1/2) \, (1, 0, 1, 0) = (1/2, 1, -1/2, 0)$, $r_{12} = 1/\sqrt{2}$, $r_{22} = \|\mathbf{w}_2\| = \sqrt{6}/2$, $\mathbf{q}_2 = (1/\sqrt{6}) \, (1, 2, -1, 0)$. Quando formamos $\mathbf{w}_3 = \mathbf{v}_3 - t_{13} \mathbf{w}_1 - t_{23} \mathbf{w}_2$, $t_{13} = 3/2$, $t_{23} = 1$, de modo que $\mathbf{w}_3 = (2, 1, 1, 0) - (3/2) \, (1, 0, 1, 0) - (1) \, (1/2, 1, -1/2, 0) = (0, 0, 0, 0)$. Isto reflete a dependência linear dos três vetores. Ainda podemos formar $r_{13} = 3/\sqrt{2}$, $r_{23} = \sqrt{6}/2$ e obter $A = QR$ onde

$$A = \begin{pmatrix} 1 & 1 & 2 \\ 0 & 1 & 1 \\ 1 & 0 & 1 \\ 0 & 0 & 0 \end{pmatrix}, Q = \begin{pmatrix} 1/\sqrt{2} & 1/\sqrt{6} \\ 0 & 2/\sqrt{6} \\ 1/\sqrt{2} & -1/\sqrt{6} \\ 0 & 0 \end{pmatrix}, R = \begin{pmatrix} \sqrt{2} & 1/\sqrt{2} & 3/\sqrt{2} \\ 0 & \sqrt{6}/2 & \sqrt{6}/2 \end{pmatrix} \quad \blacksquare$$

Os exemplos precedentes se referem a vetores em $\mathbb{R}^n$. O algoritmo de Gram-Schmidt pode também ser usado sem modificações para achar uma base ortogonal ou ortonormal para um subespaço gerado por uma coleção finita de vetores em qualquer espaço vetorial. Ilustramos isto com alguns exemplos.

■ *Exemplo 3.1.4* Consideramos agora o espaço vetorial $\mathscr{P}^2 \, (\mathbb{R}, \mathbb{R})$ com produto interno obtido imitando o produto interno de $\mathbb{R}^3$. Definimos

$$\langle a_0 + a_1 x + a_2 x^2, b_0 + b_1 x + b_2 x^2 \rangle = \sum_{i=0}^{2} a_i b_i$$

Então um base ortonormal para $\mathscr{P}^2 \, (\mathbb{R}, \mathbb{R})$ é dada por $1, x, x^2$. Como o produto interno vem tão diretamente do produto interno de $\mathbb{R}^3$, obter uma base ortonormal para um subespaço será essencialmente a mesma coisa que o problema análogo em $\mathbb{R}^3$. Por exemplo, se olhamos o subespaço gerado por $-1 + x, 3 + x^2$, análogos aos vetores $(-1, 1, 0), (3, 0, 1)$ no Exemplo 3.1.1 então o mesmo cálculo que naquele exemplo dará a base ortonormal $-1/\sqrt{2} + 1/\sqrt{2}x, 3/\sqrt{22} + 3/\sqrt{22}x + 2/\sqrt{22}x^2$. ■

■ *Exemplo 3.1.5* Olhamos novamente $\mathscr{P}^2 \, (\mathbb{R}, \mathbb{R})$ mas usamos um produto interno diferente. Desta vez usamos um produto interno que é motivado pelo problema de obter a melhor aproximação de uma função por um polinômio no intervalo $[-1, 1]$, quando o quadrado da distância entre duas funções f, g é medido pela integral do quadrado da diferença no intervalo $[-1, 1]$. O produto interno correspondente a esta distância é

Algoritmo de ortogonalização de Gram-Schmidt e decomposição *QR* **163**

$$\langle f, g \rangle = \int_{-1}^{1} f(t)\, g(t)\, dt$$

Então o quadrado do comprimento de uma função é

$$\|f\|^2 = \langle f, f \rangle = \int_{-1}^{1} f(t)^2\, dt$$

e o quadrado da distância entre duas funções f, g é dado pela integral

$$\|f - g\|^2 = \int_{-1}^{1} (f(t) - g(t))^2\, dt$$

A base $1, x, x^2$ já não dá sequer um base ortogonal neste produto interno, embora 1 e x sejam ortogonais e x e x^2 sejam ortogonais. Para obter uma base ortogonal podemos usar o algoritmo de Gram-Schmidt

para tornar x^2 ortogonal a 1. Para isto substituímos x^2 por $x^2 - \dfrac{\langle x^2, 1 \rangle}{\langle 1, 1 \rangle}\, 1 = x^2 - 1/3$. Assim $1, x, x^2 - 1/3$ é

base ortogonal para $\mathcal{P}^2$ ($\mathbb{R}, \mathbb{R}$). A base ortonormal correspondente é $1/\sqrt{2}, \sqrt{3}x/\sqrt{2}, \sqrt{45/8}\,(x^2 - 1/3)$.

Em geral, os polinômios na base ortogonal para $\mathcal{P}^n$ ($\mathbb{R}, \mathbb{R}$) formados a partir da base $1, x, \ldots, x^n$ pelo algoritmo de Gram-Schmidt são relacionados com os bem conhecidos **polinômios de Legendre**. Chamaremos nossos polinômios os polinômios ortogonais mônicos p_n, onde a palavra "mônico" indica que o coeficiente do termo de mais alto grau é 1. Os polinômios de Legendre L_n são obtidos dos polinômios ortogonais mônicos por $L_n(x) = p_n(x)/p_n(1)$. Assim os três primeiros polinômios de Legendre são $1, x$ e $(3/2)(x^2 - 1/3)$. ■

Quando é dada um base ortogonal ou ortonormal para um espaço vetorial podemos usar o produto interno para resolver o problema de exprimir um dado vetor do espaço em termos dessa base. Primeiro consideremos o caso de uma base ortogonal $\mathbf{v}_1, \ldots, \mathbf{v}_n$. Então escrevemos $\mathbf{v} = c_1 \mathbf{v}_1 + \cdots + c_n \mathbf{v}_n$. Tomando o produto interno disto com $\mathbf{v}_i$ dá $\langle \mathbf{v}, \mathbf{v}_i \rangle = c_i \langle \mathbf{v}_i, \mathbf{v}_i \rangle$, de modo que $c_i = \langle \mathbf{v}, \mathbf{v}_i \rangle / \langle \mathbf{v}_i, \mathbf{v}_i \rangle$. Isto dá a fórmula

$$\mathbf{v} = \frac{\langle \mathbf{v}, \mathbf{v}_1 \rangle}{\langle \mathbf{v}_1, \mathbf{v}_1 \rangle}\, \mathbf{v}_1 + \cdots + \frac{\langle \mathbf{v}, \mathbf{v}_n \rangle}{\langle \mathbf{v}_n, \mathbf{v}_n \rangle}\, \mathbf{v}_n$$

No caso em que temos base ortonormal isto se simplifica para $c_i = \langle \mathbf{v}, \mathbf{v}_i \rangle$. Assim se $\mathbf{q}_1, \ldots, \mathbf{q}_n$ é base ortonormal temos

$$\mathbf{v} = \langle \mathbf{v}, \mathbf{q}_1 \rangle\, \mathbf{q}_1 + \cdots + \langle \mathbf{v}, \mathbf{q}_n \rangle\, \mathbf{q}_n$$

■ *Exemplo 3.1.6* Sabemos que $(-1, 1, 0)$ e $(3/2, 3/2, 1)$ dão base ortogonal para o plano $x + y - 3z = 0$ do Exemplo 3.1.1. Se consideramos o vetor $(1, 2, 1)$ neste plano podemos escrever

$$(1, 2, 1) = \frac{\langle (1, 2, 1), (-1, 1, 0) \rangle}{2}\, (-1, 1, 0) + \frac{\langle (1, 2, 1), (3/2, 3/2, 3/2, 1) \rangle}{(22/4)}\, (3/2, 3/2, 1)$$
$$= 1/2(-1, 1, 0) + 1(3/2, 3/2, 1) \qquad ■$$

■ *Exemplo 3.1.7* Usando o produto interno do Exemplo 3.1.5. para $\mathcal{P}^2$ ($\mathbb{R}, \mathbb{R}$) podemos escrever qualquer polinômio $a + bx + cx^2$ em termos da base ortogonal como $a + bx + cx^2 = (a + (1/3)\,c)1 + bx + c(x^2 - 1/3)$. Neste caso é mais fácil determinar os coeficientes simplesmente resolvendo as equações diretamente em vez de usar a fórmula baseada no produto interno. ■

164 Capítulo 3

Exercício 3.1.2

Dê base ortogonal para o plano $x + y + z = 0$ em $\mathbb{R}^3$ primeiro achando uma base e depois usando o algoritmo de Gram-Schmidt para transformá-la em base ortogonal. Dê a decomposição QR para a matriz 3 por 2 A que tem como colunas a base original que achou para este plano. Estenda sua base ortonormal a uma base ortonormal para $\mathbb{R}^3$ acrescentando um terceiro vetor unitário normal ao plano

Exercício 3.1.3

Dê a decomposição QR para a matriz $A = \begin{pmatrix} 1 & 2 \\ 0 & 1 \\ 1 & 1 \end{pmatrix}$

Exercício 3.1.4

Dê a decomposição QR para a matriz $A = \begin{pmatrix} 1 & 2 & 1 \\ 0 & 1 & 1 \\ 1 & 0 & 0 \\ -1 & 1 & 1 \end{pmatrix}$

Exercício 3.1.5

Expresse o vetor $(3, 2, 1) \in \mathbb{R}^3$ como combinação linear dos vetores ortogonais $(1, 0, 1), (1, 1, -1), (-1, 2, 1)$.

Exercício 3.1.6

Seja dado a $\mathscr{P}^2$ ($\mathbb{R}, \mathbb{R}$) o produto interno discutido no Exemplo 3.1.5. Então use o algoritmo de Gram-Schmidt para achar uma base ortogonal para o subespaço gerado por $1 + x$ e $1 + x - x^2$. Expresse o vetor $2 + x^2$ como combinação linear dos dois polinômios nesta base ortogonal.

Exercício 3.1.7

Considere $\mathscr{P}^3$ ($\mathbb{R}, \mathbb{R}$) com o produto interno como o dado no Exemplo 3.1.5. Estenda os polinômios ortogonais $1, x, x^2 - 1/3$ a uma base ortogonal, primeiro acrescentando o polinômio x^3 para formar uma base e depois usando o algoritmo de Gram-Schmidt para torná-la ortogonal. Você estará encontrando o polinômio ortogonal mônico seguinte.

3.1.2 MATRIZES DE HOUSEHOLDER: OUTRO CAMINHO PARA $A = QR$

As rotinas comerciais tratam a computação da decomposição QR de modo diferente de nosso algoritmo usando Gram-Schmidt. Tendem a usar um algoritmo diferente baseado em matrizes de Householder que dá melhores resultados numéricos. Estas matrizes de Householder correspondem a certas reflexões numéricas. A forma final da decomposição QR será diferente mas conterá a informação que obtivemos por Gram-Schmidt sobre como escrever os vetores coluna originais em A em termos de uma base ortonormal para o subespaço que geram. As colunas de Q usadas nestas decomposições QR serão na verdade uma base para $\mathbb{R}^m$ se temos n vetores em $\mathbb{R}^m$ e a matriz R será uma matriz m por n. Só os primeiros $p = $ posto A vetores de Q serão usados nas expressões para as colunas de A.

Usaremos principalmente a decomposição QR no caso em que as colunas de A são independentes e simplesmente tomamos a que vem do algoritmo de Gram-Schmidt. Porém queremos explicar a decomposição QR baseada em transformações de Householder, que chamaremos a decomposição $\bar{Q}\bar{R}$ para distinguir as duas. Aqui $\bar{Q} = (Q_1 \ Q_2)$ onde Q_1 é m por p e Q_2 é m por $m-p$. As colunas de $\bar{Q}$ formam uma base ortogonal para $\mathbb{R}^m$, com as p primeiras colunas formando uma base ortonormal para $\mathcal{I}(A)$. As últimas $m-p$ linhas de R serão linhas de zeros. A idéia do algoritmo é partir da matriz A e achar convenientes matrizes ortogonais a multiplicar por A (à esquerda) para obter a matriz procurada $\bar{R}$; isto é, acharemos matrizes de Householder $H_1, \ldots, H_k$, que são matrizes ortogonais m por m especiais, de modo que $H_k \ldots H_1 A = \bar{R}$. Aqui $\bar{R}$ é uma matriz triangular superior com as últimas $m-p$ linhas nulas. Restringiremos a atenção ao caso simples em que as colunas de A são independentes de modo que $p = n$. Trabalhamos por indução sobre n.

Primeiro explicamos o que entendemos por **matriz de Householder**. É simplesmente uma matriz que representa um **transformação de Householder**, que é uma reflexão. H refletirá sobre um plano perpendicular ao vetor unitário $\mathbf{u}$; isto significa que manda todo vetor ortogonal a $\mathbf{u}$ em si mesmo e manda $\mathbf{u}$ em seu oposto. Uma representação para vetores no plano é dada na Figura 3.3.

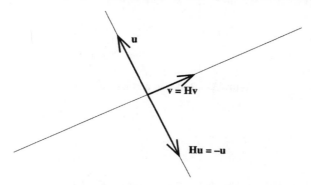

Figura 3.3. Reflexão sobre a reta contendo $\mathbf{u}$

A matriz para fazer isto é $H = I - 2\mathbf{u}\mathbf{u}^t$.

$$(I - 2\mathbf{u}\mathbf{u}^t)\mathbf{u} = \mathbf{u} - 2\mathbf{u} = -\mathbf{u}$$

Usamos $\mathbf{u}^t \mathbf{u} = 1$ pois $\mathbf{u}$ é unitário. Se $\mathbf{v}$ é ortogonal a $\mathbf{u}$ então $\mathbf{u}^t \mathbf{v} = 0$ de modo que

$$(I - 2\mathbf{u}\mathbf{u}^t)\mathbf{v} = \mathbf{v} - 0 = \mathbf{v}$$

Note que $(I - 2\mathbf{u}\mathbf{u}^t)$ é matriz ortogonal:

$$(I - 2\mathbf{u}\mathbf{u}^t)^t (I - 2\mathbf{u}\mathbf{u}^t) = (I - 2\mathbf{u}\mathbf{u}^t)(I - 2\mathbf{u}\mathbf{u}^t) = I - 4\mathbf{u}\mathbf{u}^t + 4\mathbf{u}\mathbf{u}^t = I$$

Este processo de reflexão pode ser usado para permutar dois vetores quaisquer de mesmo comprimento. Pois se $\mathbf{v}, \mathbf{w}$ têm o mesmo comprimento podemos escolher

$$\mathbf{u} = (\mathbf{v} - \mathbf{w}) / \|\mathbf{v} - \mathbf{w}\|$$

Como $\|\mathbf{v}\| = \|\mathbf{w}\|$ o vetor $\mathbf{x} = (\mathbf{v} + \mathbf{w})$ é ortogonal a $\mathbf{u} = (\mathbf{v} - \mathbf{w})$:

$$\langle \mathbf{v} + \mathbf{w}, \mathbf{v} - \mathbf{w} \rangle = \langle \mathbf{v}, \mathbf{v} \rangle - \langle \mathbf{w}, \mathbf{w} \rangle = \|\mathbf{v}\|^2 - \|\mathbf{w}\|^2 = 0$$

Tomamos a matriz de Householder $H_\mathbf{u}$ que reflete pelo plano perpendicular a $\mathbf{u}$. Assim escrevendo

$$\mathbf{v} = \frac{(\mathbf{v} + \mathbf{w})}{2} + \frac{(\mathbf{v} - \mathbf{w})}{2} = \mathbf{x} + \mathbf{u}, \quad \mathbf{w} = \frac{(\mathbf{v} + \mathbf{w})}{2} - \frac{(\mathbf{v} - \mathbf{w})}{2} = \mathbf{x} - \mathbf{u}$$

a reflexão $H_\mathbf{u}$ preserva o primeiro termo e troca o sinal do segundo, de modo que permuta $\mathbf{v}$ e $\mathbf{w}$. A figura 3.4 ilustra isto na dimensão dois.

Para aplicar isto em nossa situação vemos que se tomarmos qualquer vetor $\mathbf{x}$ em $\mathbb{R}^m$, então existe uma transformação de Hauseholder H que envia $\mathbf{x}$ em $\|\mathbf{x}\|\,\mathbf{e}_1$ (ou $-\|\mathbf{x}\|\,\mathbf{e}_1$). O sinal é escolhido de modo que a distância entre os dois vetores seja máxima, pois isto leva a melhores resultados numericamente. A figura 2.5 ilustra isto no plano.

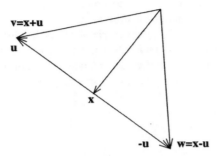

Figura 3.4. Reflexão permutando $\mathbf{v}$ e $\mathbf{w}$

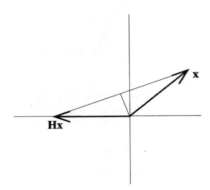

Figura 3.5. Reflexão enviando $\mathbf{x}$ em $-\|\mathbf{x}\|\,\mathbf{e}_1$

Agora provamos por indução sobre n a existência das transformações de Householder $H_1, \ldots, H_k$ tais que $H_k \ldots H_1 A = \overline{R}$ como se descreveu. Se $n = 1$, então o argumento mostra que existe uma matriz de Householder H com $H\mathbf{A}^1 = r_{11}\,\mathbf{e}_1$, onde $r_{11} = \pm\,\|\mathbf{A}^1\|$. Em seguida supomos por indução que para uma matriz B com menos que n colunas (que são independentes) existe matriz ortogonal H tal que $HB = S$, onde S é triangular superior. Se A é matriz m por n primeiro achamos matriz de Householder H_1 com $H_1 \mathbf{A}^1 = r_{11}\,\mathbf{e}_1$. Então $H_1 A = \begin{pmatrix} r_{11} & \mathbf{v} \\ \mathbf{0} & B \end{pmatrix}$

Aqui r_{11} é o elemento (1, 1) da matriz, $\mathbf{v}$ é um vetor-linha de $n-1$ componentes de modo que $(r_{11}\ \mathbf{v})$ seja a primeira linha. O $\mathbf{0}$ é o vetor coluna $\mathbf{0}$ de $m-1$ componentes e B é matriz $(m-1)$ por $(n-1)$. Como a multiplicação pela matriz inversível H_1 não muda o posto de A, o posto de B será $(n-1)$. Assim podemos supor indutivamente que existe uma matriz ortogonal $(m-1)$ por $(m-1)$ C (que é um produto de matrizes de Householder) tal que $CB = R_2$. Então se $D = \begin{pmatrix} 1 & \mathbf{0} \\ \mathbf{0} & C \end{pmatrix}$ e $F = DH_1$ temos que FA = $\overline{R}$ é triangular superior com elementos não nulos na diagonal. F é um produto de matrizes de Householder. Então se $Q = H^t$ temos $A = Q\overline{R}$ como se pedia. Este é o algoritmo que é implementado em MATLAB digitando $[Q,R]$ = qr (A). Quando MATLAB é usado no Exemplo 3.1.2, vem

$$Q = \begin{pmatrix} -0,5774 & 0,4082 & -0,4082 & -0,5774 \\ -0,5774 & 0,8165 & 0 & 0 \\ 0 & 0 & -0,8165 & 0,5774 \\ -0,5774 & 0,4082 & 0,4082 & 0,5774 \end{pmatrix}$$

$$R = \begin{pmatrix} -1,7321 & -1,1547 & -1,7321 \\ 0 & 0,8165 & 1,2247 \\ 0 & 0 & 1,2247 \\ 0 & 0 & 0 \end{pmatrix}$$

As quatro colunas de Q fornecem base ortogonal para $\mathbb{R}^4$. As três primeiras colunas dão base ortogonal para o espaço de colunas de A. Os zeros na última linha de R aparecem porque a última coluna de Q não é usada ao escrever as colunas de A em termos da base ortonormal de $\mathbb{R}^4$ dada pelas colunas de Q. Este algoritmo tem duas vantagens sobre aquele baseado na decomposição de Gram-Schmidt.. Primeiro, funciona muito melhor computacionalmente. Do ponto de vista teórico também fornece mais informação pois em $Q = (Q_p \; Q_n)$ a parte Q_n dá base ortogonal para o complemento ortogonal da imagem de A (isto é, para aqueles vetores que são ortogonais a todo vetor da imagem de A), que é $\mathcal{N}(A^t)$.

3.2 SUBESPAÇOS ORTOGONAIS

Agora consideremos o conceito de dois subespaços S, T, num espaço V com produto interno, serem ortogonais entre si.

DEFINIÇÃO 3.2.1 Um subespaço S é **ortogonal** a um subespaço T se para todo $\mathbf{s} \in S$ e todo $\mathbf{t} \in T$ vale $\langle \mathbf{s}, \mathbf{t} \rangle = 0$.

Note que esta é uma relação simétrica entre os subespaços; isto é, S ortogonal a T implica T ortogonal a S. Podemos definir o complemento ortogonal de S como o subespaço dos vetores que são ortogonais a todo vetor de S.

DEFINIÇÃO 3.2.2 Para um subespaço S o **complemento ortogonal** $S^\perp$ é o subespaço

$$S^\perp = \{ \mathbf{v} \in V : \langle \mathbf{v}, \mathbf{s} \rangle = 0 \text{ para todo } \mathbf{s} \in S \}$$

Verifiquemos que se trata realmente de um subespaço. Suponha $\mathbf{v}, \mathbf{w} \in S^\perp$. Então se $a\mathbf{v} + b\mathbf{w}$ é uma combinação linear deste vetores e $\mathbf{s}$ é qualquer vetor de S,

$$\langle a\mathbf{v} + b\mathbf{w}, \mathbf{s} \rangle = a \langle \mathbf{v}, \mathbf{s} \rangle + b \langle \mathbf{w}, \mathbf{s} \rangle = a \cdot 0 + b \cdot 0 = 0$$

Assim $a\mathbf{v} + b\mathbf{w} \in S$. Note que $S^\perp$ é ortogonal a S e é o maior de todos os subespaços ortogonais a S; isto é, todo subespaço T ortogonal a S está contido em $S^\perp$.

Em seguida damos uma proposição que nos diz como achar o complemento ortogonal de um subespaço de dimensão finita.

PROPOSIÇÃO 3.2.1 Seja S um subespaço de dimensão finita de um espaço com produto interno V e sejam $\mathbf{s}_1, \ldots, \mathbf{s}_k$ geradores de S. Então $\mathbf{v} \in S^\perp$ see $\langle \mathbf{v}, \mathbf{s}_i \rangle = 0, i = 1, \ldots, k$.

Prova. Se um vetor $\mathbf{v}$ está em $S^\perp$ então $\mathbf{v}$ é ortogonal a todo vetor de S de modo que $\langle \mathbf{v}, \mathbf{s}_i \rangle = 0$.

168 Capítulo 3

Se $\langle \mathbf{v}, \mathbf{s}_i \rangle = 0$, $i = 1, \ldots, k$, então mostramos que $\mathbf{v} \in S^\perp$. Pois todo vetor $\mathbf{s}$ de S é combinação linear $c_1 \mathbf{s}_1 + \cdots + c_k \mathbf{s}_k$. Então $\langle \mathbf{v}, \mathbf{s}_i \rangle = 0$ para todo i implica que

$$\langle \mathbf{v}, c_1 \mathbf{s}_1 + \cdots + c_k \mathbf{s}_k \rangle = c_1 \langle \mathbf{v}, \mathbf{s}_1 \rangle + \cdots + c_k \langle \mathbf{v}, \mathbf{s}_k \rangle = 0 \qquad \blacksquare$$

Assim para achar $S^\perp$ só temos que resolver para aqueles vetores que são ortogonais a cada vetor de uma base.

■ **Exemplo 3.2.1** Considere uma reta ℓ pela origem em $\mathbb{R}^3$. Então o complemento ortogonal $\ell^\perp$ é o plano por $\mathbf{0}$ que é perpendicular a esta reta (isto é, tem um vetor da reta como vetor normal). Toda reta pela origem neste plano será um subespaço ortogonal a ℓ. Note que soma das dimensões da reta e seu complemento ortogonal é a dimensão total de $\mathbb{R}^3$. Note também que o complemento ortogonal do plano é a reta de partida. ■

Agora provamos um par de proposições gerais que mostram que os fenômenos neste exemplo ocorrem em geral.

PROPOSIÇÃO 3.2.2 Seja S um subespaço de dimensão finita de um espaço com produto interno V. Então existe uma decomposição em soma direta $V = S \oplus S^\perp$.

Prova. Primeiro mostramos que $S \cap S^\perp = \{\mathbf{0}\}$. Se $\mathbf{s} \in S$ e $\mathbf{s} \in S^\perp$ então $\langle \mathbf{s}, \mathbf{s} \rangle = 0$. Mas o único vetor que é ortogonal a si mesmo é o 0.

Em seguida mostramos que $V = S + S^\perp$. Seja $\mathbf{v} \in V$ dado. Seja $\mathbf{s}_1, \ldots, \mathbf{s}_k$ uma base ortonormal de S. Considere o vetor $\mathbf{s} = \langle \mathbf{v}, \mathbf{s}_1 \rangle \mathbf{s}_1 + \cdots + \langle \mathbf{v}, \mathbf{s}_k \rangle \mathbf{s}_k$. Então $\mathbf{s}$, sendo combinação linear dos vetores da base de S está em S. Seja $\mathbf{t} = \mathbf{v} - \mathbf{s}$. Então

$$\langle \mathbf{t}, \mathbf{s}_j \rangle = \langle \mathbf{v}, \mathbf{s}_j \rangle - \langle \mathbf{v}, \mathbf{s}_1 \rangle \langle \mathbf{s}_1, \mathbf{s}_j \rangle - \cdots - \langle \mathbf{v}, \mathbf{s}_k \rangle \langle \mathbf{s}_k, \mathbf{s}_j \rangle$$

Como os $\mathbf{s}_i$ formam base ortonormal, $\langle \mathbf{s}_i, \mathbf{s}_j \rangle = 0$ se $i \neq j$ e vale 1 se $i = j$. Assim obtemos $\langle \mathbf{t}, \mathbf{s}_j \rangle = \langle \mathbf{v}, \mathbf{s}_j \rangle - \langle \mathbf{v}, \mathbf{s}_j \rangle = 0$. Assim $\mathbf{t}$ é ortogonal a cada vetor da base de S e assim $\mathbf{t} \in S^\perp$. Logo $\mathbf{v} = \mathbf{s} + \mathbf{t}$ está em $S + S^\perp$. ■

COROLÁRIO 3.2.3 Seja V espaço de dimensão finita com produto interno e S um subespaço. Então dim S + dim $S^\perp$ = dim V.

Prova. Segue do fato de que sempre que há decomposição em soma direta $V = S \oplus T$, então dim V = dim S + dim T ■

COROLÁRIO 3.2.4 Seja V um espaço de dimensão finita com produto interno. Então se S é um subespaço, $(S^\perp)^\perp = S$.

Prova. Primeiro note que todo vetor de S é ortogonal a todo vetor de $S^\perp$ pela definição de $S^\perp$. Assim S está contido em $(S^\perp)^\perp$. Mas o Corolário 3.3.3. implica que dim S + dim V = dim $S^\perp$ + dim$(S^\perp)^\perp$. Assim S é subespaço de $(S^\perp)^\perp$ de mesma dimensão, logo devem ser iguais. ■

■ **Exemplo 3.2.2** Considere o espaço de linhas da matriz $A = \begin{pmatrix} 1 & 3 & -1 & 2 \\ 2 & -2 & -1 & 4 \end{pmatrix}$

É um subespaço bidimensional de $\mathbb{R}^4$, com base dada pelas linhas de A. Para estar no complemento ortogonal do espaço de linhas um vetor tem de ser ortogonal a cada linha. A condição para isto é ser solução de $A\mathbf{x} = \mathbf{0}$. Assim o complemento ortogonal do espaço de linhas de A é simplesmente o

Subespaços ortogonais **169**

núcleo de A. Podemos achar uma base para este através da eliminação gaussiana, obtendo (5/8, 1/8, 1, 0), (–2, 0, 0, 1). Aplicando o algoritmo de Gram-Schmidt a esta base obtemos uma base ortogonal para o espaço de anulamento como (0,5270, 0,1054, 0,8433, 0), (–0,7325, 0,0563, 0,4507, 0,5071). Note que quando formamos uma nova matriz B com linhas dadas por uma base para o núcleo de A e então resolvemos $B\mathbf{x} = \mathbf{0}$, estamos simplesmente achando vetores no complemento ortogonal do núcleo de A, que é o espaço de linhas de A. A matriz B pode ser tomada como

$B = \begin{pmatrix} 5/8 & 1/8 & 1 & 0 \\ -2 & 0 & 0 & 1 \end{pmatrix}$. Aqui a eliminação gaussiana daria a base (0, –8, 1, 0), (0, 5, –2, 5, 0, 1) para

o espaço de linhas. Esta base naturalmente é diferente daquela de que partimos para o espaço de linhas, mas é a obtida usando uma forma modificada da eliminação gaussiana sobre A, em que tomamos a terceira e a quarta variáveis como variáveis básicas na obtenção de R. Também note que os quatro vetores (1, 3, –1, 2), (2, –2, –1, 4), (5/8, 1/8, 1, 0), (–2, 0, 0, 1) formam uma base para $\mathbb{R}^4$. Os primeiros dois vetores provêm de uma base para o espaço de linhas de A, os outros dois de uma base para o complemento ortogonal que é o espaço de anulamento de A. Que estes quatro vetores são uma base de $\mathbb{R}^4$ ilustra apenas o fato de $\mathbb{R}^4$ ser a soma direta do espaço de linhas e de seu complemento ortogonal. ■

Agora olhamos exemplos provenientes dos quatro subespaços fundamentais associados a uma matriz. Seja A uma matriz m por n. Então vimos que

(1) $A\mathbf{x} = \mathbf{b}$ tem solução see $\langle \mathbf{b}, \mathbf{c} \rangle = 0$ para todo $\mathbf{c} \in \mathcal{N}(A^t)$.
(2) $A\mathbf{x} = \mathbf{0}$ see $\langle \mathbf{x}, A^t\mathbf{c} \rangle = 0$ para todo $\mathbf{c} \in \mathbb{R}^m$.

A afirmação (1) diz simplesmente que a imagem de A (isto é, todos os $\mathbf{b}$ para os quais existe solução de $A\mathbf{x} = \mathbf{b}$) coincide com o complemento ortogonal de $\mathcal{N}(A^t)$. Pelo Corolário 3.2.4 o complemento ortogonal da imagem de A é $\mathcal{N}(A^t)$. A afirmação (2) diz que o núcleo de A é o complemento ortogonal da imagem de A^t (que é o espaço de linhas de A). Assim o Corolário 3.2.4 implica que o complemento ortogonal do núcleo de A é o espaço de linhas de A. Escrevamos estas relações como um proposição.

PROPOSIÇÃO 3.2.5
(1) $\mathcal{N}(A^t)^{\perp} = \mathcal{I}(A)$; $\mathcal{I}(A)^{\perp} = \mathcal{N}(A^t)$.
(2) $\mathcal{N}(A)^{\perp} = \mathcal{I}(A^t)$; $\mathcal{I}(A^t)^{\perp} = \mathcal{N}(A)$.

Note que deduzimos a segunda parte de cada afirmação da primeira parte. Note também que substituindo A por A^t, (1) torna-se equivalente a (2).

Nossa prova da proposição é um tanto indireta, usando resultados anteriores. Para enfatizar o uso da ortogonalidade agora tornamos a provar a afirmação $\mathcal{I}(A) = \mathcal{N}(A^t)^{\perp}$ mais diretamente. Primeiro mostramos que $\mathcal{I}(A) \subset \mathcal{N}(A^t)^{\perp}$. Se $\mathbf{y} \in \mathcal{I}(A)$, $\mathbf{z} \in \mathcal{N}(A^t)$, então devemos mostrar que $\langle \mathbf{y}, \mathbf{z} \rangle = 0$. Mas existe $\mathbf{x} \in \mathbb{R}^n$ com $\mathbf{y} = A\mathbf{x}$. Assim

$$\langle \mathbf{y}, \mathbf{z} \rangle = \langle A\mathbf{x}, \mathbf{z} \rangle = \langle \mathbf{x}, A^t\mathbf{z} \rangle = \langle \mathbf{x}, \mathbf{0} \rangle = 0$$

Mas a dimensão de $\mathcal{I}(A)$ é posto p de A. Como a dimensão de $\mathcal{N}(A^t)$ é $m - p$, a dimensão de seu complemento ortogonal é também p. Mas quando dois subespaços têm a mesma dimensão e um está contido no outro eles coincidem, mostrando que $\mathcal{I}(A) = \mathcal{N}(A^t)^{\perp}$.

■ *Exemplo 3.2.3* Nosso exemplo anterior ilustrava a relação entre o espaço de linhas de uma matriz e o espaço de anulamento como complementos ortogonais. Agora olhamos um exemplo relativo ao complemento ortogonal do espaço de colunas de A.

170   Capítulo 3

Seja $A = \begin{pmatrix} 1 & 0 & 2 \\ 2 & 1 & 5 \\ -1 & 1 & -1 \\ 0 & 1 & 1 \end{pmatrix}$. A eliminação gaussiana fornece a base $(1, 2, -1, 0)$, $(0, -1, 1, 1)$ para o espaço

de colunas de A. Para achar o complemento ortogonal do espaço de colunas procuramos os vetores ortogonais a cada coluna. Mas isto leva exatamente à condição para que o vetor esteja no núcleo de A^t, pois efetuar o produto escalar por um vetor coluna é o mesmo que usar a transposta para tornar o vetor coluna em vetor linha e ver que o produto do vetor linha com o vetor coluna dado seja 0. Assim resolvemos $A^t\mathbf{x} = \mathbf{0}$. A eliminação gaussiana leva à base $(3, -1, 1, 0)$, $(2, -1, 0, 1)$ para o núcleo de A^t. Os quatro vetores $(1, 2, -1, 0)$, $(0, 1, 1, 1)$, $(3, -1, 1, 0)$, $(2, -1, 0, 1)$ formam uma base de $\mathbb{R}^4$, ilustrando que $\mathbb{R}^4$ é a soma direta do espaço de colunas de A e do núcleo de A^t. ■

Agora considere a transformação linear $L_A: \mathbb{R}^n \to \mathbb{R}^m$ dada pela multiplicação por A, $L_A(\mathbf{x}) = A\mathbf{x}$. Temos uma decomposição em soma direta $\mathbb{R}^n = \mathcal{I}(A^t) \oplus \mathcal{N}(A)$. Note que L_A leva $\mathbb{R}^n$ sobre $\mathcal{I}(A)$. Dado $\mathbf{b} \in \mathcal{I}(A)$ existe algum vetor $\mathbf{v} \in \mathbb{R}^n$ com $L(\mathbf{v}) = \mathbf{b}$. Mas $\mathbf{v} = \mathbf{i} + \mathbf{n}$, onde $\mathbf{i} \in \mathcal{I}(A^t)$ e $\mathbf{n} \in \mathcal{N}(A)$. Então $L_A(\mathbf{v}) = A\mathbf{v} = A(\mathbf{i} + \mathbf{n}) = A\mathbf{i} + A\mathbf{n} = A\mathbf{i} + \mathbf{0} = L_A(\mathbf{i})$. Isto significa que quando restringimos L_A a $\mathcal{I}(A^t)$, formando uma transformação linear que denotaremos por L', então $L': \mathcal{I}(At) \to \mathcal{I}(A)$, $L'(\mathbf{i}) = L_A(\mathbf{i})$ levará $\mathcal{I}(A^t)$ sobre $\mathcal{I}(A)$. Como estes espaços vetoriais têm a mesma dimensão que é o posto de A, L' é um isomorfismo. Assim a multiplicação por A leva o espaço de linhas isomorficamente sobre o espaço de colunas e manda o complemento ortogonal do espaço de linhas no zero. Analogamente podemos mostrar que a multiplicação por A^t manda o espaço de colunas de A isomorficamente sobre o espaço de linhas de A e manda o complemento ortogonal do espaço de colunas no zero.

PROPOSIÇÃO 3.2.6 Seja A uma matriz m por n e seja $L_A: \mathbb{R}^n \to \mathbb{R}^m$ a transformação linear dada por $L_A\mathbf{x} = A\mathbf{x}$. Em termos da decomposição $\mathbb{R}^n = \mathcal{I}(A^t) \oplus \mathcal{N}(A)$, seja $L': \mathcal{I}(A^t) \to \mathcal{I}(A)$ a restrição de L. Então L' é um isomorfismo.

■ *Exemplo 3.2.4* Agora ilustramos na Figura 3.6 os quatro subespaços fundamentais para A no caso de uma matriz 2 por 3 de posto 1. Então $\mathbb{R}^3 = \mathcal{I}(A^t) \oplus \mathcal{N}(A)$, onde $\mathcal{I}(A^t)$ é o espaço de linhas e é dado por uma reta, e $\mathcal{N}(A)$ é o plano perpendicular a esta reta. Analogamente, $\mathbb{R}^2 = \mathcal{I}(A) \oplus \mathcal{N}(A^t)$, onde $\mathcal{I}(A)$ é o espaço de colunas e é uma reta e $\mathcal{N}(A^t)$ é a reta perpendicular. A multiplicação por A leva o espaço de linhas isomorficamente sobre o espaço de colunas e manda o plano perpendicular no $\mathbf{0}$. Analogamente a multiplicação por A^t manda o espaço de colunas isomorficamente sobre o espaço de linhas e manda a reta perpendicular no $\mathbf{0}$.

Agora voltamos ao Exemplo 3.2.3 para ilustrar a proposição. Para a matriz considerada ali, A, o espaço de linhas tem uma base $(1, 0, 2)$, $(0, 1, 1)$. Quando multiplicamos estes vetores por A, eles são mandados nos dois vetores $(5, 12, -3, 2)$, $(2, 6, 0, 2)$ no espaço de colunas. Como sabemos que o espaço de colunas tem dimensão dois e estes vetores são independentes, eles formam uma base para o espaço de colunas. Estes dois novos vetores podem ser expressos em termos de nossa base anterior como

$$(5, 12, -3, 2) = 5(1, 2, -1, 0) + 2(0, 1, 1, 1), \quad (2, 6, 0, 2) = 2(1, 2, -1, 0) + 2(0, 1, 1, 1) \quad ■$$

■ *Exemplo 3.2.5.* Agora olhamos um exemplo em que usamos um espaço vetorial diferente e um produto interno diferente. Consideramos o espaço vetorial $\mathcal{P}^1(\mathbb{R}, \mathbb{R})$ e o produto interno dado por $\langle p, q \rangle = \int_{-1}^{1} p(t) q(t)\, dt$. Olhamos o subespaço que tem como base os dois polinômios $1, x + x^2$. Para achar o complemento ortogonal para este subespaço tomamos um polinômio $a_0 + a_1 x + a_2 x^2$ e calculamos o produto interno com cada um destes. Obtemos

$$\langle a_0 + a_1 x + a_2 x^2, 1 \rangle = 2a_0 + (2/3)a_2$$
$$\langle a_0 + a_1 x + a_2 x^2, x + x^2 \rangle = (2/3) a_0 + (2/3) a_1 + (2/5) a_2$$

Assim as equações para que $a_0 + a_1 x + a_2 x^2$ pertença ao complemento ortogonal são $A\mathbf{a} = \mathbf{0}$, onde $A = \begin{pmatrix} 1 & 0 & 2/3 \\ 2/3 & 2/3 & 2/5 \end{pmatrix}$, cujo espaço de soluções tem base $(-5, -4, 15)$. Isto significa que o complemento ortogonal deste subespaço tem base dada pelo polinômio $-5 -4x + 15x^2$. ∎

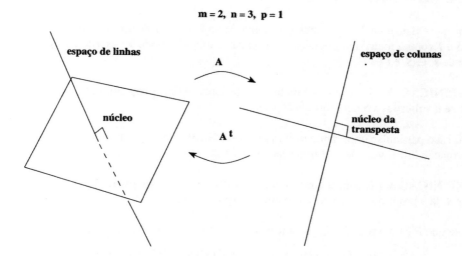

Figura 3.6. Subespaços fundamentais para $m = 2, n = 3, p = 1$

Exercício 3.2.1

Para a matriz $A = \begin{pmatrix} 1 & 0 & -1 & 0 \\ 2 & 1 & 0 & 1 \\ 0 & 1 & 2 & 1 \end{pmatrix}$ ache bases para os quatro subespaços fundamentais e verifique que $\mathcal{N}(A)$ é ortogonal a $\mathcal{I}(A^t)$ e que $\mathcal{I}(A)$ é ortogonal a $\mathcal{N}(A^t)$. Mostre também que a imagem da base para o espaço de linhas sob multiplicação por A dá uma base para o espaço de coluna.

Exercício 3.2.2
Repita o exercício anterior para a matriz

$$A = \begin{pmatrix} 1 & 1 & 1 & 0 & 1 \\ 0 & 1 & 0 & 1 & 0 \\ 2 & 3 & 2 & 1 & 2 \\ 3 & 5 & 3 & 2 & 3 \end{pmatrix}$$

Exercício 3.2.3
Ache uma base para o complemento ortogonal do subespaço de $\mathbb{R}^5$ que tem base dada por $(2, 1, 0, 1, 0), (1, 0, -1, 0, 1), (1, 1, 0, 1, 1)$.

Exercício 3.2.4
Considere o espaço vetorial $\mathcal{P}^3 (\mathbb{R}, \mathbb{R})$ com um produto interno de dois polinômios dado por $\langle p, q \rangle =$

172 Capítulo 3

$\int_{-1}^{1} p(t) q(t) \, dt$. Ache base para o complemento ortogonal do subespaço com base $1, x$.

Exercício 3.2.5_____

Suponha que S é um subespaço de um espaço V de dimensão finita com produto interno e que $\mathbf{s}_1, \ldots,$ $\mathbf{s}_k$ é uma base ortonormal de S que, quando acrescentamos os vetores $\mathbf{t}_1, \ldots, \mathbf{t}_p$, se torna uma base ortonormal para V. Mostre que $\mathbf{t}_1, \ldots, \mathbf{t}_p$ é base ortonormal para $S^{\perp}$.

3.3 PROJEÇÕES ORTOGONAIS E SOLUÇÕES DE MÍNIMOS QUADRADOS

Suponha que existe uma decomposição em soma direta $V = S \oplus T$ de um espaço com produto interno V com S e T complementos ortogonais. Então cada vetor $\mathbf{v} \in V$ pode ser escrito de modo único como $\mathbf{s} + \mathbf{t}$, onde $\mathbf{s} \in S$ e $\mathbf{t} \in T$.

DEFINIÇÃO 3.3.1. Com as hipóteses anteriores defina **projeção ortogonal** $P: V \to V$ **sobre o subespaço** S pela fórmula $P(\mathbf{v}) = \mathbf{s}$.

Um caso particular importante se tem quando $V = \mathbb{R}^n$ com o produto interno usual. Aqui cada transformação linear vem de multiplicação por matriz.

DEFINIÇÃO 3.3.2. Uma matriz n por n A chama-se **matriz de projeção** se a multiplicação por A dá a projeção ortogonal sobre um subespaço de $\mathbb{R}^n$.

Note que P é uma transformação linear pois $\mathbf{v} = \mathbf{s} + \mathbf{t}$, $\mathbf{w} = \mathbf{s}' + \mathbf{t}'$ implica

$$a\mathbf{v} + b\mathbf{w} = a(\mathbf{s} + \mathbf{t}) + b(\mathbf{s}' + \mathbf{t}') = (a\mathbf{s} + b\mathbf{s}') + (a\mathbf{t} + b\mathbf{t}')$$

e assim

$$P(a\mathbf{v} + b\mathbf{w}) = a\mathbf{s} + b\mathbf{s}' = aP(\mathbf{v}) + bP(\mathbf{w})$$

Note em seguida que se $\mathbf{v} = \mathbf{s} + \mathbf{t}$ então

$$\|\mathbf{v}\|^2 = \langle \mathbf{v}, \mathbf{v} \rangle = \langle \mathbf{s} + \mathbf{t}, \mathbf{s} + \mathbf{t} \rangle = \langle \mathbf{s}, \mathbf{s} \rangle + 2\langle \mathbf{s}, \mathbf{t} \rangle + \langle \mathbf{t}, \mathbf{t} \rangle$$
$$= \langle \mathbf{s}, \mathbf{s} \rangle + \langle \mathbf{t}, \mathbf{t} \rangle = \|\mathbf{s}\|^2 + \|\mathbf{t}\|^2$$

Em particular, se $\mathbf{v} = \mathbf{s} + \mathbf{t}$ e $\mathbf{s}' \in S$ então $\|\mathbf{v} - \mathbf{s}'\|^2 = \|(\mathbf{s} - \mathbf{s}') + \mathbf{t}\|^2 = \|\mathbf{s} - \mathbf{s}'\|^2 + \|\mathbf{t}\|^2 \geq \|\mathbf{t}\|^2$. Além disso, existe igualdade somente se $\|\mathbf{s} - \mathbf{s}'\|^2 = 0$, o que só ocorre quando $\mathbf{s} - \mathbf{s}' = \mathbf{0}$; isto é, $\mathbf{s} = \mathbf{s}'$. Isto prova a proposição seguinte:

PROPOSIÇÃO 3.3.1. Se P denota a projeção ortogonal sobre um subespaço S, então $P(\mathbf{v}) = \mathbf{s}$ é o vetor de S que é mais próximo do vetor $\mathbf{v}$.

Discutimos agora o problema geral de projetar sobre um subespaço. Verifica-se que isto é mais fácil de descrever quando o subespaço S tem uma base ortonormal $\mathbf{q}_1, \ldots, \mathbf{q}_k$. Então nossa prova da proposição 3.2.1 que diz que existe uma decomposição de V em $S \oplus S^{\perp}$ nos diz que para achar $P(\mathbf{v}) = \mathbf{s}$ tomamos

$$P(\mathbf{v}) = \mathbf{s} = \langle \mathbf{v}, \mathbf{q}_1 \rangle \mathbf{q}_1 + \cdots + \langle \mathbf{v}, \mathbf{q}_k \rangle \mathbf{q}_k$$

Existe fórmula semelhante quando temos apenas uma base ortogonal $\mathbf{w}_1, \ldots, \mathbf{w}_k$; então

Projeções ortogonais e soluções de mínimos quadrados **173**

$$P(v) = \mathbf{s} = \frac{\langle \mathbf{v}, \mathbf{w}_1 \rangle}{\langle \mathbf{w}_1, \mathbf{w}_1 \rangle} \; \mathbf{w}_1 + \cdots + \frac{\langle \mathbf{v}, \mathbf{w}_k \rangle}{\langle \mathbf{w}_k, \mathbf{w}_k \rangle} \; \mathbf{w}_k$$

Naturalmente esta fórmula só é útil quando temos de partida uma base ortogonal (ou ortonormal). Esta pode ser achada de qualquer base usando o algoritmo de Gram-Schmidt.

Agora desenvolvemos um par de exemplos calculando a projeção de um vetor dado sobre um subespaço.

■ *Exemplo 3.3.1* Considere a reta por $(1, 3, 1)$ como nosso subespaço e o vetor $\mathbf{b} = (1, 1, 0)$. Então a projeção $P\mathbf{b}$ sobre a reta é dada por

$$P\mathbf{b} = \frac{\langle \mathbf{b}, (1, 3, 1) \rangle}{\langle (1, 3, 1), (1, 3, 1) \rangle} \; (1, 3, 1) = (4/11, 12/11, 4/11)$$

Isto significa que $\mathbf{b} = (1, 1, 0) = (4/11, 12/11, 4/11) + (7/11, -1/11, -4/11)$ e que o segundo vetor jaz no plano perpendicular à reta. Então a distância entre o ponto $\mathbf{b}$ e a reta, que é o comprimento do vetor $(7/11, -1/11, -4/11)$ é $\sqrt{66}/11$. Note também que a projeção de $\mathbf{b}$ sobre o plano ortogonal à reta é o vetor $(7/11, -1/11, -4/11)$ e assim a distância de $\mathbf{b}$ ao plano é o comprimento de $(4/11, 12/11, 4/11)$ que é $\sqrt{180}/11$. ■

■ *Exemplo 3.3.2* Seja S o plano $x + y + z = 0$ em $\mathbb{R}^3$ e $\mathbf{b} = (1, 2, -1)$. Então uma base para S é dada por $(-1, 1, 0)$ e $(-1, 0, 1)$. Podemos usar o algoritmo de Gram-Schmidt para obter uma base ortonormal $\mathbf{q}_1 = (-1/\sqrt{2}, 1/\sqrt{2}, 0)$, $\mathbf{q}_2 = (-1/\sqrt{6}, -1/\sqrt{6}, 2/\sqrt{6})$. Então a projeção de $\mathbf{b}$ sobre S é

$$P\mathbf{b} = \langle \mathbf{b}, \mathbf{q}_1 \rangle \, \mathbf{q}_1 + \langle \mathbf{b}, \mathbf{q}_2 \rangle \, \mathbf{q}_2 = (1/3, 4/3, -5/3)$$

Um modo alternativo de fazer este cálculo é primeiro projetar $\mathbf{b}$ sobre a reta ortogonal por $(1, 1, 1)$ obtendo o vetor $(2/3, 2/3, 2/3)$ e depois subtrair este vetor de $\mathbf{b}$ obtendo $(1/3, 4/3, -5/3)$. ■

Estes dois últimos exemplos refletem alguns fatos gerais sobre projeções.

PROPOSIÇÃO 3.3.2.

(1) A projeção sobre uma reta pelo vetor $\mathbf{s}$ é dada pela fórmula

$$P\mathbf{b} = \frac{\langle \mathbf{b}, \mathbf{s} \rangle}{\langle \mathbf{s}, \mathbf{s} \rangle} \; \mathbf{s}$$

Se $\mathbf{s}$ é um vetor unitário $\mathbf{q}$, então a fórmula se reduz a

$$P\mathbf{b} = \langle \mathbf{b}, \mathbf{q} \rangle \, \mathbf{q}$$

Se estamos trabalhando em $\mathbb{R}^n$, isto pode ser reescrito como

$$P\mathbf{b} = \mathbf{q} \, \langle \mathbf{q}, \mathbf{b} \rangle = \mathbf{q} \, (\mathbf{q}^t \mathbf{b}) = (\mathbf{q}\mathbf{q}^t) \, \mathbf{b}$$

Assim a matriz que representa P com relação à base canônica é $\mathbf{q}\mathbf{q}^t$, onde $\mathbf{q}$ é o vetor unitário sobre a reta.

(2) Quando projetamos sobre um subespaço que tem uma base ortogonal $\mathbf{q}_1, \ldots, \mathbf{q}_k$ então

$$P\mathbf{b} = \langle \mathbf{b}, \mathbf{q}_1 \rangle \, \mathbf{q}_1 + \cdots + \langle \mathbf{b}, \mathbf{q}_k \rangle \, \mathbf{q}_k = P_1\mathbf{b} + \cdots + P_k\mathbf{b}$$

174 Capítulo 3

onde $P_i \mathbf{b} = \langle \mathbf{b}, \mathbf{q}_i \rangle \, \mathbf{q}_i$ é a projeção de $\mathbf{b}$ sobre a reta pelo vetor $\mathbf{q}_i$. Em particular, se $V = \mathbb{R}^n$ vem

$$P\mathbf{b} = (\mathbf{q}_1 \mathbf{q}^t_1 + \cdots + \mathbf{q}_k \mathbf{q}^t_k) \, \mathbf{b}$$

Assim a matriz que representa P com relação à base canônica é

$$\mathbf{q}_1 \mathbf{q}^t_1 + \cdots + \mathbf{q}_k \mathbf{q}^t_k = QQ^t$$

onde Q é a matriz m por k que tem $\mathbf{q}_j$ como j-ésimo vetor coluna.

A última igualdade resulta do modo pelo qual funciona a multiplicação de matrizes, pois se as colunas de A são $\mathbf{A}^1, \ldots, \mathbf{A}^k$ e as linhas de B são $\mathbf{B}_1, \ldots, \mathbf{B}_k$ então $AB = \mathbf{A}^1 \mathbf{B}_1 + \cdots + \mathbf{A}^k \mathbf{B}_k$. Os detalhes são deixados como exercício.

A decomposição acima $P = P_1 + \cdots + P_k$ é um exemplo de outro fato sobre projeções.

PROPOSIÇÃO 3.3.3 Se S é a soma direta ortogonal de S_1 e S_2 e se P, P_1, P_2 denotam as projeções sobre S, S_1 e S_2 então $P = P_1 + P_2$.

Prova. Se $\mathbf{v}$ é qualquer vetor de V, primeiro escrevemos $\mathbf{v} = \mathbf{s} + \mathbf{t}$, onde $\mathbf{s} \in S$ e $\mathbf{t} \in S^\perp$. Então escrevamos $\mathbf{s} = \mathbf{s}_1 + \mathbf{s}_2$, onde $\mathbf{s}_i \in S_i$. Então $P\mathbf{v} = \mathbf{s}, P_1\mathbf{v} = \mathbf{s}_1$ (pois $\mathbf{s}_2$ e $\mathbf{t}$ são ambos ortogonais a S_1) e $P_2\mathbf{v} = \mathbf{s}_2$ (pois $\mathbf{s}_1$ e $\mathbf{t}$ são ambos ortogonais a S_2). Assim $P\mathbf{v} = \mathbf{s} = \mathbf{s}_1 + \mathbf{s}_2 = P_1\mathbf{v} + P_2\mathbf{v}$. Portanto $P = P_1 + P_2$. ■

Note que é essencial que os dois subespaços S_1 e S_2 sejam ortogonais, pois o resultado não vale sem esta hipótese. Como caso particular, tomemos $S = V$, então P se torna a identidade I. Então obtemos $I = P_1 + P_2$ ou $P_2 = I - P_1$. Isto foi usado no Exemplo 3.3.2. onde determinamos a projeção sobre um plano usando a projeção sobre a reta ortogonal.

Registramos um par de propriedades satisfeitas pela projeção P sobre um subespaço S. Primeiro

$$P^2 = P \tag{1}$$

Se $\mathbf{v} = \mathbf{s} + \mathbf{t}$, então $P\mathbf{v} = \mathbf{s}$ e assim $P^2\mathbf{v} = P\mathbf{s} = \mathbf{s} = P\mathbf{v}$. Em seguida temos a seguinte igualdade:

$$\langle P\mathbf{v}, \mathbf{w} \rangle = \langle \mathbf{v}, P\mathbf{w} \rangle \tag{2}$$

Escrevendo $\mathbf{v} = \mathbf{s} + \mathbf{t}$, $\mathbf{w} = \mathbf{s}' + \mathbf{t}'$, vem

$$\langle P\mathbf{v}, \mathbf{w} \rangle = \langle \mathbf{s}, \mathbf{s}' + \mathbf{t}' \rangle = \langle \mathbf{s}, \mathbf{s}' \rangle = \langle \mathbf{s} + \mathbf{t}, \mathbf{s}' \rangle = \langle \mathbf{v}, P\mathbf{w} \rangle$$

Acontece que estas duas propriedades caracterizam as transformações lineares $P : V \to V$ que são a projeção sobre um subespaço, pelo menos quando sabemos que V se decompõe como soma direta ortogonal de um subespaço e seu complemento ortogonal. Suponhamos que P satisfaz às duas propriedades e que S é o subespaço $\mathcal{I}(P)$, T seu complemento ortogonal. Então ponhamos $\mathbf{v} = \mathbf{s} + \mathbf{t}$. Precisamos mostrar que $P\mathbf{v} = \mathbf{s}$. Observe que $\mathbf{s} \in S = \mathcal{I}(P)$ significa que $\mathbf{s} = P\mathbf{w}$ para algum $\mathbf{w}$. Então $P\mathbf{s} = P(P\mathbf{w}) = P^2(\mathbf{w}) = P\mathbf{w} = \mathbf{s}$ (pois $P^2 = P$). Também $\langle P\mathbf{t}, P\mathbf{t} \rangle = \langle \mathbf{t}, P^2\mathbf{t} \rangle = 0$ pois $\mathbf{t}$ é ortogonal a todo vetor que pertença à imagem de P (o que ocorre com $P^2\mathbf{t}$) Mas o único vetor que é ortogonal a si mesmo é zero logo $P\mathbf{t} = \mathbf{0}$. Assim $P(\mathbf{v}) = P(\mathbf{s} + \mathbf{t}) = P\mathbf{s} + P\mathbf{t} = \mathbf{s}$.

Agora suponhamos que $P\mathbf{v} = A\mathbf{v}$; isto é, A é a matriz que representa P em relação à base canônica de $\mathbb{R}^n$. Então A satisfaz às duas propriedades $A^2 = A$ e $\langle A\mathbf{x}, \mathbf{y} \rangle = \langle \mathbf{x}, A\mathbf{y} \rangle$. Escrevendo esta segunda propriedade em termos de transpostas dá $\mathbf{x}^t A^t \mathbf{y} = \mathbf{x}^t A\mathbf{y}$. Esta equação deve valer para $\mathbf{x}, \mathbf{y}$ quaisquer. Se $\mathbf{x} = \mathbf{e}_i$ e $\mathbf{y} = \mathbf{e}_j$ isto dá $a_{ij} = a_{ji}$. Assim A deve ser simétrica, isto é, $A = A^t$. Naturalmente poderíamos ter verificado estas duas propriedades diretamente, pois sabemos que $A = QQ^t$. Assim $A^t = (QQ^t)^t = QQ^t = A$, e as colunas de Q sendo ortogonais vem que $A^2 = (QQ^t)(QQ^t) = Q(Q^tQ)Q^t = QQ^t = A^2$. O

Projeções ortogonais e soluções de mínimos quadrados **175**

que nosso argumento mostra é que estas duas propriedades

$$A = A^t, \quad A^2 = A$$

na verdade caracterizam as matrizes que representam projeções com relação à base canônica. Tais matrizes são chamadas matrizes de projeção. Registramos os resultados desta discussão como uma proposição.

PROPOSIÇÃO 3.3.4 (1) Seja $V = S \oplus T$ um espaço com produto interno que se decompõe como soma direta de complementos ortogonais, S e T, e seja $P: V \rightarrow V$ a projeção ortogonal sobre S. Então

$$P^2 = P \quad \text{e} \quad \langle P\mathbf{v}, \mathbf{w} \rangle = \langle \mathbf{v}, P\mathbf{w} \rangle$$

(2) Se V é espaço com produto interno tal que cada subespaço S dá uma decomposição $S \oplus T$, onde $T = S^\perp$, então uma transformação linear P satisfazendo às duas propriedades acima é a projeção ortogonal sobre o subespaço $\mathscr{I}(P)$.
(3) As matrizes de projeção são caracterizadas por

$$A^2 = A, A^t = A$$

■ **Exemplo 3.3.3** A matriz A que corresponde à projeção sobre a reta pelo vetor $(1,1,1)$ é $\mathbf{qq}^t$, onde $\mathbf{q} = (1/\sqrt{3}, 1/\sqrt{3}, 1/\sqrt{3})$. Esta matriz é

$$A = \begin{pmatrix} 1/3 & 1/3 & 1/3 \\ 1/3 & 1/3 & 1/3 \\ 1/3 & 1/3 & 1/3 \end{pmatrix}$$

Note que a projeção sobre o plano $x + y + z = 0$ ortogonal a esta reta corresponde à matriz $I - A$, que é

$$B = \begin{pmatrix} 2/3 & -1/3 & -1/3 \\ -1/3 & 2/3 & -1/3 \\ 1/3 & -1/3 & 2/3 \end{pmatrix}$$

Note que A e B são ambas simétricas e são iguais a seus próprios quadrados. B poderia ser obtida também achando primeiro a base

$$\mathbf{q}_1 = \left(1/\sqrt{2}, 1/\sqrt{2}, 0\right), \mathbf{q}_2 = \left(-1/\sqrt{6}, -1/\sqrt{6}, 2/\sqrt{6}\right)$$

para o plano, formando $Q = \begin{pmatrix} -1/\sqrt{2} & -1/\sqrt{6} \\ 1/\sqrt{2} & -1/\sqrt{6} \\ 0 & 2/\sqrt{6} \end{pmatrix}$ e então $B = QQ^t$. ■

Agora voltemos à equação $A\mathbf{x} = \mathbf{b}$. Lembremos que existe uma decomposição em soma direta de espaços ortogonais $\mathbb{R}^n = \mathscr{I}(A^t) \oplus \mathscr{N}(A)$ e um decomposição em soma direta de espaços ortogonais $\mathbb{R}^m = \mathscr{I}(A) \oplus \mathscr{N}(A^t)$. Se $\mathscr{N}(A^t)$ não é zero, então nem todos os vetores estão na imagem de A. Se $\mathbf{b}$ não está na imagem de A, então não há solução para esta equação. Porém em algumas aplicações estamos interessados na melhor aproximação a uma solução que possa ser encontrada.

DEFINIÇÃO 3.3.3 Uma solução $\mathbf{x}$ ao problema de minimizar $\| A\mathbf{x} - \mathbf{b} \|^2$ chama-se uma **solução por mínimos quadrados** ao problema de resolver $A\mathbf{x} = \mathbf{b}$.

176 Capítulo 3

Assim, o que procuramos é um vetor $\mathbf{x} \in \mathbb{R}^n$ tal que $\|A\mathbf{x} - \mathbf{b}\|^2$ seja mínimo. Mas os possíveis vetores $A\mathbf{x}$ variam sobre a imagem de A, de modo que desejamos que $A\mathbf{x}$ seja aquele vetor da imagem de A mais próximo do vetor $\mathbf{b}$. Mas sabemos pela Proposição 3.3.1 que o vetor mais próximo é a projeção $P\mathbf{b}$ do vetor $\mathbf{b}$ sobre a imagem de A. Assim, para resolver o problema devemos resolver $A\mathbf{x}$ = $P\mathbf{b}$ para $\mathbf{x}$. Naturalmente não haverá solução única a menos que $\mathcal{N}(A) = \{\mathbf{0}\}$. Porém haverá uma solução única $\mathbf{r}$ no espaço de linhas. Isto resulta da Proposição 3.2.6 que diz que a multiplicação por A leva o espaço de linhas isomorficamente sobre a imagem de A. Se $A\mathbf{r} = P\mathbf{b}$ então todas as outras soluções são da forma $\mathbf{r} + \mathbf{n}$, onde $\mathbf{n}$ é qualquer vetor do espaço de anulamento de A. De todas estas soluções, o fato de serem ortogonais o espaço de linhas e o espaço de anulamento de A significa que a solução de comprimento mínimo será a $\mathbf{r}$ que está no espaço de linhas: $\|\mathbf{r} + \mathbf{n}\|^2 = \|\mathbf{r}\|^2 + \|\mathbf{n}\|^2 \geq \|\mathbf{r}\|^2$ com igualdade see $\mathbf{n} = \mathbf{0}$.

DEFINIÇÃO 3.3.4 A solução $\mathbf{r}$ de $A\mathbf{x} = P\mathbf{b}$ que pertence ao espaço de linhas é chamada **a solução por mínimos quadrados** de $A\mathbf{x} = \mathbf{b}$, P sendo a projeção ortogonal sobre a imagem de A. É o vetor $\mathbf{x}$ de comprimento mínimo que minimiza $\|A\mathbf{x} - \mathbf{b}\|^2$.

Embora a discussão precedente nos diga como achar teoricamente a solução por mínimos quadrados de $A\mathbf{x} = \mathbf{b}$, há muito trabalho a ser feito computacionalmente. Pensamos no problema como se dividindo em três:
1. Achar a projeção $P\mathbf{b}$ de $\mathbf{b}$ sobre a imagem de A.
2. Achar um solução $\mathbf{x}$ de $A\mathbf{x} = P\mathbf{b}$.
3. Achar a projeção $\mathbf{r}$ de $\mathbf{x} = \mathbf{r} + \mathbf{n}$ sobre o espaço de linhas.

Olhemos um par de exemplos.

■ *Exemplo 3.3.4* Seja $A = \begin{pmatrix} 1 & 2 \\ 0 & 1 \\ 2 & 3 \end{pmatrix}$, $\mathbf{b} = \begin{pmatrix} 1 \\ 0 \\ 0 \end{pmatrix}$. Queremos achar a solução por mínimos quadrados

de $A\mathbf{x} = \mathbf{b}$. Primeiro projetamos $\mathbf{b}$ sobre a imagem de A. Uma base para a imagem de A é dada pelas colunas de A pois elas são independentes. Então aplicamos Gram-Schmidt para obter uma base ortogonal $\mathbf{q}_1 = (1/\sqrt{5}, 0, 2/\sqrt{5})$, $\mathbf{q}_2 = (0, 1, 0)$ de $\mathcal{I}(A)$. O espaço de linhas de A é de dimensão 2 e é subespaço de $\mathbb{R}^2$, de modo que é exatamente $\mathbb{R}^2$. Como $\mathcal{N}(A) = \mathbf{0}$, haverá solução única de $A\mathbf{x} = P\mathbf{b}$. Primeiro calculamos $P\mathbf{b} = \langle \mathbf{b}, \mathbf{q}_1 \rangle \mathbf{q}_1 + \langle \mathbf{b}, \mathbf{q}_2 \rangle \mathbf{q}_2 = (1/5, 0, 2/5)$. Então resolvemos $A\mathbf{x} = P\mathbf{b}$ obtendo x = $(1/5, 0)$. ■

■ *Exemplo 3.3.5.* Seja $A = \begin{pmatrix} 1 & 0 & 1 \\ 2 & 1 & 0 \\ 3 & 1 & 1 \end{pmatrix}$, $\mathbf{b} = \begin{pmatrix} 1 \\ 1 \\ 1 \end{pmatrix}$. Acharemos a solução por quadrados mínimos

de $A\mathbf{x} = \mathbf{b}$. Primeiro achamos bases $(1, 0, 1)$, $(0, 1, -2)$ do espaço de linhas e $(1, 2, 3)$, $(0, 1, 1)$ do espaço de colunas. A condição para pertencer à imagem de A é $b_3 = b_1 + b_2$; assim nosso $\mathbf{b}$ não está na imagem de A. Agora usamos Gram-Schmidt (ou decomposição QR) para obter bases ortonormais

$$\mathbf{q}_1 = (0{,}2673, 0{,}5345, 0{,}8018), \quad \mathbf{q}_2 = (0{,}7715, 0{,}6172, 0{,}1543)$$

para o espaço de colunas e

$$\mathbf{r}_1 = (0{,}7071, 0, 0{,}7071), \quad \mathbf{r}_2 = (0{,}5774, 0{,}5774, -0{,}5774)$$

para o espaço de linhas. Também podemos achar $\mathbf{q}_1$, $\mathbf{q}_2$ a partir da decomposição QR de A e $\mathbf{r}_1$, $\mathbf{r}_2$ a partir da decomposição QR de A^t. Então

A equação normal e o problema de mínimos quadrados **177**

$$Pb = \langle \mathbf{b}, \mathbf{q}_1 \rangle \mathbf{q}_1 + \langle \mathbf{b}, \mathbf{q}_2 \rangle \mathbf{q}_2 = (2/3, 2/3, 4/3)$$

Em seguida resolvemos $A\mathbf{x} = P\mathbf{b}$, obtendo $\mathbf{x} = (2/3, -2/3, 0)$. Projetamos $\mathbf{x}$ sobre o espaço de linhas obtendo

$$\mathbf{r} = \langle \mathbf{x}, \mathbf{r}_1 \rangle \mathbf{r}_1 + \langle \mathbf{x}, \mathbf{r}_2 \rangle \mathbf{r}_2 = (1/3, 0, 1/3)$$

Assim $(1/3, 0, 1/3)$ é o vetor no espaço de linhas que A manda em $P\mathbf{b}$; isto é

$$A\mathbf{r} = (1/3)\mathbf{A}^1 + (1/3)\mathbf{A}^3 = (2/3, 2/3, 4/3) \qquad \blacksquare$$

Exercício 3.3.1_____
Mostre que se A é uma matriz m por n com colunas $\mathbf{A}^j$ e B é uma matriz n por p com linhas $\mathbf{B}_i$, então $AB = \mathbf{A}^1 \mathbf{B}_1 + \cdots + \mathbf{A}^n \mathbf{B}_n$. (Sugestão: olhe os elementos ij em ambos os membros.).

Exercício 3.3.2_____
Dê a matriz que projeta sobre a reta pelo vetor $(2,1,0)$.

Exercício 3.3.3_____
Ache a matriz que projeta sobre o plano $2x + y = 0$. (Sugestão: pode usar a resposta do exercício anterior.).

Exercício 3.3.4_____

Suponha que a matriz A tem decomposição QR com $A = \begin{pmatrix} 1 & 2 \\ 0 & 1 \\ 1 & 2 \end{pmatrix}$ e $Q = \begin{pmatrix} 1/\sqrt{2} & 0 \\ 0 & 1 \\ 1/\sqrt{2} & 0 \end{pmatrix}$

Ache a matriz que projeta sobre a imagem de A. Resolva problema de mínimos quadrados $A\mathbf{x} = (1\ 0\ 0)^t$. (Sugestão: note que as colunas de Q dão base ortogonal para a imagem de A.)

3.4 A EQUAÇÃO NORMAL E O PROBLEMA DE MÍNIMOS QUADRADOS

Agora descrevemos outro método para resolver o problema de mínimos quadrados $A\mathbf{x} = \mathbf{b}$. Denotamos a matriz que projeta sobre a imagem de A pela notação sugestiva de P. Começamos por observar que a projeção $P\mathbf{b} = A\mathbf{x}$ e portanto $A\mathbf{x} - \mathbf{b} = (P - I)\,\mathbf{b}$ pertence ao subespaço ortogonal à imagem de A. Assim $(A\mathbf{x} - \mathbf{b})$ é ortogonal a todo vetor na imagem de A; isto é, $\langle A\mathbf{y}, A\mathbf{x} - \mathbf{b} \rangle = 0$ para todo $\mathbf{y}$. Isto implica que

$$\mathbf{y}^t (A^t A\mathbf{x} - A^t \mathbf{b}) = \langle \mathbf{y}, A^t A\mathbf{x} - A^t \mathbf{b} \rangle = 0$$

para todo $\mathbf{y}$. Mas o único vetor que é perpendicular a todos os vetores é o vetor zero; portanto $A^t A\mathbf{x} - A^t \mathbf{b} = 0$; isto é

$$A^t A\mathbf{x} = A^t \mathbf{b}$$

DEFINIÇÃO 3.4.1   A equação

$$A^t A x = A^t b$$

é chamada a **equação normal** no problema de quadrados mínimos.

Assim toda solução de $A\mathbf{x} = P\mathbf{b}$ é solução da equação normal $A^t A\mathbf{x} = A^t \mathbf{b}$. Reciprocamente, toda

178 Capítulo 3

solução $\mathbf{x}$ da equação normal terá $A\mathbf{x} - \mathbf{b}$ ortogonal à imagem de A. Assim $\mathbf{b} = A\mathbf{x} + (\mathbf{b}-A\mathbf{x})$ é uma decomposição de $\mathbf{b}$ em um vetor da imagem de A e um vetor no complemento ortogonal, e $P\mathbf{b} = A\mathbf{x}$. Acabamos de provar

> **PROPOSIÇÃO 3.4.1.** As soluções de $A\mathbf{x} = P\mathbf{b}$ coincidem com as soluções da equação normal $A^t A\mathbf{x} = A^t \mathbf{b}$.

A transformação linear que é a multiplicação por $A^t A$ é a composição da multiplicação por A com a multiplicação por A^t. Lembre que a multiplicação por A manda o espaço de linhas isomorficamente sobre o espaço de colunas e a multiplicação por A^t manda o espaço de colunas isomorficamente sobre o espaço de linhas. Assim a multiplicação por $A^t A$ manda o espaço de linhas isomorficamente sobre si mesmo. Como o vetor $A^t \mathbf{b}$ está no espaço de linhas, que é a imagem de A^t, existe um único vetor $\mathbf{r}$ no espaço de linhas com $A^t A\mathbf{r} = A^t \mathbf{b}$. Note que o espaço de anulamento de $A^t A$ é um subespaço de dimensão (n-posto de A) que contém o espaço de anulamento de A. Assim o espaço de anulamento de $A^t A$ deve ser igual ao espaço de anulamento de A. Portanto todas as outras soluções da equação normal serão da forma $\mathbf{r} + \mathbf{n}$, onde $\mathbf{n}$ está no espaço de anulamento de A. A solução $\mathbf{r}$ é o que chamamos a solução por mínimos quadrados da equação $A\mathbf{x} = \mathbf{b}$. Note que a projeção $P\mathbf{b}$ é exatamente $A\mathbf{x}$, onde $\mathbf{x}$ é qualquer solução da equação normal.

Agora consideremos o caso particular em que o espaço de anulamento de A é $\{\mathbf{0}\}$, e assim o espaço de linhas é $\mathbb{R}^n$ todo. Neste caso haverá uma solução da equação normal $A^t A\mathbf{x} = A^t \mathbf{b}$. Na verdade a matriz $A^t A$ terá posto n e portanto será inversível. Assim podemos escrever a solução como

$$\mathbf{x} = (A^t A)^{-1} A^t \mathbf{b}$$

Podemos achar a projeção $P\mathbf{b}$ neste caso pela equação

$$P\mathbf{b} = A\mathbf{x} = A (A^t A)^{-1} A^t \mathbf{b}$$

Isto significa que a matriz que projeta sobre a imagem de A é dada neste caso por

$$P = A (A^t A)^{-1} A^t$$

As colunas de A serão uma base para o espaço de colunas, e assim teremos uma decomposição QR para A, onde Q é do mesmo tamanho que A. Então já sabemos que $P = QQ^t$. Verificamos a consistência com a fórmula mais complicada que acabamos de dar: $A^t A = R^t Q^t QR = R^t R$ pois $Q^t Q = I$. Então $A (A^t A)^{-1} A^t = QR (R^{-1} (R^t)^{-1}) (R^t Q^t) = QQ^t$. As equações normais se simplificam quando há uma decomposição QR de A dando $R^t R\mathbf{x} = R^t Q^t \mathbf{b}$. Como R é inversível (portanto R^t também), isto é equivalente à equação $R\mathbf{x} = Q^t \mathbf{b}$. Esta equação é fácil de resolver pois R é triangular superior. Resumimos nossa discussão na proposição seguinte.

> **PROPOSIÇÃO 3.4.2.** Suponha que a matriz m por n A é de posto n. Então haverá uma única solução para o problema de mínimos quadrados $A\mathbf{x} = \mathbf{b}$, que é dada pela fórmula $\mathbf{x} = (A^t A)^{-1} A^t \mathbf{b}$. A matriz de projeção que projeta sobre a imagem de A é $A (A^t A)^{-1} A^t$. Se $A = QR$, então a solução será a solução de $R\mathbf{x} = Q^t \mathbf{b}$ e a matriz que projeta sobre a imagem de A será QQ^t.

Embora tenhamos dado fórmulas para a matriz de projeção em termos de A e a solução de mínimos quadrados também, é melhor do ponto de vista computacional trabalhar simplesmente com as equações normais no caso geral e usar a decomposição QR no caso em que o posto de A é n.

■ **Exemplo 3.4.1** Achamos a solução de mínimos quadrados da equação $A\mathbf{x} = \mathbf{b}$, onde

A equação normal e o problema de mínimos quadrados **179**

$$A = \begin{pmatrix} -1 & 0 \\ 2 & 1 \\ 1 & 1 \end{pmatrix} \text{ e } \mathbf{b} = \begin{pmatrix} 1 \\ 0 \\ 0 \end{pmatrix}$$

Então a equação normal é

$$\begin{pmatrix} 6 & -1 \\ -1 & 2 \end{pmatrix} \mathbf{x} = \begin{pmatrix} 1 \\ 0 \end{pmatrix}$$

que tem solução $\mathbf{x} = (2/11, 1/11)$. A projeção

$$P\mathbf{b} = A\mathbf{x} = (2/11, -3/11, 3/11)$$

A matriz que projeta sobre a imagem de A pode ser achada usando a fórmula $A\,(A^t A)^{-1} A^t$, que dá

$P = 1 \begin{pmatrix} 2 & -3 & 3 \\ -3 & 10 & 1 \\ 3 & 1 & 10 \end{pmatrix}$. Note que a primeira coluna, que é $P\mathbf{e}_1 = P\mathbf{b}$ concorda com a resposta obtida

acima. Também poderíamos resolver a equação achando em primeiro lugar a decomposição QR para A,

que é $Q = \begin{pmatrix} 0,4082 & 0,1231 \\ -0,8165 & 0,4924 \\ 0,4081 & 0,8616 \end{pmatrix}$ e $R = \begin{pmatrix} 2,3395 & -0,4982 \\ 0 & 1,3540 \end{pmatrix}$, e em seguida resolvendo a equação $R\mathbf{x} =$

$Q^t \mathbf{b}$ para $\mathbf{x}$. Também poderíamos achar P pela fórmula $P = QQ^t$. ∎

■ *Exemplo 3.4.2* Seja $A = \begin{pmatrix} 1 & 0 & 2 \\ 1 & 1 & 0 \\ 3 & 1 & 4 \end{pmatrix}$ e $\mathbf{b} = \begin{pmatrix} 1 \\ 1 \\ 0 \end{pmatrix}$. Então a equação normal é $\begin{pmatrix} 11 & 4 & 14 \\ 4 & 2 & 4 \\ 14 & 4 & 20 \end{pmatrix} \mathbf{x} = \begin{pmatrix} 2 \\ 1 \\ 2 \end{pmatrix}$.

Uma solução achada por inspeção é $\mathbf{x} = (0, 1/2, 0)$. Para achar a solução no espaço de linhas devemos projetar esta solução sobre o espaço de linhas. A maneira mais fácil de fazer isto é subtrair a projeção sobre o espaço de anulamento, que tem $(-2, 2, 1)$ como base. Assim a projeção de $\mathbf{x}$ sobre o espaço de linhas é $(2/9, 2/9, 1/9)$ e a projeção de $\mathbf{x}$ sobre o espaço de linhas é $(2/9, 5/18, -1/9)$, que é a solução por quadrados mínimos de $A\mathbf{x} = \mathbf{b}$. ∎

Exercício 3.4.1_____
Ache a solução por mínimos quadrados de $A\mathbf{x} = \mathbf{b}$, onde

$$A = \begin{pmatrix} -1 & 1 \\ 2 & 1 \\ 0 & 1 \end{pmatrix} \text{ e } \mathbf{b} = \begin{pmatrix} 1 \\ 0 \\ 0 \end{pmatrix}$$

Dê a equação normal bem como a matriz que projeta sobre a imagem de A.

Exercício 3.4.2_____
Ache a solução por mínimos quadrados de $A\mathbf{x} = \mathbf{b}$, onde

$$A = \begin{pmatrix} -1 & 1 & 1 \\ 0 & 1 & 2 \\ 1 & 0 & -1 \end{pmatrix} \text{ e } \mathbf{b} = \begin{pmatrix} 1 \\ 1 \\ 1 \end{pmatrix}$$

Dê a equação normal bem como a matriz que projeta sobre a imagem de A. Também dê o vetor na imagem de A que é mais próximo de $\mathbf{b}$.

180 Capítulo 3

3.5 AJUSTE A DADOS E APROXIMAÇÃO DE FUNÇÕES

Nesta secção aplicaremos as idéias envolvidas na solução por mínimos quadrados de $A\mathbf{x} = \mathbf{b}$ ao problema de achar a melhor aproximação a dados fornecidos. Suponhamos dados n pontos no plano $(x_1, y_1), \ldots, (x_n, y_n)$ e queremos achar uma função $y = f(x)$ que "melhor" aproxime os dados fornecidos, no sentido de minimizar a soma dos quadrados das distâncias entre (x_i, y_i) e $(x_i, f(x_i))$, $\sum_{i=1}^{n} (y_i - f(x_i))^2$. Suporemos sempre que os x_i são distintos embora nossa discussão possa ser modificada para remover esta hipótese. Na maior parte das aplicações deste tipo restringimos o tipo de funções usadas para aproximações. Primeiro olharemos este tipo de problema no caso em que estamos aproximando por retas $f(x) = a_0 + a_1 x$. Então o que desejamos minimizar sobre todas as possíveis escolhas de retas (isto é, sobre todas as possíveis escolhas de a_0, a_1) é o quadrado da distância entre o vetor $(y_1, \ldots, y_n)$ e o vetor $(a_0 + a_1 x_1, \ldots, a_0 + a_1 x_n)$. Este último vetor pode ser pensado com sendo a imagem $A\mathbf{a}$, onde

$$A = \begin{pmatrix} 1 & x_1 \\ 1 & x_2 \\ \cdots & \cdots \\ 1 & x_n \end{pmatrix}, \quad \mathbf{a} = \begin{pmatrix} a_0 \\ a_1 \end{pmatrix}$$

Assim o problema de ajuste a dados se transforma em problema de mínimos quadrados $A\mathbf{a} = \mathbf{y}$. Como os valores $x_1, \ldots, x_n$ são distintos, as duas colunas de A são independentes, assim haverá uma única solução $\mathbf{a} = (a_0, a_1)$ para este problema de mínimos quadrados. A reta $f(x) = a_0 + a_1 x$ que corresponde a esta solução é chamada a **reta de quadrados mínimos** ou **reta de regressão** para os dados. Para achar esta reta só temos que resolver a equação normal $A^t A\mathbf{a} = A^t \mathbf{y}$, que é

$$\begin{pmatrix} n & \sum_{i=1}^{n} x_i \\ \sum_{i=1}^{n} x_i & \sum_{i=1}^{n} x_i^2 \end{pmatrix} \begin{pmatrix} a_0 \\ a_1 \end{pmatrix} = \begin{pmatrix} \sum_{i=1}^{n} x_i \\ \sum_{i=1}^{n} x_i y_i \end{pmatrix}$$

Expomos agora um exemplo para ilustrar esta técnica.

■ *Exemplo 3.5.1* Acharemos a reta de regressão para os dados $(1, 2), (2, 1), (3, 2), (4, 1)$.

Primeiro formamos a matriz $A = \begin{pmatrix} 1 & 1 \\ 1 & 2 \\ 1 & 3 \\ 1 & 4 \end{pmatrix}$, $\mathbf{y} = \begin{pmatrix} 2 \\ 1 \\ 2 \\ 1 \end{pmatrix}$ e resolvemos o problema de mínimos quadrados

$A\mathbf{a} = \mathbf{y}$. Formamos a equação normal

$$\begin{pmatrix} 4 & 10 \\ 10 & 30 \end{pmatrix} \begin{pmatrix} a_0 \\ a_1 \end{pmatrix} = \begin{pmatrix} 6 \\ 14 \end{pmatrix}$$

que tem solução $a_0 = 2$, $a_1 = -1/5$. Assim a reta de regressão é $f(x) = 2 - 1/5x$. A reta de regressão e os pontos são mostrados na Figura 3.7. ■

Como a matriz $A^t A$ que aparece no primeiro membro da equação normal é uma matriz 2 por 2 inversível, não é difícil achar uma fórmula geral para esta reta de regressão. Porém verifica-se ser um tanto mais vantajoso achar primeiro a decomposição QR para A e depois reescrever as equações normais em termos desta decomposição. Denotemos por $xm = \sum_{i=1}^{n} x_i/n$ e $ym = \sum_{i=1}^{n} y_i/n$. Este valor médio é chamado **média** em estatística. Então quando calculamos a base ortogonal temos que calcular $t_{12} = \langle(1, \ldots, 1), (x_1, \ldots, x_n)\rangle / \langle(1, \ldots, 1), (1, \ldots,1)\rangle = xm$. Assim a decomposição ortogonal $A = WT$ análoga à decomposição QR dá

$$W = \begin{pmatrix} 1 & (x_1 - xm) \\ 1 & (x_2 - xm) \\ \vdots & \vdots \\ 1 & (x_n - xm) \end{pmatrix}, \quad T = \begin{pmatrix} 1 & xm \\ 0 & 1 \end{pmatrix}$$

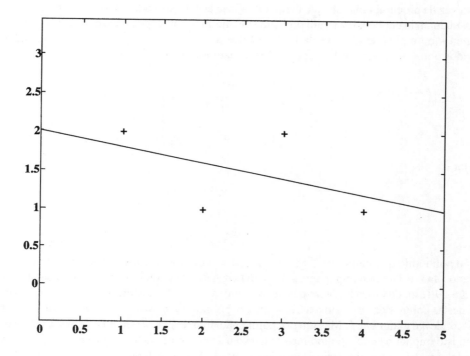

Figura 3.7 A reta de regressão para o Exemplo 3.5.1

e assim as equações normais podem ser expressas como $T^t W^t WT (a\ b)^t = T^t W^t \mathbf{y}$. Como T é inversível o termo T^t pode ser cancelado em ambos os membros; além disso $W^t W$ é diagonal e portanto a equação toma a forma

$$\begin{pmatrix} n & 0 \\ 0 & \sum_{i=1}^{n}(x_i - xm)^2 \end{pmatrix} \begin{pmatrix} a_0 + a_1 xm \\ a_1 \end{pmatrix} = \begin{pmatrix} \sum_{i=1}^{n} y_i \\ \sum_{i=1}^{n}(x_i - xm) y_i \end{pmatrix}$$

Assim

$$a_1 = \frac{\sum_{i=1}^{n}(x_i - xm) y}{\sum_{i=1}^{n}(x_i - xm)^2} \quad \text{e } a_0 + a_1 xm = ym; \text{ isto é } a_0 = ym - a_1 xm$$

Se usarmos esta fórmula no último exemplo primeiro calcularemos que $xm = 2{,}5$, $ym = 1{,}5$, $a_1 = 1/5$, $a_0 = (1, 5) - (-1/5)(2, 5) = 2$ como antes.

Exercício 3.5.1

Ache a reta de regressão para os dados (1, 3), (2, 1), (3, 5), (4, 2).

182 Capítulo 3

Exercício 3.5.2

Ache a reta horizontal $y = a$ que melhor se ajusta aos dados no exercício precedente. (Sugestão: Estamos simplesmente procurando o ponto a (1, 1, 1, 1) sobre a reta por (1, 1, 1, 1) que fica mais próximo do ponto (3, 1, 5, 2)).).

Em vez de procurar uma reta que melhor se ajuste aos dados poderíamos procurar um polinômio de grau maior. Isto também leva a um problema de mínimos quadrados. Se o polinômio que buscamos é de grau k ou menor, então será da forma $f(x) = a_0 + a_1 x + \cdots + a_k x^k$. Tomamos dados (x, y) fornecidos por n pontos $(x_1, y_1), \ldots, (x_n, y_n)$ e formamos a matriz

$$A = \begin{pmatrix} 1 & x_1 & x_1^2 & \cdots & x_1^k \\ 1 & x_2 & x_2^2 & \cdots & x_2^k \\ & & & \vdots & \\ 1 & x_n & x_n^2 & \cdots & x_n^k \end{pmatrix}$$

e o vetor

$$y = \begin{pmatrix} y_1 \\ y_2 \\ \vdots \\ y_n \end{pmatrix}$$

Achar o polinômio que minimiza $\sum_{i=1}^m (y_i - f(x_i))^2$ é o mesmo que resolver o problema de mínimos quadrados $A\mathbf{a} = y$. Um fato importante sobre a matriz A é que as colunas de A são independentes desde que $k \leq n - 1$ (usando nossa hipótese de que os pontos x_i são todos distintos). Pois se uma combinação linear destas colunas dá zero isto determinaria um polinômio $a_0 + a_1 x + \cdots + a_k x^k$ que se anula em n pontos, onde n é maior que k. Mas um polinômio não nulo de grau k tem no máximo k raízes distintas e assim isto implicaria que o polinômio em questão é zero; portanto os a_i devem ser todos nulos. Em particular a matriz A será inversível quando $k = n - 1$. Assim poderemos resolver a equação $A\mathbf{a} = \mathbf{y}$ diretamente por eliminação gaussiana. Isto fornece a seguinte proposição.

PROPOSIÇÃO 3.5.1 Dados n pontos x_i, y_i com x_i distintos, existe um único polinômio de grau $n - 1$ cujo gráfico passa por estes pontos.

■ **Exemplo 3.5.2** Dados os quatro pontos do Exemplo 3.5.1, achamos a quadrática $a_0 + a_1 x + a_2 x^2$ que melhor aproxima os dados e a cúbica que passa pelos quatro pontos. Para a quadrática pomos A

$$= \begin{pmatrix} 1 & 1 & 1 \\ 1 & 1 & 4 \\ 1 & 3 & 9 \\ 1 & 4 & 16 \end{pmatrix} \text{ e } y \begin{pmatrix} 2 \\ 1 \\ 2 \\ 1 \end{pmatrix}. \text{ A equação normal fica } \begin{pmatrix} 4 & 10 & 30 \\ 10 & 30 & 100 \\ 30 & 100 & 354 \end{pmatrix} \begin{pmatrix} a_0 \\ a_1 \\ a_2 \end{pmatrix} = \begin{pmatrix} 6 \\ 14 \\ 40 \end{pmatrix} \text{que tem a solução } (2, -$$

1/5, 0); isto é, a reta $f(x) = 2 - 1/5x$ ainda dá a melhor aproximação entre todos os polinômios de grau

menor ou igual a 2. Quando procuramos a melhor cúbica usamos a matriz $A = \begin{pmatrix} 1 & 1 & 1 & 1 \\ 1 & 2 & 4 & 8 \\ 1 & 3 & 9 & 27 \\ 1 & 4 & 16 & 64 \end{pmatrix}$ e y

como antes. A é inversível e então podemos resolver para $\mathbf{a} = (9, -11, 33, 5, -0{,}6667)$ e assim a cúbica que passa por estes pontos é $9 - 11, 33x + 5x^2 - 0{,}6667x^3$. ■

Ajuste a dados e aproximação de funções **183**

Exercício 3.5.3

Para os dados no Exercício 3.5.1 ache a quadrática que melhor se ajusta aos dados e a cúbica que passa pelos pontos dados.

Agora consideramos um problema análogo ao que acabamos de estudar, de achar o melhor polinômio de grau menor ou igual a k para se ajustar a n pontos dados, que é o problema de achar o polinômio de grau menor ou igual a k que melhor aproxima uma função dada em algum intervalo. Usaremos o intervalo $[-1, 1]$ para fixar a questão e de início suporemos que a função que desejamos aproximar é contínua. Agora, se escolhêssemos n pontos no intervalo e tentássemos aproximar os valores da função $g(x)$ nestes pontos pelos valores polinomiais $f(x)$, estaríamos procurando minimizar a diferença $S = \sum_{i=1}^{m} (g(x_i) - f(x_i))^2$ escolhendo adequadamente os coeficientes de f. É o mesmo que minimizar qualquer múltiplo constante desta soma; em particular estaríamos tentando minimizar $(2/n)S$. Se o intervalo $[-1, 1]$ for dividido em n subintervalos cada um de comprimento $2/n$, então $(2/n)S$ é uma soma de Riemann para a integral $\int_{-1}^{1}(g(x) - f(x))^2\, dx$ e tende a essa integral quando o número n de pontos dados cresce. Esta é a motivação para definir um produto interno $\langle\,,\rangle$ no espaço vetorial $\mathscr{C}([-1, 1], \mathbb{R})$ das funções contínuas do intervalo $[-1, 1]$ em $\mathbb{R}$ por $\langle f, g \rangle = \int_{-1}^{1} f(t)\, g(t)\, dt$. Com esta definição de produto interno o espaço $\mathscr{C}([-1, 1], \mathbb{R})$ se torna um espaço com produto interno. A propriedade de positividade segue do fato que uma função contínua não negativa num intervalo fechado tem integral positiva a menos que seja identicamente nula. A hipótese de continuidade é crucial aqui; por exemplo a função descontínua $f(t)$ que é identicamente nula salvo que $f(0) = 1$ não é zero mas sua integral de -1 a 1 é 0. Com esta definição o quadrado da distância entre duas funções f, g é dado por $\int_{-1}^{1}(g(t) - f(t))^2\, dt$. Então o problema de aproximar um função continua dada $g(x)$ no intervalo $[-1, 1]$ por um polinômio $f(x)$ de grau menor ou igual a k no sentido de mínimos quadrados significa encontrar um polinômio $f(x)$ no subespaço $\mathscr{P}^k([-1,1], \mathbb{R})$ das funções polinomiais de modo que $\mathbf{ig}(x) - f(x)\|^2 = \int_{-1}^{1}(g(t) - f(t))^2\, dt$ seja mínima. Mas este problema se resolve projetando $g(x)$ no subespaço $\mathscr{P}^k([-1, 1], \mathbb{R})$. Para isto o mais fácil é usar uma base ortogonal, que é achada a partir da base usual $1, x, \ldots, x^k$ pelo algoritmo de Gram-Schmidt. Estes polinômios já foram discutidos; lembremos que se relacionam com os polinômios de Legendre. Os primeiros quatro polinômios ortogonais mônicos são $1, x, x^2 - 1/3, x^3 - (3/5)x$. Agora aplicamos isto a um exemplo.

■ *Exemplo 3.5.3.* Procuramos a melhor aproximação por uma quadrática, no sentido de mínimos quadrados, para a função $g(x) = 4/(x^2 - 4)$ no intervalo $[-1, 1]$. A resposta será a projeção de $g(x)$ sobre o subespaço $\mathscr{P}^2([-1, 1], \mathbb{R})$. Usando a base ortogonal fornecida pelos três primeiros polinômios ortogonais $1, x, x^2 - 1/3$ vem

$$f(x) = \frac{\langle g(x), 1 \rangle}{2}\, 1 + \frac{\langle g(x), x \rangle}{(2/3)}\, x + \frac{\langle g(x), x^2 - 1/3 \rangle}{(8/45)}\, (x^2 - 1/3)$$

Calculamos as integrais $\int_{-1}^{1} 4/(t^2 - 4)\, dt = \int_{-1}^{1} 1/(t-2)\, dt - \int_{-1}^{1} 1/(t+2)\, dt = -2\ln(3) = -2,1972$. $\int_{-1}^{1} 4t/(t^2 - 4)\, dt = 0$ pois estamos integrando uma função impar. $\int_{-1}^{1} 4(t^2 - 1/3)/(t^2 - 4)\, dt = 4\int_{-1}^{1} dt + (11/3)\int_{-1}^{1} 4/(t^2 - 4)\, dt = -0,0565$. Assim o polinômio $f(x) = -1,0986 - 0,3178(x^2 - 1/3) = -0,9927 - 0,3178 x^2$ é o polinômio quadrático que melhor aproxima a função.

A Figura 3.8. mostra os gráficos de $g(x)$, a linha sólida, e a aproximação quadrática $f(x)$, linha pontilhada. Foi produzida usando MATLAB. MATLAB foi também usado para achar o polinômio quadrático que melhor aproxima os valores de $g(x)$ nos 41 pontos dados calculando $g(x)$ em pontos igualmente espaçados (por intervalos de comprimentos 0,05) entre -1 e 1; o polinômio desejado é $-0,9919 - 0,3219x2$, muito próximo do resultado obtido antes. ■

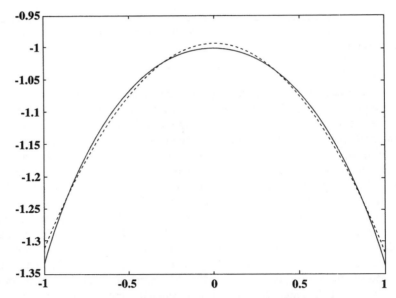

Figura 3.8. A melhor aproximação quadrática de f

Uma maneira melhor de aproximar funções é por polinômios trigonométricos sen mx e cos mx. Isto ocorre especialmente com funções periódicas, isto é, que satisfazem $g(x + P) = g(x)$ para algum período P. Para simplificar nossa discussão consideraremos $\mathscr{C}([-\pi, \pi], \mathbb{R})$ de modo que o período envolvido é 2π. O produto interno que poremos para estas funções é o mesmo de antes, mas com o intervalo de integração mudado para $[-\pi, \pi]$: isto é, $\langle f, g \rangle = \int_{-\pi}^{\pi} f(t) g(t) \, dt$. Com este produto interno as funções $1, \cos x \operatorname{sen} x, \cos 2x, \operatorname{sen} 2x, \ldots, \cos mx, \operatorname{sen} mx, \ldots$ fornecem uma família infinita de funções que são duas a duas ortogonais. Não são uma base no sentido de nossa definição de base, pois uma função contínua qualquer não é necessariamente uma combinação linear de um número finito dessas funções. Porém, é um teorema da análise que existem constantes $a_0, a_1, \ldots, b_1, b_2, \ldots$ tais que funções $g(x)$ sejam o limite de uma série convergente, chamada **série de Fourier**,

$$a_0 1 + a_1 \cos x + b_1 \operatorname{sen} x + a_2 \cos 2x + b_2 \operatorname{sen} 2x + \cdots$$

Os coeficientes a_i e b_i são chamados os **coeficientes de Fourier**. Além disso o fato de ser um sistema ortogonal de funções nos permite calcular os coeficientes de Fourier pela fórmula familiar

$$a_0 = \frac{1/2}{\pi} \int_{-\pi}^{\pi} g(t) \, dt, \; a_m = \frac{1}{\pi} \int_{-\pi}^{\pi} g(t) \cos mt \, dt, \; b_m = \frac{1}{\pi} \int_{-\pi}^{\pi} g(t) \operatorname{sen} mt \, dt$$

fatores 2π e π nos denominadores são os quadrados dos comprimentos das funções 1 e cos mx (e sen mx). Em geral estamos interessados apenas em tomar um número finito de termos da série de Fourier (isto é, uma soma parcial para a série). Se denotarmos por T_m o subespaço gerado pelas funções $1, \cos x, \operatorname{sen} x, \ldots, \cos mx, \operatorname{sen} mx$, então achar os primeiros $2m + 1$ termos da série de Fourier para uma função $g(x)$ equivale a projetar $g(x)$ sobre este espaço.

Até agora nossa discussão se concentrou em funções contínuas e aproximá-las por polinômios ou séries de Fourier. Limites de séries de Fourier podem ser descontínuos. Tais funções ocorrem freqüentemente em aplicações. Olharemos apenas um exemplo. Seja $g(t)$ uma "onda quadrada" que tem o valor 0 no intervalo $-\pi < t < 0$, e 1 no intervalo $0 < t < \pi$. Definiremos arbitrariamente $g(t)$ como sendo 0 nos pontos 0 e $\pm \pi$, mas isto não faz diferença no argumento que segue. A função g modela um fenômeno liga-desliga. Queremos calcular a projeção de g sobre o subespaço T_m para alguns valores baixos de m para ver como a série de Fourier converge para g. Calculamos os coeficientes de Fourier.

$$a_0 = \frac{1}{2\pi} \int_{-\pi}^{\pi} g(t) \, 1 \, dt = \frac{1}{2\pi} \int_0^{\pi} 1 \, dt = 1/2$$

$$a_m = \frac{1}{\pi} \int_{-\pi}^{\pi} g(t) \cos mt \, dt = \frac{1}{\pi} \int_0^{\pi} \cos mt \, dt = 0$$

$$b_m = \frac{2}{\pi} \int_{-\pi}^{\pi} g(t) \, \text{sen} \, mt \, dt = \frac{1}{\pi} \int_0^{\pi} \text{sen} \, mt \, dt = \frac{1 - \cos m\pi}{m\pi}$$

Note que $1 - \cos m\pi$ é alternadamente 0 e 2 de modo que a série de Fourier é

$$1/2 + \frac{2}{\pi}(\text{sen } x + (1/3) \text{ sen } 3x + (1/5) \text{ sen } 5x + \cdots)$$

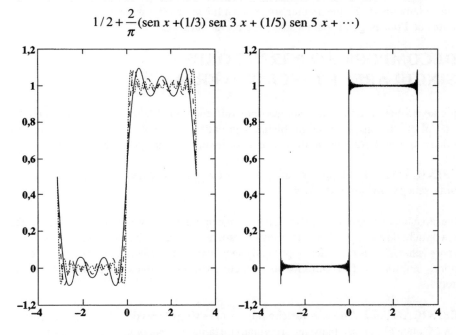

Figura 3.9. Aproximações de Fourier para g

Denotemos por f_m a projeção sobre T_m que simplesmente toma os termos da série até o termo sen mx inclusive. Então o gráfico à esquerda na Figura 3.9 mostra f_5, f_{10}, f_{20} e o gráfico à direita mostra f_{99}. O comportamento quando nos avizinhamos das descontinuidades é chamado **fenômeno de Gibbs**.

A descrição completa do espaço vetorial que inclui funções como a onda quadrada de forma que nossa definição por integral satisfaça às propriedades de produto interno está fora do nível deste livro. Informalmente, o espaço envolvido tem como elementos não funções mas classes de equivalência de funções. Para assegurar a positividade é necessário tomar como equivalentes duas funções f, g com $\int_{-\pi}^{\pi} (f(t) - g(t))^2 \, dt = 0$. Em particular, funções que diferem somente em um número finito de pontos são equivalentes. Além disso, as funções envolvidas devem ser "de quadrado integrável"; isto é $\int_{-\pi}^{\pi} f(t)^2 \, dt$ precisa existir. O espaço vetorial envolvido é usualmente denotado por $L^2([-\pi, \pi])$ e é um exemplo do que se chama **espaço de Hilbert**. Para mais informações sobre L^2 e outros espaços de Hilbert, consulte livros sobre análise real e análise funcional (cf.[6]). Além de idéias da álgebra linear a compreensão destes espaços vetoriais exige conceitos de análise e topologia. Em particular, a convergência tem papel crucial.

186 Capítulo 3

Exercício 3.5.4

Ache a melhor aproximação para e^x por polinômio linear $f(x) = a + bx$ no intervalo $[-1, 1]$. Compare sua resposta com a que você obteria com a aproximação por quadrados mínimos usando como dados 41 pontos resultantes de dividir o intervalo $[-1, 1]$ em 40 subintervalos.

Exercício 3.5.5

Ache o polinômio quadrático que melhor aproxima x^4 no intervalo $[-1, 1]$. Compare sua resposta com a que obteria usando a aproximação por mínimos quadrados com 41 pontos dados, resultando da divisão do intervalo $[-1, 1]$ em 40 subintervalos.

Exercício 3.5.6

Ache o elemento de T_2 que melhor aproxima a função $g(x) = |x - \pi|$ no intervalo $[-\pi, \pi]$. Ache os coeficientes de Fourier gerais para a série de Fourier para $g(x)$.

3.6 DECOMPOSIÇÃO POR VALORES SINGULARES E PSEUDOINVERSA

Voltamos ao problema de achar a solução por mínimos quadrados de $A\mathbf{x} = \mathbf{b}$ e tentamos achar a matriz A^+ tal que a solução deste problema seja dada por $\mathbf{x} = A^+ \mathbf{b}$. A^+ será um generalização da inversa da matriz A. Será igual à inversa se A for inversível mas pode ser definida em geral.

DEFINIÇÃO 3.6.1 A matriz A^+ tal que $A^+ \mathbf{b}$ é a solução de $A\mathbf{x} = \mathbf{b}$ por mínimos quadrados chama-se a **pseudoinversa** de A.

Nesta secção não calcularemos efetivamente A^+ exceto em casos muito especiais, mas reduziremos o problema de achá-la a um problema de autovalores-autovetores que resolveremos no próximo capítulo. A idéia para achar A^+ é usar um decomposição especial para uma matriz A que se chama decomposição por valores singulares. Derivaremos esta decomposição através do problema de autovalores-autovetores.

DEFINIÇÃO 3.6.2 A **decomposição por valores singulares** de A é uma decomposição $A = Q_1 \Sigma Q_2^t$, onde Q_1, Q_2 são matrizes ortogonais de tamanhos m por m e n por n, respectivamente, e Σ é uma matriz diagonal de tamanho m por n. A matriz Σ tem os primeiros p = posto de A elementos positivos e os restantes elementos da diagonal nulos. Os elementos diagonais não nulos de Σ chamam-se os **valores singulares** de A.

As primeiras p colunas de $Q_2 = (Q_{2p} Q_{2n})$ formarão uma base ortonormal do espaço de linhas de A e as últimas $n - p$ colunas formarão uma base ortonormal para o espaço de anulamento de A. Para a matriz $Q_1 = (Q_{1p} Q_{1p})$ as p primeiras colunas dão uma base ortonormal para o espaço de colunas de A e as últimas $m - p$ colunas formam uma base ortonormal para o espaço de anulamento de A^t. A matriz Σ é uma matriz m por n com zeros exceto quanto aos p primeiros elementos diagonais. Escreveremos a submatriz p por p no canto esquerdo superior de Σ como Σ_p e denotaremos seus elementos diagonais por $\mu_1, \ldots, \mu_p$. Por exemplo se temos uma matriz 3 por 4 de posto 2 e $\mu_1 = 2$, $\mu_2 = 3$, então $\Sigma_p =$

$$\begin{pmatrix} 2 & 0 \\ 0 & 3 \end{pmatrix} \text{ e } \Sigma = \begin{pmatrix} 2 & 0 & 0 & 0 \\ 0 & 3 & 0 & 0 \\ 0 & 0 & 0 & 0 \end{pmatrix}. \text{ Um bom modo de considerar a fórmula } A = Q^1 \Sigma Q_2^t \text{ é multiplicar por}$$

Q_2 à direita e obter a equação equivalente $AQ_2 = Q_1\Sigma$. Se denotarmos as colunas de Q_2 por $\mathbf{q}_i$, $i = 1$,

Decomposição por valores singulares e pseudoinversa **187**

..., n, e as colunas de Q_1 por $\mathbf{q}'_i$, $i = 1, \ldots, m$, então esta equação matricial dá as equações $A\mathbf{q}_i = \mu_i$ $\mathbf{q}'_i$, $i = 1, \ldots, p$, e $A\mathbf{q}_i = \mathbf{0}$, $i = p + 1, \ldots, n$. O que estas equações estão dizendo é que as bases ortonormais $\mathbf{q}_1, \ldots, \mathbf{q}_p$ e $\mathbf{q}'_1, \ldots, \mathbf{q}'_p$ foram escolhidas de modo que a multiplicação por A envia uma base em certos múltiplos da outra. Outro modo de dizer isto é que Σ_p é a matriz que representa a transformação linear dada por multiplicação por A olhada como indo do espaço de linhas para o espaço de colunas, quando se usa a base $\mathbf{q}_1, \ldots, \mathbf{q}_p$ do espaço de linhas e a base $\mathbf{q}'_1, \ldots, \mathbf{q}'_p$ do espaço de colunas. Se ajuntamos as bases dos dois espaços de anulamento (de A e de A^t) a matriz que representa a multiplicação por A em relação às bases dadas pelas colunas de Q_2 e colunas de Q_1 é Σ. Os números μ_i verificaremos serem positivos e podem ser escolhidos de modo a satisfazer $\mu_1 \geq \mu_2 \geq \cdots \geq \mu_p > 0$.

Suponhamos que podemos achar estas matrizes Q_1, Σ, Q_2 e vejamos a implicação sobre a pseudoinversa A^+. A transformação linear que vem da multiplicação por A^+ é determinada pelo que faz numa base de $\mathbb{R}^m$. Escolheremos a base dada pela colunas de Q_1. Quando $i > p$, temos $A\mathbf{q}_i = \mu_i\mathbf{q}_i$. Para achar o valor de $A^+\mathbf{q}'_i$ resolvemos o problema de mínimos quadrados $A\mathbf{x} = \mathbf{q}'_i$. Mas a solução deste problema é $(1/\mu_i)\,\mathbf{q}_i$. Quando $i > p$ e resolvemos o problema de mínimos quadrados $A\mathbf{x} = \mathbf{q}'_i$, primeiro projetamos $\mathbf{q}'_i$ sobre a imagem de A o que dá $\mathbf{0}$ e depois resolvemos $A\mathbf{x} = \mathbf{0}$ obtendo $\mathbf{x} = \mathbf{0}$. Assim $A^+\mathbf{q}_i = \mathbf{0}$ para $i > p$. Se denotarmos por Σ_p^+ a matriz diagonal p por p com elementos diagonais $1/\mu_i$, e por Σ^+ a matriz n por m com zeros exceto no canto superior esquerdo onde temos Σ_p^+, então estas equações podem ser escritas como a equação matricial $A^+Q_1 = Q_2\Sigma^+$, que é equivalente a $A^+ = Q_2\Sigma^+Q_1^t$.

■ *Exemplo 3.6.1* Seja $Q_1\Sigma Q_2^t$ a decomposição por valores singulares de A, com

$$Q_2 = \begin{pmatrix} 1/\sqrt{2} & 1/\sqrt{3} & 1/\sqrt{6} \\ 1/\sqrt{2} & -1/\sqrt{3} & -1/\sqrt{6} \\ 0 & 1/\sqrt{3} & -2/\sqrt{6} \end{pmatrix}, Q_1 = \begin{pmatrix} 2/\sqrt{5} & -1/\sqrt{5} \\ 1/\sqrt{5} & 2/\sqrt{5} \end{pmatrix}, \Sigma = \begin{pmatrix} 3 & 0 & 0 \\ 0 & 0 & 0 \end{pmatrix}$$

Neste caso $A = \begin{pmatrix} 6/\sqrt{10} & 6/\sqrt{10} & 0 \\ 3/\sqrt{10} & 3/\sqrt{10} & 0 \end{pmatrix}$. Então a pseudo inversa de A será o produto.

$$A^+ = Q_2\,\Sigma^+\,Q_1 = \begin{pmatrix} 1/\sqrt{2} & 1/\sqrt{3} & 1/\sqrt{6} \\ 1/\sqrt{2} & -1/\sqrt{3} & -2\sqrt{6} \\ 0 & 1/\sqrt{3} & -2\sqrt{6} \end{pmatrix} \begin{pmatrix} 1/3 & 0 \\ 0 & 0 \\ 0 & 0 \end{pmatrix} \begin{pmatrix} 2/\sqrt{5} & 1/\sqrt{5} \\ -1/\sqrt{10} & 2/\sqrt{5} \end{pmatrix}$$

No cálculo do produto só é importante a parte Q_{1p} e Q_{2p} de Q_1 e Q_2; isto é, $A = Q_{1p}\Sigma_p Q_{2p}^t$ e $A^+ = Q_{2p}\Sigma_p^+ Q_{1p}^t$. Aqui isto dá

$$A^+ = \begin{pmatrix} 1/\sqrt{2} \\ 1/\sqrt{2} \\ 0 \end{pmatrix} (1/3)(2/\sqrt{5}\ \ 1/\sqrt{5}) = \begin{pmatrix} 2/3\sqrt{10} & 1/3\sqrt{10} \\ 2/3\sqrt{10} & 1/3\sqrt{10} \\ 0 & 0 \end{pmatrix} \qquad ■$$

Exercício 3.6.1

Para o Exemplo 3.6.1 use a pseudoinversa para achar a solução de quadrados mínimos para $A\mathbf{x} = (1\ \ 2)^t$.

Em geral não é fácil achar a decomposição por valores singulares, e a partir dela a pseudoinversa. Um caso em que é particularmente simples, porém, é quando o posto é 1. Neste caso as possíveis

188 Capítulo 3

bases ortonormais para os espaços de linhas e de colunas são determinadas a menos de sinal. Assim podemos primeiro achar $\mathbf{q}_1$ e então achar $\mathbf{q}'_1$ por $\mathbf{q}'_1 = \dfrac{A\mathbf{q}_1}{\|A\mathbf{q}_1\|}$. Com $\mu = \| A\mathbf{q}_1\|$, temos $A\mathbf{q}_1 = \mu\mathbf{q}'_1$.

Podemos tomar $\mathbf{q}_2, \ldots, \mathbf{q}_n$ como sendo qualquer base ortonormal do espaço de anulamento de A e $\mathbf{q}'_2$, $\ldots$, $\mathbf{q}'_m$ qualquer base ortonormal do espaço de anulamento de A^t, e teremos a decomposição por valores singulares para A como $Q_1 \Sigma Q^t_2$, com Σ sendo a matriz 0, excetuado o elemento $(1, 1)$ que é μ. Então podemos achar a pseudoinversa $A^+ = Q_{2p}\Sigma_p^+ Q^t_{1p}$.

■ *Exemplo 3.6.2* Seja $A = \begin{pmatrix} 1 & 2 & 1 \\ 2 & 4 & 2 \\ 5 & 10 & 5 \\ 1 & 2 & 1 \end{pmatrix}$. Esta matriz é de posto 1. Uma base ortonormal para o

espaço de linhas é dada por $\mathbf{q}_1 = \begin{pmatrix} 1/\sqrt{6} \\ 2/\sqrt{6} \\ 1/\sqrt{6} \end{pmatrix}$. Calculamos $A\mathbf{q}_1 = \sqrt{6}\begin{pmatrix} 1 \\ 2 \\ 1 \end{pmatrix}$. Seu comprimento é $\mu = \|A\mathbf{q}_1\|$

$= \sqrt{186}$, e $\mathbf{q}'_1 = \begin{pmatrix} 1/\sqrt{31} \\ 2/\sqrt{31} \\ 5/\sqrt{31} \\ 1/\sqrt{31} \end{pmatrix}$. Para obter o resto da decomposição por singulares achamos bases

ortonormais para $\mathcal{N}(A)$ e $\mathcal{N}(A^t)$. Isto dá

$$Q_1 = \begin{pmatrix} 1/\sqrt{31} & -2/\sqrt{5} & -1/\sqrt{6} & -1/\sqrt{930} \\ 2/\sqrt{31} & 1/\sqrt{5} & -2/\sqrt{6} & -2/\sqrt{930} \\ 5/\sqrt{31} & 0 & 1/\sqrt{6} & -5/\sqrt{930} \\ 1/\sqrt{31} & 0 & 0 & 30/\sqrt{930} \end{pmatrix}, \Sigma = \begin{pmatrix} \sqrt{186} & 0 & 0 \\ 0 & 0 & 0 \\ 0 & 0 & 0 \\ 0 & 0 & 0 \end{pmatrix},$$

$$Q_2 = \begin{pmatrix} 1/\sqrt{6} & -2/\sqrt{5} & -1/\sqrt{30} \\ 2/\sqrt{6} & 1/\sqrt{5} & -2/\sqrt{30} \\ 1/\sqrt{6} & 0 & 5/\sqrt{30} \end{pmatrix}$$

Achar a pseudoinversa usa apenas

$$A^+ = \mathbf{q}_1\left(1/\mu\right)\mathbf{q}'_1 = \frac{1}{186}\begin{pmatrix} 1 & 2 & 5 & 1 \\ 2 & 4 & 10 & 2 \\ 1 & 2 & 5 & 1 \end{pmatrix}$$

Exercício 3.6.2

Ache a decomposição por valores singulares da matriz

$$A = \begin{pmatrix} 1 & 2 & 3 \\ 2 & 4 & 6 \end{pmatrix}$$

(Sugestão: primeiro ache bases ortonormais para os dois espaços de anulamento e o espaço de linhas. Então defina a base $\mathbf{q}'_1$ para o espaço de colunas $\mathbf{q}'_1 = A\mathbf{q}_1 / \|A\mathbf{q}_1\|$.)

Exercícios do capítulo 3 **189**

Exercício 3.6.3

Ache a pseudoinversa para a matriz $\begin{pmatrix} 1 & 1 \\ 2 & 2 \\ 3 & 3 \end{pmatrix}$ e resolva o problema de quadrados mínimos $A\mathbf{x} = (1 \ \ 1 \ \ 1)^t$.

Discutimos agora um método para achar a decomposição por valores singulares para uma matriz. Este reduz a questão a resolver um problema de autovalores-autovetores, que é o que aprenderemos a resolver no próximo capítulo. Note que o problema-chave que temos de resolver é o de achar uma base ortonormal $\mathbf{q}_1, \ldots, \mathbf{q}_p$ do espaço de linhas de modo que $A\mathbf{q}_i = \mu_i \mathbf{q}'_i$, onde os $\mathbf{q}'_i$ formam uma base ortonormal para o espaço de colunas. O que a solução do problema de autovalor-autovetor nos dirá é que para a matriz A^tA existe uma base ortonormal $\mathbf{q}_1, \ldots, \mathbf{q}_p, \ldots, \mathbf{q}_n$ tal que $A^tA\mathbf{q}_i = \sigma_i \mathbf{q}_i$. Como o espaço de anulamento de A^tA é o mesmo que o de A, $n - p$ dos valores σ_i serão zero. Ordenaremos os $\mathbf{q}_i$ de modo que estes sejam os últimos. Então os primeiros $\mathbf{q}_1, \ldots, \mathbf{q}_p$ formarão uma base ortonormal para o complemento ortogonal do espaço de anulamento, que é o espaço de linhas. Em seguida afirmamos que os σ_i são positivos para $i \leq p$. Para ver isto usamos

$$0 < \langle A\mathbf{q}_i, A\mathbf{q}_i \rangle = \langle \mathbf{q}_i, A^tA\mathbf{q}_i \rangle = \langle \mathbf{q}_i, \sigma_i \mathbf{q}_i \rangle = \sigma_i$$

pois os $\mathbf{q}_i$ são vetores unitários. Assim podemos definir μ_i por $\mu_i = \sqrt{\sigma_i}$. Reordenamos os $\mathbf{q}_i$ de modo que $\mu_1 \geq \mu_2 \geq \cdots \mu_p$. Note que $\langle A\mathbf{q}_i, A\mathbf{q}_i \rangle = \sigma_i$ implica que $\|A\mathbf{q}_i\| = \mu_i$. Assim $\mathbf{q}'_i = (1/\mu_i)A\mathbf{q}_i$ é um vetor unitário. Em seguida mostramos que estes vetor são dois a dois ortogonais. Se $i \neq j$ então

$$\langle \mathbf{q}'_i, \mathbf{q}'_j \rangle = (1/\mu_i \mu_j) \langle A\mathbf{q}_i, A\mathbf{q}_j \rangle = (1/\mu_i \mu_j) \langle \mathbf{q}_i, \sigma_j \mathbf{q}_j \rangle = 0$$

pois $\langle \mathbf{q}_i, \mathbf{q}_j \rangle = 0$. Para achar o resto de Q_1 acrescente uma base $\mathbf{q}'_{p+1}, \ldots, \mathbf{q}'_m$ do espaço de anulamento de A^t.

Os números σ_i com $A^tA\mathbf{q}_i = \sigma_i \mathbf{q}_i$ são chamados os autovalores da matriz A^tA e os vetores $\mathbf{q}_i$ que satisfazem à equação são chamados os autovetores (também chamados valores próprios e vetores próprios). O fato teórico chave que provaremos no próximo capítulo e que nos permitirá resolver este problema é que uma matriz simétrica (como é A^tA) tem autovalores reais e que ela possui uma base ortonormal de autovetores. Voltaremos a computar algumas decomposições por valores singulares e pseudoinversas depois de termos tratado o problema de autovalores e autovetores no próximo capítulo.

3.7 EXERCÍCIOS DO CAPÍTULO 3

3.7.1. (a) Dê a decomposição QR da matriz $A = \begin{pmatrix} 1 & 0 \\ 1 & 1 \\ 0 & 1 \\ 2 & 1 \end{pmatrix}$

(b) Use-a para achar a matriz P que projeta sobre a imagem de A.
(c) Resolvendo a equação $A\mathbf{x} = P\mathbf{b}$ resolva o problema de mínimos quadrados $A\mathbf{x} = \mathbf{b}$ para $\mathbf{b} = (1 \ \ 2 \ \ 1 \ \ 0)^t$.

3.7.2. (a) Dê a decomposição QR para a matriz $B = \begin{pmatrix} 0 & 1 \\ 1 & 1 \\ 1 & 0 \\ 1 & 2 \end{pmatrix}$

(b) Dê uma base ortonormal para a imagem de B.

190 Capítulo 3

(c) Comparando a matriz B com a matriz A do exercício precedente explique como se relacionam as duas bases ortonormais achadas nos dois problemas.

3.7.3. (a) Dê a decomposição QR para a matriz $A = \begin{pmatrix} 1 & 1 & 1 \\ 2 & 1 & 0 \\ 3 & 2 & 1 \end{pmatrix}$

(b) Dê uma base ortonormal para a imagem de A.

3.7.4. (a) Dê a decomposição QR para a matriz $A = \begin{pmatrix} 1 & 1 & 2 \\ 0 & 1 & 1 \\ -1 & 1 & 0 \\ 2 & 0 & 2 \end{pmatrix}$

(b) Explique como a forma dessa decomposição reflete a independência das colunas de A.

3.7.5. Ache uma base ortonormal para o subespaço de $\mathbb{R}^3$ gerado por $(1, 2, 1)$ e $(0, 1, 1)$.

3.7.6. Ache uma base ortonormal para o subespaço ger $((1, 2, -1, 1, 2), (2, 1, 3, 2, 1), (0, 11, 2, 1, 1))$ de $\mathbb{R}^5$.

3.7.7. Dê a decomposição QR para a matriz $A = \begin{pmatrix} 1 & 3 & 2 \\ -1 & 2 & 0 \\ 0 & 2 & -1 \\ 2 & 2 & 2 \end{pmatrix}$. Use-a para achar a matriz que projeta sobre o subespaço gerado pelas colunas de A.

3.7.8. Considere os vetores ortogonais $(1, 0, -1, 1)$, $(1, 1, 1)$ em $\mathbb{R}^3$. Ache um terceiro vetor de modo que os três formem uma base ortogonal para $\mathbb{R}^3$.

3.7.9. Considere os dois vetores ortogonais $(1, -1, 1, -1)$, $(1, 1, 1, 1)$. Estenda-os para uma base ortogonal de $\mathbb{R}^4$.

3.7.10. Considere o plano em $\mathbb{R}^3$ dado pela equação $x + 2y + z = 0$.
(a) Ache uma base ortogonal para este plano.
(b) Ache a matriz que projeta $\mathbb{R}^3$ ortogonalmente sobre esse plano.
(c) Ache uma matriz ortogonal Q 3 por 3 tal que a multiplicação por Q envie o plano xz a este plano.

3.7.11. Considere plano em $\mathbb{R}^3$ dado pela equação $x + 2y + 3z = 0$.
(a) Ache uma base ortogonal q_1, q_2 para este plano.
(b) Ache um terceiro vetor q_3 tal que q_1, q_2, q_3 forme uma base ortonormal para $\mathbb{R}^3$.

3.7.12. Considere o subespaço S de $\mathbb{R}^4$ gerado pelos três vetores ortogonais $(1, 0, 0, 1)$, $(1, 1, 0, -1)$, $(0, 0, 1, 0)$. Ache a projeção de (x, y, z, u) sobre S.

3.7.13. Expresse o vetor $(2, 1, 1)$ como combinação linear dos vetores ortogonais $(1, 1, 0)$, $(2, -2, 1)$, $(1, -1, -4)$.

3.7.14. Expresse o vetor $(2, 0, 4, 2)$ como combinação linear dos vetores ortogonais $(1, 1, 1, 1)$, $(1,

Exercícios do capítulo 3 **191**

$-1, 1, -1), (-1, -1, 1, 1)$.

Os Exercícios 3.7.15—3.7.19 usam o produto interno em espaços de polinômios dado por

$$\langle f, g \rangle = \int_{-1}^{1} f(t)\, g(t)\, dt$$

3.7.15. Considere o subespaço de $\mathcal{P}^3$ ($\mathbb{R}$, $\mathbb{R}$) gerado pelos dois polinômios $1 + x$ e $1 - x^3$. Use o algoritmo de Gram-Schmidt para achar base ortogonal para este subespaço.

3.7.16. Considere o subespaço de $\mathcal{P}^3$ ($\mathbb{R}$, $\mathbb{R}$) gerado pelos polinômios $1 + x$, $1 + x^2$, $1 + x^3$. Ache uma base ortogonal para este subespaço.

3.7.17. Considere o subespaço de $\mathcal{P}^3$ ($\mathbb{R}$, $\mathbb{R}$) gerado por $1 + x$, $1 + x^2$, $x - x^2$. Ache uma base ortogonal para este subespaço.

3.7.18. Ache a projeção ortogonal do polinômio $1 + x + x^2 + x^3$ sobre o subespaço gerado por $1 - x$, $x^2 - 2x + 1$. (Sugestão: primeiro ache uma base ortogonal para este subespaço.).

3.7.19. Ache a projeção ortogonal do polinômio geral $a + a_1 x + a_2 x^2 + a_3 x^3$ sobre o subespaço gerado por $1 - x$, $x + x^3$. (Sugestão: primeiro ache uma base ortogonal para este subespaço.)

3.7.20. Considere o espaço vetorial das matrizes simétricas 2 por 2 com o produto interno definido por $\langle A, B \rangle = \mathrm{tr}\,(AB)$, onde $\mathrm{tr}\,(C) = c_{11} + c_{22}$, isto é, $\mathrm{tr}\,(C)$ denota o **traço** da matriz, que é a soma dos elementos diagonais. Assim $\langle A, B \rangle = a_{11} b_{11} + a_{12} b_{21} + a_{21} b_{12} + a_{22} b_{22} = a_{11} b_{11} + 2 a_{12} b_{12} + a_{22} b_{22}$ usando o fato de A e B serem simétricas. Mostre que esta definição satisfaz às três propriedades exigidas para um produto interno (bilinearidade, simetria e positividade) e ache uma base ortonormal.

3.7.21. Seja A uma matriz n por n simétrica que satisfaz à condição adicional $\mathbf{x}^t A \mathbf{x} \geq 0$ para todo $\mathbf{x}$ e é igual a 0 see $\mathbf{x} = \mathbf{0}$. Mostre que a definição $\langle \mathbf{x}, \mathbf{y} \rangle = \mathbf{x}^t A \mathbf{y}$ satisfaz às três propriedades exigidas para um produto interno para $\mathbb{R}^n$.

Os Exercícios 3.7.22—3.7.25 usam um produto interno em $\mathbb{R}^n$ dado por uma matriz simétrica A como no exercício precedente.

3.7.22. Quando $\langle \mathbf{x}, \mathbf{y} \rangle = \mathbf{x}^t A \mathbf{y}$ e $A = \begin{pmatrix} 2 & 1 & 0 \\ 1 & 2 & 1 \\ 0 & 1 & 2 \end{pmatrix}$, ache uma base ortonormal para $\mathbb{R}^3$ com este produto interno.

3.7.23. Para $\langle \mathbf{x}, \mathbf{y} \rangle = \mathbf{x}^t A \mathbf{y}$ e $A = \begin{pmatrix} 1 & 1 & 0 \\ 1 & 2 & 1 \\ 0 & 1 & 3 \end{pmatrix}$, ache uma base ortonormal para o subespaço ger $((1, 2, 1), (1, 0, 1))$.

192 Capítulo 3

3.7.24. Para $\langle \mathbf{x}, \mathbf{y} \rangle = \mathbf{x}^t A \mathbf{y}$ e $A = \begin{pmatrix} 1 & 0 & 1 & 2 \\ 0 & 2 & 0 & 1 \\ 1 & 0 & 3 & 0 \\ 2 & 1 & 0 & 8 \end{pmatrix}$, ache uma base ortonormal para o subespaço

ger $((1, 2, 0, 0), (1, 0, 2\ 1), (2, 1, 1, 0))$.

3.7.25. Com o mesmo produto interno do exercício precedente ache a projeção ortogonal do vetor $(1, 1, 1, 1)$ sobre o subespaço ger $((1, 2, 0, 0), (1, 0, 2, 1), (2, 1, 1, 0))$.

3.7.26. Seja $\langle \mathbf{x}, \mathbf{y} \rangle$ um produto interno em $\mathbb{R}^n$. Mostre que existe uma matriz n por n simétrica A tal que $\langle \mathbf{x}, \mathbf{y} \rangle = \mathbf{x}^t A \mathbf{y}$.
(Sugestão: escreva

$$\mathbf{x} = x_1 \mathbf{e}_1 + \cdots + x_n \mathbf{e}_n, \ \mathbf{y} = y_1 \mathbf{e}_1 + \cdots + y_n \mathbf{e}_n$$

e use as propriedades do produto interno para mostrar que $\langle \mathbf{x}, \mathbf{y} \rangle = \mathbf{x}^t A \mathbf{y}$ onde $A = (a_{ij})$ satisfaz $a_{ij} = \langle \mathbf{e}_i, \mathbf{e}_j \rangle$.)

3.7.27. Seja V um espaço vetorial de dimensão n com base $\mathbf{v}_1, \ldots, \mathbf{v}_n$. Seja $a_{ij} = \langle \mathbf{v}_i, \mathbf{v}_j \rangle$. Generalize o último exercício para mostrar que se $\mathbf{v} = c_1 \mathbf{v}_1 + \cdots + c_n \mathbf{v}_n$ e $w = d_1 \mathbf{v}_1 + \cdots + d_n \mathbf{v}_n$ então $\langle \mathbf{v}, \mathbf{w} \rangle = \mathbf{c}^t A \mathbf{d}$.

Os exercícios 3.7.28—3.7.33 se referem ao resultado do exercício precedente.

3.7.28. Considere o espaço vetorial $\mathcal{P}_2 (\mathbb{R}, \mathbb{R})$ e o produto interno dado por

$$\langle f, g \rangle = \int_{-1}^{1} f(t) g(t) dt$$

(a) Usando a base canônica $\mathbf{v}_1 = 1$, $\mathbf{v}_2 = x$, $\mathbf{v}_3 = x^2$ para $\mathcal{P}^2 (\mathbb{R}, \mathbb{R})$ dê a matriz A com $a_{ij} = \langle \mathbf{v}_i, \mathbf{v}_j \rangle$.
(b) Use o exercício 3.7.27 e a parte (a) para calcular $\langle 1 - 2x + x^2, 2 + x + x^2 \rangle$

como $\mathbf{c}^t A \mathbf{d}$ para $\mathbf{c} = \begin{pmatrix} 1 \\ -2 \\ 1 \end{pmatrix}$, $\mathbf{d} = \begin{pmatrix} 2 \\ 1 \\ 1 \end{pmatrix}$. Compare seu resultado com o cálculo direto

usando cálculo da integral.

3.7.29. Considere o espaço vetorial $\mathcal{P}^2 (\mathbb{R}, \mathbb{R})$ e o produto interno dado por

$$\langle f, g \rangle = \int_{-1}^{1} f(t)\, g(t)\, dt$$

(a) Usando a matriz A do exercício precedente para calcular produtos internos ache uma base ortogonal para o subespaço gerado por $1 + x - x^2, 2 - x^2$.

3.7.30. Considere o espaço vetorial $\mathcal{P}^3 (\mathbb{R}, \mathbb{R})$ e o produto interno dado por

$$\langle f, g \rangle = \int_{-1}^{1} f(t)\, g(t)\, dt$$

(a) Use a base canônica $\mathbf{v}_1 = 1$, $\mathbf{v}_2 = x$, $\mathbf{v}_3 = x^2$, $\mathbf{v}_4 = x^3$ para $\mathcal{P}^3 (\mathbb{R}, \mathbb{R})$ e dê a matriz A com $a_{ij} = \langle \mathbf{v}_i, \mathbf{v}_j \rangle$.
(b) Use o Exercício 3.7.27 e a parte (a) para calcular $\langle 1 - 2x + x^2 + x^3, 2 + x + x^2 - x^3 \rangle$

Exercícios do capítulo 3 **193**

como $\mathbf{c}^t A \mathbf{d}$ com $\mathbf{c} = \begin{pmatrix} 1 \\ -2 \\ 1 \\ 1 \end{pmatrix}$, $\mathbf{d} = \begin{pmatrix} -2 \\ 1 \\ 1 \\ -1 \end{pmatrix}$. Compare seu resultado com o cálculo direto feito

calculando a integral.

3.7.31. Considere o espaço vetorial $\mathcal{P}^3(\mathbb{R}, \mathbb{R})$ e o produto interno dado por

$$\langle f, g \rangle = \int_{-1}^{1} f(t)\, g(t)\, dt$$

(a) Usando a matriz A do exercício precedente para calcular produtos internos ache uma base ortogonal para o subespaço gerado por $1 - x + x^2$, $x - x^3$.
(b) Use A para achar a projeção de x^2 sobre esse subespaço.

3.7.32. Considere o espaço vetorial das funções contínuas do intervalo $[-\pi, \pi]$ para os reais, $\mathcal{C}([-\pi, \pi], \mathbb{R})$. Usando o produto interno

$$\langle f, g \rangle = \int_{-\pi}^{\pi} f(t)\, g(t)\, dt$$

(a) mostre que as funções 1, $\cos mt$, $\cos nt$, $\operatorname{sen} mt$, $\operatorname{sen} nt$ são duas a duas ortogonais.
(b) mostre que o comprimento de 1 é $\sqrt{2}\,\pi$ e que o comprimento das outras é $\sqrt{\pi}$.

3.7.33. Para o subespaço

$$S = \operatorname{ger}(\mathbf{v}_1 = 1, \mathbf{v}_2 = \cos t, \mathbf{v}_3 = \operatorname{sen} t, \mathbf{v}_4 = \cos 2t, \mathbf{v}_5 = \operatorname{sen} 2t)$$

de $\mathcal{C}([-\pi, \pi], \mathbb{R})$ com o produto interno como no exercício precedente,
(a) ache a matriz A com $a_{ij} = \langle \mathbf{v}_i \, \mathbf{v}_j \rangle$.
(b) use A para achar uma base ortogonal para o subespaço T de S que é gerado por $2 + \cos 2t$, $- \operatorname{sen} t + \cos 2t$.

3.7.34. (a) Ache uma base ortogonal para o complemento ortogonal do espaço de linhas de

$$A = \begin{pmatrix} 0 & 1 & 0 & 1 & 0 \\ 1 & 0 & 1 & 0 & 1 \\ 1 & 1 & 1 & 1 & 1 \end{pmatrix}$$

(b) Ache uma base ortogonal para o complemento ortogonal do espaço de colunas de A.

3.7.35. (a) Ache uma base ortogonal para o complemento ortogonal do espaço de anulamento de

$$A = \begin{pmatrix} 0 & 1 & 0 & 1 & 0 \\ 1 & 0 & 1 & 0 & 1 \\ 1 & 1 & 1 & 1 & 1 \end{pmatrix}$$

(b) Ache uma base ortogonal para o complemento ortogonal do espaço de anulamento de A^t.

3.7.36. (a) Ache uma base ortogonal para o complemento ortogonal do espaço de linhas de

$$A = \begin{pmatrix} 1 & 0 & -1 & 1 & 2 \\ 0 & 1 & 2 & -1 & 0 \\ 2 & 3 & 4 & -1 & 4 \end{pmatrix}$$

194 Capítulo 3

(b) Ache uma base ortogonal para o complemento ortogonal do espaço de colunas de A .

3.7.37. (a) Ache uma base ortogonal para o complemento ortogonal do espaço de anulamento de

$$A = \begin{pmatrix} 1 & 0 & -1 & 1 & 2 \\ 0 & 1 & 2 & -1 & 0 \\ 2 & 3 & 4 & -1 & 4 \end{pmatrix}$$

(b) Ache uma base ortogonal para o complemento ortogonal do espaço de anulamento de A^t.

3.7.38. Seja V de dimensão finita. Mostre que se $\mathbf{v}_1, \ldots, \mathbf{v}_k$ é uma base ortogonal para subespaço S de V e $\mathbf{w}_1, \ldots, \mathbf{w}_k$ é uma base ortogonal para $S^{\perp}$, então $\mathbf{v}_1, \ldots, \mathbf{v}_k, \mathbf{w}_1, \ldots, \mathbf{w}_k$ é uma base ortogonal para V.

3.7.39. Considere o espaço vetorial $\mathscr{P}^2 \, (\mathbb{R}, \mathbb{R})$ com o produto interno

$$\langle f, g \rangle = \int_{-1}^{1} f(t) \, g(t) \, dt$$

(a) Ache uma base ortogonal para o subespaço S gerado por $1 + x, 1 - x^2$.
(b) Ache uma base para o complemento ortogonal de S.

3.7.40. Considere o espaço vetorial $\mathscr{P}^3 \, (\mathbb{R}, \mathbb{R})$ com o produto interno

$$\langle f, g \rangle = \int_{-1}^{1} f(t) \, g(t) \, dt$$

(a) Ache uma base ortogonal para o subespaço S gerado por $1 + x^2, x + x^3$.
(b) Ache uma base ortogonal para o complemento ortogonal de S.

3.7.41. Considere $\mathbb{R}^3$ com o produto interno dado por $\langle \mathbf{x}, \mathbf{y} \rangle = \mathbf{x}^t A \mathbf{y}$ onde

$$A = \begin{pmatrix} 1 & 1 & 0 \\ 1 & 2 & 1 \\ 0 & 1 & 5 \end{pmatrix}$$

(a) Ache uma base ortogonal para o plano $x + y + z = 0$ usando este produto interno.
(b) Estenda a base achada na parte (a) a uma base ortonormal para $\mathbb{R}^3$, usando este produto interno.

3.7.42. Considere $\mathbb{R}^3$ com o produto interno dado por $\langle \mathbf{x}, \mathbf{y} \rangle = \mathbf{x}^t A \mathbf{y}$ onde

$$A = \begin{pmatrix} 1 & 1 & 0 \\ 1 & 2 & 1 \\ 0 & 1 & 5 \end{pmatrix}$$

(a) Ache uma base ortogonal para o plano $x + 2y - z = 0$ usando este produto interno.
(b) Estenda a base achada na parte (a) a uma base ortonormal para $\mathbb{R}^3$ usando este produto interno.

3.7.43. (a) Dê a matriz A tal que a multiplicação por A projeta ortogonalmente sobre o plano $x - 3y + z = 0$.
(b) Dê a matriz B tal que a multiplicação por b projeta ortogonalmente sobre a reta por $(1, -3, 1)$.
(c) Escreva a matriz C tal que a multiplicação por C reflete ortogonalmente pelo plano

Exercícios do capítulo 3 **195**

$x - 3y + z = 0$ como combinação linear de A e B.

3.7.44. (a) Dê a matriz A tal que a multiplicação por A projeta ortogonalmente sobre o plano $3x + y - 4z = 0$.
(b) Dê a matriz B tal que a multiplicação por B projeta ortogonalmente sobre a reta por $(3, 1, -4)$.
(c) Escreva a matriz C tal que a multiplicação por C reflete ortogonalmente sobre o plano $3x + y - 4z = 0$ como combinação linear de A e B.

Nos Exercícios 3.7.45—3.7.48 verifique as propriedades $A^t = A$, $A^2 = A$ para verificar se a matriz A é matriz de projeção. Se for, ache a matriz B tal que o subespaço $\mathscr{I}$ (A) sobre o qual estamos projetando seja reexpresso como soluções de $B\mathbf{x} = \mathbf{0}$, isto é, como $\mathscr{N}$ (B). (Sugestão: as linhas de B devem ser perpendiculares às colunas de A.)

3.7.45. $A = \begin{pmatrix} 1 & 0 & 1 \\ 0 & 1 & 1 \\ 1 & 1 & 1 \end{pmatrix}$

3.7.46. $A = \begin{pmatrix} 2/3 & -1/3 & 1/3 \\ -1/3 & 2/3 & 1/3 \\ 1/3 & 1/3 & 2/3 \end{pmatrix}$

3.7.48. $A = \begin{pmatrix} 1/6 & 0 & -1/3 & 1/6 \\ 0 & 1/6 & -1/6 & 1/3 \\ 1/3 & -1/6 & 5/6 & 0 \\ 1/6 & 1/3 & 0 & 5/6 \end{pmatrix}$

3.7.48. $A = \begin{pmatrix} 0,2500 & 0,1250 & 0,3750 & 0,1250 & 0,1250 \\ 0,1250 & 0,3125 & -0,0625 & 0,3125 & 0,3125 \\ 0,3750 & -0,0625 & 0,8125 & -0,0625 & -0,0625 \\ 0,1250 & 0,3125 & -0,0625 & 0,3125 & 0,3125 \\ 0,1250 & 0,3125 & -0,0625 & 0,3125 & 0,3125 \end{pmatrix}$

3.7.49. Mostre que se todos os elementos de uma matriz n por n A, $n > 1$, são maiores ou iguais a 1, então A não é matriz de projeção.

3.7.50. Mostre que se A é matriz 2 por 2 que é matriz de projeção, então se formarmos uma nova matriz B a partir de A multiplicando cada elemento fora da diagonal por $- 1$ e deixando os elementos diagonais inalterados, então B é matriz de projeção. Mostre que isto não vale em geral para matrizes n por n se n é maior que 2.

3.7.51. Resolva o problema de mínimos quadrados $A\mathbf{x} = \mathbf{b}$ onde

$A = \begin{pmatrix} 1 & 1 & 0 \\ 2 & 1 & 3 \\ 1 & 0 & 1 \\ 0 & 2 & 2 \end{pmatrix}$ e $\mathbf{b} = \begin{pmatrix} 1 \\ 1 \\ 1 \\ 1 \end{pmatrix}$

3.7.52. Ache a solução por mínimos quadrados para $A\mathbf{x} = \mathbf{b}$, onde

196 Capítulo 3

$$A = \begin{pmatrix} 1 & 1 \\ 2 & 1 \\ 1 & 1 \end{pmatrix}, \ \mathbf{b} = \begin{pmatrix} 1 \\ 0 \\ 0 \end{pmatrix}$$

Dê a equação normal para este problema. Dê o vetor na imagem de A que é mais próximo de $\mathbf{b}$.

3.7.53. Ache a solução por mínimos quadrados para $A\mathbf{x} = \mathbf{b}$ onde

$$A = \begin{pmatrix} 1 & 0 & 1 \\ 0 & 1 & 2 \\ 1 & -1 & -1 \\ 2 & 0 & 0 \end{pmatrix}, \ \mathbf{b} = \begin{pmatrix} 1 \\ 0 \\ 0 \\ 1 \end{pmatrix}$$

Dê a equação normal para este problema. Dê o vetor na imagem de A que é mais próximo de $\mathbf{b}$.

3.7.54. Ache a solução por mínimos quadrados para $A\mathbf{x} = \mathbf{b}$, onde

$$A = \begin{pmatrix} 2 & 1 & 1 \\ 1 & 3 & -7 \\ 5 & 1 & 7 \\ 1 & 1 & -1 \\ 2 & 2 & -2 \end{pmatrix}, \ \mathbf{b} = \begin{pmatrix} 1 \\ 0 \\ 0 \\ 0 \\ 0 \end{pmatrix}$$

3.7.55. Ache a solução por mínimos quadrados para $A\mathbf{x} = \mathbf{b}$, onde

$$A = \begin{pmatrix} 3 & 2 & 0 & 7 \\ 0 & 1 & 1 & -1 \\ -1 & 0 & 2 & -7 \\ 1 & -1 & 1 & -4 \\ 2 & 0 & 1 & -1 \\ 0 & 0 & 1 & -1 \end{pmatrix} 3, \ \mathbf{b} = \begin{pmatrix} 1 \\ 0 \\ 0 \\ 0 \\ 0 \\ 0 \end{pmatrix}$$

3.7.56. Suponha que $\mathbf{x}$ é a solução por mínimos quadrados de $A\mathbf{x} = \mathbf{b}$. Forme uma nova matriz B com uma coluna adicional que é a soma das colunas de A .Mostre que se $\mathbf{y}$ é o vetor formado a partir de $\mathbf{x}$ acrescentado um zero no final, então $\mathbf{y}$ é a solução por mínimos quadrados de $B\mathbf{y} = \mathbf{b}$, mas em geral não está no espaço de linhas de B.

3.7.57. Dê a matriz que projeta sobre a reta por (1, 1, 2, 1) em $\mathbb{R}^4$. Também dê a matriz que projeta sobre o subespaço que é ortogonal a esta reta, isto é, o subespaço dado pela equação $x + y + 2z + w = 0$.

3.7.58. Dê a matriz que projeta sobre o subespaço S de $\mathbb{R}^4$ gerado pelos vetores (1, 1, 1, 1), (1, 2, −1, −2). Dê a matriz que projeta sobre o complemento ortogonal deste subespaço.

3.7.59. (a) Dê a matriz A que projeta sobre a reta por (1, 2, 1).
(b) Dê a matriz B que projeta sobre a reta por (2, 1, 0).
(c) Dê a matriz C que projeta sobre o plano com base (1, 2, 1), (2, 1, 0). Explique porque C não é simplesmente $A + B$.

3.7.60. Mostre que $\langle p, q \rangle = p(-1) q(-1) + p(0) q(0) + p(1) q(1)$ define um produto interno em $\mathscr{P}^2(\mathbb{R}, \mathbb{R})$. Aplique o algoritmo de Gram-Schmidt à base $1, x, x^2$ para obter uma base ortogonal. (Sugestão: use o fato de o único polinômio de grau menor ou igual a 2 que se anula em três

Exercícios do capítulo 3 **197**

pontos distintos ser o polinômio zero.).

3.7.61. Suponha que F é um subespaço de dimensão finita de um espaço vetorial V (possivelmente de dimensão infinita) e $F^\perp$ seja o complemento ortogonal de F de modo que temos uma decomposição em soma direta $V = F \oplus F^\perp$. Seja P a projeção de V sobre F; isto é, $P(f + t) = f$, onde $f \in F$, $t \in F^\perp$. Mostre que $(F^\perp)^\perp = F$ mostrando que se $\mathbf{x}$ é ortogonal a $F^\perp$, então $\mathbf{x}$ deve estar em F. Sugestão: use o fato de tanto $\mathbf{x}$ quanto $P\mathbf{x}$ serem ortogonais a $F^\perp$, de modo que $\mathbf{x} - P\mathbf{x}$ é ortogonal a $F^\perp$. De outro lado, $\mathbf{x} - P\mathbf{x}$ está em $F^\perp$.).

3.7.52. Suponha que S é um subespaço de $\mathbb{R}^n$ e que a transformação linear que projeta ortogonalmente sobre S é representada pela matriz A em relação a alguma base ortonormal (não conhecida) para $\mathbb{R}^n$. Mostre que A é simétrica.

3.7.63. Ache a reta de regressão para os dados
$$(1, 2), (2, 3), (3, 4), (4, 4), (5, 5), (6, 7), (7, 7), (8, 8)$$

3.7.64. (a) Ache a reta de regressão para os dados $(-2,1), (-1, 3), (0, 2), (1, 1), (2, 0)$.
(b) Ache o polinômio quadrático que melhor se ajusta a estes dados.

3.7.65. Com os mesmos dados do exercício anterior, considere a função linear por partes f cujo gráfico consiste de segmentos de reta unindo estes pontos. Usando o produto interno dado por $\langle f, g \rangle = \int_{-2}^{2} f(t) g(t)\, dt$ ache o polinômio quadrático $\mathscr{P}(t) = a_0 + a_1 x + a_2 x^2$ que é mais próximo de f. (sugestão: ache uma base ortogonal para $\mathscr{P}^2(\mathbb{R}, \mathbb{R})$ usando o produto interno dado.).

3.7.66. (a) Ache a reta de regressão para os dados
$$(-3, 3), (-2, 4), (-1, 4), (0, 3), (1, 2), (2, 2), (3, 3)$$
(b) Ache o polinômio cúbico que melhor se ajusta a estes dados.

3.7.67. Para os dados do exercício precedente ache o polinômio de grau menor ou igual a 6 que passa por esses pontos dados.

3.7.68. Considere a função $g(x) = 2/(x + 3)$ no intervalo $[-1, 1]$.
(a) Usando o produto interno $\langle f, g \rangle = \int_{-2}^{2} f(t) g(t)\, dt$ para as funções contínuas C ($[-1, 1]$, $\mathbb{R}$) ache o polinômio quadrático que melhor aproxima $g(x)$.
(b) Confira sua resposta dividindo o intervalo em 40 subintervalos, construindo um conjunto de dados com as coordenadas $(x, g(x))$ nas 41 extremidades destes intervalos, e achando o polinômio quadrático que melhor se ajusta a estes dados.

3.7.69. Usando o produto interno $\int_{-\pi}^{\pi} f(t) g(t)\, dt$, ache o polinômio trigonométrico da forma $a_0 + a_1 \cos t + b_1 \operatorname{sen} t + a_2 \cos 2t + b_2 \operatorname{sen} 2t$ que melhor aproxima a função $|x|$ no intervalo de $-\pi$ a π.

3.7.70. Com o mesmo produto interno que no exercício anterior, ache o polinômio trigonométrico da forma $a_0 + a_1 \cos t + b_1 \operatorname{sen} t + a_2 \cos 2t + b_2 \operatorname{sen} 2t$ que melhor aproxima a função e^x no intervalo de $-\pi$ a π.

3.7.71. Com o mesmo produto interno que no exercício precedente, ache o polinômio trigonométrico

198 Capítulo 3

da forma $a_0 + a_1 \cos t + b_1 \operatorname{sen} t + a_2 \cos 2t + b_2 \operatorname{sen} 2t$ que melhor aproxima a função que vale -1 em $[-\pi, 0]$ e 1 em $[0, \pi]$.

3.7.72. Ache a decomposição por valores singulares e a pseudoinversa para a matriz $A = \begin{pmatrix} 1 & 3 \\ 3 & 9 \end{pmatrix}$

Use-as para achar a solução por mínimos quadrados de $A\mathbf{x} = \begin{pmatrix} 1 \\ 1 \end{pmatrix}$

3.7.73. Ache a decomposição por valores singulares e a pseudoinversa para $A = \begin{pmatrix} 1 & 3 & -1 \\ 2 & 6 & -2 \\ 1 & 3 & -1 \\ 4 & 12 & -4 \end{pmatrix}$

Use-as para achar a solução por mínimos quadrados de $A\mathbf{x} = \begin{pmatrix} 1 \\ 0 \\ 0 \\ 0 \end{pmatrix}$

3.7.74. Ache a decomposição por valores singulares e a pseudoinversa para a matriz

$A = \begin{pmatrix} 1 & 0 & -1 \\ 2 & 0 & -2 \\ 1 & 0 & -1 \\ 4 & 0 & -4 \end{pmatrix}$. Use-as para achar a solução por mínimos quadrados de $A\mathbf{x} = \begin{pmatrix} 1 \\ 0 \\ 0 \\ 0 \end{pmatrix}$

4

Autovalores e autovetores

4.1 O PROBLEMA DE AUTOVALORES — AUTOVETORES

No último capítulo vimos como a pseudoinversa de uma matriz A poderia ser achada se pudéssemos achar um base ortogonal de vetores $\mathbf{v}_i$ tais que a multiplicação por $A^t A$ manda cada um deles em um seu múltiplo. Estes vetores chamam-se autovetores ou vetores próprios de $A^t A$ e cada um estava associado ao particular múltiplo envolvido, que era chamado o autovalor ou valor próprio. Neste capítulo aprenderemos como encontrar os valores próprios e vetores próprios de uma matriz e aplicar a solução a um variedade de problemas. Comecemos por reenunciar a definição básica.

DEFINIÇÃO 4.1.1 Se A é uma matriz n por n então um **autovalor** ou **valor próprio** de A é um número λ tal que existe um vetor não nulo $\mathbf{v}$ (chamado um **autovetor** ou **vetor próprio** de A associado a λ) tal que $A\mathbf{v} = \lambda\mathbf{v}$. Associado a cada autovalor λ existe seu **autoespaço**

$$E(\lambda) = \{\mathbf{v} : A\mathbf{v} = \lambda\mathbf{v}\} = \{\mathbf{v} : (A - \lambda I)\mathbf{v}\} = \mathcal{N}(A - \lambda I)$$

Note que o autoespaço $E(\lambda)$ consiste dos autovetores para λ mais o vetor $\mathbf{0}$. A equação básica $A\mathbf{v} = \lambda\mathbf{v}$ pode ser reescrita como $(A - \lambda I)\mathbf{v} = \mathbf{0}$. Para um dado λ, seus autovetores são as soluções não triviais de $(A - \lambda I)\mathbf{v} = \mathbf{0}$. Estas existem exatamente quando $\det(A - \lambda I) = 0$. Quando esta equação é olhada como equação na variável λ, ela se torna um polinômio de grau n em λ. Como um polinômio de grau n tem no máximo n raízes distintas, isto mostra que existem no máximo n autovalores para uma dada matriz n por n. Também indica uma dificuldade básica no trato de autovetores. O teorema fundamental da álgebra afirma que todo polinômio de grau n se fatora completamente como produto de fatores lineares, *desde que admitamos números complexos*, isto é, algumas raízes do polinômio podem ser complexas. Isto vale quer os coeficientes do polinômio sejam reais ou complexos. As raízes $r_1, \ldots, r_n$ do polinômio correspondem aos fatores de $p(x) = k(x - r_1) \cdots (x - r_n)$. Assim para resolver o problema de autovalores-autovetores, de achar os autovalores e correspondentes autovetores de uma matriz, teremos que usar o sistema de números complexos. Em particular, para enunciar corretamente nossos resultados quando existe um autovalor complexo teremos que usar o espaço vetorial complexo $\mathbb{C}^n$, que é formado pelas n-uplas $(z_1, \ldots, z_n)$ de números complexos. Aqui a operação de adição é coordenada a cordenada como em $\mathbb{R}^n$, mas agora nos permitimos multiplicar por números complexos. Discutiremos isto mais detalhadamente na Secção 4.3. Veremos como obter informação "real" a partir das soluções complexas do problema. De início, porém, vamos nos concentrar em problemas em que há solução real.

200 Capítulo 4

DEFINIÇÃO 4.1.2 O polinômio $p(x) = \det(A - xI)$ chama-se o **polinômio característico** da matriz A. Suas raízes serão os autovalores. A multiplicidade de λ como raiz do polinômio característico é a **multiplicidade algébrica** do autovalor λ. A dimensão de $E(\lambda)$ é chamada a **multiplicidade geométrica** do autovalor λ.

Alguns autores usam $\det(xI - A)$ na definição do polinômio característico. A relação com nossa definição é dada por $\det(xI - A) = (-1)^n \det(A - xI)$. Cada forma tem suas vantagens técnicas; o ponto importante é que ambas dão as mesmas raízes, que são os autovalores.

Vamos querer achar uma base para $E(\lambda)$ para cada autovalor λ e unir essas bases para formar uma base de $\mathbb{R}^n$ que seja formada de vetores próprios. Constata-se que muitos problemas associados a A são mais fáceis de resolver quando existe uma tal base.

DEFINIÇÃO 4.1.3. A matriz n por n A é dita **diagonalizável** quando existe uma base de autovetores $\mathbf{v}_1, \ldots, \mathbf{v}_n$ associados aos autovalores $\lambda_1, \ldots, \lambda_n$ de A.

Nesta definição os autovalores são listados com suas multiplicidades; isto é, alguns dos autovetores da base podem ser associados ao mesmo autovalor. Esta multiplicidade terá que ser tanto a multiplicidade algébrica quanto a geométrica se a matriz for diagonalizável. A razão para a terminologia é que isto significa que a matriz A se relaciona de perto com uma matriz diagonal D cujos elementos diagonais são os autovalores de A. As equações $A\mathbf{v}_i = \lambda_i \mathbf{v}_i$ podem ser reescritas como uma equação matricial $AS = SD$, onde S é a matriz que tem os $\mathbf{v}_i$ como colunas e D é a matriz diagonal com os autovalores λ_i na diagonal. Isto implica que

$$A = SDS^{-1}$$

Enunciamos para referência futura este critério para diagonalizabilidade.

PROPOSIÇÃO 4.1.1 Uma matriz n por n A é diagonalizável see existem uma matriz inversível S e uma matriz diagonal D, tais que

$$A = SDS^{-1}$$

Lembre que A, B se dizem semelhantes se existe uma matriz inversível S com $A = SBS^{-1}$. Introduzimos o conceito de matrizes semelhantes na Secção 2.7, onde mostramos que a semelhança é relação de equivalência, e que duas matrizes representando uma transformação linear $L; V \rightarrow V$ com relação a escolhas diferentes de bases são semelhantes. Assim A é diagonalizável see A é semelhante a uma matriz diagonal D, a matriz S que realiza a semelhança consistindo da base de autovetores como suas colunas. Às vezes a diagonalizabilidade é definida em termos de ser semelhante a uma matriz diagonal e nossa definição é dada como critério. O lema seguinte é útil para reconhecer matrizes diagonalizáveis.

LEMA 4.1.2. Se $\mathbf{v}_1, \ldots, \mathbf{v}_k$, são autovetores de A associados a autovalores distintos $\lambda_1, \ldots, \lambda_k$, então $\mathbf{v}_1, \ldots, \mathbf{v}_k$ são independentes.

Prova. Seja $c_1\mathbf{v}_1 + \cdots + c_k\mathbf{v}_k = 0$. Mostraremos que $c_1 = \mathbf{0}$; um argumento semelhante mostra que os outros c_i são zero. Apliquemos o produto

$$(A - \lambda_2 I)(A - \lambda_3 I) \cdots (A - \lambda_k I)$$

Autovalores e autovetores **201**

a esta equação, usando o fato que $(A - \lambda_i I)\mathbf{v}_j = (\lambda_j - \lambda_i)\mathbf{v}_j$. Então o primeiro termo é enviado em $c_1(\lambda_1 - \lambda_2) \cdots (\lambda_1 - \lambda_k)\mathbf{v}_1$ e todos os outros vão em $\mathbf{0}$. Como a combinação linear de que partimos era igual a $\mathbf{0}$, temos a equação $c_1(\lambda_1 - \lambda_2) \cdots (\lambda_1 - \lambda_k)\mathbf{v}_1 = \mathbf{0}$. Como os autovalores são distintos isto só pode acontecer se $c_1 = 0$. ∎

Para cada autovalor existe ao menos um autovetor (pela definição de autovalor). Isto leva ao seguinte critério útil, que garante que uma matriz é diagonalizável.

PROPOSIÇÃO 4.1.3. Se a matriz *n* por *n* *A* tem *n* autovalores distintos então *A* é diagonalizável.

Prova. Para cada autovalor escolha um autovetor. Então o lema garante que estes são um conjunto independente de *n* autovetores de $\mathbb{R}^n$ (ou $\mathbb{C}^n$, se existe um autovalor complexo envolvido) e estes constituem uma base de autovetores para *A*. ∎

Agora olhamos alguns exemplos.

■ **Exemplo 4.1.1** $A = \begin{pmatrix} 1 & 1 \\ 0 & 1 \end{pmatrix}$. Então o polinômio característico de *A* é

$$\det(A - xI) = \det\begin{pmatrix} 1-x & 2 \\ 0 & 3-x \end{pmatrix} = (1-x)(3-x)$$

Assim os autovalores são 1 e 3.

Para o autovalor 1 o autoespaço consiste das soluções de $(A - I)\mathbf{v} = \mathbf{0}$. Como $A - I = \begin{pmatrix} 0 & 2 \\ 0 & 2 \end{pmatrix}$ vemos que todas as soluçoes são múltiplos de $\mathbf{v}_1 = (1, 0)$.

Para o autovalor 3, o autoespaço consiste das soluções de $(A - 3I)\mathbf{v} = \mathbf{0}$. Como $A - 3I = \begin{pmatrix} -2 & 2 \\ 0 & 0 \end{pmatrix}$, as soluções são múltiplos de $\mathbf{v}_2 = (1, 1)$. Assim a matriz *A* é diagonalizável, e $A = SDS^{-1}$, onde

$$S = \begin{pmatrix} 1 & 1 \\ 0 & 1 \end{pmatrix}, D = \begin{pmatrix} 1 & 0 \\ 0 & 3 \end{pmatrix}$$ ■

■ **Exemplo 4.1.2.** $A = \begin{pmatrix} 13 & -4 \\ -4 & 7 \end{pmatrix}$. Então $\det(A - xI) = \det\begin{pmatrix} 13-x & -4 \\ -4 & 7-x \end{pmatrix} = (91 - 16) - 20x + x^2$ $= x^2 - 20x + 75 = (x - 5)(x - 15)$, de modo que os autovalores são 5, 15.

O autoespaço associado a 5 é o das soluções de $(A - 5I)\mathbf{v} = \mathbf{0}$. Como $A - 5I = \begin{pmatrix} -8 & -4 \\ -4 & 2 \end{pmatrix}$, o autoespaço tem como base um vetor $(1, 2)$.

O autoespaço associado a 15 é o das soluções de $(A - 15I)\mathbf{v} = \mathbf{0}$. Como $A - 15I = \begin{pmatrix} -2 & -4 \\ -4 & -8 \end{pmatrix}$ o auto espaço tem como base o vetor $(2, -1)$.

Note que estes dois autovetores são ortogonais um ao outro — isto sempre acontece quando *A* é simétrica. Assim $A = SDS^{-1}$ com

$$S = \begin{pmatrix} 1 & 2 \\ 2 & -1 \end{pmatrix}, D = \begin{pmatrix} 5 & 0 \\ 0 & 15 \end{pmatrix}$$ ■

202 Capítulo 4

■ Exemplo 4.1.3 $A = \begin{pmatrix} 3 & 1 & -2 \\ -2 & 2 & 2 \\ 0 & 1 & 1 \end{pmatrix}$. Então $\det(A - xI) = \det \begin{pmatrix} 3-x & 1 & -2 \\ -2 & 2-x & 2 \\ 0 & 1 & 1-x \end{pmatrix}$

$$= \det \begin{pmatrix} 3-x & 1 & -2-(1-x) \\ -2 & 2-x & 2-(1-x)(2-x) \\ 0 & 1 & 0 \end{pmatrix} \text{ subtraímos } (1-x)\mathbf{A}^2 \text{ de } \mathbf{A}^3$$

$$= -\det \begin{pmatrix} 3-x & -(3-x) \\ -2 & -x^2+3x \end{pmatrix} \text{ expandimos pela linha de baixo}$$

$$= -(3-x) \det \begin{pmatrix} 1 & -(-1) \\ -2 & -x^2+3x \end{pmatrix} \text{ pusemos em evidência } (3-x) \text{ na primeira linha}$$

$$= -(3-x)(-x^2+3x-2) = (3-x)(1-x)(2-x)$$

de modo que os autovalores são 1, 2, 3.

Este cálculo ilustra que ao calcular o determinante é freqüentemente mais fácil usar primeiro operações de linha ou coluna em vez de simplesmente expandir por co-fatores. Em particular nosso uso de operações sobre colunas nos levou a achar o fator $3 - x$ do polinômio característico.

$$x = 1: A - I = \begin{pmatrix} 2 & 1 & -2 \\ -2 & 1 & 2 \\ 0 & 1 & 0 \end{pmatrix}$$

com espaço de anulamento de base $(1, 0, 1)$.

$$x = 2: A - 2I = \begin{pmatrix} 1 & 1 & -2 \\ -2 & 0 & 2 \\ 0 & 1 & -1 \end{pmatrix}$$

com espaço de anulamento de base $(1, 1, 1)$

$$x = 3: A - 3I = \begin{pmatrix} 0 & 1 & -2 \\ -2 & -1 & 2 \\ 0 & 1 & -2 \end{pmatrix}$$

com espaço de anulamento de base $(0, 2, 1)$
Assim $A = SDS^{-1}$ com

$$S = \begin{pmatrix} 1 & 1 & 0 \\ 0 & 1 & 2 \\ 1 & 1 & 1 \end{pmatrix}, D = \begin{pmatrix} 1 & 0 & 0 \\ 0 & 2 & 0 \\ 0 & 0 & 3 \end{pmatrix}$$

■

■ Exemplo 4.1.4 $A = \begin{pmatrix} 3 & 0 & 0 \\ -2 & 4 & 2 \\ -2 & 1 & 5 \end{pmatrix}$. Então $\det(A - xI) =$

$$\det \begin{pmatrix} 3-x & 0 & 0 \\ -2 & 4-x & 2 \\ -2 & 1 & 5-x \end{pmatrix} = (3-x)(x^2-9x+18) = (3-x)^2(6-x)$$

Aqui existem somente dois autovalores distintos pois 3 é raiz dupla do polinômio característico.

$$x = 3 : A - 3I = \begin{pmatrix} 0 & 0 & 0 \\ -2 & 1 & 2 \\ -2 & 1 & 2 \end{pmatrix}$$

com espaço de anulamento tendo base $(1, 0, 1),(1, 2, 0)$.

Note que esta raiz de multiplicidade algébrica 2 levou a um auto-espaço de dimensão 2 (isto é, o autovalor tem também multiplicidade geométrica 2). Isto não acontecerá sempre como mostra o exemplo seguinte.

$$x = 6 : A - 6I = \begin{pmatrix} -3 & 0 & 0 \\ -2 & -2 & 2 \\ -2 & 1 & -1 \end{pmatrix}$$

o espaço de anulamento tendo base $(0, 1, 1)$.

Assim $A = SDS^{-1}$ com

$$S = \begin{pmatrix} 1 & 1 & 0 \\ 0 & 2 & 1 \\ 1 & 0 & 1 \end{pmatrix}, D = \begin{pmatrix} 3 & 0 & 0 \\ 0 & 3 & 0 \\ 0 & 0 & 6 \end{pmatrix}$$ ■

■ **Exemplo 4.1.5** $A = \begin{pmatrix} 1 & 1 \\ 0 & 1 \end{pmatrix}$. Então $\det(A - xI) = (1 - x)^2$, de modo que o único autovalor é $x =$

1. Então $(A - I) = \begin{pmatrix} 0 & 1 \\ 0 & 0 \end{pmatrix}$, que tem espaço de anulamento com base $(1, 0)$. Assim todo autovetor para

o auto valor 1 é um múltiplo de $(1, 0)$. *Não* existe uma base de autovetores, de modo que este é um exemplo de matriz não diagonalizável. Assim *nem todas as matrizes são diagonalizáveis*. Veremos mais tarde quando discutirmos a forma canônica de Jordan para uma matriz que este exemplo é essencialmente o mais simples exemplo de matriz não diagonalizável e que toda outra matriz não diagonalizável é construída a partir de modificações deste exemplo (num sentido a ser precisado mais tarde). ■

■ **Exemplo 4.1.6.** O último exemplo mostrou que uma matriz bastante simples pode não ser diagonalizável. Este exemplo ilustra a necessidade de considerar os números complexos quando se

discute a diagonalizabilidade de matrizes reais. Seja $A = \begin{pmatrix} 0 & -1 \\ 1 & 0 \end{pmatrix}$. Note que a multiplicação por A

gira o plano de 90 graus. Assim nenhum vetor não nulo é enviado em um seu múltiplo, assim não há autovalores *reais*. Porém quando calculamos $\det(A - xI) = x^2 + 1$, existem duas raízes complexas, que são $\pm i$ onde $i = \sqrt{-1}$. Resolvemos para autovetores complexos associados a estes autovalores, que serão vetores de C2 enviados a $\pm i$ vezes eles mesmos quando multiplicamos por A. Para i, olhamos

$(A - iI) = \begin{pmatrix} -i & -1 \\ 1 & -i \end{pmatrix}$ que tem como espaço de anulamento múltiplos complexos de $(i, 1)$. Para $-i$

olhamos $A + iI = \begin{pmatrix} i & -1 \\ 1 & i \end{pmatrix}$, que tem como espaço de anulamento múltiplos complexos de $(-i, 1)$.

Note que estes dois autovalores complexos são conjugados um do outro (lembre que o **complexo conjugado** do número complexo $a + bi$ com $a, b \in \mathbb{R}$ é $a - bi$) e os autovetores correspondentes são também conjugados um do outro. Isto é conseqüência do fato de A ser matriz real (isto é, matriz com

204 Capítulo 4

elementos reais). Se λ denota o conjugado de λ e $\bar{\mathbf{v}}$ denota o conjugado de $\mathbf{v}$, então $A\mathbf{v} = \lambda\mathbf{v}$ implica $\bar{A}\bar{\mathbf{v}} = \overline{A\mathbf{v}} = \overline{\lambda\mathbf{v}} = \bar{\lambda}\bar{\mathbf{v}}$. Como A é matriz real, $\bar{A} = A$ e assim $A\bar{\mathbf{v}} = \bar{\lambda}\bar{\mathbf{v}}$. Assim sempre que $\mathbf{v}$ é um autovetor complexo com autovalor complexo λ para uma matriz real A, automaticamente temos $\bar{\mathbf{v}}$ como autovetor para o autovalor $\bar{\lambda}$. Isto significa que o problema de achar autovalores e autovetores é na verdade um tanto simplificado quando são complexos (para matriz real) pois vêm aos pares conjugados.

Voltando a nosso exemplo, temos novamente $A = SDS^{-1}$, mas agora S e D são matrizes complexas:

$$S = \begin{pmatrix} i & -i \\ 1 & 1 \end{pmatrix}, D = \begin{pmatrix} i & 0 \\ 0 & -i \end{pmatrix} \qquad \blacksquare$$

Voltaremos a discutir autovalores e autovetores complexos mais a fundo nas Secções 4.3 e 5.1, mas pelo momento simplesmente transferiremos o problema de $\mathbb{R}^n$ para $\mathbb{C}^n$ (isto é, n-uplas de números complexos) quando ocorrerem e resolveremos o problema aí. Note que poderíamos perceber que autovalores complexos têm que ocorrer em pares conjugados do ponto de vista do polinômio característico pois raízes complexas de um polinômio real ocorrem em pares de complexos conjugados.

Nos Exercícios 4.1.1—4.1.5 ache os autovalores e os autovetores correspondentes e (quando possível) dê matrizes S, D com $A = SDS^{-1}$.

Exercício 4.1.1._____

$$A = \begin{pmatrix} 1 & 2 \\ 0 & -1 \end{pmatrix}$$

Exercício 4.1.2._____

$$A = \begin{pmatrix} 1 & 2 \\ 1 & 0 \end{pmatrix}$$

Exercício 4.1.3._____

$$A = \begin{pmatrix} 14 & -4 \\ 1 & 10 \end{pmatrix}$$

Exercício 4.1.4._____

$$A = \begin{pmatrix} 2 & 1 \\ -1 & 2 \end{pmatrix}$$

Exercício 4.1.5._____

$$A = \begin{pmatrix} 2 & 0 & -1 \\ 0 & 2 & 0 \\ -1 & 0 & 2 \end{pmatrix}$$

4.2 DIAGONALIZABILIDADE, MULTIPLICIDADES ALGÉBRICA E GEOMÉTRICA

Quando uma matriz A é diagonalizável, existem uma matriz S inversível e uma matriz D diagonal tais que $A = SDS^{-1}$. A situação mais simples é aquela em que S e D são matrizes reais (isto é, com elementos reais). Mesmo que A seja real, os valores próprios de A podem ser complexos; então a diagonalizabilidade significará que existem matrizes complexas S e D como antes. A matriz D conterá os autovalores na diagonal, e a matriz S os autovetores correspondentes. Vimos antes que nem todas

Diagonalizibilidade - multiplicidades algébrica e geométrica **205**

as matrizes são diagonalizáveis, pois a matriz $\begin{pmatrix} 1 & 1 \\ 0 & 1 \end{pmatrix}$ tem um só valor próprio 1 (com multiplicidade algébrica 2) e o autoespaço $E(1)$ de autovetores associados a 1 tem dimensão 1 com base (1, 0). Assim não existe base de autovetores.

Lembre que uma situação que garante ser A diagonalizável é aquela em que existem n autovalores distintos. A recíproca não é verdadeira, como mostra qualquer matriz diagonal com elementos repetidos na diagonal. Definimos a multiplicidade geométrica de um valor próprio como sendo a dimensão do autoespaço a ele associado. Mostraremos que a multiplicidade geométrica é sempre menor ou igual à algébrica para um autovalor, a algébrica sendo a multiplicidade do autovalor como raiz de polinômio característico. Então um simples argumento de contagem mostra que a matriz é diagonalizável see a multiplicidade geométrica de cada autovalor for igual à multiplicidade algébrica. Pois então há uma base para cada autoespaço formada de autovetores; reunindo estas bases formamos base de $\mathbb{R}^n$ (ou de $\mathbb{C}^n$). Existirão n vetores pois a soma das multiplicidades algébricas será n. Que tais vetores são independentes essencialmente recai sobre o fato de o conjunto original de vetores para cada autoespaço ser independente e o argumento anterior sobre serem independentes autovetores de autovalores diferentes. Os detalhes são deixados como exercício.

Para entender a relação entre as multiplicidades algébrica e geométrica, primeiro observamos alguns fatos sobre matrizes semelhantes. Note que uma matriz diagonalizável é simplesmente uma matriz que é semelhante a uma matriz diagonal. Assim se A é diagonalizável e B é semelhante a A então B é também diagonalizável — basta usar a transitividade da relação de semelhança. Matrizes semelhantes compartilham de muitas propriedades. Em particular têm o mesmo polinômio característico e assim os mesmos autovalores.

$$\det(SAS^{-1} - xI) = \det(S(A - xI)S^{-1}) = \det S \det(A - xI) \det S^{-1} = \det(A - xI)$$

A recíproca não é verdadeira. Se duas matrizes têm o mesmo polinômio característico não precisam ser semelhantes. Por exemplo, a única matriz semelhante à matriz identidade é ela mesma, porém a

matriz identidade e a matriz $\begin{pmatrix} 1 & 1 \\ 0 & 1 \end{pmatrix}$ têm o mesmo polinômio característico. O fato de ser $p(x) =$ $\det(A - xI)$ implica que o termo constante $p(0)$ é $\det A$. Há outro termo que também pode ser calculado separadamente.

DEFINIÇÃO 4.2.1 O traço de A, denotado por tr A, é a soma dos elementos diagonais de A.

O uso da definição de determinante por permutações nos permitirá identificar o traço de A. Pois quando calculamos

$$\det \begin{pmatrix} (a_{11} - x) & a_{12} & \cdots & a_{1n} \\ a_{21} & (a_{22} - x) & \cdots & a_{2n} \\ \vdots & \vdots & \vdots & \vdots \\ a_{n1} & a_{n2} & \cdots & (a_{nn} - x) \end{pmatrix}$$

o único modo de obter um termo em x^n é multiplicando os elementos na diagonal. Também é o único modo de obter termo em x^{n-1}. Assim o polinômio característico será

$$(-1)^n x^n + (-1)^{n-1}(a_{11} + \cdots + a_{nn})x^{n-1} + \cdots + \det A$$

206 Capítulo 4

O coeficiente de x^n é $(-1)^n$ e o coeficiente de x^{n-1} é $(-1)^{n-1}$ tr A.

■ **Exemplo 4.2.1** Se $A = \begin{pmatrix} 2 & 3 & 1 \\ 0 & 3 & 1 \\ 1 & 0 & 2 \end{pmatrix}$, então o traço é 7 e assim o polinômio característico começa

com $-x^3 + 7x^2 + \cdots$. Calculando o determinante achamos 12, que será o termo constante. O polinômio característico completo é $-x^3 + 7x^2 - 15x + 12$. ■

Note que para uma matriz 2 por 2 o conhecimento do determinante e do traço determina o polinômio característico completamente como $x^2 - $ tr $Ax + $ det A . Para uma matriz geral precisamos mais informação mas o cálculo do determinante e do traço fornece duas verificações sobre o cálculo do polinômio característico. Isto é particularmente importante quanto ao traço, pois é fácil de calcular. O polinômio característico se fatora como $(c_1 - x) \ldots (c_n - x)$, onde os c_i são os autovalores. Isto resulta do fato de serem os autovalores raízes do polinômio característico e de ser o coeficiente do termo de maior grau $(-1)^n$. O coeficiente de x^{n-1} é $(-1)^{n-1} (c_1 + \cdots + c_n)$ e o termo constante é $c_1 \ldots c_n$. Isto leva à seguinte proposição, que fornece uma útil verificação nos cálculos de autovetores.

PROPOSIÇÃO 4.2.1 O traço de A é a soma dos autovalores e o determinante de A é o produto dos autovalores.

■ **Exemplo 4.2.2** A matriz $A = \begin{pmatrix} 1 & 2 \\ 1 & 2 \end{pmatrix}$ tem determinante 0 e traço 3. Como o determinante é 0,

0 será um autovalor. A soma dos autovalores é 3 logo o outro autovalor é 3. ■

Como matrizes semelhantes têm o mesmo polinômio característico e o traço (a menos do sinal) é o coeficiente de x^{n-1} no polinômio característico, matrizes semelhantes devem ter o mesmo traço também. Isto poderia ser visto também por uma das propriedades do traço—tr(AB) = tr(BA) que é fácil de verificar diretamente. Então

$$\text{tr } (SAS^{-1}) = \text{tr } (AS^{-1}S) = \text{tr } (A)$$ ■

■ **Exemplo 4.2.3** Agora olhamos alguns exemplos da secção anterior em termo dos conceitos

agora introduzidos. No exemplo 4.1.2, $A = \begin{pmatrix} 13 & -4 \\ -4 & 7 \end{pmatrix}$. O determinante é 75 e o traço é 20. A soma dos

autovalores é 20 e o produto 75, levando aos autovalores 5, 15.

No exemplo 4.1.3, $A = \begin{pmatrix} 3 & 1 & -2 \\ -2 & 2 & 2 \\ 0 & 1 & 1 \end{pmatrix}$. O traço é 6 e o determinante é também 6. Estas duas

informações parciais não são suficientes para concluir quais são os autovalores. Suponhamos que soubéssemos que 1 é um autovalor. Então a soma dos dois outros seria 5 e o produto seria 6. Daí concluiríamos que os autovalores são 1, 2, 3. ■

Agora mostramos que a multiplicidade geométrica de um autovalor deve ser menor ou igual à multiplicidade algébrica.

PROPOSIÇÃO 4.2.2 Seja A uma matriz n por n e seja μ um autovalor de A. Então a multiplicidade geométrica de μ é menor ou igual à multiplicidade algébrica.

Diagonalizibilidade - multiplicidades algébrica e geométrica **207**

Prova. Trabalharemos em $\mathbb{C}^n$ mas o argumento é idêntico em $\mathbb{R}^n$ se os autovalores forem reais. Suponha que a multiplicidade algébrica do valor próprio μ é k e que temos p vetores próprios independentes $\mathbf{v}_1, \ldots, \mathbf{v}_p$. Estendamos os $\mathbf{v}_i$ a uma base de $\mathbb{C}^n$ e seja A a matriz com esta base como vetores coluna. Então há uma equação matricial $AS = S \begin{pmatrix} \mu I_p & B \\ 0 & C \end{pmatrix}$, onde B é um bloco p por $(n-p)$ e C é um bloco $(n-p)$ por $(n-p)$. Mas então A é semelhante à matriz à direita e portanto tem o mesmo polinômio característico. Expandindo por co-fatores vemos que o polinômio característico tem o fator $(\mu - x)^p$, e portanto p tem que ser menor ou igual à multiplicidade algébrica de μ. ∎

Mesmo quando estamos lidando apenas com matrizes e seus autovalores e autovetores é útil pensar na matriz como dando uma transformação linear de $\mathbb{R}^n$ (ou $\mathbb{C}^n$) a si mesmo e recolocar o problema de autovalores e autovetores em termos de transformações lineares.

DEFINIÇÃO 4.2.2 Seja V um espaço vetorial de dimensão n e $L: V \to V$ uma transformação linear. Um autovalor de L é um número λ tal que existe um vetor não nulo $\mathbf{v}$ com $L\mathbf{v} = \lambda\mathbf{v}$. Como antes, um tal vetor será chamado um autovetor de L associado ao autovalor λ.

Como podemos achar autovalores e autovetores para L? Muitas vezes eles podem ser achados por considerações geométricas sobre L, como mostra o seguinte exemplo.

■ ***Exemplo 4.2.4*** Considere a reflexão por um plano $x + y + z = 0$ em $\mathbb{R}^3$. Para qualquer vetor do plano, o vetor será mandado em si mesmo. Assim os vetores do plano serão autovetores para o autovalor 1. A base $(1, -1, 0), (1, 0, -1)$ do plano dá assim dois autovetores para autovalores 1. O vetor $(1, 1, 1)$ normal ao plano será mandado em seu negativo através desta reflexão, então será autovetor para o autovalor -1. Assim a base $(1, -1, 0)$, $(1, 0, -1)$ para o plano mais $(1, 1, 1)$ dá uma base de autovetores correspondendo aos autovalores $1, 1, -1$. A matriz de L com relação a esta base é

$$D = \begin{pmatrix} 1 & 0 & 0 \\ 0 & 1 & 0 \\ 0 & 0 & -1 \end{pmatrix}$$ ■

Outro método para achar os autovalores e autovetores de uma transformação L é associar a L uma matriz. Mostramos agora que os autovalores de L são os mesmos da matriz. Para isto, escolha uma base $\mathbf{v}_1, \ldots, \mathbf{v}_n$ para V, escreva $L\mathbf{v}_j = \sum_{i=1}^{n} a_{ij}\mathbf{v}_i$, e associe a matriz $A = (a_{ij})$ a L como antes. Naturalmente a matriz dependerá da base escolhida. Porém se escolhermos uma base diferente a nova matriz terá a forma $C^{-1}AC$, onde C é a matriz de transição entre as duas bases. Como matrizes semelhantes têm o mesmo polinômio característico, os autovalores de A serão os mesmos autovalores da nova matriz. Definimos o **polinômio característico de** L como sendo o polinômio característico de uma matriz A que represente L.

Se λ é um autovalor de L com correspondente autovetor $\mathbf{v}$ e escolhemos $\mathbf{v}$ como sendo o primeiro vetor de uma base para V, então a matriz que representa L com relação a esta base terá como primeira coluna $\lambda \mathbf{e}_1$ e assim λ será um autovalor de A. Reciprocamente, se λ é um autovalor de A, isto significa que existe algum vetor $\mathbf{w} \in \mathbb{R}^n$ com $A\mathbf{w} = \lambda\mathbf{w}$. Então se tomamos o vetor $\mathbf{v} = \mathbf{V}\mathbf{w}$ (isto é, a combinação linear dos vetores da base com coeficientes vindo de $\mathbf{w}$), obtemos

$$L(\mathbf{v}) = L(\mathbf{V}\mathbf{w}) = L(\mathbf{V})\mathbf{w} = \mathbf{V}(A\mathbf{w}) = \mathbf{V}(\lambda\mathbf{w}) = \lambda\mathbf{V}\mathbf{w} = \lambda\mathbf{v}$$

Assim os autovalores de L e qualquer matriz associada se correspondem diretamente. Além disso, o

208 Capítulo 4

cálculo mostra como traduzir de um autovetor de uma matriz associada a um correspondente autovetor de L.

Alternativamente, poderíamos usar a notação da Secção 2.7.2. Se $[L]$ denota a matriz de L com relação a algum base $\mathcal{V}$, e $[\mathbf{v}]$ denota as coordenadas do vetor $\mathbf{v}$ com relação a esta base, então

$$L\mathbf{v} = \lambda\mathbf{v} \Leftrightarrow [L\mathbf{v}] = [\lambda\mathbf{v}] \Leftrightarrow [L][\mathbf{v}] = \lambda[\mathbf{v}]$$

Assim λ é um autovalor de L see é autovalor de qualquer matriz $[L]$ que represente L.

> **DEFINIÇÃO 4.2.3** L é diagonalizável se existe uma base para V consistindo de autovetores de L.

Se L é diagonalizável então a matriz que representa L com relação à base de autovetores da definição será uma matriz diagonal com os elementos da diagonal iguais aos autovalores. Assim a matriz que representa L com relação a qualquer outra base será semelhante a uma matriz diagonal, isto é, será diagonalizável.

■ *Exemplo 4.2.5* Continuando com o último exemplo, vamos usar o método precedente para determinar autovalores e autovetores da aplicação de reflexão por um plano. Embora o mais fácil seja escolher uma base como fizemos antes, vamos em vez disso pensar em usar a base canônica $\mathbf{e}_1$, $\mathbf{e}_2$, $\mathbf{e}_3$. Para ver onde a reflexão envia um dado vetor, primeiro o decompomos em termos de vetor (1, 1, 1) normal ao plano e de um vetor do plano, usando nossas fórmulas do capítulo precedente para a projeção sobre uma reta. Obtemos

$$\mathbf{e}_1 = \frac{1}{3}(1,1,1) + \frac{1}{3}(2,-1,-1), \mathbf{e}_2 = \frac{1}{3}(1,1,1) + \frac{1}{3}(-1,2,-1), \mathbf{e}_3 = \frac{1}{3}(1,1,1) + \frac{1}{3}(-1,-1,2)$$

Então esses vetores são enviados em

$$L(\mathbf{e}_1) = -\frac{1}{3}(1,1,1) + \frac{1}{3}(2,-1,-1) = \frac{1}{3}(1,-2,-2),$$

$$L(\mathbf{e}_2) = -\frac{1}{3}(1,1,1) + \frac{1}{3}(-1,2,-1) = \frac{1}{3}(-2,1,-2),$$

$$L(\mathbf{e}_3) = -\frac{1}{3}(1,1,1) + \frac{1}{3}(-1,-1,2) = \frac{1}{3}(-2,-2,1)$$

Assim a matriz que representa L com relação à base canônica é

$$A = \frac{1}{3}\begin{pmatrix} 1 & -2 & -2 \\ -2 & 1 & -2 \\ -2 & -2 & 1 \end{pmatrix}$$

■

Deixamos como exercício mostrar que os autovetores de $A = cB$ são os mesmos de B, mas os autovalores de A são o produto de c pelos autovalores de B. Assim olhemos

$$B = \begin{pmatrix} 1 & -2 & -2 \\ -2 & 1 & -2 \\ -2 & -2 & 1 \end{pmatrix}$$

Por inspeção vemos que quando subtraímos 3 de cada elemento diagonal obtemos uma matriz singular. Logo 3 é autovalor para B. Uma base de autovetores para o autovalor 3 é (1, −1, 0),(1, 0, −1). Como o traço é 3, a soma dos autovalores deve ser 3. Assim o outro autovalor deve ser −3. Um autovetor para −3 é (1, 1, 1). Estes três autovetores são ainda autovetores para A, mas agora os autovalores correspondentes são 1, 1, −1. Assim estes são os autovalores de L. Para achar os

Números complexos, vetores e matrizes **209**

correspondentes autovetores de L, devemos tomar combinações lineares da base escolhida usando como coeficientes os vetores próprios que achamos. Como estamos usado a base canônica, este processo nos devolve os vetores. Assim reencontramos o resultado do exemplo precedente.

Exercício 4.2.1
Mostre que se $\mathbf{v}$ é um autovetor para B com autovalor λ, então $\mathbf{v}$ é também autovetor para $A = cB$ com autovalor $c\lambda$.

Exercício 4.2.2
Complete os detalhes do argumento esboçado no começo desta secção para mostrar que quando a multiplicidade geométrica de cada autovalor é igual à multiplicidade algébrica então a matriz é diagonalizável.

Exercício 4.2.3
Verifique que tr AB = tr BA.

Exercício 4.2.4
Para as matrizes seguintes ache autovalores, suas multiplicidades algébricas e multiplicidades geométricas. Quais delas são diagonalizáveis?

$$A = \begin{pmatrix} 2.5 & -.5 \\ 1.5 & .5 \end{pmatrix}, B = \begin{pmatrix} 2.5 & -.5 \\ 4.5 & -.5 \end{pmatrix}, C = \begin{pmatrix} 2 & 1 & -1 \\ -4 & -1 & 4 \\ -3 & -1 & 4 \end{pmatrix}$$

Exercício 4.2.5
1 é autovalor de cada uma das matrizes seguintes. Para cada matriz calcule traço e determinante. Use que 1 é raiz do polinômio característico para achar todos os autovalores.

$$A = \begin{pmatrix} 3 & -2 \\ 1 & 0 \end{pmatrix}, \quad B = \begin{pmatrix} 2.5 & -1 & -1.5 \\ 1.5 & -1 & -1.5 \\ .5 & -1 & .5 \end{pmatrix}$$

Exercício 4.2.6
Seja S um plano em $\mathbb{R}^3$ e seja L a transformação linear que é a projeção sobre o plano. Verifique que 0 é um autovalor com multiplicidade geométrica 1 e que 1 é um autovalor com multiplicidade geométrica 2. Qual é o polinômio característico de L? Para o caso em que o plano é $x + y + z = 0$, ache

uma base de autovetores para L tal que a matriz que representa L nessa base seja $D = \begin{pmatrix} 1 & 0 & 0 \\ 0 & 1 & 0 \\ 0 & 0 & 0 \end{pmatrix}$. L

resulta da multiplicação por uma matriz A. Ache A .(Sugestão: use a relação entre A e D ou equivalentemente use a equação $AR = RD$, onde R é a matriz cujas colunas são os autovetores de L.)

4.3 NÚMEROS COMPLEXOS, VETORES E MATRIZES

Nesta secção queremos começar a lidar mais a fundo com o fato de autovalores de uma matriz real ou de uma transformação linear poderem ser complexos. Introduziremos somente os fatos mais elementares aqui e continuaremos o trabalho na primeira secção do próximo capítulo quando discutirmos o Teorema Espectral. Em particular, restringiremos nossa atenção aqui ao caso de matrizes.

Começamos por lembrar algumas propriedades dos números complexos $\mathbb{C}$. Um número complexo

z é usualmente escrito como $a + ib$, onde a e b são reais e $i = \sqrt{-1}$. Usaremos i para denotar $\sqrt{-1}$, mas notamos que j também é usado freqüentemente, particularmente em certas áreas da engenharia. Geometricamente este número complexo é identificado com o ponto (a, b) do plano, e o plano chamado de plano complexo. Assim como os números reais, os complexos têm as operações de adição e multiplicação. A adição de números complexos corresponde simplesmente à adição de vetores no plano, como ilustrado na Figura 4.1:

$$(a_1 + ib_1) + (a_2 + ib_2) = (a_1 + a_2) + i(b_1 + b_2)$$

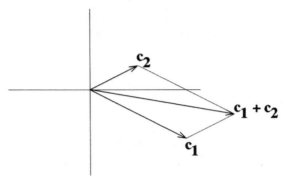

Figura 4.1. Adição complexa

A multiplicação de números complexos é determinada pela multiplicação usual de números reais e $i^2 = -1$, juntamente com a regra de ser comutativa a multiplicação.

$$(a + ib)(c + id) = ac + iad + ibc + i^2 bd = (ac - bd) + i(ad + bc)$$

Nesta forma não é fácil ver como a multiplicação pode ser representada geometricamente. Para fazer isto primeiro passamos à representação polar do número complexo. Lembre que para vetores no plano o vetor (a, b) tem coordenadas polares (r, θ), onde $r^2 = a^2 + b^2$ e $a = r \cos \theta$, $b = r \sen \theta$. Em correspondência identificamos

$$a + ib = r \cos \theta + ir \sen \theta$$

Então quando multiplicamos $a_1 + ib_1$ por $a_2 + ib_2$ obtemos

$$(r_1 \cos \theta_1 + ir_1 \sen \theta_1)(r_2 \cos \theta_2 + ir_2 \sen \theta_2)$$
$$= (r_1 r_2)[(\cos \theta_1 \cos \theta_2 - \sen \theta_1 \sen \theta_2) + i(\sen \theta_1 \cos \theta_2 + \cos \theta_1 \sen \theta_2)]$$
$$= r_1 r_2 [\cos (\theta_1 + \theta_2) + i \sen(\theta_1 + \theta_2)]$$

Assim as distâncias à origem r_1, r_2 são multiplicadas mas os dois ângulos θ_1 e θ_2 são somados. A Figura 4.2. ilustra a multiplicação complexa.

Este último fato é melhor explicado introduzindo notação exponencial. Denotamos por $e^{i\theta}$ o número complexo unitário $\cos \theta + i \sen \theta$. Esta fórmula é conhecida como fórmula de Moivre. Então nossa fórmula para multiplicação fica

$$(r_1 e^{i\theta_1})(r_2 e^{i\theta_2}) = r_1 r_2 e^{i(\theta_1 + \theta_2)}$$

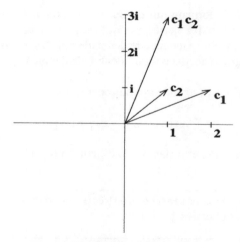

Figura 4.2. Multiplicação complexa

Esta notação não só é conveniente mas se liga a propriedades da função exponencial e das funções trigonométricas em termos de séries de potências. Também poderíamos derivar isto de equações diferenciais. Do ponto de vista de séries de potências, escrevemos a série que converge a e^z como

$$e^z = 1 + z + z^2/2 + \cdots + z^n/n! + \cdots$$

Isto vale para números complexos z pela mesma razão pela qual vale para números reais. Lembre que as séries para sen θ e cos θ são dadas por

$$\cos \theta = 1 - \theta^2/2 + \theta^4/4! + \cdots + (-1)^n \theta^{2n}/(2n)! + \cdots$$
$$\operatorname{sen} \theta = \theta - \theta^3/3! + \cdots + (-1)^n \theta^{2n+1}/(2n+1)! + \cdots$$

Então quando pomos $i\theta$ no lugar de z na fórmula para e^z temos

$$\begin{aligned} e^{i\theta} &= 1 + i\theta - \theta^2/2! - i\theta^3/3! + \theta^4/4! + \cdots \\ &= (1 - \theta^2/2! + \theta^4/4! - \theta^6/6! + \cdots) + i(\theta - \theta^3/3! + \theta^5/5! - \cdots) \\ &= \cos \theta + i \operatorname{sen} \theta \end{aligned}$$

Este cálculo usou os fatos que $i^{4k+p} = i^p$ e $i^2 = -1$, $i^3 = -i$. Com esta notação escrevemos $e^{a+ib} = e^a e^{ib} = e^a \cos b + i e^a \operatorname{sen} b$. Lidando com funções escrevemos

$$e^{(a+ib)t} = e^{at}(\cos bt + i \operatorname{sen} bt)$$

que será uma fórmula fundamental para nós quando discutirmos equações diferenciais. Também usaremos a notação alternativa exp (z) em vez de e^z.

Voltando à aritmética complexa, podemos usar a notação exponencial para observar que o inverso do número complexo não nulo $re^{i\theta}$, $r \neq 0$, é $(1/r)e^{-i\theta}$. Isto segue de $r(1/r) = 1$ e $e^{i\theta} e^{-i\theta} = e^0 = 1$. Na notação comum isto fica

$$(a + ib)^{-1} = \frac{a - ib}{a^2 + b^2}$$

212 Capítulo 4

Os números complexos $\mathbb{C}$ formam um **corpo**. Um conjunto F com duas operações, adição e multiplicação, é um corpo se satisfaz às três propriedades seguintes.

(1) F é um grupo abeliano (com identidade denotada por 0) sob a operação de adição.

(2) $(F\backslash\{0\})$ forma um grupo abeliano (com identidade denotada por 1) sob a operação de multiplicação.

(3) Existe uma lei distributiva ligando as duas operações:

$$z(w_1 + w_2) = zw_1 + zw_2$$

Aqui denotamos a multiplicação por justaposição e a adição por +.

Exercício 4.3.1_____

Verifique que os números complexos satisfazem às três propriedades de corpo com identidade aditiva $0 = 0 + i0$ e identidade multiplicativa $1 = 1 + i0$.

_____

Naturalmente os números reais também satisfazem a essas propriedades e assim formam um corpo. A vantagem que os complexos têm sobre os reais é que o corpo dos complexos é algebricamente fechado. Isto significa que sempre que se tem uma equação polinomial

$$p(z) = z^n + a_{n-1} z^{n-1} + \cdots + a_1 z + a_0 = 0$$

os a_i sendo números complexos, existirão n raízes complexas para esta equação (contando as multiplicidades). Ou podemos enunciar isto dizendo que $p(z)$ se fatora completamente sobre os complexos

$$p(z) = (z - c_1) \cdots (z - c_n)$$

Isto não vale para os reais, o contraexemplo clássico sendo $p(x) = x^2 + 1$, que não tem raízes reais. Esta deficiência é eliminada acrescentando a raiz quadrada de -1 aos números reais, obtendo os números complexos. O fato assombroso é que por adjunção da solução desta única equação podemos agora resolver qualquer equação polinomial, mesmo quando os coeficientes são complexos.

Os números complexos têm outra operação que é bastante importante, a de tomar o complexo conjugado, que foi introduzida brevemente na Secção 4.1.1. Lembre que definimos ali o complexo conjugado $\bar{z} = a - ib$, quando $z = a + ib$. Quando usamos notação exponencial isto fica $\overline{re^{i\theta}} = re^{-i\theta}$. Deixamos como exercício verificar que esta operação é consistente com a adição e a multiplicação:

$$\overline{z + w} = \bar{z} + \bar{w} \,,\, \overline{zw} = \bar{z}\,\bar{w}$$

Agora a fórmula para o inverso de $z \neq 0$ fica

$$(1/z) = \frac{\bar{z}}{\bar{z}z}$$

Exercício 4.3.2_____

Verifique

$$\overline{z + w} = \bar{z} + \bar{w} \,,\, \overline{zw} = \bar{z}\,\bar{w}$$

_____

Os números complexos $\mathbb{C}$ também podem ser vistos como espaço vetorial real. A adição é como em $\mathbb{C}$ e a multiplicação por escalar é dada pela multiplicação complexa, olhando um número real (o escalar) como um particular número complexo $r = r + 0i$ quando se multiplica: $r(a + ib) = ra + irb$.

Números complexos, vetores e matrizes **213**

Como espaço vetorial real $\mathbb{C}$ é isomorfo a $\mathbb{R}^2$, com isomorfismo $I : \mathbb{R}^2 \to \mathbb{C}$ dado por $I(a, b) = a + ib$.

É mais útil pensar em $\mathbb{C}$ como espaço vetorial complexo. A definição de espaço vetorial complexo é exatamente a mesma que foi dada para um espaço vetorial real na Secção 2.1, exceto que substituímos os números reais por números complexos, como escalares.

DEFINIÇÃO 4.3.1 Um conjunto V que tem uma operação de $+$ de modo que o conjunto V forme um grupo abeliano por esta operação, e uma operação de multiplicar um elemento $\mathbf{v}$ $\in V$ por um número complexo c dando um novo elemento $c\mathbf{v} \in V$ satisfazendo às propriedades associativa, distributiva e de identidade (2.1.7)—(2.1.10) chama-se um **espaço vetorial complexo** ou um espaço vetorial sobre os números complexos. Um elemento $\mathbf{v} \in V$ chama-se um vetor e o número complexo c chama-se um escalar, e esta operação é chamada multiplicação por escalar, como antes.

Mais geralmente, podemos discutir espaços vetoriais sobre qualquer corpo. Neste livro só consideraremos os caso em que o corpo é $\mathbb{R}$ ou $\mathbb{C}$. Assim como $\mathbb{R}^n$ forma um espaço vetorial real, as n-uplas $(z_1, \ldots, z_n)$ formam um espaço vetorial complexo $\mathbb{C}^n$. As operações são a de adição e multiplicação coordenada a coordenada:

$$(z_1, \ldots, z_n) + (w_1, \ldots, w_n) = (z_1 + w_1, \ldots, z_n + w_n), \, c(z_1, \ldots, z_n) = (cz_1, \ldots, cz_n)$$

Exercício 4.3.3

Verifique que $\mathbb{C}^n$ forma um espaço vetorial complexo.

Podemos formar matrizes com elementos complexos. A teoria para resolver equações lineares por eliminação gaussiana, achar inversas e determinantes segue exatamente o desenvolvimento no Capítulo 1, sem mudanças significativas. Porém, há uma mudança no papel da transposta, e para explicar isto precisamos discutir o produto interno conveniente para $\mathbb{C}^n$ que generaliza o produto escalar usual de $\mathbb{R}^n$. Observe primeiro que podemos estender a noção de conjugação em $\mathbb{C}$ para conjugação em $\mathbb{C}^n$ simplesmente conjugando cada componente:

$$\overline{\mathbf{z}} = \overline{\left(z_1, \ldots, z_n \right)} = \left(\overline{z}_1, \ldots, \overline{z}_n \right)$$

Também podemos estender a conjugação a matrizes com elementos em $\mathbb{C}$ tomando o conjugado de cada elemento:

$$\overline{A} = \left(b_{ij} \right), \text{ onde } b_{ij} = \overline{a}_{ij}$$

As operações de conjugação em matrizes e vetores são consistentes:

$$\overline{A\mathbf{v}} = \overline{A}\,\overline{\mathbf{v}}$$

Exercício 4.3.4

Verifique que $\overline{A\mathbf{v}} = \overline{A}\,\overline{\mathbf{v}}$

Outra relação importante diz respeito a autovalores e autovetores. Suponha que A é matriz complexa com autovalor λ e autovetor $\mathbf{v}$; isto é, $A\mathbf{v} = \lambda\mathbf{v}$. Então se tomarmos conjugados virá

$$\overline{A}\,\overline{\mathbf{v}} = \overline{A\mathbf{v}} = \overline{\lambda\mathbf{v}} = \overline{\lambda}\,\overline{\mathbf{v}}$$

Assim os autovalores de $\overline{A}$ são os conjugados dos autovalores de A e os autovetores correspondentes são também conjugados. A correspondência de mandar $\mathbf{v}$ em $\overline{\mathbf{v}}$ fornece uma aplicação inversível C entre o autoespaço de A associado ao autovalor λ e o autoespaço de $\overline{A}$ associado ao autovalor $\overline{\lambda}$. Esta

214 Capítulo 4

aplicação não é linear complexa mas é o que se chama linear conjugada:

$$C(c\mathbf{v}) = \overline{c}C(\mathbf{v}), \; C(\mathbf{v} + \mathbf{w}) = C(\mathbf{v}) + C(\mathbf{w})$$

Esta propriedade basta para implicar que os dois autoespaços $E_A(\lambda)$ e $E_A(\overline{\lambda})$ têm a mesma dimensão. Assim os dois autovalores terão a mesma dimensão geométrica. Que têm a mesma dimensão algébrica vem do fato de ser polinômio característico de uma o conjugado do polinômio característico da outra. Quando A é matriz real isso se torna o fato de autovalores e autovetores de A virem aos pares de conjugados complexos pois $\overline{A} = A$, e estes autovalores têm as mesmas multiplicidades algébrica e geométrica. Enunciamos isto como uma proposição.

PROPOSIÇÃO 4.3.1. (1) Se v é um autovetor de A para o autovalor λ, então $\overline{\mathbf{v}}$ é um autovetor de $\overline{A}$ para o autovalor $\overline{\lambda}$. A multiplicidade geométrica (resp. multiplicidade algébrica) de λ como autovalor de A é igual à multiplicidade geométrica (resp. multiplicidade algébrica) de $\overline{\lambda}$ como autovalor de $\overline{A}$. Os complexos conjugados de autovetores de A são autovetores de $\overline{A}$. (2) Se A é matriz real, então os autovalores e autovetores não reais de A ocorrem em pares conjugados. Mais especificamente, se v é um autovetor de A com autovalor λ, então $\overline{\mathbf{v}}$ é autovetor de A com autovalor $\overline{\lambda}$.

Para um número real r, seu comprimento ao quadrado é r^2. Mas se $z = a + ib = r \exp(i\theta)$ é um número complexo, o quadrado de seu comprimento (determinado ao identificá-lo com o ponto (a, b) no plano) não é dado por $z^2 = r^2 \exp(2i\theta)$ mas por $\overline{z}z = a^2 + b^2 = r^2$. Note que os reais são caracterizados como subconjunto dos números complexos pela condição $\overline{z} = z$. Quando tomamos um ponto em $\mathbb{C}^n$ e o identificamos com um ponto de $\mathbb{R}^{2n}$ e usamos o comprimento usual em $\mathbb{R}^{2n}$, então o quadrado do comprimento é dado pela fórmula $\overline{z}_1 z_1 + \cdots + \overline{z}_n z_n$. Para $\mathbb{R}^n$ o comprimento se relaciona com o produto interno por $\|v\|^2 = \langle \mathbf{v}, \mathbf{v} \rangle$. Gostaríamos de generalizar o produto interno de $\mathbb{R}^n$ a um produto interno sobre $\mathbb{C}^n$ de modo que concorde com o velho produto interno quando todos os elementos são reais e $\langle \mathbf{v}, \mathbf{v} \rangle$ ainda dê o quadrado do comprimento. A definição que faz isto é

$$\langle \mathbf{v}, \mathbf{w} \rangle = \overline{v}_1 w_1 + \cdots + \overline{v}_n w_n, \; \text{ onde } \; \mathbf{v} = (v_1, \ldots, v_n), \mathbf{w} = (w_1, \ldots, w_n)$$

Note que $\langle \mathbf{v}, \mathbf{w} \rangle$ é um número complexo. Este produto interno tem as propriedades seguintes:

(1) $$\langle \mathbf{v}, \mathbf{w} \rangle = \overline{\langle \mathbf{w}, \mathbf{v} \rangle} \qquad \textbf{propriedade hermitiana}$$

Note que quando v e w são reais isto dá exatamente a propriedade de simetria do produto escalar em $\mathbb{R}^n$.

(2) $$\langle \mathbf{v}, a\mathbf{w} + b\mathbf{z} \rangle = a \langle \mathbf{v}, \mathbf{w} \rangle + b \langle \mathbf{v}, \mathbf{z} \rangle \qquad \textbf{propriedade de linearidade}$$

Note que por causa de (1) obtemos o que se chama linearidade conjugada no primeiro argumento:

$$\langle a\mathbf{v} + b\mathbf{z}, \mathbf{w} \rangle = \overline{a} \langle \mathbf{v}, \mathbf{w} \rangle + \overline{b} \langle \mathbf{z}, \mathbf{w} \rangle$$

(3) $$\langle \mathbf{v}, \mathbf{v} \rangle \geq 0 \;\; \text{e} \;\; = 0 \text{ see } \mathbf{v} = \mathbf{0} \qquad \textbf{propriedade positiva definida}$$

Note que (3) diz mais que no caso real pois $\langle \mathbf{v}, \mathbf{w} \rangle$ é em geral um número complexo. Está dizendo que não só $\langle \mathbf{v}, \mathbf{v} \rangle$ é sempre real, mas que é um real positivo a menos que $\mathbf{v} = \mathbf{0}$.

Exercício 4.3.5
Verifique que a definição do produto interno

$$\langle \mathbf{v}, \mathbf{w} \rangle = \overline{v}_1 w_1 + \cdots + \overline{v}_n w_n$$

para $\mathbf{v}, \mathbf{w} \in \mathbb{C}^n$ satisfaz às propriedades (1)—(3)

Agora defina o comprimento $\|\mathbf{v}\|$ de um vetor por

$$\|\mathbf{v}\|^2 = \langle \mathbf{v}, \mathbf{v} \rangle$$

Note que para $n = 1$ isto dá o comprimento de um número complexo z como $\sqrt{\overline{z}z}$. Nestes termos nossa fórmula para o inverso de um número complexo fica

$$(1/z) = \frac{\overline{z}}{\|z\|^2}$$

Os números complexos de comprimento 1 são identificados com o círculo unitário no plano complexo, como mostra a Figura 4.3. Podem ser escritos como $e^{i\theta}$ e portanto são dados pelo angulo θ. O conjugado complexo de um número complexo unitário $e^{i\theta}$ é o complexo unitário $e^{-i\theta}$ e jaz também no círculo unitário. Note que é também o inverso do número complexo em questão.

Lembre que para vetores $\mathbf{v}, \mathbf{w} \in \mathbb{R}^n$, o produto interno pode ser reescrito em termos de transposta como $\langle \mathbf{v}, \mathbf{w} \rangle = \mathbf{v}^t \mathbf{w}$, onde estamos olhando cada vetor como um vetor coluna. Para ter uma fórmula semelhante para vetores em $\mathbb{C}^n$, generalizamos a noção de transposta.

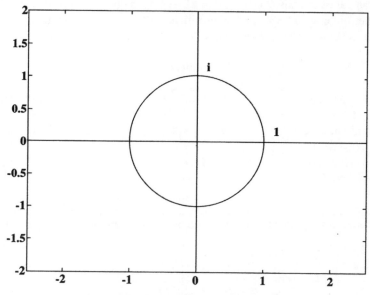

Figura 4.3. O círculo unitário no plano complexo.

DEFINIÇÃO 4.3.2 Para uma matriz complexa A definimos a adjunta A^* por $A^* = (b_{ij})$ onde $b_{ij} = \overline{a}_{ji}$. A adjunta é formada tomando a transposta e depois tomando o conjugado complexo de cada elemento $A^* = \overline{A}^t$.

216 Capítulo 4

Quando a matriz tem somente elementos reais então a adjunta coincide com a transposta. A fórmula para o produto interno em $\mathbb{C}^n$ pode ser escrita em termos de adjunta como

$$\langle \mathbf{v}, \mathbf{w} \rangle = \mathbf{v}^* \mathbf{w}$$

Aqui estamos olhando $\mathbf{v}$, $\mathbf{w}$ como vetores coluna.

A adjunta satisfaz a propriedade análogas às da transposta. Uma delas é que $(AB)^* = B^* A^*$. Isto resulta de

$$\left(AB \right)^* = \overline{\left(AB \right)}^t = \overline{B^t A^t} = \overline{B^t}\,\overline{A^t} = B^* A^*$$

Há também uma outra fórmula básica (às vezes usada como definição de A^*), usando o produto interno dado sobre $\mathbb{C}^n$:

$$\langle A\mathbf{v}, \mathbf{w} \rangle = \langle \mathbf{v}, A^*\mathbf{w} \rangle \text{ para quaisquer } \mathbf{v}, \mathbf{w} \in \mathbb{C}^n$$

Para verificar esta fórmula simplesmente escrevemos cada produto interno em termos da adjunta:

$$\langle A\mathbf{v}, \mathbf{w} \rangle = (A\mathbf{v})^* \mathbf{w} = (\mathbf{v}^* A^*)\mathbf{v} = \mathbf{v}^*(A^*\mathbf{w}) = \langle \mathbf{v}, A^*\mathbf{w} \rangle$$

Isto generaliza a mesma fórmula, com transposta em vez de adjunta, que teve papel chave em nossa análise do problema dos mínimos quadrados em termos dos quatro subespaços fundamentais. Há uma teoria análoga para matrizes complexas.

Há classes especiais de matrizes complexas que são análogas às simétricas, anti-simétricas e ortogonais entre as matrizes reais, e se reduzem a esses tipos quando todos os elementos são reais. São as matrizes hermitianas: $A^* = A$; as antihermitianas $A^* = -A$; e as unitárias: $A^* = A^{-1}$. A tabela seguinte resume as relações entre essas matrizes e o produto interno no caso real e no caso complexo.

$\mathbb{R}^n$	Condição	$\mathbb{C}^n$
A é simétrica $\\ A = A^t$	$\langle A\mathbf{x}, \mathbf{y} \rangle = \langle \mathbf{x}, A\mathbf{y} \rangle$	A é hermitiana $\\ A = A^*$
A é anti-simétrica $\\ A = -A^t$	$\langle A\mathbf{x}, \mathbf{y} \rangle = -\langle \mathbf{x}, A\mathbf{y} \rangle$	A é antihermitiana $\\ A = -A^*$
A é ortogonal $\\ A^{-1} = A^t$	$\langle A\mathbf{x}, A\mathbf{y} \rangle = \langle \mathbf{x}, \mathbf{y} \rangle$	A é unitária $\\ A^{-1} = A^*$

Exercício 4.3.6

Classifique cada uma das seguintes matrizes como hermitiana, antihermitiana ou unitária.

(a) $\begin{pmatrix} 2 & 2+i & 3-2i \\ 1-i & 3 & 4 \\ 3+2i & 4 & 1 \end{pmatrix}$

(b) $\begin{pmatrix} i & 5-i & i \\ -5-i & 0 & 2+2i \\ i & -2+2i & 3i \end{pmatrix}$

(c) $\begin{pmatrix} 1/\sqrt{2} & 0 & 1/\sqrt{2} \\ 0 & 1 & 0 \\ 1/\sqrt{2} & 0 & -1/\sqrt{2} \end{pmatrix}$

(d) $\begin{pmatrix} 2 & 0 & 1 \\ 0 & 3 & 2 \\ 1 & 2 & 3 \end{pmatrix}$

(e) $\begin{pmatrix} 1/2+1/2i & -1/2+1/2i & 0 \\ 1/2+1/2i & 1/2-1/2i & 0 \\ 0 & 0 & 1 \end{pmatrix}$

Exercício 4.3.7

Verifique que a soma de duas matrizes hermitianas é hermitiana. A soma de duas matrizes antihermitianas é antihermitiana? A soma de matrizes unitárias é unitária?

Exercício 4.3.8

Mostre que se A é matriz hermitiana, então iA é matriz antihermitiana.

Exercício 4.3.9

Mostre que $\langle A\mathbf{x}, \mathbf{y} \rangle = \langle \mathbf{x}, B\mathbf{y} \rangle$ para todos $\mathbf{x}, \mathbf{y} \in \mathbb{C}^n$ see $B = A^*$. (Sugestão: para a implicação para a frente escolha $\mathbf{x} = \mathbf{e}_i$, $\mathbf{y} = \mathbf{e}_j$.).

4.4 CÁLCULO DE POTÊNCIAS DE MATRIZES E SUAS APLICAÇÕES

Suponha que A é diagonalizável; isto é, $A = SDS^{-1}$. Isto torna muito mais fácil calcular outras quantidades associadas a A. Por exemplo, um potência A^k é dada por $(SDS^{-1})^k = SD^kS^{-1}$, e para calcular D^k só temos que elevar os elementos da diagonal de D à potência k. Olhamos um exemplo.

■ **Exemplo 4.4.1** Se $A = SDS^{-1}$ e $S = \begin{pmatrix} 1 & 0 & 2 \\ 1 & 1 & 3 \\ 0 & 0 & 1 \end{pmatrix}$ com $S^{-1} = \begin{pmatrix} 1 & 0 & -2 \\ -1 & 1 & -1 \\ 0 & 0 & 1 \end{pmatrix}, D = \begin{pmatrix} 1 & 0 & 0 \\ 0 & 2 & 0 \\ 0 & 0 & .5 \end{pmatrix}$

isto é, $A = \begin{pmatrix} 1 & 0 & -1 \\ -1 & 2 & -2.5 \\ 0 & 0 & .5 \end{pmatrix}$, então para calcular A^{20} não temos que multiplicar A 20 vezes por ela mesma. Em vez disso calculamos D^{20} e depois multiplicamos por S à esquerda e por S^{-1} à direita (chamamos a esta operação conjugar por S.) Aqui

$$D = \begin{pmatrix} 1 & 0 & 0 \\ 0 & 2^{20} & 0 \\ 0 & 0 & .5^{20} \end{pmatrix} = \begin{pmatrix} 1 & 0 & 0 \\ 0 & 1048576 & 0 \\ 0 & 0 & .00000095 \end{pmatrix}$$

e

$$A^{20} = SD^{20}S^{-1} = \begin{pmatrix} 1 & 0 & -1.99999809 \\ -1048575 & 1048576 & -1048577.99999714 \\ 0 & 0 & .00000095 \end{pmatrix}$$

218 Capítulo 4

Note o efeito dominante do segundo autovalor neste cálculo. Quando A^{20} é calculado no computador e é automaticamente posta em escala, o valor é dado como

$$10^6 \begin{pmatrix} .000001 & 0 & -.000001999999809 \\ -1.048575 & 1.048575 & -1.04857799999714 \\ 0 & 0 & .00000000000095 \end{pmatrix}$$

Quando se calculam potências cada vez mais altas, os efeitos dos autovalores 1 e 0,5 se tornam desprezíveis quando postos em escala e o computador imprimirá 0 exceto na segunda linha e esta se tornará essencialmente $2^k (-1 \ 1 \ -1)$ (pelo menos até que os números se tornem maiores que o maior número que o computador pode manejar). ∎

∎ *Exemplo 4.4.2* Olhamos em seguida $A = \begin{pmatrix} 1 & -.45 & .9 & -.45 \\ 1 & .045 & .91 & -.945 \\ .5 & -.005 & .51 & -.495 \\ 0 & .045 & -.09 & .055 \end{pmatrix}$

É diagonalizável, com $A = SDS^{-1}$ onde

$$S = \begin{pmatrix} -.4082 & .0000 & .5774 & .0000 \\ -.8165 & .8944 & .5774 & -.5774 \\ -.4082 & .4472 & .0000 & -.5774 \\ -.0000 & .0000 & .5774 & -.5774 \end{pmatrix}, D = \begin{pmatrix} 1 & 0 & 0 & 0 \\ 0 & .5 & 0 & 0 \\ 0 & 0 & .1 & 0 \\ 0 & 0 & 0 & .01 \end{pmatrix}$$

Quando elevamos A à potência A^k, podemos olhar isto como formar $A^k = (SDS^{-1})^k$.

Agora D^k tenderá a $\begin{pmatrix} 1 & 0 & 0 & 0 \\ 0 & 0 & 0 & 0 \\ 0 & 0 & 0 & 0 \\ 0 & 0 & 0 & 0 \end{pmatrix}$ quando k aumenta. Então o valor limite de

SD^k será $\begin{pmatrix} -.4082 & 0 & 0 & 0 \\ -.8165 & 0 & 0 & 0 \\ -.4082 & 0 & 0 & 0 \\ 0 & 0 & 0 & 0 \end{pmatrix}$

No limite, a primeira coluna, que é um vetor próprio para o autovalor 1, sobrevive e as outras colunas se tornam **0**. Quando formamos A^k temos que multiplicar isto por

$$S^{-1} = \begin{pmatrix} -2.4495 & 1.2247 & -2.4495 & 1.2247 \\ -2.2361 & 2.2361 & -2.2361 & .0000 \\ .0000 & .8660 & -1.7321 & .8660 \\ -.0000 & .8660 & -1.7321 & -.8660 \end{pmatrix}$$

Como todas as colunas de SD^k essencialmente são nulas exceto a primeira, para k grande, a única coisa que importa em A^k no limite é a primeira linha de S^{-1}, e assim as colunas de A^k tenderão a múltiplos da primeira coluna de SD^k, os coeficientes vindo dos vários elementos na primeira linha de S^{-1}. O valor limite de A^k será

$$\begin{pmatrix} 1 & -.5 & 1 & -.5 \\ 2 & -1 & 2 & -1 \\ 1 & -.5 & 1 & -.5 \\ 0 & 0 & 0 & 0 \end{pmatrix}$$

Para ver quão rapidamente A^k se avizinha desse limite (arredondado para cinco algarismos), calculamos

$$A^5 = \begin{pmatrix} 1.0000 & -.5000 & 1.0000 & -.5000 \\ 1.9375 & -.9375 & 1.9375 & -1.0000 \\ .9687 & -.4688 & .9688 & -.5000 \\ -.0000 & .0000 & -.0000 & .0000 \end{pmatrix},$$

$$A^{10} = \begin{pmatrix} 1.0000 & -.5000 & 1.0000 & -.5000 \\ 1.9980 & -.9980 & 1.9980 & -1.0000 \\ .9990 & -.4990 & .9990 & -.5000 \\ .0000 & .0000 & -.0000 & .0000 \end{pmatrix},$$

$$A^{20} = \begin{pmatrix} 1.0000 & -.5000 & 1.0000 & -.5000 \\ 2.0000 & -1.0000 & 2.0000 & -1.0000 \\ 1.0000 & -.5000 & 1.0000 & -.5000 \\ .0000 & -.0000 & .0000 & -.0000 \end{pmatrix}$$

Naturalmente A^{20} ainda não é igual ao valor limite. Agora imprimimos mais alguns algarismos; $A^{20} =$

$$\begin{pmatrix} 1.000000000000 & -.500000000000 & 1.000000000000 & -.500000000000 \\ 1.999998092651 & -.999998092651 & 1.999998092651 & -1.000000000000 \\ .999999046326 & -.499999046326 & .999999046326 & -.500000000000 \\ .000000000000 & -.000000000000 & .000000000000 & -.000000000000 \end{pmatrix} \quad \blacksquare$$

Para ver este comportamento de forma mais geral, suponhamos que os autovaloresde A são μ_1, ..., μ_n com autovetores $\mathbf{v}_1, ..., \mathbf{v}_n$. Então temos $A = SDS^{-1}$ como antes e $A^k = SD^kS^{-1}$. Então SD^k será a matriz com colunas $\mu_1^k \mathbf{v}_1, ..., \mu_n^k \mathbf{v}_n$ e multiplicar por S^{-1} será simplesmente tomar combinações lineares destas colunas para achar as colunas de A^k. Agora calculamos $A^k\mathbf{b}$ para algum $\mathbf{b}$ é questão de primeiro achar $S^{-1}\mathbf{b}$, isto é, de achar $\mathbf{c} = (c_1, ..., c_n)$ com $S\mathbf{c} = \mathbf{b}$, e depois

$$A^k\mathbf{b} = c_1 \mu_1^k \mathbf{v}_1 + \cdots + c_n \mu_n^k \mathbf{v}_n$$

Do ponto de vista de uma transformação linear o que este cálculo está dizendo é que para calcular L^k o mais fácil é primeiro escolher uma base de autovetores $\mathbf{v}_i$ com $L\mathbf{v}_i = \mu_i \mathbf{v}_i$ e então $L^k \mathbf{v}_i = \mu_i^k \mathbf{v}_i$. Então se pode expressar qualquer outro vetor como combinação dos $\mathbf{v}_i$, $\mathbf{v} = c_1 \mathbf{v}_1 + \cdots + c_n \mathbf{v}_n$ e

$$L^k\mathbf{v} = c_1 \mu_1^k \mathbf{v}_1 + \cdots + c_n \mu_n^k \mathbf{v}_n$$

Se os autovalores forem colocados em ordem descendente em termos de seus comprimentos então $c_1 \mu_1^k \mathbf{v}_1 + \cdots + c_n \mu_n^k \mathbf{v}_n = \mu_1^k(c_1 \mathbf{v}_1 + c_2 \alpha_2^k \mathbf{v}_2 + \cdots + c_n \alpha_n^k \mathbf{v}_n)$, onde $\alpha_j = \mu_j / \mu_1$ para $j > 1$. Se $\|\mu_1\| > \|\mu_j\|$ para $j > 1$,então α_j^k estará se avizinhando de 0, e assim o primeiro autovetor e primeiro autovalor tenderão a dominar o vetor imagem para k grande. Em particular, se todos os autovalores forem menores que 1 em valor absoluto, então A^k tenderá à matriz zero quando k cresce. Se um dos autovalores é maior que 1 em valor absoluto então o valor de $A^k\mathbf{b}$ será instável e tenderá a infinito (no sentido que seu comprimento tenderá a infinito) para certos $\mathbf{b}$. Se existir exatamente um autovalor μ que é 1, e os outros forem menores que 1 em valor absoluto, então $A^k\mathbf{b}$ tenderá a $c_1 \mathbf{v}_1$ quando k tender a infinito, onde c_1 é o primeiro elemento de $S^{-1}\mathbf{b}$. Esta situação surge em aplicações envolvendo cadeias de Markov.

Exercício 4.4.1

Para as matrizes A a seguir, ache as matrizes S e D com $A = SDS^{-1}$. Calculo A^{10} pela fórmula $SD^{10}S^{-1}$. Determine o que acontece com A^k quando k vai a infinito. Identifique um valor limite de A^k se existir.

220 Capítulo 4

Se A^k vai a infinito, determine se há um esquema para essa divergência (isto é, se as colunas estão tendendo a múltiplos de um único vetor).

(a) $A = \begin{pmatrix} 4 & 2 & -2 \\ 3 & 4 & -3 \\ 3 & 2 & -1 \end{pmatrix}$

(b) $A = \begin{pmatrix} 1 & .5 & -.5 \\ .9 & 1 & -.9 \\ .9 & .5 & -.4 \end{pmatrix}$

(C) $A = \begin{pmatrix} .1 & 0 & 0 \\ -.4 & .1 & .4 \\ -.4 & 0 & .5 \end{pmatrix}$

4.4.1 CADEIAS DE MARKOV

Uma **cadeia de Markov** finita é um modelo probabilístico de um sistema que pode estar num número finito de estados $S_1, ..., S_n$. Por exemplo, pode-se dizer que o tempo pode estar num dos estados $S_1 =$ bom, $S_2 =$ nublado, $S_3 =$ chuva. Então assumimos que há alguma probabilidade fixa, dada por um número entre 0 e 1, para uma transição entre um qualquer estado e outro. Estas probabilidades de transição são colocadas numa matriz T, onde o elemento ij, t_{ij}, representa a probabilidade de uma transição do j-ésimo estado para o i-ésimo estado, em um passo. No exemplo do tempo, se supusermos que o tempo cada dia é classificado num dos três estados, então os números t_{ij} descrevem as probabilidades de transição de um dia para o seguinte. Estas probabilidades poderiam ser determinadas experimentalmente de dados precedentes sobre o tempo. Naturalmente isto seria um modelo muito simplístico. A hipótese básica num modelo de cadeia de Markov é que esta probabilidade de transição depende somente do estado atual em que estamos, e não de sua história passada. O tempo é medido em acréscimos discretos (usualmente 0, 1, 2,...) e temos as mesmas probabilidades de transição em cada passo de tempo. Uma regra básica da teoria de probabilidades nos permite usar esta matriz T para determinar a probabilidade de estarmos num estado dado após um passo do tempo, uma vez conhecidas as probabilidades de estarmos agora em um estado qualquer e a matriz de transição de probabilidade T. Se $\mathbf{x} = (x_1, ..., x_n)$ representa as probabilidades de agora estarmos num dos estados, então $T\mathbf{x}$ representa as probabilidades de estarmos em cada um dos estados após uma transição. Por exemplo, suponhamos que as probabilidades de o tempo estar num dos três estados sejam dadas por

$$\mathbf{x} = (1/2, \ 1/4, 1/4) \ \text{ e que a matriz de transição é dada por } T = \begin{pmatrix} 1/2 & 1/3 & 1/6 \\ 1/3 & 1/3 & 1/2 \\ 1/6 & 1/3 & 1/3 \end{pmatrix}. \text{ O elemento (2,}$$

1) de T ser $1/3$ exprime o fato de ser $1/3$ a probabilidade de que o tempo estando bom hoje então estará nublado amanhã. O vetor $T\mathbf{x} = (3/8, 3/8, 1/4)$ expressa as probabilidades de estarmos em cada um dos três estados amanhã, baseado nas probabilidades iniciais de estarmos nos vários estados hoje. Por exemplo, o primeiro $3/8$, que dá a probabilidade de estar bom o tempo amanhã é achado por

$3/8 = $ (prob. bom hoje $= 1/2$)(prob. bom amanhã se bom hoje $= 1/2$)

+ (prob. nublado hoje $= 1/4$)(prob. bom amanhã se nublado hoje $= 1/3$)

+ (prob. chuvoso hoje $= 1/4$)(prob. bom amanhã se chuvoso hoje $= 1/6$)

O vetor inicial $\mathbf{x}$ é chamado **vetor de probabilidade**. Um vetor de probabilidade é caracterizado por ter elementos entre 0 e 1 inclusive tais que a soma dos elementos seja 1 . Estas propriedades

Cadeias de Markov **221**

exprimem o fato de a probabilidade de estarmos em um desses estados, não importa qual, ser 1 e é a soma das probabilidades de cada estado separadamente. A matriz T também tem a propriedade de seus elementos estarem entre 0 e 1 e a soma dos elementos de cada coluna ser 1 . Assim as colunas de T são vetores de probabilidade. A j-ésima coluna expressa as probabilidade de estarmos em um dos outros estados se começarmos com S_j. A soma ser 1 exprime que qualquer que seja o estado em que estamos, a probabilidade de estarmos em um dos estados após uma transição é 1 . Este último fato pode ser reexpresso dizendo que a soma das linhas de T é um vetor de linha cujos elementos são todos iguais a 1 . Isto tem uma importante conseqüência para nossa análise de uma cadeia de Markov. Se olharmos a matriz $T - I$, então a soma das linhas será o vetor linha zero. Isto implica que as linhas de $T - I$ são dependentes, logo $\det (T - I) = 0$. Logo 1 é um dos autovalores de T.

Se x é um vetor de probabilidade dando as probabilidades de se estar em um dos vários estados, então Tx será também um vetor de probabilidade que dá as probabilidades de estar nos vários estados após um transição. Então $T(T\mathbf{x}) = T^2\mathbf{x}$ dará as probabilidade de estar nos vários estados depois de duas transições, e em geral $T^k\mathbf{x}$ dá as probabilidade de estar nos vários estados depois de k transições. Estaremos interessados no que acontece a longo prazo, o que se acha calculando o limite de $T^k\mathbf{x}$ quando k tende a infinito. Nossa análise usará uma hipótese simplificadora, a de ser diagonalizável a matriz de transição. Isto não acontece necessariamente. Uma análise semelhante mas mais complicada pode ser feita no caso geral.

Quando os autovalores (em ordem decrescente de comprimentos) são dados por $\mu_1, \ldots, \mu_n$, então vimos que

$$T^k\mathbf{x} = c_1 \mu_1^k \mathbf{v}_1 + \cdots + c_n \mu_n^k \mathbf{v}_n$$

onde $S\mathbf{c} = \mathbf{x}$ e S é a matriz com os vetores próprios de T quando T é diagonalizável. Para uma matriz de transição de probabilidade T podemos mostrar que os valores próprios devem ter comprimento menor ou igual a 1. Além disso, em muitos casos (por exemplo, se todos os elementos de alguma potência T^k são positivos, chamada **cadeia de Markov regular**), pode-se mostrar que o único autovalor de comprimento 1 é 1 mesmo e tem multiplicidade algébrica 1. Mas então $T^k\mathbf{x}$ converge a $c_1 \mathbf{v}_1$ quando k vai a infinito. Este será um vetor de probabilidade que é um autovetor para o autovalor 1. Para achá-lo basta achar qualquer vetor próprio para o valor próprio 1 e normalizá-lo dividindo pela soma das coordenadas. A teoria geral diz que para uma cadeia de Markov regular o autoespaço para o autovalor 1 terá dimensão 1 e será constituído dos múltiplos de um único vetor de probabilidade p. Este vetor **p** é chamado um vetor estável para a cadeia de Markov. Assim $\lim_{k \to \infty} T^k = (\mathbf{p} \cdots \mathbf{p})$. Em particular isto significa que se x representa qualquer vetor de probabilidade inicial então $\lim_{k \to \infty} T^k\mathbf{x} = x_1\mathbf{p} + \cdots + x_n\mathbf{p} = (x_1 + \cdots + x_n)\mathbf{p} = \mathbf{p}$. O sistema tende à mesma distribuição de probabilidade entre estados independentemente do estado inicial. Isto dá um modo fácil de predizer o comportamento a longo prazo do sistema. Achamos um autovetor para o autovalor 1, normalizamos dividindo-o pela soma de seus elementos de modo a obter um autovetor de probabilidade **p**, e notamos que o limite de $T^k\mathbf{x}$ é **p**.

Daremos alguns exemplos e depois comentaremos algo sobre a teoria geral.

■ *Exemplo 4.4.3* Nosso primeiro exemplo é o que foi dado antes para o tempo. Temos uma

matriz de transição $T = \begin{pmatrix} 1/2 & 1/3 & 1/6 \\ 1/3 & 1/3 & 1/2 \\ 1/6 & 1/3 & 1/3 \end{pmatrix}$. Note que é cadeia de Markov regular pois todos os

elementos são positivos. A matriz se diagonaliza a $T = SDS^{-1}$, onde

222 Capítulo 4

$$S = \begin{pmatrix} .5923 & .8090 & .3090 \\ .6516 & -.3090 & -.8090 \\ .4739 & -.5000 & .5000 \end{pmatrix}, D = \begin{pmatrix} 1 & 0 & 0 \\ 0 & .2697 & 0 \\ 0 & 0 & -.1030 \end{pmatrix}$$

0 autovetor de probabilidade para o valor próprio 1 é encontrado a partir da primeira coluna dividindo pela soma dos elementos: $\mathbf{p} = (0,3448, 0,3793, 0,2759)$. Assim o modelo prediz que a probabilidade a longo prazo de tempo bom, como que seja agora, é de 0,3448. Há predições análogas para nublado e chuvoso. Para ver como o sistema evolui para o caso estável, podemos calcular algumas potências.

$$T^5 = \begin{pmatrix} .3457 & .3447 & .3440 \\ .3790 & .3794 & .3796 \\ .2753 & .2760 & .2763 \end{pmatrix}, T^{10} = \begin{pmatrix} .3448 & .3448 & .3448 \\ .3793 & .3793 & .3793 \\ .2759 & .2759 & .2759 \end{pmatrix}$$

Assim o sistema evolui bastante depressa, pelo menos até a quarta casa decimal. T^5 está bastante perto do valor limite, e T^{10} concorda até quatro casas decimais (na verdade a primeira diferença é na sexta casa decimal). A razão para esta convergência rápida é que os outros valores próprios 0,2697 e −0,1030 são de valor absoluto pequeno e assim quando são elevados a potências cada vez mais altas vão rapidamente a 0. ∎

■ *Exemplo 4.4.4* Nosso exemplo seguinte envolve um modelo do progresso de um estudante na escola. Além dos quatro estados óbvios, calouro, segundanista, terceiranista e formando, há mais dois estados considerados, o de desistência da escola e o de se graduar. Num ano dado supomos que há quatro coisas que poderiam acontecer: o estudante poderia estar no mesmo estado no ano acadêmico seguinte, poderia progredir para o estado seguinte, poderia ser desligado e poderia se graduar. Ordenamos os estados na ordem desligado, calouro, segundanista, terceiranista, formando e graduado. Assumimos que os estados de desligamento e graduado são estados absorventes — quem está neles continuará assim no ano seguinte. Aparecerão no comportamento a longo prazo, pois o estudante (a longo prazo) ou se desliga ou se gradua. Atribuímos a seguinte matriz de transição a este modelo.

$$T = \begin{pmatrix} 1 & .1 & .08 & .06 & .04 & 0 \\ 0 & .1 & 0 & 0 & 0 & 0 \\ 0 & .8 & .08 & 0 & 0 & 0 \\ 0 & 0 & .84 & .06 & 0 & 0 \\ 0 & 0 & 0 & .88 & .04 & 0 \\ 0 & 0 & 0 & 0 & .92 & 1 \end{pmatrix}$$

Esta reflete a idéia de que quanto mais o estudante progride mais provável é que continue a progredir e não ser desligado. O espaço de autovetores para o autovalor 1 tem dimensão dois com base $\mathbf{e}_1, \mathbf{e}_6$, que correspondem aos dois estados absorventes. A análise não se aplica exatamente como antes, mas diria que no limite devemos estar em alguma combinação linear dos vetores próprios para o autovalor 1. A particular combinação depende do ponto de partida. Isto se reflete nas matrizes S, D na diagonalização $T = SDS^{-1}$.

$$S = \begin{pmatrix} 1.0000 & 0 & -.0301 & -.0329 & -.0329 & -.0344 \\ 0 & 0 & 0 & 0 & 0 & .0001 \\ 0 & 0 & 0 & 0 & .0008 & .0023 \\ 0 & 0 & 0 & .0162 & .0321 & .0476 \\ 0 & 0 & .7217 & .7142 & .7064 & .6981 \\ 0 & 1.0000 & -.6916 & -.6990 & -.7064 & -.7136 \end{pmatrix},$$

$$D = \begin{pmatrix} 1.0000 & 0 & 0 & 0 & 0 & 0 \\ 0 & 1.0000 & 0 & 0 & 0 & 0 \\ 0 & 0 & 0.400 & 0 & 0 & 0 \\ 0 & 0 & 0 & .0600 & 0 & 0 \\ 0 & 0 & 0 & 0 & .0800 & 0 \\ 0 & 0 & 0 & 0 & 0 & .1000 \end{pmatrix}$$

Calculamos também a inversa de S; ela conterá informação em suas duas primeira linhas que reflete a particular combinação linear dos dois estados que ocorrerá em cada caso limite.

$$S^{-1} = \begin{pmatrix} 1 & .2719 & .1809 & .1028 & .0417 & 0 \\ 0 & .7281 & .8191 & .8972 & .9583 & 1 \\ 0 & -17071.7102 & 1280.3783 & -61.9704 & 1.3857 & 0 \\ 0 & 51749.6511 & -2587.4326 & 61.6055 & 0 & 0 \\ 0 & -52324.6175 & 1308.1154 & 0 & 0 & 0 \\ 0 & 17648.2735 & 0 & 0 & 0 & 0 \end{pmatrix}$$

O limite de SD^k é $\begin{pmatrix} 1 & 0 & 0 & 0 & 0 & 0 \\ 0 & 0 & 0 & 0 & 0 & 0 \\ 0 & 0 & 0 & 0 & 0 & 0 \\ 0 & 0 & 0 & 0 & 0 & 0 \\ 0 & 0 & 0 & 0 & 0 & 0 \\ 0 & 1 & 0 & 0 & 0 & 0 \end{pmatrix}$ e a multiplicação por S^{-1} dá

$$\begin{pmatrix} 1 & .2719 & .1809 & .1028 & .0417 & 0 \\ 0 & 0 & 0 & 0 & 0 & 0 \\ 0 & 0 & 0 & 0 & 0 & 0 \\ 0 & 0 & 0 & 0 & 0 & 0 \\ 0 & 0 & 0 & 0 & 0 & 0 \\ 0 & .7281 & .8191 & .8972 & .9583 & 1 \end{pmatrix}$$

Note que nesta multiplicação só as duas primeiras linhas de S^{-1} entram e dão a combinação apropriada dos dois estados absorventes no limite. Por exemplo, os elementos na segunda coluna são interpretados como dizendo que se o estudante entra como calouro a probabilidade de ser desligado é .2719 e é de .7281 de se graduar. A quarta coluna é interpretada como dizendo que para os estudantes ingressando no segundo ano a probabilidade de ser desligado é .1028 e é de .8972 para se graduar. ∎

■ *Exemplo 4.4.5* Este último exemplo ilustra outra faceta das cadeias de Markov que não ocorreu nos exemplos anteriores. Em cada um deles havia um valor limite para T^k. Isto pode não acontecer. Um exemplo em que não há limite e o de $T = \begin{pmatrix} 0 & 0 & 1 \\ 1 & 0 & 0 \\ 0 & 1 & 0 \end{pmatrix}$. Isto poderia modelar uma pessoa extremamente indecisa que está tentando decidir entre três escolhas e se inclina ciclicamente entre as decisões possíveis, nunca chegando a uma decisão final. Então $T^2 = \begin{pmatrix} 0 & 1 & 0 \\ 0 & 0 & 1 \\ 1 & 0 & 0 \end{pmatrix}$, $T^3 = I$, e as potências mais altas percorrem ciclicamente estas três matrizes. Esta cadeia de Markov é um exemplo particularmente simples de cadeia de Markov *cíclica*. ∎

224 Capítulo 4

Exercício 4.4.2_____

Suponha que há uma cadeia de Markov em que a matriz de probabilidade é $T = \begin{pmatrix} 1/2 & 0 & 1/4 \\ 0 & 1/4 & 1/2 \\ 1/2 & 3/4 & 1/4 \end{pmatrix}$.

Se o vetor de probabilidade inicial é $(1/3, 1/3, 1/3)$, qual será o vetor probabilidade limite? Qual é a probabilidade de se estar no estado 1 após 20 passos?

Exercício 4.4.3_____

Aqui consideramos um modelo (simplista) de mudanças populacionais entre três países que chamaremos A, B, C. Suponhamos que há configurações de migração de modo que 90% da população do país A num dado ano permanece lá e os restantes 10% migram para o país B. Do país B, 95% permanece lá e 5% migram para o país A. Do país C, 70% permanecem durante o ano seguinte, 20% migram para o país A e 10% migram para o país B. Se as populações iniciais dos três países são 10 milhões, 5 milhões e 15 milhões, quais serão as populações após 10 anos? Qual será a distribuição limite de populações?

Esses exemplos ilustram alguns aspectos das cadeias de Markov. A teoria completa pertence à teoria dos processos estocásticos dentro da teoria das probabilidades. Nossos exemplos estão apenas tocando a teoria e estão ilustrando como a diagonalizabilidade da matriz de transição pode ser usada para estudar o comportamento a longo prazo da cadeia de Markov. Para um tratamento mais completo das cadeias de Markov do ponto de vista da álgebra linear, consultar [5, 1].

No restante desta secção queremos provar algumas das propriedades mais simples das cadeias de Markov, algumas das quais foram enunciadas em nossa discussão anterior. T denotará a matriz de transição, e **x** será um vetor de probabilidade. Usamos r para denotar o vetor linha cujos elementos são todos 1, $r = (1 \ 1 \ \cdots \ 1)$. Primeiro registramos as seguintes definições.

DEFINIÇÃO 4.4.1 Um vetor de probabilidade **x** é um vetor com componentes entre 0 e 1, tal que a soma das componentes é 1. Uma matriz de transição T é uma matriz quadrada tal que cada uma de suas colunas é um vetor de probabilidade.

DEFINIÇÃO 4.4.2 Uma matriz real se diz positiva (resp., não negativa) see todos os seus elementos são positivos (resp., não negativos). Um vetor real se diz positivo (resp., não negativo) see todos os seus elementos são positivos (resp., não negativos).

Damos aqui algumas propriedades básicas dos vetores de probabilidade e das matrizes de transição.

(1) O produto $T\mathbf{x}$ de uma matriz de probabilidade e um vetor de probabilidade é um vetor de probabilidade. Isto segue facilmente dos dois enunciados seguintes, que são conseqüências fáceis das regras de multiplicação de matrizes e das definições.
(2) **x** é um vetor de probabilidade see é não negativo e $r\mathbf{x} = 1$.
(3) T é matriz de transição see T é não negativa e $rT = r$.

Exercício 4.4.4_____

Preencha os detalhes da verificação destas afirmações.

Cadeias de Markov **225**

O último enunciado pode ser também posto na forma $\mathbf{r}(T-I) = \mathbf{0}$. Dizemos que o vetor linha r está no espaço de anulamento à esquerda de $T-I$. Isto eqüivale a $\mathbf{r}^t$ estar no espaço de anulamento de $(T^t - I)$, e portanto det $(T-I)^t = 0$. Assim obtemos

> **PROPOSIÇÃO 4.4.1** Uma matriz de transição para uma cadeia de Markov sempre tem 1 como autovalor. Um autovetor à esquerda (isto é, satisfazendo $\mathbf{r}T = \mathbf{r}$) é dado por
>
> $$\mathbf{r} = (1 \quad 1 \cdots 1)$$
>
> cujos elementos são todos iguais a 1.

Esta proposição dá um autovetor à esquerda para o autovalor 1. Mas nós estamos realmente interessados nos autovetores (à direita) x com $T\mathbf{x} = \mathbf{x}$. Estamos particularmente interessados em quando estes autovetores são vetores de probabilidade. Primeiro observamos uma limitação para os autovalores de uma matriz de transição.

DEFINIÇÃO 4.3.3 A 1-norma $|\mathbf{x}|$ de um vetor $\mathbf{x} = (x_1, \ldots, x_n)$ é a soma

$$\|x_1\| + \cdots + \|x_n\|$$

Note que para um vetor de probabilidade x a 1-norma vale 1.

> **PROPOSIÇÃO 4.4.2** Se T é matriz de transição e x é qualquer vetor então
>
> $$|T\mathbf{x}| \le |\mathbf{x}|$$
>
> Se T é matriz positiva e x é vetor real então podemos ter igualdade somente se todos os elementos de x são não negativos ou todos são não positivos.

Prova.

$$
\begin{aligned}
|T\mathbf{x}| &= \|t_{11}x_1 + \cdots + t_{1n}x_n\| + \cdots + \|t_{n1}x_1 + \cdots + t_{nn}x_n\| \\
&\le t_{11}\|x_1\| + \cdots + t_{1n}\|x_n\| + \cdots + t_{n1}\|x_1\| + \cdots + t_{nn}\|x_n\| \\
&= (t_{11} + \cdots + t_{n1})\|x_1\| + \cdots + (t_{1n} + \cdots + t_{nn})\|x_n\| \\
&= \|x_1\| + \cdots + \|x_n\| = |x|
\end{aligned}
$$

Ainda mais, se todos os t_{ij} são positivos e os elementos de x são reais então o único modo de termos igualdade no sinal $\le$ é que os x_i todos tenham o mesmo sinal. ∎

> **PROPOSIÇÃO 4.4.3** Suponhamos que T é matriz de transição positiva e que x é o autovetor real para o autovalor 1. Então os elementos de x têm todos o mesmo sinal. Assim existe um autovetor de probabilidade x para o autovalor 1.

Prova. A primeira afirmação segue da proposição precedente pois teríamos $|T\mathbf{x}| = |\mathbf{x}|$. Para obter o autovetor de probabilidade basta tomar um qualquer autovetor e normalizá-lo dividindo pela soma de seus elementos. Como têm todos o mesmo sinal esta soma não será zero e o quociente resultante será o autovetor de probabilidade. ∎

Em seguida mostramos que se T é positiva existe um único autovetor de probabilidade para o autovalor 1.

226 Capítulo 4

PROPOSIÇÃO 4.4.4 Se T é uma matriz de transição positiva então existe um único autovetor de probabilidade para o autovalor 1.

Prova. Suponha que $\mathbf{x}$ e $\mathbf{y}$ são autovetores de probabilidade para o autovalor 1. Se não são iguais então $\mathbf{u} = \mathbf{x} - \mathbf{y}$ será um autovetor para o autovalor 1 com elementos positivos e elementos negativos. Isto resulta de ser a soma dos elementos igual a $1 - 1 = 0$. ∎

PROPOSIÇÃO 4.4.5 Se T é matriz de transição positiva então o autoespaço real $E(1)$ para o autovalor 1 tem dimensão 1.

Prova. Sabemos que existe um autovetor de probabilidade $\mathbf{x}$ para o autovalor 1. Suponha que existe um outro autovetor real $\mathbf{y}$. Como todos os elementos de $\mathbf{y}$ devem ter o mesmo sinal, podemos normalizar $\mathbf{y}$ dividindo pela soma de seus elementos. Isto dará um vetor de probabilidade e portanto é $\mathbf{x}$ pela unicidade do autovetor de probabilidade para o autovalor 1. Assim $\mathbf{y}$ é um múltiplo de $\mathbf{x}$. ∎

Estes resultados sobre o autoespaço para o autovalor 1 podem ser generalizados a matrizes regulares. Lembremos que uma matriz de transição é dita regular se existe um número k tal que T^k seja positiva. Note que os autovalores de T^k são da forma μ^k, onde μ é um autovalor de T. Além disso todo autovetor de T para o autovalor μ será autovetor de T^k para o autovalor μ^k: $T\mathbf{x} = \mu\mathbf{x} \Rightarrow T^k\mathbf{x} = \mu^k\mathbf{x}$. Como todo autovetor $\mathbf{x}$ de T para o autovalor 1 será autovetor de T^k para o autovalor 1, vemos que T^k positiva implica que todo autovetor de T para o autovalor 1 deve ter as mesmas propriedades que os autovetores para uma matriz de transição positiva para o autovalor 1. Assim todo autovetor para o autovalor 1 de uma matriz de transição regular deve ser mútiplo de um único autovetor de probabilidade $\mathbf{p}$. Em particular o autoespaço é de dimensão 1. Porém há mais, pois não podem existir autovalores diferentes de 1 com comprimento 1. Não daremos a prova aqui — o leitor interessado pode achar a prova em [1].

PROPOSIÇÃO 4.4.6 Se T é matriz de transição positiva e c é um autovalor para T, então $\|c\| \leq 1$.

Prova. Seja $\mathbf{x}$ um autovetor para o autovalor c. Então $|T\mathbf{x}| = |c\mathbf{x}| = \|c\| \, |x| \leq |x|$ implica $\|c\| \leq 1$. ∎

Esta última proposição significa que o comprimento do maior autovalor é 1. Assim vimos que o maior comprimento de um autovetor é 1 e que a única possibilidade é o próprio autovalor 1, que tem um autoespaço de dimensão 1 que consiste dos múltiplos de um único autovetor de probabilidade.

TEOREMA 4.4.7 Suponha que T é matriz de transição para uma cadeia de Markov regular e que T é diagonalizável. Então existe um único autovetor de probabilidade positivo $\mathbf{p}$ para o autovalor 1 e o $\lim_{k \to \infty} T^k$ é uma matriz de transição cujas colunas são todas $\mathbf{p}$.

Exercício 4.4.5
Prove o Teorema 4.4.7.

___

O Teorema 4.4.7 vale sem hipótese de diagonalizabilidade.

Equações de diferenças e relações de recorrência **227**

4.4.2 EQUAÇÕES DE DIFERENÇAS E RELAÇÕES DE RECORRÊNCIA

Achar valor limite para uma cadeia de Markov é só um caso particular de olhar o limite de A^k quando k vai a infinito. Nesta secção queremos discutir algumas facetas do processo de limite. Suporemos que há algum vetor inicial $\mathbf{x}_0$. Queremos então estudar o comportamento da seqüência de vetores $\mathbf{x}_0$, $\mathbf{x}_1$, $\mathbf{x}_2$, ..., onde $\mathbf{x}_{i+1} = A\mathbf{x}_i$. Isto significa que $\mathbf{x}_k = A^k \mathbf{x}_0$. Isto pode ser visto por indução sobre k. Quando $k = 1$, a afirmação diz que $\mathbf{x}_1 = A\mathbf{x}_0$, que é a condição que define $\mathbf{x}_1$. Se supusermos que a afirmação vale para $k = p$ podemos verificá-la para $k = p + 1$:

$$\mathbf{x}_{p+1} = A\mathbf{x}_p = A(A^p \mathbf{x}_0) = A^{p+1} \mathbf{x}_0$$

Uma interpretação física desta seqüência é que estamos descrevendo o movimento de uma partícula em $\mathbb{R}^n$ (usualmente $n = 3$ ou 4 mas pode ser maior se estivermos descrevendo outras quantidades além da posição e do tempo, tais como momento). A interpretação do índice i é que descreve algum passo de tempo. Assim a seqüência de vetores nos dá uma seqüência de fotos instantâneas, tomadas a intervalos de tempo regulares, da partícula. Uma equação $\mathbf{x}_{i+1} = A\mathbf{x}_i$ chama-se uma equação de diferenças. A terminologia vem de um uso importante, que é o de usar certas diferenças para aproximar derivadas. Podemos então dar equações de diferenças como modelos discretos para equações diferenciais, que podem então ser resolvidas usando um computador.

Nesta secção usaremos equações de diferenças para estudar relações de recorrência. Queremos desenvolver um tanto nossa discussão anterior quanto ao valor limite de A^k. Supomos que $A = SDS^{-1}$ é diagonalizável e que os autovalores μ_1, ..., μ_n de A estão ordenados de modo que $\|\mu_1\| \geq \|\mu_2\| \geq \cdots \geq \|\mu_n\|$. Vimos antes que se $\|\mu_1\| < 1$ então $A^k \to 0$, e portanto $\lim_{k \to \infty} \mathbf{x}_k = \mathbf{0}$. O caso em que $\mu_1 = 1$, $\|\mu_2\| < 1$ foi estudado no caso de cadeias de Markov. Neste caso ponhamos $\mathbf{c} = S^{-1} \mathbf{x}_0$. Então

$$\mathbf{x}_k = SD^k S^{-1} \mathbf{x}_0 = SD^k \mathbf{c} = c_1 \mathbf{v}_1 + c_2 \mu_2^k \mathbf{v}_2 + \cdots + c_n \mu_n^k \mathbf{v}_n$$

Aqui $\mathbf{v}_1$, ..., $\mathbf{v}_n$ são os vetores próprios que são as colunas de S. Quando passamos ao limite obtemos $c_1 \mathbf{v}_1$. Assim só precisamos conhecer um vetor próprio para o valor 1 e o correspondente vetor $\mathbf{c}$ proveniente do vetor inicial $\mathbf{x}_0$. Se há vários autovetores para o autovalor 1 então a situação é um tanto mais complicada mas ainda existirá um limite. Se há outros valores próprios de valor absoluto 1, então a análise se torna ainda mais complicada e pode não mais existir limite. Novos fenômenos podem ocorrer tais como periodicidade, quando os $\mathbf{x}_i$ tendem a passar ciclicamente por diferentes vetores. Isto pode ocorrer se há um autovalor que é uma raiz p-ésima de 1. Um exemplo simples seria uma matriz 2 por 2 em que os autovalores são ± 1, como $A = \begin{pmatrix} 0 & 1 \\ 1 & 0 \end{pmatrix}$. Aqui os $\mathbf{x}_i$ alternam as duas coordenadas do vetor inicial.

Suponha que $\mathbf{x}_i = (y_{i1}, y_{i2}, ..., y_{in})$ e que temos $\|\mu_1\| > \|\mu_2\|$. Podemos formar $\alpha_i = \mu_i / \mu_1$ e escrever $\mathbf{x}_k = \mu_1^k (c_1 \mathbf{v}_1 + c_2 \alpha_2^k \mathbf{v}_2 + \cdots + c_n \alpha_n^k \mathbf{v}_n)$. Se $|\mu_1| > 1$ não pode existir valor limite a menos que $c_1 = 0$. Então o primeiro termo dominará os demais e irá a infinito (ao menos em valor absoluto). Mesmo neste caso podemos dizer alguma coisa sobre os valores relativos das coordenadas no limite. Estes valores relativos serão os mesmos depois de removermos o fator comum μ_1^k e a constante c_1 (supondo que não é zero). Assim os termos relativos tenderão aos mesmos que no vetor próprio $\mathbf{v}_1$. Olhemos alguns exemplos.

■ *Exemplo 4.4.6* Seja $A = \begin{pmatrix} .35 & .15 \\ .15 & .35 \end{pmatrix}$ e $\mathbf{x}_0 = (1, 0)$. Então

228 Capítulo 4

$$S = \begin{pmatrix} 1 & -1 \\ 1 & 1 \end{pmatrix}, D = \begin{pmatrix} .5 & 0 \\ 0 & .2 \end{pmatrix}, S^{-1} = \begin{pmatrix} .5 & .5 \\ -.5 & .5 \end{pmatrix}, \mathbf{c} = S^{-1}\mathbf{x}_0 = \begin{pmatrix} .5 \\ -.5 \end{pmatrix}$$

Assim $\lim_{k \to \infty} \mathbf{x}_k = 0$. Porém o modo pelo qual ocorre esta convergência a zero não é ao acaso. Pois

$$\mathbf{x}_k = (.8)^k [(.5 , .5) + (.25)^k (.5, - .5)]$$

Assim estes vetores são múltiplos de $(.5 , .5) + (.25)^4 (.5, -.5)$ e tenderão a ficar cada vez mais próximos da reta por $(.5 , .5)$. Portanto a convergência tende a ser ao longo desta reta.

O que aconteceu a este valor inicial ocorre para a maioria dos valores iniciais, mas não todos. Suponha que o valor inicial é $\mathbf{x}_0 = (-1, 1)$; isto é, um autovetor para o autovalor $.2$. Então $\mathbf{c} = (0, 1)$ e $\mathbf{x}_k = (.2)^k (-1, 1)$. Neste caso $\mathbf{x}_k$ converge a 0 movendo-se ao longo da reta por $(-1, 1)$. ■

■ *Exemplo 4.4.7* Aqui usamos a mesma S que antes e o vetor inicial $\mathbf{x}_0 = (1, 0)$, mas os autovalores são $1, .1$. A matriz correspondente $A = \begin{pmatrix} .55 & .45 \\ .45 & .55 \end{pmatrix}$. Aqui

$$\mathbf{x}_k = (.5, .5) + (.1)^k (.5, -.5)$$

A convergência é a $(.5, .5)$ mas se dá ao longo da reta $(.5, .5) + T (.5, -.5)$. Se usássemos o valor inicial $(1, -1)$ então $\mathbf{x}_k = (.1)^k (1, -1)$ e teríamos convergência a $\mathbf{0}$ ao longo desta reta. ■

■ *Exemplo 4.4.8.* Aqui usamos a mesma S e o valor inicial $(1, 0)$ como nos dois últimos exemplos, mas os autovalores são agora 2 e 1. A matriz correspondente é $A = \begin{pmatrix} 1.5 & .5 \\ .5 & 1.5 \end{pmatrix}$. Então

$$\mathbf{x}_k = 2^k [(.5, .5) + 2^{-k} (.5, -.5)]$$

Embora isto vá a um limite infinito, tende a jazer ao longo da reta por $(.5, .5)$ e assim a razão entre as coordenadas tenderá a 1. ■

Exercício 4.4.6
Ache a razão limite entre a primeira e a segunda coordenada para a equação de diferenças

$$\mathbf{x}_{i+1} = \begin{pmatrix} 1 & 3 \\ 2 & 1 \end{pmatrix} \mathbf{x}_i, \mathbf{x}_0 = \begin{pmatrix} 1 \\ 2 \end{pmatrix}$$

Exercício 4.4.7
Mostre que não há valor limite para $\mathbf{x}_k$ para a equação de diferenças

$$\mathbf{x}_{i+1} = \begin{pmatrix} 0 & 1 \\ 1 & 0 \end{pmatrix} \mathbf{x}_i, \mathbf{x}_0 = (1, 0)$$

mas que há limite se o vetor inicial $\mathbf{x}_0$ é $(1, 1)$.

Exercício 4.4.8
Mostre que existe $\lim_{i \to \infty} \mathbf{x}_i / \|\mathbf{x}_i\|$ para a equação de diferenças seguintes e ache-o

$$\mathbf{x}_{i+1} = \begin{pmatrix} -1 & -1.5 & 1.5 \\ 1 & 1.5 & -.5 \\ -2 & -2 & 3 \end{pmatrix} \mathbf{x}_i, \mathbf{x}_0 = (1, 2, 1)$$

Equações de diferenças e relações de recorrência **229**

Verifique que é um autovetor para o maior autovalor.

Agora olhamos uma fórmula de recorrência relacionando elementos de uma seqüência de números reais e mostramos como achar informação sobre a seqüência reformulando o problema em termos de uma equação de diferenças. Começamos com um problema famoso.

■ *Exemplo 4.4.8* Os números de Fibonacci são

$$1, 1, 2, 3, 5, 8, 13, \ldots$$

São formados a partir de $y_0 = 1$, $y_1 = 1$ usando a fórmula de recorrência

$$y_{i+2} = y_{i+1} + y_i$$

Isto determina completamente todos os elementos da seqüência gerando o seguinte como soma dos dois últimos. Seu estudo remonta aos antigos filósofos gregos e aparecem numa grande variedade de aplicações, particularmente nas ciências naturais. Estamos interessados aqui em determinar o limite de suas razões y_{i+1} / y_i. Este limite era denominado pelos gregos a razão áurea e dizia-se que era a razão entre lados de um retângulo mais agradável à vista. Reformulamos o problema de achar este limite em termos de equação de diferenças. Primeiro formamos um vetor $\mathbf{x}_i = (y_{i+1}, y_i)$. O vetor inicial $\mathbf{x}_0 = (1, 1)$ e os primeiros vetores são

$$(1, 1),(2, 1), (3, 2), (5, 3), (8, 5), (13, 8)$$

Estes vetores contêm a mesma informação que a seqüência original, mas numa forma em que podemos usar nosso métodos para determinar a razão limite. Em seguida reescrevemos a forma de recursão $y_{i+2} = y_{i+1} + y_i$ em termos deste vetores:

$$\mathbf{x}_{i+1} = \begin{pmatrix} y_{i+2} \\ y_{i+1} \end{pmatrix} = \begin{pmatrix} y_{i+1} + y_i \\ y_{i+1} \end{pmatrix} = \begin{pmatrix} 1 & 1 \\ 1 & 0 \end{pmatrix} \begin{pmatrix} y_{i+1} \\ y_i \end{pmatrix} = A\mathbf{x}_i$$

onde $A = \begin{pmatrix} 1 & 1 \\ 1 & 0 \end{pmatrix}$. A matriz $A = SDS^{-1}$ com

$$S = \begin{pmatrix} \frac{1+\sqrt{5}}{2} & -1 \\ 1 & \frac{1+\sqrt{5}}{2} \end{pmatrix}, D = \begin{pmatrix} \frac{1+\sqrt{5}}{2} & 0 \\ 0 & \frac{1-\sqrt{5}}{2} \end{pmatrix}$$

As aproximações decimais a este autovalores são 1.6180, $-.6180$. Como o coeficiente c_1 em $\mathbf{c} = S^{-1} \mathbf{x}_0$ não é zero, o limite da razão do primeiro elemento para o segundo será o do autovetor para o maior autovalor. Assim vem

$$\lim_{k \to \infty} y_{i+1} / y_i = \frac{1+\sqrt{5}}{2}$$

Note que o valor limite da razão neste exemplo é o maior autovalor. Isto será verdade sempre que existe uma razão limite. Pois podemos achá-la escolhendo qualquer vetor inicial com $c_1 \neq 0$. Se escolhermos o autovetor $\mathbf{v}_1$ como vetor inicial então a multiplicação por A simplesmente multiplicará cada elemento por este autovalor, e assim a razão neste caso é o autovalor. ■

230 Capítulo 4

Podemos generalizar a técnica do último exemplo. O passo principal é o de ir de uma fórmula de recorrência, que diz como gerar o elemento seguinte de uma seqüência a partir de elementos precedentes, para uma equação de diferenças. Trataremos somente do caso em que há uma fórmula de recursão da forma

$$y_{i+n} = a_1\, y_{i+n-1} + a_2\, y_{i+n-2} + \cdots + a_n\, y_i$$

Para determinar todos os termos da seqüência y_i precisamos conhecer os termos iniciais $y_{n-1}, \ldots, y_0$. Podemos formar um vetor $\mathbf{x}_0 = (y_{n-1}, \ldots, y_0)$ com estes. Formamos também uma seqüência de vetores $\mathbf{x}_i + (y_{i+n-1}, \ldots, y_i)$. A fórmula de recursão é então traduzida na equação matricial $\mathbf{x}_{k+1} = A\mathbf{x}_k$ com matriz

$$A = \begin{pmatrix} a_1 & a_2 & \cdots & a_{n-1} & a_n \\ 1 & 0 & \cdots & 0 & 0 \\ 0 & 1 & \cdots & 0 & 0 \\ \vdots & \vdots & \vdots & \vdots & \vdots \\ 0 & 0 & \cdots & 1 & 0 \end{pmatrix}$$

Analisando a equação matricial podemos determinar o que está acontecendo com a seqüência original e em particular podemos responder a questões sobre razões limite.

■ *Exemplo 4.4.9* Considere o análogo da seqüência Fibonacci, quando partimos dos três números 1, 1, 1 e então cada número é a soma dos três precedentes. Assim a seqüência começa como

$$1, 1, 1, 3, 5, 9, 17, 31, \ldots$$

Isto se traduz numa equação matricial $x_{k+1} = A\mathbf{x}_k$, onde $A = \begin{pmatrix} 1 & 1 & 1 \\ 1 & 0 & 0 \\ 0 & 1 & 0 \end{pmatrix}$. Aqui os autovalores são 1.8393 e dois autovalores complexos conjugados $-.4196 \pm i.6063$, que têm comprimento menor que 1. Assim a razão limite será 1.8393. ■

Nos Exercícios 4.4.9—4.4.12 reescreva a fórmula de recursão como equação matricial de diferenças e ache a razão limite de $y_{i+1}\,/\,y_i$ se existir.

Exercício 4.4.9
$1, 1, 3, 5, 1, \ldots;\ y_{i+2} = y_{i+1} + 2y_i$

Exercício 4.4.10
$1, 2, 3, 10, 22, 51, \ldots;\ y_{i+3} = y_{i+2} + 2y_{i+1} + 3y_i$

Exercício 4.4.11
$0, 1, 2, 3, 3, 4, 6, 9, 12, 16, 22, \ldots;\ y_{i+4} = y_{i+3} + y_i$

Exercício 4.4.12
$0, 1, 2, 3, 3, 4, 5, 7, 8, 11, \ldots;\ y_{i+4} = y_{i+2} + y_i$

4.4.3 O MÉTODO DE POTÊNCIAS PARA AUTOVALORES

Queremos descrever um método para calcular o maior autovalor de uma matriz A. Vem de considerar a equação de diferenças $x_{i+1} = Ax_i$. Na situação em que há um autovalor máximo μ_1 com $\|\mu_1\| > \|\mu_i\|$, $i = 2, \ldots, n$ vimos que quando i vai a infinito x_i tende a um múltiplo do autovetor para o autovalor máximo. Para eliminar o efeito do autovalor sobre o limite podemos por em escala tomando sempre um vetor unitário. Assim formamos uma seqüência de vetores

$$z_0 = x_0 / \|x_0\|, \ z_1 = Az_0 / \|Az_0\|, \ \ldots, z_{i+1} = Az_i / \|Az_i\|$$

Equivalentemente, poderíamos refrasear esta seqüência como

$$z_i = x_i / \|x_i\|$$

Como os x_i vão tender a um múltiplo de um autovetor para o maior autovalor μ_1, os z_i vão tender a um autovetor unitário para este autovalor. Portanto podemos achar um autovetor para o maior autovalor por este processo. O autovalor por sua vez é então encontrado comparando elementos de Az_i com z_i para valores grandes de i. Naturalmente só dizemos que este processo funciona quando há de fato um autovalor máximo (de multiplicidade algébrica 1) e a matriz é diagonalizável. A diagonalizabilidade não é realmente exigida, mas a hipótese sobre o autovalor máximo é essencial. Há também questões numéricas como o efeito do erro de arredondamento que não discutiremos. Na verdade o erro de arredondamento pode ser de ajuda em cálculos assim pois, se cairmos (inicialmente ou mais tarde) sobre um vetor com coeficiente 0 em relação ao autovetor v_1, um pequeno erro de arredondamento pode levá-lo mais tarde a um vetor cujo coeficiente já não é zero de modo que o método pode funcionar na prática, quando não deveria do ponto de vista puramente teórico. Outro ponto importante computacionalmente é a velocidade de convergência. Esta se relaciona com a razão dos outros autovalores para o maior. Falando sem rigor, temos convergência mais rápida quando estas razões são menores. Também observamos que o método só dá informação sobre um dos valores próprios e correspondente vetor próprio. Existem técnicas mais elaboradas para calcular os outros autovalores. Contentamo-nos aqui com um exemplo e alguns exercícios para ilustrar o método.

■ **Exemplo 4.4.10** Seja $A = \begin{pmatrix} -2 & -3 & 3 \\ 2 & 3 & -1 \\ -4 & -4 & 6 \end{pmatrix}$. Tomamos como vetor inicial $x_0 = (1, 0, 0)$. Aqui

damos um curto programa MATLAB que computa potências normalizadas como descrevemos até que a diferença entre z_k e z_{k-1} seja menor que 10^{-10} junto com o output. O programa tem uma condição que interrompe o programa se não houver suficiente convergência em 1000 passos

```
x = [1 0 0 ]´;
A = [-2 -3 3; 2 3 -1; -4 -4 6];
clear x
X (: , 1 = x;
X (: , 2) = A*X (: , 1) / norm (A*X (; , 1));
k = 2;
enquanto (norm(X((: , k)- X(: ,k-1)) > 10^(-10))&(k<1000)
X (: , k + 1) = A*X (: , k) / norm(A*X (: , k));
k = k + 1;
fim
```

232 Capítulo 4

```
se k<1000
k, X (; , k)
p = 1;
enquanto (abs (X(p, k)) <.01)
p = p + 1;
fim
v = X (: , k): w = A*X (: , k);
maxautval = w(p, 1)/v (p, 1)
senão
disp ([´o método de potência não converge em 1000 passos´])
break
fim


k =

   35

ans =

   -0.44721359552078
    0.00000000005206
   -0.89442719098950

   maxautval =

   4.00000000000000
```

Vemos daí que (.4472, 0, .8944) é um autovetor aproximado para o autovalor 4. Os verdadeiros autovalores desta matriz são 4, 2, 1. ∎

Exercício 4.4.13

Use o método de potências para achar o máximo autovalor e um correspondente autovetor para a

matriz $A = \begin{pmatrix} 1 & 2 & 3 \\ 4 & 5 & 6 \\ 7 & 8 & 9 \end{pmatrix}$. Compare sua resposta com a que se obtém calculando o polinômio característico

e resolvendo para achar os autovalores e um autovetor para o maior autovalor.

Exercício 4.4.14

Use o método de potências para achar o maior autovalor de

$$\begin{pmatrix} 3 & -6 & 5 & -1 \\ -1 & 4 & 1 & 1 \\ -2 & -4 & 10 & 2 \\ -1 & -2 & 1 & 3 \end{pmatrix}$$

Exercício 4.4.15

Use o método de potências para achar o maior autovalor de

$$\begin{pmatrix} 1 & -1 & 2 & 1 & 4 \\ 0 & 2 & 2 & 1 & -1 \\ 2 & 0 & 1 & 1 & 2 \\ -3 & 1 & 2 & 3 & 0 \\ 4 & 1 & 2 & 1 & -1 \end{pmatrix}$$

e um autovetor correspondente. Calcule estes autovalores usando um programa regular de computador para os autovalores e explique sua resposta

---

4.4.4 RAÍZES E EXPONENCIAIS DE MATRIZES

Outro uso da diagonalização de uma matriz é que nos permite achar raízes e assim potências fracionárias de uma matriz , usando as correspondentes raízes de números. Por $A^{1/p}$ entendemos uma matriz B tal que $B^p = A$.

Podemos usar a descrição da multiplicação complexa em termos de coordenadas polares para achar raízes de um número complexo. Note que $(r \exp(i\theta))^n = r^n \exp(in\theta)$. Assim uma raiz n-ésima de $r \exp(i\theta)$ é dada por $r^{1/n} \exp(i\theta/n)$. Há na verdade n raízes distintas. Pois o número 1 tem como raízes n-ésimas os n números $\exp(2\pi ik/n)$, onde $0 \le k \le n - 1$. Estes n pontos estão igualmente distribuídos sobre o circulo unitário no plano complexo. Se multiplicarmos qualquer raiz n-ésima de um número por qualquer uma destas obteremos uma nova raiz n-ésima do número. Além disso, todas as raízes podem ser obtidas a partir de uma multiplicando pelas n raízes n-ésimas da unidade. Quando queremos achar as raízes n-ésimas de uma matriz diagonalizável A, reduzimos o problema ao de achar raízes n-ésimas de uma matriz diagonal D. É questão de achar raízes n-ésimas de cada um dos autovalores. Olhemos um exemplo com autovalores complexos.

■ **Exemplo 4.4.11** $A = \begin{pmatrix} 1 & -1 \\ 1 & 1 \end{pmatrix}$. Os autovalores de A são $1 + i$, $1 - i$ e os correspondentes autovetores são $(i, 1)$ e $(-i, 1)$. Escrevemos $1 + i = \sqrt{2} \exp(i\pi/4)$ e $1 - i = \sqrt{2} \exp(-i\pi/4)$. Assim para achar uma 10-ésima raiz de A temos que tomar uma tal raiz de cada um desses autovalores, o que dá

$2^{1/20} \exp(i\pi/40)$ e $2^{1/20} \exp(-i\pi/40)$, e então conjugamos a matriz diagonal por $S = \begin{pmatrix} i & -i \\ 1 & 1 \end{pmatrix}$. Neste

caso obtemos $B = \begin{pmatrix} 1.0321 & -.0812 \\ .0812 & 1.0321 \end{pmatrix}$ ■

Note que há 99 outras raízes desta matriz porque temos 10 escolhas para cada uma das raízes décimas dos autovalores. Podemos achar 10 destas raízes geometricamente, observando que a multiplicação por A representa uma dilatação por $\sqrt{2}$ seguida de uma rotação por $\pi/4$. A raiz décima que achamos foi a dilatação por $2^{1/20}$ seguida de rotação por $\pi/40$. Poderíamos girar por $\pi/40 + 2k\pi/10$, $k = 0, \ldots, 9$ e assim achar 10 das raízes desta forma.

Podendo achar raízes podemos também achar potências fracionárias. Para achar potências arbitrárias precisamos saber achar exponenciais pois potências arbitrárias são definidas a partir delas. Também deveríamos saber como achar logaritmos—uma discussão disto nos levaria longe demais (naturalmente, computacionalmente só estamos achando respostas aproximadas de qualquer forma, de modo que podemos expressar potências irracionais como limites de potências racionais). Mas

234 Capítulo 4

queremos discutir a exponenciação de uma matriz quadrada. Isto se faz pela série de potências.

$$\exp(A) = I + A + A^2 / 2! + \cdots + A^n / n! + \cdots$$

embora haja um pouco de análise envolvida aqui para estabelecer a convergência. Quando se tem matrizes quadradas em vez de números temos que ser mais cuidadosos. Como a multiplicação de matrizes não comuta, $\exp(A + B) \neq \exp(A)\exp(B)$ em geral. Porém isto não acontece se A e B comutam entre si. Usaremos isto no caso em que A é múltiplo da unidade (e portanto comuta com qualquer matriz). Quando a matriz é diagonalizável, $\exp(A)$ se calcula facilmente computando exp de cada um dos autovalores. Isto usa o fato de para uma matriz diagonal D, $\exp(D)$ ser uma matriz diagonal com os elementos diagonais $\exp(d)$ para os elementos diagonais originais d. Por exemplo, para a A anterior

$$\exp(A) = S\begin{pmatrix} \exp(1+i) & 0 \\ 0 & \exp(1-i) \end{pmatrix} S^{-1} = \begin{pmatrix} 1.4687 & -2.2874 \\ 2.2874 & 1.4687 \end{pmatrix}$$

Exercício 4.4.16

Ache uma raiz cúbica da matriz $A = \begin{pmatrix} -3.5 & 4.5 \\ 4.5 & -3.5 \end{pmatrix}$

Exercício 4.4.17

Ache todas as raízes quadrada de $A = \begin{pmatrix} 9 & -10 \\ 5 & -6 \end{pmatrix}$

Exercício 4.4.18

Mostre que a matriz não diagonalizável $\begin{pmatrix} 0 & 1 \\ 0 & 0 \end{pmatrix}$ não tem raiz quadrada. (Sugestão: suponha que tem

uma raiz quadrada dada por $\begin{pmatrix} a & b \\ c & d \end{pmatrix}$. Ache as equações resultantes e verifique que não têm solução).

Exercício 4.4.19

Ache $\exp(A)$ para $A = \begin{pmatrix} -4 & 6 \\ -3 & 5 \end{pmatrix}$.

4.4.5 MODELO OUTPUT —INPUT DE LEONTIEFF REVISITADO

No Capítulo 1 introduzimos o modelo output—input de Leontieff para uma economia. Supusemos uma economia com um certo número de indústrias, cada uma das quais usa entradas dela mesma e de outras indústrias para produzir um produto. Formamos uma matriz C cujos elementos nos dizem quanta entrada é necessária para produzir uma unidade do output. Dado um vetor de demanda $\mathbf{d}$, gostaríamos de formar um vetor de produção $\mathbf{p}$ tal que a saída líquida se ajusta à demanda. Isto leva à equação

$$(I - C)\mathbf{p} = \mathbf{d}$$

Queremos resolver esta equação através de

$$\mathbf{p} = (I - C)^{-1}\mathbf{d}$$

Equações diferenciais lineares **235**

Desde que 1 não seja um valor próprio de C, a matriz $I - C$ será inversível e poderemos resolver esta equação. O problema é que a solução pode ter elementos negativos e então não fornece uma solução prática para nosso problema. Então gostaríamos de conhecer condições suficientes para que partindo de matriz não negativa C e de um vetor de demanda não negativo $\mathbf{d}$ exista uma solução também não negativa. Claramente é necessário que todos os elementos de $(I - C)^{-1}$ sejam não negativos. Pois se um é negativo, digamos o elemento ij, então quando o vetor de demanda é $\mathbf{e}_j$ o vetor de produção teria o elemento i negativo. Portanto podemos reenunciar o problema com sendo o de achar condições para C de modo que $(I - C)^{-1}$ seja não negativa.

Como de costume supomos que C é diagonalizável. Denotemos por $\mu_1, \ldots, \mu_n$ os autovalores de C. Então os autovalores de $I - C$ são $1 - \mu_1, \ldots, 1 - \mu_n$. Desde que os autovalores satisfaçam $\|\mu_i\| < 1$ podemos formar $(I - C)^{-1}$ em termos da série de potências

$$I + C + C^2 + \cdots + C^k + \cdots$$

Para ver que esta série converge nós a calculamos num vetor $\mathbf{v}_i$ que é autovetor para μ_i. A resposta é

$$\left(1 + \mu_i + \mu_i^2 + \mathrm{L} + \mu_i^k + \mathrm{L}\right)\mathbf{v}_i = \frac{1}{1 - \mu_i}\mathbf{v}_i$$

Quando multiplicamos por $(I - C)$ este vetor é mandado de volta para $\mathbf{v}_i$. Assim $(I - C)^{-1}$ concorda com esta série em termos de como se calcular nos vetores da base $\mathbf{v}_1, \ldots, \mathbf{v}_n$ e assim concordam para todos os vetores. Como esta série terá termos não negativos resulta que $(I - C)^{-1}$ é não negativa. Assim concluímos

PROPOSIÇÃO 4.4.8. Suponha que a matriz de consumo C é diagonalizável e tem elementos $0 \leq c_{ij} < 1$ e que os autovalores $\mu_1, \ldots, \mu_n$ de C satisfazem $\|\mu_i\| < 1$. Então os elementos de $(I - C)^{-1}$ são não negativos e podemos achar um vetor de produção $\mathbf{p}$ não negativo para qualquer vetor de demanda não negativo $\mathbf{d}$.

A teoria das matrizes não negativas ([1],[5]) pode ser usada para mostrar que a conclusão da Proposição 4.4.8 vale exatamente quando o maior autovalor, que se sabe ser não negativo, é menor que 1. Isto valerá se $\sum_i c_{ij} < 1, j = 1, \ldots, n$, usando o argumento na prova da Proposição 4.4.2.

4.5 EQUAÇÕES DIFERENCIAIS LINEARES

Nesta secção discutimos como usar álgebra linear para resolver os chamados sistemas lineares de primeira ordem, de equações diferenciais. Nosso tratamento vai limitar-se a certos tipos de equações em que a influência da análise de autovalor-autovetor de uma matriz leva à resolução destas equações. Para um tratamento mais completo consulte um texto de equações diferenciais como [2]. Estudamos uma função $\mathbf{x}(t)$ a valores vetoriais definida em certo intervalo de números reais, que é simplesmente n funções a valores reais $x_1(t), \ldots, x_n(t)$; isto é $\mathbf{x}(t) = (x_1(t), \ldots, x_n(t))$. Por sistema linear de primeira ordem de equações diferenciais entendemos uma equação da forma

$$\mathbf{x}'(t) = A(t)\mathbf{x}(t) + \mathbf{b}(t)$$

Aqui $A(t)$ é uma função a valores no espaço de matrizes e $\mathbf{b}(t)$ é função a valores vetoriais. Aqui nos restringiremos ao importante caso particular em que $A(t) = A$ é constante e $\mathbf{b}(t) = \mathbf{0}$. Este caso particular é crucial para o caso geral e ilustra bem o uso da análise autovalor—autovetor de A. Assim a equação fica

236 Capítulo 4

$$\mathbf{x}'(t) = A\mathbf{x}(t)$$

Quando escrevemos isto em termos das funções coordenadas $x_1(t), \ldots, x_n(t)$, obtemos um sistema de equações

$$x_1'\ (t) = a_{11}\, x_1(t) + \cdots + a_{1n}\ x_n(t)$$
$$\vdots$$
$$x_n'\ (t) = a_{n1}\, x_1(t) + \cdots + a_{nn}\ x_n(t)$$

Como no caso de sistemas ordinários de equações lineares é mais conveniente lidar com a forma matricial, embora depois de acharmos as soluções possamos querer interpretar os resultados em termos das funções coordenadas.

No caso $n = 1$ o sistema se torna uma única equação

$$x'\ (t) = ax(t)$$

Aqui sabe-se que a solução geral é

$$x(t) = c\,\exp(at)$$

Gostaríamos de dar forma semelhante à solução da equação a valores vetoriais, mas antes devemos discutir alguns princípios gerais do tratamento de funções a valores vetoriais ou matriciais.

Se $p(x)$ é um polinômio a coeficientes reais e A é matriz n por n, podemos formar $p(A)$ que será matriz n por n. Mais geralmente, se $f(x)$ é uma função dada por uma série de potências (como $\exp(x)$ por exemplo) então podemos formar $f(A)$ calculando a série obtida substituindo a variável por A e dar sentido a isto, pelo menos se temos condições de garantir a convergência. Se $g(t)$ é uma função que manda um número real t a uma matriz n por n $g(t)$ e f é uma função definida sobre as matrizes n por n, então podemos formar a composta $f(g(t))$. O importante exemplo que usaremos é $\exp(At)$. Esta é dada pela série de potências

$$\exp\!\left(At\right) = I + A + \frac{t^2 A^2}{2!} + \mathrm{L} \ + \frac{t^k A^k}{k!} + \mathrm{L}$$

Pode-se mostrar por argumentos análogos aos dados para a série de potências usual de uma variável real que esta série converge para qualquer matriz quadrada. Além disso, pode-se mostrar que a série para a derivada da função $\exp(At)$ (quando se identifica a matriz imagem com um ponto de $\mathbb{R}^{n^2}$) é dada pela série obtida, derivando a série dada termo a termo. Assim a derivada de $\exp(At)$ é a matriz $A\,\exp(At)$. Esta é uma função de t a valores matriciais. Se $\mathbf{v}$ é qualquer vetor coluna de $\mathbb{R}^n$, $\mathbf{x}(t) = \exp(At)\mathbf{v}$ é uma solução da equação diferencial $\mathbf{x}' = A\mathbf{x}$ pois

$$\mathbf{x}'(t) = [\exp(At)]^t\, \mathbf{v} = A\,\exp(At)\mathbf{v} = A\mathbf{x}(t)$$

Agora explicaremos porque todas as soluções podem ser obtidas desta maneira. O tratamento do sistema geral n por n $\mathbf{x}' = A\mathbf{x}$ é modelado no caso $n = 1$ discutido antes. Dada uma matriz A n por n, vimos que a função $\exp(At)\mathbf{v}$ é uma solução para todo vetor $\mathbf{v}$. O problema é achar um modo de calcular um número suficiente das funções linearmente independentes $\exp(At)\mathbf{v}$ para formar uma base para todas as soluções de $\mathbf{x}' = A\mathbf{x}$, Usaremos o seguinte importante teorema sobre equações diferenciais. Este é um caso particular de um teorema muito mais geral.

Equações diferenciais lineares **237**

TEOREMA 4.5.1 Teorema de Existência e Unicidade. Existe uma única solução do problema de valor inicial $\mathbf{x}' = A\mathbf{x}$, $\mathbf{x}(0) = \mathbf{x}_0$.

Agora podemos aplicar alguns resultados de álgebra linear para ver como achar a solução geral a partir deste teorema. Primeiro notamos que as soluções de $\mathbf{x}' = A\mathbf{x}$ formam um espaço vetorial que é um subespaço de todas as funções vetoriais infinitamente diferenciáveis $V = \mathcal{D}(\mathbb{R}, \mathbb{R}^n)$. Chamaremos S o espaço das soluções. Que S é um subespaço pode ser visto verificando que é fechado sob adição e multiplicação por escalar. Se $\mathbf{x}$, $\mathbf{y}$ são soluções, então $\mathbf{x}' = A\mathbf{x}$ e $\mathbf{y}' = A\mathbf{y}$ implicam que $(\mathbf{x} + \mathbf{y})' = \mathbf{x}' + \mathbf{y}' = A\mathbf{x} + A\mathbf{y} = A(\mathbf{x} + \mathbf{y})$ de modo que $\mathbf{x} + \mathbf{y}$ é solução. Também $(c\mathbf{x})' = c\mathbf{x}' = cA\mathbf{x} = A(c\mathbf{x})$ implica que $c\mathbf{x}$ é solução se $\mathbf{x}$ é. Afirmamos que S é um espaço vetorial de dimensão n. Provamos isto fornecendo uma base para S. Descrevemos como achar a base geral.

TEOREMA 4.5.2 Seja $\mathbf{v}_1, \ldots, \mathbf{v}_n$ uma base para $\mathbb{R}^n$. Pelo Teorema 4.5.1 existe uma solução $\mathbf{x}_i$ de $\mathbf{x}' = A\mathbf{x}$ satisfazendo ao problema de valor inicial $\mathbf{x}_i(0) = \mathbf{v}_i$. Então $\mathbf{x}_1, \ldots,$ $\mathbf{x}_n$ é uma base para S.

Prova. Temos que mostrar que estas funções são linearmente independentes e que geram S. Para a independência linear suponha que $c_1 \mathbf{x}_1 + \cdots + c_n \mathbf{x}_n = \mathbf{0}$, onde à direita entendemos a função a valores vetoriais $\mathbf{0}$. Então calculando ambos os membros desta equação em $t = 0$ vem $c_1 \mathbf{v}_1 + \cdots + c_n \mathbf{v}_n = \mathbf{0}$ e a independência linear dos $\mathbf{v}_i$ dá que todos os $c_i = 0$. Para ver que geram S seja $\mathbf{x}$ um elemento de S e seja $\mathbf{x}(0) = \mathbf{v}$. Como os $\mathbf{v}_i$ geram $\mathbb{R}^n$ podemos achar constantes c_i tais que $\mathbf{v} = c_1 \mathbf{v}_1 + \cdots + c_n \mathbf{v}_n$. Então $c_1 \mathbf{x}_1 + \cdots + c_n \mathbf{x}_n$ é também uma solução de $\mathbf{x}' = A\mathbf{x}$ que tem o mesmo valor em $t = 0$. Pelo teorema de existência e unicidade temos $\mathbf{x} = c_1 \mathbf{x}_1 + \cdots + c_n \mathbf{x}_n$. ∎

Assim o teorema nos diz que para achar a solução geral de $\mathbf{x}' = A\mathbf{x}$ precisamos poder achar uma base $\mathbf{v}_1, \ldots, \mathbf{v}_n$ de $\mathbb{R}^n$ para a qual podemos resolver o problema de valor inicial $\mathbf{x}' = A\mathbf{x}$, $\mathbf{x}(0) = \mathbf{v}_i$. Se a matriz A é diagonalizável isto é fácil de fazer. Teremos uma base de autovetores $\mathbf{v}_1, \ldots, \mathbf{v}_n$ (para autovalores μ_i) de $\mathbb{R}^n$ (ou $\mathbb{C}^n$) e $\exp(At)\mathbf{v}_i$ será solução satisfazendo $\mathbf{x}(0) = \mathbf{v}_i$. Também

$$\exp(At) = \exp(\mu I t)\exp[(A - \mu I) t]$$

implica que

$$\exp(At)\mathbf{v}_i = \exp(\mu_i t)\exp[(A - \mu_i I)t]\mathbf{v}_i = \exp(\mu_i t)\mathbf{v}_i$$

A primeira igualdade usa o fato de $\mu_i I t$ e $(A - \mu_i I)t$ comutarem, de modo que $\exp(At) = \exp[\mu_i I t + (A - \mu_i I)t] = \exp(\mu_i I t)\exp(A - \mu_i I)t = \exp(\mu_i t)\exp[(A - \mu_i I)t]$. A última igualdade resulta de ser $(A - \mu_i I)\mathbf{v}_i = 0$ de modo que na série de potências para $\exp[(A - \mu_i I)t]\mathbf{v}_i$ todos os termos exceto o primeiro, que é $I\mathbf{v}_i = \mathbf{v}_i$ serem zero. Se todos os autovalores são reais obtemos por este método soluções a valores reais. Quando há autovalores complexos o método nos dá soluções a valores complexos. Veremos como obter destas soluções a valores reais. Assim

TEOREMA 4.5.3 Se A é diagonalizável com autovalores $\mu_1, \ldots, \mu_n$ e autovetores $\mathbf{v}_1,$ $\ldots, \mathbf{v}_n$ então a solução geral de $\mathbf{x}' = A\mathbf{x}$ é

$$\mathbf{x}(t) = c_1 \mathbf{v}_1 \exp(\mu_1 t) + \cdots + c_n \mathbf{v}_n \exp(\mu_n t)$$

A solução do problema de valor inicial $\mathbf{x}' = A\mathbf{x}$, $\mathbf{x}(0) = \mathbf{x}_0$ é encontrada resolvendo o sistema $c_1 \mathbf{v}_1 + \cdots + c_n \mathbf{v}_n = \mathbf{x}_0$ para $\mathbf{c}$.

238 Capítulo 4

Como se trata de teorema tão importante damos duas derivações alternativas. A primeira é por simplificação das equações por mudança de variáveis. Faremos a substituição

$$\mathbf{x} = S\mathbf{y}$$

onde S é uma matriz a ser determinada. Então a equação

$$\mathbf{x}'(t) = A\mathbf{x}(t)$$

fica

$$S\mathbf{y}'(t) = AS\mathbf{y}(t)$$

Esta é equivalente a

$$\mathbf{y}'(t) = S^{-1}AS\mathbf{y}(t)$$

Se A é diagonalizável podemos escolher S tal que $S^{-1}AS = D = \text{diag}(\mu_1, \ldots, \mu_n)$. Aqui $S = (\mathbf{v}_1 \cdots \mathbf{v}_n)$ é a matriz cujas colunas são autovetores. Então esta última equação fica

$$y_1'(t) = \mu_1 \, y_1(t)$$
$$y_2'(t) = \mu_2 \, y_2(t)$$
$$\vdots$$
$$y_n'(t) = \mu_n \, y_n(t)$$

Estas equações podem ser resolvidas independentemente dando

$$y_1(t) = c_1 \exp(\mu_1 \, t), \ldots, y_n = c_n \exp(\mu_n \, t)$$

Então

$$\mathbf{x}(t) = S\mathbf{y}(t) = c_1 \, \mathbf{v}_1 \exp(\mu_1 \, t) + \cdots + c_n \, \mathbf{v}_n \exp(\mu_n \, t)$$

Para uma derivação um tanto diferente, comecemos com uma base $\mathbf{v}_1, \ldots, \mathbf{v}_n$ de autovetores para os autovalores $\mu_1, \ldots, \mu_n$. Então a função $\mathbf{x}(t)$ pode ser escrita como $\mathbf{x}(t) = c_1(t)\mathbf{v}_1 + \cdots + c_n(t) \, \mathbf{v}_n$. Quando substituímos na equação diferencial obtemos

$$\mathbf{x}'(t) = c_n'(t)\mathbf{v}_1 + \cdots + c_n'(t)\mathbf{v}_n = A(c_1(t)\mathbf{v}_1 + \cdots + c_n(t)\mathbf{v}_n) = c_1(t)\mu_1 \, \mathbf{v}_1 + \cdots + c_n(t)\mu_n \, \mathbf{v}_n$$

Como $\mathbf{v}_1, \ldots, \mathbf{v}_n$ é uma base isto implica

$$c_1'(t) = \mu_2 \, c_1(t)$$
$$c_2'(t) = \mu_2 \, c_2(t)$$
$$\vdots$$
$$c_n'(t) = \mu_n \, c_n(t)$$

Como na outra dedução isto leva a

$$c_1(t) = c_1 \exp(\mu_1 \, t), \ldots, c_n(t) = c_n \exp(\mu_n \, t)$$

e à solução geral como antes.

■ *Exemplo 4.5.1* $A = \begin{pmatrix} 13 & -4 \\ -4 & 7 \end{pmatrix}$. Temos $S = \begin{pmatrix} 1 & 2 \\ 2 & -1 \end{pmatrix}, D = \begin{pmatrix} 5 & 0 \\ 0 & 15 \end{pmatrix}$

Equações diferenciais lineares **239**

Assim a solução geral de $\mathbf{x}' = A\mathbf{x}$ é

$$\mathbf{x}(t) = c_1 \exp(5t) \begin{pmatrix} 1 \\ 2 \end{pmatrix} + c_2 \exp(15t) \begin{pmatrix} 2 \\ -1 \end{pmatrix}$$

Se nos é dado o problema de valor inicial com $\mathbf{x}(0) = \begin{pmatrix} 1 \\ 1 \end{pmatrix}$ então podemos resolver $S\mathbf{c} = \begin{pmatrix} 1 \\ 1 \end{pmatrix}$ para

$\mathbf{c} = \begin{pmatrix} 3/5 \\ 1/5 \end{pmatrix}$ e obtemos a solução $\mathbf{x}(t) = \dfrac{3}{5}\exp(5t)\begin{pmatrix} 1 \\ 2 \end{pmatrix} + \dfrac{1}{5}\exp(15t)\begin{pmatrix} 2 \\ -1 \end{pmatrix}$ ■

■ *Exemplo 4.5.2* $A = \begin{pmatrix} 3 & 1 & -2 \\ -2 & 2 & 2 \\ 0 & 1 & 1 \end{pmatrix}$. Temos $S = \begin{pmatrix} 1 & 1 & 0 \\ 0 & 1 & 2 \\ 1 & 1 & 1 \end{pmatrix}, D = \begin{pmatrix} 1 & 0 & 0 \\ 0 & 2 & 0 \\ 0 & 0 & 3 \end{pmatrix}$

Obtemos a solução geral

$$\mathbf{x}(t) = c_1 \exp(t)\begin{pmatrix} 1 \\ 0 \\ 1 \end{pmatrix} + c_2 \exp(2t)\begin{pmatrix} 1 \\ 1 \\ 1 \end{pmatrix} + c_3 \exp(3t)\begin{pmatrix} 0 \\ 2 \\ 1 \end{pmatrix}$$

Se temos o valor inicial $\mathbf{x}(0) = (0, 1, 0)$, então resolvendo $S\mathbf{c} = \mathbf{x}(0)$ para $\mathbf{c} = (-1, 1, 0)$ dá a solução

$$\mathbf{x}(t) = \begin{pmatrix} -\exp(t) + \exp(2t) \\ \exp(2t) \\ -\exp(t) + \exp(2t) \end{pmatrix}$$ ■

Agora suponha que A é matriz real n por n. Quando temos um autovalor complexo $a + bi$ e autovetor $\mathbf{v} + \mathbf{w}i$, teremos a solução $(\mathbf{v} + \mathbf{w}i)\,\{\exp[(a + bi)t]\}$. Mas

$$\exp[(a + bi)t] = \exp(at)\cos(bt) + i\exp(at)\operatorname{sen}(bt)$$

Quando desenvolvemos isto obtemos

$$[\mathbf{v}\exp(at)\cos(bt) - \mathbf{w}\exp(at)\operatorname{sen}(bt)] + i[\mathbf{v}\exp(at)\operatorname{sen}(bt) + \mathbf{w}\exp(at)\cos(bt)]$$

Então tanto a parte real quanto a parte imaginária desta função serão soluções e obtemos duas soluções

$$\mathbf{v}\exp(at)\cos(bt) - \mathbf{w}\exp(at)\operatorname{sen}(bt), \quad \mathbf{v}\exp(at)\operatorname{sen}(bt) + \mathbf{w}\exp(at)\cos(bt)$$

O fato de os dois autovetores complexos correspondendo a autovalores complexos conjugados serem independentes (pois os autovalores são distintos) implica que as partes real e imaginária dos autovetores de um deles também têm que ser independentes. Pois se v e w fossem dependentes então poderíamos escrever um como múltiplo do outro. Assim $\mathbf{w} = c\mathbf{v}$ implica $\mathbf{v} + i\mathbf{w} = (1 + ci)\,\mathbf{v}$ e $\mathbf{v} - i\mathbf{w} = (1 - ci)\mathbf{v}$. Como ambos são múltiplos de v isto implica que são dependentes, contradizendo a independência de $\mathbf{v} + i\mathbf{w}$ e $\mathbf{v} - i\mathbf{w}$. A independência de v e w então implica que as duas soluções reais obtidas são independentes. Assim de uma solução complexa achamos duas soluções reais linearmente independentes. Naturalmente a outra solução complexa usando o autovalor conjugado dará as mesmas duas soluções reais, de modo que realmente não estamos obtendo duas soluções a partir de uma.

240 Capítulo 4

Note que se $a > 0$ esta solução vai a infinito quando t vai a infinito. Se $a = 0$ então estas soluções ou são constantes (se o autovalor for 0) ou oscilam (se o autovalor é imaginário puro) pois envolvem as funções trigonométricas. Se $a < 0$ então estas soluções convergem a zero quando t vai a infinito. Assim o comportamento a longo prazo destas soluções só depende de a.

■ *Exemplo 4.5.3* $A = \begin{pmatrix} 0 & -1 \\ 1 & 0 \end{pmatrix}$. Aqui $S = \begin{pmatrix} 1 & 1 \\ i & -i \end{pmatrix}$ e $D = \begin{pmatrix} i & 0 \\ 0 & -i \end{pmatrix}$. Isto dá a solução geral $\mathbf{x}(t) =$

$c_1 \exp(it) \begin{pmatrix} 1 \\ i \end{pmatrix} + c_2 \exp(-it) \begin{pmatrix} 1 \\ -i \end{pmatrix}$. Aqui os c_i são constantes complexas. Se tivéssemos um problema

de valor inicial $\mathbf{x}(0) = (1, 2)$ então resolveríamos $S\mathbf{c} = \mathbf{x}(0)$ para obter $\mathbf{c} = (1/2 - i, 1/2 + i)$. Poderíamos

então escrever a solução como $\mathbf{x}(t) = \begin{bmatrix} (1/2 - i)\exp(it) + (1/2 + i)\exp(-it) \\ (1 + i/2)\exp(it) + (1 - i/2)\exp(-it) \end{bmatrix}$. Reescrevendo $\exp(it) =$

$\cos t + i \operatorname{sen} t$ e $\exp(-it) = \cos t - i \operatorname{sen} t$ e multiplicando dá $\mathbf{x}(t) = \begin{pmatrix} \cos t + 2\operatorname{sen}t \\ 2\cos t - \operatorname{sen}t \end{pmatrix}$.

Alternativamente poderíamos primeiro ter decomposto nosso autovalor i como $0 + 1i$ e o autovetor $(1, i)$ como $(1, 0) + (0, 1)i$ e então usado a discussão precedente para escrever a solução geral com $\mathbf{x}(t) =$

$$c_1 \left[\begin{pmatrix} 1 \\ 0 \end{pmatrix} \cos t - \begin{pmatrix} 0 \\ 1 \end{pmatrix} \operatorname{sen}t \right] + c_2 \left[\begin{pmatrix} 1 \\ 0 \end{pmatrix} \operatorname{sen}t - \begin{pmatrix} 0 \\ 1 \end{pmatrix} \cos t \right] = c_1 \begin{pmatrix} \cos t \\ -\operatorname{sen}t \end{pmatrix} + c_2 \begin{pmatrix} \operatorname{sen}t0 \\ \cos t \end{pmatrix}$$

Para resolver o problema de valor inicial acima pomos $t = 0$ e calculamos obtendo $\begin{pmatrix} c_1 \\ c_2 \end{pmatrix} = \begin{pmatrix} 1 \\ 2 \end{pmatrix}$,

dando a solução $\mathbf{x}(t) = \begin{pmatrix} \cos t + \operatorname{sen}t \\ -\operatorname{sen}t + \cos t \end{pmatrix}$ como antes. ■

■ *Exemplo 4.5.4* Se A não é diagonalizável, ainda podemos achar a solução geral pelo método do Teorema 4.5.2 mas agora temos que usar a forma de Jordan da matriz A para descobrir como calcular $\exp(At)\mathbf{v}_i$ sobre uma base $\mathbf{v}_1, \ldots, \mathbf{v}_n$. Aqui damos um exemplo simples; discutiremos mais isto quando falarmos na forma de Jordan. Seja $A = \begin{pmatrix} 0 & 1 \\ 0 & 0 \end{pmatrix}$. Então $\mathbf{e}_1$ é um autovetor para o autovalor 0 e assim $\mathbf{e}_1 \exp(0t) = \mathbf{e}_1$ é uma solução de $\mathbf{x}' = A\mathbf{x}$. Para obter uma segunda solução calculemos $\exp(At)\mathbf{e}_2$. Isto se torna fácil pelo fato de $A^2 \mathbf{e}_2 = \mathbf{0}$ de modo que $A^k \mathbf{e}_2 = \mathbf{0}$ para $k \geq 2$. Assim

$$\exp(At)\mathbf{e}_2 = (I + At)\mathbf{e}_2 = \mathbf{e}_2 + tA\mathbf{e}_2 = \begin{pmatrix} t \\ 1 \end{pmatrix}$$

Assim a solução geral é

$$\mathbf{x} = c_1 \begin{pmatrix} 1 \\ 0 \end{pmatrix} + c_2 \begin{pmatrix} t \\ 1 \end{pmatrix}$$

O ponto da forma de Jordan é que diz que mesmo que a matriz não seja diagonalizável, ela será semelhante a uma matriz como esta acima, de modo que podemos achar uma base $\mathbf{v}_1, \ldots, \mathbf{v}_n$ com a qual podemos calcular $\exp(At)\mathbf{v}_i$ simplesmente somando os primeiros termos da série (com um deslocamento apropriado) pois os termos posteriores serão todos nulos.

Equações e sistemas de ordem superior **241**

Exercício 4.5.1

Ache a solução geral de $\mathbf{x}' = A\mathbf{x}$ para $A = \begin{pmatrix} 1 & 12 \\ 3 & 1 \end{pmatrix}$.

Exercício 4.5.2

Resolva o problema de valor inicial $\mathbf{x}' = A\mathbf{x}$ para $A = \begin{pmatrix} -3 & 2 \\ -1 & -1 \end{pmatrix}$ com $\mathbf{x}(0) = (2, -1)$.

Exercício 4.5.3

Resolva o problema de valor inicial $\mathbf{x}' = A\mathbf{x}$ para $A = \begin{pmatrix} 3 & 1 & -1 \\ 1 & 3 & -1 \\ 3 & 3 & -1 \end{pmatrix}$ com $\mathbf{x} = (1, -2, -1)$.

4.5.1 EQUAÇÕES E SISTEMAS DE ORDEM SUPERIOR

Um modo pela qual surgem equações diferenciais não é como sistemas mas como equações de ordem superior para uma única função $y(t)$ a valores reais. Uma equação diferencial linear de ordem n é uma equação da forma

$$a_n(t) \, y^{(n)}(t) + a_{n-1} y^{(n-1)}(t) + \cdots + a_1(t) \, y'(t) + a_0 \, y(t) = b(t)$$

Há complicações que surgem em pontos em que $a_n(t)$ se anula, de modo que suporemos em nossa discussão aqui que não se anula. Isto nos permite dividir por essa função e obter uma equação equivalente que tem $a_n(t) = 1$. Daqui por diante suporemos $a_n(t) = 1$. Passando todos os termos exceto $y^{(n)}(t)$ para o segundo membro dá

$$y^{(n)}(t) = -a_{(n-1)} \, y^{(n-1)}(t) - \cdots - a_1(t) \, y'(t) - a_0 \, y(t) + b(t)$$

Esta equação pode ser transformada num sistema de primeira ordem considerando a função a valores vetoriais

$$\mathbf{x}(t) = (y(t), y'(t), \ldots, y^{(n-1)}(t))$$

Quando derivamos $\mathbf{x}(t)$ obtemos

$$\begin{aligned}
\mathbf{x}'(t) &= (y'(t), y''(t), \ldots, y^{(n-1)}(t), y^{(n)}(t)) \\
&= (y'(t), y''(t), \ldots, y^{(n-1)}(t), -a_{n-1} \, y^{(n-1)}(t) - \cdots - a_1(t) \, y'(t) - a_0 \, y(t) + b(t)) \\
&= A(t) \, \mathbf{x}(t) + b(t)
\end{aligned}$$

onde

$$A(t) = \begin{pmatrix} 0 & 1 & 0 & \cdots & 0 & 0 \\ 0 & 0 & 1 & \cdots & 0 & 0 \\ \vdots & \vdots & \vdots & \vdots & \vdots & \vdots \\ 0 & 0 & 0 & \cdots & 0 & 1 \\ -a_0(t) & -a_1(t) & -a_2(t) & \cdots & -a_{n-2}(t) & -a_{n-1}(t) \end{pmatrix}, \mathbf{b}(t) = \begin{pmatrix} 0 \\ 0 \\ \vdots \\ 0 \\ b(t) \end{pmatrix}$$

Os valores iniciais necessários para um sistema especificam a função a valores vetoriais $\mathbf{x}(t)$ num

242 Capítulo 4

ponto, que escolhemos como sendo 0. Em termos de nossa definição temos $\mathbf{x}(0) = (y(0), y'(0), \ldots, y^{(n-1)}(0))$.

Agora tomamos o caso particular em que as funções $a_i(t)$ são constantes e $b(t) = 0$. Isto se chama uma **equação linear homogênea de ordem n a coeficiente constantes**. Aplicando o teorema de existência e unicidade para sistemas vem que o sistema correspondente tem uma única solução uma vez dado o vetor inicial $\mathbf{x}(0) = (y(0), y'(0), \ldots, y^{(n-1)}(0))$. Olhando a primeira componente $y(t)$ de $\mathbf{x}(t)$ concluímos que este problema de valor inicial tem uma única solução.

Podemos deduzir a forma da solução $y(t)$ da de $\mathbf{x}(t)$ pelo menos quando A é diagonalizável. Primeiro observamos que o polinômio característico para a matriz A é:

$$\det\left(A - xI\right) = \det \begin{pmatrix} -x & 1 & 0 & \cdots & 0 & 0 \\ 0 & -x & 1 & \cdots & 0 & 0 \\ \vdots & \vdots & \vdots & \vdots & \vdots & \vdots \\ 0 & 0 & 0 & \cdots & -x & 1 \\ -a_0 & -a_1 & -a_2 & \cdots & -a_{n-2} & -a_{n-1} - x \end{pmatrix}$$

Para calcular este determinante efetuamos operações sobre colunas sucessivas para tornar 0 todos os elementos da diagonal exceto o último. Primeiro somaríamos x vezes a última coluna à coluna $(n-1)$, depois somaríamos x vezes a coluna $(n-1)$ à coluna $(n-2)$ e assim por diante, finalmente somando x vezes a segunda coluna à primeira. Então os $n-1$ primeiros elementos da diagonal serão 0, e o elemento na posição $(n, 1)$ será $-(a_0 + a_1 x + \cdots + a_{n-1} x^{n-1} + x^n)$. Para ver isto trabalhamos indutivamente sobre como as colunas mudam. Após um passo o último elemento da coluna $(n-1)$ será $-a_{n-2} + x(-a_{n-1} - x) = -(a_{n-2} + a_{n-1} x + x^2)$. O que provamos por indução (finita) é que após k passos o último elemento da coluna $(n-k)$ é dado por $-(a_{n-k-1} + a_{n-k} x + \cdots + a_{n-1} x^k + x^{k+1})$. Então quando efetuamos o passo $k+1$, ele muda o último elemento da coluna $n-k-1$ a

$$\begin{aligned} & -a_{n-k-2} - x(a_{n-k-1} + a_{n-k} x + \cdots + a_{n-1} x^k + x^{k+1}) \\ = \; & -a_{n-k-2} - a_{n-k-1} x - a_{n-k} x^2 - \cdots - a_{n-1} x^{k+1} - x^{k+2} \end{aligned}$$

Assim no último passo (que é o passo $(n-1)$) temos que o elemento $(n, 1)$ é $-(a_0 + a_1 x + \cdots + a_{n-1} x^{n-1} + x^n)$. Agora calculamos o determinante. Podemos usar a expansão por co-fatores, usando a primeira linha, depois a segunda, etc., ou usar a definição de determinante por permutações. A definição por permutação é particularmente boa aqui porque em cada uma das $n-1$ primeiras linhas há um só elemento não nulo, que é 1. Com este método vem que o polinômio característico de A é

$$(-1)^n (x^n + a_{n-1} x^{n-1} + \cdots + a_1 x + a_0)$$

Assim a menos do sinal o polinômio característico de A é obtido tomando a equação original e substituindo $y^{(k)}$ por x^k. Igualando este a zero obtém-se o que se chama **equação característica** da equação diferencial de ordem n. É fácil achar um autovetor para cada autovalor λ, pois quando formamos $A - \lambda I$ as $n-1$ primeiras linhas dão equações—com variáveis chamadas $(s_1, \ldots, s_n)$–

$$\begin{aligned} -\lambda s_1 + s_2 &= 0 \\ -\lambda s_2 + s_3 &= 0 \\ &\vdots \\ -\lambda s_{n-1} + s_n &= 0 \end{aligned}$$

Assim obtemos a solução $(1, \lambda, \lambda^2, \ldots, \lambda^{n-1})$. No caso em que há n autovalores distintos a matriz A será diagonalizável e assim podemos escrever a forma da solução geral do sistema associado $\mathbf{x}'(t) =$

$A\mathbf{x}(t)$ como

$$\mathbf{x}(t) = c_1 \, e^{\lambda_1 t} \, \mathbf{v}_1 + \cdots + c_n \, e^{\lambda_n t} \, \mathbf{v}_n$$

Para um dado valor inicial $\mathbf{x}(0)$ as constantes $\mathbf{c}$ são encontradas resolvendo $S\mathbf{c} = \mathbf{x}(0)$, onde S é a matriz com os autovetores correspondentes como colunas.

Tomando a função primeira coordenada $y(t)$ obtemos o seguinte teorema.

TEOREMA 4.5.4 Considere a equação diferencial

$$y^{(n)}(t) + a_{n-1} \, y^{(n-1)}(t) + \cdots + a_1 \, y'(t) + a_0 \, y(t) = 0$$

Se o polinômio $x^n + a_{n-1} \, x^{n-1} + \cdots + a_1 x + a_0$ tem n raízes distintas $\lambda_1, \ldots, \lambda_n$ então a solução geral desta equação é

$$y(t) = c_1 e^{\lambda_1 t} + \cdots + c_n \, e^{\lambda_n t}$$

Se são dados valores iniciais $[\, y(0), y'(0), \ldots, y^{(n-1)}(0)] = \mathbf{v}$, então a solução única deste problema de valor inicial é encontrada resolvendo $S\mathbf{c} = \mathbf{v}$, onde S é a matriz cujo j-ésimo vetor coluna é $1, \lambda_j, \lambda_j^2, \ldots, \lambda_j^{\,n-1})$.

■ *Exemplo 4.5.5* Considere a equação diferencial de segunda ordem

$$y''(t) + 3y'(t) + 2y(t) = 0$$

A equação característica é $x^2 + 3x + 2 = 0$, que tem as soluções $-2, -1$. Assim a solução geral é

$$y(t) = c_1 \, e^{-2t} + c_2 \, e^{-t}$$

Se dermos os valores iniciais $y(0) = 3$, $y'(0) = 5$ então teremos que resolver

$$\begin{pmatrix} 1 & 1 \\ -2 & -1 \end{pmatrix} \mathbf{c} = \begin{pmatrix} 3 \\ 5 \end{pmatrix}$$

para obter $c_1 = -8$, $c_2 = 11$. Assim a solução do problema com condição inicial é

$$y(t) = -8e^{-2t} + 11e^{-t} \qquad\blacksquare$$

■ *Exemplo 4.5.6* Considere a equação diferencial de segunda ordem

$$y''(t) + 2y'(t) + 2y(t) = 0$$

A equação característica é $x^2 + 2x + 2 = 0$, que tem as soluções $1 \pm i$. Disto podemos escrever a solução geral (complexa) como

$$y(t) = c_1 \, e^{(1+i)t} + c_2 \, e^{(1-i)t}$$

onde c_1, c_2 são números complexos. Escrevendo $e^{(1+i)t} = e^t(\cos t + i\,\text{sen}\,t)$ a solução geral a valores reais fica

$$y(t) = d_1 \, e^t \cos t + d_2 \, e^t \,\text{sen}\,t$$

244 Capítulo 4

onde d_1, d_2 são números reais. Em geral, sempre que a + bi são raízes complexas conjugadas da equação característica, podemos substituir os termos $e^{(a+bi)t}$, $e^{(a-bi)t}$ por $e^{at}\cos bt$, e^{at} sen bt, ao escrever a solução geral dada pelo teorema. Para resolver o problema de valor inicial $y(0) = 2$, $y'(0) = -1$ podemos substituir $t = 0$ na equação precedente para obter uma equação $2 = d_1$. Para obter um segunda equação derivamos uma vez, o que dá

$$y'(t) = d_1(e^t\cos t - e^t\,\text{sen}\,t) + d_2(e^t\,\text{sen}\,t + e^t\cos t)$$

Pondo $t = 0$ nesta equação vem $-1 = d_1 + d_2$, donde $d_2 = -3$. Assim a solução deste problema de valor inicial é

$$y(t) = 2e^t\cos t - 3e^t\,\text{sen}\,t$$

Também poderíamos ter achado isto usando a forma complexa $c_1 e^{(1+i)t} + c_2 e^{(1-i)t}$ da solução geral e depois resolvido a equação $\begin{pmatrix} 1 & 1 \\ 1+i & 1-i \end{pmatrix}\mathbf{c} = \begin{pmatrix} 2 \\ -1 \end{pmatrix}$ obtendo $c_1 = 1 + 1,5i$, $c_2 = 1 - 1,5i$. Isto pode ser transformado na forma anterior expandindo os termos $e^{(1\pm i)t}$ como antes. ∎

■ **Exemplo 4.5.7** Considere a equação de quarta ordem

$$y^{(4)} - y = 0$$

A equação característica é $x^4 - 1 = 0$, que tem as soluções ± 1, $\pm i$. Assim a solução geral complexa é

$$y(t) = c_1 e^t + c_2 e^{-t} + c_3 e^{it} + c_4 e^{-it}$$

A solução geral real é

$$y(t) = d_1 e^t + d_2 e^{-t} + d_3\cos t + d_4\,\text{sen}\,t$$

Se temos um problema de valor inicial

$$y(0) = 2,\ y'(0) = -3,\ y''(0) = 2,\ y'''(0) = -1$$

então podemos resolvê-lo a partir da forma complexa resolvendo a equação matricial

$$\begin{pmatrix} 1 & 1 & 1 & 1 \\ 1 & -1 & i & -i \\ 1 & 1 & -1 & -1 \\ 1 & -1 & -i & i \end{pmatrix}\mathbf{c} = \begin{pmatrix} 2 \\ -3 \\ 2 \\ -1 \end{pmatrix}$$

que dá $c = (0, 2, 0, 5i, -0, 5i)$. Assim a solução é

$$y(t) = 2e^{-t} + 0,5ie^{it} - 0,5ie^{-it} = 2e^{-t} - \text{sen}\,t$$

Para chegar a esta resposta a partir da forma real da solução geral derivamos a solução geral três vezes e tomamos valores em $t = 0$, o que dá a equação

$$\begin{pmatrix} 1 & 1 & 1 & 0 \\ 1 & -1 & 0 & 1 \\ 1 & 1 & -1 & 0 \\ 1 & -1 & 0 & -1 \end{pmatrix} \mathbf{d} = \begin{pmatrix} 2 \\ -3 \\ 2 \\ -1 \end{pmatrix}$$

A solução é $\mathbf{d} = (0, 2, 0, -1)$ que dá então a resposta obtida antes. ∎

Exercício 4.5.4

Resolva o problema de valor inicial

$$y''(t) + y'(t) - 2y(t) = 0, y(0) = 1, y'(0) = 2$$

Exercício 4.5.5

Resolva o problema de valor inicial

$$y'''(t) - 2y''(t) - y'(t) + 2y(t) = 0, \ y(0) = 1, y'(0) = 0, y''(0) = -1$$

Exercício 4.5.6

Resolva o problema de valor inicial

$$y'''(t) - 2y''(t) + y'(t) - 2y = 0, \ y(0) = 1, y'(0) = 0, y''(0) = -1$$

Exercício 4.5.7

Resolva o problema de valor inicial

$$y^{(4)}(t) + 4y''(t) + 3y(t) = 0, y(0) = 3, y'(0) = -1, y''(0) = 0, y'''(0) = -2$$

Os métodos expostos dão a solução geral quando existem n soluções distintas da equação característica. Se há uma raiz repetida, então a matriz A não vai ser diagonalizável. Assim temos que achar outras soluções além das da forma $e^{\lambda t}$. Pode-se mostrar que existirão m soluções independentes da forma $e^{\lambda t}, te^{\lambda t}, \ldots, t^{m-1}e^{\lambda t}$ quando a multiplicidade algébrica doa autovalor λ é m e que a solução geral pode então ser achada como combinação linear de tais soluções, onde λ percorre os autovalores. Por exemplo, se as raízes são 1, 1, 1, 2, 2, para uma equação de quinta ordem, então a solução geral é

$$c_1 e^t + c_2 te^t + c_3 t^2 e^t + c_4 e^{2t} + c_5 te^{2t}$$

Isto poderia ser justificado usando a forma canônica de Jordan para A na equação $\mathbf{x}'(t) = A\mathbf{x}(t)$ mas há justificações bem mais simples. Veremos isto de outra forma na próxima secção.

4.5.2 OPERADORES DIFERENCIAIS LINEARES

Queremos discutir o material da última secção de outro ponto de vista, que dá ênfase a outras idéias de álgebra linear. Primeiro lembramos que $\mathcal{D}(\mathbb{R}, \mathbb{R})$ denota o espaço vetorial das funções infinitamente deriváveis dos reais para os reais. A operação de diferenciação fornece uma transformação linear D: $\mathcal{D}(\mathbb{R}, \mathbb{R}) \to \mathcal{D}(\mathbb{R}, \mathbb{R})$ dada por $D(y) = y'$. Neste contexto é usual chamar isto um **operador linear** em vez de transformação linear. Podemos formar outros operadores lineares a partir de D tomando composições. Assim a composição $D \circ D$ de D com ele mesmo manda uma função em sua derivada segunda. Denotaremos esta por D^2. Em geral denotaremos por D^k a transformação linear que deriva

246 Capítulo 4

uma função k vezes. Que estas são transformações lineares decorre do fato de a composição de transformações lineares ser uma transformação linear. Podemos formar várias combinações lineares destes operadores de derivação usando funções como coeficientes e estas serão também transformações lineares. Nós vamos nos restringir ao caso em que os coeficientes são constantes.

DEFINIÇÃO 4.5.1 Um operador diferencial linear de ordem n a coeficientes constantes é um operador linear da forma

$$L = a_n D^n + a_{n-1} D^{n-1} + \cdots + a_1 D + a_0 , \qquad a_n \neq 0$$

Na definição o termo a_0 denota a operação sobre funções de multiplicar por a_0. Assim

$$L\,(y)(t) = a_n\, y^{(n)}\,(t) + a_{n-1}\, y^{n-1}\,(t) + \cdots + a_1\, y'\,(t) + a_0 y\,(t)$$

Deste ponto de vista resolver a equação linear

$$a_n\, y^{(n)}\,(t) + a_{n-1}\, y^{n-1}\,(t) + \cdots + a_1\, y'\,(t) + a_0 y(t) = 0$$

é equivalente a achar o espaço de anulamento $\mathcal{N}(L)$.

Nosso teorema de existência e unicidade pode então ser traduzido no seguinte teorema. Novamente normalizamos $a_n = 1$ para conveniência, já que poderemos sempre reduzir para este caso. É o análogo do Teorema 4.5.2 e a prova é semelhante.

TEOREMA 4.5.5 As soluções de

$$y^{(n)}\,(t) + a_{n-1}\, y^{(n-1)}\,(t) + \cdots + a_1\, y'\,(t) + a_0\, y(t) = 0$$

formam um subespaço n-dimensional de $\mathcal{D}(\mathbb{R}, \mathbb{R})$. Se $\mathbf{v}_1, ..., \mathbf{v}_n$ formam uma base para $\mathbb{R}^n$ e se $y_1(t), ..., y_n(t)$ denotam soluções tais que $(y_i(0), y_i'\,(0), ..., y_i^{(n-1)}(0)) = \mathbf{v}_i$, então a solução geral é

$$y(t) = c_1 y_1(t) + \cdots + c_n\, y_n(t)$$

Para aplicar este teorema temos que achar n soluções cujos vetores de valor inicial formem um conjunto independente em $\mathbb{R}^n$. Para ver como encontrar tais soluções usamos a visão das soluções como $\mathcal{N}(L)$. Olhamos o polinômio $x^n + a_{n-1}\, x^{n-1} + \cdots + a_1\, x + a_0$. Suas raízes sejam $\lambda_1, ..., \lambda_n$. Então ele fatora como $(x - \lambda_1) \ldots (x - \lambda_n)$. Mas isto significa que o operador diferencial se fatora como uma composição $L = (D - \lambda_1) \ldots (D - \lambda_n)$. Aqui os termos constantes novamente denotam o operador que é a multiplicação por essa constante.

Que temos esta fatoração vem do fato de a derivação comutar com a multiplicação por constante, o que é simplesmente a afirmação de que a derivada de ky é k vezes a derivada de y, onde k é uma constante e y uma função. Em seguida notamos que se $(D - \lambda_i)y = 0$ então $Ly = 0$. Isto usa do fato de os fatores $(D - \lambda_i)$ e $(D - \lambda_j)$ comutarem; isto é, $(D - \lambda_i)(D - \lambda_j) = (D - \lambda_j)(D - \lambda_i)$. Verificamos isto aplicando ambos a uma função y para obter $y'' - (\lambda_i + \lambda_j)y' + \lambda_i \lambda_j y$. Assim podemos escrever esta composição na forma $L = P(D - \lambda_i)$ onde P é a composição dos outros termos exceto $(D - \lambda_i)$.

Agora usamos que $(D - \lambda_i)y = 0$ e $P(0) = 0$ para mostrar que $(D - \lambda_i)y = 0$ implica $L(y) = 0$. Isto nos diz que podemos achar soluções primeiro achando soluções de $(D - \lambda_i)y = 0$. Esta equação é simplesmente $y' - \lambda_i y = 0$, cuja solução geral sabemos ser um múltiplo de $e^{\lambda_i t}$. O vetor de valor inicial

Operadores diferenciais lineares **247**

$[y(0), y'(0), ..., y^{(n-1)}(0)]$ é $(1, \lambda_i, \lambda_i^2, ..., \lambda_i^{n-1})$ para esta solução. Se há n raízes distintas obtemos n soluções $e^{\lambda_1 t}, ..., e^{\lambda_n t}$. Estas serão reais se os λ_i forem todos reais; caso contrário serão complexas. Estes n vetores formam uma base para $\mathbb{R}^n$ (ou $\mathbb{C}^n$) pois podemos verificar que a matriz

$$\begin{pmatrix} 1 & 1 & \cdots & 1 \\ \lambda_1 & \lambda_2 & \cdots & \lambda_n \\ \vdots & \vdots & \vdots & \vdots \\ \lambda_1^{n-1} & \lambda_2^{n-1} & \cdots & \lambda_n^{n-1} \end{pmatrix}$$ é inversível. O argumento para isto é dado na Secção 3.5 sobre ajuste a

dados, quando a transposta desta matriz aparece no problema de achar um polinômio de grau $n-1$ que passe por n pontos dados (x_i, y_i) com coordenadas x_i distintas.

Recuperamos então o resultado que foi provado por método diferente na última seção, que diz que se há n raízes distintas $\lambda_1, ..., \lambda_n$ da equação característica então a solução geral é $c_1 e^{\lambda_1 t} + c_2 e^{\lambda_2 t} + \cdots + c_n e^{\lambda_n t}$. Esta solução pode ser a valores complexos se algum λ_i for complexo mas sempre podemos trocar em nossa fórmula um par de soluções $e^{(a+bi)t}, e^{(a-bi)t}$ pelas correspondentes funções a valores reais $e^{at} \cos bt, e^{at} \operatorname{sen} bt$.

Resta ainda a questão de como deveríamos tratar raízes múltiplas da equação característica. Suponha que as raízes distintas são $\mu_1, ..., \mu_k$ e suas multiplicidades são $m_1, ..., m_k$. Para cada raiz μ_i há uma solução $e^{\mu_i t}$. Gostaríamos de achar m_i soluções independentes para a raiz μ_i. Afirmamos que

$$e^{\mu_i t}, te^{\mu_i t}, t^2 e^{\mu_i t}, ..., t^{m_i - 1} e^{\mu_i t}$$

são soluções. Para ver isto separamos todos os fatores correspondendo a μ_i e reescrevemos $L = P_i(D - \mu_i)^{m_i}$. Assim basta verificar que estas m funções são soluções de $(D - \mu_i)^{m_i} y = 0$ e que são independentes.

LEMA 4.5.6 As funções $e^{\mu t}, te^{\mu t}, t^2 e^{\mu t}, ..., t^{m-1} e^{\mu t}$ são m soluções independentes de $(D - \mu)^m y = 0$.

Prova. Provamos por indução sobre m. Quando $m = 1$ isto diz apenas que $e^{\mu t}$ é solução de $y' - \mu y = 0$. Suponha verdadeiro para $m = p$ e seja $m = p + 1$. Então sabemos pela hipótese de indução que $e^{\mu t}$, $te^{\mu t}, t^2, e^{\mu t}, ..., t^{p-1} e^{\mu t}$ são p soluções independentes de $(D - \mu)^p y = 0$. Como $(D - \mu)^{p+1} = (D - \mu)(D - \mu)^p$, toda solução de $(D - \mu)^p y = 0$ será solução de $(D - \mu)^{p+1} y = 0$. Assim só falta ver porque quando acrescentamos a solução $t^p e^{\mu t}$, isto dará mais uma solução independente de $(D - \mu)^{p+1} y = 0$. Para ver isto fatoramos $(D - \mu)^{p+1} = (D - \mu)^p (D - \mu)$. Então

$$(D - \mu)(t^p e^{\mu t}) = pt^{p-1} e^{\mu t} + t^p \mu e^{\mu t} - \mu t^p e^{\mu t} = pt^{p-1} e^{\mu t}$$

Assim

$$(D - \mu)^{p+1}(t^p e^{\mu t}) = (D - \mu)^p[(D - \mu)(t^p e^{\mu t})] = (D - \mu)^p(pt^{p-1} e^{\mu t}) = 0$$

Para ver porque estas $p + 1$ soluções são independentes podemos tomar uma combinação linear.

$$c_1 e^{\mu t} + c_2 te^{\mu t} + \cdots + c_p t^{p-1} e^{\mu t} + c_{p+1} t^p e^{\mu t} (c_1 + c_2 t + \cdots + c_{p+1} t^p) e^{\mu t} = 0$$

Agora aplicamos $(D - \mu)^p$ a esta equação. Todos os termos exceto o último vão no 0 por nossa hipótese de indução. O último termo é enviado em $c_{p+1} (D - \mu)^p (t^p e^{\mu t})$. Vimos antes que $(D - \mu)$ $(t^p e^{\mu t}) = pt^{p-1} e^{\mu t}$. Deixamos como exercício mostrar por indução que $(D - \mu)^k (t^p e^{\mu t}) = p(p - 1) \cdots$

$(p - k + 1)\, t^{p-k} e^{\mu t}$. Assim $c_{p+1} (D - \mu)^p (t^p\, e^{\mu t}) = c_{p+1}\, p!\, e^{\mu t}$ e portanto isto só pode se anular se $c_{p+1} = 0$. Assim chegamos a

$$c_1 e^{\mu t} + c_2\, te^{\mu t} + \cdots + c_p\, t^{p-1}\, e^{\mu t} = 0$$

que pela hipótese de indução implica $c_1 = \cdots = c_p = 0$. ∎

Finalmente, temos que ver que toda a coleção de soluções

$$e^{\mu_i\, t},\ \ldots,\ t^{m_1-1}\, e^{\mu_i t},\ \ldots,\ e^{\mu_k\, t},\ \ldots,\ t^{m_k-1}\, e^{\mu_k\, t}$$

é independente. Como são em número de n e o espaço de soluções tem dimensão n, a coleção será uma base para todas as soluções. Para ver isto, ponhamos

$$(c_{11}\, e^{\mu_1 t} + \cdots + c_{1m_1}\, t^{m_1-1}\, e^{\mu_1 t}) + \cdots + (c_{k1}\, e^{\mu_k\, t} + \cdots + c_{km_k}\, t^{m_k-1}\, e^{\mu_k\, t}) = 0$$

Escrevemos $L = (D - \mu_i)\, P_i$ onde P_i indica o produto dos outros termos. Aplicando P_i a esta combinação linear todos os termos exceto os que envolvem $t^{m-1}\, e^{\mu_i\, t}$ em zero. Mas $P_i = \overline{P}_i (D - \mu_i)^{m_i-1}$ e aplicando $(D - \mu_i)^{m_i-1}$ a $t^{m_i-1}\, e^{\mu_i\, t}$ dá $(m - 1)!\, e^{\mu_i\, t}$. Usando $(D - \mu_j)\, e^{\mu_i\, t} = (\mu_i - \mu_j)\, e^{\mu_i\, t}$ obtemos

$$\overline{P}_i e^{\mu_i t} = \prod_{i \neq j} \left(\mu_i - \mu_j \right)^{m_j} e^{\mu_i t}$$

Juntando estes cálculos todos vem

$$\overline{P}_i[(c_{11}\, e^{\mu_1 t} + \cdots + c_{1m_1}\, t^{m_1-1}\, e^{\mu_1 t}) + \cdots + (c_{k1}\, e^{\mu_k\, t} + \cdots + c_{km_k}\, t^{m_k-1}\, e^{\mu_k\, t})] =$$

$$c_{im_i}\, m_i! \prod_{i \neq j} \left(\mu_i - \mu_j \right)^{m_j} e^{\mu_i t} = 0$$

Daqui concluímos que $c_{im_i} = 0$. Podemos apagar este termo da soma e repetir o argumento usando potências mais baixas do termo $(D - \mu_i)$ para concluir que todos os $c_{is} = 0$. Mais formalmente, podemos usar um argumento de indução sobre a potência m_i. O argumento funciona para $m_i = 1$ e serve para baixar de um o expoente m_i mostrando que o coeficiente do termo mais alto é zero. Observando agora que i é arbitrário no argumento vemos que todos os coeficientes $c_{ij} = 0$, provando a independência das funções.

Assim provamos o seguinte teorema.

TEOREMA 4.5.7. A solução geral (a valores complexos) da equação diferencial

$$y^{(n)} + a_{n-1} y^{(n-1)} + \cdots + a_1 y' + a_0 y = 0$$

é da forma

$$y(t) = \left(c_{11} e^{\mu_1 t} + \cdots + c_{1m_1} t^{m_1-1} e^{\mu_1 t} \right) + \cdots + \left(c_{k1} e^{\mu_k t} + \cdots + c_{km_k} t^{m_k-1} e^{\mu_k t} \right)$$

onde o polinômio

$$x^n + a_{n-1} x^{n-1} + \cdots + a_1 x + a_0 = \left(x - \mu_1 \right)^{m_1} \cdots \left(x - \mu_k \right)^{m_k}$$

Operadores diferenciais lineares **249**

e $\mu_1, \ldots, \mu_k$ são as raízes distintas deste polinômio. As constantes são números complexos. Se todos os μ_i são reais então a solução geral a valores reais é da mesma forma, os c_i sendo números reais. Se algum $\mu_i = a_i + ib_i$, $b_i \neq 0$, então o par de termos t^p $e^{\mu_i t}$, $t^p e^{\mu_i t}$ na soma precedente pode ser substituído por termos $t^p e^{a_i t} \cos b_i t$, $t^p e^{a_i t}$ sen $b_i t$ ao escrever a solução geral a valores reais e os coeficientes serão reais.

■ *Exemplo 4.5.8* Considere a equação

$$y'' + 2y + 1 = 0, y(0) = 4, y'(0) = -3$$

As raízes da equação característica $x^2 + 2x + 1 = (x + 1)^2 = 0$ são $-1, -1$. Portanto a solução geral é

$$y(t) = c_1 e^{-t} + c_2 t e^{-t}$$

Para resolver o problema de valor inicial observamos que os valores iniciais para $t = 0$ destas duas soluções básicas são $(1, -1), (0, 1)$. Portanto devemos resolver a equação matricial

$$\begin{pmatrix} 1 & 0 \\ -1 & 1 \end{pmatrix} \mathbf{c} = \begin{pmatrix} 4 \\ -3 \end{pmatrix}$$

Esta tem solução $c = (4, 1)$ de modo que a solução é

$$y(t) = 4e^{-t} + te^{-t}$$ ■

■ *Exemplo 4.5.9* Considere a equação

$$y^{(4)} + 2y^{(2)} + y = 0, (y(0), y'(0), y''(0), y'''(0)) = (2, -1, 0, 1)$$

As raízes da equação característica

$$x^4 + 2x^2 + 1 = (x^2 + 1)^2 = 0$$

são $\pm i$, cada raiz tendo multiplicidade algébrica 2. Assim a solução geral a valores reais é

$$c_1 \cos t + c_2 \text{ sen } t + c_3 t \cos t + c_4 t \text{ sen } t$$

Para resolver o problema de valor inicial formamos a matriz com os valores iniciais destas soluções básicas, que é

$$\begin{pmatrix} 1 & 0 & 0 & 0 \\ 0 & 1 & 1 & 0 \\ -1 & 0 & 0 & 2 \\ 0 & -1 & -3 & 0 \end{pmatrix}$$

e resolvemos

$$\begin{pmatrix} 1 & 0 & 0 & 0 \\ 0 & 1 & 1 & 0 \\ -1 & 0 & 0 & 2 \\ 0 & -1 & -3 & 0 \end{pmatrix} \mathbf{c} = \begin{pmatrix} 2 \\ -1 \\ 0 \\ 1 \end{pmatrix}$$

A solução é $c = (2, -1, 0, 1)$ e assim a solução do problema de valor inicial é

250 Capítulo 4

$$y(t) = 2 \cos t - \operatorname{sen} t + t \operatorname{sen} t$$ ∎

■ *Exemplo 4.5.10* Nosso último exemplo combina os dois últimos ao considerar a equação de sexta ordem

$$y^{(6)} + 2y^{(5)} + 3y^{(4)} + 4y^{(3)} + 3y'' + 2y' + y = 0$$

$$(y(0), y'(0), y'(0), y^{(3)}(0), y^{(4)}(0), y^{(5)}(0)) = (1, 0, -1, 2, 1, 0)$$

A equação característica é

$$x^6 + 2x^5 + 3x^4 + 4x^3 + 3x^2 + 2x + 1 = (x^2 + 1)^2 (x + 1)^2 = 0$$

Assim as raízes são -1, $\pm i$, cada uma com multiplicidade algébrica 2. A solução geral é

$$y(t) = c_1 e^{-t} + c_2 te^{-t} + c_3 \cos t + c_4 \operatorname{sen} t + c_5 t \cos t + c_6 t \operatorname{sen} t$$

Para resolver o problema de valor inicial formamos a matriz

$$\begin{pmatrix} 1 & 0 & 1 & 0 & 0 & 0 \\ -1 & 1 & 0 & 1 & 1 & 0 \\ 1 & -2 & -1 & 0 & 0 & 2 \\ -1 & 3 & 0 & -1 & -3 & 0 \\ 1 & -4 & 1 & 0 & 0 & -4 \\ -1 & 5 & 0 & 1 & 5 & 0 \end{pmatrix}$$

dos valores iniciais das seis soluções básicas. Resolvemos então

$$\begin{pmatrix} 1 & 0 & 1 & 0 & 0 & 0 \\ -1 & 1 & 0 & 1 & 1 & 0 \\ 1 & -2 & -1 & 0 & 0 & 2 \\ -1 & 3 & 0 & -1 & -3 & 0 \\ 1 & -4 & 1 & 0 & 0 & -4 \\ -1 & 5 & 0 & 1 & 5 & 0 \end{pmatrix} \mathbf{c} = \begin{pmatrix} 1 \\ 0 \\ -1 \\ 2 \\ 1 \\ 0 \end{pmatrix}$$

obtendo $\mathbf{c} = (2, 1, -1, 2, -1, -1)$. Assim a solução do problema de valor inicial é

$$y(t) = 2e^{-t} + te^{-t} - \cos t + 2 \operatorname{sen} t - t \cos t - t \operatorname{sen} t$$ ∎

Nos Exercícios 4.5.8—4.5.11 resolva os problemas de valor inicial.

Exercício 4.5.8_____

$y'' - 4y' + 4y = 0$, $(y(0), y'(0)) = (1, -1)$.

Exercício 4.5.9_____

$y^{(4)} - 2y^{(3)} + 5y'' - 8y' + 4y = 0$, $(y(0), y'(0), y''(0), y'''(0)) = (1, 0, 0, 0)$

Exercício 4.5.10_____

$y''' - 3y'' + 3y - y = 0$, $(y(0), y'(0), y''(0)) = (-2, 1, 0)$.

Exercícios do capítulo 4　**251**

Exercício 4.5.11_____

$$y^{(5)} - 4y^{(4)} + 2y^{(3)} + 4y'' + 8y' - 16y = 0.$$
$$(y(0), y'(0), y''(0), y^{(3)}(0), y^{(4)}(0)) = (1, 2, 4, 8, 16)$$

4.6 EXERCÍCIOS DO CAPÍTULO 4

Nos Exercícios 4.6.1—4.6.14 ache os autovalores. Para cada autovalor λ, dê uma base do autoespaço $E(\lambda)$. Quando A é diagonalizável, dê matrizes S, D com $A = SDS^{-1}$. Se A não é diagonalizável identifique os autovalores com multiplicidades algébrica e geométrica diferentes.

4.6.1. $A = \begin{pmatrix} 6 & -2 \\ -2 & 9 \end{pmatrix}$.

4.6.2. $A = \begin{pmatrix} -1 & 2 & -4 \\ 4 & 1 & 16 \\ 0 & 0 & 9 \end{pmatrix}$.

4.6.3. $A = \begin{pmatrix} -1 & 3 & -3 \\ -3 & 7 & -3 \\ -6 & 6 & -2 \end{pmatrix}$.

4.6.4. $A = \begin{pmatrix} -4 & -2 & 3 \\ 3 & 1 & -2 \\ -4 & -2 & 3 \end{pmatrix}$.

4.6.5. $A = \begin{pmatrix} -1 & -1 & 2 \\ 2 & 2 & -2 \\ -2 & -1 & 3 \end{pmatrix}$.

4.6.6. $A = \begin{pmatrix} 0 & 0 & 1 \\ 0 & 1 & 0 \\ -1 & 0 & 2 \end{pmatrix}$.

4.6.7. $A = \begin{pmatrix} 0 & 1 & 2 \\ -1 & 0 & 1 \\ -2 & -1 & 0 \end{pmatrix}$.

4.6.8. $A = \begin{pmatrix} 0 & 1 & 1 \\ -1 & 0 & 1 \\ -1 & -1 & 0 \end{pmatrix}$.

4.6.9. $A = \begin{pmatrix} 1/\sqrt{3} & -1/\sqrt{2} & 1/\sqrt{6} \\ 1/\sqrt{3} & 1/\sqrt{2} & -1/\sqrt{6} \\ 1/\sqrt{3} & 0 & 2/\sqrt{6} \end{pmatrix}$.

4.6.10. $A = \begin{pmatrix} 1 - 1/\sqrt{6} & 1/\sqrt{6} & 0 \\ 1/\sqrt{6} & 1 + 1/\sqrt{2} & 0 \\ 1/\sqrt{6} & 1/\sqrt{6} & 1 \end{pmatrix}$.

252 Capítulo 4

4.6.11. $A = \begin{pmatrix} 4 & 0 & -2 & -2 \\ 0 & 10 & -2 & 2 \\ -2 & -2 & 5 & -3 \\ -2 & 2 & -3 & 5 \end{pmatrix}.$

4.6.12. $\begin{pmatrix} 7 & -1 & -3 & 1 \\ -1 & 7 & 1 & -3 \\ -3 & 1 & 7 & -1 \\ 1 & -3 & -1 & 7 \end{pmatrix}$

4.6.13. $\begin{pmatrix} 7 & -1 & -3 & 1 \\ -1 & 7 & 1 & -3 \\ -3 & 1 & 7 & 1 \\ 1 & -3 & -1 & 7 \end{pmatrix}$

4.6.14. $\begin{pmatrix} 2 & 4 & 2 & 0 \\ 1 & 1 & -1 & 3 \\ 2 & 0 & 2 & 4 \\ -3 & 1 & 3 & 3 \end{pmatrix}$

4.6.15. Calcule traço e determinante de cada uma das matrizes seguintes.

(a) $\begin{pmatrix} 1 & 2 \\ -2 & 1 \end{pmatrix}$, (b) $\begin{pmatrix} 1 & i & -1 \\ 0 & -1 & i \\ 1 & 0 & 2+i \end{pmatrix}$

4.6.16. Calcule traço e determinante para cada uma das matrizes seguintes.

(a) $\begin{pmatrix} 2 & 0 & i \\ -1 & 1 & i \\ 0 & i & 1 \end{pmatrix}$, (b) $\begin{pmatrix} -2 & i & -2 & 1 \\ 0 & 2i & -i & 1 \\ 3 & 2 & 2i & 1 \\ i+1 & i-1 & i & i \end{pmatrix}$

4.6.17. Para a matriz 3 por 3 A o traço é 4 e o determinante é -4. Mostre que se seus autovalores são inteiros, então A é diagonalizável.

4.6.18. Para a matriz 3 por 3 A seus autovalores distintos são 1, -1, e autovetores para autovalores distintos são ortogonais. Se uma base para o autoespaço $E(1)$ é dada por $(1, 0, 1)$, $(0, 1, 0)$, Ache A.

4.6.19. Para a matriz 3 por 3 diagonalizável A, seus autovalores distintos são 1 e -1, e autovetores para autovalores distintos são ortogonais. O autoespaço para o autovalor -1 tem base $(1, 1, 1)$. Ache A.

4.6.20. Mostre que o determinante de A é 0 see 0 é autovalor de A.

4.6.21. A matriz 3 por 3 A tem apenas dois autovalores distintos. O traço de A é 4 e o determinante é 2. Quais são os autovalores de A?

4.6.22. Mostre que uma matriz 3 por 3 com determinante 0 e traço 0 é diagonalizável desde que exista algum outro autovalor além do 0.

4.6.23. Suponha que os elementos de A são positivos.

Exercícios do capítulo 4   **253**

(a) Mostre que o traço de A é positivo.

(b) Mostre que se A é matriz 2 por 2 inversível então seus autovalores são positivos se det A for positivo.

4.6.24. Mostre que $A + rI$ tem os mesmos autovetores que A. Como se relacionam os autovalores?

4.6.25. Considere uma matriz n por n com todos os elementos iguais a b. Mostre que os autovalores desta matriz são 0 com multiplicidade $n - 1$ e nb com multiplicidade 1. Ache uma base de autovetores desta matriz .

4.6.26. Considere uma matriz n por n com todos os elementos fora da diagonal iguais a b e todos os diagonais iguais a a. Usando os dois exercícios precedentes ache os autovalores e os autovetores para esta matriz. Calcule o determinante da matriz.

4.6.27. Mostre que os autovalores de A^{-1} são os inversos dos autovalores de A. Como se relacionam os autovetores?

4.6.28. Mostre que os autovalores de A^t são os mesmos que os de A. Como se relacionam os autovetores?

4.6.29. Mostre que os autovalores de $\overline{A}$ são os conjugados dos autovalores de A. Como se relacionam os autovetores?

4.6.30. Ache a inversa de cada uma das seguintes matrizes complexas.

(a) $\begin{pmatrix} 2+i & 1-i \\ 2-i & 1+i \end{pmatrix}$, (b) $\begin{pmatrix} 1 & i & -i \\ 0 & 2i & 1 \\ 1 & i & 0 \end{pmatrix}$

4.6.31. Ache a inversa de cada uma das seguintes matrizes complexas.

(a) $\begin{pmatrix} -i & i \\ 1 & 2 \end{pmatrix}$, (b) $\begin{pmatrix} i & i-1 & i+1 \\ 1 & i & 0 \\ -1 & i & i \end{pmatrix}$

4.6.32. Verifique se os seguintes vetores de $\mathbb{C}^3$ são independentes. Se forem dependentes escreva um como combinação linear dos outros.

(a) $(2, i - 1), (2 - i, 0, 1), (i, i, 1)$

(b) $(2 - i, 2 + i, 1), (i, -1 + i, 1 + i), (4 - i, 3 + 2i, i)$

4.6.33. Verifique se os seguintes vetores de $\mathbb{C}^3$ são independentes. Se forem dependentes escreva um como combinação linear dos outros.

(a) $(i, -i, 2), (1, i, 1), (-1 + i, 2 - 2i, 4 + i)$

(b) $(i, -i, 2), (1, i, 1), (-1 + i, 2 - 2, 4)$

4.6.34. Use o algoritmo de Gram—Schmidt com o produto interno hermitiano canônico em $\mathbb{C}^3$ para achar uma base ortogonal para o subespaço de $\mathbb{C}^3$ com base $(1 + i, 1 - i, i), (1, i, -i)$.

4.6.35. Use o algoritmo de Gram—Schmidt com o produto hermitiano canônico em $\mathbb{C}^3$ para dar

254 Capítulo 4

uma base ortogonal para o subespaço de $\mathbb{C}^3$ com base $(1, i, 1 + i)$, $(-i, i, 0)$.

4.6.36. Use o algoritmo de Gram—Schmidt com o produto interno hermitiano canônico em $\mathbb{C}^4$ para dar uma base ortonormal para o subespaço de $\mathbb{C}^4$ com base $(1, 0, -i, 0)$, $(1, 0, i, 1)$, $(2 + i, -1, 2 - i, 1)$.

4.6.37. Verifique que o produto de duas matrizes unitárias é unitária. O produto de duas matrizes hermitianas é hermitiana ? O produto de duas matrizes antihermitianas é antihermitiana ?

4.6.38. Mostre que se A é matriz antihermitiana, então $\exp(A)$ é matriz unitária.

4.6.39. Classifique cada uma das matrizes seguintes como hermitiana, antihermitiana, unitária ou nenhuma destas coisas.

$$A = \begin{pmatrix} 1 & 3 & 4 \\ 3 & 2 & 3 \\ 4 & 3 & 5 \end{pmatrix}, B = \begin{pmatrix} i & 3 & 0 \\ -3 & 3i & i \\ 0 & i & 0 \end{pmatrix}, C = \begin{pmatrix} 1/\sqrt{2} & 1/\sqrt{3} & =1/\sqrt{6} \\ 0 & 1/\sqrt{3} & 2/\sqrt{6} \\ 1/\sqrt{2} & -1/\sqrt{3} & 1/\sqrt{6} \end{pmatrix},$$

$$D = \begin{pmatrix} .5 + .5i & .5 + .5i \\ .5 + .5i & -.5 - .5i \end{pmatrix}, E = \begin{pmatrix} i & 2 & -i \\ -2 & i & 0 \\ -i & 0 & 1 \end{pmatrix}$$

4.6.40. Classifique cada uma das matrizes seguintes com hermitiana, antihermitiana, unitária ou nenhuma destas coisas.

$$A = \begin{pmatrix} 1 & 1 & 1 \\ -1 & 1 & 0 \\ -1 & 0 & 1 \end{pmatrix}, B = \begin{pmatrix} 0 & 1 & 0 \\ -1 & 0 & 1 \\ 0 & -1 & 0 \end{pmatrix}, C = \begin{pmatrix} 1/\sqrt{2} & -1/\sqrt{3} & -1/\sqrt{6} \\ 1/\sqrt{2} & 1/\sqrt{3} & 1/\sqrt{6} \\ 0 & 1/\sqrt{3} & -2/\sqrt{6} \end{pmatrix}$$

$$D = \begin{pmatrix} 4 & 2+i & 3-i \\ 2-i & 5 & 1 \\ 3+i & 1 & 3 \end{pmatrix}, E = \begin{pmatrix} i & i & i \\ i & i & i \\ i & i & i \end{pmatrix}$$

4.6.41. Mostre que uma matriz simétrica cujos elementos são todos imaginários puros é antihermitiana.

4.6.42 Prove por indução que $(SDS^{-1})^k = SD^kS^{-1}$.

4.6.43. Seja A matriz n por n diagonalizável com autovalores $1, \lambda_2, \ldots, \lambda_n$, onde $\|\lambda_i\| < 1$. Mostre que existe $\lim_{k \to \infty} A^k$ e que suas colunas são ou zero ou autovetores para o autovalor 1.

4.6.44. Seja P o plano em $\mathbb{R}^3$ gerado por $\mathbf{v}_1 = (1, 1, 1)$ e $\mathbf{v}_2 = (1, 1, -2)$. Ache uma matriz A tal que a multiplicação por A fixa o eixo perpendicular a este plano e gira o plano por um ângulo de $\pi/4$. (Sugestão: primeiro ache uma base ortonormal $\mathbf{q}_1, \mathbf{q}_2, \mathbf{q}_3$ tal que $\mathbf{q}_1$ seja o eixo de rotação e $\mathbf{q}_2, \mathbf{q}_3$ geram P. Depois escreva $A(\mathbf{q}_1, \mathbf{q}_2, \mathbf{q}_3) = (\mathbf{q}_1, \mathbf{q}_2, \mathbf{q}_3)B$ para B conveniente e resolva para A. B é simplesmente a matriz da transformação linear com relação à base dada pelos $\mathbf{q}_i$.)

Exercícios do capítulo 4 **255**

4.6.45. Suponha A diagonalizável.
(a) Mostre que A^k é diagonalizável.
(b) Dê um exemplo de matriz 2 por 2 A que não é diagonalizável mas tal que A^2 é diagonalizável.

4.6.46 Diga se cada uma das afirmações abaixo é verdadeira ou falsa. Justifique suas respostas.
(a) Se A é matriz hermitiana com elementos reais, então A é simétrica.
(b) Se A é matriz 3 por 3 com autovalores 1, 2, 3 então A é diagonalizável.
(c) Se A é matriz 3 por 4 de posto 2, então $A^t A$ tem 0 como autovalor de multiplicidade geométrica 2.

4.6.47. Se $\mathbf{u}$ é vetor unitário e $Q = I - 2\mathbf{u}\mathbf{u}^t$, mostre que Q é matriz ortogonal que transforma $\mathbf{u}$ em $-\mathbf{u}$ e deixa fixos os vetores ortogonais a $\mathbf{u}$ (isto é, é uma reflexão pelo subespaço ortogonal a $\mathbf{u}$). O que conclui sobre autovalores e autovetores de Q?

4.6.48. Dê matrizes 2 por 2 A, B, C, D tais que a transformação linear proveniente da multiplicação por A, B, C, D produza o efeito geométrico desejado. (Sugestão: ache autovalores e autovetores destas transformações lineares.)
(a) A multiplicação por A gira o plano de $\pi/4$.
(b) A multiplicação por B projeta ortogonalmente sobre a reta $x = y$.
(c) A multiplicação por C reflete pela reta $x = y$.
(d) A multiplicação por D é a composição da multiplicação por A seguida da multiplicação por C. Descreva isto geometricamente como uma única reflexão.

4.6.49. Uma organização de caridade aceita doações de um grupo de contribuintes em potencial em quantias de \$20 e \$50. Dos que num ano nada contribuem, 1/2 contribuirá \$20, 1/4 contribuirá \$50 e 1/4 nada dará. Dos que contribuem com \$20, no ano seguinte 1/2 contribuirá com \$20, 1/4 não contribuirão e 1/4 contribuirá com \$50. Dos que contribuem com \$50, 3/4 contribuirá novamente com \$50, e 1/4 com \$20 no ano seguinte.
(a) Dê uma matriz de transição representando esta informação.
(b) Qual é a probabilidade de que um contribuidor potencial venha a longo prazo (isto é, muitos anos depois) a ser contribuidor de \$50?

Nos Exercícios 4.6.50—4.6.54 a matriz dada é uma matriz de transição para uma cadeia de Markov. Para cada problema determine
(a) a probabilidade de passar do estado 2 para o estado 3 em 10 passos
(b) a distribuição de probabilidade limite (se existe) dado que se começa com probabilidade igual de estar em qualquer dos estados.

4.6.50. $\begin{pmatrix} .5 & .5 & .1 \\ 0 & .5 & .1 \\ .5 & 0 & .8 \end{pmatrix}$

4.6.51. $\begin{pmatrix} 1/3 & 1/2 & 0 \\ 1/2 & 0 & 1 \\ 1/6 & 1/2 & 0 \end{pmatrix}$

256 Capítulo 4

4.6.52. $\begin{pmatrix} .1 & .2 & .3 & .4 \\ .2 & .3 & .4 & .1 \\ .3 & .4 & .1 & .2 \\ .4 & .1 & .2 & .3 \end{pmatrix}$

4.6.53. $\begin{pmatrix} 1 & 0 & 0 & 0 \\ 0 & 1/3 & 1/3 & 1/6 \\ 0 & 1/2 & 1/3 & 1/3 \\ 0 & 1/6 & 1/3 & 1/3 \end{pmatrix}$

4.6.54. $\begin{pmatrix} 1 & 1/2 & 1/3 & 1/4 & 1/5 \\ 0 & 1/2 & 1/3 & 1/4 & 1/5 \\ 0 & 0 & 1/3 & 1/4 & 1/5 \\ 0 & 0 & 0 & 1/4 & 1/5 \\ 0 & 0 & 0 & 0 & 1/5 \end{pmatrix}$

4.6.55. Suponha que a matriz n por n T é matriz de transição para uma cadeia de Markov e que todos os seus elementos são positivos. Mostre que se T é simétrica então T^k tende à matriz cujos elementos são todos iguais a $1/n$. (Sugestão: os autovetores de T e T^t são iguais.)

4.6.56. Uma jogadora com \$2000 entra num jogo em que tem que continuar a jogar até perder tudo ou triplicar seu dinheiro. Em cada jogo ela ou ganha \$1000 com probabilidade de 0,51 ou perde \$1000 com probabilidade 0,49. A matriz

$$T = \begin{pmatrix} 1 & .49 & 0 & 0 & 0 & 0 & 0 \\ 0 & 0 & .49 & 0 & 0 & 0 & 0 \\ 0 & .51 & 0 & .49 & 0 & 0 & 0 \\ 0 & 0 & .51 & 0 & .49 & 0 & 0 \\ 0 & 0 & 0 & .51 & 0 & .49 & 0 \\ 0 & 0 & 0 & 0 & .51 & 0 & 0 \\ 0 & 0 & 0 & 0 & 0 & .51 & 1 \end{pmatrix}$$

dá a matriz de transição para a cadeia de Markov que modela isto, onde há sete estados que medem quanto ela tem (de 0 a 6) num determinado momento. Qual é a probabilidade de
(a) ela ter \$4000 após 10 jogos
(b) ela eventualmente perder todo o seu dinheiro

4.6.57. Suponha que μ é um autovalor diferente de 1 para a matriz de transição T de cadeia de Markov. Mostre que se $\mathbf{x}$ é um autovetor para μ então a soma dos elementos de $\mathbf{x}$ é 0. (sugestão: use $\mathbf{r}$ e o fato de $\mathbf{rx}$ ser a soma dos elementos de $\mathbf{x}$ junto com $\mathbf{r}T = \mathbf{r}, T\mathbf{x} = \mu\mathbf{x}$.)

4.6.58. Considere a equação de diferenças

$$\mathbf{u}_{k+1} = A\mathbf{u}_k, \mathbf{u}_0 = \begin{pmatrix} 1 \\ 0 \\ 0 \end{pmatrix}, A = \begin{pmatrix} 1/4 & 1/3 & 0 \\ 3/4 & 1/3 & 1/2 \\ 0 & 1/3 & 1/2 \end{pmatrix}$$

Qual é o $\lim_{k \to \infty} \mathbf{u}_k$?

4.6.59. Considere a equação de diferenças

$$\mathbf{u}_{k+1} = A\mathbf{u}_k, \mathbf{u}_0 = \begin{pmatrix} 1 \\ 0 \\ 0 \end{pmatrix}, A = \begin{pmatrix} 5.5 & 7.5 & -10 \\ 1 & 2 & -2 \\ 3 & 4.5 & -5.5 \end{pmatrix}$$

Qual é o $\lim_{k \to \infty} \mathbf{u}_k$?

4.6.60. (a) Considere a equação de diferenças

$$\mathbf{u}_{k+1} = A\mathbf{u}_k, \mathbf{u}_0 = \begin{pmatrix} 1 \\ 0 \\ 0 \end{pmatrix}, A = \begin{pmatrix} 7 & 10.5 & -13.5 \\ 4 & 8 & -9 \\ 6 & 10.5 & -12.5 \end{pmatrix}$$

Qual é o $\lim_{k \to \infty} \mathbf{u}_k$?

(b) Repita o problema com vetor inicial $\mathbf{u}_0 = \begin{pmatrix} 0 \\ 1 \\ 0 \end{pmatrix}$

4.6.61. Considere a equação de diferenças

$$\mathbf{u}_{k+1} = A\mathbf{u}_k, \mathbf{u}_0 = \begin{pmatrix} 1 \\ 0 \\ 0 \end{pmatrix}, A = \begin{pmatrix} 1 & -1.5 & 0.5 \\ -8 & -16 & 19 \\ -6 & -13.5 & 15.5 \end{pmatrix}$$

(a) Mostre que $\lim_{k \to \infty} \mathbf{u}_k$ não existe.
(b) Mostre que $\lim_{k \to \infty} \mathbf{u}_{2k}$ existe e calcule-o.
(c) Mostre que $\lim_{k \to \infty} \mathbf{u}_{2k+1}$ existe e calcule-o.

4.6.62. Considere a equação de diferenças

$$\mathbf{u}_{k+1} = A\mathbf{u}_k, \mathbf{u}_0 = \begin{pmatrix} 1 \\ 0 \\ 0 \end{pmatrix}, A = \begin{pmatrix} 33 & 53.5 & -70 \\ 64 & 112.5 & -142 \\ 66 & 114 & -145 \end{pmatrix}$$

(a) Mostre que $\lim_{k \to \infty} \mathbf{u}_k$ não existe.
(b) Mostre que $\lim_{k \to \infty} \mathbf{u}_{2k}$ existe e calcule-o.
(c) Mostre que $\lim_{k \to \infty} \mathbf{u}_{2k+1}$ existe e calcule-o.

Para os Exercícios 4.6.63—4.6.68 refraseie a fórmula de recursão como equação de diferenças $\mathbf{x}_{k+1} = A\mathbf{x}_k$, com vetor inicial $\mathbf{x}_0$ e ache a razão limite $\lim_{k \to \infty} y_{k+1}/y_k$ se existe.

4.6.63. $1, 1, 5, 13, 41, 121, \ldots; y_{k+2} = 2y_{k+1} + 3y_k$.

4.6.64. $1, 2, -1, -5, -13, -29, -61, \ldots; y_{k+2} = -2y_{k=1} + 3y_k$.

4.6.65 $1, 1, 0, -16, 80, -384, \ldots; y_{k+2} = -4y_{k+1} + 4y_k$.

4.6.66. $1, 1, 2, 6, 12, 28, \ldots; y_{k+3} = 2y_{k+2} + y_{k+1} + y_k$.

4.6.67. $2, 3, 1, -3, -11, -27, \ldots; y_{k+3} = 3y_{k+2} - 2y_{k+1}$.

4.6.68. $4, 2, 1, 1, 2, 4, 7, 11, 16, \ldots; y_{k+3} = 3y_{k+2} - 3y_{k+1} + y_k$.

258 Capítulo 4

4.6.69. Mostre que para a matriz

$$A = \begin{pmatrix} a_1 & a_2 & \cdots & a_{n-1} & a_n \\ 1 & 0 & \cdots & 0 & 0 \\ 0 & 1 & \cdots & 0 & 0 \\ \vdots & \vdots & \vdots & \vdots & \vdots \\ 0 & 0 & \cdots & 1 & 0 \end{pmatrix}$$

que aparece quando se transforma uma fórmula de recorrência numa equação de diferenças, o polinômio característico de A é $(-1)^n (x^n - a_1 x^{n-1} - a_2 x^{n-2} - \cdots - a_n)$.

Nos Exercícios 4.6.70—4.6.74 use o método de potências para achar o maior autovalor para a matriz dada. Onde possível, compare sua resposta com o que se obtém calculando o polinômio característico a mão. Use outro pacote computacional para achar o verdadeiro autovalor, comparando as respostas obtidas com a dada pelo método de potências. Use esta informação quando o método de potências não converge para explicar.

4.6.70. $\begin{pmatrix} 1 & 1 \\ -2 & 4 \end{pmatrix}$

4.6.71. $\begin{pmatrix} -17 & -33 & 41 \\ -20 & -37 & 46 \\ -24 & -45 & 56 \end{pmatrix}$

4.6.72. $\begin{pmatrix} 12 & -3 & 3 \\ 6 & 2 & 4 \\ 6 & -1 & 7 \end{pmatrix}$

4.6.73. $\begin{pmatrix} 2 & -1/3 & 1/3 \\ 4 & -3/4 & -2/3 \\ 4 & -7/3 & 1/3 \end{pmatrix}$

4.6.74. $\begin{pmatrix} -13 & -10 & 0 & 8 & 10 \\ 9 & 7 & 0 & -5 & -7 \\ -20 & -14 & 2 & 11 & 14 \\ 14 & 10 & 0 & -7 & -10 \\ -19 & -14 & 0 & 11 & 14 \end{pmatrix}$

4.6.75   Considere uma economia com três indústrias em que o output de uma unidade de cada indústria exige inputs iguais de c unidades de cada indústria: isto é, a matriz de consumo é dada por cK, onde K é a matriz 3 por 3 com todos os elementos iguais a 1. Supomos aqui que c está entre 0 e 1.
(a) Para quais valores de c $I - C$ será inversível ?
(b) Para quais valores de c $(I - C)^{-1}$ terá somente elementos não negativos ?
(c) Para satisfazer a uma demanda de 1000 unidades de cada indústria, quantas unidades cada indústria deve manufaturar ?

4.6.76   (a) Refaça o Exercício 4.6.75 para uma economia com cinco indústrias.
(b) Refaça o último problema para uma economia com n indústrias.

4.6.77. Mostre que as seguintes seqüências $\mathbf{u}_k$, $\mathbf{v}_k$ vindas de um vetor inicial unitário $\mathbf{x}_0$ e uma matriz A são as mesmas:

Exercícios do capítulo 4   259

$$\mathbf{x}_{k+1} = A\mathbf{x}_k, \ \mathbf{u}_k = \mathbf{x}_k/\|\mathbf{x}_k\|, \mathbf{v}_0 = \mathbf{x}_0, \ \mathbf{v}_{k+1} = A\mathbf{v}_k/\|A\mathbf{v}_k\|$$

4.6.78. Considere a matriz $A = \begin{pmatrix} -1 & 1 & -1 \\ -4 & 3 & -4 \\ -2 & 1 & -2 \end{pmatrix}$

(a) Calcule A^8.
(b) Calcule $\exp(A)$.

4.6.79. Calcule $\exp(A)$ para $A = \begin{pmatrix} -5 & 3 & 3 \\ -4 & 8 & -4 \\ 13 & -7 & 5 \end{pmatrix}$

4.6.80. Calcule $\exp(At)$ onde $A = \begin{pmatrix} 3 & 0 \\ 0 & 3 \end{pmatrix} + \begin{pmatrix} 0 & 1 \\ 0 & 0 \end{pmatrix}$

Nos Exercícios 4.6.81—4.6.85 ache a solução geral do sistema $\mathbf{x}' = A\mathbf{x}$ e a solução do problema de valor inicial dado.

4.6.81. $A = \begin{pmatrix} 2 & -1 \\ 1 & 2 \end{pmatrix}$, $\mathbf{x}(0) = (1, 3)$.

4.6.82. $A = \begin{pmatrix} 1 & 3 \\ 3 & 1 \end{pmatrix}$, $\mathbf{x}(0) = (1, 2)$

4.6.83. $A = \begin{pmatrix} -1 & -2 & 2 \\ 2 & 4 & -2 \\ -2 & -1 & 3 \end{pmatrix}$, $\mathbf{x}(0) = (1, 0, 1)$.

4.6.84. $A = \begin{pmatrix} -1.5 & 1 & .5 \\ -.5 & 1 & .5 \\ .5 & -1 & 1.5 \end{pmatrix}$, $\mathbf{x}(0) = (0, 1, 0)$

4.6.85. $A = \begin{pmatrix} 0 & -1 & 1 & 0 \\ 6 & 7 & -3 & -6 \\ 6 & 5 & -1 & -6 \\ 2 & 1 & -1 & -2 \end{pmatrix}$, $\mathbf{x}(0) = (1, 0, 1, 0)$.

Nos Exercícios 4.6.86—4.6.91 ache a solução geral da equação diferencial e a solução do problema de valor inicial.

4.6.86. $y'' + y' - 2y = 0 \ \ y(0) = 1, y'(0) = 0$

4.6.87. $y''' + y'' + y' + y = 0, y(0) = 1, y'(0) = 1, y''(0) = 1$.

4.6.88. $y^{(4)} + 2y''' + 2y'' + 2y' + y = 0, (y(0), y'(0), y''(0), y'''(0)) = (1, -1, 2, 1)$.

4.6.89. $y''' - 6y'' + 12y' - 8y = 0, (y(0), y'(0), y''(0)) = (-2, 1, 0)$.

4.6.90 $y^{(4)} + 4y''' + 8y'' + 16y' + 16y = 0, (y(0), y'(0), y''(0), y'''(0)) = (1, 0, 0, 1)$

4.6.91 $y^{(4)} - y'' - 2y' + 2y = 0, (y(0), y'(0), y''(0), y'''(0)) = (1, 0, 1, 0)$

260 Capítulo 4

4.6.92 Suponha que para o sistema $\mathbf{x}' = A\mathbf{x}$ temos que A é diagonalizável com todos os autovalores tendo parte real menor que 0. Mostre que para toda solução $\lim_{t \to \infty} \mathbf{x}(t) = \mathbf{0}$.

4.6.93 Suponha que para o sistema $\mathbf{x}' = A\mathbf{x}$ temos que A é diagonalizável com todos os autovalores exceto um tendo parte real menor que 0.

(a) Suponha que o último autovalor é 0. Mostre que ou $\lim_{t \to \infty} \mathbf{x}(t) = \mathbf{v}$, onde $\mathbf{v}$ é autovetor para o autovalor 0 ou $\lim_{t \to \infty} \mathbf{x}(t) = \mathbf{0}$. Descreva como se decide qual caso ocorre em termos do valor inicial.

(b) Suponha que o último autovalor é $2i$. Mostre que $\lim_{t \to \infty} \mathbf{x}(t)$ não existe para a maioria dos valores iniciais, mas quando existe o limite é 0. Mostre que $\lim_{t \to \infty} \|\mathbf{x}(t)\| = 1$ para a maioria das soluções e descreva aquelas para as quais isto não vale.

4.6.94 Suponha que para o sistema $\mathbf{x}' = A\mathbf{x}$ temos que A é diagonalizável e que os autovalores estão ordenados $\lambda_1 > \cdots > \lambda_n > 1$.
(a) Mostre que $\lim_{t \to \infty} \mathrm{x}(t)$ não existe para qualquer solução.

(b) Suponha que $A = SDS^{-1}$, com os autovalores ordenados na diagonal de D. Se o valor inicial $\mathbf{x}(0)$ satisfaz $S\mathbf{c} = \mathbf{x}(0)$ com $c_1 \neq 0$, mostre que a solução do problema com valor inicial satisfaz $\lim_{t \to \infty} \mathbf{x}(t) / \|\mathbf{x}(t)\|$ é um autovetor para o autovalor λ_1.

4.6.95. (a) Ache a solução geral de $\mathbf{x}' = A\mathbf{x}$ e as possíveis razões limite para

$$x_3(t) / x_2(t) \text{ quando } t \to \infty \text{ para } A = \begin{pmatrix} 1 & 1 & -2 \\ 1 & 1 & 2 \\ -2 & 2 & 2 \end{pmatrix}$$

(b) Ache o limite da razão $x_3(t) / x_2(t)$ para a solução $x(0) = (i, -1, 1)$.

4.6.96. Reduza o sistema de segunda ordem $\mathbf{x}'' = A\mathbf{x}$ a um sistema de primeira ordem $y' = By$ usando a substituição $y_1 = x_1, y_2 = x_2, y_3 = x'_1, y_4 = x'_2$. Resolva este sistema de primeira ordem e use sua solução para achar a solução geral de $x'' = A\mathbf{x}$. Aqui

$$A = \begin{pmatrix} -10 & -6 \\ -6 & -10 \end{pmatrix}$$

4.6.97. Para a mesma matriz do exercício precedente ache uma raiz quadrada B de A. Reescreva a equação na forma $(D^2 - B^2) \mathbf{x} = (D - B)(D + B) \mathbf{x} = \mathbf{0}$ e então use as soluções de $(D - B)\mathbf{x} = \mathbf{0}$ e $(D + B)\mathbf{x} = 0$ para achar a solução geral da equação $\mathbf{x}'' = A\mathbf{x}$.

5

O teorema espectral e aplicações

5.1 ESPAÇOS VETORIAIS COMPLEXOS E PRODUTOS INTERNOS HERMITIANOS

Neste capítulo provaremos o Teorema Espectral, que diz que certos tipos de transformações lineares (e matrizes) são diagonalizáveis. Ainda mais, a base de autovetores pode ser escolhida de modo a formar uma base ortonormal. Como alguns autovalores podem ser complexos, teremos forçosamente que lidar com matrizes e espaços vetoriais complexos, nem que seja só $\mathbb{C}^n$. Esta secção continuará com a introdução das idéias que demos na Secção 4.3. Na Secção 4.3 introduzimos $\mathbb{C}^n$ e verificamos que satisfaz às propriedades de espaço vetorial complexo. Também introduzimos o produto interno $\langle \mathbf{v}, \mathbf{w} \rangle = \mathbf{v}^* \mathbf{w} = \bar{v}_1 w_1 + \cdots + \bar{v}_n w_n$. Mostramos que este produto interno tem as propriedades:

(1) $$\langle \mathbf{v}, \mathbf{w} \rangle = \overline{\langle \mathbf{w}, \mathbf{v} \rangle} \qquad \textbf{(propriedade hermitiana)}$$
(2) $$\langle \mathbf{v}, a\mathbf{w} + b\mathbf{z} \rangle = a\langle \mathbf{v}, \mathbf{w} \rangle + b\langle \mathbf{v}, \mathbf{z} \rangle \qquad \textbf{(propriedade de linearidade)}$$
Note que por causa de (1) temos o que se chama linearidade conjugada no primeiro argumento:
$$\langle a\mathbf{v} + b\mathbf{z}, \mathbf{w} \rangle = \bar{a}\langle \mathbf{v}, \mathbf{w} \rangle + \bar{b}\langle \mathbf{z}, \mathbf{w} \rangle$$
(3) $$\langle \mathbf{v}, \mathbf{v} \rangle \geq 0 \text{ e } = 0 \text{ see } \mathbf{v} = \mathbf{0} \qquad \textbf{(propriedade positiva definida)}$$

DEFINIÇÃO 5.1.1 Um produto interno num espaço vetorial complexo que satisfaz às propriedades (1) — (3) chama-se um **produto interno hermitiano**.

Neste capítulo sempre suporemos que todo espaço vetorial complexo com o qual lidarmos tem um produto interno hermitiano. Dado um tal produto, então uma base ortogonal é definida como antes em termos do produto interno. Note que a base $\mathbf{e}_1, \ldots, \mathbf{e}_n$ é uma base ortonormal para $\mathbb{C}^n$.

A razão principal de lidarmos com espaços complexos é que são muito melhores para se trabalhar na prova de teoremas porque o corpo $\mathbb{C}$ é algebricamente fechado, isto é, polinômios com coeficientes complexos se fatoram em fatores lineares. Isto é especialmente importante para problemas de autovalor - autovetor quando existe um autovalor complexo. Sempre que todos os autovalores de uma matriz ou transformação linear sejam reais poderemos continuar a trabalhar em $\mathbb{R}^n$ ou no espaço vetorial real V. Quando existem autovalores complexos, no entanto, somos forçados a substituir o espaço vetorial e a transformação linear por objetos complexos e então usar a informação obtida do estudo deles para obter informação sobre nosso problema original. Em larga medida trataremos isto informalmente, mas queremos indicar algo do que se passa nessa substituição.

262 Capítulo 5

Do ponto de vista matricial, trata-se apenas de olhar $\mathbb{R}^n$ como subconjunto de $\mathbb{C}^n$ e matrizes reais n por n como casos particulares de matrizes complexas n por n. Assim nos permitiremos usar matrizes complexas quando diagonalizamos uma dada matriz real; isto é, escreveremos $A = SDS^{-1}$, onde S, D são matrizes complexas quando existe um autovalor complexo. Outra situação bastante simples ocorre quando estudamos o espaço vetorial $\mathscr{D}$ ($\mathbb{R}$, $\mathbb{R}^n$) em conexão com a resolução de equações diferenciais $\mathbf{x}' = A\mathbf{x}$. Por $\mathscr{D}$ ($\mathbb{R}$, $\mathbb{C}^n$) entendemos as funções diferenciáveis dos reais a $\mathbb{C}^n$. As operações de soma de funções e multiplicação por escalar usam as operações em $\mathbb{C}^n$ onde estamos somando e multiplicando por escalar os valores da função. Quando estudarmos o espaço $\mathscr{D}$ ($\mathbb{R}$, $\mathbb{R}^n$) em conexão com a resolução de $\mathbf{x}' = A\mathbf{x}$ às vezes estenderemos o problema ao contexto complexo. Nosso método de resolução de equações como esta depende de achar os autovalores e os correspondentes autovetores. Quando um destes é complexo o que fazemos é olhar A como tipo especial de matriz complexa com todos os elementos reais e então olhar para o espaço vetorial $\mathscr{D}$ ($\mathbb{R}$, $\mathbb{C}^n$) na procura de soluções a valores complexos para a equação. O operador de diferenciação D é então estendido a D: $\mathscr{D}$ ($\mathbb{R}$, $\mathbb{C}^n$) $\to$ $\mathscr{D}$ ($\mathbb{R}$, $\mathbb{C}^n$) da maneira evidente. Podemos então usar a informação sobre soluções a valores complexos para traduzir um par de soluções a valores complexos num correspondente par de soluções a valores reais e resolver o problema original. Neste espaço vetorial estão contidas as soluções de equações diferenciais como $x'' + x = 0$, cujas soluções são combinações lineares de $\exp(ix)$ e $\exp(-ix)$. Destas duas soluções obtemos as soluções a valores reais cos x, sen x. Podemos dizer que nosso trabalho sobre equações diferenciais mostra que o espaço vetorial das soluções complexas da equação diferencial complexa $\mathbf{x}' = A\mathbf{x}$, onde A agora pode ser matriz complexa, tem dimensão n e se $\mathbf{v}_1, \ldots, \mathbf{v}_n$ são quaisquer vetores de $\mathbb{C}_n$ dados como valores iniciais, então existe uma base de soluções complexas $\mathbf{x}_1, \ldots, \mathbf{x}_n$ que têm esses vetores como valores iniciais.

Quando discutimos classes especiais de funções como as que são periódicas e satisfazem a condições de integrabilidade, existem importantes produtos internos sobre $\mathscr{D}$ ($\mathbb{R}$, $\mathbb{C}$) tais como

$$\langle f, g \rangle = \int_{-\pi}^{\pi} \overline{f(t)}\, g(t)\, dt$$

Aqui as séries de Fourier surgem no contexto de expressar um dado elemento do espaço com produto interno $\mathscr{D}$ ($\mathbb{R}$, $\mathbb{C}$) em termos da coleção ortogonal

$$1, \exp(ix), \exp(-ix), \ldots, \exp(inx), \exp(-inx), \ldots$$

A situação é um tanto mais complicada no caso de uma transformação linear geral $L : V \to V$ entre um espaço vetorial real V e ele mesmo. Suponha que um dos autovalores (no sentido de ser raiz do polinômio característico) não seja real. Podemos então substituir V por seu complexificado $V_{\mathbb{C}}$, que é o análogo de passar de $\mathbb{R}^n$ a $\mathbb{C}^n$. Como conjunto $V_{\mathbb{C}}$ pode ser identificado com $V \times V$, o conjunto de pares ordenados de vetores de V. Definimos a operação de adição como $(\mathbf{v}_1, \mathbf{v}_2) + (\mathbf{w}_1, \mathbf{w}_2) = (\mathbf{v}_1 + \mathbf{w}_1, \mathbf{v}_2 + \mathbf{w}_2)$. Também precisamos saber como multiplicar um número complexo por um elemento de $V_{\mathbb{C}}$. Motivados pela identificação de $\mathbb{C}$ com $\mathbb{R}^2$, definimos

$$(a + ib)(\mathbf{v}_1, \mathbf{v}_2) = (a\mathbf{v}_1 - b\mathbf{v}_2, b\mathbf{v}_1 + a\mathbf{v}_2)$$

Em ambos os casos a motivação para as definições é pensar em $(\mathbf{v}_1, \mathbf{v}_2)$ como $\mathbf{v}_1 + i\mathbf{v}_2$ e usar as operações usuais sobre vetores reais mais a fórmula $i^2 = -1$. Deixamos como exercício verificar que com estas definições $V_{\mathbb{C}}$ satisfaz às propriedades exigidas para ser um espaço vetorial complexo quando V é um espaço vetorial real. Note que podemos olhar $V \subset V_{\mathbb{C}}$ se identificarmos V com os vetores de $V_{\mathbb{C}}$ cuja segunda coordenada é $\mathbf{0}$. Existe uma operação de conjugação complexa em $V_{\mathbb{C}}$ que é dada por $\overline{(\mathbf{v}_1, \mathbf{v}_2)} = (\mathbf{v}_1, -\mathbf{v}_2)$. Isto é consistente com a conjugação complexa em $\mathbb{C}$ no sentido que $\overline{z\mathbf{w}} = \overline{z}\,\overline{\mathbf{w}}$. Se partimos de uma base $\mathbf{v}_1, \ldots, \mathbf{v}_n$ para V, então esses vetores, quando considerados como

Espaços vetoriais complexos e produtos internos hermitianos **263**

pertencendo a $V_{\mathbb{C}}$ continuarão a ser uma base para o espaço vetorial complexo $V_{\mathbb{C}}$.

Em seguida suponha que $L : V \to V$ é uma transformação linear entre espaços reais. Então existe uma correspondente transformação linear complexa $L_{\mathbb{C}} : V_{\mathbb{C}} \to V_{\mathbb{C}}$ cuja restrição a $V \subset V_{\mathbb{C}}$ é a L original. É simplesmente definida por $L_{\mathbb{C}}(\mathbf{v}_1, \mathbf{v}_2) = (L\mathbf{v}_1, L\mathbf{v}_2)$. $L_{\mathbb{C}}$ é linear (complexa):

$$L_{\mathbb{C}}(z\mathbf{w}) = zL_{\mathbb{C}}(\mathbf{w}), \; L_{\mathbb{C}}(\mathbf{w} + \mathbf{y}) = L_{\mathbb{C}}\mathbf{w} + L_{\mathbb{C}}\mathbf{y}$$

quando $z \in \mathbb{C}$, $\mathbf{w}, \mathbf{y} \in V_{\mathbb{C}}$.

Exercício 5.1.1

Verifique que quando V é um espaço vetorial real, $V_{\mathbb{C}}$ satisfaz a todas as propriedades para um espaço vetorial complexo.

Exercício 5.1.2

Verifique que com a definição de conjugação dada em $V_{\mathbb{C}}$, a conjugação satisfaz às propriedades.

$$\overline{z\mathbf{w}} = \overline{z}\,\overline{\mathbf{w}}, \quad \overline{\mathbf{w} + \mathbf{y}} = \overline{\mathbf{w}} + \overline{\mathbf{y}}$$

quando $z \in \mathbb{C}$, $\mathbf{w}, \mathbf{y} \in V_{\mathbb{C}}$.

Exercício 5.1.3

Verifique que quando $L : V \to V$ é uma transformação linear entre um espaço vetorial real V e ele mesmo, $L_{\mathbb{C}} : V_{\mathbb{C}} \to V_{\mathbb{C}}$ é linear complexa.

Exercício 5.1.4

Mostre que se $\mathbf{v}_1, \ldots, \mathbf{v}_n$ é uma base para o espaço vetorial real V, então estes mesmos vetores quando olhados como elementos de $V_{\mathbb{C}}$ formam uma base para o espaço vetorial complexo $V_{\mathbb{C}}$. Ainda mais, mostre que se A é a matriz n por n real que representa $L : V \to V$ com relação à base $\mathcal{V} = \{\mathbf{v}_1, \ldots, \mathbf{v}_n\}$, então essa mesma matriz representa $L_{\mathbb{C}}$ com relação à $\mathcal{V}$ olhada como base de $V_{\mathbb{C}}$.

Suponha que $L : V \to V$ é uma transformação linear entre um espaço vetorial complexo V e ele mesmo.

DEFINIÇÃO 5.1.2. A **adjunta** $L^* : V \to V$ é definida pela fórmula

$$\langle L\mathbf{v}, \mathbf{w} \rangle = \langle \mathbf{v}, L^* \mathbf{w} \rangle \text{ para quaisquer } \mathbf{v}, \mathbf{w} \in V$$

Precisamos ver que esta definição de fato caracteriza uma única transformação linear. Lembre que se são dados um vetor $\mathbf{v} \in V$ e uma base ortonormal $\mathbf{v}_1, \ldots, \mathbf{v}_n$ para V, então $\mathbf{v} = \langle \mathbf{v}_1, \mathbf{v} \rangle \mathbf{v}_1 + \cdots + \langle \mathbf{v}_n, \mathbf{v} \rangle \mathbf{v}_n$. Assim um vetor de V é completamente determinado quando damos seus produtos internos com uma base ortonormal. Seja então $\mathbf{v}_1, \ldots, \mathbf{v}_n$ uma base ortonormal para V (tal base pode ser obtida de uma qualquer pelo procedimento de Gram-Schmidt). Para ver que essa fórmula define uma única $L^* : V \to V$ só temos que notar que é uma transformação linear que determina cada produto interno $\langle \mathbf{v}_i, L^* \mathbf{w} \rangle = \langle L\mathbf{v}_i, \mathbf{w} \rangle$. Que L^* é de fato uma transformação linear resulta de

$$\langle \mathbf{v}_i, L^*(\mathbf{w} + \mathbf{u}) \rangle = \langle L\mathbf{v}_i, \mathbf{w} + \mathbf{u} \rangle$$
$$= \langle L\mathbf{v}_i, \mathbf{w} \rangle + \langle L\mathbf{v}_i, \mathbf{u} \rangle$$
$$= \langle \mathbf{v}_i, L^*\mathbf{w} \rangle + \langle \mathbf{v}_i, L^*\mathbf{u} \rangle$$
$$\langle \mathbf{v}_i, L^*(c\mathbf{w}) \rangle = \langle L\mathbf{v}_i, c\mathbf{w} \rangle$$
$$= c\langle L\mathbf{v}_i, \mathbf{w} \rangle$$
$$= c\langle \mathbf{v}_i, L^*\mathbf{w} \rangle$$

As igualdades no meio resultam das propriedades de linearidade do produto interno.

264 Capítulo 5

Como uma transformação linear é determinada por seus valores numa base, L^* é determinada pelos produtos $\langle \mathbf{v}_i, L^*\mathbf{v}_j \rangle$. Teremos $L^*(\mathbf{V}) = \mathbf{V}B$; isto é, L^* é representada por B com relação a esta base. Agora $L^* \, \mathbf{v}_j = \sum_{k=1}^{n} a_{kj} \mathbf{v}_k$, e portanto

$$\langle \mathbf{v}_i, L^*\mathbf{v}_j \rangle = \langle \mathbf{v}_i \sum_{k=1}^{n} b_{kj}\mathbf{v}_k \rangle = \langle \mathbf{v}_i, b_{ij} \mathbf{v}_i \rangle = b_{ij}$$

Suponha agora que L é representada pela matriz A em relação a esta base ortonormal. Então $L\mathbf{v}_i = \sum_{k=1}^{n} a_{ki} \mathbf{v}_k$, e assim, usando a propriedade (2) do produto interno bem como o fato de termos base ortonormal vem

$$b_{ij} = \langle L\mathbf{v}_i, \mathbf{v}_j \rangle = \sum_{k=1}^{n} \overline{a_{ki}} \langle \mathbf{v}_k, \mathbf{v}_j \rangle = \overline{a}_{ji}$$

Assim provamos a seguinte proposição.

> **PROPOSIÇÃO 5.1.1** Suponha que $L : V \to V$ é uma transformação linear entre um espaço complexo V com produto interno e ele mesmo. Seja $\mathcal{V}$ uma base ortonormal para V e seja $A = [L]_{\mathcal{V}}^{\mathcal{V}}$ a matriz que representa L em relação a esta base. Então a matriz B que representa a adjunta L^* com relação a esta base é $B = A^*$; isto é
>
> $$[L^*]_{\mathcal{V}}^{\mathcal{V}} = ([L]_{\mathcal{V}}^{\mathcal{V}})^*$$

Embora tenhamos dado a definição de L^* no contexto de uma espaço complexo com produto interno por ser o que vamos mais usar, ela se aplica igualmente bem no contexto de espaço real com produto interno. No contexto de espaços reais, a adjunta L^* é representada pela transposta da matriz que representa L quando se usa uma base ortonormal.

Note que $(L^*)^* = L$. Pois $(L^*)^*$ é caracterizada pela equação

$$\langle L^*\mathbf{v}, \mathbf{w} \rangle = \langle \mathbf{v}, (L^*)^*\mathbf{w} \rangle$$

Mas

$$\langle L^*\mathbf{v}, \mathbf{w} \rangle = \overline{\langle \mathbf{w}, L^*\mathbf{v} \rangle} = \overline{\langle L\mathbf{w}, \mathbf{v} \rangle} = \langle \mathbf{v}, L\mathbf{w} \rangle$$

usando a propriedade (2) de um produto interno hermitiano e a definição de L^*.

> **DEFINIÇÃO 5.1.3** Uma transformação linear $L : V \to V$ é dita **auto-adjunta** se $L^* = L : L$ então será então representada por uma matriz hermitiana em relação a uma base ortonormal. Chamemos L **antiadjunta** se $L^* = -L : L$ será então representada por uma matriz antihermitiana em relação a uma base ortonormal. Chame L **unitária** se $L^* = L^{-1} : L$ será representada por uma matriz unitária em relação a uma base ortonormal .

Uma caracterização equivalente de L ser unitária é que

$$\langle L\mathbf{v}, L\mathbf{w} \rangle = \langle \mathbf{v}, \mathbf{w} \rangle$$

pois

$$\langle L\mathbf{v}, L\mathbf{w} \rangle = \langle \mathbf{v}, L^*L\mathbf{w} \rangle = \langle \mathbf{v}, \mathbf{w} \rangle$$

Espaços vetoriais complexos e produtos internos hermitianos **265**

para quaisquer $\mathbf{v}$, $\mathbf{w}$ see $L^*L = I$, onde I denota a transformação linear identidade.

Note a relação entre essas definições e certas classes de números complexos. Entre os complexos existem os números reais caracterizados como aqueles complexos $z = a + ib$ com $z = \bar{z}$; o análogo aqui é a transformação linear auto-adjunta satisfazendo $L^* = L$. Um número complexo da forma $0 + ib$ é dito imaginário puro (isto inclui o caso $b = 0$). Os números imaginários puros $z = a + ib$ são caracterizados por $\bar{z} = -z$: o análogo aqui são as transformações antiadjuntas que satisfazem $L^* = -L$. Os números complexos de comprimento 1 (também chamados números complexos unitários) são os números $z = a + ib$ que satisfazem $\bar{z}z = z\bar{z} = a^2 + b^2 = 1$; o análogo aqui são as transformações unitárias satisfazendo $L^*L = LL^* = I$. Mostraremos que as propriedades destes três tipos de transformação linear são refletidas em seus autovalores.

Note que se partimos de uma matriz complexa A e denotamos L_A a transformação linear correspondendo à multiplicação por A, então a matriz de L_A com relação à base canônica de $\mathbb{C}^n$, que é uma base ortonormal, é A mesma. Assim L_A é auto-adjunta see A é hermitiana, L_A é antiadjunta see A é antihermitiana e L_A é unitária see A é unitária. A afirmação de que existe base ortonormal de autovetores para L_A significa apenas que se formarmos uma matriz U com esses vetores como vetores coluna, teremos a equação $AU = UD$, onde U é unitária e D é a matriz diagonal com os correspondentes autovetores na diagonal. Assim $A = UDU^{-1}$: isto é, A é diagonalizável e a matriz que diagonaliza pode ser escolhida unitária. Queremos mostrar que isto vale para matrizes hermitianas, antihermitianas e unitárias (e assim é verdade para matrizes reais simétricas, anti-simétricas e ortogonais). Provaremos isto mostrando que existe sempre uma base ortonormal de autovetores para uma transformação linear auto-adjunta, antiadjunta ou unitária. O primeiro passo é fazer uma observação sobre os autovalores e autovetores de tais transformações lineares.

PROPOSIÇÃO 5.1.2

(1) (a) Se L é auto-adjunta então seus autovalores são reais.

(b) Se L é antiadjunta então seus autovalores são imaginários puros.

(c) Se L é unitária então seus autovalores são números complexos de comprimento 1, isto é, $\exp(i\theta)$ para algum θ.

(2) Se L é auto-adjunta, antiadjunta ou unitária então autovetores correspondentes a autovalores distintos são ortogonais dois a dois.

Prova.

(1) Seja $\mathbf{v}$ autovetor para o autovalor c.

(a) Se $L\mathbf{v} = c\mathbf{v}$ então

$$\bar{c}\langle \mathbf{v}, \mathbf{v} \rangle = \langle c\mathbf{v}, \mathbf{v} \rangle = \langle L\mathbf{v}, \mathbf{v} \rangle = \langle \mathbf{v}, L\mathbf{v} \rangle = c\langle \mathbf{v}, \mathbf{v} \rangle$$

então $c = \bar{c}$ e c é real. Note que isto significa que os autovalores de uma matriz hermitiana (e em particular real simétrica) são reais.

(b) Se $L\mathbf{v} = c\mathbf{v}$ então

$$\bar{c}\langle \mathbf{v}, \mathbf{v} \rangle = \langle c\mathbf{v}, \mathbf{v} \rangle = \langle L\mathbf{v}, \mathbf{v} \rangle = -\langle \mathbf{v}, L\mathbf{v} \rangle = -c\langle \mathbf{v}, \mathbf{v} \rangle$$

assim $\bar{c} = -c$ e c é imaginário puro. Note que isto significa que os autovalores de uma matriz antihermitiana (e em particular de uma matriz real anti-simétrica) são imaginários puros.

(c) Se $L\mathbf{v} = c\mathbf{v}$ então

$$\langle \mathbf{v}, \mathbf{v} \rangle = \langle L\mathbf{v}, L\mathbf{v} \rangle = \langle c\mathbf{v}, c\mathbf{v} \rangle = c\bar{c}\langle \mathbf{v}, \mathbf{v} \rangle$$

e assim $\|c\| = 1$. Note que isto significa que os autovalores de uma matriz unitária (e em particular de uma matriz real ortogonal) são números complexos unitários, isto é, números complexos de

266 Capítulo 5

comprimento 1 da forma $e^{i\theta} = \cos\theta + i\,\mathrm{sen}\,\theta$. Se um autovalor for real então isto significa que é ± 1.

(2) Aqui damos os argumentos para transformações auto-adjuntas e unitárias; o argumento para uma transformação linear antiadjunta é essencialmente o mesmo que para auto-adjunta. Se L é unitária e $\mathbf{v}$, $\mathbf{w}$ são autovetores para os autovalores c, d, então $\langle \mathbf{v}, \mathbf{w} \rangle = \langle L\mathbf{v}, L\mathbf{w} \rangle = \langle c\mathbf{v}, d\mathbf{w} \rangle = \overline{c}d\langle \mathbf{v}, \mathbf{w} \rangle$ implica $(\overline{c}d - 1)\langle \mathbf{v}, \mathbf{w} \rangle = 0$. Então c, d distintos implica que $(\overline{c}d - 1)$ não é zero logo $\langle \mathbf{v}, \mathbf{w} \rangle = 0$. Se L é auto-adjunta e $\mathbf{v}$, $\mathbf{w}$ são autovetores para os autovalores c, d então

$$\overline{c}\langle \mathbf{v}, \mathbf{w} \rangle = \langle c\mathbf{v}, \mathbf{w} \rangle = \langle L\mathbf{v}, \mathbf{w} \rangle$$
$$= \langle \mathbf{v}, L\mathbf{w} \rangle = \langle \mathbf{v}, d\mathbf{w} \rangle = d\langle \mathbf{v}, \mathbf{w} \rangle$$

Assim $(\overline{c} - d)\langle \mathbf{v}, \mathbf{w} \rangle = 0$. Mas c, d são reais e distintos logo $\overline{c} - d$ não é zero. Portanto $\langle \mathbf{v}, \mathbf{w} \rangle = 0$. ∎

Exercício 5.1.5_____

Suponha que $L : V \to V$ é uma transformação linear do espaço vetorial complexo V em si mesmo e que A é a matriz que representa L com relação a uma base ortonormal.

(a) Mostre que L é unitária see A é unitária.

(b) Mostre que L é auto-adjunta see A é hermitiana.

(c) Mostre que L é antiadjunta see A é antihermitiana.

(d) Mostre com exemplo (escolha $V = \mathbb{C}^2$ e L dada por multiplicação por matriz real) que nenhuma das conclusões vale se a base não for ortonormal.

5.2 O TEOREMA ESPECTRAL

Queremos agora discutir transformações lineares L de um espaço complexo n-dimensional em si mesmo que são auto-adjuntas, antiadjuntas ou unitárias. A proposição 5.1.2 mostra que se existem n autovalores distintos para L, podemos achar n autovetores dois a dois ortogonais. Tornando cada um unitário obtemos base ortonormal de autovetores para L. Quando L resulta de uma matriz, isto mostra que existe uma matriz unitária U tal que $A = UDU^{-1}$. Agora queremos ver se esta conclusão vale mesmo que os autovalores não sejam distintos.

TEOREMA 5.2.1 Teorema espectral (versão para espaço vetorial complexo)

Versão para transformação linear. Suponha que V é espaço vetorial complexo de dimensão finita com produto interno hermitiano, e seja $L : V \to V$ uma transformação linear que é auto-adjunta, antiadjunta ou unitária. Então existe uma base ortonormal de V de autovetores de L.

Versão para matriz complexa. Se A é hermitiana, antihermitiana ou unitária e n por n então existem uma matriz unitária U e uma matriz diagonal D tais que $A = UDU^{-1}$: isto é, A é diagonalizável por matriz unitária.

Prova. Provamos o resultado para a versão para transformação linear. A versão para matriz segue desta aplicando-a à transformação linear dada por multiplicação pela matriz.

Suponhamos L auto-adjunta, antiadjunta ou unitária. Mostraremos que existe base ortonormal consistindo de autovetores de L. Primeiro note que se $\mathbf{v}$ é autovetor para L com autovalor c e se $\langle \mathbf{v}, \mathbf{w} \rangle = 0$ então $\langle \mathbf{v}, L\mathbf{w} \rangle = 0$; isto é, L envia o complemento ortogonal da reta por $\mathbf{v}$ em si mesmo. Se L é unitária isto segue de

$$0 = \langle \mathbf{v}, \mathbf{w} \rangle = \langle L\mathbf{v}, L\mathbf{w} \rangle = \langle c\mathbf{v}, L\mathbf{w} \rangle = \overline{c}\langle \mathbf{v}, L\mathbf{w} \rangle$$

O teorema espectral **267**

Como os autovalores para matrizes unitárias têm comprimento 1, então $c \neq 0$ de modo que isto implica que $\langle \mathbf{v}, L\mathbf{w} \rangle = 0$.

Agora tratamos do caso auto-adjunto; o antiadjunto pode ser tratado do modo análogo. Se L é auto-adjunta então

$$\langle \mathbf{v}, L\mathbf{w} \rangle = \langle L\mathbf{v}, \mathbf{w} \rangle = \langle c\mathbf{v}, \mathbf{w} \rangle = \overline{c}\langle \mathbf{v}, \mathbf{w} \rangle = 0$$

Assim L se decompõe numa transformação linear de cada somando de $V = \text{ger}(\mathbf{v}) \oplus \text{ger}(\mathbf{v})^{\perp}$. Além disso a adjunta L^* também preserva cada somando pois

$$\langle \mathbf{v}, L^*\mathbf{w} \rangle = \langle L\mathbf{v}, \mathbf{w} \rangle = 0$$

implica que $L^*\mathbf{w}$ está ainda em $\text{ger}(\mathbf{v})^{\perp}$ se $\mathbf{w}$ está. Também

$$\langle L^*\mathbf{v}, \mathbf{w} \rangle = \langle \mathbf{v}, L\mathbf{w} \rangle = 0$$

para todo $\mathbf{w} \in (\text{ger}(\mathbf{v})^{\perp}$ pois $L\mathbf{w}$ está ainda no complemento ortogonal de $\mathbf{v}$. Então L^* deve mandar $\text{ger}(\mathbf{v}) = (\text{ger}(\mathbf{v})^{\perp})^{\perp}$ em si mesmo. Isto implica que $\mathbf{v}$ é também autovetor de L^* para algum autovalor d. A equação

$$\overline{c}\langle \mathbf{v}, \mathbf{v} \rangle = \langle L\mathbf{v}, \mathbf{v} \rangle = \langle \mathbf{v}, L^*\mathbf{v} \rangle = \langle \mathbf{v}, d\mathbf{v} \rangle = d\langle \mathbf{v}, \mathbf{v} \rangle$$

implica que $\overline{c} = d$; isto é, os autovalores são conjugados.

O resultado segue agora por indução sobre a dimensão de V. Se a dimensão é 1 não há nada a provar. Suponho o teorema verdadeiro para espaços vetoriais de dimensão menor que n, suponha que a dimensão de V é n. Então seja c um autovalor para L e $\mathbf{v}$ um autovetor, que podemos tomar como unitário. Seja $W = \text{ger}(\mathbf{v})^{\perp}$ e seja M a restrição de L a W; mostramos antes que isso faz sentido pois L manda W em W. Agora a adjunta M^* de M é a restrição de L^* a W e assim L auto-adjunta (antiadjunta, unitária) implica que M também é. Pela hipótese de indução existe uma base ortonormal de autovetores para M. Acrescentando $\mathbf{v}$ a essa base obtemos uma base ortogonal de V consistindo de autovetores de L.■

Poderíamos perguntar qual é a condição mais geral que garante a validade das conclusões acima. É fácil verificar que quando a conclusão vale $LL^* = L^*L$ no primeiro caso (pois cada aplicação é apenas a multiplicação por uma constante nos autovetores de L, que são autovetores de L^*). No segundo caso $AA^* = A^*A$.

DEFINIÇÃO 5.2.1. Dizemos que L é **transformação linear normal** se $LL^* = L^*L$. Analogamente, dizemos que A é **matriz normal** se $AA^* = A^*A$.

O teorema espectral valerá sob a hipótese de L (ou A) ser normal. A prova segue o mesmo esquema dado, o passo chave sendo mostrar que a condição de ser normal implica que L (e L^*) preserva tanto $\text{ger}(\mathbf{v})$ quanto $\text{ger}(\mathbf{v})^{\perp}$ para um autovetor $\mathbf{v}$, e assim podemos proceder por indução. Pode ser mostrado diretamente que toda transformação linear que possui uma base ortonormal de autovetores é normal.

Existe uma interessante conclusão geral da prova precedente. Para toda transformação linear L os autovetores da adjunta são os mesmos de L, mas os autovalores da conjugada são os conjugados dos de L. Sem a hipótese de normalidade os autovalores de qualquer transformação linear $L : V \to V$ e os de sua adjunta serão conjuntos conjugados de números complexos. Porém, para uma L geral não

268 Capítulo 5

haverá o mesmo conjunto de autovetores para L e L^*.

Há um caso particular do Teorema Espectral em que a conclusão sobre a diagonalizabilidade de transformação linear real e de matriz real resulta da demonstração. É quando L é auto-adjunta (ou A é matriz real simétrica). Então sabemos que os autovalores são reais e então podemos achar um autovetor real e tomar o complemento ortogonal no espaço real V. O argumento então produz uma base ortonormal de autovetores para o espaço real V.

TEOREMA 5.2.2 Teorema Espectral (versão para espaço vetorial real)

Versão para transformação auto-adjunta. Se $L : V \to V$ é uma transformação linear auto-adjunta do espaço vetorial de dimensão finita, real, com produto interno V em si mesmo, então existe uma base ortonormal de autovetores para L.

Versão para matriz simétrica. Se A é matriz real simétrica n por n então existe matriz ortogonal S e matriz diagonal D tais que $A = SDS^{-1}$.

Há também uma versão do Teorema Espectral em termos de matrizes de projeção (e transformações lineares de projeção). Primeiro note que se S_i denota o espaço gerado pelos autovetores para o i-ésimo autovalor c_i então a restrição da transformação linear L a S_i dá simplesmente a multiplicação por c_i. Se P_i denota a projeção ortogonal sobre o subespaço S_i então L_1 coincide com $c_i P_i$ nesse subespaço. Se tomarmos a soma $c_1 P_1 + \cdots + c_k P_k$ correspondente a todos os autovalores distintos c_1, ..., c_k, então L e esta soma coincidirão na base ortonormal de autovetores e portanto devem ser iguais.

TEOREMA 5.2.3 Teorema Espectral (versão de projeção)

Versão complexa. Se $L : V \to V$ é uma transformação linear normal $(LL^* = L^*L)$ de um espaço vetorial complexo de dimensão finita V com produto interno hermitiano em si mesmo, então existem matrizes de projeção P_i que projetam sobre subespaços ortogonais S_i (auto-espaços para os autovalores distintos c_i) tais que $L = c_1 P_1 + \cdots + c_k P_k$. Ainda mais, estes auto-espaços são ortogonais e sua soma é V, de modo que $P_1 + \cdots + P_k$ é a identidade. Se A é matriz normal então a mesma conclusão vale com A substituindo L e P_i sendo matrizes de projeção.

Versão para transformação linear real auto-adjunta. Seja $L : V \to V$ uma transformação linear auto-adjunta do espaço vetorial real de dimensão finita com produto interno V em si mesmo. Se os autovalores distintos são c_1, ..., c_k e P_i denota a projeção ortogonal sobre o i-ésimo auto-espaço então

$$L = c_1 P_1 + \cdots + c_k P_k$$

Ainda mais, estes auto-espaços são ortogonais e sua soma é V, de modo que $P_1 + \cdots + P_k$ é a identidade.

Versão para matriz simétrica. Uma matriz real simétrica A pode ser escrita como $A = c_1 P_1 + \cdots + c_k P_k$ onde os c_i são os autovalores distintos e as P_i são matrizes que projetam sobre o i-ésimo subespaço. Estes subespaços são ortogonais e sua soma direta é $\mathbb{R}^n$ de modo que $P_1 + \cdots + P_k$ é a matriz identidade.

■ *Exemplo 5.2.1* A matriz $A = \begin{pmatrix} 7 & 4 & -5 \\ 4 & -2 & 4 \\ -5 & 4 & 7 \end{pmatrix}$ é simétrica. Seus autovalores são 6, 12, –6, e autovetores correspondentes são $(1, 1, 1)$, $(-1, 0, 1)$, $(1, -2, 1)$. Estes são dois a dois ortogonais. Quando transformados para vetores unitários dividindo por seus comprimentos e tomados como colunas de uma matriz, isto dá uma matriz ortogonal S de modo que $A = SDS^{-1}$, com

$$S = \begin{pmatrix} 1/\sqrt{3} & -1/\sqrt{2} & 1/\sqrt{6} \\ 1/\sqrt{3} & 0 & -2/\sqrt{6} \\ 1/\sqrt{3} & 1/\sqrt{2} & 1/\sqrt{6} \end{pmatrix} \text{ e } D = \begin{pmatrix} 6 & 0 & 0 \\ 0 & 12 & 0 \\ 0 & 0 & -6 \end{pmatrix}.$$ Podemos escrever A como combinação linear

de matrizes de projeção $A = 6P_6 + 12P_{12} - 6P_{-6}$

$$= 6 \begin{pmatrix} 1/3 & 1/3 & 1/3 \\ 1/3 & 1/3 & 1/3 \\ 1/3 & 1/3 & 1/3 \end{pmatrix} + 12 \begin{pmatrix} 1/2 & 0 & -1/2 \\ 0 & 0 & 0 \\ -1/2 & 0 & 1/2 \end{pmatrix} - 6 \begin{pmatrix} 1/6 & -1/3 & 1/6 \\ -1/3 & 2/3 & -1/3 \\ 1/6 & -1/3 & 1/6 \end{pmatrix} \qquad \blacksquare$$

■ *Exemplo 5.2.2* A matriz $A = \begin{pmatrix} 0 & 1 & 1 \\ -1 & 0 & 2 \\ -1 & -2 & 0 \end{pmatrix}$ é anti-simétrica. Note que matrizes anti-simétricas

têm 0 ao longo da diagonal. Todos os autovalores são imaginários puros. Como o polinômio característico é de grau impar, deve ter raiz real. Isto implica que um autovalor deve ser 0. Os outros dois têm soma 0, pois a soma dos valores próprios é igual à soma dos elementos diagonais que é 0. Os autovalores se vê serem $0, \sqrt{5}i, -\sqrt{5}i$. Os autovetores correspondentes, que são dois a dois ortogonais usando o produto hermitiano em $\mathbb{C}^n$, são

$$(2, -1, 1), (-.4 -.489i, .2 - .9798i, 1), (-.4 + .4899i, .2 + .9798i, 1)$$

quando dividimos por seus comprimentos e tomamos como colunas de uma matriz obtemos

$$A = SDS^{-1} \text{ com } S = \begin{pmatrix} 2/\sqrt{6} & -.2582 - .3162i & -.2582 + .3162i \\ -1/\sqrt{6} & .1291 - .6325i & .1291 + .6325i \\ 1/\sqrt{6} & .6455 & .6455 \end{pmatrix} \qquad \blacksquare$$

■ *Exemplo 5.2.3* A matriz $A = \begin{pmatrix} 1/\sqrt{3} & 2/\sqrt{6} & 0 \\ 1/\sqrt{3} & -1/\sqrt{6} & -1/\sqrt{2} \\ 1/\sqrt{3} & -1/\sqrt{6} & 1/\sqrt{2} \end{pmatrix}$ é ortogonal. Seus autovalores são

números complexos de comprimento 1, um dos quais deve ser real pois o polinômio característico é de grau impar. Os autovalores são $-1, .9381 + .364i, .9381 - .3464i$. Os autovetores são $(.5176, 1, .4142), (.1691 + .9463i, -.3267 + .4898i, 1), (.1691 - .9463i, - .3267 - .4898i, 1)$.

Normalizando estes vetores e colocando-os nas colunas de uma matriz vem uma matriz unitária

$$S = \begin{pmatrix} -.4314 & .1122 + .6280i & .1122 - .6280i \\ .8335 & -.2168 + .3251i & -.2168 - .3251i \\ .3452 & .6636 & .6636 \end{pmatrix}$$

com $A = SDS^{-1}$. Aqui D é a matriz diagonal

$$\begin{pmatrix} -1 & 0 & 0 \\ 0 & .9381 + .3464i & 0 \\ 0 & 0 & .9381 - .3464i \end{pmatrix} \qquad \blacksquare$$

270 Capítulo 5

■ **Exemplo 5.2.4** A matriz $A = \begin{pmatrix} 1/2 - 1/2i & 1/2 + 1/2i & 0 \\ 0 & 0 & 1 \\ 1/2 + 1/2i & 1/2 - 1/2i & 0 \end{pmatrix}$ é unitária. Assim seus autovalores

são números complexos de comprimento 1. São $-.9114 + .4114i$, $.4114 - .9114i$, 1. Note que os dois autovalores complexos não são conjugados como no caso da matriz real 3 por 3. Determinando os autovetores, que são ortogonais, e tornando-os unitários obtém-se uma matriz unitária S e uma matriz diagonal D com $A = SDS^{-1}$. Aqui

$$S = \begin{pmatrix} -.06 - .2788i & .7651 & 1/\sqrt{3} \\ -.6177 + .2788i & -.3825 + .247i & 1/\sqrt{3} \\ .6777 & -.3825 - .247i & 1/\sqrt{3} \end{pmatrix}$$

e

$$D = \begin{pmatrix} -.9114 + .4114i & 0 & 0 \\ 0 & .4114 - .9114i & 0 \\ 0 & 0 & 1 \end{pmatrix}$$ ■

Exercício 5.2.1

Para cada matriz A dê uma matriz unitária S e uma matriz diagonal D com $A = SDS^{-1}$.

(a) $\begin{pmatrix} 5 & -2 & -1 \\ -2 & 5 & 1 \\ -1 & 1 & 8 \end{pmatrix}$

(b) $\begin{pmatrix} 2 & 2 & 1 \\ -2 & 0 & -1 \\ -1 & 1 & 0 \end{pmatrix}$

(c) $\begin{pmatrix} -1 & -1 - 12i & 2 + 12i \\ -1 + 12i & 2 & -1 - 12i \\ 1 - 12i & -1 + 12i & -1 \end{pmatrix}$

(d) $\begin{pmatrix} 1/\sqrt{2} & 1/\sqrt{2} & 0 \\ 1/\sqrt{2} & -1/\sqrt{2} & 0 \\ 0 & 0 & 1 \end{pmatrix}$

Exercício 5.2.2

Para as matrizes do exercício precedente escreva a matriz como combinação linear de matrizes de projeção.

Exercício 5.2.3

Mostre que $A + A^*$ é hermitiana e $A - A^*$ é antihermitiana. Verifique que qualquer matriz é soma de uma matriz hermitiana e uma antihermitiana. Use isto para mostrar que qualquer matriz pode ser escrita como combinação linear de matrizes de projeção.

Exercício 5.2.4

Dê exemplo de matriz normal que não é hermitiana, antihermitiana ou unitária. (Sugestão: a matriz procurada deve ser diagonalizável por uma matriz unitária e os autovalores não podem ser todos reais

Decomposição por valor singular e pseudo-inversa **271**

ou imaginários puros ou números complexos unitários.)

Exercício 5.2.5_____
Mostre que as seguintes afirmações são equivalentes.
(a) $L : V \rightarrow V$ é normal.
(b) $\langle L^*Lv, w \rangle = \langle LL^* v, w \rangle$ para quaisquer v, w [V.
(c) $\langle L^*Lv_i, v_j \rangle = \langle LL^* v_i, v_j \rangle$ para alguma base $v_1, ..., v_n$ de V.
(d) $\langle Lv_i, Lv_j \rangle = \langle L^*v_i, L^* v_j \rangle$ para alguma base $v_1, ..., v_n$ de V.

Exercício 5.2.6_____
Suponha que $L : V \rightarrow V$ é diagonalizável com uma base ortonormal $v_1, ..., v_n$ de autovetores correspondendo aos autovalores c_i.
(a) Mostre que L^* é também diagonalizável com a mesma base de autovetores e com autovalores $\bar{c}_i$.
(b) Use a parte (d) do exercício precedente para mostrar que L é normal.

Exercício 5.2.7_____
Siga o esquema neste exercício para mostrar que para uma matriz quadrada qualquer A existem uma matriz unitária S e uma matriz triangular superior T com $A = STS^{-1}$. Esquema: prove o resultado por indução sobre o tamanho n de A. O resultado é trivial se $n = 1$. Suponha o resultado verdadeiro se $n < k$ e prove para $n = k$. Primeiro ache um autovalor λ para A e autovetor v, onde v vetor unitário. Então ponha $v = v_1$ e estenda a uma base ortonormal para $\mathbb{C}^n$. Seja S_1 a matriz com esta base como colunas e verifique que v_1 ser autovetor implica $AS_1 = S_1B$, onde $B = \begin{pmatrix} \lambda & D \\ 0 & C \end{pmatrix}$ e onde C é $(k-1)$ por $k-1$. Então aplique a hipótese de indução a C para achar uma matriz unitária U com $U^{-1}CU = T_1$, matriz triangular superior $(k-1)$ por $(k-1)$. Seja $S_2 = \begin{pmatrix} 1 & 0 \\ 0 & U \end{pmatrix}$ e verifique que $S_2^{-1} BS_2 = T$, a matriz triangular. Verifique que se $S = S_1 S_2$ então $A = STS^{-1}$.

5.3 DECOMPOSIÇÃO POR VALOR SINGULAR E PSEUDO-INVERSA

Agora que aprendemos as propriedades das matrizes simétricas reais voltemos ao problema de achar a decomposição por valor singular e a pseudo-inversa para uma matriz A. Vamos lembrar que queremos achar matrizes ortogonais $Q_1 = (Q_{1p} \, Q_{1n})$ e $Q_2 = (Q_{2p} \, Q_{2n})$ e uma matriz Σ com os **valores singulares** ao longo da diagonal e todos os elementos fora da diagonal nulos de modo que $A = Q_1 \Sigma Q^t_2$. Os valores singulares são ordenados $\mu_1 \geq ... \geq \mu_p > 0 = ... = 0$. Aqui p é o posto de A. As colunas de Q_{2p} formam uma base ortonormal do espaço de linhas de A. As colunas de Q_{2n} formam uma base ortonormal para o espaço de anulamento de A, as colunas de Q_{1p} formam uma base ortonormal para a imagem de A e as colunas de Q_{1n} formam uma base ortonormal para o espaço de anulamento de A^t.

Vimos antes que $A^tA = Q_2 \Sigma^t Q^t_1 Q_1 \Sigma Q^t_2 = Q_2 \Sigma^t \Sigma \, Q^t_2$. Assim os quadrados dos valores singulares ocorrem como autovalores de A^tA, e a matriz Q_2 aparece como a matriz que contém os autovetores que correspondem a esses autovalores. A^tA é matriz simétrica e o Teorema Espectral diz que seus autovalores são reais e existe uma base ortonormal de autovetores, permitindo-nos achar Q_2. Como A^tA tem posto p, devem existir p autovalores não nulos que podemos ordenar $\sigma_1 > ... > \sigma_p > 0$ e os restantes autovalores são 0. A relação entre os σ_i e os μ_i é $\sigma_i = \mu_i^2$. Lembre que mostramos em nossa discussão da decomposição por valor singular no Capítulo 3 que estes autovalores não nulos eram positivos.

272 Capítulo 5

Assim podemos achar uma base ortonormal $\mathbf{q}_1, \ldots, \mathbf{q}_p$ de autovetores para os autovalores não nulos. Como estes vetores são ortogonais aos autovetores para o autovalor 0, que formam simplesmente o espaço de anulamento de A, estes formarão uma base para o espaço de linhas. Podemos agora escolher uma base ortonormal para o espaço de anulamento. Por exemplo, poderíamos aplicar Gram-Schmidt a qualquer base. Chame esta base $\mathbf{q}_{p+1}, \ldots, \mathbf{q}_n$. Estes n vetores serão as colunas de Q_2. Para achar Q_1, a parte Q_{1n} vem de achar uma base ortonormal para o espaço de anulamento de A^t. Resta determinar Q_{1p}. Defina $\mathbf{q}'_i = A\mathbf{q}_i / \mu_i, i = 1, \ldots, p$. Note que os μ^2_i são os autovalores não nulos de $A^t A$. Então os $\mathbf{q}'_i$ formam uma base ortonormal para a imagem de A. Que são vetores unitários ortogonais resulta de

$$\langle \mathbf{q}'_i, \mathbf{q}'_j \rangle = (1/\mu_i \mu_j) \langle A\mathbf{q}_i, A\mathbf{q}_j \rangle = (1/ \mu_i \mu_j) \langle \mathbf{q}_i, A^t A\mathbf{q}_j \rangle$$

$$= (\mu_j / \mu_i) \langle \mathbf{q}_i, \mathbf{q}_j \rangle = \begin{cases} 0 & i \neq j \\ 1 & i = j \end{cases}$$

Pelo modo como são definidos Q_1, Σ, Q_2 teremos a equação exigida $A = Q_1 \Sigma Q^t_2$. Uma forma mais simples disto que pode ser usada é $A = Q_{1p} \Sigma_p Q^t_{2p}$. Esta e muito mais fácil de achar por nossos métodos, embora técnicas computacionais comuns achem a decomposição completa. Aqui $\Sigma_p = \text{diag}(\mu_1, \ldots, \mu_p)$ onde por esta notação entendemos a matriz diagonal cujos elementos são $\mu_1, \ldots, \mu_p$ na diagonal. Agora a pseudo-inversa A^+ é encontrada usando a forma mais simples da decomposição por valor singular como $A^+ = Q_{2p} \Sigma^+_p Q^t_{1p}$. Lembre que $A^+ \mathbf{b}$ é o vetor $\mathbf{x}$ no espaço de linhas que é a solução por mínimos quadrados de $A\mathbf{x} = \mathbf{b}$ de comprimento mínimo.

■ **Exemplo 5.3.1.** $A = \begin{pmatrix} 1 & 2 & 0 & 1 \\ 1 & 0 & 2 & 1 \\ 2 & 2 & 2 & 2 \end{pmatrix}$. Então $A^t A = \begin{pmatrix} 6 & 6 & 6 & 6 \\ 6 & 8 & 4 & 6 \\ 6 & 4 & 8 & 6 \\ 6 & 6 & 6 & 6 \end{pmatrix}$. Esta tem polinômio

característico $x^2 (x^2 - 28x + 96) = x^2 (x - 24) (x - 4)$. Assim os autovalores de $A^t A$ não nulos são 24, 4 e o posto de A é 2. Resolvemos para uma base ortonormal do espaço de anulamento de $A^t A$ e obtemos $\mathbf{q}_3 = 1/\sqrt{12} (-3, 1, 1, 1)$ e $\mathbf{q}_4 = 1/\sqrt{6} (0, -1, -1, 2)$. Calculamos o autovetor para o autovalor 24 e obtemos $\mathbf{q}_1 = (1/2) (1, 1, 1, 1)$. O autovetor para o autovalor 4 tomamos como $\mathbf{q}_2 = (1/\sqrt{2}) (0, -1, 1, 0)$ e assim

$$Q_2 = \begin{pmatrix} 1/2 & 0 & -3/\sqrt{12} & 0 \\ 1/2 & -1/\sqrt{2} & 1/\sqrt{12} & -1/\sqrt{6} \\ 1/2 & 1/\sqrt{2} & 1/\sqrt{12} & -1/\sqrt{6} \\ 1/2 & 0 & 1/\sqrt{12} & 2/\sqrt{6} \end{pmatrix}$$

Para obter Q_1 primeiro calculamos $\mathbf{q}'_1 = A\mathbf{q}_1 /\sqrt{24} = (1/\sqrt{6}) (1, 1, 2)$ e $\mathbf{q}'_2 = A\mathbf{q}_2/2 = (1/\sqrt{2}) (-1, 1, 0)$. Obtemos $\mathbf{q}'_3$ achando uma base para o espaço de anulamento de A^t ou simplesmente achando um terceiro vetor que seja unitário e ortogonal a $\mathbf{q}'_1, \mathbf{q}'_2$. Achamos $\mathbf{q}_3 = (1/\sqrt{3}) (-1, -1, 1)$. Assim

$$Q_1 = \begin{pmatrix} 1/\sqrt{6} & -1/\sqrt{2} & -1/\sqrt{3} \\ 1/\sqrt{6} & 1/\sqrt{2} & -1/\sqrt{3} \\ 2/\sqrt{6} & 0 & 1/\sqrt{3} \end{pmatrix} \text{ e } \Sigma = \begin{pmatrix} \sqrt{24} & 0 & 0 & 0 \\ 0 & 2 & 0 & 0 \\ 0 & 0 & 0 & 0 \end{pmatrix}$$

Para achar a pseudo-inversa $A+$ formamos

$$Q_{2p} \Sigma^+_r Q^t_{lp} = A^+ = \begin{pmatrix} .0417 & .0417 & .0833 \\ .2917 & -.2083 & .0833 \\ -.2083 & .2917 & .0833 \\ .0417 & .0417 & .0833 \end{pmatrix}$$

■

Decomposição por valor singular e pseudo-inversa 273

■ *Exemplo 5.3.2* Neste exemplo nós nos concentramos em achar a pseudo-inversa e usá-la para resolver o problema de mÌnimos quadrados $A\mathbf{x} = \mathbf{b}$ onde

$$A = \begin{pmatrix} 1 & 2 & 1 \\ 0 & 3 & 3 \\ 1 & 3 & 2 \\ 2 & 0 & -2 \end{pmatrix}, \mathbf{b} = \begin{pmatrix} 1 \\ 0 \\ 0 \\ 0 \end{pmatrix}$$

Primeiro calculamos $\mathbf{B} = A^t A = \begin{pmatrix} 6 & 5 & -1 \\ 5 & 22 & 17 \\ -1 & 17 & 18 \end{pmatrix}$. Agora escrevemos $B = SDS^{-1}$ com

$$S = \begin{pmatrix} .0988 & .8105 & .5774 \\ .7513 & .3197 & -.5774 \\ .6525 & -.4908 & .6525 \end{pmatrix}, D = \begin{pmatrix} 37.4222 & 0 & 0 \\ 0 & 8.5778 & 0 \\ 0 & 0 & 0 \end{pmatrix}$$

Assim

$$Q_{2p} = \begin{pmatrix} .0988 & .8105 \\ .7513 & .3197 \\ .6525 & -.4908 \end{pmatrix}, \Sigma_p = \begin{pmatrix} \sqrt{37.4222} & 0 \\ 0 & \sqrt{8.5778} \end{pmatrix} = \begin{pmatrix} 6.1174 & 0 \\ 0 & 2.9288 \end{pmatrix}$$

Então calculamos

$$\mathbf{q}_1' = A\mathbf{q}_1 / \mu_1 = (.3684, .6884, .5979, -.1810,)$$
$$\mathbf{q}_2' = A\mathbf{q}_2 / \mu_2 = (.3275, -.1753, .2691., 8886)$$

Assim

$$Q_{1p} = \begin{pmatrix} .3684 & .3275 \\ .6884 & -.1753 \\ .5979 & .2691 \\ -.1810 & .8886 \end{pmatrix}$$

e

$$A^+ = Q_{2p} \Sigma_p^+ Q_p^t = \begin{pmatrix} .0966 & -.0374 & .0841 & .2430 \\ .0810 & .0654 & .1028 & .0748 \\ -.0156 & .1028 & .0187 & -.1682 \end{pmatrix}$$

A solução do problema dos mínimos quadrados é

$$A^+ \mathbf{e}_1 = (.0966, .0810, -.0156)$$

■

Exercício 5.3.1
Ache a decomposição por valor singular e pseudo-inversa de

$$A = \begin{pmatrix} 1 & 2 \\ 2 & 4 \\ 3 & 6 \end{pmatrix}$$

Exercício 5.3.2
Ache a decomposição por valor singular e pseudo-inversa de

$$A = \begin{pmatrix} 1 & 2 & 0 \\ 0 & 1 & 1 \end{pmatrix}$$

274 Capítulo 5

Exercício 5.3.3_____

Ache a pseudo-inversa de $A = \begin{pmatrix} 1 & -1 & 0 \\ 2 & 1 & 3 \\ -1 & 2 & 1 \\ 0 & 1 & 1 \end{pmatrix}$ e use-a para resolver o problema de mínimos quadrados

$A\mathbf{x} = \mathbf{b}$ com $\mathbf{b} = (1, 1, 1, 1)$.

_____

5.4. O GRUPO ORTOGONAL: ROTAÇÕES E REFLEXÕES EM $\mathbb{R}^3$

Seja A uma matriz real ortogonal 3 por 3. Então seus autovalores devem ser de comprimento 1. Também, os autovetores para autovalores distintos devem ser ortogonais um ao outro. Além disso, como um polinômio cúbico deve ter pelo menos uma raiz real, haverá pelo menos um autovalor real, que tem de ser ± 1.

Se todos os autovalores forem reais, então há quatro casos, dependendo de quantos são -1. A análise em cada caso depende do fato de uma transformação linear ser completamente determinada por seu valor numa base, assim mostramos que duas transformações lineares coincidem achando uma base em que coincidem.

(1) Se todos são 1 então A é a identidade pois haverá uma base de vetores (os autovetores para o autovalor 1) que A manda em si mesma.

(2) Se um autovalor é 1 e os outros dois são -1 então A é uma rotação que fixa o eixo na direção do autovetor do autovalor 1 e gira o plano ortogonal de π. Seja $\mathbf{v}_1, \mathbf{v}_2, \mathbf{v}_3$ uma base ortonormal de autovetores, com $\mathbf{v}_1$ o autovetor do valor 1 e $\mathbf{v}_2, \mathbf{v}_3$ para -1. O efeito da rotação é o de enviar $\mathbf{v}_2$ e $\mathbf{v}_3$ em seus opostos, e mandar $\mathbf{v}_1$ em si mesmo.

(3) Quando todos·são -1, A é a rotação precedente seguida de reflexão pelo plano. Isto porque A e esta aplicação coincidem na base anterior. Também A pode ser pensada como reflexão pela origem.

(4) Finalmente, quando um é -1 e os outros dois 1, então o auto-espaço para o autovalor 1 é um plano e A é a reflexão por este plano. Se $\mathbf{v}_1, \mathbf{v}_2, \mathbf{v}_3$ é base ortonormal com $\mathbf{v}_1$ o autovetor para o valor -1 e $\mathbf{v}_2, \mathbf{v}_3$ para o autovalor 1, então A coincide com a reflexão nesta base.

Consideramos agora o caso em que há um autovalor que não é real. Um autovalor complexo será da forma $\cos \theta + i \operatorname{sen} \theta$ e temos um autovetor $\mathbf{v} + i\mathbf{w}$. Note que o conjugado $\cos \theta - i \operatorname{sen} \theta$ é também um autovalor com autovetor $\mathbf{v} - i\mathbf{w}$. Mas

$$A(\mathbf{v} + i\mathbf{w}) = (\mathbf{v} \cos \theta - \mathbf{w} \operatorname{sen} \theta) + i(\mathbf{v} \operatorname{sen} \theta + \mathbf{w} \cos \theta)$$

portanto a multiplicação por A manda o plano gerado por $\mathbf{v}$ e $\mathbf{w}$ em si mesmo. Afirmamos que $\mathbf{v}$ e $\mathbf{w}$ devem ser ortogonais um ao outro e de mesmo comprimento. Como $\mathbf{v} + i\mathbf{w}$ e $\mathbf{v} - i\mathbf{w}$ são autovetores para autovalores distintos, eles são ortogonais. Mas o produto interno $<\mathbf{v} + i\mathbf{w}, \mathbf{v} - i\mathbf{w}> = (<\mathbf{v}, \mathbf{v}> - <\mathbf{w}, \mathbf{w}>) - 2i <\mathbf{v}, \mathbf{w}>$ de modo que concluímos $<\mathbf{w}, \mathbf{w}> = <\mathbf{v}, \mathbf{v}>$ e $<\mathbf{v}, \mathbf{w}> = 0$. Agora se escolhermos $\mathbf{v}$ e $\mathbf{w}$ como vetores unitários então o plano com base ortonormal $\mathbf{v}$, $\mathbf{w}$ é mandado em si mesmo por rotação por um ângulo θ. Pois $A\mathbf{w} = \cos \theta \mathbf{w} + \operatorname{sen} \theta \mathbf{v}$, $A\mathbf{v} = -\operatorname{sen} \theta \mathbf{w} + \cos \theta \mathbf{v}$. A matriz que representa a rotação deste plano com relação à base $\mathbf{w}$, $\mathbf{v}$ é a matriz de rotação canônica $\begin{pmatrix} \cos \theta & -\operatorname{sen}\theta \\ \operatorname{sen}\theta & \cos\theta \end{pmatrix}$. A reta ortogonal ou é mandada em si mesma identicamente, e neste caso L representa uma rotação com eixo dado pela reta ortogonal e ângulo θ, ou o outro autovalor é -1 e então L representa essa rotação seguida de uma reflexão pelo plano.

O grupo ortogonal: Rotações e reflexões em $\mathbb{R}^3$ **275**

■ *Exemplo 5.4.1* A matriz $A = \begin{pmatrix} .8536 & -.1464 & -.5 \\ -.1464 & .8536 & -.5 \\ .5 & .5 & .7071 \end{pmatrix}$ é ortogonal. Seus autovalores são

1, $1/\sqrt{2} + 1/\sqrt{2}i$, $1/\sqrt{2} - 1/\sqrt{2}i$. Os dois últimos são $\cos \pi/4 \pm i \operatorname{sen} \mu/4$. Os autovetores são $(1/\sqrt{2}, -1/\sqrt{2}, 0)$ e $(0, 0, 1) \pm (1/\sqrt{2}, 1/\sqrt{2}, 0)i$.

Assim se $S = \begin{pmatrix} 1/\sqrt{2} & 1/\sqrt{2} & 0 \\ -1/\sqrt{2} & 1/\sqrt{2} & 0 \\ 0 & 0 & 1 \end{pmatrix}$ e $C = \begin{pmatrix} 1 & 0 & 0 \\ 0 & 1/\sqrt{2} & -1/\sqrt{2} \\ 0 & 1/\sqrt{2} & 1/\sqrt{2} \end{pmatrix}$, temos $A = SCS^{-1}$. A multiplicação

por A dá uma rotação de 45 graus do plano perpendicular ao eixo pelo vetor $(1/\sqrt{2}, -1/\sqrt{2}, 0)$. ■

■ *Exemplo 5.4.2* $A = \begin{pmatrix} 2/3 & 1/3 & 2/3 \\ 1/3 & 2/3 & -2/3 \\ 2/3 & -2/3 & -1/3 \end{pmatrix}$ tem determinante -1. Há uma base ortonormal de

autovetores

$$(1/\sqrt{2}, 1\sqrt{2}, 0), (1/\sqrt{3}, -1/\sqrt{3}, 1/\sqrt{3}), (-1/\sqrt{6}, 1/\sqrt{6}, 2/\sqrt{6})$$

onde os dois primeiros são autovetores do autovalor 1 e o último é autovetor para o autovalor -1. Assim a multiplicação por A é uma reflexão pelo plano que tem por base os dois primeiros vetores: um vetor normal a este plano é dado pelo último vetor logo sua equação é $-x + y + 2z = 0$. ■

As matrizes ortogonais n por n formam um grupo sob multiplicação de matrizes chamado o **grupo ortogonal** e é denotado por $O(n)$. Vimos antes que elementos de $O(3)$ correspondem geometricamente a composições de rotações e reflexões. Para ver que isto é um grupo verificamos que quando multiplicamos duas matrizes ortogonais obtemos uma matriz ortogonal: se $A^tA = I$, $B^tB = I$, então $(AB)^t (AB) = (B^t A^t)(AB) = B^t(A^tA)B = B^tB = I$. A matriz identidade I está em $O(n)$ e serve como identidade para este grupo. A inversa de A é A^t que é também ortogonal. Como a multiplicação de matrizes é associativa a operação do grupo satisfaz à lei associativa. Note que este grupo não é abeliano. Dentro de $O(n)$ encontra-se o subgrupo de todas as matrizes ortogonais que têm determinante 1. Este subgrupo é chamado o **grupo ortogonal especial** e é denotado por $SO(n)$. Que $SO(n)$ é um subgrupo segue do fato do produto de duas matrizes de determinante 1 ter determinante 1 e a inversa de uma matriz de determinante 1 tem determinante 1. Note que um elemento geral de $O(n)$ tem determinante ± 1, pois $A^tA = I$ implica $1 = \det A^t \det A = (\det A)^2$. Denotemos por r a matriz diagonal cujo primeiro elemento diagonal é -1 e todos os outros elementos diagonais 1. Então a multiplicação por r é reflexão pelo plano em que a primeira coordenada é 0. Note que o determinante de r é -1. Se A é matriz ortogonal cujo determinante é -1, então o determinante de rA será 1 e assim rA estará em $SO(n)$. Portanto todo elemento A de $O(n)$ ou estará em $SO(n)$ ou rA estará. Em teoria dos grupos $SO(n)$ é chamado um **subgrupo de índice 2** de $O(n)$ (o quociente sendo os inteiros módulo 2).

Agora generalizamos nossa discussão sobre $O(3)$ e damos uma descrição de $O(n)$ em termos de rotações e reflexões. Primeiro descrevemos $O(2)$, que é um tanto especial. Aqui só duas coisas podem acontecer quanto aos autovalores. Ou

(1) A está em $SO(2)$. Há dois autovalores complexos conjugados $\exp(\theta i)$ e $\exp(-i\theta)$. Isto inclui como caso particular aquele em que ambos são 1 $(\theta = 0)$ ou ambos são -1 $((\theta = \pi)$. Então pela discussão precedente existirá uma base ortonormal de $\mathbb{R}^2$ tal que A representa uma rotação de θ em termos desta base. Mas isto significará que A simplesmente gira todo o $\mathbb{R}^2$ por θ. Isto poderia também ter sido visto

276 Capítulo 5

mais diretamente do fato de A pertencer ao grupo ortogonal o que significa que as colunas de A devem ser vetores unitários ortogonais. O fato de det $A = 1$ implicará que A deve ser da forma $A = \begin{pmatrix} \cos\theta & -\text{sen}\theta \\ \text{sen}\theta & \cos\theta \end{pmatrix}$ que é a matriz que representa a rotação por θ.

(2) A não está em $SO(2)$. Então a discussão precedente mostra que rA está em $SO(2)$ e então A é a composição de uma rotação e uma reflexão. Na verdade podemos provar que A é uma reflexão. Isto pode ser visto diretamente mostrando que $A = \begin{pmatrix} \cos\theta & \text{sen}\theta \\ \text{sen}\theta & -\cos\theta \end{pmatrix}$ e então descobrindo qual a reta pela qual A reflete. Um caminho melhor é notar que A tem de ter autovalores 1 e -1 (com autovetores ortogonais) e portanto A deve ser a reflexão pela reta pelo vetor de autovalor 1. Aplicando isto a $A = \begin{pmatrix} \cos\theta & \text{sen}\theta \\ \text{sen}\theta & -\cos\theta \end{pmatrix}$ e escrevendo $\theta = 2\phi$, então $A - I = \begin{pmatrix} \cos 2\phi - 1 & \text{sen} 2\phi \\ \text{sen} 2\phi & -\cos\phi - 1 \end{pmatrix}$

$= 2 \begin{pmatrix} -\text{sen}^2\phi & \text{sen}\phi\cos\phi \\ \text{sen}\phi\cos\phi & -\cos^2\phi \end{pmatrix}$ e assim um autovetor para o autovalor 1 é dado por $(\cos\phi, \text{sen}\phi)$: isto é, A representa a reflexão pela reta por $(\cos\phi, \text{sen}\phi)$.

■ *Exemplo 5.4.3* Para $A = \begin{pmatrix} 1/\sqrt{5} & -2/\sqrt{5} \\ 2/\sqrt{5} & 1/\sqrt{5} \end{pmatrix}$, vemos que $A = \begin{pmatrix} \cos\theta & -\text{sen}\theta \\ \text{sen}\theta & \cos\theta \end{pmatrix}$ com $\theta = \arctan 2$

$= 1.071$ radianos. Assim a multiplicação por A gira o plano por 1.071 radianos. Para a matriz relaciona $B = \begin{pmatrix} 1/\sqrt{5} & 2/\sqrt{5} \\ 2/\sqrt{5} & -1/\sqrt{5} \end{pmatrix}$ temos $B = \begin{pmatrix} \cos\theta & \text{sen}\theta \\ \text{sen}\theta & -\cos\theta \end{pmatrix}$ para o mesmo ângulo θ. Assim a multiplicação por B dá a reflexão pela reta cujo ângulo ϕ com o eixo dos x é de $1.071/2 = .05535$ radianos. Também podemos em vez disso achar o autovetor para o autovalor 1, que é $(.8507, .5257)$, e a multiplicação por B dará a reflexão pela reta que passa por este vetor; isto é, a reta $y = .6180x$. ■

Agora voltemos a $O(n)$. Os autovalores terão que ser 1, -1 ou aparecer em pares conjugados $\exp(i\theta)$, $\exp(-i\theta)$. Para cada par conjugado nossa análise no caso 3 por 3 mostra que existirá um subespaço de dimensão 2 tal que a multiplicação por A vai girar este subespaço pela ângulo θ. Para todo par de autovetores ortogonais para o autovalor -1 a multiplicação por A vai girar este plano pelo ângulo π. Se o determinante é 1 (resp.,-1) a multiplicidade algébrica de -1 será par (resp., ímpar). Finalmente o auto-espaço associado ao autovalor 1 será mandado identicamente em si mesmo. Assim a multiplicação por A manterá o auto-espaço $E(1)$ de $+1$. Se $A \in SO(n)$ então o complemento ortogonal de $E(1)$ se decomporá em soma direta ortogonal de subespaços de dimensão 2, cada um dos quais vai girar por algum ângulo θ correspondendo aos autovalores $\exp(\pm i\theta)$. Se $A \in O(n) \setminus SO(n)$ então pode-se separar um subespaço de dimensão um para o autovalor -1, e os demais autovalores para o autovalor -1 podem ser reunidos aos pares para dar rotações de π. Pode-se mostrar que estes planos de dimensão dois correspondendo a autovalores complexos distintos não conjugados são mutuamente ortogonais. Também quando há uma multiplicidade algébrica maior que 1 para um autovalor complexo, podemos usar uma base ortonormal para o autoespaço para obter um certo número de planos ortogonais que giram do mesmo ângulo. Isto leva a uma base ortogonal para $\mathbb{R}^n$ para a qual a matriz representando a multiplicação por A se decompõe em pedaços 2 por 2 correspondendo aos autovalores complexos e pares de -1s. Podemos escolher a ordem dos vetores na base ortogonal de modo a determinar uma matriz de $SO(n)$. Há numerosos detalhes a verificar (que são deixados como exercício no fim do

O grupo ortogonal: Rotações e reflexões em $\mathbb{R}^3$ **277**

capítulo) mas isto leva à seguinte forma do Teorema Espectral.

TEOREMA 5.4.1 Teorema Espectral para $O(n)$. Se A pertence a $SO(n)$ então existe uma matriz B em $SO(n)$ tal que

$$B^{-1}AB = \begin{pmatrix} I & 0 & \cdots & 0 \\ 0 & R_{\theta_1} & \cdots & 0 \\ \vdots & \vdots & \vdots & \vdots \\ 0 & 0 & \cdots & R_{\theta_k} \end{pmatrix}$$

onde I denota um bloco identidade p por p e cada $R_{\theta i}$ denota um bloco 2 por 2 que é uma rotação por θ_i (inclusive $\theta = \pi$). Se $A \in O(n)$ mas tem determinante -1 então vale um resultado semelhante com um -1 adicional na diagonal.

■ *Exemplo 5.4.4* A matriz $A = \begin{pmatrix} 1/\sqrt{2} & 0 & 1/2 & 1/2 \\ 0 & 1/\sqrt{2} & 1/2 & -1/2 \\ -1/\sqrt{2} & 0 & -1/2 & -1/2 \\ 0 & 1/\sqrt{2} & -1/2 & 1/2 \end{pmatrix}$ é ortogonal com determinante

-1. Diagonaliza-se como $A = SDS^{-1}$ com

$$S = \begin{pmatrix} -.3536 & .8536 & .2464 - .118i & .2464 + .1118i \\ -.1464 & .3536 & -.5949 + .2700i & -.5949 - .2700i \\ .8536 & .3536 & -.1118 - .2464i & -.1118 + .2464i \\ .3536 & .1464 & .2700 + .5949i & .2700 - .5949i \end{pmatrix}$$

$$D = \begin{pmatrix} -1 & 0 & 0 & 0 \\ 0 & 1 & 0 & 0 \\ 0 & 0 & .7071 + .7071i & 0 \\ 0 & 0 & 0 & .7071 - .7071i \end{pmatrix}$$

Então se $B = \begin{pmatrix} -.3536 & .8536 & .1118 & .2464 \\ -.1464 & .3536 & .2700 & -.5949 \\ .8536 & .3536 & -.2464 & -.111 \\ .3536 & .1464 & .1464 & .2700 \end{pmatrix}$, temos $B^{-1}AB = \begin{pmatrix} -1 & 0 & 0 & 0 \\ 0 & 1 & 0 & 0 \\ 0 & 0 & \cos\pi/4 & -\text{sen}\pi/4 \\ 0 & 0 & \text{sen}\pi/4 & \cos\pi/4 \end{pmatrix}$ ■

Exercício 5.4.1 _____

Nas partes (a) e (b) decida se a multiplicação pela matriz dada representa uma rotação ou uma reflexão em $\mathbb{R}^2$. Se for rotação ache o ângulo de rotação. Se for reflexão dê a reta pela qual se faz a reflexão.

(a) $\begin{pmatrix} 3/5 & 4/5 \\ 4/5 & -3/5 \end{pmatrix}$

(b) $\begin{pmatrix} 3/5 & -4/5 \\ 4/5 & 3/5 \end{pmatrix}$

Exercício 5.4.2 _____

A matriz seguinte representa uma rotação em $\mathbb{R}^3$. Dê o eixo de rotação e o ângulo de que o plano perpendicular ao eixo gira.

$$A = \begin{pmatrix} 2/3 & -1/3 & 2/3 \\ 2/3 & 2/3 & -1/3 \\ -1/3 & 2/3 & 2/3 \end{pmatrix}$$

278 Capítulo 5

Exercício 5.4.3_____
Descreva a operação de multiplicar pela matriz seguinte em termos de uma reflexão.

$$B = \begin{pmatrix} 1/9 & -8/9 & 4/9 \\ -8/9 & 1/9 & 4/9 \\ 4/9 & 4/9 & 7/9 \end{pmatrix}$$

Exercício 5.4.4_____
Considere a matriz

$$A = \begin{pmatrix} .5772 & -.0937 & .1299 & .8008 \\ .037 & .5772 & -.8008 & .1299 \\ .1299 & .8008 & .5772 & -.0937 \\ -.8008 & .1299 & .0937 & .5772 \end{pmatrix}$$

Ache a matriz $B \in SO(4)$ tal que $B^{-1}AB$ esteja na forma dada pelo Teorema Espectral para $O(n)$.

5.5 FORMAS QUADRÁTICAS: APLICAÇÕES DO TEOREMA ESPECTRAL

Agora consideramos formas bilineares simétricas e formas quadráticas, que são generalizações do produto escalar e do comprimento. Suponha que V é um espaço vetorial real e que há uma função "produto" $\mathcal{B} : V \times V \to \mathbb{R}$ satisfazendo

(1) $$\mathcal{B}(\mathbf{v}, \mathbf{w}) = \mathcal{B}(\mathbf{w}, \mathbf{v})$$ simetria
(2) $$\mathcal{B}(\mathbf{v}, c\mathbf{w} + d\mathbf{x}) = c\mathcal{B}(\mathbf{v}, \mathbf{w}) + d\mathcal{B}(\mathbf{v}, \mathbf{w})$$ bilinearidade

Note que por (1) há uma fórmula semelhante a (2) em termos do primeiro argumento. Note também que se tivéssemos uma terceira propriedade de ser definida positiva estaríamos descrevendo um produto interno em V. $\mathcal{B}$ será chamada uma **forma bilinear simétrica** sobre V. Quando tomamos $\mathbf{v} = \mathbf{w}$ e formamos $\mathcal{Q}(\mathbf{v}) = \mathcal{B}(\mathbf{v}, \mathbf{v})$, então $\mathcal{Q}$ é chamada uma **forma quadrática** sobre V (associada à forma bilinear simétrica $\mathcal{B}$).

■ *Exemplo 5.5.1* Formas bilineares simétricas generalizam produtos internos e assim qualquer produto interno que tenhamos discutido antes dará um exemplo de forma bilinear simétrica. Para ter um exemplo de forma bilinear simétrica que não é produto interno considere o espaço vetorial $\mathbb{R}^n$ e defina

$$\mathcal{B}((x_1, ..., x_n), (y_1, ..., y_n)) = x_1 y_1 + x_2 y_2 + \cdots - x_{i+1} y_{i+1} - \cdots - x_n y_n$$

Aqui i é algum número fixo entre 1 e n. Para tornar mais específico este exemplo podemos tomar $n = 4$ e $i = 3$. A forma bilinear seria

$$\mathcal{B}((x_1, x_2, x_3, x_4), (y_1, y_2, y_3, y_4)) = x_1 y_1 + x_2 y_2 + x_3 y_3 - x_4 y_4$$

Sua forma quadrática associada é

$$\mathcal{Q}((x_1, x_2, x_3, x_4)) = x_1^2 + x_2^2 + x_3^2 - x_4^2$$

Que se trata de forma bilinear simétrica se verifica facilmente da definição. Esta particular forma bilinear simétrica tem papel importante na física onde as três primeiras variáveis são interpretadas

Formas quadráticas: Aplicações do teorema espectral **279**

como variáveis espaciais e a quarta é interpretada como variável tempo. ■

■ **Exemplo 5.5.2** Uma forma quadrática mais geral pode ser definida em $\mathbb{R}^n$ partindo de uma matriz A simétrica n por n. Então podemos definir a forma bilinear simétrica $\mathcal{B}_A : \mathbb{R}^n \times \mathbb{R}^n \to \mathbb{R}$ por

$$\mathcal{B}_A(\mathbf{x}, \mathbf{y}) = \mathbf{x}^t A \mathbf{y}$$

Nesta definição $\mathbf{x}$ e $\mathbf{y}$ são olhados como vetores coluna. A bilinearidade seguirá da linearidade da multiplicação de matrizes. A simetria resultará de A ser simétrica:

$$\mathcal{B}_A(\mathbf{y}, \mathbf{x}) = \mathbf{y}^t A \mathbf{x} = \mathbf{y}^t A^t \mathbf{x} = (\mathbf{x}^t A \mathbf{y})^t = \mathbf{x}^t A \mathbf{y} = \mathcal{B}_A(\mathbf{x}, \mathbf{y}) \qquad ■$$

Assim como todas as transformações lineares de $\mathbb{R}^n$ para $\mathbb{R}^m$ surgem da multiplicação por matriz m por n, todas as formas bilineares sobre $\mathbb{R}^n$ correspondem à forma bilinear $\mathcal{B}_A$ para a conveniente matriz A. No último exemplo tomamos a matriz diagonal

$$A = \begin{pmatrix} 1 & 0 & 0 & 0 \\ 0 & 1 & 0 & 0 \\ 0 & 0 & 1 & 0 \\ 0 & 0 & 0 & -1 \end{pmatrix}$$

Se usarmos a matriz 2 por 2 $A = \begin{pmatrix} 2 & 3 \\ 3 & 4 \end{pmatrix}$ teremos a forma bilinear

$$\mathcal{B}_A(\mathbf{x}, \mathbf{y}) = \mathbf{x}^t \begin{pmatrix} 2 & 3 \\ 3 & 4 \end{pmatrix} \mathbf{y} = 2x_1 y_1 + 3x_1 y_2 + 3x_2 y_1 + 4x_2 y_2$$

Se $\{\mathbf{v}_1, \ldots, \mathbf{v}_n\}$ é uma base para V então o produto $\mathcal{B}(\mathbf{v}, \mathbf{w})$ de quaisquer $\mathbf{v} = \sum_{i=1}^n c_i \mathbf{v}_i$ e $\mathbf{w} = \sum_{j=1}^n d_j \mathbf{v}_j$ será determinado usando (2) como

$$\mathcal{B}(\mathbf{v}, \mathbf{w}) = \sum_{i,j=1}^n c_i d_j \, \mathcal{B}(\mathbf{v}_i, \mathbf{v}_j)$$

Em particular

$$\mathcal{Q}(\mathbf{v}) = \sum_{i,j=1}^n c_i c_j \, \mathcal{B}(\mathbf{v}_i, \mathbf{v}_j)$$

Assim uma vez conhecido o produto dos elementos da base isto determina os produtos de dois quaisquer elementos de V. A propriedade de uma forma bilinear simétrica ser determinada por seus valores numa base é análoga à propriedade de uma transformação linear ser determinada por seus valores numa base. Assim como no caso de transformações lineares, ela nos permite associar uma matriz a uma forma bilinear simétrica uma vez escolhida uma base.

DEFINIÇÃO 5.5.1 Seja $\mathcal{B}: V \times V \to \mathbb{R}$ uma forma bilinear simétrica e suponha que $\mathcal{V} = \{\mathbf{v}_1, \ldots, \mathbf{v}_n\}$ é uma base de V. Seja A a matriz cujo elemento ij é $\mathcal{B}(\mathbf{v}_i, \mathbf{v}_j)$. Então por (1) A será matriz simétrica. A é chamada a **matriz que representa a forma bilinear em termos da base** $\mathcal{V}$.

Dadas a base $\mathcal{V}$ e a matriz A, o valor $\mathcal{B}(\mathbf{v}, \mathbf{w})$ do produto de quaisquer dois vetores pode ser determinado pela fórmula

280   Capítulo 5

$$\mathscr{B}(\mathbf{v}, \mathbf{w}) = \sum_{i,j=1}^{n} a_{ij}\, c_i\, d_j = \mathbf{c}^t A \mathbf{d}$$

Examinemos como A muda quando escolhemos uma base diferente. Seja $\mathcal{W} = \{\mathbf{w}_1, \ldots, \mathbf{w}_n\}$ outra base de V. Então existe matriz S tal que $\mathbf{W} = \mathbf{V}S$; isto é, $\mathbf{w}_j = \sum_{j=1}^{n} s_{kj}\mathbf{v}_k$. Então

$$b_{ij} = \mathscr{B}(\mathbf{w}_i, \mathbf{w}_j) = \mathscr{B}\left(\sum_{k=1}^{n} s_{ki}\mathbf{v}_k, \sum_{j=1}^{n} s_{km}\mathbf{v}_m\right)$$

$$= \sum_{m,k=1}^{n} s_{ki} s_{mj}\, \mathscr{B}\,(\mathbf{v}_k, \mathbf{v}_m) = \sum_{k=1}^{n} s_{ki}\left(\sum_{m=1}^{n} a_{km}\, s_{mj}\right) = (\mathbf{S}^i)^t A \mathbf{S}^j$$

Mas este é o elemento ij de $S^t AS$. Registremos este fato como uma Proposição.

> **PROPOSIÇÃO 5.5.1** Seja V um espaço vetorial real e $\mathscr{B}$ uma forma bilinear simétrica sobre V. Se $\mathbf{v}_1, \ldots, \mathbf{v}_n$ é uma base para V então a matriz que representa $\mathscr{B}$ com relação a esta base é $A = (a_{ij})$ com $a_{ij} = \mathscr{B}\,(\mathbf{v}_i, \mathbf{v}_j)$. Se $\mathbf{v} = \sum_{i=1}^{n} c_i\,\mathbf{v}_i$, $\mathbf{w} = \sum d_i\,\mathbf{v}_i$ então $\mathscr{B}\,(\mathbf{v}, \mathbf{w}) = \mathbf{c}^t A \mathbf{d}$. Se $\mathcal{W}$ é outra base e B é a matriz que representa $\mathscr{B}$ com relação a $\mathcal{W}$, e as duas bases são relacionadas por $\mathbf{W} = \mathbf{V}S$ então $B = S^t AS$.

A conclusão da proposição motiva a seguinte definição.

DEFINIÇÃO 5.5.2 Dizemos que A é **congruente a** B se existe uma matriz inversível S tal que $B = S^t AS$.

Note que se A é congruente a B então B é congruente a A. Pois temos $A = T^{\,t} BT$ onde $T = S^{-1}$. Deixamos como exercício mostrar que a congruência constitui uma relação de equivalência sobre matrizes simétricas. O Teorema Espectral para matrizes simétricas mostra que toda matriz simétrica é semelhante a uma matriz diagonal. Uma pergunta natural é se toda matriz simétrica é congruente a uma matriz diagonal. Note que isto é equivalente a perguntar se existe sempre alguma base para V tal que a forma quadrática $\mathfrak{Q}(\mathbf{v}) = \mathscr{B}\,(\mathbf{v}, \mathbf{v})$ pode ser escrita como $\sum_{i=1}^{n} \alpha_i\, x^2_i$ quando $\mathbf{v} = \sum_{i=1}^{n} x_i\,\mathbf{v}_i$. Acontece que esta questão já está respondida pelo Teorema Espectral pela simples razão que quando S é uma matriz ortogonal $S^t AS = S^{-1}AS$. Como o Teorema Espectral nos diz que podemos achar uma matriz ortogonal S tal que $S^{-1}AS$ é diagonal, então esta mesma matriz S fará $S^t AS$ diagonal.

> **TEOREMA 5.5.2 Teorema dos Eixos Principais.**
> *Versão para espaço vetorial.* Seja V espaço vetorial real com produto interno $\langle,\rangle$ e $\mathfrak{Q}$ uma forma quadrática sobre V. Então existe uma base ortonormal $\mathbf{v}_1, \ldots, \mathbf{v}_n$ de V (com relação a $\langle,\rangle$) tal que a matriz A para $\mathfrak{Q}$ é diagonal.
> *Versão matricial.* Toda matriz real simétrica A é congruente através de uma matriz ortogonal S a uma matriz diagonal: isto é, existe uma matriz ortogonal S tal que $S^t AS$ seja diagonal.

Exercício 5.5.1_____

Mostre que a congruência é relação de equivalência para matrizes simétricas.

Exercício 5.5.2_____

Seja A matriz real simétrica. Defina uma função $\mathscr{B}_A : \mathbb{R}^n \times \mathbb{R}^n \to \mathbb{R}$ pela fórmula $\mathscr{B}_A(\mathbf{v}, \mathbf{w}) = \mathbf{v}^t A \mathbf{w}$,

Formas quadráticas: Aplicações do teorema espectral **281**

onde **v** e **w** são olhados como vetores coluna.
(a) Mostre que $\mathcal{B}_A$ é forma bilinear simétrica.
(b) Mostre que toda forma bilinear simétrica sobre $\mathbb{R}^n$ surge desta maneira a partir de alguma matriz simétrica A .

Exercício 5.5.3
Seja $\mathcal{B}$ uma forma bilinear simétrica e $\mathcal{Q}$ a forma quadrática associada. Mostre que $\mathcal{Q}$ satisfaz às propriedades
(a) $\mathcal{Q}\,(r\mathbf{v}) = r^2\,\mathcal{Q}\,(\mathbf{v})$.
(b) $\mathcal{B}\,(\mathbf{v},\,\mathbf{w}) = (1/\,2)\,(\mathcal{Q}\,(\mathbf{v} + \mathbf{w}) - \mathcal{Q}\,(\mathbf{v}) - \mathcal{Q}(\mathbf{w}))$.

A parte (b) do Exercício 5.5.3 (chamada **fórmula de polarização**) mostra como recuperar a forma bilinear simétrica a partir da forma quadrática que determina. Por isto freqüentemente falamos da forma quadrática $\mathcal{Q}$ em vez da forma bilinear simétrica completa. Note, porém, que o processo de ir de uma a outra usa a propriedade de simetria da forma bilinear simétrica. No caso de formas quadráticas sobre $\mathbb{R}^n$, a forma quadrática corresponde a uma matriz simétrica A: $\mathcal{Q}\,(\mathbf{x}) = \mathbf{x}^t A \mathbf{x}$ e a forma bilinear é determinada por $\mathcal{B}\,(\mathbf{x},\,\mathbf{y}) = \mathbf{x}^t A \mathbf{y}$. Por exemplo, se partimos de $\mathcal{Q}\,(\mathbf{x}) = 2x^2_1 + 6x_1x_2 - 3x^2_2$, então a matriz $A = \begin{pmatrix} 2 & 3 \\ 3 & -3 \end{pmatrix}$ e a forma bilinear simétrica é

$$\mathcal{B}\,(\mathbf{x},\,\mathbf{y}) = \mathbf{x}^t A \mathbf{y} = 2x_1 y_1 + 3x_1\,y_2 + 3x_2\,y_1 - 3x_2 y_2$$

PROPOSIÇÃO 5.5.3 Fórmula de Polarização. Se $\mathcal{Q}$ é a forma quadrática associada à forma bilinear $\mathcal{B}$, então

$$\mathcal{B}\,(\mathbf{v},\,\mathbf{w}) = (1/\,2)\,(\mathcal{Q}\,(\mathbf{v} + \mathbf{w}) - \mathcal{Q}\,(\mathbf{v}) - \mathcal{Q}\,(\mathbf{w}))$$

■ *Exemplo 5.5.3* Olhamos outro exemplo que vem da análise de recuperar uma forma bilinear simétrica a partir da forma quadrática associada através da fórmula de polarização. Considere o espaço vetorial $\mathscr{C}\,([0, 1], \mathbb{R})$ das funções contínuas do intervalo $[0, 1]$ para os reais. Seja

$$\mathcal{Q}\,(f) = \int_0^1 f(t)^2\,dt$$

Então a fórmula de polarização dá

$$\mathcal{B}\,(f,g) = \frac{1}{2}\int_0^1 (f(t) + g(t))^2 - f(t)^2 - g(t)^2\,dt = \int_0^1 f(t)g(t)\,dt$$

É fácil verificar que a forma bilinear resultante é simétrica.   ■

5.5.1 APLICAÇÕES À GEOMETRIA

Suponhamos que temos equação

$$ax^2 + 2bxy + cy^2 = 1$$

no plano. Queremos ver que jeito têm as soluções dela. Para isto primeiro escrevemos

$\mathbf{z} = \begin{pmatrix} x \\ y \end{pmatrix}$, $A = \begin{pmatrix} a & b \\ b & c \end{pmatrix}$ e verificamos que

282   Capítulo 5

$$ax^2 + 2bxy + cy^2 = \mathbf{z}^t A \mathbf{z}$$

Note que este produto nos dá uma forma quadrática sobre $\mathbb{R}^2$ e A é simplesmente a matriz desta forma quadrática com relação à base canônica ortonormal $\mathbf{e}_1, \mathbf{e}_2$. Mas o Teorema dos Eixos principais diz que existe uma matriz ortogonal S tal que $S^t A S = \begin{pmatrix} \alpha_1 & 0 \\ 0 & \alpha_2 \end{pmatrix} = D$. Note que os α_i são os autovalores da matriz simétrica A. Mudamos as coordenadas pondo $\mathbf{w} = \begin{pmatrix} u \\ v \end{pmatrix}$ e $S\mathbf{w} = \mathbf{z}$, ou, equivalentemente, $S \begin{pmatrix} u \\ v \end{pmatrix} = \begin{pmatrix} x \\ y \end{pmatrix}$. Nestas novas coordenadas

$$\mathbf{z}^t A \mathbf{z} = \mathbf{w}^t S^t A S \, \mathbf{w} = (u\ v) \begin{pmatrix} \alpha_1 & 0 \\ 0 & \alpha_2 \end{pmatrix} \begin{pmatrix} u \\ v \end{pmatrix} = \alpha_1 u^2 + \alpha_2 v^2 = 1$$

Nas novas coordenadas, $(u, v) = (1, 0)$ corresponde a $(x, y) = S\mathbf{e}_1$ nas coordenadas antigas. Analogamente $(u, v) = (0, 1)$ nas novas coordenadas corresponde a $(x, y) = S\mathbf{e}_2$ nas coordenadas antigas. Quando escolhemos S em $SO(2)$, o que é sempre possível, vemos que as novas coordenadas são obtidas das antigas só por rotação usando a matriz de rotação S. Então há quatro casos dependendo dos α_i.

(1) Se ambos os α_i são menores ou iguais a 0 não há solução.

(2) Se um é 0 e o outro é positivo, a solução consiste de duas retas paralelas na direção do autovetor para o autovalor 0.

(3) Se um é positivo e o outro é negativo então as soluções formam uma hipérbole com eixos dados pelos autovetores de A que nas novas coordenadas é dada por

$$\frac{u^2}{d^2} - \frac{v^2}{e^2} = \pm 1$$

(4) Se ambos os autovalores são positivos então as soluções formam uma elipse com eixos dados pelos autovetores de A; nas novas coordenadas a equação tem a forma

$$\frac{u^2}{d^2} + \frac{v^2}{e^2} = 1$$

Esta classificação pode ser generalizada ao caso de uma equação

$$ax^2 + bxy + cy^2 + dx + ey + f = 0$$

Para tratar disto primeiro diagonalizamos a parte quadrática e depois completamos o quadrado para por em forma normal. Quando um dos autovalores é 0 obtemos uma parábola. Os eixos principais envolvidos no caso geral aparecerão primeiro girando como antes e depois fazendo translação para eliminar onde possível os termos lineares.

■ *Exemplo 5.5.4* Considere $23x^2 - 72xy + 2y^2 = 25$. Então olhamos a matriz $A = \begin{pmatrix} 23 & -36 \\ -36 & 2 \end{pmatrix}$ que diagonalizamos através de $S = \begin{pmatrix} .8 & 6 \\ -.6 & .8 \end{pmatrix}$ a $D = \begin{pmatrix} 50 & 0 \\ 0 & -25 \end{pmatrix}$. Assim em nossas novas coordenadas, que obtemos girando os eixos por $\arctan(-.6/.8) \sim 37$ graus a equação será $50u^2 -$

$25v^2 = 25$, ou $2u^2 - v^2 = 1$, que é uma hipérbole. Ver Figura 5.1.

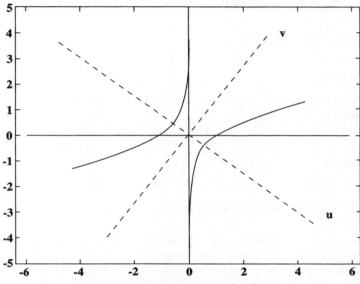

Figura 5.1. Exemplo 5.5.4. $2u^2 - v^2 = 1$

■ **Exemplo 5.5.5** Considere $x^2 + 2xy + y^2 - 2x + 8y - 1 = 0$. Primeiro tratamos da parte forma quadrática $x^2 + 2xy + y^2$. Olhamos a matriz $A = \begin{pmatrix} 1 & 1 \\ 1 & 1 \end{pmatrix}$ que é diagonalizada por $S = 1/\sqrt{2} \begin{pmatrix} 1 & -1 \\ 1 & 1 \end{pmatrix}$ com $D = \begin{pmatrix} 2 & 0 \\ 0 & 0 \end{pmatrix}$. Então pondo $\begin{pmatrix} x \\ y \end{pmatrix} = S \begin{pmatrix} u \\ v \end{pmatrix}$, obtemos a equação nas novas variáveis $2u^2 + u + 3v - 1 = 0$. Então completamos o quadrado nos termos em u para ter $2(u + 1/4)^2 + 3v = 17/16$, que é uma parábola. Ver figura 5.2.

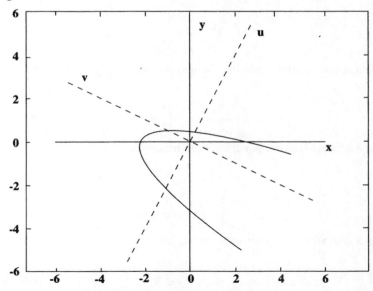

Figura 5.2. Exemplo 5.5.5 $2(u + 1/4)^2 + 3v = 17/16$

284 Capítulo 5

Exercício 5.5.4_____
Esboce o gráfico de $7x^2 - 6xy + 7y^2 = 20$

Exercício 5.5.5_____

Seja $A = \begin{pmatrix} 11 & \sqrt{75} \\ \sqrt{75} & 1 \end{pmatrix}$

(a) Ache uma matriz ortogonal S e uma matriz diagonal D tais que $S^tAS = D$.
(b) Esboce o gráfico de $11x^2 + 2\sqrt{75}xy + y^2 = 16$

Exercício 5.5.6_____
Esboce o gráfico de $2x^2 + 8xy + 8y^2 + 10\sqrt{5}y = 10$

5.5.2 QUÁDRICAS EM TRÊS DIMENSÕES

As mesmas idéias podem ser aplicadas em dimensões mais altas. Basicamente o que o Teorema dos Eixos Principais nos permite fazer é girar e transladar os eixos de modo que nas novas coordenadas uma equação envolvendo termos quadráticos, lineares e constantes seja posta em forma normal. Embora alguns casos degenerados possam aparecer, as formas normais primárias são

(1) $$\frac{x^2}{a^2} + \frac{y^2}{b^2} + \frac{z^2}{c^2} = 1 \qquad\qquad \text{elipsóide}$$

Isto corresponde a três autovalores positivos.

(2) $$\frac{x^2}{a^2} + \frac{y^2}{b^2} = \frac{z}{c} \qquad\qquad \text{parabolóide elítico}$$

Isto corresponde a dois autovalores positivos e um 0.

(3) $$\frac{x^2}{a^2} + \frac{y^2}{b^2} = \frac{z^2}{c^2} \qquad\qquad \text{cone elítico}$$

Isto corresponde a dois autovalores positivos e um negativo e o segundo membro sendo 0.

(4) $$\frac{x^2}{a^2} + \frac{y^2}{b^2} - \frac{z^2}{c^2} = 1 \qquad\qquad \text{hiperbolóide de uma folha}$$

Isto corresponde a dois autovalores positivos e um negativo.

(5) $$\frac{x^2}{a^2} - \frac{y^2}{b^2} - \frac{z^2}{c^2} = 1 \qquad\qquad \text{hiperbolóide de duas folhas}$$

Isto corresponde a uma autovalor positivo e dois negativos.

(6) $$\frac{x^2}{a^2} - \frac{y^2}{b^2} = \frac{z}{c} \qquad\qquad \text{parabolóide hiperbólico}$$

Quádricas em três dimensões **285**

Isto corresponde a um autovalor positivo, um negativo e um zero.

Vamos nos contentar com um exemplo.

■ *Exemplo 5.5.6* Considere a quádrica
$$4x^2 - 4xy + 8xz + 4y^2 + 8yz - 2z^2 = 6$$
Corresponde à matriz

$$A = \begin{pmatrix} 4 & -2 & 4 \\ -2 & 4 & 4 \\ 4 & 4 & -2 \end{pmatrix}$$

que tem a matriz diagonalizadora

$$S = \begin{pmatrix} -.9050 & -.1194 & -.4082 \\ .2980 & -.8629 & -.4082 \\ -.3035 & -.4911 & .8165 \end{pmatrix} \text{ dando } D = \begin{pmatrix} 6 & 0 & 0 \\ 0 & 6 & 0 \\ 0 & 0 & -6 \end{pmatrix}$$

Assim nas novas variáveis

$$S \begin{pmatrix} u \\ v \\ w \end{pmatrix} = \begin{pmatrix} z \\ y \\ z \end{pmatrix}$$

a equação tem a forma

$$6u^2 + 6v^2 - 6w^2 = 6$$

que é um hiperbolóide de uma folha. Os novos eixos de coordenadas são ao longo dos vetores coluna de S. ■

Exercício 5.5.7_____

Determine a forma normal para a quádrica seguinte e esboce seu gráfico.

$$x^2 - y^2 + 3z^2 + 2xy - 4xz + 6yz = 9$$

Sugestão: os autovalores da matriz $\begin{pmatrix} 1 & 1 & -2 \\ 1 & -1 & 3 \\ -2 & 3 & 3 \end{pmatrix}$ são 1.3354, −3.4004 e 5.0650.

5.5.3 APLICAÇÕES AO CÁLCULO: MÁXIMOS E MÍNIMOS

Seja $z = f(x, y)$ função diferenciável de duas variáveis e queremos achar os máximos e mínimos de f. Em particular estamos interessados nos máximos e mínimos relativos, isto é, os pontos (x_0, y_0) para os quais há um pequeno disco D centrado no ponto tal que para todo (x, y) em D ou $f(x_0, y_0) \geq f(x, y)$ —**um máximo local**—ou $f(x_0, y_0) \leq f(x, y)$—**um mínimo local**. É fácil mostrar que uma condição necessária para um extremo local é que as duas derivadas parciais se anulem em (x_0, y_0). Suporemos que isto valha daqui por diante. Existe um critério, chamado Critério da Segunda Derivada, que às vezes pode determinar se (x_0, y_0) é um extremo local ou um **ponto de sela** (um ponto em que por menor que seja a vizinhança D haverá sempre pontos em D com valores tanto maiores quanto menores). Queremos explicar este critério em termos de uma forma quadrática ligada ao problema, chamada a hessiana. Considere a forma quadrática $\mathcal{Q}(x, y)$ cuja matriz é dada pelas derivadas parciais de segunda ordem

286 Capítulo 5

$$H(x, y) = \begin{pmatrix} f_{11}(x, y) & f_{12}(x, y) \\ f_{21}(x, y) & f_{22}(x, y) \end{pmatrix}$$

Com a hipótese de serem contínuas as derivadas segundas, sabe-se que $f_{12} = f_{21}$ assim esta matriz será simétrica como exigido. Naturalmente, ela varia com o ponto, mas variará continuamente. Disto pode-se mostrar que seus valores próprios também variarão continuamente. A regra da cadeia pode ser combinada com o Teorema de Taylor para mostrar que para (x, y) próximo de (x_0, y_0), se pusermos $\mathbf{h} = (x, y) - (x_0, y_0)$ então

$$f(x, y) - f(x_0, y_0) = \frac{1}{2}\, \mathbf{h}^t H\,((x_0, y_0) + t\mathbf{h})\mathbf{h}$$

para algum t, $0 \le t \le 1$. Assim a questão de máximos locais, mínimos locais e pontos de sela se reduz à questão de saber se isto é sempre negativo ou positivo ou pode tomar tanto valores positivos quanto negativos. Isto depende dos sinais dos autovalores de $H((x_0, y_0) + t\mathbf{h})$. Mas se $\mathbf{h}$ é suficientemente pequeno e 0 não é autovalor de $H(x_0, y_0)$ então os autovalores de $H((x_0, y_0) + t\mathbf{h})$ terão os mesmos sinais que os autovalores de $H(x_0, y_0)$. Assim obtemos o critério.

PROPOSIÇÃO 5.5.4 Critério para extremos locais. Suponha que as derivadas parciais de primeira ordem de f se anulam em (x_0, y_0) e que as derivadas parciais segundas de f são contínuas. Seja H a matriz hessiana das derivadas parciais de segunda ordem.

(1) Se $H(x_0, y_0)$ tem dois autovalores positivos então f tem um mínimo local em (x_0, y_0).

(2) Se $H(x_0, y_0)$ tem dois autovalores negativos então f tem máximo local em (x_0, y_0).

(3) Se $H(x_0, y_0)$ tem uma autovalor positivo e um negativo então f tem um ponto de sela em (x_0, y_0).

Em cursos de cálculo este resultado habitualmente não é dado em termos dos autovalores mas em termos de um critério equivalente. Antes de enunciar o critério vamos introduzir alguma terminologia.

DEFINIÇÃO 5.5.3 Dizemos que uma forma quadrática $\mathcal{Q}(\mathbf{v})$ é **positiva definida** se $\mathcal{Q}(\mathbf{v}) = \mathcal{B}(\mathbf{v}, \mathbf{v}) \ge 0$ para todo $\mathbf{v}$ e é igual a 0 see $\mathbf{v} = \mathbf{0}$. Em termos de uma matriz representando $\mathcal{B}$ com relação a uma base ortonormal isto significa que os autovalores são todos positivos. Se substituirmos $\ge$ por $\le$ obteremos a definição de forma quadrática **definida negativa**, que corresponde a ter autovalores todos negativos. Se nenhum dos autovalores é zero dizemos que a forma quadrática é **não degenerada**. Isto inclui os dois casos precedentes mas também o caso em que alguns autovalores são positivos e outros negativos. Pontos de sela aparecerão quando a hessiana é não degenerada mas não é definida (o que se chama **indefinida**).

Assim os critérios precedentes podem ser resumidos dizendo que se a hessiana não é degenerada, então ocorre um mínimo quando é positiva definida, um máximo quando é negativa definida e um ponto de sela ocorre quando é indefinida. Existe um critério simples para saber se a forma é não degenerada, para uma forma quadrática dada por uma matriz, pois o determinante da matriz dá o produto dos autovalores. Logo a forma é não degenerada see o determinante da matriz associada não é zero. No caso 2 por 2 terá autovalores tanto positivo quanto negativo se o determinante por negativo, mas os dois autovalores serão de mesmo sinal se o determinante for positivo. Para determinar o sinal basta calcular a forma quadrática num vetor, isto é, formar $\mathbf{h}^t H \mathbf{h}$ para um $\mathbf{h}$ qualquer. O $\mathbf{h}$ usualmente

Aplicações ao cálculo: Máximos e mínimos **287**

escolhido para este critério é e_1 que dá o elemento $(1, 1)$ da hessiana. Isto conduz ao critério usual da segunda derivada.

> **PROPOSIÇÃO 5.5.5 Critério da Segunda Derivada.** Suponha que $f(x, y)$ tem derivadas parciais de segunda ordem contínuas e é definida num aberto de $\mathbb{R}^2$ contendo (x_0, y_0), e as derivadas parciais de primeira ordem sejam nulas em (x_0, y_0). Suponha também que $DET = f_{11}f_{22} - f_{12}^2$ calculado em (x_0, y_0).
> Se $DET > 0$ e $f_{11}(x_0, y_0) <$ então (x_0, y_0) é máximo local.
> Se $DET > 0$ e $f_{11}(x_0, y_0) > 0$ então (x_0, y_0) é mínimo local.
> Se $DET < 0$, então (x_0, y_0) é ponto de sela.

Existem critérios semelhantes para funções de várias variáveis terem máximos locais, mínimos locais e pontos de sela. A análise é essencialmente a mesma. As complicações adicionais nos critérios resultam porque é mais difícil ver se a forma quadrática é positiva (ou negativa) definida ou não degenerada mas indefinida. O resultado seguinte é o análogo em varias variáveis da Proposição 5.5.5.

> **PROPOSIÇÃO 5.5.6. Critério da Segunda Derivada em $\mathbb{R}^n$.** Seja $f : \mathbb{R}^n \to \mathbb{R}$ uma função de n variáveis e P um ponto em $\mathbb{R}^n$ em que todas as derivadas parciais de primeira ordem se anulam. Suponha também que as derivadas de segunda ordem são contínuas. Se $H(\mathbf{x})$ é a matriz cujo elemento ij é a derivada de segunda ordem $f_{ij}(\mathbf{x})$, H chama-se a matriz hessiana e é matriz simétrica, determinando pois uma forma quadrática $\mathcal{Q}(\mathbf{x})$. Se $\mathcal{Q}(P)$ é definida positiva (os autovalores são todos positivos) então P é um mínimo local. Se $\mathcal{Q}(P)$ é definida negativa (os autovalores são todos negativos) então P é um máximo local. Se $\mathcal{Q}(P)$ é não degenerada mas indefinida (0 não é autovalor mas existem autovalores positivos e negativos) então P é um ponto de sela.

■ **Exemplo 5.5.7.** Para a função $2x^2 + 6xy + y^2$, existe um valor crítico na origem. A matriz hessiana (no $\mathbf{0}$) é $2 \begin{pmatrix} 2 & 3 \\ 3 & 1 \end{pmatrix}$ que tem determinante -28. Logo há ponto de sela na origem. ■

■ **Exemplo 5.5.8.** A função $f(x, y) = x \operatorname{sen} x - \cos y - xy$ tem um ponto crítico na origem pois $f_1 = x \cos x + \operatorname{sen} x - y$ e $f_2 = \operatorname{sen} y - x$ se anulam ambas aí. Quando calculamos a matriz hessiana obtemos $f_{11} = -x \operatorname{sen} x + 2\cos x - y, f_{12} = -1, f_{22} = \cos y$. Calculando na origem obtém-se a matriz $\begin{pmatrix} 2 & -1 \\ -1 & 1 \end{pmatrix}$. Como esta tem determinante positivo e $f_{11}(\mathbf{0}) > 0$ há mínimo local na origem. ■

■ **Exemplo 5.5.9.** Considere as duas funções

$$f(x, y, z) = (1/2)(4x^2 + 4y^2 + 2z^2 + 2xy + 2xz - 2yz)$$

e

$$g(x, y, z) = 1/2(11x^2 + 11y^2 + 2z^2 + 4xy + 5xz - 5yz)$$

Cada função tem um ponto crítico na origem e as matrizes hessianas são $\begin{pmatrix} 4 & 1 & 1 \\ 1 & 4 & -1 \\ 1 & -1 & 2 \end{pmatrix}$ e $\begin{pmatrix} 11 & 4 & 5 \\ 4 & 11 & -5 \\ 5 & -5 & 2 \end{pmatrix}$.

Embora essas matrizes pareçam muito semelhantes a primeira tem autovalores 5, 4, 1 e portanto é

288 Capítulo 5

positiva definida, a segunda tem autovalores 15, 12, –3 e portanto é indefinida. Assim f tem um mínimo local na origem e g tem um ponto de sela. ■

Exercício 5.5.8
Para as funções seguintes determine se têm máximo local, mínimo local ou ponto de sela na origem.
(a) $f(x, y) = x^2 + xy - y^2 - 1$
(b) $f(x, y, z) = x^2 + xz + y^2 + x \operatorname{sen} x + 4z^2$

Exercício 5.5.9
Determine se $f(x, y) = 11x^2 + 2\sqrt{75}xy + y^2$ tem máximo local, mínimo local ou ponto de sela na origem.

Exercício 5.5.10
Determine se $f(x, y, z) = x^2 + \operatorname{sen} yz$ tem ponto de máximo, ponto de mínimo ou ponto de sela na origem.

5.6 EXERCÍCIOS DO CAPÍTULO 5

5.6.1. Mostre que se $V = \mathbb{R}^n$ então a complexificação $V_{\mathbb{C}}$ é isomorfa a $\mathbb{C}^n$ como espaços vetoriais complexos; isto é existe um isomorfismo de espaços vetoriais complexos $L : \mathbb{C}^n \to V_{\mathbb{C}}$.

5.6.2. Mostre que se $V = \mathcal{D}(\mathbb{R}, \mathbb{R}^n)$, então a complexificação $V_{\mathbb{C}}$ é isomorfa a $\mathcal{D}(\mathbb{R}, \mathbb{C}^n)$ como espaços vetoriais complexos, isto é, existe um isomorfismo de espaços vetoriais complexos $L : \mathcal{D}(\mathbb{R}, \mathbb{C}^n) \to V_{\mathbb{C}}$.

5.6.3. Mostre que se $V = \mathcal{M}(m, n)$, então a complexificação $V_{\mathbb{C}}$ é isomorfa a $\mathcal{M}(m, n, \mathbb{C})$, o espaço vetorial complexo das matrizes complexas m por n sob as operações usuais de adição e multiplicação por escalar complexo, como espaços vetoriais complexos; isto é, existe um isomorfismo de espaços vetoriais complexos $L : \mathcal{M}(m, n, \mathbb{C}) \to V_{\mathbb{C}}$.

5.6.4. Mostre que se $L : V \to W$ é um isomorfismo entre espaços vetoriais reais então $L_{\mathbb{C}} : V_{\mathbb{C}} \to W_{\mathbb{C}}$ é um isomorfismo de espaços vetoriais complexos entre suas complexificações.

5.6.5. (a) Mostre que se $V = \mathcal{F}(X, \mathbb{R})$ então a complexificação $V_{\mathbb{C}}$ é isomorfa a $\mathcal{F}(X, \mathbb{C})$.
(b) Use a parte (a) e o Exercício 5.6.4 para mostrar que a complexificação de $\mathbb{R}^n$ é $\mathbb{C}^n$ mostrando que $\mathbb{R}^n$ é isomorfo a $\mathcal{F}(\{1, ..., n\}, \mathbb{R})$ e $\mathbb{C}^n$ isomorfo a $\mathcal{F}(\{1, ..., n\}, \mathbb{C})$.

5.6.6. Definimos adjunta de transformação linear somente no contexto de transformações lineares de um espaço com produto interno em si mesmo.
(a) Mostre que se V, W são ambos espaços de dimensão finita com produto interno e $L ;$ $V \to W$ é transformação linear existe uma transformação linear (ainda chamada adjunta) $L^*: W \to V$ que é univocamente definida pela fórmula
$$\langle Lv, w \rangle = \langle v, L^*w \rangle$$
Nesta fórmula o produto interno sobre W é usado no primeiro membro e o produto interno sobre V no segundo membro.
(b) Mostre que se $\mathcal{V}$ é base ortonormal para V e $\mathcal{W}$ é base ortonormal para W então existe a fórmula
$$[L^*]_{\mathcal{V}}^{\mathcal{W}} = ([L]_{\mathcal{W}}^{\mathcal{V}})^*$$

5.6.7. Considere o espaço com produto interno $\mathcal{P}^2(\mathbb{R}, \mathbb{R})$ dos polinômios de grau menor ou igual a 2 com produto interno dado por
$$\langle p, q \rangle = \int_{-1}^{1} P(t)\, q(t)\, dt$$

Exercícios do capítulo 5 **289**

Usando a notação do exercício anterior, ache a adjunta da transformação linear

$$L : \mathcal{P}^2\,(\mathbb{R}, \mathbb{R}) \to \mathbb{R},\, L(p) = \int_{-1}^{1} p(t)\, dt$$

Nos Exercícios 5.6.8—5.6.15 o Teorema Espectral garante que existe uma matriz unitária S e uma matriz diagonal D tais que $A = SDS^{-1}$. Ache S e D.

5.6.8. $A = \begin{pmatrix} .5 + .5i & .5 + .5i \\ .5 + .5i & -.5 - .5i \end{pmatrix}$

5.6.9. $A = \begin{pmatrix} i & i \\ i & i \end{pmatrix}$

5.6.10. $A = \begin{pmatrix} (1-i)/2 & i/\sqrt{2} \\ (1+i)/2 & 1/\sqrt{2} \end{pmatrix}$

5.6.11. $A = \begin{pmatrix} 1 & 1 & 4 \\ 1 & 1 & 4 \\ 4 & 4 & -2 \end{pmatrix}$

5.6.12. $A = \begin{pmatrix} 5/6 & -1/3 & -1/6 \\ -1/3 & 1/3 & -1/3 \\ -1/6 & -1/3 & 5/6 \end{pmatrix}$

5.6.13. $A = \begin{pmatrix} 1/\sqrt{3} & -1/\sqrt{2} & -1/\sqrt{6i} \\ 1/\sqrt{3} & 0 & 2/\sqrt{6i} \\ 1/\sqrt{3i} & 1/\sqrt{2i} & 1/\sqrt{6} \end{pmatrix}$

5.6.14. $A = \begin{pmatrix} .5 & .5 & .5 & .5 \\ .5 & -.5 & .5 & -.5 \\ .5 & -.5 & -.5 & .5 \\ .5 & .5 & -.5 & -.5 \end{pmatrix}$

5.6.15. $A = \begin{pmatrix} 2.5 & .5 & 0 & -1 \\ -.5 & 2.5 & -1 & 0 \\ 0 & -1 & 2.5 & -.5 \\ 1 & 0 & -.5 & 2.5 \end{pmatrix}$

Nos Exercícios 5.6.16—5.6.20 escreva a matriz dada como combinação linear de matrizes de projeção ortogonal como foi dado no Teorema Espectral.

5.6.16. $\begin{pmatrix} 1 & 2 \\ 2 & 1 \end{pmatrix}$

5.6.17. $\begin{pmatrix} 0 & 1 & 1 \\ -1 & 0 & 1 \\ -1 & -1 & 0 \end{pmatrix}$

5.6.18. $\begin{pmatrix} 34/30 & -2/30 & -1/3 \\ -2/30 & 31/30 & 1/6 \\ -1/3 & 1/6 & 11/6 \end{pmatrix}$

290 Capítulo 5

$$5.6.19 \quad \begin{pmatrix} 1/\sqrt{2} & 1/2 & 1/2 & 0 \\ 0 & 1/2 & -1/2 & 1/\sqrt{2} \\ 1/\sqrt{2} & -1/2 & -1/2 & 0 \\ 0 & -1/2 & 1/2 & 1/\sqrt{2} \end{pmatrix}$$

$$5.6.20 \quad \begin{pmatrix} 1.75 & -.25 & .25 & .25 \\ -.25 & 1.75 & .25 & .25 \\ .25 & .25 & 1.75 & -.25 \\ .25 & .25 & -.25 & 1.75 \end{pmatrix}$$

5.6.21 Mostre que para toda matriz real 2 por 2 diagonalizável A com um autovalor complexo não

real $a + ib$ existe uma matriz real inversível S com $S^{-1}AS = \begin{pmatrix} a & b \\ -b & a \end{pmatrix}$.

5.6.22 Generalize o exercício precedente a matrizes reais 3 por 3 diagonalizáveis com autovalores complexos não reais.

5.6.23 O Teorema de Cayley-Hamilton diz que toda matriz A satisfaz ao polinômio característico; isto é, $(A - c_1 I)\ldots(A - c_n I) = 0$ onde $c_1, \ldots, c_n$ são os autovalores. Verifique isto como segue.
   (a) Use o Exercício 5.2.7 que diz que toda matriz é semelhante a uma matriz triangular superior para reduzir ao caso em que A é triangular superior.
   (b) Verifique o teorema de Cayley-Hamilton diretamente para matrizes triangulares superiores 3 por 3.
   (c) Prove o teorema de Cayley-Hamilton para matrizes triangulares superiores em geral.

5.6.24 Este problema esboça outra prova do teorema de Cayley-Hamilton (ver Exercício 5.6.23.).
   (a) Considere o conjunto $S_n[x]$ dos polinômios a uma variável x cujos coeficientes são matrizes n por n. Mostre que se A é matriz n por n existe uma igualdade em $S_n[x]$ dada por
   $$(A - xI)\text{adj}(A - xI) = C_A(x)I$$
   onde $C_A(x) = \det(A - xI)$ é o polinômio característico de A. Aqui $\text{adj}(a - xI)$ é a matriz de adjunção de $A - xI$, que será um polinômio de grau $n-1$ com coeficientes matriciais.
   (b) Mostre que se existe uma igualdade em $S_n[x]$ então existe igualdade em $\mathcal{M}(n, n)$ encontrada calculando em uma matriz n por n B que comute com A.
   (c) Calculando a igualdade em (a) na própria matriz A prove o teorema de Cayley-Hamilton $C_A(A) = \mathbf{0}$.

5.6.25 Use o fato de que dada uma matriz A existem uma matriz unitária S e uma matriz triangular superior T com $A = STS^{-1}$ (ver Exercício 5.2.7.) para provar versões do Teorema Espectral como segue:
   (a) Para uma matriz hermitiana, antihermitiana ou unitária, a matriz é diagonal se for triangular.
   (b) Para uma matriz normal a matriz é diagonal se for triangular.(Sugestão: use cálculo direto dos elementos $(1, 1)$ de AA^* e de A^*A e um argumento de indução.).
   (c) Mostre que se $A = STS^{-1}$ para S unitária, então que A seja hermitiana, antihermitiana, unitária ou normal implica o mesmo para T.
   (d) Use (a)—(c) para provar o Teorema Espectral para esses que tipos de matrizes.

5.6.26 Seja V um espaço vetorial de dimensão n e $L : V \to V$ uma transformação linear. $V_1 \subset V$ é dito um **subespaço invariante** para L se $L(V_1) \subset V_1$. Suponha que V_1 é subespaço invariante para L.
   (a) Mostre que a restrição $L_1 = L|V_1$ é uma transformação linear de V_1 em V_1.
   (b) Mostre que os autovalores de L_1 são um subconjunto dos autovalores de L.
   (c) Suponha que $V = V_1 \oplus V_2$ e que ambos os subespaços V_1 e V_2 sejam subespaços invariantes

por L. Mostre que se $\mathbf{v} = \mathbf{v}_1 + \mathbf{v}_2$, $\mathbf{v}_i \in V_i$ é decomposição de um autovetor $\mathbf{v}$ para algum autovalor c, então cada $\mathbf{v}_i$ é ou $\mathbf{0}$ ou um autovetor para L (e para L_i) para o mesmo autovalor.

5.6.27. Suponha que $L, M : V \to V$ são transformações lineares entre o espaço vetorial n-dimensional V e ele mesmo e que $LM = ML$. Suponha também que L, M sejam diagonalizáveis. Seja $E(c_1)$ $\oplus \ldots \oplus E(c_k)$ uma decomposição em soma direta de V em autoespaços para L.

(a) Mostre que esses autoespaços são espaços invariantes para M.

(b) Use o exercício anterior para mostrar que se $\mathbf{v}$ é um autovetor para M então uma de suas componentes na decomposição da soma direta é um autovetor comum para M e L.

(c) Use a parte (b) e indução sobre o número de autovalores distintos de L para mostrar que existe uma base de vetores $\mathbf{v}_1, \ldots, \mathbf{v}_n$ autovetores comuns para L e M.

5.6.28 Suponha que A, B são matrizes simétricas e $AB = BA$. Use o exercício precedente para mostrar que existe uma matriz S com $S^{-1}AS$ e $S^{-1}BS$ ambas diagonais. Mostre que existe S ortogonal com essa propriedade.

5.6.29 Sejam

$$A = \begin{pmatrix} 8 & -1 & -1 \\ -1 & 8 & -1 \\ -1 & -1 & 8 \end{pmatrix}, B = \begin{pmatrix} 1 & 2 & 0 \\ 2 & 0 & 1 \\ 0 & 1 & 2 \end{pmatrix}$$

Mostre que $AB = BA$ e que existe matriz ortogonal S tal que $S^{-1}AS$ e $S^{-1}BS$ sejam ambas diagonais.

5.6.30 Sejam

$$A = \begin{pmatrix} 2 & -1 & 1 \\ -1 & 2 & -1 \\ 1 & -1 & 4 \end{pmatrix}, B = \begin{pmatrix} 11 & 1 & -2 \\ 1 & 11 & 2 \\ -2 & 2 & 8 \end{pmatrix}$$

Mostre que existe uma base ortonormal de autovetores comuns a A e B.

5.6.31 Ache a decomposição por valor singular e pseudo-inversa para $A = \begin{pmatrix} 1 & 2 \\ 0 & 0 \\ 1 & 2 \end{pmatrix}$, e use-a para achar a solução por mínimos quadrados de $A\mathbf{x} = \begin{pmatrix} 1 \\ 1 \\ 2 \end{pmatrix}$.

5.6.32 Suponha que A é matriz m por n cujas colunas são vetores ortogonais não nulos $\mathbf{v}_1, \ldots, \mathbf{v}_n$.

(a) Mostre que os valores singulares não nulos de A são $\|\mathbf{v}_1\|, \ldots, \|\mathbf{v}_n\|$ de modo que $\Sigma_p = \mathrm{diag}(\|\mathbf{v}_1\|, \ldots, \|\mathbf{v}_n\|)$.

(b) Mostre que podemos escolher $Q_{2p} = I_n$ e $Q_{1p} = \left(\dfrac{\mathbf{v}_1}{\|\mathbf{v}_1\|} \cdots \dfrac{\mathbf{v}_n}{\|\mathbf{v}_n\|} \right)$ na decomposição por valor singular.

5.6.33 Seja $A = \begin{pmatrix} 1 & -1 \\ 2 & 0 \\ 0 & 2 \\ 1 & 1 \end{pmatrix}$. Ache a decomposição por valor singular e a pseudo-inversa de A. Use a pseudo-inversa para resolver o problema de mínimos quadrados $A\mathbf{x} = (1, 2, 1, 2)$.

292 Capítulo 5

5.6.34 Sejam $A = \begin{pmatrix} 1 & 2 & 3 \\ 3 & 2 & 1 \\ -1 & 0 & 1 \end{pmatrix}$, $\mathbf{b} = (1, 0, 0)$

    (a) Dê a decomposição por valor singular de A.
    (b) Dê a pseudo-inversa de A.
    (c) Ache a solução por quadrados mínimos de $A\mathbf{x} = \mathbf{b}$

5.6.35 Ache a decomposição $A = Q_{1p} \Sigma_p Q^t_{2p}$ para

$$A = \begin{pmatrix} -1/2 & -1/2 & 3/\sqrt{2} \\ 3/2 & 3/2 & -1/\sqrt{2} \\ 3/2 & 3/2 & -1/\sqrt{2} \\ -1/2 & -1/2 & 3/\sqrt{2} \end{pmatrix}$$

Use-a para achar a pseudo-inversa de A e resolver o problema de mínimos quadrados $A\mathbf{x} = (1, 2, 0, -1)$.

5.6.36 Ache a decomposição $A = Q_{1p} \Sigma_p Q^t_{2p}$

$$A = \begin{pmatrix} 1/\sqrt{2} & 0 & 1/\sqrt{2} \\ \sqrt{2} & 1/\sqrt{2} & \sqrt{2} \\ 0 & 0 & 0 \\ \sqrt{2} & -1/\sqrt{2} & \sqrt{2} \\ 0 & 1 & 0 \end{pmatrix}$$

Use-a para achar a pseudo-inversa de A e para resolver o problema de mínimos quadrados $A\mathbf{x} = (1, 0, 0, 0, 0)$.

5.6.37 Mostre que se X é a pseudo-inversa de A então
$$AXA = A, XAX = X$$
e XA, AX são ambas simétricas.

5.6.38 Suponha que A é matriz simétrica positiva definida. Mostre que a decomposição por valor singular $A = Q_1 \Sigma Q^t_2$ coincide com a decomposição $A = QDQ^{-1}$ dada pelo Teorema Espectral.

5.6.39 Generalize o exercício precedente determinando a relação entre a decomposição por valor singular e a decomposição espectral para uma matriz simétrica. Prove sua afirmação.

5.6.40 Mostre que se A é matriz quadrada de posto 1 então a pseudo-inversa é um múltiplo de A^t. Descreva qual é o múltiplo em termos do autovalor não nulo de $A^t A$.

5.6.41 Suponha que L é uma transformação linear de $\mathbb{R}^3$ em $\mathbb{R}^3$ que reflete cada vetor $\mathbf{v}$ pelo plano $x + y + z = 0$.
    (a) Ache uma base ortonormal $\mathbf{v}_1, \mathbf{v}_2, \mathbf{v}_3$ para $\mathbb{R}^3$ tal que $\mathbf{v}_1, \mathbf{v}_2$ seja base para o plano.
    (b) Ache a matriz de L para essa base.
    (c) Descreva geometricamente a adjunta L^* de L. (Sugestão: quais são os autovalores e autovetores de L ?)
    (d) Ache a matriz A tal que $L(\mathbf{v}) = A\mathbf{v}$.
    (e) Escreva A como combinação linear de matrizes de projeção .

5.6.42 Uma matriz simétrica tem autovalores 1, 2, 3, 4. Autovetores correspondendo a 1, 2, 3 são $(1, 1, 1, 1)$, $(1, 1, -1, -1)$ e $(1, -1, 1, -1)$. Ache o autovetor restante e ache $A\mathbf{x}$ onde $\mathbf{x} = (1, 0, 0, 0)$.

5.6.43 Nas partes (a) e (b) diga se a multiplicação pela matriz dada representa uma rotação ou uma reflexão de $\mathbb{R}^2$. Se rotação dê o ângulo de rotação. Se reflexão dê a reta de reflexão.

(a) $\begin{pmatrix} 1/2 & -\sqrt{3}/2 \\ \sqrt{3}/2 & 1/2 \end{pmatrix}$

(b) $\begin{pmatrix} 1/2 & \sqrt{3}/2 \\ \sqrt{3}/2 & -1/2 \end{pmatrix}$

5.6.44 Nas partes (a) e (b) identifique se a multiplicação pela matriz dada representa uma rotação ou um reflexão em $\mathbb{R}^2$. Se rotação, dê o ângulo de rotação. Se reflexão, dê a reta de reflexão.

(a) $\begin{pmatrix} 1/3 & \sqrt{8}/3 \\ \sqrt{8}/3 & -1/3 \end{pmatrix}$

(b) $\begin{pmatrix} 1/3 & \sqrt{8}/3 \\ -\sqrt{8}/3 & 1/3 \end{pmatrix}$

Para as matrizes A nos Exercícios 5.6.45—5.6.49 ache a matriz ortogonal Q tal que $Q^{-1}AQ$ fique na forma dada pelo Teorema Espectral para $O(n)$.

5.6.45. $A = \begin{pmatrix} -.2 & -.8 & -2\sqrt{2/5} \\ -.8 & -.2 & 2\sqrt{2/5} \\ 2\sqrt{2/5} & -2\sqrt{2/5} & .6 \end{pmatrix}$

5.6.46. $\begin{pmatrix} 0 & -1 & 0 \\ -1 & 0 & 0 \\ 0 & 0 & 1 \end{pmatrix}$

5.6.47. $\begin{pmatrix} .8 & .2 & -2\sqrt{2/5} \\ .2 & .8 & 2\sqrt{2/5} \\ 2\sqrt{2/5} & -2\sqrt{2/5} & .6 \end{pmatrix}$

5.6.48. $\begin{pmatrix} 1/\sqrt{3} & 0 & 1/\sqrt{3} & 1/\sqrt{3} \\ 0 & 1/\sqrt{3} & 1/\sqrt{3} & -1/\sqrt{3} \\ 1/\sqrt{3} & 1/\sqrt{3} & -1/\sqrt{3} & 0 \\ 1/\sqrt{3} & -1/\sqrt{3} & 0 & -1/\sqrt{3} \end{pmatrix}$

5.6.49. $\begin{pmatrix} .1381 & .4717 & -.8047 & -.3333 \\ -.4714 & .8047 & .3333 & .1381 \\ -.3333 & -.1381 & .2357 & -.9024 \\ -.8047 & -.3333 & -.4310 & .2357 \end{pmatrix}$

5.6.50. Dê a matriz A tal que a multiplicação por A dê a reflexão ortogonal pelo plano $x - 2y + z = 0$. (Sugestão: primeiro escolha uma base ortonormal $\mathbf{v}_1$, $\mathbf{v}_2$ deste plano e estenda-a a uma base ortonormal para $\mathbb{R}^3$. Então se Q denota a matriz ortogonal com esses vetores de base como colunas expresse $A = QDQ^{-1}$.)

5.6.51 Dê a matriz A tal que a multiplicação por A dê a reflexão ortogonal pelo plano $2x + y - z = 0$. (Sugestão: primeiro escolha uma base ortonormal $\mathbf{v}_1$, $\mathbf{v}_2$ para esse plano e estenda-a a base

294 Capítulo 5

ortonormal para $\mathbb{R}^3$. Então se Q denota a matriz ortogonal com esses vetores de base como colunas expresse $A = QSQ^{-1}$.)

5.6.52 Dê a matriz A que é uma rotação do plano $x + 2y + z = 0$ por um ângulo de $\pi / 6$. (Sugestão: primeiro ache uma base ortonormal $\mathbf{q}_1, \mathbf{q}_2, \mathbf{q}_3$ para $\mathbb{R}^3$ tal que $\mathbf{q}_1$ seja normal ao plano e $\mathbf{q}_2, \mathbf{q}_3$ base ortonormal para o plano. Determine o que a rotação deve fazer a esses vetores.).

5.6.53 Dê a matriz A que é uma rotação do plano $2x + 3y + z = 0$ por um ângulo de $\pi / 6$. (sugestão: primeiro ache uma base ortonormal $\mathbf{q}_1, \mathbf{q}_2, \mathbf{q}_3$ para $\mathbb{R}^3$ tal que $\mathbf{q}_1$ seja normal ao plano e $\mathbf{q}_2$, $\mathbf{q}_3$ base ortonormal para o plano. Determine o que a rotação deve fazer a esses vetores.).

Os Exercícios 5.6.54—5.6.57 preenchem os detalhes da demonstração do Teorema Espectral para $O(n)$.

5.6.54 Suponha que $\mathbf{c}_1 = \mathbf{s}_1 + i\mathbf{t}_1, \ldots, \mathbf{c}_k = \mathbf{s}_k + i\mathbf{t}_k$ é uma base de autovetores para o autovalor complexo $a + ib$ para a matriz ortogonal real A. Usando o autovalor conjugado foi mostrado na Secção 5.4 que para todo p devemos ter $\langle \mathbf{s}_p, \mathbf{t}_p \rangle = 0$, $\|\mathbf{s}_p\| = \|\mathbf{t}_p\| = 1/\sqrt{2}$. Mostre que os vetores $\mathbf{s}_1, \mathbf{t}_1, \ldots, \mathbf{s}_k, \mathbf{t}_k$ são dois a dois ortogonais.(Sugestão: Terá que usar os autovalores e autovetores conjugados.)

5.6.55 Suponha que $\mathbf{c}_1 = \mathbf{s}_1 + i\mathbf{t}_1, \mathbf{c}_2 + i\mathbf{t}_2$ são autovetores para autovalores distintos de uma matriz ortogonal real A. Mostre que os vetores $\mathbf{s}_1, \mathbf{t}_1, \mathbf{s}_2, \mathbf{t}_2$ são dois a dois ortogonais.

5.6.56 Usando os dois exercícios anteriores prove o Teorema Espectral para $O(n)$.

5.6.57 Suponha que $Q^{-1}AQ = R$ onde $Q = (\mathbf{q}_1\ \mathbf{q}_2)$ é uma matriz ortogonal com determinante -1 e R é

matriz de rotação 2 por 2 $\begin{pmatrix} \cos\theta & -\text{sen}\theta \\ \text{sen}\theta & \cos\theta \end{pmatrix}$. Mostre que podemos também escrever $Q^{-1}AQ =$

R onde $Q = (-\mathbf{q}_1\ \mathbf{q}_2)$ e $R = \begin{pmatrix} \cos\phi & -\text{sen}\phi \\ \text{sen}\phi & \cos\phi \end{pmatrix}$ com $\phi = -\theta$. Use isto para verificar a afirmação

de que no enunciado do Teorema Espectral para $O(n)$ podemos sempre escolher a matriz ortogonal Q de modo que Q pertença a $SO(n)$.

5.6.58 Decida se cada uma das afirmações seguintes é verdadeira ou falsa. Justifique suas respostas.

(a) Os valores próprios de uma matriz ortogonal real são números reais.

(b) Se A é uma matriz 3 por 3 com autovalores 0, -1, 3 e autovetores $\mathbf{v}_1 = (1, 1, 0)$, $\mathbf{v}_2 = (1, -1, 0)$, $\mathbf{v}_3 = (0, 0, 1)$ então A é matriz simétrica.

(c) Se uma matriz simétrica real tem autovalores positivos e $A - 3I$ tem um autovalor negativo então A tem um autovalor entre 0 e 3

(d) Uma matriz de projeção tem somente 0 e 1 como autovalores.

5.6.59 Seja $A = \begin{pmatrix} .9 & .2 \\ .2 & .6 \end{pmatrix}$

(a) Ache uma matriz ortogonal S e uma matriz diagonal D com $A = SDS^{-1}$.

(b) Esboce o gráfico de $9x^2 + 4xy + 6y^2 = 10$

(c) Decida se $f(x, y) = 9x^2 + 4xy + 6y^2$ tem um máximo local, mínimo local ou ponto de sela na origem.

5.6.60 Seja $A = \begin{pmatrix} 1/2 & -\sqrt{3}/2 \\ -\sqrt{3}/2 & -1/2 \end{pmatrix}$

(a) Ache uma matriz ortogonal S e uma matriz diagonal D com $A = SDS^{-1}$.

(b) Esboce o gráfico de $x^2/2 + \sqrt{3}xy - y^2/2 = 1$.

(c) Decida se $f(x, y) = x^2/2 + \sqrt{3}xy - y^2/2$ tem máximo local, mínimo local ou ponto de sela na origem.

5.6.61 Esboce o gráfico da elipse $5x^2 + 6xy + 5y^2 = 8$. Indique os eixos principais da elipse no seu esboço.

5.6.62 Esboce o gráfico de $x^2 + 4xy + 3y^2 = 1$. Indique os eixos principais em seu esboço.

5.6.63 Esboce o gráfico de $18x^2 + 8xy + 12y^2 = 10$.

5.6.64 Esboce o gráfico de $x^2 + 2xy + y^2 + \sqrt{2}x + 3\sqrt{2}y = 0$.

5.6.65 Esboce o gráfico de $2x^2 - 2xy + 2y^2 - 2\sqrt{2}x + 4\sqrt{2}y = 0$.

5.6.66 Decida, achando os autovalores, qual das quádricas em forma normal (elipsóide, hiperbolóide de uma folha, etc.) é dada pela equação. Em cada caso esboce o gráfico.

(a) $9x^2 + 6y^2 + 6z^2 + 6xy - 6xz = 12$

(b) $9x^2 - 6xy - 6xz + 12yz = 12$

(c) $-7x^2 - 4y^2 - 4z^2 + 10xy + 10xz + 4yz = 12$.

5.6.67 Decida, achando os autovalores, quais das quádricas em forma normal (elipsóide, hiperbolóide de uma folha, etc.) é dada pela equação. Em cada caso esboce o gráfico

(a) $17x^2 + 14y^2 + 17z^2 - 4xy - 2xz - 4yz = 36$.

(b) $-x^2 + 14y^2 - z^2 - 4xy + 34xz - 4yz = 36$

(c) $-x^2 + 14y^2 - z^2 - 4xy + 34xz - 4yz = 0$.

5.6.68 Decida se $(0, 0)$ é máximo local, mínimo local ou ponto de sela ou nada disso para as funções seguintes.

(a) $f(x, y) = 5x^2 - 6xy + 8y^2 + 6$

(b) $g(x, y) = x \operatorname{sen} y - \cos x + 4$

5.6.69 Decida se $(0, 0, 0)$ é máximo local, mínimo local, ponto de sela ou nada disso para as funções seguintes.

(a) $f(x, y) = 1 + \operatorname{sen} x \operatorname{sen} y$

(b) $g(x, y) = e^x \cos y - x + y^2$

5.6.70 Decida se $(0, 0, 0)$ é máximo local, mínimo local, ponto de sela ou nada disso para as funções seguintes.

(a) $f(x, y, z) = xy \cos z + z^2$.

(b) $g(x, y, z) = x^2 + y^2 + z^2 - xy$

5.6.71 Decida se $(0, 0, 0)$ é máximo local, mínimo local, ponto de sela ou nada disso para a função seguinte.

$$f(x, y, z, w) = x^2 + y^2 + z^2 + w^2 + xy + xz + xw + yz + yw + zw$$

Formas normais

6.1 FORMAS QUADRÁTICAS : FORMA NORMAL

Neste capítulo discutiremos mais aprofundadamente dois tópicos que estudamos. A primeira secção dará a forma normal de uma forma quadrática. Mostraremos que toda matriz simétrica é congruente a uma matriz diagonal com ± 1, 0 como elementos diagonais. Daremos também um critério para quando uma forma quadrática é positiva definida em termos das idéias no Capítulo 1. A segunda seção discutirá a forma de Jordan de uma matriz, que é a forma normal para uma matriz quadrada. A forma de Jordan generaliza a matriz diagonal com autovalores na diagonal para uma matriz diagonalizável. Aplicaremos isto à solução de equações diferenciais.

Na Secção 5.5 discutimos formas quadráticas e provamos o Teorema dos Eixos Principais, que nos permitiu diagonalizar uma forma quadrática através de uma matriz ortogonal. A Secção 5.5 enfatizou os aspectos das formas quadráticas mais relacionados com o Teorema dos Eixos Principais. Nesta secção queremos enfatizar outra propriedades das formas quadráticas que não dependem tanto das propriedades de ortogonalidade de uma matriz diagonalizante. Lembre que uma forma quadrática $\mathcal{Q} : V \to \mathbb{R}$ é determinada a partir de uma forma bilinear simétrica $\mathcal{B} : V \times V \to \mathbb{R}$ por $\mathcal{Q}(\mathbf{v}) = \mathcal{B}(\mathbf{v}, \mathbf{v})$ e que a fórmula de polarização nos permite recuperar a forma bilinear a partir de sua forma quadrática associada. Por isto falaremos principalmente da forma quadrática, deixando a forma bilinear simétrica como pano de fundo. Invertendo nosso uso trabalharemos principalmente com matrizes nesta secção e depois deduziremos fatos sobre espaços vetoriais gerais como conseqüências de nossos resultados sobre matrizes. A forma quadrática em que estamos interessados neste contexto é $\mathcal{Q}_A(\mathbf{x}) = \mathbf{x}^t A \mathbf{x}$ para uma matriz simétrica A.

Primeiro definimos uma matriz diagonal $D(p, n, d)$ tomando os p primeiros elementos da diagonal iguais a +1, os n seguintes iguais a −1 e os últimos d iguais a 0. Por exemplo

$$D(2,3,2) = \begin{pmatrix} 1 & 0 & 0 & 0 & 0 & 0 & 0 \\ 0 & 1 & 0 & 0 & 0 & 0 & 0 \\ 0 & 0 & -1 & 0 & 0 & 0 & 0 \\ 0 & 0 & 0 & -1 & 0 & 0 & 0 \\ 0 & 0 & 0 & 0 & -1 & 0 & 0 \\ 0 & 0 & 0 & 0 & 0 & 0 & 0 \\ 0 & 0 & 0 & 0 & 0 & 0 & 0 \end{pmatrix}$$

Formas quadráticas: Forma normal **297**

Começamos com uma conseqüência do Teorema dos Eixos Principais que dá uma forma normal para uma forma quadrática.

TEOREMA 6.6.1 Forma Normal para Formas Quadráticas

(a) Seja A matriz real simétrica m por m. Então existe uma matriz inversível S com $S^tAS = D(p, n, d)$.

(b) Seja $\mathcal{Q} : V \to \mathbb{R}$ uma forma quadrática. Então existe uma base $\mathcal{V}$ para V tal que a matriz que representa Q na base $\mathcal{V}$ é $D(p, n, d)$. Isto implica que se $\mathbf{v} = \mathbf{Vx}$ então

$$\mathcal{Q}\,(\mathbf{v}) = x_1^2 + \cdots + x_p^2 - x_{p+1}^2 - \cdots - x_{p+n}^2$$

Prova. Provamos apenas a parte (a). A parte (b) é deixada como exercício—segue da parte (a) e da Proposição 5.5.1. Sabemos do Teorema Espectral que existe uma matriz ortogonal S_1 tal que $S_1^t A S_1 = D$ onde D é uma matriz diagonal com os autovalores de A ao longo da diagonal. Permutando as colunas de S (lembremos que estas colunas formam uma base ortonormal de autovetores) podemos conseguir que os elementos de D na diagonal fiquem ordenados de modo que os positivos vêm antes, depois os negativos e finalmente os autovalores 0. Então temos $D = \text{diag}(r_1^2, \ldots, r_p^2, -s_1^2, \ldots, -s_n^2, 0, \ldots, 0)$ onde a notação indica que estamos tomando a matriz diagonal com os elementos dados. Pondo

$$S_2 = \text{diag}(1/r_1, \ldots, 1/r_p, 1/s_1, \ldots, 1/s_n, 1, \ldots, 1)$$

temos $S_2^t D S_2 = D(p, n, d)$. Se pusérmos $S = S_1 S_2$ teremos $S^tAS = D(p, n, d)$. ∎

■ ***Exemplo 6.1.1*** Considere a matriz

$$A = \begin{pmatrix} 1 & 5 & -4 \\ 5 & 1 & 4 \\ -4 & 4 & -8 \end{pmatrix}$$

Esta matriz tem autovalores 2, –4, 0 e uma matriz ortonormal de autovetores

$$S_1 = \begin{pmatrix} -1/\sqrt{2} & 1/\sqrt{6} & -1/\sqrt{3} \\ -1/\sqrt{2} & -1/\sqrt{6} & 1/\sqrt{3} \\ 0 & 2/\sqrt{6} & 1/\sqrt{3} \end{pmatrix}$$

A matriz $S_2 = \text{diag}(1/\sqrt{2}, 1/2, 1)$ e

$$S = S_1 S_2 = \begin{pmatrix} -1/2 & 1/\left(2\sqrt{6}\right) & -1/\sqrt{3} \\ -1/2 & -1/\left(2\sqrt{6}\right) & -1/\sqrt{3} \\ 0 & 1/\sqrt{6} & 1/\sqrt{3} \end{pmatrix}$$

Então $S^tAS = D(1, 1, 1)$. ■

Exercício 6.1.1

Para cada uma das matrizes simétricas A ache a matriz S tal que S^tAS esteja em forma normal.

$$\text{(a)}\begin{pmatrix} 1 & 2 \\ 2 & 3 \end{pmatrix}, \quad \text{(b)} \; (1/10)\begin{pmatrix} 6 & 42 & -10 \\ 42 & 69 & 5 \\ -1 & 5 & -35 \end{pmatrix}$$

298   Capítulo 6

Exercício 6.1.2

Prove a parte (b) do teorema sobre a forma normal para formas quadráticas.

Nosso procedimento para pôr uma forma quadrática em sua forma normal exige que primeiro resolvamos o problema de autovalor-autovetor. Há um procedimento muito mais simples que exporemos agora. Basicamente é a rotina de completar quadrados. Primeiro ilustramos o método com um exemplo.

■ **Exemplo 6.1.2.** Seja $A = \begin{pmatrix} 2 & 1 & 1 \\ 1 & -1 & 1 \\ 1 & 1 & 2 \end{pmatrix}$ e

$$\mathcal{Q}(\mathbf{x}) = \mathbf{x}^t A \mathbf{x} = 2x_1^2 + 2x_1 x_2 + 2x_1 x_3 - x_2^2 + 2x_2 x_3 + 2x_3^2$$

Trabalhando com $\mathcal{Q}$ primeiro completamos o quadrado para remover termos mistos envolvendo a primeira coordenada. Escrevemos todos os termos envolvendo x_1 como

$$2(x_1^2 + x_1 x_2 + x_1 x_3) = 2(x_1 + (1/2)(x_2 + x_3))^2 - (1/2)(x_2^2 + 2x_2 x_3 + x_3^2)$$

Agora pomos $y_1 = x_1 + (1/2)(x_2 + x_3)$. Então nossa expressão quadrática pode ser reescrita como $2y_1^2 - (3/2)x_2^2 + x_2 x_3 + (3/2)x_3^2$. Assim substituímos os termos envolvendo a antiga primeira coordenada por um simples termo quadrático envolvendo a nova primeira coordenada y_1. Em seguida olhamos a parte da expressão que envolve x_2. É $-(3/2)x_2^2 + x_2 x_3$. Completamos o quadrado neste termo para escrever

$$(-3/2)(x_2^2 - (2/3)x_2 x_3) = (-3/2)(x_2 - (1/3)x_3)^2 + (1/6)x_3^2$$

Em seguida introduzimos $y_2 = x_2 - (1/3)x_3$, $y_3 = x_3$. Então nossa expressão fica $2y_1^2 - (3/2)y_2^2 + (5/3)y_3^2$. Finalmente substituímos por $z_1 = \sqrt{2}y_1$, $z_2 = \sqrt{5/3}y_3$, $z_3 = \sqrt{3/2}y_2$ e podemos reescrever a expressão quadrática como $z_1^2 + z_2^2 = z_3^2$. Em termos de matrizes,

$$\mathbf{y} = \begin{pmatrix} 1 & 1/2 & 1/2 \\ 0 & 1 & -1/3 \\ 0 & 0 & 1 \end{pmatrix} \mathbf{x} \text{ de modo que } \mathbf{x} = \begin{pmatrix} 1 & -1/2 & -2/2 \\ 0 & 1 & 1/3 \\ 0 & 0 & 1 \end{pmatrix} \mathbf{y}. \text{ Como } \mathbf{y} = \begin{pmatrix} 1/\sqrt{2} & 0 & -1\sqrt{6} \\ 0 & 0 & \sqrt{2/3} \\ 0 & \sqrt{3/5} & 0 \end{pmatrix} \mathbf{z}$$

podemos escrever $\mathbf{x} = S\mathbf{z}$ onde $S = \begin{pmatrix} 1/\sqrt{2} & -2/\sqrt{15} & -1/\sqrt{6} \\ 0 & 1/\sqrt{15} & \sqrt{2/3} \\ 0 & \sqrt{3/5} & 0 \end{pmatrix}$. Então $S^t A S = D(2, 1, 0)$. ■

A técnica usada neste exemplo pode ser generalizada para tratar da forma quadrática geral $\sum_{i,j=1}^{n} a_{ij} x_i x_j$ em $\mathbb{R}^n$ como segue. O processo descrito a seguir reduz o problema a um problema em $\mathbb{R}^{n-1}$ e é resolvido aplicando recursivamente o algoritmo.

Algoritmo para pôr uma matriz simétrica em forma normal

(1) Se a matriz que temos é a matriz zero então a forma já está em forma normal. Se não é zero e todos os elementos diagonais são zero mas $a_{ij} \neq 0$ então faça uma mudança de variáveis $x_j = y_i + y_j$, $y_k = x_k$, $k \neq j$. Nas novas variáveis o elemento diagonal $b_{ii} = 2a_{ij} \neq 0$. Depois de fazer uma

Formas quadráticas: Forma normal **299**

mudança assim podemos supor que existe um elemento diagonal não nulo. Se necessário permute coordenadas de modo que o primeiro elemento diagonal não seja zero.

(2) Chamando novamente as variáveis de x_i complete o quadrado·para reescrever

$$a_{11}x_1^2 + \sum_{j=2}^{n} 2a_{ij}\,x_1\,x_j = a_{11}\left(x_1 + \left(\sum_{j=2}^{u}\left(a_{1j}/a_{11}\right)x_j\right)\right)^2 - a_{11}\left(\sum_{j=2}^{n}\left(a_{1j}/a_{11}\right)x_j\right)^2$$

Quando mudamos as variáveis a $y_1 = x_1 + (\sum_{j=2}^{n}(a_{1j}/a_{11})\,x_j)$, $y_k = x_k$, $k \neq 1$, a expressão fica

$$a_{11}\,y_1^2 + (\text{quadrática em } y_2, \ldots, y_n)$$

Assim os dois passos podem ser aplicados recursivamente à quadrática restante para colocá-la na forma correta, salvo que os coeficientes não são ainda $\pm 1, 0$.

(3) Como último passo podemos trocar um termo $\pm c_i^2\,y_i^2$ por $\pm z_i^2$ pela substituição $z_i = c_i\,y_i$ e depois permutá-los para obter a ordem desejada.

O algoritmo pode ser reenunciado em termos de como levar a matriz original A à forma normal. Temos uma expressão $\mathbf{x}^t A\mathbf{x}$ e mudamos variáveis $\mathbf{x} = P\mathbf{y}$ de modo que a expressão $\mathbf{x}^t A\mathbf{x} = \mathbf{y}^t P^t A P\mathbf{y} = \mathbf{y}^t D(p, n, d)\mathbf{y}$. Para isto acontecer devemos ter $P^t A P = D(p, n, d)$. A matriz P que aparece será uma composição de matrizes correspondendo às mudanças individuais P_i nas coordenadas. Na verdade cada mudança será da forma $\mathbf{y} = S_i\mathbf{x}$, de modo que cada passo P_i aparecerá como S_i^{-1}. As matrizes que aparecem no primeiro passo do problema são simples matrizes elementares ou matrizes de permutação. As matrizes no último passo do algoritmo são simplesmente uma matriz diagonal e uma matriz de permutação. A matriz mais interessante é uma do passo do meio do algoritmo que faz desaparecer os termos mistos para uma única variável. Então $\mathbf{y} = S\mathbf{x}$ onde

$$S = \begin{pmatrix} 1 & \mathbf{c} \\ \mathbf{0} & I_{n-1} \end{pmatrix}, \mathbf{c} = \begin{pmatrix} c_2 \, \mathsf{L} & c_n \end{pmatrix}$$

e $c_j = a_{1j}/a_{11}$. Então $P = S^{-1} = \begin{pmatrix} 1 & -\mathbf{c} \\ \mathbf{0} & I_{n-1} \end{pmatrix}$

Uma faceta interessante neste processo ocorre quando não precisamos nunca efetuar o primeiro passo. Então multiplicar A para obter $P^t A P$ pode ser pensado como duas operações. O primeiro passo de multiplicação $A \to P^t A$ é *exatamente o mesmo passo* que realizamos no passo da eliminação gaussiana que produz zeros abaixo do primeiro elemento não nulo na primeira coluna. Quando passamos de $P^t A \to P^t A P$ multiplicando à direita por P estamos fazendo exatamente as mesmas operações sobre colunas que multiplicar por P^t à esquerda realizava em termos de operações de linha. Assim este passo pode ser pensado como um passo de **eliminação gaussiana simétrico**.

■ *Exemplo 6.1.3* Olhamos a matriz

$$A = \begin{pmatrix} 3 & 1 & -1 \\ 1 & 2 & 2 \\ -1 & 2 & 1 \end{pmatrix}$$

que corresponde à forma quadrática

$$3x_1^2 + 2x_1 x_2 - 2x_1 x_3 + 2x_2^2 + 4x_2 x_3 + x_3^2$$

isto é, $\mathbf{x}^t A\mathbf{x}$. Primeiro formamos $P = \begin{pmatrix} 1 & -1/3 & 1/3 \\ 0 & 1 & 0 \\ 0 & 0 & 1 \end{pmatrix}$ e $B = P^t A P = \begin{pmatrix} 3 & 0 & 0 \\ 0 & 5/3 & 7/3 \\ 0 & 7/3 & 2/3 \end{pmatrix}$

300 Capítulo 6

Em seguida formamos $Q = \begin{pmatrix} 1 & 0 & 0 \\ 0 & 1 & -7/5 \\ 0 & 0 & 1 \end{pmatrix}$ e $C = Q^t BQ = \begin{pmatrix} 3 & 0 & 0 \\ 0 & 5/3 & 0 \\ 0 & 0 & -13/5 \end{pmatrix}$

Então formamos $T = \begin{pmatrix} 1/\sqrt{3} & 0 & 0 \\ 0 & \sqrt{3/5} & 0 \\ 0 & 0 & \sqrt{5/13} \end{pmatrix}$ e $D = T^t CT = \begin{pmatrix} 1 & 0 & 0 \\ 0 & 1 & 0 \\ 0 & 0 & -1 \end{pmatrix} = D\,(2, 1, 0)$

Se $S = PQT$ então $S^t AS = D(2, 1, 0)$ ∎

■ *Exemplo 6.1.4* Agora olhamos a matriz

$$A = \begin{pmatrix} 0 & 2 & 1 \\ 2 & 1 & 0 \\ 1 & 0 & 1 \end{pmatrix}$$

Por causa do zero na posição $(1, 1)$ primeiro usamos $P = \begin{pmatrix} 0 & 1 & 0 \\ 1 & 0 & 0 \\ 1 & 0 & 1 \end{pmatrix}$ para formar

$$B = P^t AP = \begin{pmatrix} 1 & 2 & 0 \\ 2 & 0 & 1 \\ 0 & 1 & 1 \end{pmatrix}$$

Então usamos $Q = \begin{pmatrix} 1 & -2 & 0 \\ 0 & 1 & 0 \\ 0 & 0 & 1 \end{pmatrix}$ para formar $C = Q^t BQ = \begin{pmatrix} 1 & 0 & 0 \\ 0 & -4 & 1 \\ 0 & 1 & 1 \end{pmatrix}$

Então usamos $R = \begin{pmatrix} 1 & 0 & 0 \\ 0 & 1 & 1/4 \\ 0 & 1 & 1 \end{pmatrix}$ para formar $D = R^t CR = \begin{pmatrix} 1 & 0 & 0 \\ 0 & -4 & 0 \\ 0 & 1 & 5/4 \end{pmatrix}$

Então usamos $T = \begin{pmatrix} 1 & 0 & 0 \\ 0 & 0 & 1/2 \\ 0 & \sqrt{4/5} & 0 \end{pmatrix}$ para formar $E = T^t DT = \begin{pmatrix} 1 & 0 & 0 \\ 0 & 1 & 0 \\ 0 & 0 & -1 \end{pmatrix} = D\,(2, 1, 0)$

Então se $S = PQRT$ temos

$$S^t AS = E = D(2, 1, 0)$$ ∎

■ *Exemplo 6.1.5* Seja

$$A = \begin{pmatrix} 0 & 1 & 1 \\ 1 & 0 & 2 \\ 1 & 2 & 0 \end{pmatrix}$$

Em seguida à substituição $x_2 = y_1 + y_2$ no passo 1 do algoritmo para ter um elemento $(1, 1)$

não nulo usamos $P = \begin{pmatrix} 1 & 0 & 0 \\ 1 & 1 & 0 \\ 0 & 0 & 1 \end{pmatrix}$ para formar $B = P^t AP = \begin{pmatrix} 2 & 1 & 3 \\ 1 & 0 & 2 \\ 3 & 2 & 0 \end{pmatrix}$

Formas quadráticas: Forma normal **301**

Usando $Q = \begin{pmatrix} 1 & -1/2 & -3/2 \\ 0 & 1 & 0 \\ 0 & 0 & 1 \end{pmatrix}$ formamos $C = Q^t BQ = \begin{pmatrix} 2 & 0 & 0 \\ 0 & -1/2 & 1/2 \\ 0 & 1/2 & -9/2 \end{pmatrix}$

Usando $R = \begin{pmatrix} 1 & 0 & 0 \\ 0 & 1 & 1 \\ 0 & 0 & 1 \end{pmatrix}$ formamos $D = R^t CR = \begin{pmatrix} 2 & 0 & 0 \\ 0 & -1/2 & 0 \\ 0 & 0 & -4 \end{pmatrix}$

Usando $T = \begin{pmatrix} 1/\sqrt{2} & 0 & 0 \\ 0 & \sqrt{2} & 0 \\ 0 & 0 & 1/2 \end{pmatrix}$ formamos $E = T^t DT = \begin{pmatrix} 1 & 0 & 0 \\ 0 & -1 & 0 \\ 0 & 0 & -1 \end{pmatrix} = D(1,2,0)$

Pondo $S = PQRT$ temos

$$S^t AS = D(1, 2, 0)$$ ■

Exercício 6.1.3

Para cada uma das matrizes A seguintes dê S e $D(p, n, d)$ tais que $S^t AS = D(p, n, d)$.

(a) $\begin{pmatrix} 21 & 12 & 3 \\ 12 & 17 & 4 \\ 3 & 4 & 2 \end{pmatrix}$

(b) $\begin{pmatrix} 0 & -1 & 0 \\ -1 & -1 & -1 \\ 0 & -1 & 0 \end{pmatrix}$

(c) $\begin{pmatrix} 0 & -1 & 0 & -1 \\ -1 & 2 & -2 & 0 \\ 0 & -2 & 1 & -1 \\ -1 & 0 & -1 & -2 \end{pmatrix}$

Se a matriz A é definida positiva (resp.negativa) ($x^t Ax > 0$ para $x \neq 0$) (resp.< 0) então nenhum elemento diagonal será zero. Isto persistirá enquanto continuamos a modificar a matriz. Isto segue do fato de uma matriz congruente a uma definida positiva ser também definida positiva e é deixado como exercício. Assim basicamente estamos fazendo a redução em termos dos "movimentos da eliminação gaussiana simétrica". De outro lado se os elementos diagonais permanecem positivos ao efetuarmos esses passos então podemos tornar a matriz congruente à de uma soma de quadrados e é positiva definida. Isto dá um critério para a matriz ser positiva definida. Há, é claro, um afirmação análoga para matrizes definidas negativas.

Quando efetuamos um passo na "eliminação gaussiana simétrica" para arrumar a primeira linha

e a primeira coluna, o resultado de multiplicar A por P^t para ter $P^t A = \begin{pmatrix} a_{11} & \mathbf{a}' \\ \mathbf{0} & B \end{pmatrix}$ é que a primeira

coluna foi posta só com zeros abaixo do primeiro elemento. Quando multiplicamos à direita por P isto serve para fazer o mesmo com a primeira linha, que ficará só com o primeiro elemento diferente

de zero, e não muda B, assim $P^t AP = \begin{pmatrix} a_{11} & \mathbf{0} \\ \mathbf{0} & B \end{pmatrix}$ para a mesma matriz B. Isto significa que podemos

302 Capítulo 6

efetivamente ignorar a multiplicação pelos termos P à direita e fazer a eliminação gaussiana em A para torná-la triangular superior, e depois jogar fora os termos acima da diagonal para ver a forma final normal. É claro que isto funciona somente se sempre obtivermos termos não nulos nos críticos elementos diagonais em cada passo. Isto será certo se a matriz é definida.

Isto sugere um modo de detectar se uma matriz é definida. Quando efetuamos um passo da eliminação gaussiana somando múltiplos de uma linha às linhas abaixo dela, isto não muda o determinante da matriz toda. Mas também não muda qualquer dos subdeterminantes das matrizes k por k no canto esquerdo superior, pois são obtidas de suas predecessoras pelo mesmo processo. Se a matriz é positiva definida então cada um desses determinantes terá que ser positivo. Reciprocamente, se todos são positivos isto significa que os críticos elementos diagonais terão que ser positivos em cada passo e a matriz é positiva definida. Isto fornece um critério computável para a matriz ser positiva definida. Há um critério semelhante para matrizes definidas negativas, exigindo que esses subdeterminantes comecem negativos e alternem em sinal. Reunimos essas observações na proposição seguinte.

> **PROPOSIÇÃO 6.1.2** *Critérios para A ser Definida Positiva.*
> (1) Uma matriz simétrica A é definida positiva see cada pivô é positivo quando se efetua a eliminação gaussiana para reduzir A a U sem troca de linhas.
> (2) Uma matriz simétrica A é definida positiva see cada um dos subdeterminantes das submatrizes nos cantos superiores esquerdos são positivos.

Exercício 6.1.4_____
Verifique se as matrizes seguintes são positivas definidas, negativas definidas ou nenhuma dessas coisas calculando subdeterminantes. Para cada matriz, coloque-a em forma normal seguindo o algoritmo precedente.

$$\text{(a)} \begin{pmatrix} 2 & 1 \\ 1 & 2 \end{pmatrix}, \text{(b)} \begin{pmatrix} -4 & -8 & 3 \\ -8 & -11 & 0 \\ 3 & 0 & 5 \end{pmatrix}, \text{(c)} \begin{pmatrix} -14 & -16 & -3 \\ -16 & -21 & 0 \\ -3 & 0 & -5 \end{pmatrix}, \text{(d)} \begin{pmatrix} 2 & 1 & 1 & 0 \\ 1 & 2 & -1 & -1 \\ 1 & -1 & 2 & 1 \\ 0 & -1 & 1 & 2 \end{pmatrix}$$

Exercício 6.1.5_____
Verifique que se A é positiva definida e B é congruente a A então B é também positiva definida. Use isto para mostrar que se A é positiva definida então nosso algoritmo só precisa usar repetidamente o passo 2 para reduzí-la a matriz diagonal e só elementos positivos vão aparecer na diagonal, como se afirmou.

Exercício 6.1.6_____
Verifique que uma matriz positiva definida só terá elementos positivos na diagonal. Dê exemplo de matriz 2 por 2 definida positiva que tem elementos negativos fora da diagonal.

_____

A lei de inércia de Sylvester generaliza o fato de se uma matriz é positiva então toda matriz congruente a ela também é.

> **TEOREMA 6.1.3** *Lei de Inércia de Sylvester.* Para uma matriz A m por m simétrica os números p, n, d para os quais A é congruente a $D(p, n,d)$ são invariantes da classe de congruência de A.

Prova. Suponha que A é congruente a $D(p, n, d)$. Precisamos de uma caracterização invariante

Formas quadráticas: Forma normal **303**

desses números. Damos o argumento para p; o argumento para n é análogo e então o resultado segue para d pois $d = m - p - n$. Formamos a forma quadrática $\mathfrak{Q}_A(\mathbf{x}) = \mathbf{x}^t A \mathbf{x}$. Escolha S tal que $S^t A S = D(p, n, d) = D$. Temos $\mathfrak{Q}_A (Se_i) = \mathfrak{Q}_D(\mathbf{e}_i) = 1$, $1 \leq i \leq p$, e $\mathfrak{Q}_A (Se_i) \leq 0$, $p + 1 \leq i \leq m$. A forma bilinear correspondente para $\mathfrak{Q}_A$ satisfará também $\mathfrak{B}_A (Se_i, Se_j) = 0$, $i \neq j$. Agora denotemos por P a dimensão do subespaço de maior dimensão T em que $\mathfrak{Q}_A$ é positiva definida. Como $\mathfrak{Q}_A$ é definida positiva no subespaço gerado por $Se_1, \ldots, Se_p$, $P \geq p$. Note que no subespaço U com base $Se_{p+1}, \ldots, Se_m$ temos $\mathfrak{Q}_A(\mathbf{x}) \leq 0$ para $\mathbf{x} \in U$. Se $P > p$ haveria uma intersecção não reduzida a $\mathbf{0}$ entre T e U pois a soma das dimensões seria maior que m. Mas isto é impossível pois $\mathfrak{Q}_A(\mathbf{x}) > 0$ para $\mathbf{x} \in T$ e $\mathfrak{Q}_A(\mathbf{x}) < 0$ para $\mathbf{x} \in U$. Assim $P = p$.

O número p é caracterizado como a dimensão do subespaço de maior dimensão em que $\mathfrak{Q}_A$ é positiva definida. Esta dimensão é um invariante da classe de congruência da matriz A. Se A é congruente a B, digamos, $B = V^t A V$ e R é o subespaço de maior dimensão em que $\mathfrak{Q}_B$ é positiva definida, então o subespaço $V(R)$ que resulta de multiplicar cada elemento de R pela matriz V será um subespaço de mesma dimensão (pois V é inversível) sobre o qual $\mathfrak{Q}_A$ é positiva definida. Assim a dimensão do subespaço de maior dimensão em que $\mathfrak{Q}_A$ é definida positiva é maior ou igual à de $\mathfrak{Q}_B$. Invertendo os papéis de A e B (usando que congruência é relação de equivalência) mostramos que as duas dimensões devem ser iguais. Assim concluímos que p é invariante da classe de equivalência . ∎

O teorema de Sylvester pode ser inteiramente reenunciado em termos de formas quadráticas. Suponha que $(V_i, \mathfrak{Q}_i)$ denota um par consistindo de um espaço vetorial real V_i e uma forma quadrática $\mathfrak{Q}_i$ definida em V_i, $i = 1, 2$. Dizemos que $(V_2, \mathfrak{Q}_2)$ é **isomorfo** a $(V_1, \mathfrak{Q}_1)$ se existe um isomorfismo $L : V_2 \to V_1$ tal que $\mathfrak{Q}_1(L\mathbf{v}) = \mathfrak{Q}_2(\mathbf{v})$ para todo $\mathbf{v} \in V_2$. Se $(V_2, \mathfrak{Q}_2)$ é isomorfo a $(V_1, \mathfrak{Q}_1)$ então L^{-1} pode ser usada para mostrar que $(V_1, \mathfrak{Q}_1)$ é isomorfo a $(V_2, \mathfrak{Q}_2)$. Na verdade, o isomorfismo de formas quadráticas fornece uma relação de equivalência sobre formas quadráticas. Nosso argumento na prova do teorema de Sylvester usando a matriz inversível V pode ser visto como usando o fato de V fornecer um isomorfismo entre as formas quadráticas $(\mathbb{R}^m, \mathfrak{Q}_B)$ e $(\mathbb{R}^m, \mathfrak{Q}_A)$. Existe o seguinte análogo do teorema de Sylvester para formas quadráticas.

> **TEOREMA 6.1.4 Teorema de Sylvester para Formas Quadráticas.** Seja $(V, \mathfrak{Q})$ um par consistindo de um espaço vetorial V de dimensão m de uma forma quadrática $\mathfrak{Q}$ definida sobre V. As dimensões p, n, dos subespaços de maior dimensão sobre os quais $\mathfrak{Q}$ é, respectivamente, definida positiva e definida negativa são invariantes da classe de isomorfismo da forma quadrática. Existe uma base para V tal que a matriz da forma quadrática com relação a essa base seja $D(p, n, d)$, $d = m - p - n$.

Exercício 6.1.7_____
Mostre que a relação de isomorfismo de formas quadráticas é uma relação de equivalência.

Exercício 6.1.8_____
Prove o teorema de Sylvester para formas quadráticas.

6.2 FORMA CANÔNICA DE JORDAN

Voltamos agora à discussão do caso geral em que uma transformação linear pode não ser diagonalizável. Seja V um espaço vetorial complexo de dimensão n. Podemos ainda achar uma "boa" base para V de modo que a matriz de L com relação a essa base seja particularmente simples, embora, como vimos, nem sempre possa ser escolhida de modo que a matriz seja diagonal.

Primeiro consideramos um tipo particular de transformação linear.

304 Capítulo 6

DEFINIÇÃO 6.2.1 Dizemos que a transformação linear N é **nilpotente** se $N^k = 0$ para algum k, inteiro positivo.

Suponha que N é nilpotente. Então o único valor próprio de N é 0, pois se c é autovalor de N e $N\mathbf{v}$ = $c\mathbf{v}$ então $N^k\mathbf{v} = c^k\mathbf{v}$. Assim c^k é autovalor de N^k e assim $c^k = 0$ e $c = 0$. Suponha que N é nilpotente e $N^k = 0$ mas $N^{k-1} \neq 0$. Então seja $\mathbf{v}_k$ um vetor em V tal que $N^{k-1}\mathbf{v}_k$ não é zero. Considere os vetores $\mathbf{v}_k$, $\mathbf{v}_{k-1} = N\mathbf{v}_k$, $\mathbf{v}_{k-2} = N\mathbf{v}_{k-1}$, ..., $\mathbf{v}_1 = N\mathbf{v}_2 = N^{k-1}\mathbf{v}_k$. Note antes de tudo que $\mathbf{v}_1$, ..., $\mathbf{v}_k$ formam um conjunto independente em V. Para ver isto suponha $c_1\mathbf{v}_1 + \cdots + c_k\mathbf{v}_k = 0$. Aplicando N a isto dá a equação $c_2\mathbf{v}_1 + \cdots + c_k\mathbf{v}_{k-1} = \mathbf{0}$. O resultado pode então ser provado por indução sobre o número k; os detalhes são deixados como exercício.

No caso em que a dimensão de V é k isto daria uma base para V e a matriz de N com relação a esta base seria

$$J_{0,k} = \begin{pmatrix} 0 & 1 & 0 & \cdots & 0 \\ 0 & 0 & 1 & \cdots & 0 \\ \vdots & \vdots & \vdots & \vdots & \vdots \\ 0 & 0 & \cdots & 0 & 1 \\ 0 & 0 & \cdots & 0 & 0 \end{pmatrix}$$

Esta matriz k por k tem zeros em toda parte excetuados os elementos superdiagonais $a_{(i,\, i+1)} = 1$.

DEFINIÇÃO 6.2.2 A matriz $J_{0,k}$ é chamada um **pequeno bloco de Jordan de dimensão k** associado ao autovalor 0. O conjunto de vetores $\mathbf{v}_1$, ..., $\mathbf{v}_k$ é chamado uma **cadeia de Jordan de comprimento k**, o vetor $\mathbf{v}_k$ chama-se um **gerador da cadeia** e o vetor $\mathbf{v}_1$ chama-se o **fim da cadeia**.

Note que $\mathbf{v}_1$ será um autovetor de N associado ao autovalor 0. No caso geral em que $k \leq \dim V$, pelo menos temos que N envia o subespaço gerado por estes k vetores em si mesmo e a matriz da restrição de N a este subespaço é $J_{0,k}$.

DEFINIÇÃO 6.2.3 Por **grande bloco de Jordan associado com 0** entendemos uma matriz J tal que J pode ser subdividida em um certo número p de pequenos blocos de Jordan dispostos ao longo da diagonal; isto é,

$$J = \begin{pmatrix} J_{0,k_1} & 0 & 0 & 0 \\ 0 & J_{0,k_2} & 0 & 0 \\ 0 & 0 & \cdots & 0 \\ 0 & 0 & \cdots & J_{0,k_p} \end{pmatrix}$$

onde J_{0,k_i} é um pequeno bloco de Jordan de dimensão k_i associado ao autovalor 0.

A forma canônica de Jordan para uma transformação linear nilpotente é uma matriz da forma J, e o resultado principal para matrizes nilpotentes é que existe uma base de V tal que a matriz de N com relação a esta base seja da forma de um grande bloco de Jordan associado a 0. Neste caso a soma das dimensões dos pequenos blocos de Jordan envolvidos será $n = \dim V$. Note que o espaço V se decompõe como soma direta de p subespaços, cada um dos quais tem uma base tal que a matriz da restrição de N com relação a esta base e dada por um pequeno bloco de Jordan. O problema de achar esta base se torna um problema de achar os geradores das cadeias de Jordan. Suponha em seguida que L tem a forma $cI + N$, onde N é nilpotente. Se acharmos uma base como foi feito antes tal que a matriz de N com relação a essa base é um grande bloco de Jordan J associado a 0, então a matriz de L com relação a esta base será dada por $cI + J$. Esta se acha a partir de J somando c a cada elemento diagonal. Note

Forma canônica de Jordan **305**

que esta matriz é também composta de pequenos blocos de Jordan, onde somamos c ao longo da diagonal de cada pequeno bloco de Jordan. Um típico pequeno bloco de Jordan tem o aspecto

$$J_{c,k} = \begin{pmatrix} c & 1 & 0 & \cdots & 0 \\ 0 & c & 1 & \cdots & 0 \\ \vdots & \vdots & \vdots & \vdots & \vdots \\ 0 & 0 & \cdots & c & 1 \\ 0 & 0 & \cdots & 0 & c \end{pmatrix}$$

DEFINIÇÃO 6.2.4 Um pequeno bloco de Jordan para o autovalor c é uma matriz da forma $J_{c,k}$. Um grande bloco de Jordan para o autovalor c é uma matriz J_c tal que J_c pode ser subdividida em p pequenos blocos de Jordan dispostos ao longo da diagonal, isto é,

$$J = \begin{pmatrix} J_{c,k_1} & 0 & 0 & \cdots & 0 \\ 0 & J_{c,k_2} & 0 & \cdots & 0 \\ 0 & 0 & \cdots & \cdots & 0 \\ 0 & 0 & \cdots & 0 & J_{c,k_p} \end{pmatrix}$$

onde J_{c,k_i} é um pequeno bloco de Jordan de dimensão k_i associado ao autovalor c.

Para uma matriz geral a idéia é achar todos os autovalores distintos e mostrar que associada a cada autovalor existe uma coleção de vetores linearmente independentes tal que L manda o subespaço gerado por esses vetores em si mesmo e a matriz de L com relação a esta coleção seja um grande bloco de Jordan associado ao autovalor. Pode-se mostrar que reunindo todos esses vetores para os autovalores distintos têm-se uma base para V e a matriz de L com relação a esta base terá grandes blocos de Jordan associados aos autovalores distintos dispostos ao longo da diagonal:

$$J = \begin{pmatrix} J_1 & 0 & 0 & \cdots & 0 \\ 0 & J_2 & 0 & \cdots & 0 \\ 0 & 0 & \cdots & \cdots & 0 \\ 0 & 0 & \cdots & \cdots & J_k \end{pmatrix}$$

Aqui J_i denota um grande bloco de Jordan associado ao i-ésimo autovalor.

DEFINIÇÃO 6.2.5 Diz-se que uma matriz está na **forma canônica de Jordan** se está na forma da J precedente.

Note que uma base para os autovetores associados ao autovalor c_i é dada pelos vetores no final das várias cadeias de Jordan. A transformação L será diagonalizável somente quando todas as cadeias de Jordan são de comprimento 1 e então a forma canônica de Jordan coincidirá com a matriz diagonal. Aqui apresentamos um exemplo de matriz 10 por 10 em forma canônica de Jordan.

$$\begin{pmatrix} 1 & 1 & 0 & 0 & 0 & 0 & 0 & 0 & 0 & 0 \\ 0 & 1 & 1 & 0 & 0 & 0 & 0 & 0 & 0 & 0 \\ 0 & 0 & 1 & 0 & 0 & 0 & 0 & 0 & 0 & 0 \\ 0 & 0 & 0 & 1 & 1 & 0 & 0 & 0 & 0 & 0 \\ 0 & 0 & 0 & 0 & 1 & 0 & 0 & 0 & 0 & 0 \\ 0 & 0 & 0 & 0 & 0 & 2 & 0 & 0 & 0 & 0 \\ 0 & 0 & 0 & 0 & 0 & 0 & 2 & 0 & 0 & 0 \\ 0 & 0 & 0 & 0 & 0 & 0 & 0 & 4 & 1 & 0 \\ 0 & 0 & 0 & 0 & 0 & 0 & 0 & 0 & 4 & 0 \\ 0 & 0 & 0 & 0 & 0 & 0 & 0 & 0 & 0 & 4 \end{pmatrix}$$

306   Capítulo 6

Aqui o vetor $\mathbf{v}_3$ é gerador de uma cadeia de Jordan de comprimento 3 com autovalor 1 (dando-nos um pequeno bloco de Jordan). O vetor $\mathbf{v}_5$ é gerador de uma cadeia de Jordan de comprimento 2 associada ao autovalor 1. O primeiro pedaço 5 por 5 constitui um grande bloco de Jordan associado ao autovalor 1. Note que o autoespaço associado ao autovalor 1 tem dimensão 2 e base $\mathbf{v}_1$, $\mathbf{v}_4$. Para o autovalor 2 há duas cadeias de Jordan de comprimento 1, e os vetores $\mathbf{v}_6$, $\mathbf{v}_7$ são autovetores para o autovalor 2. Constituem uma base para o autoespaço para o autovalor 2. O vetor $\mathbf{v}_9$ é gerador para uma cadeia de Jordan de comprimento 2 associada ao autovalor 4. O vetor $\mathbf{v}_{10}$ dá uma cadeia de Jordan de comprimento 1 e os vetores $\mathbf{v}_8$, $\mathbf{v}_{10}$ que são vetores finais para as duas cadeias de Jordan associadas ao autovalor 4 formam uma base para o autoespaço de L associado a esse autovalor.

Podemos já enunciar o teorema principal relativo à forma canônica de Jordan.

> **TEOREMA 6.2.1 Versão para Transformação Linear.** Seja V um espaço vetorial complexo de dimensão n e $L : V \rightarrow V$ uma transformação linear. Existe uma base para V tal que a matriz de L com relação a essa base esteja na forma canônica de Jordan.
> *Versão matricial.* Toda matriz quadrada é semelhante (sobre os números complexos) a uma matriz em forma canônica de Jordan.

Prova. Provaremos a versão para transformação linear. A versão matricial segue usando a transformação linear dada pela multiplicação pela matriz A. Diremos que uma base como a mencionada no teorema é uma base de Jordan, de V para L.

Primeiro supomos que 0 é um dos autovalores. Trabalharemos por indução sobre a dimensão de V. Quando a dimensão de V é 1, o resultado é satisfeito escolhendo qualquer vetor não nulo como base. Assim suponhamos que o resultado é verdadeiro quando a dimensão é menor que $n = \dim V$. Olhemos a imagem de L. Primeiro note-se que L manda a imagem de L em si mesma e que a dimensão da imagem de L é menor que n pela hipótese de 0 ser autovalor. Assim a hipótese de indução aplicada à restrição de L à imagem de L afirma que existe uma base de Jordan $\{\mathbf{v}_i, i = 1, ..., p\}$ de $\mathcal{I}(L)$ para $L|\mathcal{I}(L)$; $\mathcal{I}(L) \rightarrow \mathcal{I}(L)$ para a qual a matriz de L está na forma canônica de Jordan.

Existirão q vetores na base de Jordan $\{\mathbf{v}_i\}$ que são vetores finais de q cadeias de Jordan associadas ao autovalor 0. Estes q vetores serão vetores independentes para o autovalor 0. Chamemos estes q vetores $\mathbf{z}_1, ..., \mathbf{z}_q$ e chamemos $\mathbf{w}_1, ..., \mathbf{w}_q$ os geradores destas cadeias. Chamemos $k(i)$ o comprimento da i-ésima cadeia. Note que todos estes vetores são parte de nossa base $\mathbf{v}_1, ..., \mathbf{v}_q$ para a imagem de L. Como os $\mathbf{w}_j$ estão na imagem de L existem vetores $\mathbf{u}_j$ tais que $L\mathbf{u}_j = \mathbf{w}_j$. Os $\mathbf{u}_j$ serão geradores de cadeias de Jordan de comprimento $k(j) + 1$ com vetores finais $\mathbf{z}_j$. A dimensão do espaço de anulamento de L é $n - p$ e já temos q vetores independentes $\mathbf{z}_1, ..., \mathbf{z}_q$ nesse núcleo. Assim podemos achar $n - p - q$ vetores $\mathbf{x}_1, ..., \mathbf{x}_{n-p-q}$ tais que os $\mathbf{x}_k$ juntamente com os $\mathbf{z}_i$ dêem uma base para o espaço de anulamento de L.

Afirmamos que quando acrescentamos os vetores $\mathbf{x}_k$ e $\mathbf{u}_j$ à base de Jordan $\{\mathbf{v}_j\}$ isto dá uma base de Jordan para V de modo que a matriz de L com relação a esta base esteja na forma canônica de Jordan. Primeiro note que tem o número correto de vetores para uma base de V pois contem $p + q + (n - p - q) = n$ vetores. Assim basta mostrar que geram V; isto é, que todo vetor de V é combinação linear da base de Jordan original $\{\mathbf{v}_i\}$ para $\mathcal{I}(L)$ e dos vetores $\{\mathbf{x}_k\}$ e $\{\mathbf{u}_j\}$. Seja $\mathbf{v}$ um vetor de V. Então $L\mathbf{v} \in \mathcal{I}(L)$ e assim pode ser escrito como combinação linear dos $\mathbf{v}_i$, base de Jordan original para a imagem de L. Porém, cada vetor $\mathbf{v}_i$ que está nessa base para o espaço do autovalor 0 e que não seja gerador de uma cadeia é também L de algum elemento da base. O gerador $\mathbf{w}_r$ está na imagem de $\mathbf{u}_r$ por construção. Para os vetores em cadeias associadas a outros autovalores note que os vetores dando a base para um pequeno bloco de Jordan geram um subespaço que é invariante por L e que a restrição de L a este subespaço é inversível (pois o pequeno bloco de Jordan é inversível). Assim os vetores nessas cadeias estão na imagem de alguma combinação linear dos vetores da base para esse subespaço.

Forma canônica de Jordan **307**

Reunindo tudo isto vem que $L\mathbf{v}$ é também L de uma combinação linear de elementos $\mathbf{v}_i$ de nossa base de Jordan e dos $\mathbf{u}_j$: $L(\mathbf{v}) = L(\sum b_i \mathbf{v}_i + \sum c_j \mathbf{u}_j)$. Então $L(\mathbf{v} - \sum b_i \mathbf{v}_i - \sum c_j \mathbf{u}_j) = 0$. Logo $\mathbf{v} - \sum b_i \mathbf{v}_i - \sum c_j \mathbf{u}_j$ pode ser escrito como combinação linear dos $\mathbf{z}_k$ (que são alguns de nossos $\mathbf{v}_i$) e dos $\mathbf{x}_k$. Isto significa que o vetor $\mathbf{v}$ é combinação linear dos elementos da base original $\mathbf{v}_i$, dos $\mathbf{u}_j$ e dos $\mathbf{x}_k$. Assim esses vetores dão uma base para V.

Por construção a matriz de L com relação a esta base estará na forma canônica de Jordan. Terá todos os blocos de Jordan iniciais para os autovalores diferentes de 0. Para o autovalor 0 existirão $n - p - q$ cadeias de comprimento 1 correspondendo aos $\mathbf{x}_i$ e as q cadeias originais de comprimento $k(i)$ serão agora cadeias de comprimento $k(i) + 1$ com geradores os $\mathbf{u}_i$. Isto completa a prova quando L tem 0 como autovalor.

Para L geral seja c um dos autovalores. Então $L - cI$ terá 0 como autovalor e assim haverá uma base tal que a matriz de $L - cI$ esteja na forma de Jordan. Então a matriz de L também estará na forma de Jordan com relação a essa base (estaremos apenas somando c na diagonal). ∎

A idéia atrás dessa prova deve-se a A .F. Filippov e foi publicada originalmente em *Moscow University Vestnik* 26 (1971), 18–19–nós vimos pela primeira vez um esboço do argumento em [7]. Infelizmente a natureza indutiva da prova não fornece um meio fácil de achar uma base tal que L fique em forma de Jordan. Porém, um olhar à forma de Jordan sugere que a chave é achar os geradores das cadeias de Jordan. Também a forma de Jordan mostra que podemos tratar separadamente os diferentes autovalores. A chave para achar os geradores para as cadeias para o autovalor c é olhar os sucessivos núcleos de $(L - cI)^k$ para potências cada vez maiores. Alternativamente podemos achar os vetores finais e trabalhar para trás a partir destes para achar os geradores. Ilustraremos os dois métodos em nossos exemplos.

■ *Exemplo 6.2.1* Seja $A = \begin{pmatrix} 0 & 1 \\ -1 & 2 \end{pmatrix}$. Então o único autovalor é 1 com multiplicidade 2. Então

$A - I = \begin{pmatrix} -1 & 1 \\ -1 & 1 \end{pmatrix}$ e vemos que os autovetores para o autovalor 1 são múltiplos de (1, 1). Então

calculamos $(A - I)^2 = \begin{pmatrix} 0 & 0 \\ 0 & 0 \end{pmatrix}$. Assim todo vetor de $\mathbb{R}^2$ está no espaço de anulamento de $(A - I)^2$

portanto podemos tomar como vetor gerador para a cadeia de Jordan de comprimento 2 qualquer vetor que *não* seja um múltiplo de (1, 1). Se escolhermos $\mathbf{v}_2 = \mathbf{e}_1$ então $\mathbf{v}_1 = (A - I)\mathbf{v}_2 = (-1, -1)$.

Assim $S = \begin{pmatrix} -1 & 1 \\ -1 & 0 \end{pmatrix}$ e $J = \begin{pmatrix} 1 & 1 \\ 0 & 1 \end{pmatrix}$.

Um modo alternativo é considerar o vetor (1, 1) como sendo o vetor final $\mathbf{v}_1$ de uma cadeia de Jordan de comprimento 2 e então resolver $(A - I)\mathbf{v}_2 = \mathbf{v}_1$ para $\mathbf{v}_2 = (-1, 0)$ por eliminação gaussiana.

Isto levaria à mesma J mas $S = \begin{pmatrix} 1 & -1 \\ 1 & 0 \end{pmatrix}$. ∎

Note que quando $n = 2$ e a matriz não é diagonalizável, a forma de Jordan tem que ser $J = \begin{pmatrix} c & 1 \\ 0 & c \end{pmatrix}$,

onde c é o autovalor repetido de multiplicidade algébrica 2.

■ *Exemplo 6.2.2* Seja $A = \begin{pmatrix} 3 & -2 & 5 \\ -1 & 2 & 1 \\ -1 & 1 & 0 \end{pmatrix}$. Então calculamos o polinômio característico como

308 Capítulo 6

$-(x - 1)(x - 2)^2$ de modo que os autovalores são 1 e 2, e 2 tem multiplicidade algébrica 2. Calculamos

$A - I = \begin{pmatrix} 2 & -2 & 5 \\ -1 & 1 & 1 \\ -1 & 1 & -1 \end{pmatrix}$ e resolvemos para o vetor próprio $\mathbf{v}_1 = (1, 1, 0)$. Então calculamos $A - 2I =$

$\begin{pmatrix} 1 & -2 & 5 \\ -1 & 0 & 1 \\ -1 & 1 & -2 \end{pmatrix}$ e resolvemos para achar que o autoespaço associado ao autovalor 2 tem dimensão 1,

gerado pelo autovetor $(1, 3, 1)$. Então calculamos $(A - 2I)^2 = \begin{pmatrix} -2 & 3 & -7 \\ -2 & 3 & -7 \\ 0 & 0 & 0 \end{pmatrix}$ e achamos um base para

o espaço de anulamento dada por $(3, 2, 0)$ e $(7, 0, 2)$. Como nenhum desses é múltiplo de $(1, 3, 1)$ podemos usar qualquer deles como gerador da cadeia de Jordan de comprimento 2. Escolhemos $\mathbf{v}_3 = (3, 2, 0)$ e calculamos $\mathbf{v}_2 = (A - 2I)\mathbf{v}_3 = (-1, -3, -1)$. Então

$$S = \begin{pmatrix} 1 & -1 & 3 \\ 1 & -3 & 2 \\ 0 & -1 & 0 \end{pmatrix} \text{ e } J = \begin{pmatrix} 1 & 0 & 0 \\ 0 & 2 & 1 \\ 0 & 0 & 2 \end{pmatrix}$$

Usando o outro método do último exemplo poderíamos ter posto $\mathbf{v}_2 = (1, 3, 1)$ e depois resolvido

$(A - 2I)\mathbf{v}_3 = \mathbf{v}_2$ para $\mathbf{v}_3 = (-3, -2, 0)$. Obtemos a mesma J mas agora $S = \begin{pmatrix} 1 & 1 & -3 \\ 1 & 3 & -2 \\ 0 & 1 & 0 \end{pmatrix}$. ∎

Este exemplo dá uma das três possibilidades para a forma de Jordan de uma matriz 3 por 3 não diagonalizável, a menos da ordem e escolha de autovalores. As outras são quando houvesse um autovalor de multiplicidade algébrica 3 e multiplicidade geométrica 1 ou 2, dando as formas de Jordan

$$J = \begin{pmatrix} c & 1 & 0 \\ 0 & c & 0 \\ 0 & 0 & c \end{pmatrix} \text{ ou } J = \begin{pmatrix} c & 1 & 0 \\ 0 & c & 1 \\ 0 & 0 & c \end{pmatrix}$$

∎ *Exemplo 6.2.3* Seja $A = 1/2 \begin{pmatrix} 3 & -1 & 1 & 1 \\ 0 & 2 & 2 & 0 \\ 0 & 0 & 2 & 2 \\ -1 & 1 & 1 & 3 \end{pmatrix}$. Então calculamos o polinômio característico

e fatoramos com $(x - 1)^3 (x - 2)$. Calculamos $(A - 2I) = 1/2 \begin{pmatrix} -1 & -1 & 1 & 1 \\ 0 & 1 & 2 & 0 \\ 0 & 0 & 1 & 2 \\ -1 & 1 & 1 & -1 \end{pmatrix}$ e resolvemos para o

autovetor $\mathbf{v}_1 = (1, 1, 1, 1)$. Depois calculamos $A - I = 1/2 \begin{pmatrix} 1 & -1 & 1 & 1 \\ 0 & 0 & 2 & 0 \\ 0 & 0 & 0 & 2 \\ -1 & 1 & 1 & 1 \end{pmatrix}$ e achamos um autoespaço

de dimensão 1 que tem base $(1, 1, 0, 0)$. Note que isto nos diz que o grande bloco de Jordan associado ao autovalor 1 não pode ter dois pequenos blocos de Jordan senão o autoespaço teria dimensão dois.

Forma canônica de Jordan **309**

Assim deve haver uma cadeia de Jordan de comprimento 3. Para achá-la calculamos em seguida

$$\left(A - I\right)^2 = 1/2 \begin{pmatrix} 0 & 0 & 0 & 2 \\ 0 & 0 & 0 & 2 \\ -1 & 1 & 1 & 1 \\ -1 & 1 & 1 & 1 \end{pmatrix}$$

que tem núcleo com base (1, 1, 0, 0) e (1, 0, 1, 0). Em seguida calculamos

$$\left(A - I\right)^3 = 1/2 \begin{pmatrix} -1 & 1 & 1 & 1 \\ -1 & 1 & 1 & 1 \\ -1 & 1 & 1 & 1 \\ -1 & 1 & 1 & 1 \end{pmatrix}$$

que tem núcleo com base os dois vetores mais (1, 0, 0, 1). Pomos então $v_4 = (1, 0, 0, 1)$ e achamos $v_3 = (A - I)v_4 = (1, 0, 1, 0)$ e $v_2 = (A - I)v_3 = (1, 1, 0, 0)$. Temos

$$S = \begin{pmatrix} 1 & 1 & 1 & 1 \\ 1 & 1 & 0 & 0 \\ 1 & 0 & 1 & 0 \\ 1 & 0 & 0 & 1 \end{pmatrix} \text{ e } J = \begin{pmatrix} 2 & 0 & 0 & 0 \\ 0 & 1 & 1 & 0 \\ 0 & 0 & 1 & 1 \\ 0 & 0 & 0 & 1 \end{pmatrix}$$

Vamos recalcular a cadeia de Jordan para o autovalor 1 pelo outro método. Poderíamos escolher primeiro $v_2 = (1, 1, 0, 0)$ que é um vetor de base para o núcleo de $A - I$. Este será o vetor final para a cadeia de Jordan de comprimento 3. Achamos v_3 resolvendo $(A - I)v_3 = v_2$ por eliminação gaussiana obtendo $v_3 = (1, 0, 1, 0)$. Em seguida achamos v_4 resolvendo $(A - I)v_4 = v_3$ o que dá $v_4 = (1, 0, 0, 1)$. Desta vez achamos os mesmos S e J que antes. ∎

Algumas outras formas de Jordan que podem ocorrer para uma matriz 4 por 4 não diagonalizável são

$$\begin{pmatrix} a & 0 & 0 & 0 \\ 0 & b & 0 & 0 \\ 0 & 0 & c & 1 \\ 0 & 0 & 0 & c \end{pmatrix}, \begin{pmatrix} a & 1 & 0 & 0 \\ 0 & a & 0 & 0 \\ 0 & 0 & b & 1 \\ 0 & 0 & 0 & b \end{pmatrix}, \begin{pmatrix} a & 0 & 0 & 0 \\ 0 & a & 0 & 0 \\ 0 & 0 & b & 1 \\ 0 & 0 & 0 & b \end{pmatrix},$$

$$\begin{pmatrix} a & 0 & 0 & 0 \\ 0 & a & 0 & 0 \\ 0 & 0 & a & 1 \\ 0 & 0 & 0 & a \end{pmatrix}, \begin{pmatrix} a & 0 & 0 & 0 \\ 0 & a & 1 & 0 \\ 0 & 0 & a & 1 \\ 0 & 0 & 0 & a \end{pmatrix}, \begin{pmatrix} a & 1 & 0 & 0 \\ 0 & a & 1 & 0 \\ 0 & 0 & a & 1 \\ 0 & 0 & 0 & a \end{pmatrix}$$

■ *Exemplo 6.2.4* Olhamos o exemplo mais complicado de matriz 6 por 6 com um único autovalor de multiplicidade algébrica 6.

$$A = 1/2 \begin{pmatrix} 3 & 0 & -2 & 2 & 1 & 0 \\ 0 & 2 & 0 & 2 & 0 & 0 \\ 1 & 0 & 0 & 2 & 1 & 0 \\ 2 & -2 & 0 & 2 & 0 & 2 \\ 1 & 0 & -2 & 2 & 3 & 0 \\ -1 & 0 & 2 & 0 & -1 & 2 \end{pmatrix}$$

O polinômio característico dá $(x - 1)^6$, indicando que 1 é autovalor de multiplicidade algébrica 6. O espaço de anulamento de $A - I$ tem uma base de (2, 2, 1, 0, 0, 0), (−1, −1, 0, 0, 1, 0),(0, 1, 0, 0, 0, 1). Usando a idéia da prova do teorema principal olhamos a imagem de $(A - I)$ que tem base

310 Capítulo 6

$$\mathbf{u}_1 = (1/2, 0, 1/2, 1, 1/2, -1/2), \mathbf{u}_2 = (0, 0, 0, -1, 0, 0), \mathbf{u}_3 = (1, 1, 1, 0, 1, 0)$$

Agora achamos a forma de Jordan restrita à imagem de $(A - I)$. Aplicamos $(A - I)$ aos três vetores obtendo

$$A\mathbf{u}_1 = -A\mathbf{u}_2 = (1, 1, 1, 0, 1, 0), \ A\mathbf{u}_3 = (0, 0, 0, 0, 0, 0)$$

Assim o espaço de anulamento da restrição de $A - I$ á imagem de $A - I$ tem base

$$\mathbf{z}_1 = \mathbf{u}_1 + \mathbf{u}_2 = (1/2, 0, 1/2, 0, 1/2, -1/2), \mathbf{z}_2 = \mathbf{u}_3 = (1, 1, 1, 0, 1, 0)$$

Estes serão vetores finais para cadeias de Jordan quando restringimos à imagem de $A - I$. Olhando $A - I$ numa base da imagem de $A - I$ vemos que o vetor $\mathbf{w}_2 = (0, 0, 0, 1, 0, 0)$ é gerador para uma cadeia de Jordan de comprimento 2 e o vetor $\mathbf{z}_1$ corresponde a uma de comprimento 1. Assim escolhemos

$$\mathbf{v}_2 = \mathbf{z}_1 = (1/2, 0, 1/2, 0, 1/2, -1/2), \mathbf{v}_4 = \mathbf{z}_2 = (1, 1, 1, 0, 1, 0), \mathbf{v}_5 = (0, 0, 0, 1, 0, 0)$$

Agora resolvemos $(A - I)\mathbf{v}_3 = \mathbf{v}_2, (A - I)\mathbf{v}_6 = \mathbf{v}_5$ obtendo

$$\mathbf{v}_3 = (1, 1, 0, 0, 0, 0), \mathbf{v}_6 = (0, -1, 0, 0, 0, 0)$$

Finalmente estendemos $\mathbf{z}_1, \mathbf{z}_2$ a uma base do núcleo de $A - I$ para acrescentar $\mathbf{v}_1 = (2, 2, 1, 0, 0, 0)$. Então obtemos forma de Jordan J com $A = SJS^{-1}$.

$$J = \begin{pmatrix} 1 & 0 & 0 & 0 & 0 & 0 \\ 0 & 1 & 1 & 0 & 0 & 0 \\ 0 & 0 & 1 & 0 & 0 & 0 \\ 0 & 0 & 0 & 1 & 1 & 0 \\ 0 & 0 & 0 & 0 & 1 & 1 \\ 0 & 0 & 0 & 0 & 0 & 1 \end{pmatrix}, S = \begin{pmatrix} 2 & 1/2 & 1 & 1 & 0 & 0 \\ 2 & 0 & 1 & 1 & 0 & -1 \\ 1 & 1/2 & 0 & 1 & 0 & 0 \\ 0 & 0 & 0 & 0 & 1 & 0 \\ 0 & 1/2 & 0 & 1 & 0 & 0 \\ 0 & =1/2 & 0 & 0 & 0 & 0 \end{pmatrix} \blacksquare$$

Note que se tomamos em pequeno bloco de Jordan associado ao autovalor c de dimensão k, então $(L - cI)^k$ mandará todos os vetores da cadeia de Jordan no 0. Assim se k é o maior comprimento de qualquer cadeia de Jordan associada a c, vemos que $(L - cI)^k$ mandará todos os vetores associados a esse autovalor no zero. Se os autovalores distintos são $c_1, \ldots, c_p$ e a mais longa cadeia de Jordan associada a c_i é de comprimento $k(i)$ então o produto $(L - c_1 I)^{k(1)} \ldots (L - c_p I)^{k(p)}$ mandará todos os vetores no $\mathbf{0}$. Assim este produto é a transformação zero. Note que os fatores envolvidos são exatamente os fatores para o polinômio característico de L com L substituindo a variável do polinômio. As potências $k(i)$ serão sempre menores ou iguais às multiplicidades algébricas dos autovalores assim esse polinômio dividirá o polinômio característico. Pode-se mostrar que este é o polinômio de grau mínimo que L satisfaz. Chama-se o **polinômio minimal** da transformação linear L. Quando é o produto de fatores lineares distintos isto significará que L é diagonalizável. Assim o polinômio minimal dá informações sobre a forma de Jordan mas não a determina completamente a não ser em casos muito especiais. Como L satisfaz ao polinômio minimal e o polinômio minimal divide o polinômio característico podemos concluir que L satisfaz ao polinômio característico. Este fato é conhecido como **Teorema de Cayley-Hamilton** e é freqüentemente provado como um dos passos na obtenção da forma de Jordan. Outras provas do teorema de Cayley-Hamilton foram esboçadas nos Exercícios 5.6.23 e 5.6.24 do Capítulo 5.

Voltemos ao problema de resolver o sistema de primeira ordem $\mathbf{x}' = A\mathbf{x}$ quando a matriz A não é diagonalizável. Lembremos que podemos resolver isto se pudermos calcular $\exp(At)\mathbf{v}_i$ para uma base

$\mathbf{v}_i$ de $\mathbb{C}^n$. Mas a base associada à forma de Jordan nos permitirá isto. Pois considere a parte da base que corresponde a uma cadeia de Jordan de comprimento k associada ao autovalor c. Chame esses vetores $\mathbf{z}_1, \ldots, \mathbf{z}_k$. Então $(A - cI)^j \mathbf{z}_p = \mathbf{z}_{p-j}$ para $1 \leq p \leq k, p - j \geq 1$ e zero caso contrário. Assim

$$\begin{aligned}\exp(At)\mathbf{z}_p &= \exp(ct)\exp[(A - cI)t]\mathbf{z}_p = \exp(ct)[I + t(A - cI) + \cdots]\mathbf{z}_p \\ &= \exp(ct)\{\mathbf{z}_p + t\mathbf{z}_{p-1} + (t^2/2)\mathbf{z}_{p-2} + \cdots + [t^{p-1}/(p-1)!]\mathbf{z}_1\}\end{aligned}$$

Apliquemos isto nos Exemplos 6.2.1—6.2.3. No Exemplo 6.2.1 com a matriz 2 por 2 obtemos as duas

soluções $\begin{pmatrix} -1 \\ -1 \end{pmatrix}\exp(t)$ e $\begin{pmatrix} 1-t \\ -1 \end{pmatrix}\exp(t)$ e a solução geral é uma combinação linear $c_1 \begin{pmatrix} -1 \\ -1 \end{pmatrix}\exp(t) + c_2$

$\begin{pmatrix} 1-t \\ -1 \end{pmatrix}$ $\exp(t)$. Podemos então resolver uma problema de valor inicial calculando no zero e resolvendo

para c_1, c_2 como antes. Isto será equivalente a resolver a equação matricial $S\mathbf{c} = \mathbf{x}_0$.

Para o Exemplo 6.2.2 obtemos uma solução $\begin{pmatrix} 1 \\ 0 \\ 0 \end{pmatrix}\exp(t)$ para o autovalor 1. Da cadeia de Jordan

de comprimento 2 associada ao autovalor 2 obtemos duas soluções $\begin{pmatrix} -1 \\ -3 \\ -1 \end{pmatrix}\exp(2t)$ e $\begin{pmatrix} 3-1 \\ 2-3t \\ -t \end{pmatrix}\exp(2t)$.

A solução geral é uma combinação linear $c_1 \begin{pmatrix} 1 \\ 0 \\ 0 \end{pmatrix}\exp(t) + c_2 \begin{pmatrix} -1 \\ -3 \\ -1 \end{pmatrix}\exp(2t) + c_3 \begin{pmatrix} 3-1 \\ 2-3t \\ -t \end{pmatrix}\exp(2t)$. Para

resolver um problema de valor inicial com $\mathbf{x}(0) = \mathbf{x}_0$ resolvemos para $\mathbf{c}$ em $S\mathbf{c} = \mathbf{x}_0$.

No Exemplo 6.2.3 o autovalor 2 contribui com a solução $\begin{pmatrix} 1 \\ 1 \\ 1 \\ 1 \end{pmatrix}\exp(2t)$. A cadeia de Jordan de

comprimento 3 associada ao autovalor 1 contribui com três soluções $\begin{pmatrix} 1 \\ 1 \\ 0 \\ 0 \end{pmatrix}\exp(t)$, $\begin{pmatrix} 1+t \\ t \\ 1 \\ 0 \end{pmatrix}\exp(t)$,

$\begin{pmatrix} 1+t+t^2/2 \\ t^2/2 \\ t \\ 1 \end{pmatrix}$ $\exp(t)$. A solução geral é uma combinação linear

$$c_1 \begin{pmatrix} 1 \\ 1 \\ 1 \\ 1 \end{pmatrix}\exp(2t) + c_2 \begin{pmatrix} 1 \\ 1 \\ 0 \\ 0 \end{pmatrix}\exp(t) + c_3 \begin{pmatrix} 1+t \\ t \\ 1 \\ 0 \end{pmatrix}\exp(t) + c_4 \begin{pmatrix} 1+t = t^2/2 \\ t^2/2 \\ t \\ 1 \end{pmatrix}\exp(t)$$

e um problema de valor inicial se resolve resolvendo $S\mathbf{c} = \mathbf{x}_0$ para $\mathbf{c}$.

312 Capítulo 6

Exercício 6.2.1

Ache a forma de Jordan para cada uma das matrizes seguintes. Dê as matrizes S, J tais que $A = SJS^{-1}$. Também dê o polinômio minimal em cada caso.

(a) $\begin{pmatrix} 0 & 2 \\ 0 & 0 \end{pmatrix}$

(b) $\begin{pmatrix} 1 & 1 & 1 \\ 0 & 1 & 1 \\ 0 & 0 & 1 \end{pmatrix}$

(c) $\begin{pmatrix} 1 & 2 & 1 \\ 0 & 1 & 0 \\ 0 & 0 & 2 \end{pmatrix}$

(d) $\begin{pmatrix} 1 & 2 & 0 \\ 0 & 2 & 0 \\ -2 & -2 & 1 \end{pmatrix}$

(e) $\begin{pmatrix} 1 & 2 & 1 \\ 0 & 3 & 0 \\ -1 & 2 & 4 \end{pmatrix}$

Exercício 6.2.2

Para as partes (a),(b) e (c) do Exercício 6.2.1 ache a solução geral de $\mathbf{x}' = A\mathbf{x}$. Também resolva o problema de valor inicial $\mathbf{x}(0) = \mathbf{e}_2$.

Exercício 6.2.3

Preencha os detalhes no esboço dado no começo desta secção para mostrar usando indução que se $N^k = 0$, $N^{k-1}\mathbf{v}_k \neq 0$ e $\mathbf{v}_1, \ldots, \mathbf{v}_k$ são escolhidos por $\mathbf{v}_{k-j} = N^j \mathbf{v}_k$ então esses k vetores são independentes.

6.3 EXERCÍCIOS DO CAPÍTULO 6

6.3.1. Usando os critérios da Proposição 6.1.2 dos subdeterminantes positivos mostre que cada uma das matrizes seguintes é definida positiva.

(a) $\begin{pmatrix} 2 & 1 & 1 \\ 1 & 3 & 1 \\ 1 & 1 & 2 \end{pmatrix}$

(b) $\begin{pmatrix} 2 & 1 & 1 & 1 \\ 1 & 2 & 1 & 1 \\ 1 & 1 & 2 & 1 \\ 1 & 1 & 1 & 2 \end{pmatrix}$

(c) $\begin{pmatrix} 2 & 1 & 1 & 1 & 1 \\ 1 & 2 & 1 & 1 & 1 \\ 1 & 1 & 2 & 1 & 1 \\ 1 & 1 & 1 & 2 & 1 \\ 1 & 1 & 1 & 1 & 2 \end{pmatrix}$

Exercícios de capítulo 6 **313**

6.3.2. Generalize o exercício precedente mostrando que a matriz cujos elementos não diagonais são 1 e diagonais são 2 é positiva definida.

6.3.3. Calculando os pivôs na eliminação gaussiana decida se as matrizes seguintes são positivas definidas.

(a) $\begin{pmatrix} 1 & 1 & 1 & 1 \\ 1 & 2 & 1 & 1 \\ 1 & 1 & 3 & 1 \\ 1 & 1 & 1 & 4 \end{pmatrix}$

(b) $\begin{pmatrix} 4 & 3 & 2 & 1 \\ 3 & 4 & 2 & 1 \\ 2 & 2 & 4 & 3 \\ 1 & 1 & 3 & 4 \end{pmatrix}$

(c) $\begin{pmatrix} 2 & 1 & 4 & 1 \\ 1 & 2 & 3 & 1 \\ 4 & 3 & 2 & 1 \\ 1 & 1 & 1 & 1 \end{pmatrix}$

6.3.4. Verificando os determinantes de submatrizes determine se as matrizes seguintes são positivas definidas ou negativas definidas.

(a) $\begin{pmatrix} 2 & 5 & 3 & 1 & 1 \\ 5 & 13 & 5 & 2 & 5 \\ 3 & 5 & 16 & 4 & 5 \\ 1 & 2 & 4 & 8 & 5 \\ 1 & 5 & 5 & 5 & 10 \end{pmatrix}$

(b) $\begin{pmatrix} 2 & 5 & 3 & 1 & 1 \\ 5 & 13 & 5 & 2 & 5 \\ 3 & 5 & 18 & 4 & 5 \\ 1 & 2 & 4 & 8 & 5 \\ 1 & 5 & 5 & 5 & 10 \end{pmatrix}$

(c) $\begin{pmatrix} -9 & 0 & -7 & 1 & -2 & 3 \\ 0 & -20 & -17 & -3 & -11 & 5 \\ -7 & -17 & -26 & -4 & -11 & 8 \\ 1 & -3 & -4 & -5 & -3 & 4 \\ -2 & -11 & -11 & -3 & -11 & 1 \\ 3 & 5 & 8 & 4 & 1 & -1 \end{pmatrix}$

6.3.5. Decida se cada uma das matrizes seguintes é definida. Ache as matrizes $D(p, n, d)$ e S tais que $S^tAS = D(p, n, d)$.

(a) $\begin{pmatrix} 2 & 0 & 1 & 1 \\ 0 & 3 & 3 & 2 \\ 1 & 3 & 6 & 3 \\ 1 & 2 & 3 & 2 \end{pmatrix}$, (b) $\begin{pmatrix} 6 & -2 & 2 & 2 \\ -2 & 9 & 8 & 5 \\ 2 & 8 & 13 & 8 \\ 2 & 5 & 8 & 5 \end{pmatrix}$

6.3.6. Decida se as matrizes A seguintes são definidas. Ache uma matriz S e $D(p, n, d)$ tais que $S^tAS = D(p, n, d)$.

314 Capítulo 6

$$\text{(a) } \begin{pmatrix} 4 & 4 & -1 & 7 \\ 4 & 1 & 0 & -2 \\ -1 & 0 & 4 & -4 \\ 7 & -2 & -4 & 1 \end{pmatrix}. \quad \text{(b) } \begin{pmatrix} 6 & 0 & -3 & 3 \\ 0 & 9 & 4 & 6 \\ -3 & 4 & 6 & 0 \\ 3 & 6 & 0 & 9 \end{pmatrix}, \quad \text{(c) } \begin{pmatrix} 2 & 1 & 0 & 0 & 0 & 0 & 0 & 0 \\ 1 & 2 & 1 & 0 & 0 & 0 & 0 & 0 \\ 0 & 1 & 2 & 1 & 0 & 0 & 0 & 0 \\ 0 & 0 & 1 & 2 & 1 & 0 & 0 & 0 \\ 0 & 0 & 0 & 1 & 2 & 1 & 0 & 0 \\ 0 & 0 & 0 & 0 & 1 & 2 & 1 & 0 \\ 0 & 0 & 0 & 0 & 0 & 1 & 2 & 0 \\ 0 & 0 & 0 & 0 & 1 & 0 & 0 & 2 \end{pmatrix}$$

6.3.7. Para uma matriz simétrica A defina a **assinatura** de A como sendo $p - n$, onde A é congruente a $D(p, n, d)$. Mostre que a assinatura é um invariante da classe de congruência de A. Mostre que é também dada pelo número de autovalores positivos de A menos o número de autovalores negativos de A.

Os Exercícios 6.3.8.—6.3.12. são relacionados. Deve-se usar definições e afirmações dos primeiros ao resolver os posteriores.

6.3.8. Para uma forma quadrática $\mathcal{Q}$ sobre um espaço m–dimensional V defina seu espaço de anulamento como sendo o conjunto
$$\mathcal{N}(\mathcal{Q}) = \{\mathbf{v} \in V : \mathcal{B}(\mathbf{v}, \mathbf{w}) = 0 \text{ para todo } \mathbf{w} \in V\}$$
(a) Mostre que $\mathcal{Q}$ pode ser representada pela matriz $D(p, n, d)$ see $\mathcal{N}(\mathcal{Q})$ tem dimensão d.
(b) Dê um exemplo de uma forma quadrática tal que $\mathcal{N}(\mathcal{Q}) = \{\mathbf{0}\}$ mas a dimensão do subespaço de maior dimensão em que $\mathcal{Q}$ é identicamente zero é positiva.

6.3.9. Uma forma quadrática $\mathcal{Q}$ é dita não degenerada se o espaço de anulamento $\mathcal{N}(\mathcal{Q}) = \{\mathbf{0}\}$. Mostre que uma forma quadrática é não degenerada see det $A \neq 0$ para qualquer matriz que represente $\mathcal{Q}$.

6.3.10. Seja V um espaço vetorial real de dimensão n e $\mathcal{B}$ uma forma bilinear simétrica sobre V. Defina $C : V \rightarrow \mathcal{L}(V, \mathbb{R})$ por $C(\mathbf{v})(\mathbf{w}) = \mathcal{B}(\mathbf{v}, \mathbf{w})$, Aqui $\mathcal{L}(V, \mathbb{R})$ é o espaço n-dimensional das transformações lineares de V em $\mathbb{R}$. Mostre que C é um isomorfismo see a forma quadrática $\mathcal{Q}$ é não degenerada.

6.3.11. Usando a mesma notação do exercício precedente seja $\mathcal{V} = \{\mathbf{v}_1, \ldots, \mathbf{v}_n\}$ uma base de V e seja $\mathcal{D} = \{L_1, \ldots, L_n\}$ a base correspondente de $L(V, \mathbb{R})$ definida por $L_i(\mathbf{v}_j) = \mathbf{0}$ se $i \neq j$ e $L_i(\mathbf{v}_i) = 1$. Mostre que a matriz que representa C com relação a essas bases é a mesma que a matriz que representa a forma bilinear em relação à base $\mathcal{V}$.

6.3.12. Seja $\mathcal{B}$ uma forma bilinear simétrica sobre o espaço n–dimensional com produto interno $(V, \langle \rangle)$. Seja $\mathcal{V} = \{\mathbf{v}_1, \ldots, \mathbf{v}_n\}$ uma base ortonormal para V. Defina uma transformação linear $L ; V \rightarrow V$ associada a $\mathcal{B}$ como segue. Para $\mathbf{v} \in V$, defina $L(\mathbf{v}) = \mathbf{w}$ pela fórmula $\langle \mathbf{u}, \mathbf{w} \rangle = \mathcal{B}(\mathbf{u}, \mathbf{v})$ para todo $\mathbf{u}$.
(a) Mostre que esta equação define uma única transformação linear.
(b) Mostre que a matriz $L_{\mathcal{V}}^{\mathcal{V}}$ é a mesma matriz que representa $\mathcal{B}$ com relação à base $\mathcal{V}$.
(c) Mostre que a transformação linear L é auto-adjunta.
(d) Mostre que toda transformação linear auto-adjunta surge desta maneira para alguma forma bilinear simétrica $\mathcal{B}$.

6.3.13. Suponha que A é matriz m por m positiva definida. Mostre que na decomposição $O_1 A = U$, a matriz O_1 é triangular inferior. Se $P = O_1^t$ mostre que $P^t A P$ é matriz diagonal diag$(d_1^2, \ldots, d_n^2)$. Mostre que se $D = \text{diag}(1/d_1, \ldots, 1/d_n)$ e $S = PD$ então $S^t A S = I_m = D(m, 0, 0)$. Mostre que esta equação significa que $A = LL^t$ para uma matriz L triangular inferior. Esta é outra dedução da decomposição de Choleski discutida na Secção 1.8.

Exercícios de capítulo 6 **315**

6.3.14. Seja $A = \begin{pmatrix} 2 & 2 & -1 \\ 0 & 2 & 1 \\ 0 & 0 & 4 \end{pmatrix}$

(a) Ache matrizes S, J tais que $S^{-1}AS = J$ esteja na forma canônica de Jordan.
(b) Resolva o sistema de equações diferenciais $\mathbf{x}' = A\mathbf{x}$, $\mathbf{x}(0) = (1, 1, 0)$

6.3.15. Seja $A = \begin{pmatrix} 1 & 1 & 1 & 0 \\ -1 & 1 & 0 & 1 \\ 0 & 0 & 1 & 1 \\ 0 & 0 & -1 & 1 \end{pmatrix}$

(a) Ache matrizes S, J tais que $S^{-1}AS = J$ esteja na forma canônica de Jordan.
(b) Resolva o sistema de equações diferenciais $\mathbf{x}' = A\mathbf{x}$, $\mathbf{x}(0) = (1, 1, 1, 0)$.

6.3.16. Para cada uma das matrizes A ache a matriz S tal que $S^{-1}AS$ esteja na forma canônica de Jordan.

(a) $\begin{pmatrix} 1 & -1 & 0 \\ -3 & 3 & 4 \\ 2 & -2 & -2 \end{pmatrix}$

(b) $\begin{pmatrix} 1 & 0 & 1 \\ -1 & 2 & 2 \\ 1 & -1 & 0 \end{pmatrix}$

(c) $\begin{pmatrix} -10 & -2 & 20 & -26 \\ -7.5 & 1 & 8.5 & -11.5 \\ -8.5 & -2 & 19.5 & -23.5 \\ -2.5 & -1 & 7.5 & 8.5 \end{pmatrix}$

(d) $\begin{pmatrix} -5 & -2 & 14 & -20 \\ -5.25 & -1.75 & 13.5 & -21.25 \\ -1.75 & -.25 & 4.5 & -4.75 \\ -1.25 & .75 & -3.5 & 6.25 \end{pmatrix}$

6.3.17. Para cada uma das matrizes A ache uma matriz S tal que $S^{-1}AS$ esteja na forma canônica de Jordan.

(a) $\begin{pmatrix} 1.5 & -1.5 & -1 & -.5 \\ 2.5 & -1.5 & -2 & -2.5 \\ .5 & -.5 & -1 & -.5 \\ 0 & -1 & 1 & 1 \end{pmatrix}$

(b) $\begin{pmatrix} 0 & 0 & 1 & 1 \\ 1.5 & -.5 & -1 & -1.5 \\ -1 & 1 & 1 & 1 \\ -.5 & -.5 & 2 & 1.5 \end{pmatrix}$

(c) $\begin{pmatrix} .5 & -.5 & 1 & .5 \\ 1 & 0 & -1 & -1 \\ .5 & -.5 & 1 & -.5 \\ -1.5 & .5 & 2 & 2.5 \end{pmatrix}$

6.3.18. Para cada uma das matrizes no Exercício 6.3.16 dê solução geral da equação diferencial $\mathbf{x}' = A\mathbf{x}$.

316 Capítulo 6

6.3.19. Para cada uma das matrizes do Exercício 6.3.17 resolva a equação diferencial $\mathbf{x}' = A\mathbf{x}$ com valor inicial $\mathbf{x}(0) = (-1, 1, -1, 1)$.

6.3.20. Suponha que A é matriz real. Mostre que se A tem um autovalor complexo não real então a forma canônica de Jordan de A deve ter ao menos dois grandes blocos de Jordan.

6.3.21. Suponha que $D: \mathcal{P}^4 (\mathbb{R}, \mathbb{R}) \to \mathcal{P}^4 (\mathbb{R}, \mathbb{R})$ é o operador de derivação $D(p) = p'$. Quais são os valores próprios de D? Quais são os correspondentes autovetores? Qual é a forma canônica de Jordan para esta transformação linear?

6.3.22 Sem calcular a forma de Jordan ache o polinômio característico e o polinômio minimal para cada uma das matrizes seguintes calculando fatores do polinômio característico na matriz dada.

(a)
$$\begin{pmatrix} -4 & 1 & 8 & -1 & -3 \\ 93 & -19 & -152 & 18 & 60 \\ -27 & 6 & 45 & -5 & -18 \\ -93 & 21 & 152 & -16 & -63 \\ 0 & 0 & 0 & 0 & 1 \end{pmatrix}$$

(b)
$$\begin{pmatrix} 1 & 0 & 0 & 2 & 0 \\ -21 & -1 & 2 & -35 & 3 \\ 6 & -1 & 1 & 10 & 0 \\ 21 & -4 & 4 & 35 & 0 \\ 0 & -2 & 2 & 0 & 1 \end{pmatrix}$$

6.3.23. Dê exemplo de matriz cujo polinômio característico é $(x - 1)^2 (x - 3)^2$ e cujo polinômio minimal é $(x - 1)(x - 3)^2$.

6.3.24. Dê exemplo de duas matrizes com formas canônicas de Jordan diferentes mas com o mesmo polinômio minimal.

6.3.25. Seja $N : V \to V$ nilpotente, com $n = \dim V$. Mostre que $N^n = 0$. (Sugestão: Quais são os autovalores de N e qual é o polinômio característico?).

Nos Exercícios 6.3.26.—6.3.28. dizem respeito à noção de **autovetores generalizados**. Seja L: $V \to V$ uma transformação linear do espaço vetorial complexo V de dimensão n em si mesmo. Se c é uma autovalor de L então v é chamado um **autovetor generalizado para o autovalor** c se $\mathbf{v} \neq \mathbf{0}$ e existe um inteiro positivo k tal que $(L - cI)^k \mathbf{v} = 0$. Denote por $E(c; k) = \mathcal{N} ((L - cI)^k)$ e $GE(c) = \cup_{k \geq 1}$ $E(c; k)$. Então $E(c; 1) = E(c)$ é o autoespaço dos autovetores de L para c e $GE(c)$ é o autoespaço generalizado de autovetores generalizados.

6.3.26. (a) Mostre que os espaços $E(c; k)$ devem estabilizar-se: isto é, existe algum k tal que $E(c; k) = E(c; k + j)$ para todo $j \neq 1$.

(b) Use a forma de Jordan para L para mostrar que $E(c; k) = E(c; k + 1)$ implica $GE(c) = E(c; k)$.

(c) Verifique a conclusão da parte (b) sem usar a forma de Jordan. (Sugestão: Suponha que temos uma igualdade $E(c; k) = E(c; k + 1)$. Então mostre que $\mathbf{v} \in E(c; k + 2)$ implica $\mathbf{v} \in E(c; k + 1)$ olhando $(L - cI)\mathbf{v}$.).

6.3.27. Sejam v, w autovetores generalizados para A correspondendo aos autovalores a, b com $a \neq b$. Mostre que v e w são independentes.

6.3.28. Use a forma de Jordan para mostrar que para toda transformação linear $L : V \to V$ existe uma base de autovetores generalizados.

6.3.29. Use a forma de Jordan para mostrar que toda matriz pode ser aproximada de tão perto quanto se queira por uma matriz diagonalizável. Aqui estamos identificando a matriz com um ponto de espaço euclidiano de dimensão n^2 com a distância usual. (Sugestão: torne distintos os autovalores por uma pequena modificação.)

317

APÊNDICE **A**

Soluções dos exercícios incluídos no texto

A.1 SOLUÇÕES DOS EXERCÍCIOS DO CAPÍTULO 1

1.1.1.   (a) $(x, y) = (2.5 + 1.5y, y) = (2.5, 0) + y(1.5, 1)$
      (b) $(x, y, z) = (x, 1.75 + .25z, z) = (0, 1.75, 0) + x(1, 0, 0) + z(0, .25, 1)$
      (c) $(x_1, x_2, x_3, x_4, x_5) = (.2 + .8x_3 - .2x_4, x_2, x_3, x_4, x_5) = (.2, 0, 0, 0, 0)$
          $+ x_2(0, 1, 0, 0, 0) + x_3(.8, 0, 1, 0, 0) + x_4(-.2, 0, 0, 1, 0) + x_5(0, 0, 0, 0, 1)$

1.2.1.   57

1.2.2. $\begin{pmatrix} 57 \\ 11 \\ 11 \end{pmatrix}$

1.2.3. $\begin{pmatrix} 3 & 9 & -2 \\ 2 & -2 & 0 \\ -1 & 1 & 3 \end{pmatrix} \begin{pmatrix} x \\ y \\ z \end{pmatrix} = \begin{pmatrix} 2 \\ 3 \\ 0 \end{pmatrix}$

1.2.4. $3x_1 + 4x_2 + 5x_3 = 1$
       $x_1 + 2x_2 + x_3 = 0$

1.2.5. $A\mathbf{c} = \begin{pmatrix} 4 \\ 8 \\ 0 \end{pmatrix}, \quad A(\mathbf{b} + \mathbf{c}) = A\mathbf{b} + A\mathbf{c} = \begin{pmatrix} 12 \\ 12 \\ 0 \end{pmatrix}, \; 5\mathbf{b} - 3\mathbf{c} = \begin{pmatrix} -4 \\ 12 \\ -8 \end{pmatrix}, \; A(5\mathbf{b} - 3\mathbf{c}) = \begin{pmatrix} 28 \\ -4 \\ 0 \end{pmatrix}$

      $5A\mathbf{b} - 3A\mathbf{c} = \begin{pmatrix} 40 \\ 20 \\ 0 \end{pmatrix} - \begin{pmatrix} 12 \\ 24 \\ 0 \end{pmatrix} = \begin{pmatrix} 28 \\ -4 \\ 0 \end{pmatrix}$

1.3.1 $\mathbf{x} = (1, 2, 0, 0) + c_1(-3, -2, 1, 0) + c_2(0, 0, 0, 1)$

1.3.2.   Não há solução.

1.3.3. $\mathbf{x} = (0, 2, 0) + c_1(1, 0, 0) + c_2(0, -1, 1)$.

1.3.4. $\mathbf{x} = (-1, 7, 0, 2, 0) + c_1(-1, -1, 1, 0, 0) + c_2(-1, -1, 0, -1, 1)$

318 Apêndice A

1.3.5. $\mathbf{x} = (2, 0, 1, 0) + c_1(0, 1, 0, 0) + c_2(-1, 0, -2, 1)$

1.3.6. $\mathbf{x} = (1, 0, 0, 2) + c_1(-2, 1, 0, 0) + c_2(-2, 0, 1, 0)$

1.3.7. $\mathbf{x} = (1, 0, 2, 1, 1, 0) + c_1(-2, 1, 0, 0, 0, 0) + c_2(-1, 0, -2, -1, -2, 1)$

1.3.8. $\mathbf{x} = (1, 0, 2, 3, 1, 0, 1, 0) + c_1(1, 1, 0, 0, 0, 0, 0, 0)$
$+ c_2(0, 0, -2, -3, -1, 1, 0, 0) + c_3(-1, 0, -1, 0, -2, 0, 0, 1)$

1.4.1. $O(2, 1; -2), Om(2; 1/2), O(1, 2; 1)$ $\begin{pmatrix} 1 & 0 & | & 1 \\ 0 & 1 & | & -1 \end{pmatrix}, x_1 = 1, x_2 = -1$

1.4.2. $O(2, 1; 1), Om(2; 1/3), O(1, 2; -2), Om(1; 1/2)$

$$\begin{pmatrix} 1 & 2 & 0 & | & 10/3 \\ 0 & 0 & 1 & | & -4/3 \end{pmatrix}, \mathbf{x} = \begin{pmatrix} 10/3 \\ 0 \\ -4/3 \end{pmatrix} + c_1 \begin{pmatrix} -2 \\ 1 \\ 0 \end{pmatrix}$$

1.4.3. $O(2, 1; -2), Op(2, 3), Om(3; 1/2), O(2, 3; -2), O(1, 3; -3),$

$$Om(2, 1/2), O(1, 2; -2), \begin{pmatrix} 1 & 0 & 0 & | & 1 \\ 0 & 1 & 0 & | & 1 \\ 0 & 0 & 1 & | & 0 \end{pmatrix}, \; x_1 = 1, x_2 = 1, x_3 = 0$$

1.4.4. $x_1 = 1, x_2 = 0, x_3 = 1.$

1.4.5. $O(2, 1: 2), O(3, 1; -2), O(3, 2; -1), Om(3; 1/3), O(2, 3; -2),$

$$O(1, 2; -1), Om(1; 1/2), \begin{pmatrix} 1 & 0 & 2 & 0 \\ 0 & 1 & -1 & 0 \\ 0 & 0 & 0 & 1 \end{pmatrix}$$

1.4.6. $O(2, 1; 1), O(3, 2; -1), O(2, 3; -1), O(1, 3; -1),$

$$O(1, 2; -1), Om(1; 1/2), \begin{pmatrix} 1 & 0 & 0 & 3 & 0 \\ 0 & 0 & 1 & 2 & 0 \\ 0 & 0 & 0 & 0 & 1 \end{pmatrix}$$

1.4.7. $O(2, 1; 1), O(4, 1; -1), O(3, 2; -2), O(4, 3; -1), O(3. 4; -1), O(2, 4; -1),$
$O(1, 4; -1) \; Om(3; 1/2), O(2, 3; -1), Om(2; 1/2), O(1, 2; -3)$

$$\begin{pmatrix} 1 & 0 & 0 & .5 & 0 & 0 & -1 \\ 0 & 1 & 0 & .5 & 0 & 0 & 0 \\ 0 & 0 & 0 & 0 & 1 & 0 & 0 \\ 0 & 0 & 0 & 0 & 0 & 1 & 1 \end{pmatrix}$$

1.4.8. $\mathbf{x} = (-.5, -.5, 0, 0, 0, 3, 0) + c_1(0, 0, 1, 0, 0, 0, 0) + c_2(-.5 -.5, 0, 1, 0, 0, 0)$
$+ c_3(1, 0, 0, 0, 0, -1, 1)$

1.4.9.   Existe solução see $- 3b_1 + b_2 + b_3 = 0$. Se isto acontece o sistema se reduz a

$$\begin{pmatrix} 1 & 0 & -.5 & -.5 & -1 & | & .5b_1 - .5b_2 \\ 0 & 1 & 2 & 1 & 3 & | & b_2 \end{pmatrix}$$

A solução geral é $\mathbf{x} =$
$(.5b_1 - .5b_2, b_2, 0, 0, 0) + c_1(.5, -2, 1, 0, 0) + c_2(.5, -1, 0, 1, 0) + c_3(1, -3, 0, 0, 1)$

Soluções do capítulo 1   **319**

1.5.1. $BA = \begin{pmatrix} 16 & 9 & 0 \\ 8 & 1 & 2 \end{pmatrix}, BC = \begin{pmatrix} 9 & 14 & 19 & 24 \\ 5 & 8 & 11 & 14 \end{pmatrix}, AC = \begin{pmatrix} 3 & 3 & 3 & 3 \\ 2 & 2 & 2 & 2 \\ 6 & 9 & 12 & 15 \end{pmatrix}$

1.5.2.   (a) $(5 \quad 8 \quad 11 \quad 14) = 1(1 \quad 1 \quad 1 \quad 1) + 2(1 \quad 2 \quad 3 \quad 4) + 1(2 \quad 3 \quad 4 \quad 5)$

       (b) $\begin{pmatrix} 14 \\ 8 \end{pmatrix} = 1\begin{pmatrix} 1 \\ 1 \end{pmatrix} + 2\begin{pmatrix} 2 \\ 2 \end{pmatrix} + 3\begin{pmatrix} 3 \\ 1 \end{pmatrix}$

1.5.3.   (a) $\begin{pmatrix} 1 & 0 \\ 0 & -1 \end{pmatrix}$

       (b) $\begin{pmatrix} \cos 45° & -\text{sen}45° \\ \text{sen}45° & \cos 45° \end{pmatrix} = \begin{pmatrix} 1/\sqrt{2} & -1/\sqrt{2} \\ 1/\sqrt{2} & 1/\sqrt{2} \end{pmatrix}$

1.5.4. $E(2, 1; -1/2), E(3, 1; -2), E(3, 2; 12), D(3; 1/3),$
       $E(2, 3; -1/2), E(1, 3; -1), D(2; -2), E(1, 2; 1), D(1; 1/2)$

1.5.5. $O_1 = \begin{pmatrix} 1 & 0 & 0 \\ -1 & 1 & 0 \\ -1 & -1 & 1 \end{pmatrix}$. Equações equivalentes são $U\mathbf{x} = \begin{pmatrix} 1 \\ 0 \\ 0 \end{pmatrix}$ e $U\mathbf{x} = \begin{pmatrix} 1 \\ 0 \\ -2 \end{pmatrix}$, onde

       $U = \begin{pmatrix} 1 & 1 & 1 & 1 \\ 0 & 1 & 2 & 3 \\ 0 & 0 & 0 & 0 \end{pmatrix}$. A primeira tem uma solução mas a segunda não.

1.5.6. $O = \begin{pmatrix} 1/2 & 1 & -1/2 \\ -3/2 & 0 & 1/2 \\ 1 & -1/2 & 0 \end{pmatrix}, R = \begin{pmatrix} 1 & 0 & 0 & 0 \\ 0 & 1 & 0 & 1 \\ 0 & 0 & 1 & 0 \end{pmatrix}, O\mathbf{d} = \begin{pmatrix} 1 \\ 1 \\ -1 \end{pmatrix}$

       A solução é $(1, 1, -1, 0) + c_1(0, -1, 0, 1)$.

1.5.7.   O elemento ij de $(AB)C$ é $(AB)_i C^j$ e o elemento ij de $A(BC)$ é $A_i(BC)^j$.

$$\left(AB\right)_i C^j = \left(\sum_{k=1}^{n} a_{ik}b_{k1}\right)c_{1j} + \left(\sum_{k=1}^{n} a_{ik}b_{k2}\right)c_{2j} + \cdots + \left(\sum_{k=1}^{n} a_{ik}b_{kn}\right)c_{nj}$$

$$= \sum_{k,\, p=1}^{n} \left(a_{ik}b_{kp}\right)c_{pj} = a_{i1}\left(\sum_{p=1}^{n} b_{1p}c_{pj}\right) + \cdots + a_{in}\left(\sum_{p=1}^{n} b_{np}c_{pj}\right) = A_i\left(BC\right)^j.$$

1.5.8.   Se A e B são matrizes triangulares inferiores, então $a_{ij} = b_{ij} = 0$ para $i < j$. Fixe $i < j$. Então $(AB)_{ij} = a_{i1} b_{1j} + \cdots + a_{in} b_{nj}$. Para $k \leq i$ temos $k < j$ e portanto $b_{kj} = 0$. Se $k > i$ temos $a_{ik} = 0$. Assim cada produto na soma é 0 vezes outro número portanto a soma é zero. Para calcular o elemento diagonal $(AB)_{ii}$ o mesmo argumento mostra que o único termo não nulo é $a_{ii} b_{ii}$ que será 1 se ambos são 1.

1.6.1.   (a) $\begin{pmatrix} 1 & 0 & 0 \\ -2 & 1 & 0 \\ 0 & 0 & 1 \end{pmatrix}$ (b) $\begin{pmatrix} 1 & 0 & 0 \\ 0 & 1/3 & 0 \\ 0 & 0 & 1 \end{pmatrix}$ (c) $\begin{pmatrix} 0 & 1 & 0 \\ 1 & 0 & 0 \\ 0 & 0 & 1 \end{pmatrix}$

1.6.2. $\left(AB\right)^{-1} = \begin{pmatrix} 1 & 0 & 0 \\ -2/3 & 1/3 & 0 \\ 0 & 0 & 1 \end{pmatrix}, \left(ABC\right)^{-1} = \begin{pmatrix} -2/3 & 1/3 & 0 \\ 1 & 0 & 0 \\ 0 & 0 & 1 \end{pmatrix}$

320 Apêndice A

1.6.3. $A^{-1} = \begin{pmatrix} -1 & -3 & 2 \\ 1/2 & 1 & -1/2 \\ -1 & -1 & 1 \end{pmatrix}$. A solução é $\mathbf{x} = A^{-1}\mathbf{b} = \begin{pmatrix} 1 \\ 1/2 \\ 0 \end{pmatrix}$.

1.6.4. A, C, E são inversíveis.

1.6.5. $Om(3; .2), O(2, 3; -1), O(1, 3; -1), Om(2; 1/3), O(1, 2; -1)$

$$A^{-1} = \begin{pmatrix} 1 & -1/3 & -2/15 \\ 0 & 1/3 & -1/15 \\ 0 & 0 & 1/5 \end{pmatrix}$$

$O(3, 1; -3), O(3, 2; -1), O(2, 3; -1), O(1, 3; -1), Om(2; 1/2), O(1, 2; -3)$

$$C^{-1} = \begin{pmatrix} -1/2 & -2 & 1/2 \\ 3/2 & 1 & -1/2 \\ -3 & -1 & 1 \end{pmatrix}$$

1.6.6. $A^t = \begin{pmatrix} 1 & 2 & 2 \\ 3 & 4 & 1 \\ 5 & 6 & 3 \end{pmatrix}, B^t = \begin{pmatrix} 3 & 2 & 1 \\ 2 & 1 & 4 \end{pmatrix}, AB = \begin{pmatrix} 14 & 25 \\ 20 & 32 \\ 11 & 17 \end{pmatrix}, \left(AB\right)^t = \begin{pmatrix} 14 & 20 & 11 \\ 25 & 32 & 17 \end{pmatrix} = B^t A^t$

1.6.7. $P = \begin{pmatrix} \mathbf{e}_{c(1)} \\ \vdots \\ \mathbf{e}_{c(n)} \end{pmatrix}, P^t = (\mathbf{e}_{c(1)} \cdots \mathbf{e}_{c(n)}), (PP^t)_{ij} = \langle \mathbf{e}_{c(i)}, \mathbf{e}_{c(j)} \rangle = I_{ij}$

$P^t P = I$ pois uma solução de $A\mathbf{x} = I$ também satisfaz $\mathbf{x}A = I$ para $\mathbf{x}$ quadrada. Ou, de outro modo: P^t é também matriz de permutação portanto podemos aplicar-lhe o primeiro argumento.

1.6.8. Se $A^t = A^{-1}$ então
$\langle A\mathbf{x}, A\mathbf{y} \rangle = \mathbf{x}^t A^t A\mathbf{y} = \mathbf{x}^t I\mathbf{y} = \mathbf{x}^t\mathbf{y} = \langle \mathbf{x}, \mathbf{y} \rangle$.
Reciprocamente, se $\langle A\mathbf{x}, A\mathbf{y} \rangle = \langle \mathbf{x}, \mathbf{y} \rangle$ para quaisquer $\mathbf{x}, \mathbf{y}$ então escolhendo $\mathbf{x} = \mathbf{e}_i$ e $\mathbf{y} = \mathbf{e}_j$ temos $\langle \mathbf{e}_i, \mathbf{e}_j \rangle = (A^tA)_{ij}$, de modo que $A^tA = I$ e $A^t = A^{-1}$.

1.6.9. O_1 e O têm a mesma última linha $(-1 \; -1 \; 1)$ de modo que $(-1, -1, 1)$ é uma solução. A solução geral é $c(-1, -1, 1)$.

1.6.10. A condição de $\mathbf{c}$ ser perpendicular a esses três vetores pode ser reescrita como

$$\begin{pmatrix} 1 & 1 & 2 \\ 2 & 3 & 5 \\ 2 & 1 & 3 \end{pmatrix}\mathbf{c} = \begin{pmatrix} 0 \\ 0 \\ 0 \end{pmatrix},$$

que é o mesmo que a equação $A^t\mathbf{c} = \mathbf{0}$. Suas soluções são múltiplos de $(-1, -1, 1)$.

1.7.1. (a) -18 (b) -18 (c) 9 (d) 2

1.7.2. (a) 1 (b) 1 (c) -2 (d) 24

1.7.3. (a) -9 (b) -3

Soluções do capítulo 1 **321**

1.7.4. Em nossa prova usamos as propriedades correspondentes do determinante.
Multilinearidade:
$$D(A_1, \ldots, aA_1' + bA''_i, \ldots, A_n) = \det(AB) / \det(B)$$
$$= \det(A_1 B, \ldots, aA_i'B + bA_i'' B, \ldots, A_n) / \det(B)$$
$$= (a \det(A_1 B, \ldots, A_i'B, \ldots, A_n B) + b \det(A_1 B, \ldots, A_i'' B, \ldots, A_n B)) / \det(B)$$
$$= aD(A_1, \ldots, A_i', \ldots, A_n) + bD(A_1, \ldots, A_i'', \ldots, A_n)$$
Propriedade alternante:
$$D(A_1, \ldots, A_j, \ldots, A_i, \ldots, A_n) = \det(A_1 B, \ldots, A_j B, \ldots, A_i B, \ldots, A_n) / \det(B)$$
$$= - \det(A_1 B, \ldots, A_i B, \ldots, A_j B, \ldots, A_n) / \det(B)$$
$$= -D(A_1, \ldots, A_i, \ldots, A_j, \ldots, A_n)$$
Normalização:
$$D(I) = \det(B) / \det(B) = 1$$

1.7.5. (a) $2(2) - 2(7) = -10$ (b) $-2(7) - 2(-2) = -10$

1.7.6. $\text{adj } A = \begin{pmatrix} 2 & -3 & 2 & -7 \\ 2 & 2 & -8 & -2 \\ -4 & 6 & -4 & 4 \\ 0 & -10 & 10 & 0 \end{pmatrix}, A^{-1} = \begin{pmatrix} -.2 & .3 & -.2 & .7 \\ -.2 & -.2 & .8 & .2 \\ .4 & -.6 & .4 & -.4 \\ 0 & 1 & -1 & 0 \end{pmatrix}$

1.7.7. $x_i = (1/\det A)(\text{adj } A)_i \mathbf{b} = (1/\det A)(b_1 A_{1i} + \cdots + b_n A_{ni}) = \det B(i) \det A$, onde estamos expandindo $\det B(i)$ pela i–ésima coluna. A solução é $\mathbf{x} = (1.7, 3.2, -.4, -2)$.

1.7.8. $[1\ 2\ 3]$ par $\rightarrow 2.1.3 = 6$, $[1\ 3\ 2]$ ímpar $\rightarrow 2.4.1 = 8$, $[2\ 1\ 3]$ ímpar $\rightarrow 1.2.3 = 6$, $[2\ 3\ 1]$ par $\rightarrow 1.4.0 = 0$, $[3\ 1\ 2]$ par $\rightarrow 3.2.1 = 6$, $[3\ 2\ 1]$ ímpar $\rightarrow 3.1.0 = 0$; assim $\det A = 6 - 8 - 6 + 0 + 6 - 0 = -2$.

1.7.9. (a) $\mu(\sigma) = 3$ e podemos usar 3 inversões.
(b) $\mu(\sigma) = 9$ e podemos usar 3 inversões.

1.7.10. $1/2$

1.7.11. 2

1.7.12. O determinante é $-r^2 \text{sen}\phi$ e seu valor absoluto é $r^2 \text{sen}\phi$. Assim para achar o volume dentro da esfera de raio 2 integramos a função 1 sobre a bola de raio 2, que é então transformada por uma mudança de variáveis na integral de $r^2 \text{sen}\phi$ sobre um retângulo onde $0 \le r \le 2$, $0 \le \theta \le 2\pi$, $0 \le \phi \le \pi$. Esta integral vale $64\pi/3$.

1.8.1. $L = \begin{pmatrix} 1 & 0 & 0 \\ 0.5 & 1 & 0 \\ 0.5 & -0.2 & 1 \end{pmatrix}, U = \begin{pmatrix} 2 & 1 & 1 \\ 0 & 2.5 & -0.5 \\ 0 & 0 & 3.4 \end{pmatrix}, \mathbf{c} = \begin{pmatrix} 4 \\ 3 \\ -3 \end{pmatrix}, \mathbf{x} = \begin{pmatrix} 2 \\ 1 \\ -1 \end{pmatrix}$

1.8.2. $\begin{pmatrix} 1.4142 & .7071 & .7071 \\ 0 & 1.5811 & -.3162 \\ 0 & 0 & 1.8439 \end{pmatrix}$

1.8.3. $L = \begin{pmatrix} .25 & 1 & 0 \\ .5 & .6667 & 1 \\ 1 & 0 & 0 \end{pmatrix}, U = \begin{pmatrix} 4 & 2 & 0 \\ 0 & 1.5 & 1 \\ 0 & 0 & 3.3333 \end{pmatrix}$

A solução é $\mathbf{x} = (1, 1, -3)$.

1.9.1. $(I - C)^{-1} = \begin{pmatrix} 2.9487 & 1.6026 & .7692 \\ 1.2821 & 2.4359 & .7692 \\ .8974 & .7051 & 1.5385 \end{pmatrix}$ e $\mathbf{p} = (I - C)^{-1} \mathbf{d} = \begin{pmatrix} 468.4615 \\ 368.4615 \\ 236.9231 \end{pmatrix}$.

322 Apêndice A

1.9.2. (a) A nova equação é simplesmente a negativa da soma das três outras equações dos outros três nós.
(b) A equação que provém do laço externo $5I_1 + 4I_2 - 2I_6 = 10$ é a soma das três equações provenientes dos três laços internos.

1.9.3. O lado esquerdo da matriz não muda mas o vetor do lado direito fica $(0, 0, 0, 15, -5, 0)$. A corrente
$$\mathbf{I} = (1.4642, .1997, 1.2646, -.7404, -.5241, -.9401)$$

1.9.4. As equações são
$$\begin{pmatrix} -1 & 0 & 0 & 1 & 0 \\ 1 & -1 & 0 & 0 & -1 \\ 0 & 1 & -1 & 0 & 0 \\ 0 & 1 & 0 & 0 & -1 \\ 1 & 0 & 1 & 1 & 1 \end{pmatrix} \mathbf{I} = \begin{pmatrix} 0 \\ 0 \\ 0 \\ 10 \\ 10 \end{pmatrix}$$

com solução $(5, 5, 5, 5, 0)$.

1.9.5. As equações são
$$\begin{pmatrix} -1 & 0 & 0 & 1 & -1 & 0 & 0 & 0 \\ 1 & -1 & 0 & 0 & 0 & -1 & 0 & 0 \\ 0 & 1 & -1 & 0 & 0 & 0 & -1 & 0 \\ 0 & 0 & 1 & -1 & 0 & 0 & 0 & -1 \\ 1 & 0 & 0 & 0 & -1 & 1 & 0 & 0 \\ 0 & 1 & 0 & 0 & 0 & -1 & 1 & 0 \\ 0 & 0 & 1 & 0 & 0 & 0 & -1 & 1 \\ 0 & 0 & 0 & 1 & 1 & 0 & 0 & -1 \end{pmatrix} \mathbf{I} = \begin{pmatrix} 0 \\ 0 \\ 0 \\ 0 \\ 1 \\ 1 \\ 1 \\ 1 \end{pmatrix}$$

Isto tem solução $\mathbf{I} = (1, 1, 1, 1, 0, 0, 0, 0)$. Da simetria do circuito com relação a rotação devemos ter as mesmas correntes nos ramos de um a quatro, e a mesma corrente nos ramos de cinco a oito. Que os quatro últimos são 0 usa o fato de sua soma ser 0 pela equação no nó 5. Que os quatro primeiros são 1 cada usa o fato de sua soma ser 4 pela equação de voltagem no laço externo.

A.2 SOLUÇÕES DOS EXERCÍCIOS DO CAPÍTULO 2

2.1.1. (a) é um subespaço, os demais não. (d) e (e) não contêm o vetor zero, (b) e (c) são fechados por multiplicação por escalar mas não sob adição.

2.1.2. (a) $\mathcal{N}(A)$, (b) $\mathcal{P}(A)$ onde em ambos os casos $A = \begin{pmatrix} 3 & 2 & -1 & 1 \\ 2 & -3 & 1 & -5 \\ 1 & 1 & 4 & -7 \end{pmatrix}$

2.1.3. (a) ger$((.6724, -.6379, 1.7414, 1))$
(b) ger$((3, 2, 1), (2, -3, 1), (-1. 1. 4), (1, -5, -7))$

2.1.4. (b),(c), (d) são subespaços. Os outros não pois não contêm o vetor zero.

2.1.5. (a) e (b) são subespaços; (c) e (d) não porque não contêm a matriz zero.

Soluções do capítulo 2 **323**

2.1.6. A propriedade de fechamento sob multiplicação por escalar vale para (a) e (b) mas não para (c) e (d). A propriedade de fechamento sob adição vale para (c) e (d) mas não para (a) e (b). Todos satisfazem às duas formas de associatividade e multiplicação por 1 manda um vetor nele mesmo. Não satisfazem a nenhum axioma de distributividade. A adição não é comutativa para qualquer deles. Para (a), (c), (d) existe uma identidade aditiva que é a matriz identidade, mas não há identidade para (b). Para (c) e (d) a propriedade do inverso está satisfeita mas não para (a) e (b).

2.1.7. Cada elemento de $\text{ger}(\mathbf{v}_1, \ldots, \mathbf{v}_k)$ é uma combinação linear $a_1 \mathbf{v}_1 + \cdots + a_k \mathbf{v}_k$ de modo que é uma combinação linear $a_1 \mathbf{v}_1 + \cdots + a_m \mathbf{v}_m$ onde os números $a_i = 0$ se $i > k$. Para um exemplo em que são iguais tome $k = 1$ e $m = 2$ com $\mathbf{v}_1 = \mathbf{e}_1$ e $\mathbf{v}_2 = 2\mathbf{e}_1$. Para um exemplo em que são diferentes tome $k = 1$ e $m = 2$, com $\mathbf{v}_1 = \mathbf{e}_1$ e $\mathbf{v}_2 = \mathbf{e}_2$.

2.2.1. (a) não está no subespaço
(b) $\mathbf{v} = \mathbf{v}_1 + 2\mathbf{v}_2 - \mathbf{v}_3$.

2.2.2. (a) dependentes; (b) dependentes; (c) independentes; (d) independentes.

2.2.3. (a) independentes; (b) dependentes.

2.2.4. Geram S pois uma matriz geral de S é da forma

$$\begin{pmatrix} x & y \\ y & z \end{pmatrix} = x \begin{pmatrix} 1 & 0 \\ 0 & 0 \end{pmatrix} + y \begin{pmatrix} 0 & 1 \\ 1 & 0 \end{pmatrix} + z \begin{pmatrix} 0 & 0 \\ 0 & 1 \end{pmatrix}.$$

São também independentes pois

$$a \begin{pmatrix} 1 & 0 \\ 0 & 0 \end{pmatrix} + b \begin{pmatrix} 0 & 1 \\ 1 & 0 \end{pmatrix} + c \begin{pmatrix} 0 & 0 \\ 0 & 1 \end{pmatrix} = \begin{pmatrix} 0 & 0 \\ 0 & 0 \end{pmatrix}$$

significa $\begin{pmatrix} a & b \\ b & c \end{pmatrix} = \begin{pmatrix} 0 & 0 \\ 0 & 0 \end{pmatrix}$ e assim $a = b = c = 0$. Assim formam uma base.

2.2.5. $(x, y, z) = z(1, 1, 1) + (y - z)(1, 1, 0) + (x - y)(1, 0, 0)$.

2.2.6. Resulta do fato de termos dois vetores gerando $\mathbb{R}^3$ implicar que os vetores da base canônica $\mathbf{e}_1, \mathbf{e}_2, \mathbf{e}_3$ são dependentes pela Proposição 2.2.

2.2.7. Como $(3, 1, 2) = (1, 2, 1) + (2, -1, 1)$ este subespaço é gerado pelos dois vetores $(1, 2, 1),(2, -1, 1)$. Como nenhum destes é múltiplo do outro, eles são independentes. Assim o subespaço em questão é um plano. Seu vetor normal é dado pelo produto vetorial destes dois vetores, que é $(3, 1, -5)$. Assim a equação do plano é $3x + y - 5z = 0$.

2.2.8. Uma base é dada por

$$\begin{pmatrix} 0 & 1 & 0 \\ -1 & 0 & 0 \\ 0 & 0 & 0 \end{pmatrix}, \begin{pmatrix} 0 & 0 & 1 \\ 0 & 0 & 0 \\ -1 & 0 & 0 \end{pmatrix}, \begin{pmatrix} 0 & 0 & 0 \\ 0 & 0 & 1 \\ 0 & -1 & 0 \end{pmatrix}$$

2.2.9. Argüimos sobre a dimensão do subespaço S. Como $S \subset \mathbb{R}^3$, $\dim S \le 3$. Se $\dim S = 0$ então o subespaço é $\{\mathbf{0}\}$. Se $\dim S = 1$ e $\mathbf{v}$ é uma base, então $S = \{c\mathbf{v}\}$ é a reta pela origem e $\mathbf{v}$. Se

324 Apêndice A

dim $S = 2$ com base $\mathbf{v}_1, \mathbf{v}_2$ então S é o plano pela origem com vetor normal $\mathbf{v}_1 \times \mathbf{v}_2$. Se dim $S = 3$, então $S = \mathbb{R}^3$ pois um subespaço com a mesma dimensão que o espaço todo tem de ser igual ao espaço todo.

2.3.1. Verificação para $k = 1$: $L(a_1\mathbf{v}_1) = a_1L(\mathbf{v}_1)$ pela propriedade de linearidade sob multiplicação por escalar. Suponha a afirmação verdadeira para $k < n$ e seja $k = n$. Então $L(a_1\mathbf{v}_1 + \cdots + a_n\mathbf{v}_n)$ $= L(a_1\mathbf{v}_1) + L(a_2\mathbf{v}_2 + \cdots + a_n\mathbf{v}_n) = a_1L(\mathbf{v}_1) + a_2L(\mathbf{v}_2) + \cdots + a_nL(\mathbf{v}_n)$ onde usamos a hipótese de indução para reescrever o segundo termo.

2.3.2. Só precisamos ver que é fechado quando se tomam combinações lineares. Suponha que L e M são transformações lineares e a, b, números reais. Então
$$(aL + bM)(c\mathbf{v} + d\mathbf{w}) = aL(c\mathbf{v} + d\mathbf{w}) + bM(c\mathbf{v} + d\mathbf{w})$$
$$= acL(\mathbf{v}) + adL(\mathbf{w}) + bcM(\mathbf{v}) + bdM(\mathbf{w})$$
$$= c(aL + bM)(\mathbf{v}) + d(aL + bM)(\mathbf{w})$$
de modo que $aL + bM$ é uma transformação linear.

2.3.3. (a),(b),(e),(f),(g),(h) são transformações lineares e as outras não.

2.3.4. (a) $(2, 3, 5) = 2(1, 0, 1) + 3(0, 1, 1)$; $L(2, 3, 5) = (2, 5, 6, 11)$
(b) $(x, y, z) = x(1, 0, 1) + y(0, 1, 1)$; $L(x, y, z) = (x, 2x + y, 3x, 4x + y)$

2.3.5. (a) $(10, 11, 12) = -2(1, 2, 3) + 3(4, 5, 6)$; $L(10, 11, 12) = (-2, -1, -6, -5)$
(b) $(x, y, z) = (-5x/3 + 4y/3)(1, 2, 3) + (2x/3 - y/3)(4, 5, 6)$;
$L(x, y, z) = (-5x/3 + 4y/3, -8x/3 + 7y/3, -5x + 4y, -6x + 5y)$

2.4.1. L manda a base canônica de $\mathbb{R}^3$ na base do Exercício 2.2.4 para S de modo que é um isomorfismo.

2.4.2. Suponha $c_1\mathbf{v}_1 + \cdots + c_n\mathbf{v}_n = \mathbf{0}$. Aplicando L a cada membro dá $\mathbf{0} = L(\mathbf{0}) = L(c_1\mathbf{v}_1) + \cdots + c_n\mathbf{v}_n)$ $= c_1\mathbf{w}_1 + \cdots + c_n\mathbf{w}_n$. A independência dos $\mathbf{w}_i$ implica $c_1 = \cdots = c_n = 0$.

2.4.3. Não pois uma reta é de dimensão 1 e um plano de dimensão 2.

2.4.4. As matrizes A e B existem pois os $\mathbf{w}_i$ geram V de modo que os $\mathbf{v}_j$ podem ser escritos em termos deles. Como os $\mathbf{v}_p$ geram V, $\mathbf{w}_m$ pode ser escrito em termos deles. Escrevamos estas afirmações com $(\mathbf{v}_1 \cdots \mathbf{v}_n) = (\mathbf{w}_1 \cdots \mathbf{w}_n) A$ e $(\mathbf{w}_1 \cdots \mathbf{w}_n) = (\mathbf{v}_1 \cdots \mathbf{v}_n) B$. Então obtemos $(\mathbf{v}_1 \cdots \mathbf{v}_n) = (\mathbf{v}_1 \cdots \mathbf{v}_n)AB$
Como $\mathbf{v}_1, \ldots, \mathbf{v}_n$ é uma base cada vetor pode ser expresso como combinação linear dos elementos da base exatamente de um modo. Assim $AB = I$. Analogamente podemos mostrar que $BA = I$.

2.4.5. Primeiro suponha que L é $1 - 1$ e $c_1\mathbf{w}_1 + \cdots + c_n\mathbf{w}_n = 0$. Use $c_1\mathbf{w}_1 + \cdots + c_n\mathbf{w}_n = L(c_1\mathbf{v}_1 + \cdots + c_n\mathbf{v}_n)$ e L $1 - 1$ para ver que $c_1\mathbf{v}_1 + \cdots + c_n\mathbf{v}_i = \mathbf{0}$. Como os $\mathbf{v}_i$ são independentes vem que cada $c_i = 0$ de modo que os $\mathbf{w}_i$ são independentes. Em seguida suponha que L é sobre. Então todo vetor $\mathbf{w} \in W$ é igual a $L(\mathbf{v})$ para algum $\mathbf{v} \in V$. Como os $\mathbf{v}_i$ geram V, podemos escrever $\mathbf{v} = c_1\mathbf{v}_1 + \cdots + c_n\mathbf{v}_n$. Assim $\mathbf{w} = L(c_1\mathbf{v}_1 + \ldots + c_n\mathbf{v}_n) = c_1\mathbf{w}_1 + \cdots + c_n\mathbf{w}_n$ e portanto os $\mathbf{w}_i$ geram W.

2.4.6. Seja $\mathbf{s}_1, \ldots, \mathbf{s}_k$ base de S. Como é uma base são independentes. De outro lado são em número de $k = $ dim $S = $ dim T vetores independentes em T e a Proposição 3.5 implica que são base de T.

Soluções do capítulo 2 **325**

2.5.1. $\mathcal{N}(A) : (-2/3, 1/3, 1); \mathcal{N}(A^t) : (-2, 1, 1);$
$\mathcal{I}(A) : (1, 2, 0), (2, 1, 3); \mathcal{I}(A^t) : (1, 2, 0), (0, -3, 1)$

2.5.2. $\mathcal{N}(A) : (1, -1, 1, 0), (0, -1, 0, 1); \mathcal{N}(A^t) : (-3, -2, 1);$
$\mathcal{I}(A) : (1, 0, 3), (0, 1, 2); \mathcal{I}(A^t) : (1, 0, -1, 0), (0, 1, 1, 1)$

2.5.3. $\mathcal{N}(A) : (1/2, -5/4, 1/4, 1, 0), (-1/2, -1/4, 1/4, 0, 1);$
$\mathcal{N}(A^t) : (-2, -1, 1, 1); \mathcal{I}(A) : (1, 0, 2, 0), (2, 1, 1, 4), (0, 1, 1, 0);$
$\mathcal{I}(A^t) : (1, 2, 0, 2, 1), (0, 1, 1, 1, 0), (0, 0, 4 -1, -1)$

2.5.4. $\mathcal{N}(A) : (-1, 0, 1, 0, 0, 0), (-1/3, 1/3, 0, 1, 0, 0), (-4/3, 2/3, 0, 0, 1, 0),$
$(-2/3, 1/3, 0, 0, 0, 1); \mathcal{N}(A^t) : (-1, -1, 1, 0), (1, -1, 0, 1);$
$\mathcal{I}(A) : (1, 2, 3, 1), (-1, 1, 0, 2);$
$\mathcal{I}(A^t) : (1, -1, 1, 0, 2, 1), (0, 3, 0, 1, -2, -1).$

2.5.5. Uma base para $\mathcal{I}(A)$ é dada por sen t, cos t. Uma base para $\mathcal{N}(L)$ é dada por $(-1/\sqrt{2}, -1/\sqrt{2}, 1)$.

2.5.6. 1

2.5.7. Note que L manda uma base em uma base, de modo que é um isomorfismo. Podemos verificar que $L(\mathbf{e}_1), L(\mathbf{e}_2), L(\mathbf{e}_3), L(\mathbf{e}_4)$ formam uma base mostrando ou que são independentes ou que geram as matrizes 2 por 2. Para ver que são independentes suponha que

$$c_1\begin{pmatrix} 1 & 0 \\ 0 & 0 \end{pmatrix} + c_2\begin{pmatrix} 1 & 1 \\ 0 & 0 \end{pmatrix} + c_3\begin{pmatrix} 1 & 1 \\ 1 & 0 \end{pmatrix} + c_4\begin{pmatrix} 1 & 1 \\ 1 & 1 \end{pmatrix} = \begin{pmatrix} 0 & 0 \\ 0 & 0 \end{pmatrix}$$

Isto dá uma equação matricial $A\mathbf{c} = \mathbf{0}$ onde $A = \begin{pmatrix} 1 & 1 & 1 & 1 \\ 0 & 1 & 1 & 1 \\ 0 & 0 & 1 & 1 \\ 0 & 0 & 0 & 1 \end{pmatrix}$. Isto só tem a solução $\mathbf{c} = \mathbf{0}$,

provando a independência.

2.5.8. Se $\mathbf{w}_1, \mathbf{w}_2 \in \mathcal{I}(L)$ e $a, b \in \mathbb{R}$ então devemos mostrar que $a\mathbf{w}_1 + b\mathbf{w}_2 \in \mathcal{I}(L)$. Mas $\mathbf{w}_1, \mathbf{w}_2 \in \mathcal{I}(L)$ significa que existem $\mathbf{v}_1, \mathbf{v}_2$ com $L(\mathbf{v}_1) = \mathbf{w}_1$ e $L(\mathbf{v}_2) = \mathbf{w}_2$. Então $L(a\mathbf{v}_1 + b\mathbf{v}_2) = aL(\mathbf{v}_1) + bL(\mathbf{v}_2) = a\mathbf{w}_1 + b\mathbf{w}_2$ e portanto $a\mathbf{w}_1 + b\mathbf{w}_2 \in \mathcal{I}(L)$. A imagem de L é fechada pela formação de combinações lineares portanto é um subespaço. Se $\mathbf{v}_1, \mathbf{v}_2 \in \mathcal{N}(L)$ e $a, b \in \mathbb{R}$ então devemos mostrar que $a\mathbf{v}_1 + b\mathbf{v}_2$ está em $\mathcal{N}(L)$ par amostrar que $\mathcal{N}(L)$ é fechado por formação de combinações lineares portanto é um subespaço. Mas $L(\mathbf{v}_1) = L(\mathbf{v}_2) = \mathbf{0}$ implica que $L(a\mathbf{v}_1 + b\mathbf{v}_2) = aL(\mathbf{v}_1) + bL(\mathbf{v}_2) = a \cdot \mathbf{0} + b \cdot \mathbf{0} = \mathbf{0} + \mathbf{0} = \mathbf{0}$ e assim $a\mathbf{v}_1 + b\mathbf{v}_2 \in \mathcal{N}(L)$.

2.5.9. (a) O vetor perpendicular é $(-1, -2, 1)$. A matriz A é $(-1 \ -2 \ \ 1)$

(b) $B = \begin{pmatrix} 0 & 1 & 0 \\ 2 & 0 & 1 \end{pmatrix}$

2.5.10. (a) $(1, 0, -1, 1), (2, 1, 1, 0)$
(b) $(1, -3, 1, 0), (-1, 2, 0, 1)$

(c) $\begin{pmatrix} 1 & -3 & 1 & 0 \\ -1 & 2 & 0 & 1 \end{pmatrix}$

2.6.1. São independentes pois nenhum deles é múltiplo do outro. A única propriedade essencial necessária para $\mathbf{v}$ é que não seja combinação linear dos dois dados. Podemos tomar $\mathbf{v} = (1, 0, 0)$.

326 Apêndice A

2.6.2. Uma base para S é dada pelas seis matrizes

$$\begin{pmatrix} 1 & 0 & 0 \\ 0 & 0 & 0 \\ 0 & 0 & 0 \end{pmatrix}, \begin{pmatrix} 0 & 1 & 0 \\ 1 & 0 & 0 \\ 0 & 0 & 0 \end{pmatrix}, \begin{pmatrix} 0 & 0 & 1 \\ 0 & 0 & 0 \\ 1 & 0 & 0 \end{pmatrix}, \begin{pmatrix} 0 & 0 & 0 \\ 0 & 1 & 0 \\ 0 & 0 & 0 \end{pmatrix}, \begin{pmatrix} 0 & 0 & 0 \\ 0 & 0 & 1 \\ 0 & 1 & 0 \end{pmatrix}, \begin{pmatrix} 0 & 0 & 0 \\ 0 & 0 & 0 \\ 0 & 0 & 1 \end{pmatrix}$$

Uma base para T é dada pela seis matrizes

$$\begin{pmatrix} 1 & 0 & 0 \\ 0 & 0 & 0 \\ 0 & 0 & 0 \end{pmatrix}, \begin{pmatrix} 0 & 1 & 0 \\ 0 & 0 & 0 \\ 0 & 0 & 0 \end{pmatrix}, \begin{pmatrix} 0 & 0 & 1 \\ 0 & 0 & 0 \\ 0 & 0 & 0 \end{pmatrix}, \begin{pmatrix} 0 & 0 & 0 \\ 0 & 1 & 0 \\ 0 & 0 & 0 \end{pmatrix}, \begin{pmatrix} 0 & 0 & 0 \\ 0 & 0 & 1 \\ 0 & 0 & 0 \end{pmatrix}, \begin{pmatrix} 0 & 0 & 0 \\ 0 & 0 & 0 \\ 0 & 0 & 1 \end{pmatrix}$$

Uma base para $S \cap T$ é dada pelas três matrizes

$$\begin{pmatrix} 1 & 0 & 0 \\ 0 & 0 & 0 \\ 0 & 0 & 0 \end{pmatrix}, \begin{pmatrix} 0 & 0 & 0 \\ 0 & 1 & 0 \\ 0 & 0 & 0 \end{pmatrix}, \begin{pmatrix} 0 & 0 & 0 \\ 0 & 0 & 0 \\ 0 & 0 & 1 \end{pmatrix}$$

Uma base para $S + T = M(3, 3)$ é dada pelas 9 matrizes $N(i, j)$ que têm todos os elementos nulos exceto o da posição ij que vale 1.

2.6.3. Mostramos que $S \cap T = \{\mathbf{0}\}$ verificando que $c(-1, 1, 2)$ satisfaz à equação do plano see $c = 0$, isto é, a intersecção é o vetor zero. Então $S + T$ será de dimensão 3 logo deve ser $\mathbb{R}^3$. Como há uma decomposição em soma direta cada vetor em $\mathbb{R}^3 = S + T$ pode ser escrito de uma única maneira como soma de um vetor de S e um vetor de T.

2.6.4. Uma base para $S \cap T$ é $(3, 1, -1)$. Como dim $S \cap T = 1$ temos dim $(S + T) = 3$ e assim $S + T = \mathbb{R}^3$.

2.6.5. Uma base para $S \cap T$ é $1 + x^3$. Como $\dim(S + T) = 4$ temos $S + T = \mathcal{P}^3 (\mathbb{R}, \mathbb{R})$, de modo que podemos tomar a base canônica $1, x, x^2, x^3$.

2.7.1. O j-ésimo elemento de $(\mathbf{V}C)D$ é

$$\left(\mathbf{V}C\right)D^j = \sum_{k=1}^{n} d_{kj} \left(\sum_{i=1}^{n} c_{ik} \mathbf{v}_i \right) = \sum_{i=1}^{n} \left(\sum_{k=1}^{n} c_{ik} d_{kj} \right) \mathbf{v}_i$$

Como o elemento ij de CD é $\sum_{k=1}^{n} c_{ik} d_{kj}$ este é também o elemento ij de $\mathbf{V}(CD)$

2.7.2. A afirmação $L(\mathbf{U}) = L(\mathbf{V})C$ significa apenas que $L(\mathbf{u}_j) = \sum_{i=1}^{n} c_{ij} L(\mathbf{v}_i)$. Isto segue imediatamente do fato de L ser transformação linear e portanto mandar combinação lineares em combinações lineares e de $\mathbf{u}_j = \sum_{i=1}^{n} c_{ij} \mathbf{v}_i$.

2.7.3. Seguindo a sugestão temos $L(\mathbf{V}) = \mathbf{W}A, M(\mathbf{W}) = \mathbf{V}B$ onde A e B são inversas. Então $ML(\mathbf{V}) = M(\mathbf{V}A) = M(\mathbf{V})A = \mathbf{V}BA = \mathbf{V}$. Assim ML é a identidade. Assim L é um isomorfismo.

2.7.4.
$$\begin{pmatrix} 0 & 0 & 0 \\ 1 & 0 & 0 \\ 0 & 1/2 & 0 \\ 0 & 0 & 1/3 \end{pmatrix}$$

2.7.5.
$$\begin{pmatrix} 1 & 0 \\ 0 & -1 \end{pmatrix}, \begin{pmatrix} 3/5 & 4/5 \\ 4/5 & -3/5 \end{pmatrix}$$

Soluções do capítulo 2   **327**

2.7.6. $U = V\mathcal{T}_V^{\mathcal{U}}$, $V = U\mathcal{T}_{\mathcal{U}}^V$ implicam $U = U\mathcal{T}_{\mathcal{U}}^V \mathcal{T}_V^{\mathcal{U}}$. Como os coeficientes com relação a uma base são univocamente determinados isto significa que $I = \mathcal{T}_{\mathcal{U}}^V \mathcal{T}_V^{\mathcal{U}}$ e portanto $\mathcal{T}_{\mathcal{U}}^V = (\mathcal{T}_V^{\mathcal{U}})^{-1}$.

2.7.7. (a) $\begin{pmatrix} -1/3 & 2/3 & 1/3 \\ 2/3 & -7/3 & 1/3 \\ 1/3 & 1/3 & -1/3 \end{pmatrix}$

(b) igual a parte (a)

2.7.8. $\begin{pmatrix} -1/3 & 2/3 \\ 2/3 & -1/3 \end{pmatrix}$

2.7.9. $\begin{pmatrix} 1 & 0 & 0 \\ 0 & 1 & 0 \\ 0 & 0 & -1 \end{pmatrix}, \begin{pmatrix} 1/3 & -2/3 & 2/3 \\ -2/3 & 1/3 & 2/3 \\ 2/3 & 2/3 & 1/3 \end{pmatrix}$

2.7.10. $\begin{pmatrix} 1 & 0 & 0 \\ 0 & 0 & -1 \\ 0 & 1 & 0 \end{pmatrix}, \begin{pmatrix} .3333 & .9107 & .2440 \\ -.2440 & .3333 & .9107 \\ .9107 & .2440 & .3333 \end{pmatrix}$

2.7.11. O meio mais fácil de fazer este problema é achar primeiro $L_{\mathcal{G}}^{\mathcal{G}}$ e depois achar as outras representantes de L a partir desta.

(a) $L_{\mathcal{B}}^{\mathcal{B}} = \begin{pmatrix} -1 & -1 & -1 & -1 \\ 0 & 0 & -1 & -1 \\ 0 & 0 & 1 & -1 \\ 0 & 0 & 0 & 2 \end{pmatrix}$

(b) $\mathcal{T}_{\mathcal{G}}^{\mathcal{B}} = \begin{pmatrix} 1 & 1 & 1 & 1 \\ 0 & 1 & 1 & 1 \\ 0 & 0 & 1 & 1 \\ 0 & 0 & 0 & 1 \end{pmatrix}$

(c) A resposta é $L_{\mathcal{G}}^{\mathcal{G}} = \begin{pmatrix} -1 & 0 & 0 & 0 \\ 0 & 0 & 0 & 0 \\ 0 & 0 & 1 & 0 \\ 0 & 0 & 0 & 2 \end{pmatrix}$. No segundo cálculo usamos

$\mathcal{T}_{\mathcal{B}}^{\mathcal{G}} = (\mathcal{T}_{\mathcal{G}}^{\mathcal{B}}) = \begin{pmatrix} 1 & -1 & 0 & 0 \\ 0 & 0 & -1 & 0 \\ 0 & 0 & 1 & -1 \\ 0 & 0 & 0 & 1 \end{pmatrix}$

(d) $\mathcal{T}_{\mathcal{G}}^{\mathcal{B}} = \begin{pmatrix} -1 & -1 & -1 & -1 \\ 0 & 0 & 0 & 0 \\ 0 & 0 & 1 & 1 \\ 0 & 0 & 0 & 2 \end{pmatrix}$

2.7.12. reflexiva: $A = IAI$ implica que A é semelhante a A.
simétrica: $B = C^{-1}AC$ implica $A = CBC^{-1} = (C^{-1})^{-1} BC^{-1}$
transitiva: $C = E^{-1}BE$, $B = D^{-1}AD$ implica
$C = E^{-1}D^{-1}ADE = (DE)^{-1} A(DE)$

2.7.13. $L(1) = 1; L(x) = 0; L(x^2) = x^2; L(x^3) = 2x^3$, e

328 Apêndice A

$$[L] = \begin{pmatrix} -1 & 0 & 0 & 0 \\ 0 & 0 & 0 & 0 \\ 0 & 0 & 1 & 0 \\ 0 & 0 & 0 & 2 \end{pmatrix}$$

Assim $\mathcal{N}([L]) = \text{ger}(\mathbf{e}_2)$, $\mathcal{I}([L]) = \text{ger}(\mathbf{e}_1, \mathbf{e}_3, \mathbf{e}_4)$ e portanto uma base para $\mathcal{N}(L)$ é dada por x, e uma base para $\mathcal{I}(L)$ é dada por $1, x^2, x^3$.

2.7.14. (a) $[L] = \begin{pmatrix} 3 & 0 \\ 0 & 2 \end{pmatrix}, [x+1] = \begin{pmatrix} 1 \\ 1 \end{pmatrix}$.

(b) A solução de $[L]\mathbf{c} = [x+1]$ é $(1/3, 1/2)$ portanto a solução polinomial da equação diferencial é $1/3 + x/2$.

2.8.1. (a) $C_d = \begin{pmatrix} 1 & 0 & 1 & 1 & 0 \\ 0 & 0 & 1 & 0 & 1 \\ 1 & 1 & 0 & 0 & 0 \\ 0 & 1 & 1 & 0 & 0 \\ 2 & 0 & 0 & 0 & 0 \end{pmatrix}, C_g = \begin{pmatrix} 1 & 0 & 2 & 1 & 2 \\ 0 & 0 & 2 & 1 & 1 \\ 2 & 2 & 0 & 1 & 0 \\ 1 & 1 & 1 & 0 & 0 \\ 2 & 1 & 0 & 0 & 0 \end{pmatrix}$

(b) $C_d = \begin{pmatrix} 0 & 1 & 0 & 0 & 0 & 0 & 0 & 0 & 0 \\ 0 & 0 & 1 & 0 & 0 & 0 & 0 & 1 & 1 \\ 0 & 0 & 0 & 1 & 1 & 0 & 0 & 0 & 0 \\ 0 & 0 & 0 & 0 & 0 & 0 & 0 & 1 & 0 \\ 0 & 0 & 0 & 0 & 0 & 0 & 0 & 1 & 0 \\ 0 & 0 & 0 & 0 & 0 & 0 & 0 & 1 & 0 \\ 0 & 0 & 0 & 0 & 0 & 0 & 0 & 1 & 0 \\ 0 & 0 & 0 & 0 & 0 & 0 & 0 & 0 & 0 \\ 0 & 0 & 0 & 0 & 0 & 1 & 1 & 0 & 0 \end{pmatrix}, C_g = \begin{pmatrix} 0 & 1 & 0 & 0 & 0 & 0 & 0 & 0 & 0 \\ 1 & 0 & 1 & 0 & 0 & 0 & 0 & 1 & 1 \\ 0 & 1 & 0 & 1 & 1 & 0 & 0 & 0 & 0 \\ 0 & 0 & 1 & 0 & 0 & 0 & 0 & 1 & 0 \\ 0 & 0 & 1 & 0 & 0 & 0 & 0 & 1 & 0 \\ 0 & 0 & 0 & 0 & 0 & 0 & 0 & 1 & 1 \\ 0 & 0 & 0 & 0 & 0 & 0 & 0 & 1 & 1 \\ 0 & 1 & 0 & 1 & 1 & 1 & 1 & 0 & 0 \\ 0 & 1 & 0 & 0 & 0 & 1 & 1 & 0 & 0 \end{pmatrix}$

2.8.2. (a) $\begin{pmatrix} 0 & 1 & 0 & 1 & 0 \\ 1 & 0 & 0 & 0 & 2 \\ 0 & 0 & 0 & 1 & 1 \\ 1 & 0 & 1 & 0 & 1 \\ 0 & 2 & 1 & 1 & 0 \end{pmatrix}$ (b) $\begin{pmatrix} 0 & 1 & 1 & 1 & 1 & 0 & 0 \\ 1 & 0 & 0 & 0 & 0 & 0 & 0 \\ 1 & 0 & 0 & 0 & 0 & 0 & 1 \\ 1 & 0 & 0 & 0 & 0 & 0 & 0 \\ 1 & 0 & 0 & 0 & 0 & 0 & 1 \\ 0 & 0 & 0 & 0 & 0 & 1 & 0 \\ 0 & 0 & 1 & 0 & 1 & 0 & 0 \end{pmatrix}$

2.8.3.

Figura A. 1. Solução de 2.8.3

2.8.4.

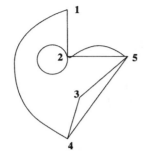

Figura A. 2. Solução de 2.8.4

2.8.5. O número de caminhos de comprimento menor ou igual a p é a soma do número de caminhos de comprimento i, i variando de 1 a p. Usando a Proposição 2.8.1, este número é dado pelo elemento ij da soma $C + C^2 + \cdots + C^p$.

2.8.6. (a) O grafo não é conexo. Há três caminhos de comprimento menor ou igual a 5 unindo o primeiro e o segundo vértices.
(b) É conexo. Existem 10 caminhos de comprimento menor ou igual a 5 unindo o primeiro e o segundo vértices.

2.8.7. O espaço de anulamento tem base (0,1,0,1,0,0,0,0),(1,0,1,0,1,1,1,1) de modo que não é conexo

2.8.8. As linhas de L são perpendiculares às colunas de N portanto a imagem de N está no espaço de anulamento de L. Como têm a mesma dimensão $V - 1$ são iguais.

2.8.9. O espaço de anulamento de $\bar{N}$ é $\{\mathbf{0}\}$ pois $\bar{N}$ é de posto $V-1$. A inclusão $\mathcal{N}(\bar{N}) \subset \mathcal{N}(\bar{N}^t R^{-1} \bar{N})$ vale pois $\bar{N}\mathbf{y} = \mathbf{0}$ implica $(\bar{N}^t R^{-1} \bar{N})\mathbf{y} = \bar{N}^t R^{-1}(\bar{N}\mathbf{y}) = \mathbf{0}$. Para obter a outra inclusão suponha que $\bar{N}^t R^{-1}\bar{N}\mathbf{y} = \mathbf{0}$. Seguindo a sugestão multiplicamos por $\mathbf{y}^t$ para obter $\mathbf{y}^t \bar{N}^t R^{-1} \bar{N}\mathbf{y} = \mathbf{0}$. Se $\bar{N}\mathbf{y} = (a, \ldots, a_k)$ e os elementos diagonais de R^{-1} são $d_1, \ldots, d_k$, então temos $d_1 a_1^2 + \cdots + d_k a_k^2 = 0$. Como os d_i são positivos, isto dá $\bar{N}\mathbf{y} = \mathbf{a} = \mathbf{0}$

A. 3 SOLUÇÕES DOS EXERCÍCIOS DO CAPÍTULO 3

3.1.1. O elemento ij de $A^t A$ é $\mathbf{v}_i \cdot \mathbf{v}_j$. Assim a base é ortogonal see os elementos não diagonais de $A^t A$ forem zero, e é ortonormal se além disso os elementos diagonais são 1. As linhas são ortogonais see as colunas de A^t são ortogonais see $AA^t = D$. A matriz é ortogonal see $A^t = A^{-1}$ o que significa $A^t A = AA^t = I$, que é equivalente pelo que precede a colunas e linhas de A formarem bases ortonormais.

3.1.2. $\mathbf{q}_1 = (-.7071, 0, .7071)$, $\mathbf{q}_2 = (.4082, -.8165, .4082)$

$$Q = \begin{pmatrix} -.7071 & .4082 \\ 0 & -.8165 \\ .7071 & .4082 \end{pmatrix}, R = \begin{pmatrix} 1.4142 & .7071 \\ 0 & 1.2247 \end{pmatrix}$$

O terceiro vetor é $\mathbf{q}_3 = (.5774, .5774, .5774)$.

330 Apêndice A

3.1.3. $Q = \begin{pmatrix} .7071 & .4082 \\ 0 & .8165 \\ .7071 & -.4082 \end{pmatrix}, R = \begin{pmatrix} 1.4142 & 2.1213 \\ 0 & 1.2247 \end{pmatrix}$

3.1.4. $Q = \begin{pmatrix} .5774 & .7001 & .4201 \\ 0 & .4201 & -.7001 \\ .5774 & -.1400 & .5601 \\ -.5774 & .5601 & .1400 \end{pmatrix}, R = \begin{pmatrix} 1.7321 & .5774 & 0 \\ 0 & 2.3805 & 1.6803 \\ 0 & 0 & .4201 \end{pmatrix}$

3.1.5. $.2(1, 0, 1) + 4/3(1, 1, -1) + 1/3(-1, 2, 1)$

3.1.6. $(1 + x)$ e $(1/4 - 7/4x + x^2)$, $2 + x^2 = 7/4(1 + x) + (1/4 - 7/4 + x^2)$

3.1.7. $x^3 - 3x/5$

3.2.1. As bases são : $\mathcal{N}(A) : (0, -1, 0, 1),(1, -2, 1, 0)$; $\mathcal{I}(A^t) : (1, 0, -1, 0),(0, 1, 2, 1)$. Podemos verificar que os dois primeiros vetores são ortogonais aos dois últimos. $\mathcal{N}(A^t) : (2, -1, 1)$; $\mathcal{I}(A): (1, 2, 0),(0, 1, 1)$. Podemos verificar que o primeiro é ortogonal aos dois últimos $A(1\ 0\ -1\ 0)^t = (2\ 2\ -2)^t$, $A(0\ 1\ 2\ 0)^t = (-2\ 1\ -3)^t$. Como estes dois são independentes no espaço bidimensional $\mathcal{I}(A)$, eles formam uma base.

3.2.2 Bases:
$\mathcal{N}(A) : (-1, 0, 1, 0, 0),(1, -1, 0, 1, 0),(-1, 0, 0, 0, 1)$; $\mathcal{I}(A^t) : (1, 1, 1, 0, 1),(0, 1, 0, 1, 0)$.

Podemos verificar que os primeiros três vetores são ortogonais aos dois últimos.
$\mathcal{N}(A^t) : (-2, -1, 1, 0),(-3, -2, 0, 1)$; $\mathcal{I}(A) : (1, 0, 2, 3),(1, 1, 3, 5)$.

Verificamos que os dois primeiros vetores são ortogonais aos dois últimos.
$A(1\ 1\ 1\ 0\ 1)^t = (4\ 1\ 9\ 14)^t$, $A(0\ 1\ 0\ 1\ 0)^t = (1\ 2\ 4\ 7)^t$.

Como estes dois são independentes no espaço bidimensional $\mathcal{I}(A)$ eles formam uma base.

3.2.3. $(0, -1, 0, 1, 0),(1, -2, 2, 0, 1)$

3.2.4. Para que o polinômio $a + bx + cx^2 + dx^3$ seja ortogonal a 1 e x temos as equações $2(a + c/3) = 0$, $2(b/3 + d/5) = 0$. Tomando duas soluções independentes destas equações obtemos os polinômios $x^2 - 1/3$ e $x^3 - 3x/5$, que são os dois polinômios ortogonais mônicos seguintes.

3.2.5. Por contagem de dimensões dim $S^\perp = p$. Então se $\mathbf{t}_1, \dots, \mathbf{t}_p$ forem ortogonais a cada um dos vetores $\mathbf{s}_i$ isto implicará que são ortogonais ao subespaço S gerado pelos $\mathbf{s}_i$. Formam p vetores independentes (pois são coleção ortonormal de vetores) num espaço de dimensão p logo formam base para $S^\perp$.

3.3.1. O elemento ij de AB é $\sum_{k=1}^{n} a_{ik} b_{kj}$. O elemento ij de $A^k B_k$ é $a_{ik} b_{kj}$ portanto o elemento ij da soma é $\sum_{k=1}^{n} a_{ik} b_{kj}$.

3.3.2. $\begin{pmatrix} 4/5 & 2/5 & 0 \\ 2/5 & 1/5 & 0 \\ 0 & 0 & 0 \end{pmatrix}$

Soluções do capítulo 4 **331**

3.3.3. $\begin{pmatrix} 1/5 & -2/5 & 0 \\ -2/5 & 4/5 & 0 \\ 0 & 0 & 1 \end{pmatrix}$

3.3.4. $\mathbf{x} = (1/2, 0), P = \begin{pmatrix} 1/2 & 0 & 1/2 \\ 0 & 1 & 0 \\ 1/2 & 0 & 1/2 \end{pmatrix}$

3.4.1. equação normal: $\begin{pmatrix} 5 & 1 \\ 1 & 3 \end{pmatrix}\mathbf{x} = \begin{pmatrix} -1 \\ 1 \end{pmatrix}$, solução $\mathbf{x} = (.2857, .4286)$

$$P = \begin{pmatrix} .7143 & -.1429 & .4286 \\ -.1429 & .9286 & .2143 \\ .4286 & .2143 & .3571 \end{pmatrix}$$

3.4.2. equações normais: $\begin{pmatrix} 2 & 1 & 0 \\ 1 & 2 & 3 \\ 0 & 3 & 6 \end{pmatrix}\mathbf{x} = \begin{pmatrix} 2 \\ 2 \\ 2 \end{pmatrix}, P = \begin{pmatrix} 2/3 & 1/3 & 1/3 \\ 1/3 & 2/3 & -1/3 \\ 1/3 & -1/3 & 2/3 \end{pmatrix}$

A solução da equação normal é $\mathbf{x} = (2/3, 2/3, 0) + c(1, -2, 1)$; a solução do espaço de linhas é $(.7778, .4444, .1111)$. O vetor na imagem de A mais próximo de $\mathbf{b}$ é $A\mathbf{x} = (4/3, 2/3, 2/3)$.

3.5.1. $2.5 + .1x$

3.5.2. $11/4$

3.5.3. $1.25 + 1.35x - .25x^2, 24 - 34.8333x + 16x^2 - 2.1667x^3$

3.5.4. $1.1752 + 1.1036x$; MATLAB dá $1.1844 + 1.1089x$ para o problema de ajuste a dados.

3.5.5. $-.0857 + .8571x$; MATLAB dá $-.0941 + .8982x^2$ para o problema de ajuste a dados.

3.5.6. A série de Fourier é $\pi/2 + (4/\pi)(\cos x + 1/3 \cos 3x + 1/5 \cos 5x + \dots)$. A função em T_2 mais próxima é pois $\pi/2 + (4/\pi)\cos x$.

3.6.1. $(4/3 \sqrt{10}, 4/3 \sqrt{10})$

3.6.2. $Q_1 = \begin{pmatrix} .4472 & .8944 \\ .8944 & -.4472 \end{pmatrix} \Sigma = \begin{pmatrix} 8.366 & 0 & 0 \\ 0 & 0 & 0 \end{pmatrix}, Q_2 = \begin{pmatrix} .2673 & -.9636 & .0027 \\ .5345 & .4460 & .8325 \\ .8018 & .2239 & .5541 \end{pmatrix}$

3.6.3. $A^+ = \begin{pmatrix} .0357 & .0714 & .1071 \\ .0357 & .0714 & .1071 \end{pmatrix}$ A solução é $\begin{pmatrix} .2142 \\ .2142 \end{pmatrix}$

A. 4 SOLUÇÕES DOS EXERCÍCIOS DO CAPÍTULO 4

4.1.1. $S = \begin{pmatrix} 1 & 1 \\ 0 & -1 \end{pmatrix}, D = \begin{pmatrix} 1 & 0 \\ 0 & -1 \end{pmatrix}$

332 Apêndice A

4.1.2. $\quad S = \begin{pmatrix} 2 & 1 \\ 1 & -1 \end{pmatrix}, D = \begin{pmatrix} 2 & 0 \\ 0 & -1 \end{pmatrix}$

4.1.3. 12 é autovalor de multiplicidade algébrica 2; o autoespaço é de dimensão 1 com base $(2, 1)$ portanto a matriz não é diagonalizável.

4.1.4 $\quad S = \begin{pmatrix} 1 & 1 \\ i & -i \end{pmatrix}, D = \begin{pmatrix} 2+i & 0 \\ 0 & 2-i \end{pmatrix}$

4.1.5. $\quad S = \begin{pmatrix} 1 & 0 & -1 \\ 0 & 1 & 0 \\ 1 & 0 & 1 \end{pmatrix}, D = \begin{pmatrix} 1 & 0 & 0 \\ 0 & 2 & 0 \\ 0 & 0 & 3 \end{pmatrix}$

4.2.1. Se $B\mathbf{v} = \lambda\mathbf{v}$ então $A\mathbf{v} = cB\mathbf{v} = (c\,\lambda)\mathbf{v}$ de modo que $\mathbf{v}$ é autovetor para o autovalor $c\lambda$.

4.2.2. Seja A uma matriz real n por n. Nosso argumento será dado sob a hipótese adicional de serem reais todos os autovalores; se existirem autovalores complexos, ponha $\mathbb{C}^n$ no lugar de $\mathbb{R}^n$ no argumento. Suponha que os autovalores distintos são $\lambda_1,...,\lambda_k$ com multiplicidades algébricas = multiplicidades geométricas = $n_1, ..., n_k$. Para cada λ_i escolha um base $\mathbf{v}_{i1}, ...,$ $\mathbf{v}_{in_i}$ de autovetores para o autoespaço $E(\lambda_i)$. Afirmamos que $\mathbf{v}_{11}, ..., \mathbf{v}_{1n1}, ..., \mathbf{v}_{k1}, ..., \mathbf{v}_{knk}$ é uma base de autovetores para $\mathbb{R}^n$. Como a soma das multiplicidades algébricas é n, existem n vetores. Assim só precisamos provar que são independentes. Suponha $\sum_{i,j} c_{ij}\mathbf{v}_{ij} = 0$. Seja $\mathbf{w}_i = \sum_j c_{ij}\mathbf{v}_{ij}$. Então $\mathbf{w}_1 + \cdots + \mathbf{w}_k = 0$. Pela prova do Lema 1.1 devemos ter $\mathbf{w}_i = 0$, $i = 1, ...,$ k. Mas então a independência dos $\mathbf{v}_{ij}$ para i fixo implica que todos os $c_{ij} = 0$.

4.2.3. $\quad \text{tr } AB = \sum_{i=1}^n \sum_{k=1}^n a_{ik}b_{ki} = \sum_{k=1}^n \sum_{i=1}^n b_{ki}a_{ik} = \text{tr } BA$.

4.2.4. Os autovalores de A são 2, 1 com autovetores correspondentes $(1, 1),(1, 3)$. A multiplicidade algébrica e a multiplicidade geométrica de cada um é 1. Assim A é diagonalizável. Para B, 1 é um autovalor de multiplicidade algébrica 2 mas multiplicidade geométrica 1. O autoespaço $E(1)$ consiste dos múltiplos de $(1, 3)$. Portanto B não é diagonalizável. Para C há dois autovalores diferentes 1 e 3. O autovalor 3 tem multiplicidade algébrica e geométrica 1, com autovetor $(0, 1, 1)$. O autovalor 1 tem multiplicidade algébrica 2 mas multiplicidade geométrica 1, os autovetores sendo múltiplos de $(1, 0, 1)$. Assim C não é diagonalizável.

4.2.5. Para A o traço é 3 e o determinante é 2. Assim os autovalores são 1, 2. Para B o traço é 2 e o determinante é -2. Isto significa que para os outros dois autovalores, 1 excetuado, a soma é 1 e o produto -2. Assim os outros dois autovalores são $-1, 2$.

4.2.6. Se $\mathbf{n}$ é o vetor normal ao plano então L manda $\mathbf{n}$ em $\mathbf{0}$ de modo que $\mathbf{n}$ é autovetor para o autovalor 0. De outro lado, se $\mathbf{v}_1, \mathbf{v}_2$ formam base do plano, então L mandará cada um deles em si mesmo de modo que são autovetores para o autovalor 1. Assim a multiplicidade geométrica de 1 é pelo menos 2. Usando o fato de a soma de todas as multiplicidades algébricas ter que ser 3, isto significa que 0 tem multiplicidade geométrica 1 e 1 tem multiplicidade geométrica 2. Assim o polinômio característico é $-x(x-1)^2$. A base pedida é $(1, 0, 1),(0, 1, 1),(1, 1, -1)$. Se formarmos a matriz S com esses autovetores como colunas

então $A = SDS^{-1}$. Assim $A = \begin{pmatrix} 1/3 & -2/3 & 2/3 \\ -2/3 & 1/3 & 2/3 \\ 2/3 & 2/3 & 1/3 \end{pmatrix}$

4.3.1. Todas as nossas verificações vão depender do fato que os números reais satisfazem às

Soluções do capítulo 4   **333**

propriedades correspondentes. Temos que verificar primeiro que os números complexos formam um grupo abeliano sob adição.

(1) Associatividade sob adição:

$$((a+ib)+(c+id))+(e+if) = ((a+c)+i(b+d))+(e+if)$$
$$= ((a+c)+e)+i((b+d)+f))$$
$$(a+ib)+((c+id)+(e+if)) = (a+ib)+((c+e)+i(d+f)$$
$$= a+(c+e)+i(b+(d+f))$$

A associatividade então segue da associatividade da adição nos reais.

(2) Comutatividade sob adição:

$$(a+ib)+(c+id) = (a+c)+i(b+d)$$
$$= (c+a)+i(d+b)$$
$$= (c+id)+(a+ib)$$

(3) Existência da identidade aditiva ($= 0 + i0$):

$$(a+ib)+(0+i0) = (a+0)+i(b+0) = a+ib$$

(4) Existência do inverso aditivo ($= -a - ib$):

$$(a+ib)+((-a)+i(-b)) = (a-a)+i(b-b) = 0+i0$$

Verificamos agora que os complexos não nulos formam um grupo abeliano sob multiplicação:

(1) Associatividade sob multiplicação:

$$((a+ib)(c+id))(e+if) = ((ac-bd)+i(ad+bc))(e+if)$$
$$= (ace-bde-bcf-adf)+i(bce+ade+acf-bdf)$$
$$= (a+ib)((ce-df)+i(cf+de)) = (a+ib)((c+id)(e+if))$$

(2) Comutatividade sob multiplicação:

$$(a+ib)(c+id) = (ac-bd)+i(ad+bc)$$
$$= (ca-db)+i(da+cb)$$
$$= (c+id)(a+ib)$$

(3) Existência da identidade multiplicativa ($= 1 + i0$):

$$(a+ib)(1+i0) = a+ib$$

(4) Existência de inverso multiplicativo ($=(a-ib)/(a^2+b^2)$):

$$(a+ib)(a-ib)/(a^2+b^2) = (a^2+b^2)+i0 = 1+i0$$

Verificamos a lei distributiva.

$$(a+ib)((c+id)+(e+if)) = (a+ib)((c+e)+i(d+f))$$
$$= (a(c+e)-b(d+f))+i(a(d+f)+(c+e))$$
$$= (ac+ae-bd-bf)+i(ad+af+bc+be)$$
$$= ((ac-bd)+i(ad+bc))+i((ae-bf)+i(af+be)$$
$$= ((a+ib)(c+id)+(a+ib)(e+if)$$

4.3.2.   Sejam $z = a + ib$, $w = c + id$.

$$\overline{(a+ib)+(c+id)} = \overline{(a+c)+i(b+d)} = (a+c)-i(b+d)$$
$$= (a-ib)+(c-id) = \overline{a+ib+c+id}$$
$$\overline{(a+ib)(c+id)} = \overline{(ac-bd)+i(ad+bc)} = (ac-bd)-i(ad+bc)$$
$$= (a-ib)(c-id) = \overline{(a+ib)}\,\overline{(c+id)}$$

334 Apêndice A

4.3.3. As verificações são exatamente as mesmas para mostrar que $\mathbb{R}^n$ é um espaço vetorial. A identidade é $(0, \ldots, 0)$ e o inverso de $(z_1, \ldots, z_n)$ é $(-z_1, \ldots, -z_n)$. Como as operações são efetuadas coordenada a coordenada, as verificações dependem de $\mathbb{C}$ ser um corpo. De modo geral, se F é um corpo F^n forma um espaço vetorial.

4.3.4. O i-ésimo elemento para $\overline{A\mathbf{v}}$ é $\overline{\sum_{j=1}^n a_{ij}v_j} = \sum_{j=1}^n \overline{a_{ij}v_j} = \sum_{j=1}^n \overline{a_{ij}}\overline{v_j}$, que é o i-ésimo elemento de $\overline{A}\overline{\mathbf{v}}$.

4.3.5. $\langle \mathbf{v}, \mathbf{w} \rangle = \overline{v}_1 w_1 + \cdots + \overline{v}_n w_n = \overline{\overline{w_1} v_1 + \cdots + \overline{w_n} v_n} = \overline{\langle \mathbf{w}, \mathbf{v} \rangle}$

4.3.6. (a) hermitiana (b) antihermitiana (c) unitária e hermitiana (d) hermitiana (e) unitária.

4.3.7. Se A e B são hermitianas então $A^* = A$, $B^* = B$ de modo que $(A + B)^* = A^* + B^* = A + B$, logo $A + B$ é hermitiana. A soma de duas matrizes anti hermitianas é antihermitiana, mas a soma de duas matrizes unitárias não é necessariamente unitária.

4.3.8. Se A é hermitiana então $(iA)^* = -iA^* = -iA$ de modo que iA é antihermitiana.

4.3.9. Conforme a sugestão seja $\mathbf{x} = \mathbf{e}_i$, $\mathbf{y} = \mathbf{e}_j$. Então
$a_{ji} = \langle A\mathbf{e}_i, \mathbf{e}_j \rangle = \langle \mathbf{e}_i, B\mathbf{e}_j \rangle = b_{ij}$.
Para a recíproca
$\langle A\mathbf{x}, \mathbf{y} \rangle = \mathbf{x}^* A^* \mathbf{y} = \mathbf{x}^* B \mathbf{y} = \langle \mathbf{x}, B\mathbf{y} \rangle$.

4.4.1. Todas as três partes têm a mesma $S = \begin{pmatrix} 0 & 1 & 1 \\ 1 & 0 & 1 \\ 1 & 1 & 1 \end{pmatrix}$. Damos D em termos dos elementos

diagonais.
(a) 1, 2, 4; Tende a infinito ao longo da reta por $(1, 1, 1)$.

(b) .1, 5, 1; tende a $\begin{pmatrix} 1 & 1 & -1 \\ 1 & 1 & -1 \\ 1 & 1 & -1 \end{pmatrix}$.

(c) .5, .1, .1; tende a zero ao longo da reta por $(0, 1, 1)$.

4.4.2. A distribuição limite é $(.2398, .3077, .4615)$. A probabilidade de estarmos no estado 1 após 20 passos é $.2308$.

4.4.3. A distribuição limite de população será $1/3$ em A, e $2/3$ em B. Isto significa 10 milhões em A e 20 milhões em B. Após 10 anos haverá 12.529.400 em A, 17.046.900 em B e 423.700 em C.

4.4.4. (2) é apenas uma reafirmação de que a soma dos elementos é 1. (3) então fica a afirmação de que cada coluna de T é um vetor de probabilidade. Quanto a (1) note que
$\mathbf{r}(T\mathbf{x}) = (\mathbf{r}T)\mathbf{x} = \mathbf{r}\mathbf{x} = 1$

4.4.5. Sob as hipóteses foi mostrado que existe um subespaço de dimensão 1 de autovetores para T, que consiste dos múltiplos de um único vetor de probabilidade $\mathbf{p}$. Além disso todos os outros autovetores têm comprimento menor que 1. As colunas de T^k são simplesmente $T^k\mathbf{e}_j$ e são todas vetores de probabilidade. Cada coluna deve tender a um múltiplo de $\mathbf{p}$ e como todas são autovetores de probabilidade todas tendem a $\mathbf{p}$. A positividade segue de $T^k\mathbf{p} = \mathbf{p}$

Soluções do capítulo 4 **335**

ter elementos positivos quando T^k é positiva.

4.4.6. 1.2247

4.4.7. Para $\mathbf{x}_0 = (1, 0)$ os vetores alternam entre $(1, 0)$ e $(0, 1)$. Para o vetor inicial $(1, 1)$ os vetores são constantemente $(1, 1)$.

4.4.8. O limite existe pois existe um maior autovalor de multiplicidade algébrica 1. O valor limite é o autovetor normalizado $(-1\sqrt{5}, 0, -2/\sqrt{5})$.

4.4.9. $A = \begin{pmatrix} 1 & 2 \\ 1 & 0 \end{pmatrix}$; a razão limite é 2.

4.4.10. $A = \begin{pmatrix} 1 & 2 & 3 \\ 1 & 0 & 0 \\ 0 & 1 & 0 \end{pmatrix}$; a razão limite é 2.3744.

4.4.11. $A = \begin{pmatrix} 1 & 0 & 0 & 1 \\ 1 & 0 & 0 & 0 \\ 0 & 1 & 0 & 0 \\ 0 & 0 & 1 & 0 \end{pmatrix}$; a razão limite é 1.3803

4.4.12. $A = \begin{pmatrix} 1 & 0 & 0 & 1 \\ 1 & 0 & 0 & 0 \\ 0 & 1 & 0 & 0 \\ 0 & 0 & 1 & 0 \end{pmatrix}$; não há razão limite.

4.4.13. O método de potências dá 16.1168 como o maior autovalor e $(.2320, .5253, .8187)$ como o autovetor correspondente. O polinômio característico é $-x^3 + 15x^2 + 18x = -x(x^2 - 15x + 18)$. Assim os autovalores são $0,15 \pm \sqrt{153}$ que são $0, -1.1168, 16.1168$. O vetor próprio para 16.1168 é o achado pelo método de potências.

4.4.14. O maior autovalor é 8, com autovetor $(-.7071, 0, -.7071, 0)$.

4.4.15. O método de potências não converge. O problema aparece porque os maiores autovalores são o par complexo $4.7250 \pm .3321i$ e eles têm o mesmo comprimento.

4.4.16. Uma raiz cúbica de A é $\begin{pmatrix} -1/2 & 3/2 \\ 3/2 & -1/2 \end{pmatrix}$.

4.4.17. As quatro raízes quadradas são $\pm \begin{pmatrix} 4-i & -4+2i \\ 2-i & -2+2i \end{pmatrix}, \pm \begin{pmatrix} -4-i & 4+2i \\ -2-i & 2+2i \end{pmatrix}$.

4.4.18. Suponha $\begin{pmatrix} a & b \\ c & d \end{pmatrix}^2 = \begin{pmatrix} 0 & 1 \\ 0 & 0 \end{pmatrix}$. Então temos as equações

$a^2 + bc = 0$, $bc + d^2 = 0$, $b(a + d) = 1$, $c(a + d) = 0$

Da terceira equação tiramos $b \neq 0$, $a + d \neq 0$. Da quarta equação isto dá $c = 0$. Substituindo nas duas primeira vem $a = d = 0$. Mas isto contradiz $a + d \neq 0$. Portanto não há solução.

4.4.19. $\begin{pmatrix} -6.6533 & 14.0424 \\ -7.0212 & 14.4102 \end{pmatrix}$

336 Apêndice A

4.5.1. $c_1 \exp(7t) \begin{pmatrix} 2 \\ 1 \end{pmatrix} + c_2 \exp(-5t) \begin{pmatrix} 2 \\ -1 \end{pmatrix}$

4.5.2. $\exp(-2t) \begin{pmatrix} 2\cos t - 4\operatorname{sen} t \\ -\cos t - 3\operatorname{sen} t \end{pmatrix}$

4.5.3. $\exp(2t) \begin{pmatrix} 1 \\ -2 \\ -1 \end{pmatrix}$

4.5.4. $\dfrac{-1}{3} e^{-2t} + \dfrac{4}{3} e^{t}$

4.5.5. $\dfrac{3}{2} e^{t} - \dfrac{2}{3} e^{2t} + \dfrac{1}{6} e^{-t}$

4.5.6. $\cos t$

4.5.7. $\dfrac{-3}{2} \cos \sqrt{3}t - \dfrac{\sqrt{3}}{6} \operatorname{sen}\sqrt{3}t + \dfrac{9}{2} \cos t - \dfrac{1}{2} \operatorname{sen} t$

4.5.8. $e^{2t} - te^{2t}$

4.5.9. $-\dfrac{3}{25} \cos 2t - \dfrac{4}{25} \operatorname{sen} 2t + \dfrac{28}{25} e^{t} - \dfrac{4}{5} te^{t}$

4.5.10. $-2e^{t} + 3te^{t} - 2t^2 e^{t}$

4.5.11. e^{2t}

A. 5 SOLUÇÕES DOS EXERCÍCIOS DO CAPÍTULO 5

5.1.1. Que V_C é um grupo abeliano sob adição segue diretamente do fato de V ser e a operação de adição é coordenada a cordenada. Para a propriedade associativa.

$$((a + ib)(c + id))(\mathbf{v}_1, \mathbf{v}_2) = ((ac - bd) + i(bc + ad))(\mathbf{v}_i, \mathbf{v}_2)$$
$$= ((ac - bd)\mathbf{v}_1 - (bc + ad)\mathbf{v}_2, (ac - bd)\mathbf{v}_2 + (bc + ad)\mathbf{v}_1$$
$$(a + ib)((c + id)(\mathbf{v}_1, \mathbf{v}_2)) = (a + ib)(c\mathbf{v}_1 - d\mathbf{v}_2, c\mathbf{v}_2 + d\mathbf{v}_1)$$
$$= ((ac - bd)\mathbf{v}_1 - (bc + ad)\mathbf{v}_2, (bc + ad)\mathbf{v}_1 + (ac - bd)\mathbf{v}_2).$$

A propriedade distributiva é dada por

$$(a + ib)(\mathbf{v}_1 + \mathbf{w}_1, \mathbf{v}_2 + \mathbf{w}_2) = (a(\mathbf{v}_1 + \mathbf{w}_1) - b(\mathbf{v}_2 + \mathbf{w}_2), a(\mathbf{v}_2 + \mathbf{w}_2) + b(\mathbf{v}_1 + \mathbf{w}_1))$$
$$= (a\mathbf{v}_1 - b\mathbf{v}_2, a\mathbf{v}_2 + b\mathbf{v}_1) + (a\mathbf{w}_1 - b\mathbf{w}_2, a\mathbf{w}_2 + b\mathbf{w}_1)$$
$$= (a + ib)(\mathbf{v}_1, \mathbf{v}_2) + (a + ib)(\mathbf{w}_1, \mathbf{w}_2)$$
$$((a + ib) + (c + id)\mathbf{v}_1, \mathbf{v}_2) = ((a + c) + i(b + d))(\mathbf{v}_1, \mathbf{v}_2)$$
$$= ((a\mathbf{v}_1 - b\mathbf{v}_2) + (c\mathbf{v}_1 - d\mathbf{v}_2), (b\mathbf{v}_1 + a\mathbf{v}_2) + (d\mathbf{v}_1 + c\mathbf{v}_2))$$
$$= (a + ib)(\mathbf{v}_1, \mathbf{v}_2) + (c + id)(\mathbf{v}_1, \mathbf{v}_2).$$

Finalmente, $1(\mathbf{v}_1, \mathbf{v}_2) = (\mathbf{v}_1, \mathbf{v}_2)$.

5.1.2. $\overline{(a + ib)(\mathbf{w}_1, \mathbf{w}_2)} = \overline{(a\mathbf{w}_1 - b\mathbf{w}_2, b\mathbf{w}_1 + a\mathbf{w}_2)} = (a\mathbf{w}_1 - b\mathbf{w}_2 - b\mathbf{w}_1, -a\mathbf{w}_2)$
$= (a - ib)(\mathbf{w}_1, -\mathbf{w}_2) = \overline{a + ib} \, \overline{(\mathbf{w}_1, \mathbf{w}_2)}$
$\overline{(\mathbf{w}_1, \mathbf{w}_2) + (\mathbf{y}_1, \mathbf{y}_2)} = \overline{\mathbf{w}_1 + \mathbf{y}_1, \mathbf{w}_2 + \mathbf{y}_2} = (\mathbf{w}_1 + \mathbf{y}_1, -\mathbf{w}_2 - \mathbf{y}_2)$
$= (\mathbf{w}_1, -\mathbf{w}_2) + (\mathbf{y}_1, -\mathbf{y}_2) = \overline{(\mathbf{w}_1, \mathbf{w}_2)} + \overline{(\mathbf{y}_1, \mathbf{y}_2)}$

Soluções do capítulo 5   **337**

5.1.3. $L_\mathbb{C}((a+ib)(\mathbf{v}_1, \mathbf{v}_2)) = L_\mathbb{C}(a\mathbf{v}_1 - b\mathbf{v}_2, a\mathbf{v}_2 + b\mathbf{v}_1)$
$$= (L(a\mathbf{v}_1 - b\mathbf{v}_2), L(a\mathbf{v}_2 + b\mathbf{v}_1)) = (aL(\mathbf{v}_1) - bL(\mathbf{v}_2), aL(\mathbf{v}_2) = bL(\mathbf{v}_2))$$
$$= (a + ib)(L(\mathbf{v}_1), L(\mathbf{v}_2)) = a + ib)L_\mathbb{C}(\mathbf{v}_1, \mathbf{v}_2).$$
$L_\mathbb{C}((\mathbf{w}_1, \mathbf{w}_2) + (\mathbf{y}_1, \mathbf{y}_2)) = L_\mathbb{C}(\mathbf{w}_1 + \mathbf{y}_1, \mathbf{w}_2 + \mathbf{y}_2)$
$$= (L(\mathbf{w}_1 + \mathbf{y}_1), L(\mathbf{w}_2 + \mathbf{y}_2)) = (L(\mathbf{w}_1) + L(\mathbf{y}_1), L(\mathbf{w}_2) + L(\mathbf{y}_2))$$
$$= (L(\mathbf{w}_1), L(\mathbf{w}_2)) + (L(\mathbf{y}_1), L(\mathbf{y}_2)) = L_\mathbb{C}(\mathbf{w}_1, \mathbf{w}_2) + L_\mathbb{C}(\mathbf{y}_1, \mathbf{y}_2)$$

5.1.4. Como vetores em $V_\mathbb{C}$ estes são pares ordenados $(\mathbf{v}_1, 0)$, ..., $(\mathbf{v}_n, 0)$. Seja $(\mathbf{w}, \mathbf{y}) \in V_\mathbb{C}$. Então existem constantes reais $a_1, ..., a_n, b_1, ..., b_n$ tais que
$$\mathbf{w} = a_1\mathbf{v}_1 + \cdots + a_n\mathbf{v}_n, \mathbf{y} = b_1\mathbf{v}_1 + \cdots + b_n\mathbf{v}_n$$
Então
$$(a_1 + ib_1)(\mathbf{v}_1, 0) + \cdots + (a_n + ib_n)(\mathbf{v}_n, 0) = (\mathbf{w}, \mathbf{y})$$
e assim esses vetores geram $V_\mathbb{C}$. Para ver que são independentes suponha
$$(a_1 + ib_1)(\mathbf{v}_1, 0) + \cdots + (a_n + ib_n)(\mathbf{v}_n, 0) = (\mathbf{0}, \mathbf{0})$$
Então
$$a_1\mathbf{v}_1 + \cdots + a_n\mathbf{v}_n = \mathbf{0}, b_1\mathbf{v}_1 + \cdots + b_n\mathbf{v}_n = \mathbf{0}$$
A independência dos $\mathbf{v}_i$ dá então que todos os a_i, b_i são zero. Que A representa L significa que $L(\mathbf{v}_j) = \sum_{i=1}^n a_{ij}\mathbf{v}_i$. Então

$$L_\mathbb{C}(\mathbf{v}_j, \mathbf{0}) = (L(\mathbf{v}_j), \mathbf{0}) = \left(\sum_{i=1}^n a_{ij}\mathbf{v}_i, \mathbf{0}\right) = \sum_{i=1}^n a_{ij}\left(\mathbf{v}_i, \mathbf{0}\right)$$

que implica que a mesma matriz representa $L_\mathbb{C}$.

5.1.5. Suponha que L é unitária e $\mathbf{v}_1, ..., \mathbf{v}_n$ é base ortonormal. Então se A é a matriz que representa L com relação a esta base, L^* é representada por A^*. Então $L^*L = I$ implica que a identidade é representada por $A^*A = I$, o que diz que A é unitária. Reciprocamente, suponha que L é representada por A e que sabemos que A é unitária. Então L^* é representada por A^* e assim L^*L é representada por $A^*A = I$, o que implica que $L^*L = I$.

As soluções de (b), (c) seguem o mesmo esquema, quando se passa de $L \pm L^* = 0$ a $A \pm A^* = 0$ e inversamente.

(d) Escolha a base $\mathbf{v}_1 = \mathbf{e}_1, \mathbf{v}_2 = 2\mathbf{e}_2$ para $\mathbb{C}$, que não é base ortonormal. Seja L a transformação linear dada pela multiplicação pela matriz $\begin{pmatrix} 0 & -1 \\ 1 & 0 \end{pmatrix}$. Esta transformação linear é unitária e antihermitiana pelos critérios dados acima. Porém a matriz que a representa com relação à base acima é $\begin{pmatrix} 0 & -2 \\ 1/2 & 0 \end{pmatrix}$, que não é nem unitária nem antihermitiana. Para contra-exemplo hermitiano podemos tomar a multiplicação por $\begin{pmatrix} 0 & 1 \\ 1 & 0 \end{pmatrix}$

5.2.1. (a) $S = \begin{pmatrix} 1/\sqrt{2} & -1/\sqrt{6} & 1/\sqrt{3} \\ 1/\sqrt{2} & 1/\sqrt{6} & -1/\sqrt{3} \\ 0 & 2/\sqrt{6} & 1/\sqrt{3} \end{pmatrix}, D = \begin{pmatrix} 3 & 0 & 0 \\ 0 & 9 & 0 \\ 0 & 0 & 6 \end{pmatrix}$

(b) $S = \begin{pmatrix} .6455 & .0573 - .6430i & -1/\sqrt{6} \\ -.1291 + .6325i & -.6414 + .0725i & -1/\sqrt{6} \\ .2582 + .3162i & -.2921 - .2852i & 2/\sqrt{6} \end{pmatrix}, D = \begin{pmatrix} \sqrt{6}i & 0 & 0 \\ 0 & -\sqrt{6}i & 0 \\ 0 & 0 & 0 \end{pmatrix}$

338 Apêndice A

(c) $S = \begin{pmatrix} 1/\sqrt{3} & .4133 - .4316i & -.3510 + .4316i \\ 1/\sqrt{3} & -.5106 - .1580i & -.1824 - .5896i \\ 1/\sqrt{3} & .0973 + .5896i & 7.5334 + .1580i \end{pmatrix}, D = \begin{pmatrix} 0 & 0 & 0 \\ 0 & -21 & 0 \\ 0 & 0 & 21 \end{pmatrix}$

(d) $S = \begin{pmatrix} -0.7071 & -0.7071 & 0 \\ 0.7071i & -0.7071i & 0 \\ 0 & 0 & 1.0000 \end{pmatrix}, D = \begin{pmatrix} 0.7071 + 0.7071i & 0 & 0 \\ 0 & 0.7071 - 0.7071i & 0 \\ 0 & 0 & 1 \end{pmatrix}$

5.2.2.   (a) $A = 3P_1 + 9P_2 + 6P_3$, onde

$$P_1 = \begin{pmatrix} 1/2 & 1/2 & 0 \\ 1/2 & 1/2 & 0 \\ 0 & 0 & 0 \end{pmatrix}, P_2 = \begin{pmatrix} 1/6 & -1/6 & -1/3 \\ -1/6 & 1/6 & 1/3 \\ -1/3 & 1/3 & 2/3 \end{pmatrix}, P_3 = \begin{pmatrix} 1/3 & -1/3 & 1/3 \\ -1/3 & 1/3 & -1/3 \\ 1/3 & -1/3 & 1/3 \end{pmatrix}$$

(b) $A = \sqrt{6}iP_1 - \sqrt{6}iP_2$, onde

$$P_1 = \begin{pmatrix} .4167 & -.0833 - .4082i & .1667 - .2041i \\ -.0833 + .4082i & .4167 & .1667 + .2041i \\ .1667 + .2041i & .1667 - .2041i & .1667 \end{pmatrix}$$

e $P_2 = P_1$.
(c) $A = -21P_1 + 21P_2$, onde

$$P_1 = \begin{pmatrix} .3571 & -.1429 + .2857i & -.2143 - .2847i \\ -.1429 - .2857i & .2857 & -.1429 + .2857i \\ -.2143 + .2857i & -.1429 - .2857i & .3571 \end{pmatrix}$$

e

$$P_2 = \begin{pmatrix} .3095 & -.1905 - .2857i & -.1190 + .2857i \\ -.1905 + .2857i & .3810 & -.1905 - .2857i \\ .1190 - .2857i & -.1905 + .2857i & .3095 \end{pmatrix}$$

(d) $A = (.7071 + .7071i) P_1 + (.7071 - .7071i)P2 + P3$, onde

$$P_1 = \begin{pmatrix} 1/2 & i/2 & 0 \\ -i/2 & 1/2 & 0 \\ 0 & 0 & 0 \end{pmatrix}, P_2 = \begin{pmatrix} 1/2 & -i/2 & 0 \\ i/1 & 1/2 & 0 \\ 0 & 0 & 0 \end{pmatrix}, P_3 = \begin{pmatrix} 0 & 0 & 0 \\ 0 & 0 & 0 \\ 0 & 0 & 1 \end{pmatrix}$$

5.2.3. $(A + A^*)^* = A^* + A = A + A^*$ de modo que $A + A^*$ é hermitiana. $(A - A^*) = A^* - A = -(A - A^*)$ de modo que $A - A^*$ é antihermitiana. $A = 1/2(A - A^*) + 1/2(A - A^*)$. Como uma matriz hermitiana bem como uma matriz antihermitiana são combinações lineares de projeções segue que A é combinação linear de projeções.

5.2.4. $\begin{pmatrix} 1 + i & 1 - i \\ 1 - i & 1 + i \end{pmatrix}$

5.2.5.   (1) implica (2): suponha que L_i é normal. Então $LL^* = L^*L$ e assim $LL^*v = L^*Lv$ para todo $v \in V$. Logo $\langle L^*Lv, w \rangle = \langle LL^*v, w \rangle$ para quaisquer $v, w \in V$.
(2) implica (3): se (2) vale para todos os vetores $v, w \in V$, então em particular vale quando escolhemos v, w numa base.
(3) é equivalente a (4): isto usa apenas
$$\langle Lv_i, Lv_j \rangle = \langle L^*Lv_i, v_j \rangle, \langle L^* v_i, L^* v_j \rangle = \langle LL^*v_i, v_j \rangle.$$

Soluções do capítulo 5 **339**

(4) implica (1): basta mostrar que LL^* e L^*L coincidem em alguma base de V. Escolha a base de modo que (4) valha. Então usando a equivalência de (3) e (4) vemos que os produtos interiores de $LL^*\mathbf{v}_i$ e $L^*L\mathbf{v}_i$ com os vetores da base $\mathbf{v}_1, \ldots, \mathbf{v}_n$ são todos iguais. Assim a diferença $LL^*\mathbf{v}_i - L^*L\mathbf{v}_i$ tem produto interno 0 com todo elemento da base. Portanto tem de ter produto interno 0 com qualquer vetor de V. Mas o único vetor com esta propriedade é **0**. Logo $LL^*\mathbf{v}_i = L^*L\mathbf{v}_i$ para todo vetor da base o que implica (1)

5.2.6. (a) $L(\mathbf{v}_i) = c_i \mathbf{v}_i$. Assim
$$\overline{c}_i = \langle c_i \mathbf{v}_i, \mathbf{v}_i \rangle = \langle L\mathbf{v}_i, \mathbf{v}_i \rangle = \langle \mathbf{v}_i, L^*\mathbf{v}_i \rangle.$$
Também
$$0 = \langle c_j \mathbf{v}_j, \mathbf{v}_i \rangle = \langle L\mathbf{v}_j, \mathbf{v}_i \rangle = \langle \mathbf{v}_j, L^*\mathbf{v}_i \rangle$$
para $i \neq j$. Mas

$$L^*\mathbf{v}_i = \sum_{j=1}^{n} \langle \mathbf{v}_j, L^* \mathbf{v}_i \rangle \mathbf{v}_j = \overline{c}_i \mathbf{v}_i$$

(b) Pela parte (4) do Exercício 5.2.5. só temos que achar uma base tal que $\langle L\mathbf{v}_i, L\mathbf{v}_j \rangle = \langle L^*\mathbf{v}_i, L^*\mathbf{v}_j \rangle$. Escolhemos a base de autovetores. Então
$$\langle L\mathbf{v}_i, L\mathbf{v}_j \rangle = \langle c_i \mathbf{v}_i, c_j \mathbf{v}j \rangle = \overline{c}_i c_j \delta_{ij} = \langle \overline{c}_i \mathbf{v}_i, \overline{c}_j \mathbf{v}_j \rangle = \langle L^*\mathbf{v}_i, L^*\mathbf{v}_j \rangle.$$

5.2.7. Para $n = 1$ a matriz já é triangular, podemos tomar $S = (1)$. Seguindo o esboço assumimos que é verdade quando a dimensão da matriz é menor que k e provamos para $n = k$. Achamos então um autovalor μ e correspondente autovetor $\mathbf{v}$, que podemos normalizar para ser unitário. Então chamando $\mathbf{v}$ de $\mathbf{v}_1$, estendemos a base ortonormal $\mathbf{v}_1, \ldots, \mathbf{v}_n$ para $\mathbb{C}^n$. Estes vetores então formam as colunas de uma matriz unitária S_1. Como $\mathbf{v}_1$ é autovetor temos $AS_1 =$

$S_1 \begin{pmatrix} \mu & D \\ \mathbf{0} & C \end{pmatrix}$. Chamamos esta última matriz de B e temos $S_1^{-1} AS_1 = B$. Então pela hipótese

de indução existe uma matriz unitária U com $U^{-1}CU = T_1$ é triangular. Se $S_2 = \begin{pmatrix} 1 & 0 \\ 0 & U \end{pmatrix}$

então S_2 é unitária por U é. Também calculamos que $S_2^{-1} BS_2 = \begin{pmatrix} \mu & D \\ 0 & T_1 \end{pmatrix} = T$, onde T é

triangular. Se $S = S_1 S_2$ então
$$S^{-1} AS = S_2^{-1} (S_1^{-1} AS_1)S_2 = S_2^{-1} BS_2 = T.$$

5.3.1. $Q_1 = \begin{pmatrix} 1/\sqrt{14} & 2/\sqrt{5} & 3/\sqrt{70} \\ 2/\sqrt{14} & -1/\sqrt{5} & 6/\sqrt{70} \\ 3/\sqrt{14} & 0 & -5/\sqrt{70} \end{pmatrix}, Q_2 = \begin{pmatrix} 1/\sqrt{5} & -2/\sqrt{5} \\ 2/\sqrt{5} & 1/\sqrt{5} \end{pmatrix},$

$\Sigma = \begin{pmatrix} \sqrt{70} & 0 \\ 0 & 0 \\ 0 & 0 \end{pmatrix}, A^+ = (1/70)\begin{pmatrix} 1 & 2 & 3 \\ 2 & 4 & 6 \end{pmatrix}$

5.3.2. $Q_1 = \begin{pmatrix} 2/\sqrt{5} & 1/\sqrt{5} \\ 1/\sqrt{5} & 2/\sqrt{5} \end{pmatrix}, Q_2 = \begin{pmatrix} 2/\sqrt{30} & -1/\sqrt{5} & 2/\sqrt{6} \\ 5/\sqrt{30} & 0 & -1/\sqrt{6} \\ 1/\sqrt{30} & 2/\sqrt{5} & 1/\sqrt{6} \end{pmatrix},$

340 Apêndice A

$$\Sigma = \begin{pmatrix} \sqrt{6} & 0 & 0 \\ 0 & 1 & 0 \end{pmatrix}, A^+ = \begin{pmatrix} 1/3 & -1/3 \\ 1/3 & 1/6 \\ -1/3 & 5/6 \end{pmatrix}$$

5.3.3. $A^+ = \begin{pmatrix} .1382 & .1789 & -.1707 & -.0325 \\ -.1301 & .0081 & .2195 & .0894 \\ .0081 & .1870 & .0488 & .0569 \end{pmatrix}$ e a solução do problema de mínimos quadrados

é (.1138, .1870, .3008).

5.4.1. A parte (a) é uma reflexão por $y = x/2$. A parte (b) é uma rotação de .9273 radianos.

5.4.2. O eixo passa por $(1/\sqrt{3}, 1/\sqrt{3}, 1/\sqrt{3})$ e o ângulo é $\pi/3$ radianos.

5.4.3. Estamos refletindo pelo plano $2x + 2y - z = 0$.

5.4.4. $B = \begin{pmatrix} .5 & -.5 & .5 & .5 \\ .5 & .5 & -.5 & .5 \\ .5 & -.5 & -.5 & -.5 \\ .5 & .5 & .5 & -.5 \end{pmatrix}, B^{-1}AB = \begin{pmatrix} .7071 & .7071 & 0 & 0 \\ -.7071 & .7071 & 0 & 70 \\ 0 & 0 & .4472 & -.8944 \\ 0 & 0 & .8944 & .4472 \end{pmatrix}$

5.5.1. Reflexividade: $A = I^t A I$.
Simetria: se B é congruente a A, então existe uma matriz inversível S com $B = S^t A S$. Então $A = (S^{-1})^t B S^{-1}$ de modo que A é congruente a B.
Transitividade: suponha que B é congruente a A e C é congruente a B. Então existem matrizes inversíveis S, T com $B = S^t A S$ e $C = T^t B T$. Então
$$C = T^t(S^t AS)T = (ST)^t A(ST),$$
que significa que C é congruente a A.

5.5.2. Simetria:
$$b(\mathbf{v}, \mathbf{w}) = \mathbf{v}^t A\mathbf{w} = (\mathbf{v}^t A\mathbf{w})^t = \mathbf{w}^t A^t\mathbf{v} = \mathbf{w}^t A\mathbf{v} = b(\mathbf{w}, \mathbf{v})$$
Bilinearidade:
$$b(\mathbf{v}, c\mathbf{w} + d\mathbf{x}) = \mathbf{v}^t A(c\mathbf{w} + d\mathbf{x}) = c\mathbf{v}^t A\mathbf{w} + d\mathbf{v}^t A\mathbf{x} = cb(\mathbf{v},\mathbf{w}) + db(\mathbf{v},\mathbf{x})$$

5.5.3. (a) $q(r\mathbf{v}) = b(r\mathbf{v}, r\mathbf{v}) = r^2 b(\mathbf{v}, \mathbf{v}) = r^2 q(\mathbf{v})$
(b) $(1/2)(q(\mathbf{v} + \mathbf{w}) - q(\mathbf{v}) - q(\mathbf{w}))$
$= 1/2(b(\mathbf{v} + \mathbf{w}, \mathbf{v} + \mathbf{w}) - b(\mathbf{v}, \mathbf{v}) - b(\mathbf{w}, \mathbf{w}))$
$= (1/2)(b(\mathbf{v}, \mathbf{v}) + b(\mathbf{v}, \mathbf{w}) + b(\mathbf{w}, \mathbf{v}) + b(\mathbf{w}, \mathbf{w}) - b(\mathbf{v}, \mathbf{v}) - b(\mathbf{w}, \mathbf{w}))$
$= (1/2)(b(\mathbf{v}, \mathbf{w}) + b(\mathbf{w}, \mathbf{v})) = b(\mathbf{v}, \mathbf{w})$

5.5.4.

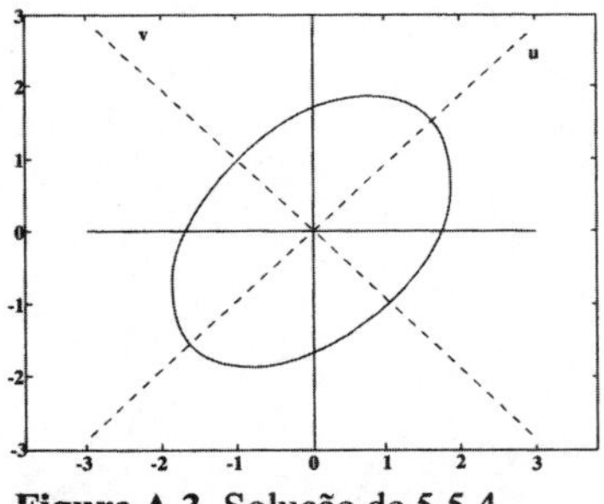

Figura A.3. Solução de 5.5.4.

5.5.5. (a) $S = S = \begin{pmatrix} \sqrt{3/2} & -1/2 \\ 1/2 & \sqrt{3/2} \end{pmatrix}, D = \begin{pmatrix} 16 & 0 \\ 0 & -4 \end{pmatrix}$

(b)
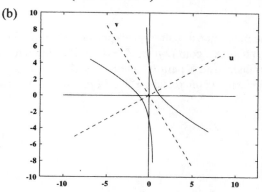
Figura A.4. Solução de 5.5.5.(b)

5.5.6.
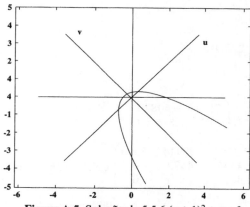
Figura A.5. Solução de 5.5.6.$(u + 1)^2 + v = 2$

5.5.7. hiperbolóide de uma folha

5.5.8. (a) ponto de sela (b) ponto de mínimo local

5.5.9. ponto de sela

5.5.10 A matriz hessiana é $\begin{pmatrix} 2 & 0 & 0 \\ 0 & 0 & 1 \\ 0 & 1 & 0 \end{pmatrix}$ de modo que os autovalores são 2, −1, 1 e há um ponto de sela

---

A. 6 SOLUÇÕES DOS EXERCÍCIOS DO CAPÍTULO 6

6.1.1. (a) $S = \begin{pmatrix} .2554 & 1.7508 \\ .4133 & -1.0820 \end{pmatrix}, D = D(1,1,0)$.

342 Apêndice A

(b) $S = \begin{pmatrix} .1491 & .8165 & .1826 \\ .2981 & -.4082 & -.0913 \\ 0 & -.4082 & .4564 \end{pmatrix}, D = D(1, 2, 0).$

6.1.2. Escolha uma base arbitrária $\mathcal{W}$ de modo que a matriz que representa $\mathcal{Q}$ com relação a esta base é A. Pela parte (a) existe uma matriz S com $D(p, n, d) = S^t A S$. Escolha uma nova base $\mathcal{V}$ tal que a matriz S é a matriz de transição de $\mathcal{V}$ para $\mathcal{W}$, isto é, $\mathbf{V} = \mathbf{W} S$. Então a Proposição 6.5.1 implica que a matriz que representa $\mathcal{Q}$ com relação a $\mathcal{W}$ é $D(p, n, d)$. A última afirmação segue de $\mathcal{Q}(\mathbf{v}) = \mathbf{x}^t D(p, n, d) \mathbf{x}$.

6.1.3. (a) $S = \begin{pmatrix} 2 & 4 & 1 \\ 4 & 1 & 0 \\ 1 & 0 & 1 \end{pmatrix}$ e $D(3, 0, 0)$.

(b) $S = \begin{pmatrix} 0 & 1 & -1 \\ -1 & 1 & 0 \\ 1 & -1 & 1 \end{pmatrix}$ e $D(1,1,1)$.

(c) $S = \begin{pmatrix} 1 & 1 & 0 & 0 \\ -1 & 0 & 1 & -1 \\ -1 & -1 & 1 & -1 \\ 0 & 0 & 0 & 1 \end{pmatrix}$ e $D(2, 2, 0)$.

6.1.4. (a) A é positiva definida com $S = \begin{pmatrix} .7071 & -.4082 \\ 0 & .8165 \end{pmatrix}$.

(b) A é indefinida com $S = \begin{pmatrix} -7.3790 & -.8944 & .5000 \\ 5.3666 & .4472 & 0 \\ 4.4721 & 0 & 0 \end{pmatrix}$ e $S^t A S = D(1, 2, 0)$.

(c) A é negativa definida com $S = \begin{pmatrix} .2673 & -.6937 & -10.2199 \\ 0 & .6070 & 7.7866 \\ 0 & 0 & 6.1644 \end{pmatrix}$

(d) A tem forma normal $D(3, 0, 1)$ (chamada positiva semi-definida) com

$$S = \begin{pmatrix} .7071 & -.4082 & -.2887 & -1 \\ 0 & .8165 & .5774 & 1 \\ 0 & 0 & 0 & 1 \\ 0 & 0 & .8660 & 0 \end{pmatrix}$$

6.1.5. A ser positiva definida significa que $\mathbf{x}^t A \mathbf{x} > 0$ para todo $\mathbf{x} \neq 0$. Se B é congruente a A então existe uma matriz inversível S com $B = S^t A S$. Então $\mathbf{y}^t B \mathbf{y} = (S\mathbf{y})^t A (S\mathbf{y}) > 0$ para todo $\mathbf{y}$, mostrando que B é positiva definida, também. Como os elementos da diagonal são $\mathbf{e}^t_i A \mathbf{e}_i$ para uma matriz que é positiva definida eles serão todos positivos. Durante a execução do algoritmo cada matriz obtida pelo caminho será congruente à matriz original e portanto será positiva definida se a matriz original é. Isto significa que só temos que usar o passo (2) para uma matriz definida positiva ao reduzi-la a matriz diagonal com elementos positivos na diagonal, pois a cada passo a matriz terá um elemento positivo com pivô seguinte.

Soluções do capítulo 6   343

6.1.6. Segue de $\mathbf{e}_i^t\, A\mathbf{e}_i = a_{ij}$ e A positiva definida significa que $\mathbf{x}^t A\mathbf{x} > 0$ para todo $\mathbf{x} \neq \mathbf{0}$.

Um exemplo seria $\begin{pmatrix} 2 & -1 \\ -1 & 2 \end{pmatrix}$.

6.1.7. A identidade fornece um isomorfismo entre (V, q) e ele mesmo. Se $L : (V_2, q_2) \to (V_1, q_1)$ é um isomorfismo então $L^{-1}(V_1, q_1) \to (V_2, q_2)$ é também um isomorfismo. Finalmente, $L: (V_2, q_2) \to (V_1, q_1)$, $M: (V_3, q_3) \to (V_2, q_2)$ sendo isomorfismos então $LM; (V_3, q_3) \to (V_1, q_1)$ será isomorfismo.

6.1.8. Damos o argumento para p ser invariante, os outros casos são semelhantes. Seja P_2 um subespaço de V_2 de dimensão maximal p_2 em que q_2 é positiva definida. Então q_1 será positiva definida no subespaço $L(P_2)$ onde $L: (V_2, q_2) \to (V_1, q_1)$ é um isomorfismo. Assim a dimensão p_1 do subespaço definido positivo maximal para (V_1, q_1) deve satisfazer $p_2 \leq p_1$. Invertendo os papéis dos dois subespaços e usando L^{-1} de modo semelhante dá $p_1 \leq p_2$, logo p é um invariante da classe de isomorfismo. A segunda afirmação segue do fato de existir uma base tal que a matriz é $D(p', n', d')$ e com esta base vemos como na prova da lei de inércia de Sylvester para matrizes simétricas que a dimensão do subespaço maximal positivo definido deve ser p', logo $p'= p$, com resultados semelhantes para n, d.

6.2.1. (a) $S = \begin{pmatrix} 2 & 0 \\ 0 & 1 \end{pmatrix}, J = \begin{pmatrix} 0 & 1 \\ 0 & 0 \end{pmatrix}$

(b) $S = \begin{pmatrix} 1 & 1 & 0 \\ 0 & 1 & 0 \\ 0 & 0 & 1 \end{pmatrix}, J = \begin{pmatrix} 1 & 1 & 0 \\ 0 & 1 & 1 \\ 0 & 0 & 1 \end{pmatrix}$

(c) $S = \begin{pmatrix} 2 & 0 & 1 \\ 0 & 1 & 0 \\ 0 & 0 & 1 \end{pmatrix}, J = \begin{pmatrix} 1 & 1 & 0 \\ 0 & 1 & 0 \\ 0 & 0 & 2 \end{pmatrix}$

(d) $S = \begin{pmatrix} 1 & 0 & 2 \\ 0 & 0 & 1 \\ -1 & 1 & -2 \end{pmatrix}, J = \begin{pmatrix} 1 & 0 & 0 \\ 0 & -1 & 0 \\ 0 & 0 & 2 \end{pmatrix}$

(e) $S = \begin{pmatrix} -1 & 1 & 2 \\ 0 & 0 & 1 \\ -1 & 0 & 0 \end{pmatrix}, J = \begin{pmatrix} 3 & 1 & 0 \\ 0 & 3 & 0 \\ 0 & 0 & 3 \end{pmatrix}$

6.2.2. (a) $c_1\begin{pmatrix} 1 \\ 0 \end{pmatrix} + c_2\begin{pmatrix} 2t \\ 1 \end{pmatrix}$; IVP: $\begin{pmatrix} 2t \\ 1 \end{pmatrix}$

(b) $c_1 \exp(t)\begin{pmatrix} 1 \\ 0 \\ 0 \end{pmatrix} + c_2 \exp(t)\begin{pmatrix} 1+t \\ 1 \\ 0 \end{pmatrix} + c_3 \exp(t)\begin{pmatrix} t^2/2+t \\ t \\ 1 \end{pmatrix}$ IVP: $-\exp(t)\begin{pmatrix} 1 \\ 0 \\ 0 \end{pmatrix} + \exp(t)\begin{pmatrix} 1+t \\ 1 \\ 0 \end{pmatrix}$

(e) $c_1 \exp(3t)\begin{pmatrix} -1 \\ 0 \\ 1 \end{pmatrix} + c_2 \exp(3t)\begin{pmatrix} 1-t \\ 0 \\ -t \end{pmatrix} + c_3 \exp(3t)\begin{pmatrix} 2 \\ 1 \\ 0 \end{pmatrix}$

344 Apêndice A

$$\text{IVP}: \quad -2\exp(3t)\begin{pmatrix}1-t\\0\\-t\end{pmatrix}+\exp(3t)\begin{pmatrix}2\\1\\0\end{pmatrix}$$

6.2.3. Fazemos isto por indução, começando com $k = 1$. Então existe um único vetor não nulo v_1, de modo que isto é um conjunto independente. Supomos verdadeiro para $k < n$ e supomos $k = n$. Suponhamos que temos uma relação.

$$c_1 v_1 + \cdots + c_n v_n = 0$$

Então apliquemos N a esta relação para obter

$$c_2 v_2 + \cdots + c_2 v_n = 0$$

Pela hipótese de indução $c_2 = \cdots = c_n = 0$. Voltando à equação original vem $c_1 v_1 = 0$ o que implica que $c_1 = 0$, completando o passo de indução.

BIBLIOGRAFIA

[1] R. Bellman. *Introduction to Matrix Analysis*. New York: McGraw-Hill, 1970.

[2] W. E. Boyce and R. C. DiPrima. *Elementary Differential Equations and Boundary Value Problems*. NewYork: John Wiley, 1976.

[3] G. Golub and C. van Loan. *Matrix Computations*. Baltimore, MD: John Hopkins, 1987.

[4] G. E. Forsythe and C. B. Moler, *Computer Solution of Linear Algebraic Systems*. Englewwod Cliffs, NJ: Prentice Hall, 1967.

[5] F. R. Gantmacher. *Applications of the Theory of Matrices*. New York: Chelsea, 1959.

[6] W. Rudin. *Real and Complex Analysis*. New York: McGraw-Hill, 1966.

[7] G. Strang. *Linear Algebra and its Applications*. San Diego, CA: Harcourt Brace Jovanovich, 1988

Índice

Notações

$A(i, j)$, 46
A^+, 186, 272
A^*, 215
A^t, 38
A^{-1}, 33
D, 100
$D(i; r)$, 29
$D(p, n, d)$, 296
$E(i, j; r)$, 29
I, 9
ij-elemento, 7
I_n, 9
LU decomposição, 57
L^*, 263
$n(L)$, 107
$O(i, j; r)$, 16
$O(n)$, 275
$Om(i; d)$, 17
$Op(i, j)$, 22
$P(i, j)$, 29
$p(L)$, 107
QR decomposição, 161
$S^\perp$, 167
$S \cap T$, 113
$S \oplus T$, 114
$S + T$, 113
$SO(n)$, 275
V_C, 262
$[L]$, 127
$[L]_W^V$, 117
$\mathcal{C}([0,1])$, 82
$\mathcal{D}(\mathbb{R}, \mathbb{R})$, 79
$\mathcal{F}(\mathbb{R}, \mathbb{R})$, 79
$\mathcal{F}(X, \mathbb{R})$, 79
$\mathcal{F}(X, V)$, 79
$\mathcal{I}([0, 1], \mathbb{R})$, 82
$\mathcal{I}_0$, 99
$\mathcal{I}(A)$, 81
$\mathcal{I}(A)$, 82
$\mathcal{I}(L)$, 107
$\mathcal{L}(V, W)$, 100
$\mathcal{M}(m, n)$, 82
$\mathcal{N}(A)$, 82
$\mathcal{N}(A')$, 82
$\mathcal{N}(L)$, 106
$\mathcal{N}(\mathcal{Q})$, 314
$\mathcal{P}(\mathbb{R}, \mathbb{R})$, 81
$\mathcal{P}^n(\mathbb{R}, \mathbb{R})$, 81
$\mathcal{T}_V^{\mathcal{U}}$, 122
$\mathcal{V}$, 118
$[\mathbf{v}]_V$, 126
$\in(\sigma)$, 50
$\exp(A)$, 234
$\exp(At)$. 236
$ger(\mathbf{v}_1, \ldots \mathbf{v}_k)$, 82
$\mathbf{V}$, 118
1–1. 29, 106

abeliano, grupo, 90
aditiva, identidade, 77
aditivo, inverso, 77
adj, 48
adjunta, 215, 263
ajuste a dados, 181
álgebra, teorema fundamental da, 200
algebricamente fechado, 212
alternante, propriedade, 41
antiadjunta, transformação linear. 264
anti-hermitiana, matriz, 216
anti-simétrica, matriz, 84
aresta, 130
assinatura, 314
associada, equação homogênea, 9
associativa, propriedade, 77
aumentada, matriz, 16
auto-adjunta, transformação linear, 264
autovalor, ver também valor próprio, 72, 200
autovalor, de L, 207
autovetor, ver também vetor próprio, 72, 200
autovetor, de L, 207

base, 91
básicas, colunas, 20
bijeção, 29, 105
bilinearidade, 158, 278
bloco de Jordan, grande, 304
bloco de Jordan, pequeno, 304

cadeia de Markov, 220
caminho, 131
canônica, base, 91

346

característica, equação, 242
característico, polinômio, 200
Cauchy-Schwarz, desigualdade, 158
Cayley-Hamilton, teorema de, 310
Cholesky, decomposição, 58
coeficientes, matriz dos, 7
co-fator, 46
coluna, 6
colunas, espaço das, 85
colunas, posto por, 109
coluna, vetor, 6
complexificado, 262
comprimento, 158
comutativa, propriedade, 77
conectividade, matriz de, 132
conexo, 131
congruentes, matrizes, 280
conjugada, linearidade, 162
conjugado, complexo, 203
coordenadas, com relação a uma base, 126
corpo, 214

decomposição por valor singular, 18, 271
dependência, relação de, 87
dependente, 87
determinantes, 40
diagonal, 16
diagonal, matriz, 16
diagonalizável, 200, 208
diferenças, equação de, 227
dígrafo, 131
dimensão, 92
distritibutiva, propriedade, 78

eixos principais, teorema, 280
eliminação, algoritmo gaussiano de, 20
eliminação gaussiana simétrica, passo de, 299
equivalência, relação de, 105
escalar, 1
escalar, multiplicação por, 77
espaço com produto interno, 158
espaço de anulamento, ver também núcleo, 82, 106
espaço de anulamento de forma quadrática, 314
espaço próprio generalizado, ver também auto-espaço generalizado, 316
espaço vetorial, 78
espectral, teorema (versão em espaço vetorial complexo), 267

espectral, teorema para $0(n)$, 277
espectral, teorema, (versão para espaço vetorial real), 268
espectral, teorema, versão para projeção, 268
estado, 220
estável, vetor, 221
existência e unicidade, teorema para equações referenciais, 237
expansão por co-fatores, 46
exponencial de uma matriz, 233

fechado por adição, 79
fechado sob multiplicação por escalar, 79
fechamento, propriedade de, 77
fim, de uma corrente de Jordan, 303
finita, dimensão, 92
forma normal, para forma quadrática, 297
forma quadrática, 279
forma quadrática indefinida, 286
forma quadrática não degenerada, 316
Fourier, série de, 185
função, aproximação de, 184
fundamentais, subespaços, 110

gaussiana, eliminação, 15
Gauss — Jordan, algoritmo de, 35
gerador, de cadeia de Jordan, 303
gerar, 185
grafo, 130
Gram-Schmidt, algoritmo de, 160

hermitiana. matriz, 216
hermitiana, propriedade, 214
hermitiano, produto interno, 261
hessiana, 286
homogênea, equação, 9
Householder, matriz de, 165

identidade, matriz, 9
imagem, 96, 106
incidência, matriz de, 135
independente, 87
indução matemática, 34
infinita, dimensão, 92
interno, produto, 158
intersecção, 113
invariante, subespaço, 290
inversa, 33, 103

inversa à direita, 69
inversa à esquerda, 69
inversível, 33
isomorfas, formas quadráticas, 303
isomorfismo, 103
isomorfos, espaços vetoriais, 103

jacobiana, matriz, 52
Jordan, cadeia de, 304
Jordan, forma canônica de, 303, 305

laço elementar, 138
Legendre, polinômio de, 164
linear, combinação, 10
linerar, independência, 88
linear, operador, 245
linear, transformação, 28, 95
linearidade, 9
linearidade, propriedade de, 213
linearmente dependentes, 87
linearmente independentes, 87
linha, 6
linha, operação sobre, 16
linha, posto por, 10
linha, vetor de, 6
linhas, espaço de, 86
livre, variável, 13

Markov. cadeia de, 220
Markov, regular, 222
matriz, 6
matriz elementar, 29
matriz não diagonalizável, 204
matriz não singular, 33
matriz positiva, 223
matriz que representa L, 117
matriz que representa uma forma bilinear, 279
matriz aumentada, 16
matrizes, multiplicação de, 26
menor, 46
minimal, polinômio, 310
mínimos quadrados, problemas de, 176
mínimos quadrados, solução, 176
multilinearidade, 42
multiplicidade algébrica, 200
multiplicidade geométrica, 200

negativa definida, forma quadrática, 286

nilpotente 304
normal, equação, 178
normal, matriz, 267
normal, transformação linear, 267
normalização, 42
núcleo (ver espaço de anulamento)
nulidade, 106

orientação, grafo, 131
ortogonal, 160
ortogonal, base, 160
ortogonal, complemento, 168
ortogonal, grupo, 276
ortogonal, grupo especial, 276
ortogonal, matriz, 84
ortogonal, projeção, 173
ortogonal, subespaço, 167
ortogonais, dois a dois, 160
ortonormal, base, 161

para a frente, eliminação, 20
para a frente, passo de eliminação, 24
para trás, eliminação, 20
para trás, passo de eliminação, 24
permutação, 29
permutação ímpar, 49
permutação par, 49
permutação, matriz de, 29
pivô, 24, 55
pivoteamento, 55
pivoteamento parcial, 55
polarização, fórmula de, 281
positiva definida, 58, 286
positiva definida, propriedade, 216
positividade, 158
posto, 107, 109
posto e anulamento, teorema de, 108
probabilidade, vetor de, 220
projeção, 99
projeção, matriz de, 173
projeção sobre um subespaço, 173
pseudo-inversa, 187, 271

quadrada, matriz, 7
quadrática, forma, 288
quadrática indefinida, 288
quadrática definida positiva, 287

348

raiz, de uma matriz, 233
razão áurea, 229
reduzida, forma normal, 14
reflexão, 274
reflexividade, 105
regressão, reta de, 180
rotação, 274

segunda derivada, critério da, 287
sela, ponto de, 285
semelhantes, 125
simetria, 105, 158, 278
simétrica, forma bilinear, 278
simétrica, matriz, 84
sinal, de permutação, 49
singular, 33
singular, decomposição por valor, 187, 271
singular, valor, 189, 271
sobre, 29, 105
solução geral, 10
solução não trivial, 88
solução particular, 10
soma, 113
soma direta, 115
subespaço, 80
subgrupo, 275
superdiagonal, 304

Sylvester, lei de inércia de, 303

Taylor, teorema de, 286
traço, 205
transição, matriz de, entre bases, 122
transição, amtriz de probabilidade, 224
transitividade, 105
transposta, 38
triangular inferior, 16
triangular superior, 16
trivial, solução, 88

unitária, matriz, 217
unitária, transformação linear, 264

valor próprio, 83, 253
valores singulares, 187
vértice, 130
vetor, 1
vetor, adição de, 77
vetor positivo, 224
vetor próprio, 72, 199
vetor próprio generalizado, 316

wronskiano, 144

zero, vetor, 9, 79

GRÁFICA PAYM
Tel. [11] 4392-3344
paym@graficapaym.com.br